$T\cancel{b}^{8}$
10

TRAITÉ

DE

PHYSIOLOGIE.

TOME III.

PARIS. — IMPRIMERIE DE COSSON,
9, rue Saint-Germain-des-Prés.

TRAITÉ

DE

PHYSIOLOGIE

CONSIDÉRÉE

COMME SCIENCE D'OBSERVATION,

PAR C. F. BURDACH,

PROFESSEUR A L'UNIVERSITÉ DE KŒNIGSBERG,

avec des additions de MM. les professeurs

BAER, MEYER, J. MULLER, RATHKE, SIEBOLD, VALENTIN, WAGNER,

Traduit de l'allemand, sur la deuxième édition,

PAR A. J. L. JOURDAN,

MEMBRE DE L'ACADÉMIE ROYALE DE MÉDECINE.

TOME TROISIÈME.

AVEC QUATRE PLANCHES GRAVÉES.

PARIS;

CHEZ J.-B. BAILLIÈRE,

LIBRAIRE DE L'ACADÉMIE ROYALE DE MÉDECINE,

RUE DE L'ÉCOLE DE MÉDECINE, 13 *bis;*

A LONDRES, MÊME MAISON, 219, RÉGENT-STREET.

1838.

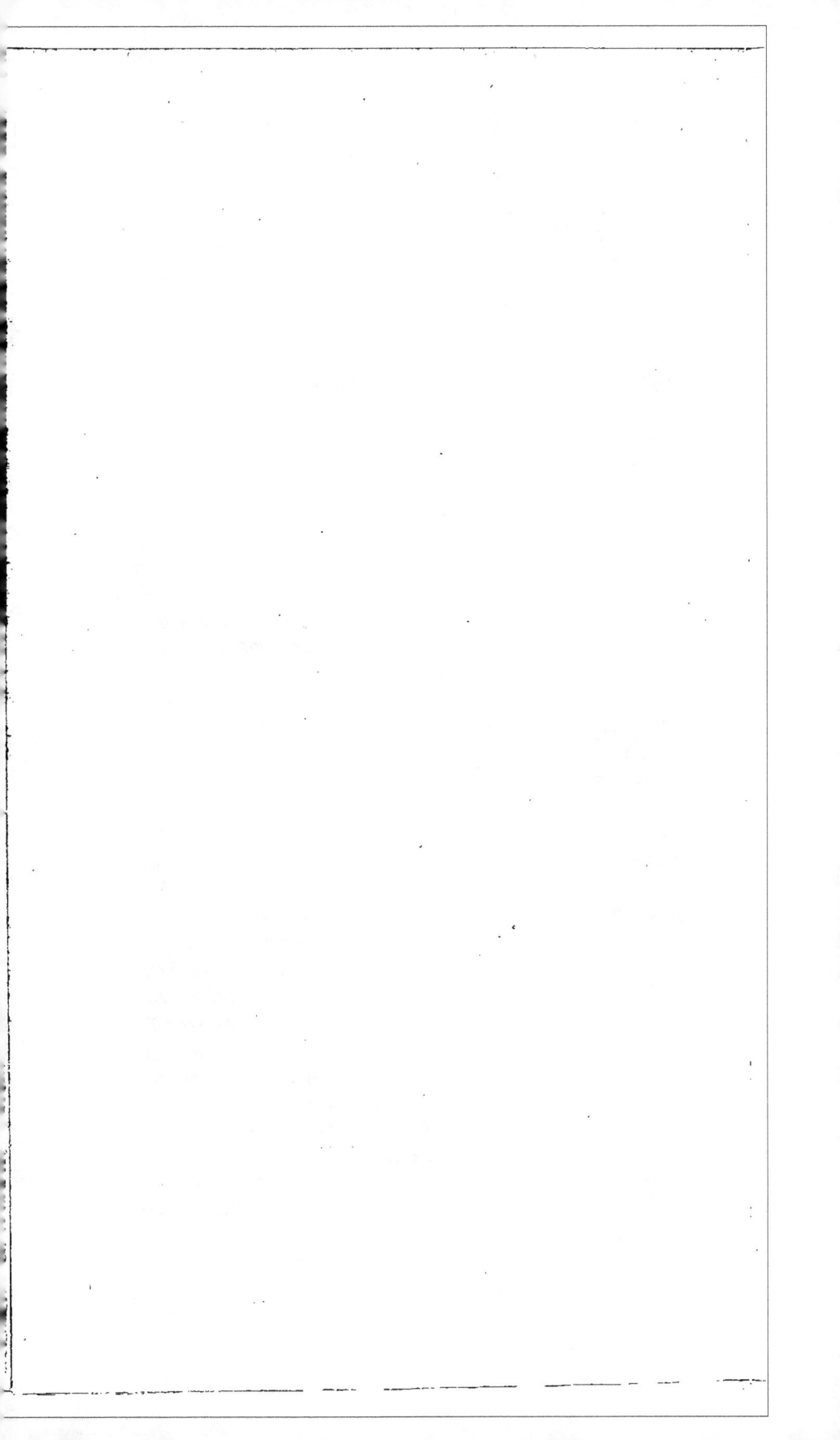

DE LA PHYSIOLOGIE

CONSIDÉRÉE

COMME SCIENCE D'OBSERVATION.

Section troisième.

DU DÉVELOPPEMENT DE L'EMBRYON.

§ 371. Notre problème immédiat étant de présenter un aperçu des faits relatifs au développement de l'embryon, embrassant ses diverses formations dans un ordre synchronique, nous allons parcourir sous ce point de vue les différentes classes du règne organique, parce qu'il ne nous est possible de reconnaître l'essence d'une chose quelconque qu'en portant nos regards sur ses divers modes de manifestation, parce que l'histoire d'une espèce prise isolément ne peut nous fournir qu'un simple fragment, parce qu'enfin l'œuvre du développement ne se déroule clairement à nos yeux qu'autant qu'on l'examine dans tout l'ensemble des créatures organiques. Une circonstance encore rend nécessaire ici cette manière de procéder, c'est que nos connaissances se réduisent à des aperçus détachés, qu'il y a des classes dans lesquelles on voit distinctement ce qu'une obscurité profonde couvre dans d'autres, et qu'incapables comme nous le sommes de nous contenter d'un savoir incomplet, nous en sommes réduits pour le présent à remplir les lacunes avec les données fournies par l'analogie. En effet, ce que nous savons doit être d'autant plus incomplet, à l'égard du sujet qui va nous occuper, qu'il n'a réellement commencé à être bien compris qu'au siècle où nous vivons; mais, quoique cette branche de savoir soit encore dans l'enfance, comme toutes celles qui datent d'une époque peu éloignée, les découvertes faites de nos jours n'en ont pas moins démontré, avec une parfaite évidence, qu'il y a accord entre les différens corps organisés, eu égard aux circonstances générales et essentielles de leur formation, et assuré à l'analogie, appliquée avec circonspection, son ancienne et imprescriptible prééminence sur la méthode qui consiste à envisager machinalement les phénomènes isolés les uns des autres.

On commença l'étude de l'embryon humain par l'envisager d'une manière générale et par examiner en quoi son organisation et ses fonctions diffèrent de celles de l'homme fait. Trew (1), Roesslein (2), Danz (3) et autres ont réuni les résultats de ces recherches. Assez tard seulement, on eut l'idée de rechercher d'une manière sérieuse non pas uniquement ce qu'est l'embryon, mais encore comment il devient ce qu'il est, quelles sont les métamorphoses qu'il subit, et de quelle manière il arrive peu à peu au degré de développement où nous le voyons à l'époque de sa naissance. Albinus (4) fut aussi le précurseur des modernes à cet égard. Madai (5) et Wrisberg (6) reconnurent les premiers qu'il y a des degrés déterminés de formation. Autenrieth (7), Sœmmerring (8) et Meckel (9), dont les noms brillent ici comme des étoiles de première grandeur, ont publié des séries d'observations pleines

(1) *Diss. epistolica de differentiis quibusdam inter hominem natum et nascendum intercedentibus, deque vestigiis divini numinis indè colligendis*, Nuremberg, 1786, in-4.

(2) *Diss. de differentiis inter fœtum et adultum*, Strasbourg, 1785, in-4.

(3) *Grundriss der Zergliederungskunde des ungebornen Kindes in den verschiedenen Zeiten der Schwangerschaft*, Francfort, 1792-1793, in-8.

(4) *Academicarum annotationum libri VIII*, Leyde, 1754-1764, in-4. — *Icones ossium fœtûs humani*. Leyde, 1737, in-4.

(5) *Anatome ovi humani fœcundati sed deformis trimestri aborti elisi*, Halle, 1763, in-4.

(6) *Descriptio anatomica embryonis*, Gœttingue, 1764, in-4.

(7) *Supplementa ad historiam embryonis humani*, Tubingue, 1797, in-4.

(8) *Icones embryonum humanorum*, Francfort, 1799, in-fol.

(9) Manuel d'Anatomie, t. III, p. 774. — *Beitræge zur vergleichenden Anatomie*, Leipzick, 1808-1812, in-8. — *Deutsches Archiv fuer die Physiologie*.

de sagacité et de profondeur. Dœllinger (1), Tiedemann (2), Carus (3), Heusinger (4), Seiler (5), Senff (6), Lobstein (7), Fleischmann (8), Kieser (9), Rosenmuller (10) et autres ont donné des détails précieux sur une foule de points particuliers. Cependant les difficultés sont trop grandes pour qu'on ait pu jusqu'à présent en triompher. Car l'occasion s'offre très-rarement d'examiner les rapports normaux de l'embryon dans le cadavre de femmes mortes peu de temps après l'imprégnation ; nos connaissances sont puisées presque uniquement dans la dissection d'œufs abortifs, où la formation offre fort souvent des dispositions qui tiennent à l'état morbide. D'ailleurs, l'observateur même le plus favorisé par les circonstances, rencontre un trop petit nombre de ces œufs abortifs, surtout à l'état frais, pour qu'il ait été possible jusqu'à ce jour d'arriver à des notions complètes sur l'histoire du développement de l'homme. Personne n'est plus en état que celui qui a étudié l'évolution du poulet, de nous dire combien il lui a fallu de centaines d'œufs pour s'orienter.

Quelques unes de ces difficultés n'existent point chez les Mammifères, parce qu'ici l'anatomiste peut mettre à mort l'animal en pleine santé, pour lui ravir son fruit. Mais il s'en

(1) Samuel, *Diss. de ovorum mammalium velamentis*, Wurzbourg, 1816, in-8. — Dœllinger, *Beitræge zur Entwickelungsgeschichte des menschlichen Gehirns*, Francfort, 1814, in-fol.

(2) *Anatomie der kopflosen Missgeburten*, Landshut, 1813, in-fol.— Anatomie du cerveau, trad. par Jourdan, Paris, 1823, in-8.

(3) *Lehrbuch der Gynœkologie*, Léipzick, 1820, in-8. — *Versuch einer Darstellung des Nervensystems*, Léipzick, 1814, in-4.

(4) *Specimen malæ conformationis organorum auditûs humani*, Iéna, 1824, in-fol.

(5) *Observationes nonnullæ de testiculorum ex abdomine in scrotum descensu*, Léipzick, 1817, in-4.— Ennemoser, *Historisch-psychologische Untersuchungen ueber den Ursprung und das Wesen der menschlichen Seele*, Bonn, 1824, in-8.

(6) *Nonnulla de incremento ossium embryonum in primis graviditatis temporibus*, Halle, 1802, in-4.

(7) Essai sur la nutrition du fœtus, Strasbourg, 1802, in-4°, fig.

(8) *Leichenœffnungen*, Erlangue, 1815, in-8. — *De chondrogenesi asperæ arteriæ*, Erlangue, 1820, in-4.

(9) *Der Ursprung des Darmcanals*, Gœttingue, 1810, in-4.

(10) Rosslein, *loc. cit.*

présente une encore, qui est la même que dans l'espèce humaine, et qui consiste en ce que l'embryon parcourt les premières périodes de son développement avec une rapidité surprenante. Ce n'est qu'avec des peines infinies que Cruikshank, Prevost, Dumas et Baer ont réussi à saisir la formation dans un moment voisin de son origine, et il faudra d'innombrables tentatives avant qu'on soit parvenu à se procurer une série complète de ces circonstances heureuses. Aussi, malgré les efforts de Meckel, de Bojanus, d'Emmert, de Dutrochet (1), de Cuvier, d'Oken (2), de Dzondi (3) et autres, ne possédons-nous encore que des fragmens d'une histoire du développement des Mammifères.

L'étude de l'embryon des Oiseaux offre des avantages particuliers. L'uniformité qui caractérise cette classe permet d'examiner les œufs d'une seule espèce, qu'on peut se procurer avec facilité et en grand nombre, ceux de la Poule, par exemple, et cette simplification de l'objet facilite jusqu'à un certain point l'étude. En outre, comme il y a ici incubation extérieure, nous pouvons non seulement suivre le développement d'heure en heure, mais aussi observer l'embryon encore vivant dans ses rapports naturels. Enfin, comme la chaleur artificielle suffit pour l'incubation, et que nous avons pendant presque toute l'année à notre disposition des œufs de Poule aptes à se développer, l'observation peut être continuée sans interruption, ce qui présente un immense avantage. Nous devons donc espérer en premier lieu une histoire complète du développement de l'embryon des Oiseaux, qui nous procurera aussi des lumières sur celui de l'organisme animal en général, d'autant plus que l'Oiseau est supérieur, eu égard à l'organisation, à tous les autres animaux ovipares. Mais il faudra toujours un œil habitué aux observations microscopiques les plus délicates pour bien juger de parties transparentes et sans couleur; il faudra un jugement exercé aux problèmes de la morphologie; il faudra enfin une con-

(1) Mém. pour servir à l'histoire anat. et physiol. des végétaux et des animaux, Paris, 1837, t. II, p. 200 et suiv.

(2) *Beitræge zur vergleichenden Zoologie*, Bamberg, 1806, in-4.

(3) *Supplementa ad anatomiam*, Léipzick, 1806, in-4.

naissance exacte de tout ce que les prédécesseurs ont remarqué, qualités sans lesquelles on n'apercevra guère plus que n'a vu par exemple Everard Home (1).

Après que les observateurs de la première période, depuis Aristote jusqu'à Harvey, eurent jeté quelques vagues regards sur le développement du Poulet, Malpighi traça la première esquisse d'une histoire complète de ce développement (2). La seconde époque commence à Wolff (3), dont l'esprit pénétrant saisit quelques circonstances importantes relativement à l'origine des organes, surtout de l'intestin et des parois abdominales, et par rapport aux travaux duquel ceux de Haller (4) n'occupent qu'un rang subordonné. Cependant Wolff s'est plus d'une fois aussi laissé induire en erreur par les apparences, outre que l'obscurité de son style et le mauvais choix de sa nomenclature rendent difficile de bien apprécier le trésor de connaissances qu'il a déposé dans ses mémoires. La troisième époque est marquée par Dœllinger et Pander (5), dont les efforts, réunis et soutenus pendant plusieurs années, approfondirent divers point importans, et firent savoir surtout que la membrane proligère se compose de trois couches d'où proviennent différens organes. Quelque vive lumière que leurs recherches aient répandue sur toute l'histoire du développement de l'organisme animal, divers points n'en restèrent pas moins dans le vague et dans l'obscurité. Depuis, Rathke a découvert les branchies du Poulet (6), Huschke (7) a suivi les vaisseaux branchiaux, Prévost et Dumas (8) ont observé les premiers linéamens du cœur.

L'histoire du Poulet, par Baer, et celle de l'embryon d'Ecre-

(1) *Lectures on comparative anatomy*, t. III, p. 422.

(2) *Opera omnia*, Londres, 1676, in-fol.

(3) *Ueber die Bildung des Darmcanals im bebrueteten Huehnchen*, Halle, 1812, in-8.

(4) *Opera minora*, t. II, p. 54-421.

(5) *Diss. sistens historiam metamorphoseos quam ovum incubatum prioribus quinque diebus subit*, Wurzbourg, 1817, in 8. — *Beitræge zur Entwickelungsgeschichte des Huehnchen im Eio*, Wurzbourg, 1817, in-f.

(6) *Isis*, 1825, p. 1099.

(7) *Ibid.*, t. XX, p. 401.

(8) *Annales des sc. nat.*, t. III, p. 96.

visse, par Rathke, ont ouvert une quatrième époque. J'ai été
assez heureux pour que les travaux de ces deux derniers observateurs parussent dans la première édition de ma Physiologie, et comme celle-ci contient en outre les recherches de
Rathke sur le développement des Poissons, et de Baer sur celui des Grenouilles, j'ai pu essayer de donner la première
exposition claire et bien coordonnée de la formation de l'embryon. Il s'agissait, en effet, de placer les phénomènes observés
sous un point de vue général, de saisir les particularités eu
égard auxquelles ils se rapprochent ou s'éloignent les uns
des autres, et d'arriver à des résultats tels que les exige une
science expérimentale. Mais la base de toute connaissance
scientifique est l'idée : car, si l'on peut bien, avec des idées flottantes, acquérir une collection considérable de notions, il est
impossible de jamais s'élever à un véritable aperçu. Je me
suis donc spécialement efforcé de prévenir la confusion qu'on
observe si souvent dans une pareille matière, en déterminant
clairement et nettement les idées, par exemple de matrice
(§ 105), d'œuf (§ 35, 43), de membranes de l'œuf (§ 341), de
nidamentum (§ 343), etc. Il est précieux qu'on ait fait une
application si assidue des perfectionnemens que le microscope
a reçus dans ces derniers temps : cependant il reste à désirer,
dans l'intérêt du vrai savoir, qu'on cherche aussi un point de
vue plus étendu, et qu'on ne dédaigne pas, dans la détermination des idées, l'exactitude et la précision dont on fait
preuve en micrométrie.

Depuis la première édition de ce volume, l'embryologie a
fait des acquisitions considérables, tant par les efforts non
interrompus des observateurs dont je viens de citer les noms,
que par les recherches de J. Muller, de Valentin, de Carus,
de Wagner, de Jacobson (1), d'Ammon et autres. Ce qu'il y a de
plus essentiel parmi ces découvertes, trouvera place dans les
volumes suivans ; mais je m'estime heureux d'avoir à présenter des faits nouveaux et des vues nouvelles dans les expo-
sitions suivantes, qui m'ont été communiquées avec la plus
grande bienveillance.

(1) *Prodromus historiæ generationis hominis atque animalium*, Lipsiæ,
1836, in-fol., fig.

PREMIÈRE DIVISION.

DU DÉVELOPPEMENT DES ORGANISMES.

CHAPITRE PREMIER.

Du développement des tissus et organes des végétaux (1).

§ 372. Ce qu'il y a de plus essentiel dans le caractère de l'organisme végétal entier, c'est la manière dont procède la formation des utricules, des couches, des lamelles, des particules, etc., de nouvelles formations s'appliquant à la surface ou dans les interstices des parties plus anciennes, actives encore, ou inactives, et produisant ainsi les phénomènes de l'accroissement.

1° Comme toute métamorphose véritablement intérieure et pénétrante se retire ici devant le caractère d'apposition qu'y revêt la formation, il doit y avoir, tant dans le développement individuel, eu égard au temps, que dans l'ensemble du monde végétal, eu égard aux formes réellement existantes, une image fondamentale de laquelle toutes les autres formes puissent être dérivées et à laquelle il soit possible aussi de les ramener. La forme primitive est la cellule, dans l'acception la plus large du mot, c'est-à-dire un espace exactement clos de tous côtés par des parois membraneuses, rempli d'un contenu déterminé, isolé, et individualisé, sans nul égard à aucune dimension.

2° La paroi est ce qu'il y a de fixe, ce sur quoi s'apposent la plupart des métamorphoses ultérieures. Le contenu est ce qu'il y a de mobile, qui peut encore subir de complètes métamorphoses intérieures et parcourir les trois degrés de consistance, soit chez des végétaux divers, soit aux différentes époques du développement d'un seul et même végétal. Ces particularités, jointes à ce qu'en vertu de la perméabilité dont jouissent toutes les membranes organiques, des parties peuvent s'échapper au dehors ou s'introduire au dedans, sont

(1) Article rédigé par Valentin.

les circonstances principales à la faveur desquelles se manifestent ici les plus essentiels des changemens intérieurs.

3° Le contenu, comme occupant un rang plus élevé, offre de plus grandes diversités que le contenant. Nous voyons certaines d'entre ses parties prendre la forme de cristaux, tandis que d'autres se dessèchent et restent dans les utricules, comme autant de résidus morts ou de témoins inertes d'une vie antérieure. D'un autre côté, nous le voyons affecter, à l'état liquide, un continuel mouvement circulaire ou spirale, ou remplir les vides sous la forme de gaz, etc. Au contraire, il arrive souvent à la paroi de ne perdre que de l'humidité et de devenir plus rigide, ou bien il s'applique sur elle de nouvelles couches, semblables ou dissemblables, complètes ou incomplètes, qui, de même que la paroi primaire, terminent par leur développement complet le phénomène fondamental de leur activité vitale.

4° De cette métamorphose de la paroi et du contenu proviennent toutes les formes diverses qui constituent les différentes parties des végétaux. Aux extrêmes, la paroi et le contenu subissent des changemens correspondans, tandis que, dans les formes intermédiaires, ils semblent agir indépendamment l'un de l'autre.

5° La masse primordiale gélatineuse se solidifie, ou sur-le-champ, ou du moins dès les premières périodes du développement. Lorsqu'il en reste encore quelques débris, ils passent aussi à un degré de consistance plus élevé, ou au moins ils forment une enveloppe visqueuse autour de l'extrême limite de la cellule, de l'expansion foliacée, du filament caulinaire, etc.

§ 373. La cellule primitive, ou l'utricule simple, a une paroi simple et un contenu primordialement liquide.

1° C'est ainsi que, dans les Moisissures, elle consiste en une membrane transparente et un contenu transparent aussi, parfaitement homogène ou parsemé d'un petit nombre de granulations déliées. Si le filament qui constitue une plantule est simple, son développement se réduit au simple allongement de la cellule primordiale arrondie, qui sert en même temps de spore; s'il présente des ramifications, celles-ci se montrent d'abord sous la forme de petits boutons isolés ou groupés à l'extrémité du filament, qui plus tard deviennent pointus et s'allongent. Si le filament simple ou rameux est composé d'un certain nombre d'anneaux, le tout croît par l'annexion de nouvelles cellules.

2° Les Algues ont une paroi simple, transparente, et un contenu transparent, incolore, légèrement visqueux, dans lequel se trouvent des corpuscules de chlorophylle, libres ou adhérens à la paroi, et souvent aussi confondus les uns avec les autres. De plus, elles sont en grande parties entourées à l'extérieur d'une masse transparente et limpide. Cette spore s'allonge, se distend, et il se forme, par apposition, de nouveaux utricules, qui sont d'abord limpides, mais qui ne tardent pas à contenir de la chlorophylle, et qui, par les progrès du développement, sont séparés de l'utricule plus développé au moyen d'une couche de substance limpide, dont l'épaisseur va toujours en diminuant. Le nouvel utricule est d'abord un petit dépôt plus ou moins circulaire, qui, en s'allongeant, ne tarde pas à prendre une forme plus rapprochée de celle d'un clou, et se remplit de granulations vertes. Quand le contenu vert a une disposition en spirale, ou toute autre disposition régulière, celle-ci paraît bien avant que l'accroissement en longueur soit terminé : les cas dans lesquels ce contenu, prenant la forme de spores, se pelotonne pour ainsi dire, sont les seuls où ce phénomène n'ait lieu qu'après que l'accroissement de l'utricule en longueur est achevé.

C'est dans la famille des Charagnes que nous rencontrons pour la première fois la rotation du suc cellulaire. En effet, dès que les plus jeunes utricules possèdent leur contenu vert, celui-ci affecte un mouvement rotatoire, qui a lieu, comme toujours, dans un orbe spirale, sans qu'il soit donné de découvrir une circonstance extérieure qui puisse occasioner ce mouvement. Comme tout accroissement par apposition est un mouvement en quelque sorte fixé d'une manière locale, l'annexion des parties adopte aussi cette direction spirale. Ce qu'il y a de mieux caractérisé, c'est la situation spirale qu'affectent, dans les Algues complétement développées, les corpuscules verts adhérens à la paroi de l'utricule.

Plus tard, lorsque le contenu vert se pelotonne pour former
les spores oblongues, la spirale rentre de nouveau en jeu.
Dans les Vauchéries surtout, dès que la spore est assez mûre
pour pouvoir sortir, elle commence à tourner en spirale sur
son axe avec une vélocité toujours croissante, et elle s'avance
ainsi vers l'extrémité close de l'utricule, jusqu'à ce qu'enfin
cette extrémité crève : tournant alors avec la plus grande rapidité sur elle-même, elle sort, comme par un acte de parturition, et continue de tourner, au milieu du liquide qui
l'enveloppe, non seulement autour de son propre axe, mais
encore, à l'instar d'une petite planète, autour d'un centre
idéal qui change à chaque instant, jusqu'à ce qu'enfin elle se
précipite subitement au fond, acquiert en peu de temps une
forme parfaitement globuleuse, et pousse avec non moins de
promptitude le premier rudiment de ses rejetons. L'époque
de la journée qui exerce une influence essentielle sur tout
l'accroissement des plantes, influe aussi sur ces mouvemens
purement végétaux.

§ 373*. Les différens élémens des plantes supérieures
pourvues d'une véritable feuille et d'une vraie tige, comme
les hépatiques, les mousses, les fougères, les monocotylédones, les dicotylédones et les polycotylédones, ont partout
pour base la cellule, qui, sous sa forme la plus simple, consiste
en une paroi transparente, incolore, et en un contenu liquide.

1° Le cambium ou la masse visqueuse qui se trouve, au
printemps, entre l'aubier et le liber, apparaît sous l'aspect
d'un suc mêlé de corpuscules d'inégal volume, dans lequel
sont déjà contenus des rudimens de cellules (1). Des recherches faites avec le plus grand soin sont encore nécessai
res pour déterminer si ces cellules naissent immédiatement à
l'époque où le suc se dépose, ou quelque temps après. Ce
qu'il y a de certain, au moins, c'est que les rudimens analogues du périsperme commencent par avoir pour base une
masse entièrement liquide. De même, la partie centrale et la
plus intérieure du jeune bourgeon, chez la plupart des plantes
monocotylédones et dicotylédones, montre déjà une organisa-

(1) Raspail, Nouv. système de physiologie végétale, Paris, 1837, t. I,
p. 410.

tion celluleuse, avec beaucoup de suc. Les corpuscules contenus dans ce dernier sont trop petits pour qu'on puisse attribuer à leur expansion soudaine la production des cellules,
qui ont un volume proportionnellement assez considérable. Il
n'y a point non plus de faits qui autorisent à penser que les
cellules proviennent soit du creusement et du grossissement,
soit de la coadnation des granulations de suc, d'amidon ou
de chlorophylle.

2° L'accroissement des cellules a lieu soit par annexion
d'une nouvelle cellule à la cellule ancienne qui représente la
limite extrême de la formation (*Développement super-utriculaire* de Mirbel), soit par intercalation d'une nouvelle cellule
entre d'autres plus anciennes qui se trouvent en contact
avec elle (*Développement inter-utriculaire*); je n'ai jamais observé d'une manière parfaitement claire un troisième mode
consistant en ce qu'une nouvelle cellule se forme dans l'intérieur d'une cellule mère (*Développement intra-utriculaire*).

3° Il s'applique à la paroi simple de la cellule une masse
homogène, qui forme, sur les cellules terminales, une très-petite éminence arrondie, d'abord fort large, et sur les cellules
situées dans le milieu du parenchyme, une bandelette oblongue, plus rarement carrée.

4° La cellule nouvelle qui provient de là a d'abord une
paroi fort épaisse, proportionnellement à sa lumière, mais
transparente et incolore : son contenu ne renferme point d'a-
bord de granulations ; plus tard il en offre très-souvent de
limpides et transparentes, mais on n'y en voit point encore
de vertes ou d'amylacées.

5° Dans les poils rameux, par exemple ceux qui, chez la
plupart de nos arbres dicotylédones, couvrent la surface des
petites feuilles renfermées dans l'intérieur du bourgeon, il se
glisse une nouvelle cellule, qui écarte l'un de l'autre les moitiés de deux cellules anciennes, et s'insinue elle-même par son
extrémité dans l'angle résultant de cet écartement. Par là se
trouve déterminée la première tendance à la ramification
latérale, qui continue de s'accomplir par l'application de
nouvelles cellules à la surface de celle dont la formation à eu
lieu d'abord. Cependant il se produit aussi une ramification

par l'annexion de nouvelles cellules à la paroi latérale d'une cellule située dans le milieu du poil.

6° La forme le plus simple de la cellule est celle d'une sphère, ou à peu près. En effet, la surface libre des cellules marginales décrit une ligne plus ou moins arquée, surtout pendant les premières périodes du développement : cette forme apparaît d'une manière plus pure dans les cellules mérenchymateuses, qui ne peuvent cependant être considérées que comme une formation cellulaire inférieure, précédant toujours les autres formes. De même aussi la forme polyédrique des cellules n'est nullement produite par une pression mutuelle ; car, là où il se développe des conduits intercellulaires, leurs parois libres ne sont point rondes ou convexes, mais plates et correspondantes à la forme polyédrique des cellules entières ; la plupart des cellules n'ont point non plus une forme parfaitement ronde en devant. On est bien plutôt en droit de comparer la formation des cellules avec celle des cristaux.

7° La forme générale, celle qui vient immédiatement après la ronde, est la forme parenchymateuse, de laquelle en procèdent ensuite d'autres. Dans leur état primitif, les cellules du parenchyme ont toujours une forme carrée, ou carré-arrondie ; puis, suivant les plantes, elles s'agrandissent, tantôt dans le sens de leur diamètre transversal, tantôt, et bien plus souvent, dans celui de leur diamètre longitudinal, quelquefois dans tous les sens à la fois, et deviennent ou oblongues ou hexagones.

8° Lorsqu'on rencontre plus tard les élémens prosenchymateux, les cellules sont d'abord parenchymateuses, et en premier lieu carrées, ou plutôt cubiques, après quoi elles s'allongent en colonnes quadrangulaires, puis elles se reforment, par développement ultérieur de leurs parois, pour recevoir un dépôt prosenchymateux.

9° Le tissu cellulaire rayonné a également pour base première une disposition parenchymateuse. Les espaces aériens et les changemens des cellules sont produits par un acte qui a de l'analogie avec l'émoussement des angles des cristaux.

10° La paroi des cellules simples est dépourvue de fibres,

d'abord délicate, molle et extensible, plus tard solide, rigide et fragile.

11° Son contenu est d'abord incolore, ou un peu trouble et grisâtre. Bientôt on y voit paraître des corpuscules de chlorophylle, et c'est de ce vert que procèdent toutes les autres colorations.

12° Les corpuscules amylacés, lorsqu'ils coexistent avec la chlorophylle, se montrent toujours un peu plus tôt que ces derniers.

13° Les cristaux qu'on trouve dans les cellules développées des *Musa*, *Canna*, etc., apparaissent, proportion gardée, fort tard. D'autres ne se rencontrent que durant les premières périodes du développement. Certaines raphides sont situées en faisceaux dans l'intérieur de la cellule intacte ; d'autres ne se produisent que par l'évaporation du suc qui s'écoule.

14° Les vaisseaux sont primitivement aussi des cellules simples, qui seulement s'allongent avec tant de rapidité pendant la première période, qu'on ne peut presque plus reconnaître leur état primordial. Ainsi j'ai vu presque toujours les premiers commencemens des trachées et des vaisseaux séveux sous la forme de cellules allongées, à parois simples et minces. L'analogie de tous les autres phénomènes ne permet pas douter que leur extension en longueur ne soit un état secondaire.

15° Le contenu des cellules, tantôt demeure à son primitif état de liquide, tantôt subit une métamorphose spécifique, tantôt enfin devient aériforme. Ce dernier effet n'a lieu vraisemblablement que quand la cellule a terminé le cours de sa vie individuelle.

16° Outre les corpuscules d'amidon et de matière colorante, les huiles et les cristaux, on trouve encore, dans beaucoup de végétaux, de gros corps ronds ou arrondis (*nuclei*), ayant un aspect plus ou moins granulé et brillant, dont chacun occupe une cellule à part, où généralement il est libre.

§ 373**. L'acte de la *lignification* consiste en ce que la paroi primordiale des cellules simples se couvre peu à peu de nouvelles couches membraneuses, plus ou moins distinctes, qui diminuent le calibre de l'utricule primitif, en raison directe de leur nombre et de leur épaisseur. En même temps, la consistance du contenu va peu à peu en diminuant, de sorte qu'il est toujours aériforme au moment où la lignification se trouve achevée. La membrane primaire ne subit point de changement, quoiqu'elle devienne plus sèche et plus rigide. Il est rare qu'indépendamment du contenu aériforme on rencontre de la chlorophylle et de l'amidon, mais souvent on observe des masses de matière colorante, des *nuclei* et des cristaux. Les couches lignifiantes ne sont pas, généralement parlant, beaucoup plus épaisses que la paroi primaire de la cellule, et quand elles rapetissent beaucoup le calibre de celle-ci, c'est principalement par l'effet de leur grand nombre. Sous le point de vue de la continuité, la lignification est tantôt partielle, quand toutes les couches ont des vides réguliers qui se correspondent et ne sont point clos par la paroi primaire de la cellule, tantôt générale, lorsqu'il n'y a aucune trace d'interruption de continuité dans la première application, et qu'on n'aperçoit point non plus de couches parallèles régulières, mais que la paroi épaissie, ou n'offre aucun vide, ou ne présente que des passages irréguliers et partiellement séparés. Ces deux formes de lignification, avec toutes leurs nuances, s'observent tant dans les vraies cellules que dans celles qui sont prolongées en fibres et en vaisseaux ; seulement, dans les vaisseaux, la lignification s'accomplit avec une extrême rapidité.

I. La lignification partielle a lieu d'une manière annulaire, ou spirale, ou réticulaire.

1° Dans la première de ces trois formes, la substance ligneuse s'applique à la surface interne de la paroi de la cellule, en anneaux plus ou moins régulièrement écartés les uns des autres ; ses fibres sont toujours solides, sans cavité intérieure, et elles naissent chacune à part ; le contenu de la cellule est constamment vaporeux ou aériforme.

2° La même chose a lieu pour la forme spirale, dans laquelle la substance ligneuse se dépose en une ligne spirale.

3° Dans la lignification réticulaire, tantôt les vides ou mailles du réseau sont disposées en spirales plus ou moins régulieres, tantôt des fibres partent en rayonnant d'une tache plus ou moins large.

4° Ces trois formes ont entre elles le même rapport qu'une chose inférieure et une chose supérieure : on voit surtout la formation tant annulaire que spirale passer à la formation réticulaire, soit que des faisceaux obliques de substance ligneuse s'appliquent entre les anneaux ou les spirales, soit que les fibres elles-mêmes se fendent.

5° Les vides des couches de lignification, ou les pores, dans l'acception la plus étendue du mot, offrent une disposition spirale déterminée, partout où les fibres ligneuses suivent une marche spirale.

6° La forme réticulaire, qui est la plus parfaite de toutes, se produit quelquefois d'une manière primaire ; mais lorsqu'il existe des couches nombreuses de lignification dans l'intérieur d'une cellule ou d'un vaisseau, la lignification arrive toujours, quoique d'une manière secondaire à la formation réticulée.

7° Les couches de lignification sont adhérentes tant les unes avec les autres qu'avec la paroi primordiale ; leur adhérence est d'autant plus intime et générale, qu'elles mêmes sont plus jeunes et plus imprégnées de sucs.

8° Lorsque le pore touche à la paroi primaire de la cellule, il s'entoure d'un vide circulaire, contenant de l'air, entre cette paroi et la première couche ligneuse. Il est plus rare de rencontrer entre les couches ligneuses des vides affectant soit la forme de fentes oblongues, dans le milieu de ces couches, soit celle de dilatations globuleuses à la limite du canal constitué par le pore, et jamais ils ne se développent qu'à une époque très-tardive.

9° Quand les fibres annulaires et les fibres spirales passent à la lignification réticulaire, elles se collent solidement à la paroi primaire, et il se dépose, des deux côtés, de la substance, qui s'agrandit ensuite en une couche de lignification pourvue de vides ou de pores.

10° Le travail de la lignification se règle sur les parties voisines. On ne voit de pores que là où des parois de cellules voisines s'appliquent l'une contre l'autre ; il n'y en a ni aux endroits où ces cellules sont placées perpendiculairement les unes au dessus des autres, ni à ceux où des vaisseaux homologues s'appliquent contre elles.

11° Toutes les cellules poreuses contiennent de l'air ; quelques unes renferment aussi de la matière colorante, etc.

II. La lignification générale ou étendue s'observe à côté de la lignification partielle ; mais, par les progrès du développement, elle se transforme en cette dernière.

1° Celle qui est continue et régulière a lieu par un dépôt uniforme de nouvelles couches.

2° La noueuse produit des élévations, et entre elles des enfoncemens, qui, dans leur forme moins régulière, ne traversent que partiellement les couches de lignification, et ne correspondent pas exactement, comme les pores, à ceux de l'utricule voisin, mais alternent souvent avec eux. Le développement a lieu ici d'une manière telle que, la paroi de la cellule se ployant onduleusement à mesure qu'elle augmente de masse, la substance nouvelle s'applique surtout sur les points qui font saillie.

III. Les deux modes de lignification présentent encore quelques autres particularités.

1° Dans les périodes avancées de la lignification, il survient quelquefois soit un étranglement à l'extrémité de la cellule, soit plusieurs étranglemens sur sa longueur.

2° Il arrive fréquemment qu'une masse transparente et comme vitreuse, semblable à celle qui entoure, durant toute leur vie, un grand nombre d'Algues, soit dans leur entier, soit dans leurs parties élémentaires, mais beaucoup plus dure, se forme, pendant la lignification, entre les cellules ou les vaisseaux des plantes supérieures.

3° Quelquefois, pendant la lignification, il se développe, dans les parois des utricules eux-mêmes, un tissu fibreux affectant la forme spirale, la forme réticulée, ou d'autres formes.

4° La lignification n'a jamais lieu sur toute la paroi à la fois ; toujours, du moins dans la forme partielle, elle apparaît d'abord aux angles, d'où elle s'avance vers le milieu.

5° Avant que le contenu liquide soit devenu aériforme, il passe quelquefois à la forme solide, et constitue un *nucleus*, qui a disparu quand la lignification est terminée.

§ 373 ***. Outre la formation primaire de cellules et la lignification secondaire, la formation de vides, c'est-à-dire la séparation des tissus végétaux ou des parties de tissu, les unes des autres, joue un rôle essentiel.

1° Les formes des cellules qui se produisent d'après les lois de la cristallisation, sont de nature telle qu'il reste entre elles des espaces remplis de substances liquides ou aériformes. Ainsi la formation des vides coïncide avec celle des cellules mérenchymateuses.

2° Les conduits intercellulaires triangulaires se produisent de même entre les cellules parenchymateuses.

3° Ces cellules sont préparées en partie, par un changement de leur configuration et de leur disposition, à une formation organique de fissures.

4° Des cellules adossées les unes aux autres s'écartent d'après des lois déterminées, pour former des conduits (par exemple les trachées) ou des cavités (par exemple, les réservoirs du suc propre). Les vaisseaux dits séveux se produisent peut-être d'une manière analogue.

5° Des vides contenant de l'air se forment aussi par l'émoussement de cellules jusqu'alors parenchymateuses, qui étaient serrées les unes contre les autres. Ces vides sont d'abord triangulaires, parce qu'ils correspondent à la rencontre de trois cellules; mais la plupart du temps ils s'arrondissent par la suite.

6° Il n'est pas rare que le déchirement du tissu cellulaire parenchymateux donne lieu à des excavations dans lesquelles font saillie des lambeaux de ce tissu.

7° De petits vides arrondis et oblongs se produisent aussi entre les tissus lignifiés, quand la lignification a fait des progrès considérables. Il se forme quelquefois des fissures arquées dans les parties fortement lignifiées.

§ 373 ****. Quant à ce qui concerne le développement des parties d'organes, envisagé de la manière la plus générale,

1° On est encore dans le doute de savoir si toutes celles

qui se forment d'abord sont mérenchymateuses. Ce qu'il y a de certain, c'est que, dès qu'une partie arrive à l'indépendance, son tissu cellulaire est toujours parenchymateux, quelque forme qu'il puisse revêtir plus tard.

2° De ce tissu cellulaire se produisent des groupes hétérogènes de cellules, par accroissement plus considérable soit en longueur soit en largeur.

3° Les conduits et excavations entre les cellules, qu'ils contiennent de l'air, du suc propre, de l'huile ou d'autres sécrétions, se forment en général après que ces séparations ont eu lieu.

4° Les faisceaux vasculaires sont d'abord de longs utricules simples, entre lesquels on n'aperçoit point encore de distinction. Bientôt l'un d'eux se convertit en une trachée, (§ 373 **, 2°), tandis que le tube correspondant de l'aubier est encore simple, ou ne montre qu'un épaississement à peine perceptible de sa paroi. Plus tard, il se produit, à une certaine distance les unes des autres, de nouvelles trachées isolées, attendu qu'alors les cellules de l'aubier commencent aussi à se lignifier d'une manière plus prononcée.

5° La lignification s'étend ensuite au voisinage des trachées et des tubes de l'aubier, pendant que les utricules médians demeurent simples. On voit alors paraître le faisceau vasculaire complet, qui se sépare en aubier, bois, et formation intermédiaire simple. L'aubier et le bois se développent ensuite avec rapidité, de sorte que les formes les plus élevées de la lignification (vaisseaux en escalier, vaisseaux ponctués, etc.) deviennent plus prononcées dans ce dernier. A la paroi interne des tubes d'aubier et de bois s'appliquent sans cesse de nouvelles couches, et les nouveaux tubes qui naissent entre elles passent avec une promptitude extrême à la lignification.

6° La couche la plus superficielle de cellules, qui constitue l'épiderme, est toujours un organe pourvu d'utricules lignifiés, et la lignification n'est point ici un effet de l'atmosphère, puisqu'on la trouve déjà commencée, et même la plupart du temps achevée, dans l'intérieur du bourgeon; les stomates se forment également long-temps avant le contact de l'air.

7° La plupart des parties organiques ne sont point perpendiculaires ou horizontales, mais tournent en spirale autour d'un axe idéal, longitudinal ou transversal. La caractérisation des diverses parties a pour point de départ l'endroit où les jeunes s'appliquent aux anciennes.

8° On n'observe point une progression si régulière dans le dépôt de matières colorantes au sein de quelques cellules, la manifestation de cellules fibreuses au milieu du parenchyme ordinaire, le dépôt de sucs particuliers dans des interstices et des réservoirs, etc.

§ 373 *****. La plante est une unité idéale de tige et de feuille, qui se réalise durant le cours du développement individuel, et qui plus tard se résout en tige et en feuille.

I. Le nom d'*anneau végétal* me paraît être le plus convenable pour désigner cette formation. Semblables à ceux d'une chaîne, en effet, les anneaux végétaux jouissent d'une indépendance relative, puisque chacun d'eux a la plupart du temps le pouvoir de reproduire le végétal entier, et que cependant ils ne constituent un véritable individu qu'autant qu'ils sont aggrégés plusieurs ensemble ; de plus, leur nombre n'a rien de fixe, et ils se reproduisent constamment partout où de nouvelles parties, d'une espèce quelconque, doivent se former. C'est à tort qu'on distingue ces germes de parties nouvelles en bourgeons et embryons. L'embryon est déjà une nouvelle plante, il est déjà sorti de son état primaire, il a déjà feuille, tige et racine. L'anneau végétal le plus simple s'annonce au moment où l'embryon commence à paraître dans la semence elle-même. Dans le bourgeon, il est ce qu'il y a de plus intérieur et de plus jeune, le *punctum vegetationis* de Wolff, c'est-à-dire un corps rond ou oblong, qui n'est point encore séparé latéralement en organes foliacés, et qui contient une grande quantité de suc mêlé de granulations, tant dans son intérieur que dans ses cellules manifestement développées à la surface. L'embryon se présente parfaitement tel dans les premiers momens de son apparition ; la seule différence tient à ce que, tandis que le centre de végétation est adhérent par toute sa base, le rudiment de l'embryon paraît plus libre dans ses parties voisines, quoiqu'il y ait également ici une con-

nexion avec le périsperme, par le moyen d'un cordon celluleux. Une séparation extérieure et intérieure s'opère ensuite
dans la semence et le bourgeon, lorsque l'accroissement en
longueur commence. D'abord le corps primitif se sépare, la
plupart du temps, en deux parties foliacées, situées l'une en
face de l'autre, qui ont un sommet rétréci, plus ou moins arrondi, et une large base, sans qu'on aperçoive encore de
distinction entre feuille et pédoncule ou tige. L'organe foliacé n'est plus composé de tissu cellulaire simple; il se sépare en épiderme, parenchyme de feuille, et faisceaux vasculaires. En effet, la couche extérieure de cellules commence
à se lignifier, et souvent aussi se couvre de poils transitoires
ou de formations analogues. Mais, dans le milieu de la partie
foliacée, on aperçoit des utricules allongés, dont celui qui occupe le centre passe à la lignification partielle, c'est-à-dire
devient vaisseau en spirale, tandis que ceux qui sont placés
en dehors montrent les premiers vestiges de lignification continue. Il y a donc ici réalisation de l'unité de la feuille et de
la tige, qui jusqu'alors était purement idéale. Mais la différence ne tarde pas à s'établir, car les progrès de l'accroissement font que de nouveaux *puncta vegetationis* se développent
et poussent de plus en plus l'anneau végétal en dehors. Pendant que la feuille elle-même s'allonge, et qu'elle se rétrécit
à sa base, pour y produire le premier rudiment du pétiole,
les diverses feuilles s'écartent davantage les unes des autres,
et l'on voit paraître la tige, immédiatement formée par leurs
prolongemens réunis. La tige doit donc être considérée comme
l'unité de toutes les végétations radiculaires de l'anneau végétal.

II. A l'égard du développement simultané des parties de la
jeune tige et des jeunes feuilles, la plante, envisagée d'une
manière générale, se compose d'une multitude de parties séparées les unes des autres, les feuilles, et de leurs moitiés
soudées ensemble, la tige. Les feuilles et la tige ne font qu'un
primordialement, et cette unité se reconnaît aussi dans leurs
métamorphoses correspondantes.

1° A la feuille, de même qu'au rudiment de la tige, c'est
a couche extérieure de cellules qui acquiert la première une

forme précise : ses cellules sont serrées les unes contre les autres, sans former de conduits intercellulaires; elles ne tardent pas à perdre leur contenu liquide et à se lignifier ; la plupart du temps elles acquièrent des stomates à leur côté extérieur, qui plus tard deviendra la face inférieure de la feuille.

2° Outre les formations ligneuses qui se trouvent au centre, toute la périphérie, dans la feuille, comme dans le rudiment de la tige, est primordialement formée du même tissu cellulaire. Dans la feuille, qui est en quelque sorte la partie détachée de la totalité idéale de l'individu plante, les cellules se placent surtout les unes à côté des autres, de manière à s'étendre en surface; elles existent donc en plus grand nombre des deux côtés de la nervure. Dans la portion correspondante de la tige, au contraire, le tissu cellulaire enveloppe davantage la nervure en manière de gaîne cylindrique. Mais comme, même dans sa plus grande jeunesse, la tige constitue la partie adhérente d'une spirale de feuilles, et non la base d'une feuille, les formations ligneuses correspondantes ne peuvent point tomber dans le milieu; la partie celluleuse simple se produit tout-à-fait au centre ; autour d'elle se disposent les diverses formations ligneuses, et tout à l'extérieur s'applique de nouveau une portion celluleuse simple, qui est limitée par l'épiderme. Ceci donne la première idée nécessaire d'une distinction entre moelle et écorce, dans l'intervalle desquelles se trouvent les formations ligneuses, les faisceaux vasculaires. Mais celles-ci ne représentent jamais d'abord un cercle clos, comme nous ne tarderons point à le voir, la distinction entre moelle et écorce est toujours d'autant moins prononcée, que le rudiment de tige, que l'anneau végétal lui-même est plus jeune.

3° Les formations ligneuses sont d'abord simples. Un faisceau vasculaire unique occupe toujours le milieu de la feuille, et se prolonge immédiatement dans le rudiment de tige. Dans l'une comme dans l'autre, il a de son essence une situation centrale, quoiqu'il ne l'occupe réellement ni dans l'une ni dans l'autre, dans la feuille, du moins dans toutes celles qui forment de véritables expansions foliacées, à cause de l'étalement en surface, dans la tige, parce quelle est de sa nature une cohésion de plusieurs anneaux végétaux. Si donc nous examinons la partie centrale du bourgeon, au moyen d'un compresseur, nous voyons que les faisceaux vasculaires se portent des feuilles vers l'intérieur de la tige, où ils marchent de haut en bas, mais qu'au centre se trouve le tissu cellulaire médullaire, comme à l'extérieur de ces mêmes faisceaux se rencontre la couche corticale. Tous les faisceaux vasculaires se ploient de dehors en dedans, de manière qu'ici ceux qui occupent le centre correspondent aux feuilles les plus élevées et les plus jeunes, et ceux qui garnissent la périphérie aux feuilles inférieures et les plus âgées. Ce mode d'accroissement, qu'autrefois on n'attribuait qu'aux seules plantes monocotylédones, a lieu dans le premier rudiment de tige de tous les végétaux, sans exception.

4° Comme les feuilles, les parties élémentaires affectent aussi une disposition spirale, ce dont on peut surtout se convaincre aisément en examinant les faisceaux vasculaires.

III. Voyons maintenant comment se produit la feuille.

1° Toutes les feuilles, quelque forme qu'elles puissent avoir dans la suite, ont d'abord une base proportionnellement large, qui va en s'amincissant plus ou moins vers l'extrémité, et qui engaîne les germes suivans de feuilles, tout comme elle est engaînée par les feuilles précédentes. Mais ce dernier engaînement diminue à mesure que le rudiment se développe.

2° Plus tard seulement, la base de la feuille se rétrécit, de sorte que la différence entre feuille et pétiole se prononce secondairement; mais le pétiole est constamment court, proportion gardée, dans les jeunes feuilles.

3° La plupart des feuilles ont une forme oblongue ou ovalaire, un peu allongée en pointe, de laquelle les autres formes ne procèdent que d'une manière secondaire. Dans celles qui, plus tard, ont un pétiole plus ou moins central, celui-ci représente d'abord une petite branche, du sommet de laquelle les principales nervures partent, comme d'un nouveau centre de végétation. Cette disposition ne s'efface que lentement et peu à peu, à mesure que le parenchyme foliacé s'agrandit.

Les feuilles pennées naissent comme une collection de folioles simples, implantées sur de petits pétioles particuliers. Les jeunes feuilles sont en général, sinon toujours, couvertes d'une grande quantité de poils, même dans les plantes qui sont glabres après leur entier développement; mais ces premiers poils se perdent fréquemment par l'effet de la mue qui a lieu pendant le cours du développement individuel. D'un autre côté, les véritables poils composés, les dents, les lobes, les aiguillons, etc., naissent à l'état de poils simples, qui grossissent par développement super-utriculaire et inter-utriculaire, se séparent fréquemment en épiderme et couche de parenchyme, et, généralement parlant, subissent tous les changemens secondaires de la feuille elle-même.

4° L'épiderme est d'abord une simple couche de cellules, qui renferme de très-bonne heure un liquide vert, limpide et transparent, mais qui ne tarde pas non plus à le perdre, ses cellules passant rapidement à la première période de la lignification. D'abord, les cellules sont exactement appliquées les unes contre les autres, comme celles du parenchyme, et sans conduits intercellulaires; mais bientôt elles s'allongent, et, chez beaucoup de végétaux, elles acquièrent des flexions sinueuses pendant le cours de leur rapide lignification. C'est aussi au commencement de cette dernière que remonte la formation des stomates. Les cellules s'écartent régulièrement les unes des autres, sur des points déterminés, tandis qu'un conduit aérien correspondant se produit la plupart du temps au dedans du parenchyme. Les cellules qui entourent le stomate subissent une métamorphose caractéristique et souvent différente de celle des autres cellules; dans beaucoup de cas, elles conservent leur contenu vert; quelquefois elles s'élèvent un peu au dessus de la surface, etc. La forme du pore du stomate est d'abord ronde, puis elle devient ovale, et elle n'acquiert qu'en dernier lieu l'allongement qui lui donne l'aspect caractéristique d'une fente. L'apparition des stomates semble succéder immédiatement à la première mue du rudiment de feuille. Les plis, les points, les verrues, etc., qu'on voit si fréquemment à la surface extérieure des cellules épidermiques, ne se montrent que vers la fin, ou après l'entier développement de l'épiderme.

5° A l'égard du parenchyme de la feuille, ses cellules sont d'abord absolument parenchymateuses; elles ont des parois simples, transparentes et incolores; elles contiennent un liquide limpide, dans lequel nagent souvent de très-petites granulations. C'est plus tard qu'on y rencontre la chlorophylle, qui se dépose par places, et souvent aussi se répand d'une manière plus régulière, du sommet à la base. Quant à l'amidon et au pigment, ils ne se montrent généralement ici qu'en dernier lieu ; mais, dès que le développement a fait plus ou moins de progrès, on voit paraître les vides aériens, qui sont si essentiels à la feuille. Ces vides se forment toujours d'une manière secondaire, c'est-à-dire dans les endroits où il y avait auparavant des cellules, soit par l'effet de l'émoussement nécessaire pour produire le tissu cellulaire rayonné, soit par écartement régulier, par dessiccation et déchirure du parenchyme aminci. Mais leur principale formation coïncide exactement avec celle des stomates. Dans un très-grand nombre de plantes, quelques cellules des feuilles les plus jeunes contiennent des cristaux, qui les bouchent en grande partie : ce sont là probablement des dépôts de nourriture, que le végétal consomme plus tard.

6° Les faisceaux vasculaires n'apparaissent que quand la jeune feuille a déjà acquis sa forme oblongue et terminée en pointe. On distingue d'abord, au milieu, un vaisseau en spirale, marchant dans le sens de la longueur, et au voisinage duquel se trouvent un ou plusieurs utricules qui ont subi la lignification continue. Le nombre des vaisseaux et des utricules va ensuite en augmentant, tandis que des faisceaux analogues se forment parallèlement à eux, ou de côté et sous un angle plus ou moins ouvert. Cette formation continue jusqu'à ce que le réseau foliacé qui caractérise chaque plante soit achevé.

7° C'est une loi générale que les jeunes feuilles soient d'autant plus enroulées qu'elles sont plus jeunes, et que l'enrou lement aille aussi loin que le permet la largeur déjà acquise par leur disque. A cette loi obéissent non seulement toutes les feuilles solitaires, sans exception, mais encore celles dans lesquelles plusieurs rudimens de feuilles se confondent ensemble pour n'en constituer qu'une seule, comme la plupart des feuilles composées, lobées, pennées, réniformes, etc. Sur la fin, les divisions expriment aussi leur tendance à se rouler, par leurs crispations, leurs inflexions, etc.

IV. A l'égard du développement de la tige, les monocotylédones et les dicotylédones présentent d'abord de très-grandes analogies, et leurs différences caractéristiques ne se prononcent que plus tard. En effet, partout il se forme, en premier lieu, dans la moelle parenchymateuse simple, un ou plusieurs faisceaux vasculaires, correspondans à chaque feuille, qui, dans leur trajet au dedans de la tige, sont tout aussi bien séparés les uns des autres en spirale, que les feuilles le sont au dehors de cette même tige. Quand ces spirales ont peu d'élévation, ainsi qu'il arrive durant le jeune âge, on doit rencontrer beaucoup de faisceaux vasculaires dans la coupe transversale. Plus tard, chacun d'eux se trouve coupé à une hauteur différente, et chacun aussi apparaît sous une forme particulière; mais tous semblent être encore épars au milieu du tissu cellulaire homogène, dans lequel on ne distingue ni écorce, ni moëlle, ni rayons médullaires. Cependant, si on les poursuit avec un peu d'attention, on reconnaîtra qu'ils forment une ou plusieurs spirales emboîtées les unes dans les autres. Cette disposition est absolument la même dans les monocotylédones et dans les dicotylédones ; seulement, chez les premières, les faisceaux sont plus épars au milieu du tissu cellulaire commun, et chez les autres ils sont, à cause de l'élévation moindre des spirales, plus réunis en un cercle, qui sépare aussi davantage la moelle et l'écorce. Tant qu'il ne s'est pas produit de cercle formé par l'accumulation des faisceaux de vaisseaux en spirale, les faisceaux des nouvelles spirales de feuilles s'appliquent entre ceux des anciennes; mais, dès que cet effet a eu lieu, les nouveaux faisceaux naissent au cercle extérieur de la moelle, et se dirigent de dedans en dehors, en croisant les anciens. Cette disposition a lieu aussi chez les plantes dicotylédones, dans ce que Hill appelait la couronne.

Nous voyons donc que, jusqu'à la formation d'un anneau fermé de bois, ou, en général, jusqu'au commencement de la seconde pousse annuelle, les monocotylédones et les dicotylédones présentent exactement les mêmes phénomènes d'accroissement. Maintenant, de nouveaux faisceaux naissent des parties entourées de moelle celluleuse. Chez les monocotylédones, cet acte est accompli par le parenchyme cortical et le parenchyme médullaire, entre lesquels il n'y a point de démarcation rigoureuse. Dans les dicotylédones, quand il existe un anneau fermé, il arrive bien que la moelle produit de nouveaux faisceaux par la couronne, et l'écorce par les bourgeons corticaux; mais le tissu cellulaire logé entre l'aubier et le bois jouissant des mêmes facultés, il peut ainsi produire de nouvelles couches de bois et d'aubier, et faire naître de cette manière les cercles annuels. D'après cela, quoique les faisceaux vasculaires des monocotylédones paraissent plus développés, quant au nombre et au degré, ceux des dicotylédones le sont cependant davantage eu égard à l'intensité de la force plastique; mais la formation primordiale de la tige est et demeure partout une et la même.

V. La racine est une métamorphose de la tige, à laquelle les circonstances extérieures ambiantes impriment une forme caractéristique. Primordialement elle a son centre de végétation à son extrémité, de manière qu'elle produit un tronc moyen, plus ou moins volumineux, d'où partent les branches latérales. Quoique, la plupart du temps, il n'y ait point ici de véritable formation analogue au bourgeon, comme dans la majeure partie des productions qui s'accomplissent au dessus de terre, cependant le grand nombre d'exemples qu'on connaît de racines émanant de la tige, des branches, des feuilles, etc., atteste que telle est sa signification. Originairement, toute racine a un corps médian, qui tantôt croît dans la même proportion, ou avec plus d'énergie, et constitue un pivot, d'où sortent des branches latérales, tantôt n'éprouve aucun changement et pousse du chevelu, tantôt enfin produit, par l'épaississement de quelques unes de ses parties, les racines tubéreuses, palmées, fusiformes, etc. Le chevelu lui-même n'a fort souvent qu'une existence transitoire, et souvent, sinon toujours, il se renouvelle à chaque impulsion de la végétation.

VI. Toutes les parties de la fleur et du fruit sont des anneaux végétaux métamorphosés, et non pas seulement des feuilles transformées, comme on a coutume de le dire. La partie la plus importante de la théorie des métamorphoses consiste à démontrer cette proposition par les formes qu'on découvre dans diverses plantes, de même que par les conformations morbides. L'histoire du développement individuel le prouve encore bien mieux; car le calice, la corolle, les étamines, le pistil, l'ovule, tous, sans exception, se montrent d'abord sous la forme d'anneaux végétaux simples, et ne développent qu'en dernier lieu leurs différences individuelles.

1° Les sépales du calice sont originairement de simples parties foliacées vertes, ayant des formes analogues à celles que les feuilles elles-mêmes présentent dans leur plus jeune âge. Toutes les particularités de conformation, de vestiture, etc., se manifestent plus tard, comme elles le font également à l'égard des feuilles, dont elles marquent les caractères individuels. Les calices qui paraissent monosépales par soudure sont polysépales dans le principe, leurs sépales n'étant unis que par d'étroites languettes à la base. Ces languettes acquièrent un plus ample développement aux dépens des parties terminales des sépales.

2° De même aussi les pétales de la corolle sont d'abord simples et verts; plus tard ils passent, presque toujours, par des couleurs claires à d'autres plus foncées. La coloration elle-même commence en grande partie à se montrer au sommet. Les autres circonstances obéissent ici aux mêmes lois que pour les sépales du calice. Seulement les pétales sont toujours plus ou moins long-temps roulés, et ils acquièrent de meilleure heure leurs différences individuelles, de sorte que les anomalies qui peuvent avoir lieu à l'égard de la corolle sont, proportion gardée, très-promptes à se prononcer. Ce que la théorie des métamorphoses établit idéalement, l'histoire du développement individuel le montre réalisé, savoir, qu'il arrive souvent à certains pétales de subir des mutilations et de changer entièrement de forme, tandis que d'autres prennent un développement exagéré et s'approprient de nouvelles parties.

3° S'il y a une partie dont l'histoire du développement individuel démontre clairement qu'une partie végétale n'est qu'un anneau végétal métamorphosé, c'est sans contredit l'étamine. Primordialement l'étamine apparaît sous la forme d'une petite feuille verte, qui, la plupart du temps, ne se distingue en rien des pétales. Cette partie foliacée se partage en lame et pétiole, c'est-à-dire anthère et filet. Comme le milieu de la foliole anthérale, le futur connectif, forme la continuation du filet primordial, les parties latérales de cette même foliole subissent un changement spécial, aussi instructif que remarquable. Il se produit d'abord plusieurs couches superposées de cellules contenant une substance verte à granulations déliées, ainsi que nous avons déjà vu précédemment qu'il arrive aux jeunes feuilles. Les deux couches extérieures suivent, dans leur développement ultérieur, une tout autre marche que le parenchyme placé au centre. En effet, le contenu de ces dernières cellules commence par se réunir en un seul *nucleus*, tandis que les parois conservent encore leur simplicité et leurs formes polyédriques. Ce *nucleus* se partage ensuite presque toujours en quatre parties régulières, rarement davantage, plus rarement encore moins, et ses divisions se terminent en dedans par une ligne droite ou toute autre ligne rigoureusement mathématique, en dehors par une ligne plus ou moins arquée. Dans le même temps, les parois des cellules disparaissent de plus en plus, de manière qu'il finit par n'en plus rester que des vestiges linéaires dans une masse claire, demi-molle et gélatineuse. Pendant que ces changemens s'accomplissent, les divisions d'abord limpides et transparentes du *nucleus*, les futurs grains de pollen, acquièrent leurs formes déterminées et tout ce qui les caractérise par rapport, tant à leurs enveloppes qu'à leur contenu, qui se développe en elles-mêmes et n'y est point apporté du dehors ; quant à la masse interposée entre les divers *nuclei*, tantôt, ce qui est le plus ordinaire, elle disparaît entièrement, tantôt elle se réduit à une masse claire, demi-fluide et souvent visqueuse. En dernier lieu, les grains polliniques se séparent pour la plupart les uns des autres; il y a cependant des familles où ils restent agglutinés quatre ensemble; mais, alors même qu'ils s'isolent tous, ils n'en demeurent pas moins rangés d'après certaines lois dans l'anthère. Les observations de Mohl nous ont appris un fait remarquable, c'est que les spores des cryptogames ont un développement individuel analogue de tous points. Tandis que ces phénomènes ont eu lieu, les deux couches extrêmes de la foliole anthérale ont subi aussi des changemens essentiels. L'externe est devenue un véritable épiderme. Elle a acquis des stomates d'après les lois dont nous avons déjà tracé l'exposition. Ses cellules sont plus ou moins, mais en général fort peu lignifiées, la paroi tournée en dehors laisse souvent apercevoir des séries de points, de verrues, etc., dus à l'action des milieux ambians. Quant à la couche interne, qui maintenant circonscrit également une cavité, elle subit une lignification partielle, et laisse apercevoir, la plupart du temps, des cellules fibreuses, offrant, dans chaque plante, une disposition particulière, selon que les changemens qu'elles éprouvent arrivent à celles qui occupent ou le milieu ou les côtés. Ici on voit facilement, et d'une manière très-distincte, que ces lignifications partielles ont pour point de départ les parois intermédiaires adossées l'une contre l'autre, que ces parois commencent par s'épaissir, que les fibres en partent pour gagner le milieu, qu'en même temps le contenu liquide passe à l'état de fluide aériforme, etc. Il va sans dire que tous ces changemens de structure intime sont accompagnés de métamorphoses spéciales dans la configuration extérieure.

4° Les parties génitales femelles des plantes sont également des anneaux végétaux métamorphosés, qui poussent de nouveaux bourgeons à leur surface ou dans leur intérieur, et qui procréent ainsi l'œuf et l'embryon. Le pistil consiste primordialement en une agrégation de parties foliacées, qui ne tardent pas à s'enrouler et à s'unir ensemble dans le centre du bourgeon pistillaire, quand il y a plus tard plusieurs carpelles, ou du moins lorsqu'il en existe plusieurs à l'une des premières périodes du développement. Mais, comme les feuilles peuvent développer de nouveaux anneaux végétaux sur leurs

bords., qui correspondent aux interstices des faiseaux vasculaires rayonnans , de même il se produit ici , à la jonction des
anneaux végétaux primaires , des bourgeons, c'est-à-dire
des ovules , qui, presque toujours, sont disposés alternativement sur l'un et sur l'autre bord de l'anneau végétal. Il suit
de là que, quand ces bougeons viennent à se developper, les
ovules forment bien une série correspondante à la suture
elle-même, mais n'en alternent pas moins les uns avec les autres. Chaque foliole pistillaire subit des changemens essentiels en conséquence de cette disposition. La couche celluleuse tournée en dehors se convertit également en un épiderme pourvu de stomates et jouissant de toutes les autres
propriétés qui ont trait à cette formation. L'interne, au contraire, éprouve des métamorphoses spéciales. La couche interne de la paroi anthérale est primordialement parenchyme,
et ne devient cavité que secondairement. Il n'en est point
ainsi de l'épiderme interne du pistil. Dès le principe il est
épiderme , et par cela même on y aperçoit non seulement des
formations ligneuses , mais encore des stomates, qui ne manquent ici que dans un petit nombre de cas, parfois uniquement dans l'état primordial , et presque jamais dans celui de
complet développement. Mais les cellules de cette couche,
de l'endocarpe ou de la membrane capsulaire, subissent ici
une lignification continue ou partielle des plus fortes, dont il
est très-facile de suivre les phases. Les inégalités , rides ,
points , etc., des parois, que nous rencontrons sur l'épiderme
des feuilles , s'observent également ici , et y acquièrent
même presque toujours un plus haut degré de développement. Mais , comme l'endocarpe reste mou dans beaucoup de
plantes , de même il peut se faire aussi que les couches situées en dehors de lui conservent leur mollesse , ou que ,
sans éprouver aucune métamorphose , elles se dessèchent ou
se lignifient au même degré que la membrane capsulaire.

5° Les bourgeons des folioles pistillaires , ou les ovules,
apparaissent d'abord sous la forme foliacée propre à tous les
anneaux végétaux primitifs ; mais cette forme se modifie ici
d'une manière spéciale. En effet, on remarque bientôt une
feuille extérieure , circulaire , la primine future , qui porte

à son sommet une grande ouverture arrondie, l'exostome.
Par plissement de cette feuille, il se produit une seconde
membrane celluleuse analogue, dont l'ouverture ronde, l'endostome, fait une légère saillie au dessus de la première. Au
milieu, se prononce l'amande, qui paraît être d'abord une
simple formation celluleuse. Cette période de développement
s'observe dans tous les ovules. Le hyle et la chalaze d'un
côté, l'exostome et l'endostome de l'autre, sont donc alors
diamétralement opposés l'un à l'autre. Cette modification des
rapports produit les ovules orthotropes. Il n'y a qu'un petit
nombre de plantes chez lesquelles les choses demeurent en
pareil état. Chez les autres, au contraire, les ovules, comme
l'a très-bien fait voir Mirbel, deviennent anatropes ou campylotropes, ou prennent une forme intermédiaire entre ces
trois là. On les dit anatropes lorsque, par les progrès de l'accroissement, l'exostome et la chalaze demeurent diamétralement opposés l'un à l'autre, tandis que le hile se porte
vers l'endostome ; ils sont campylotropes lorsque le hile et
la chalaze se rencontrent, mais que la chalaze et l'exostome
sont rapprochés l'un de l'autre. L'amande elle-même produit
ensuite, dans son intérieur, la tercine, puis forme en elle la
quartine plus ou moins variable, la liqueur amniotique, le sac
embryonnaire, ou la quintine, et enfin l'embryon lui-même.
La situation renversée de dernier témoigne clairement qu'il
ne s'agit point là d'un simple centre de végétation du bourgeon, mais d'une nouvelle plantule indépendante. Il se montre d'abord sous l'aspect d'un petit corpuscule particulier et
arrondi, qui s'allonge et développe ses parties propres.
Pendant ce temps les enveloppes de l'œuf subissent, dans les
divers végétaux, des modes d'accroissement et de lignification que nous ne pouvons même point indiquer ici, car ce
serait descendre dans le champ proprement dit de la botanique. Par la même raison, nous croyons devoir passer aussi
sous silence les différens phénomènes qui se remarquent avant
et après la germination (1).

(1) *Voyez* F. V. Raspail, Nouveau système de physiologie végétale et
de botanique. Paris, 1837, 2 vol. in-8° avec atlas de 60 pl.

CHAPITRE II.

Du développement des Entozoaires (1).

I. Entozoaires privés d'organes sexuels.]

§ 374. Les Entozoaires dépourvus de sexes se rencontrent I. Dans la classe entière des Vers cystiques. Le mode de propagation des Cysticerques est couvert d'une obscurité profonde. Mais,

1° Nous pouvons observer une formation de gemmes dans le *Cœnurus cerebralis*. Les têtes de ce Ver vésiculaire sont effectivement toujours réunies en plusieurs groupes, dans lesquels on les trouve, d'ordinaire, elles et leurs cols, à des degrés divers de développement. Entre des têtes complètes, dans les cols desquelles sont épars des corps disciformes ayant la limpidité du verre, on reconnaît des cols petits et courts, dont la couronne de crochets et les quatre suçoirs sont développés d'une manière imparfaite, ou même manquent entièrement. Fréquemment les nouveaux rejetons sont encore si peu avancés dans leur formation qu'ils ne représentent que de petites saillies imprégnées de disques limpides, qui se prononcent à la paroi interne de la vésicule commune. Aux endroits où l'on remarque des têtes, soit bien distinctes, soit en train de se développer, la paroi de la vésicule montre également les petits disques limpides, qui manquent sur tous les autres points de son étendue. Comme on trouve aussi quelques gemmes disséminées çà et là sur cette paroi, nous sommes en droit d'admettre qu'à mesure que la vésicule s'accroît, il peut aussi germer de nouveaux groupes de têtes.

2° L'histoire du développement des Echinocoques laisse également bien des choses à désirer. Nous devons toujours distinguer deux choses dans ces Vers : la vésicule maternelle ou primaire, et les Echinocoques proprement dits qu'elle renferme. La vésicule maternelle est revêtue en dedans d'un épithélium extrêmement délicat, auquel adhèrent des corpuscules limpides, la plupart du temps oblongs, qui ont

(1) Rédigé par Charles Théodore de Siebold.

de l'analogie avec ceux qu'on rencontre dans le col des Cœnures. Le liquide qu'elle contient présente des Echinocoques libres, dans l'intérieur desquels, quand ils ont renversé au dehors leur couronne de crochets et leurs suçoirs, on ne distingue rien autre chose que quelques corpuscules limpides épars. Ces Echinocoques tirent évidemment leur origine de la vésicule maternelle. Mes observations à ce sujet ont été faites sur l'*Echinococcus hominis*, sur l'*Echinococcus veterinorum*, et sur une nouvelle espèce à laquelle j'ai imposé le nom d'*Echinococcus variabilis*, parce que le nombre de ses suçoirs varie beaucoup. En examinant la face interne de la vésicule maternelle, on aperçoit çà et là de petites vésicules implantées, qui renferment une masse de granulations déliées, d'où proviennent les têtes d'Echinocoques, tantôt une seulement, tantôt deux, six, sept et plus. En effet, une partie de la masse grenue, séparée par une ligne de démarcation bien nette, forme un petit corps arrondi, qui se continue manifestement avec le reste de la masse par une de ses extrémités ; le corps arrondi acquiert peu à peu la forme d'une poire ; l'endroit rétréci s'allonge, et le corps, qui a pris maintenant une forme ovalaire, ne tient plus que par un mince filament visqueux et grenu à la masse d'où il est sorti ; on ne tarde pas non plus à discerner, dans l'intérieur de ce corps, la couronne de crochets et les corpuscules limpides. C'est alors que les têtes d'Echinocoques exécutent le mouvement qui consiste dans l'exsertion et la rentrée des suçoirs et de la couronne de crochets, et pendant lequel le corps entier tantôt s'allonge, tantôt se raccourcit. Une fois que le développement des têtes en est venu à ce point, la mince enveloppe qui les renfermait se déchire. Les jeunes Echinocoques ne tombent pas sur-le-champ au dehors, car ils tiennent tous à la face interne de l'enveloppe qui les avait contenus jusqu'alors, et ils y sont fixés à un mince prolongement ou cordon de cette dernière, qui pénètre dans l'intérieur de leur corps, par une fossette située à leur partie postérieure. La fossette a presque l'apparence d'un sphincter qui retient ce cordon de l'enveloppe. Ce n'est qu'au bout d'un certain laps de temps que les cordons et les corps des Echinocoques se séparent les uns des autres. Le mode de connexion de ces cordons avec les corps des Echinocoques et la manière dont ils s'en séparent rappellent en tous points les rapports qui existent entre la queue et le corps, chez les Cercaires. Après s'être déchirée, l'enveloppe des jeunes Echinocoques se resserre aussitôt sur elle-même, les Echinocoques se tournent en dehors, et ils forment ainsi un amas arrondi, dans le milieu duquel se cache l'enveloppe ratatinée, sur laquelle ils reposent comme sur le tronc d'un Polype. Ces masses tantôt demeurent long-temps pendantes à la face interne de la vésicule maternelle, tantôt s'en détachent avant que les divers Echinocoques s'en soient eux-mêmes séparés. La masse grenue contenue dans la vésicule ne saurait être mieux comparée qu'à une masse vitelline, qui fait arriver aux têtes, par les cordons déliés dont nous venons de parler, la substance nécessaire à leur développement. Du reste, je laisse indécise la question de savoir si toutes les vésicules, grandes et petites, qui contiennent des têtes d'Echinocoques, et qui flottent librement dans la vésicule maternelle, entre des têtes libres, se sont détachées de la paroi interne de cette dernière, ou si quelques unes proviennent de têtes libres d'Echinocoques qui auraient développé des germes d'Echinocoques dans leur intérieur, et se seraient ensuite laissées distendre en vésicules par eux ; j'ai été frappé, en effet, de voir souvent pendre à des vésicules libres, contenant des têtes d'Echinocoque, des crochets, qui étaient peut-être les débris de la couronne de crochets détruite : je crois même avoir remarqué des résidus de suçoirs dans ces vésicules, chez l'*Echinococcus variabilis*. Il est plus difficile encore d'expliquer le mode d'origine et de propagation de la vésicule maternelle des Echinocoques. Comme l'*Echinococcus hominis* présente fréquemment de petites hydatides en quelque sorte emboîtées dans d'autres plus grandes, il faut bien croire que l'hydatide extérieure est la vésicule primordiale, dans laquelle se sont ensuite procréées les autres ; mais comment cet emboitement a-t-il eu lieu ? c'est une question à laquelle je ne puis pas plus répondre qu'à celle qui concerne le mode de développement de la vésicule primordiale elle-même.

II. C'est peut-être auprès des Echinocoques qu'il convient

le mieux de placer les Trématodes dépourvus de sexes, *Cercaria*, *Distomum duplicatum* et *Bucephalus polymorphus*, dont l'histoire du développement, en tant qu'on la connaît jusqu'à ce jour, offre des particularités si nouvelles et si surprenantes, qu'on doit se borner à les relater ici comme un fait isolé, et laisser à d'ultérieures recherches le soin de déterminer où et comment ce phénomène jusqu'à présent unique peut se rattacher à l'ensemble de l'histoire du développement des êtres organisés en général.

1° Les Cercaires, sur les singuliers phénomènes de vie et de développement desquels Nitzsch, Bojanus et Baer ont appelé les premiers l'attention des observateurs, sont des animalcules parasites, qui habitent dans le parenchyme des organes les plus divers de Mollusques, et qu'on rencontre en plus grande quantité que partout ailleurs dans les reins et le foie de nos Planorbes, de nos Limnées et de nos Paludines. Le corps de ces animalcules ressemble à celui d'un Trématode : ils possèdent un suçoir à l'extrémité antérieure, et derrière cette espèce de bouche, on aperçoit un petit pharynx, qui mène toujours à un intestin bifurqué et terminé en cul-de-sac : vers l'extrémité du corps opposée à la bouche, on remarque une ouverture, qui est l'orifice d'un organe excrétoire, d'un vaisseau particulier à la plupart des Trématodes ; quelques naturalistes donnent le nom d'anus à cette seconde ouverture. Le vaisseau a une forme bifurquée dans le plus grand nombre des cas, et il contient des vésicules limpides, de volume divers, qui, poussées par son mouvement péristaltique, sortent souvent avec violence à travers l'ouverture. Cet acte a plus d'une fois été considéré comme une ponte, et l'on a confondu les vésicules avec des œufs. Jusqu'à présent je n'ai pas pu découvrir d'autres organes dans l'intérieur du corps des Cercaires. La queue de ces animalcules tient au corps par l'ouverture de l'organe excrétoire, et l'empêche ainsi de se vider ; mais, dès qu'elle s'est détachée, l'expulsion des vésicules ne tarde point à avoir lieu. Cette queue est organisée d'une manière fort simple ; ses parois musculeuses paraissent circonscrire une cavité ou plutôt un canal, dans lequel on découvre quelquefois une masse vésiculeuse grenue.

2° Les Cercaires se développent de spores; mais je n'ai vu ces spores se produire ni dans leur corps, ni dans leur queue; elles naissent dans des sporocystes toutes spéciales, s'y développent, et sortent des utricules à l'état de Cercaires parfaites. Ces sporocystes sont des corps libres, qui possèdent quelquefois une espèce de vie indépendante, ont même parfois une bouche et un canal intestinal, de sorte qu'on a été induit à voir en elles des animalcules parasites particuliers, dans le corps desquels les Cercaires se développent comme d'autres parasites, mais, suivant l'expression déjà employée par Baer, comme des parasites nécessaires. Chaque espèce de Cercaire provient d'une espèce particulière de sporocystes; il y a donc autant de sporocystes spécifiquement différentes les unes des autres, qu'on compte d'espèces de Cercaires. Presque jamais un nid de Cercaires ne contient autre chose qu'une espèce, avec ses utricules. La *Cercaria armata* (1) se développe dans un utricule recourbé et plus ou moins long, qui est clos de toutes parts, n'a ni bouche ni intestin, est incolore, et ne donne jamais aucun signe de vie. La *Cercaria furcata* provient d'utricules tubuliformes très-longs (2), qui exécutent des mouvemens péristaltiques extrêmement vifs, et qui lancent avec violence leur contenu; je n'y ai jamais vu de bouche ni d'intestin. Les célèbres Vers jaunes découverts par Bojanus, sont les utricules de la *Cercaria echinata*, qui possède autour de la bouche une couronne d'aiguillons mousses. Ces utricules sont pourvus d'une ouverture buccale, d'un très-fort pharynx, et d'un canal intestinal simple, terminé en cul-de-sac, qui contient toujours un liquide brun foncé, avec un amas de granulations d'une teinte également foncée. Leur extrémité antérieure représente en quelque sorte un col, entouré d'un renflement annulaire, que, Baer, trompé par une illusion d'optique, a pris pour deux élévations en forme de verrues, et figuré comme tel (3). A l'extrémité postérieure du corps se voient deux courts prolongemens obtus, qui ont

(1) Décrite par Wagner, *Isis*, 1834, p. 131.
(2) Baer, *Nov. Act. Nat. Cur.*, t. XIII, p. 627, pl. XXXI, fig. VI.
(3) *Loc. cit.*, p. 269, pl. XXXI, fig. VII, β.

une direction oblique ; je n'ai jamais remarqué que ce prolongement fût unique, comme Baer le décrit, à l'occasion de quelques sporocystes. Les mouvemens de ces utricules sont très-lents : ils tournent parfois autour de leur axe longitudinal, allongent et amincissent leur col, ou le renfoncent tellement que le renflement annulaire fait presque saillie jusqu'au dessus de l'extrémité buccale obtuse. Les sporocystes de la *Cercaria ephemera* sont des utricules cylindriques, d'un jaune orangé, de médiocre longueur, pourvus d'une bouche, d'un pharynx et d'un cœcum simple ; ce dernier descend presque jusque dans l'extrémité postérieure obtuse du corps, et est également coloré en brun foncé. Elles n'exécutent que des mouvemens péristaltiques fort lents. J'ai distinctement observé, sur ces utricules et sur ceux qui ont été décrits plus haut, qu'ils faisaient passer par leur bouche, dans l'intestin, afin de s'en nourrir, des parties du parenchyme grenu brun du foie du *Planorbis cornea* dans lequel je les avais trouvés.

Dans toutes les espèces, les parois des utricules sont fort minces ; leur cavité ne contient rien autre chose que des germes de Cercaires et une masse granulo-vésiculeuse éparse entre eux, de laquelle provient la couleur dans les utricules jaunes. Quand l'intestin existe, il est parfaitement libre dans la cavité du corps, et partout en contact immédiat tant avec les germes de Cercaires qu'avec la masse granulo-vésiculeuse. Ceux des utricules qui se meuvent déplacent diversement, par leurs mouvemens, le contenu mobile qu'ils renferment. On trouve fréquemment la forme ordinaire des utricules altérée par un ou plusieurs resserremens de leur corps, et parfois fortement tirée en long (1) ; là où un intestin existe, il participe aussi aux constrictions. Ces utricules étranglés et tirés en long de la *Cercaria echinata* pourraient être considérés comme les sporocystes d'une espèce toute différente de Cercaire, si la présence des deux prolongemens obliques ne décélait point leur identité avec les autres utricules de la *Cercaria echinata*.

3° Les spores incolores des Cercaires sont toujours nette-

(1) Baer, *loc. cit.*, pl. XXXI, fig. VI, x, y.

ment délimitées. Lorsqu'on les comprime entre deux plaques de verre, elles se partagent en petites vésicules et en granulations, sans laisser une enveloppe vide, comme le font les œufs des autres Entozoaires. Les spores les moins développées forment de petits corps ronds, dans le milieu desquels on découvre des traces de très-petites granulations et de vésicules; les spores rondes grossissent quand elles commencent à se développer, et prennent une figure ovale, pendant que les granulations et les vésicules se multiplient dans leur intérieur; ensuite les spores ovales s'allongent, mais de telle sorte cependant qu'une de leurs extrémités s'amincit un peu, et à partir de ce moment le corps et la queue deviennent toujours de plus en plus prononcés : les granulations et les vésicules qui s'étaient réunies tant dans le corps que dans la queue, commencent à disparaître, et c'est alors que les organes de la Cercaire se développent. Dès ce moment aussi tout le germe de Cercaire est animé, il contracte lentement le corps, et imprime de faibles flexions à la queue. Mais, à mesure que les organes intérieurs du corps prennent plus de développement, la vie de ce germe s'éveille aussi de plus en plus, et il finit par ramper dans l'utricule, comme s'il cherchait une issue, qu'il ne trouve cependant nulle part. Je ne saurais dire si ces violens mouvemens des Cercaires dans leur sporocyste la déchirent, ou si cette poche crève, après que la couvée entière a augmenté au point de la distendre extraordinairement. Ce qu'il y a de certain néanmoins, c'est que le développement des spores accumulées dans une sporocyste n'a pas toujours lieu d'une manière simultanée, qu'on trouve quelquefois une poche renfermant des spores à tous les degrés de développement, et qu'on en rencontre aussi d'autres qui ne contiennent presque que des Cercaires parfaites; le grouillement et la presse de ces animaux sont alors énormes. Je dois encore ajouter qu'à mesure que les germes de Cercaires prennent du développement, la masse granulo-vésiculeuse dispersée entre eux diminue. Les aiguillons des *Cercaria armata* et *echinata* sont les parties qui apparaissent les dernières; mais, dans la *Cercaria ephemera*, les deux taches colorées extérieures se montrent d'assez bonne heure; quant à la troisième, ou à la médiane, elle ne se manifeste que quand l'animal a déjà quitté la sporocyste; jusqu'alors aussi le corps entier est tout-à-fait incolore, et il n'y a que sa partie antérieure à laquelle un grand nombre de granulations pigmenteuses épaisses communiquent une teinte brunâtre; ces granulations disparaissent peu à peu, et, dans la même proportion, la tache brune médiane se prononce de plus en plus, outre que le corps entier acquiert la couleur qui a été décrite plus haut et son chatoiement particulier.

4° Si maintenant nous recherchons quelle peut être l'origine de ces sporocystes, l'idée se présente d'abord à nous que de nouvelles spores se forment dans le corps ou dans la queue des Cercaires, et qu'elles se métamorphosent en sporocystes. Je n'ai jamais pu rien trouver, dans le cours de mes recherches, qui vînt positivement à l'appui de l'une ou l'autre opinion. Dans les *Cercaria ephemera* et *echinata*, la métamorphose du corps de l'animal en une sporocyste est peu admissible, par cela seul déjà que le corps possède un canal intestinal bifurqué dans les deux espèces, tandis que les sporocystes de celles-ci ont un intestin simple : de plus, le pharynx des Cercaires est toujours petit et difficile à apercevoir, tandis que celui de leurs sporocystes est extraordinairement volumineux et saute aux yeux sur-le-champ. Quelle n'a point été ma surprise quand je suis venu à me convaincre que les sporocystes des *Cercaria ephemera* et *echinata* produisaient de jeunes sporocystes, en même temps que des Cercaires ! En effet, je rencontrais de temps en temps une sporocyste dans laquelle je découvrais, parmi des germes de Cercaires, un et parfois même deux corps incolores, plus ovales, qui possédaient un pharynx bien apparent et un intestin simple, en cul-de-sac. Ces corps différaient à peine des corps de Cercaires sous le point de vue du volume, leur intestin décrivait de fortes circonvolutions, et il remplissait presque entièrement la cavité intérieure. Je ne pouvais les considérer que comme de jeunes sporocystes, car ceux qui s'offraient à moi dans les sporocystes de la *Cercaria echinata* portaient les deux prolongemens postérieurs, sous la forme de petits moignons. A l'aide de quelques recherches, j'en ai aussi trouvé de libres dans un nid de Cercaires ; j'apercevais également, au milieu de ces très-petites sporocystes, des utricules parfaitement développés, des sporocystes de toutes dimensions, de sorte que je pouvais sans peine suivre leur accroissement et voir en elles le développement graduel de la masse granulo-vésiculeuse jaune et des spores. Je suis forcé de laisser indécise la question du mode d'origine des sporocystes des autres espèces de Cercaires ; aussi m'abstiendrai-je d'émettre aucune opinion à l'égard des conjectures de Baer, qui pense que les sporocystes de l'espèce décrite par lui sous la forme I (1) sont des corps de Cercaires distendus par le grossissement des petits qu'ils renferment. J'ai observé aussi long-temps que possible les Cercaires complétement développées, afin de voir ce qu'elles deviendraient et si leurs corps ne se métamorphoseraient pas en sporocystes sous mes yeux. Voici quels sont les résultats auxquels je suis arrivé.

5° Quand les Cercaires sont sorties de leurs utricules et complétement développées, elles s'empressent de se débarrasser de leurs queues, et d'entourer leur corps d'une enveloppe serrée, de se renfermer en quelque sorte dans une chrysalide. Nitzsch a si bien décrit la chute de la queue, que je puis garder ici le silence sur ce phénomène de vie, nécessaire pour les Cercaires, et dans lequel la queue elle-même joue toujours un rôle fort actif. J'ai dirigé mon attention d'une manière toute spéciale sur les queues tombées, parce que je crus d'abord qu'elles pourraient se transformer en sporocystes ; mais je ne tardai pas à rejeter cette idée, lorsque j'eus appris à connaître, dans les nids de Cercaires, les différentes formes que les queues détachées du corps acquièrent en un laps de temps fort court. En effet, ces queues commencent par frétiller d'une manière très-vive, mais elles tardent peu à rester en repos et à se resserrer sur plusieurs points ; comme les parties rétrécies vont toujours en s'amincissant de plus en plus, la queue finit par se résoudre en corpuscules ronds et ovales, qui circulent ensuite librement entre les autres Cercaires et sporocystes. Les queues ainsi pourvues

(1) *Loc. cit.*, p. 619, 640, pl. XXXI, fig. I, a.

d'un grand nombre d'étranglemens et sur le point de se diviser, ont la plus grande analogie avec les sporocystes étranglées et resserrées dans le sens de leur longueur, dont j'ai
parlé précédemment; mais leur petitesse, l'absence des spores, et, dans les *Cercaria ephemera* et *echinata*, la présence
du pharynx et de l'intestin, les en distinguent bien précisément.

6° L'involvation des corps de Cercaires a lieu diversement
selon les espèces. Le corps de la *Cercaria ephemera* se contracte en un corps arrondi, plus rarement ovalaire, et commence à exhaler de toutes ses parties un suc visqueux, d'a-
bord incolore, qui s'endurcit très-rapidement et forme
une enveloppe complète autour du corps de l'animal. J'ai
acquis l'intime conviction que cette formation d'enveloppe
a lieu par transsudation d'un suc, et non par mue, comme le
pense Nitzsch (1). La viscosité du suc fait aussi que l'enveloppe se colle solidement au premier objet venu. En obser-
vant pendant long-temps cet acte d'involvation, on ne tarde
pas à reconnaître qu'il ne résulte pas d'une seule transsudation
du suc, mais que l'exhalation de ce dernier se réitère à plusieurs reprises, d'où il suit que l'enveloppe devient plus
épaisse et sa cavité plus petite. On finit par remarquer que
les parois de la coque consistent en plusieurs couches concentriques. Nitzsch a déjà signalé l'activité que le corps de la
Cercaire déploie pour former et voûter son enveloppe. Ce
que deviennent les Cercaires ainsi enveloppées, est encore
une énigme. J'observe sans interruption, depuis dix semaines, des corps ainsi entourés de *Cercaria ephemera*, et
je puis ajouter aux belles découvertes de Nitzsch, que les
corps continuent encore très-long-temps de vivre dans leurs
étroits réceptacles, comme on peut s'en convaincre, avec de
l'attention, par les mouvemens lents et les légers déplacemens
qu'ils exécutent; mais plus mes observations se prolongeaient,
et plus aussi le nombre des corps devenus immobiles augmen-
tait (aujourd'hui, dix semaines après l'involvation, il n'y en
a plus que fort peu qui vivent). Tous les corps de Cercaires,

_____

(1) *Loc. cit.*, p. 36.

tant qu'ils vivent encore dans leur enveloppe, laissent constamment apercevoir les trois taches pigmenteuses des vésicules limpides isolées qui sont demeurées dans l'organe excrétoire, et les contours du corps en général; ces divers objets disparaissent après la mort réelle du corps, et le contenu de l'enveloppe n'est plus alors qu'une masse amorphe de grains bruns. Peut-être reste-t-il dans cette masse une vie latente, qui se réveille à une autre époque, ranime la masse, et lui rend une nouvelle forme. Peut-être aussi est-ce là réellement le terme de la courte existence des Cercaires, qui, à peine sorties d'une prison, se hâtent d'en construire une autre. L'involvation de la *Cercaria armata* diffère en ce sens que la formation de l'enveloppe est précédée d'une mue bien prononcée. A l'époque de cette mue, le dard corné qui fait saillie sur le dos, au dessus de la bouche, et qui ne sort pas de cette dernière elle-même, comme le pense Wagner (1), se détache du corps, mais reste dans l'enveloppe, où les mouvemens ultérieurs du corps dépouillé de l'animal le font passer d'un lieu à un autre. Quant à la *Cercaria echinata*, qui s'entoure également d'une enveloppe après la perte de sa queue, je ne sais pas encore bien si c'est par mue ou par exsudation d'un suc; mais elle ne perd point alors la couronne de crochets de la ventouse orale. Il m'a été jusqu'ici impossible de reconnaître combien de temps les corps de ces deux dernières espèces continuent de vivre dans leurs coques, parce qu'ils ne tardent pas à se putréfier lorsqu'on les conserve dans l'eau. Je ne dois pas omettre de dire que non seulement j'ai vu l'involvation des trois espèces de Cercaires s'accomplir dans l'eau sous mes yeux, mais qu'il m'est fréquemment arrivé aussi de trouver les corps déjà enveloppés dans des nids de Cercaires que je venais d'extraire des Mollusques; j'ai même, à cette occasion, observé aussi des sporocystes dans lesquelles des Cercaires parfaites, dont le développement semblait avoir marché avec plus de rapidité que celui des autres animaux de leur espèce contenus dans le même utricule, s'étaient dépouillées de leurs queues et déjà entourées d'une enveloppe.

(1) *Loc. cit.*, p. 132.

7° Parmi les Vers trematodes privés de sexes, le *Distomum duplicatum* n'est pas moins remarquable que les Cercaires, au nombre desquelles on pourrait le ranger à plus juste titre que dans le genre Distome. Deux à six individus de ce Ver se développent ensemble dans des sporocystes ovales et sans vie. Sa queue en massue ressemble à un sac musculaire ; elle n'exécute que des mouvemens fort lents, tient au bord postérieur du corps, comme celle des Cercaires, et ne tarde pas non plus à se détacher après l'éclosion de l'animal développé. Le corps de cet animal est pourvu de deux suçoirs, comme celui des Distomes ; il contient un intestin bifurqué, et un vaisseau simple, servant d'organe excrétoire, qui, de son orifice placé à l'extrémité du corps, remonte presque jusqu'au pore postérieur. En outre, le parenchyme entier du corps est pénétré par un réseau vasculaire extrêmement délicat. Le développement de ce parasite procède de spores, tout comme celui des Cercaires (1). Je ne puis rien dire de positif à l'égard de la formation des sporocystes ; en énonçant que celles-ci naissent du tronc de l'animal, Baer n'a émis qu'une simple conjecture, qui ne repose sur aucune observation précise (2).

8° Le remarquable *Bucephalus polymorphus* se développe également, comme les Cercaires, de spores auxquelles des filamens déliés fort longs et souvent ramifiés servent de sporocystes (3). Mais Baer ne nous apprend rien sur la formation de ces filamens : il nous laisse dans l'incertitude de savoir s'ils se produisent par génération primaire, par gemmation, ou enfin si les deux cornes du Bucéphale, qui s'étendent peu à peu en des filamens d'une longueur extraordinaire et susceptibles de mouvemens très-vifs, et qui plus tard se resserrent sur plusieurs points de leur étendue, prennent quelque part à la formation des sporocystes.

9° Les queues des Cercaires, l'appendice sacciforme du *Distomum duplicatum*, et les deux longs prolongemens du

(1) *Loc. cit.*, p. 563.
(2) *Ibid.*, p. 567.
(3) *Ibid.*, p. 570.

Bucephalus polymorphus, ont certainement un même but à remplir, quoique nous n'ayons point encore pu le deviner jusqu'ici. S'il m'est permis d'émettre une conjecture à cet égard, je poserai les questions suivantes : les appendices n'accomplissent-ils pas en partie le développement et l'accroissement du tronc auxquels ils appartiennent ? Les substances qu'ils peuvent s'approprier du dehors, ne sont-elles pas employées au développement du tronc? Ces appendices ne sauraient alors être mieux comparés qu'avec des sacs vitellins, et leur séparation des corps convenablement développés s'expliquerait ainsi d'une manière toute naturelle. L'observation de Baer, qui a vu que l'appendice caudal du *Distomum duplicatum* était d'abord de couleur foncée dans l'intérieur (1), mais qu'ensuite, quand l'animal avait pris son entier développement, cet intérieur devenait plus clair et semblait être vide (2), viendrait à l'appui de la conjecture que je viens d'émettre, comme aussi la circonstance que les appendices de ces animaux ont avec leurs corps un mode de connexion semblable à celui des filamens qui, dans les Echinocoques, se portent de la masse vitelline aux têtes.

10° Enfin, d'après la description que Carus a donnée du *Leucochloridium paradoxum* (3), ce parasite, dans l'intérieur duquel se développe des Distomes, naîtrait immédiatement de la substance de la *Succinea amphibia*. Si l'on voulait rapprocher son histoire du genre de vie des Cercaires et de leurs sporocystes, on n'y pourrait réussir actuellement qu'en le considérant lui-même comme une sporocyste vivante, quoique je n'aie jamais observé que les sporocystes des Cercaires eussent la moindre connexion organique avec la substance des Mollusques dans le corps desquelles elles habitent.

11° Adoptant l'idée de Baer, que, si on veut regarder les sporocystes animées comme de véritables animaux parasites, il faut considérer les petits des Cercaires comme leurs parasites nécessaires, je dois dire que j'ai rencontré aussi, dans

(1) *Loc. cit.*, p. 562.
(2) *Ibid.*, p. 566.
(3) *Nov. Act. Nat. Cur.*, t. XVII, p. 92.

les sporocystes des *Cercaria armata* et *echinata*, des parasites accidentels, dont je donnerai la description ailleurs.

II. Entozoaires pourvus d'organes sexuels.

§ 375. Laissons maintenant l'histoire du développement des Entozoaires sans sexes, pour passer à celle des Helminthes pourvus d'organes génitaux.

I. Je commence par les Acanthocéphales, attendu que ces Vers présentent encore certaines particularités rappelant les Entozoaires privés de sexes, et que leurs organes génitaux femelles sont, en général, à un degré d'organisation fort inférieur à celui qu'on observe chez les Helminthes hermaphrodites.

1° Pour mieux faire comprendre les détails dans lesquels je vais entrer, il est nécessaire de décrire avec quelque soin les organes génitaux femelles des Acanthocéphales, dont jusqu'ici la structure a été interprétée d'une manière entièrement fausse.

On sait que les Echinorhynques, tant les mâles que les femelles, possèdent une cavité du corps très-spacieuse, dans laquelle il faut chercher les organes génitaux, chez les deux sexes. Ces organes n'ont de connexions avec le corps du Ver qu'à leurs deux extrémités opposées, à l'inférieure immédiatement, à la supérieure au moyen d'un ligament (*ligamentum suspensorium*) qui se rend à l'extrémité inférieure obtuse du sac musculeux dans lequel la trompe a coutume de se retirer. Il paraît ne point y avoir d'ovaire proprement dit, ni d'utérus, dans lesquels les œufs se forment et se développent. A leur place on rencontre, chez la plupart des Echinorhynques, non seulement les premières formes de développement des œufs (œufs non à maturité), mais encore des œufs déjà développés (à maturité), qui tous nagent librement dans le liquide de la cavité du corps. En outre, ce liquide contient presque toujours des corps plus volumineux encore, que les naturalistes ont considérés jusqu'ici comme des œufs plus mûrs et plus développés (1), mais qui, chose assez re-

(1) J. Cloquet, Anat. V des ers intestinaux, p. 99, Pl. VIII, fig. II, 12.

marquable, ne sont que des ovaires libres. Presque constamment ils représentent des disques aplatis, ovales ou arrondis, mais parfois aussi ils ont une forme irrégulière ; ils sont toujours les plus gros des corps libres qu'on trouve dans la cavité du corps, et à l'œil nu ils affectent la forme de granulations blanches. Ces ovaires sont nettement délimités, mais aucune enveloppe apparente ne les entoure ; leur parenchyme se compose d'une masse granulée, vésiculeuse, transparente, dans laquelle on aperçoit fréquemment quelques vésicules plus volumineuses, arrondies ou ovalaires. D'après les formes diverses de ces dernières vésicules, dont il y a souvent plusieurs ensemble dans un seul et même ovaire libre, on peut se convaincre que les rondes passent peu à peu à la forme ovale, et si l'on compare à leur tour ces dernières avec les plus petits œufs non mûrs, on ne peut douter un seul instant qu'il y ait identité entre les deux sortes de corps.

2° Le contenu de ces œufs non mûrs, qu'ils soient encore contenus dans l'ovaire, ou qu'ils s'en soient déjà dégagés, consiste en une masse vitelline incolore et limpide, dans laquelle sont éparses quelques petites granulations et vésicules. Je n'ai jamais pu y découvrir une vésicule de Purkinje. Lorsqu'on les presse fortement entre deux plaques de verre, leur contenu disparaît, et il ne reste que leur enveloppe, qui est une coquille d'œuf solide et vide. Les œufs non à maturité représentent toujours un ovale fort allongé ; en croissant peu à peu, après être devenus libres, ils acquièrent très-promptement une seconde enveloppe, et plus tard une troisième. Tous les œufs, tant mûrs que non mûrs, qui possèdent trois enveloppes, sont incolores. Les trois enveloppes se touchent à l'endroit du plus petit diamètre de l'œuf, tandis que, dans le sens de l'axe longitudinal, les deux externes dépassent de beaucoup l'interne en haut et en bas. Chez la plupart des Echinorhynques, l'enveloppe moyenne offre, en outre, un rétrécissement, une sorte de col, au devant de ses deux extrémités. Voilà ce qu'on observe dans les œufs à maturité des *Echinorhynchus acus, fusiformis, angustatus, hœruca, proteus, tereticollis, polymorphus, strumosus, hystrix*, etc. (1) ; les

(1) Si je cite les *Echinorhynchus proteus et tereticollis*, c'est qu'ils dif-

œufs de l'*Echinorhynchus gigas* font exception : ils ne sont point si allongés, leurs trois enveloppes entourent la masse vitelline à une distance qui est la même partout, et la médiane est couverte d'une innombrable quantité de petites épines mousses ; c'est d'elle aussi que provient la couleur jaune, qui tire presque sur le brun dans les œufs à maturité. Lorsqu'on presse ces œufs, l'enveloppe extérieure se déchire, tandis que la moyenne éclate en produisant un petit bruit, et que l'interne glisse sans éprouver aucune lésion. L'enveloppe extérieure a des propriétés toutes particulières dans les *Echinorhynchus strumosus*, *hystrix*, *angustatus* et *proteus :* quand on la comprime et qu'on l'écrase entre deux plaques de verre, elle se résout entièrement en filamens élastiques d'une ténuité extraordinaire.

La cavité du corps des Echinorhynques femelles ne contient autre chose que des ovaires libres, ou en même temps des œufs libres non mûrs ; mais fréquemment on y trouve un mélange confus d'ovaires et d'œufs, tant mûrs que non mûrs, à tous les degrés possibles de développement. Lorsqu'il n'y a point d'œufs libres, les ovaires renferment aussi très-peu de germes d'œufs ; mais, quand il existe des œufs libres, les ovaires regorgent ordinairement de germes. La quantité des ovaires paraît diminuer à mesure que le nombre des œufs augmente. Dans les Echinorhynques vivans, tout le contenu de la cavité du corps est poussé tantôt d'un côté, tantôt de l'autre, par les mouvemens péristaltiques du corps.

3° L'appareil destiné à la ponte est unique dans son genre. En effet, un tube musculeux s'élève de l'ouverture génitale extérieure dans la cavité du corps, où il est maintenu en situation par le ligament suspenseur dont j'ai parlé plus haut. Ce tube ne peut être autre chose qu'un vagin ou un oviducte, puisque les œufs ne font qu'un court séjour dans son intérieur. Sa longueur varie également selon les espèces. A l'endroit où il fait corps avec le ligament suspenseur, se trouve un organe extrêmement singulier, qu'on ne peut mieux comparer

---

fèrent bien positivement l'un de l'autre, et constituent deux espèces distinctes.

qu'à une cloche ou à un entonnoir, dont l'extrémité inférieure, plus étroite, tient à l'oviducte, tandis que la supérieure, plus large, est libre; le ligament suspenseur s'introduit de haut en bas dans cet organe campaniforme, pour s'y unir, à son fond, avec l'oviducte, tantôt sans toucher aux parois de la cloche (*Echinorhynchus angustatus, proteus, fusiformis, polyphormus, hæruca, gigas* et *tereticollis*), tantôt en s'unissant à ces parois (*Echinorhynchus gibbosus, strumosus, hystrix* et *acus*). La cloche possède la plupart du temps deux petits diverticules à son fond, et sa cavité communique avec celle de l'oviducte par un conduit étroit; mais il y a en outre une fissure transversale semilunaire entre les deux diverticules. Cet organe n'a point été aperçu jusqu'ici; Burow seul (1) en a donné une description, qui n'est pas complète. J'ai observé la cloche dans divers Echinorhynques vivans, et j'ai été singulièrement frappé de ses mouvemens énergiques, parfois très-vifs. En effet, son large orifice supérieur avale les œufs qui circulent librement dans la cavité du corps; son bord libre s'applique intimement, par contraction, au ligament suspenseur, et fait ensuite pénétrer dans l'oviducte, au moyen d'un mouvement péristaltique, les œufs, qui se trouvent ainsi renfermés dans son intérieur; la cloche agit de cette manière jusqu'à ce que l'oviducte soit rempli d'œufs; alors celui-ci les pousse avec force vers l'ouverture génitale externe, à l'aide de mouvemens péristaltiques dirigés de haut en bas, et il n'en admet d'autres qu'après s'être vidé jusqu'à un certain point. Mais la cloche n'en continue pas moins toujours d'absorber des œufs, et comme l'oviducte ne veut point s'ouvrir, les œuf avalés en vain ressortent de la cloche par la fissure semicirculaire, et rentrent ainsi dans la cavité du corps. Si un ovaire libre vient s'engager dans la cloche, comme il est toujours trop volumineux pour passer à travers les ouvertures inférieures, la cloche s'en débarrasse par l'ouverture supérieure, qui a plus d'ampleur. Jamais, en effet, je n'ai rencontré d'ovaires dans l'oviducte des Echinorhynques. Mes observations ont été faites spécialement sur l'*Echinorhynchus*

(1) *Echinorhynchi strumosi anatome*, p. 22, fig. I, *g*, et fig. VI.

proteus; mais il m'a toujours fallu avoir la précaution de ne point ouvrir la cavité du corps, car, dès qu'elle se trouvait ouverte, les mouvemens de la cloche s'arrêtaient à l'instant même. Pour arriver à mon but, qu'aurait contrarié le défaut de transparence d'un grand nombre d'Échinorhynques, j'enlevais avec précaution l'épiderme du corps, sans léser le sac musculaire, qui seul alors entourait la cavité, et dont la diaphanéité me permettait d'observer pendant des heures entières l'absorption des œufs par la cloche.

4° Quant au développement de la masse vitelline, dans les œufs à maturité, il ne fait pas de grands progrès tant que les œufs sont contenus dans le corps des Echinorhynques. Je n'ai jamais pu voir en eux d'embryons vivans, aussi long-temps qu'ils étaient encore dans le corps du Ver, de sorte que je suis obligé de penser que ces embryons se développent seulement après la ponte. Malheureusement je n'ai pu jusqu'à présent réussir à voir des œufs garnis d'embryons, ni même de jeunes Echinorhynques, avec quelque soin que j'en ai cherché dans les lieux qu'habitent ces parasites. Le seul changement que la masse vitelline éprouvât durant le séjour des œufs dans le corps des Echinorhynques, consistait en ce que, dans les œufs les plus mûrs, il s'élevait peu à peu, du milieu de cette masse, un noyau ovale, paraissant formé d'une substance plus dense que le reste du jaune, et qui, en grossissant, acquérait avec le temps des contours assez nets. Peut-être est-ce là le premier vestige de l'embryon. Il m'a été possible, chez l'*Echino-rhynchus gigas*, de distinguer, à l'une des extrémités de ces embryons, lorsque déja ils remplissaient presque entièrement l'enveloppe interne de l'œuf, deux ou quatre traits clairs, dirigés obliquement les uns par rapport aux autres, mais à l'égard desquels j'ignore ce qu'ils doivent représenter.

5° Si nous revenons encore aux ovaires libres, et que nous cherchions à savoir quelle en est l'origine, l'histoire des Echinocoques pourrait bien nous autoriser à penser que les ovaires des Echinorhynques poussent de la paroi interne de la cavité du corps, comme les spores des Echinocoques. Les Echinorhynques que j'ai étudiés jusqu'à présent pour éclairer

III. 4

la question, ne m'ont rien fourni qui vienne à l'appui de cette conjecture; mais j'ai acquis, sinon la certitude, du moins une forte présomption, que les ovaires procèdent du ligament suspenseur. En effet, la forme de ce ligament varie : chez plusieurs Echinorhynques, il ne représente presque qu'un mince filament; dans les *Echinorhynchus proteus*, *strumosus*, *fusiformis*, *angustatus*, etc., il est plus large et pourvu de plis longitudinaux, en sorte qu'il ressemble quelquefois à un demi-canal; il forme même un tube chez les *Echinorhynchus tereticollis*, *polymorphus* et *gibbosus*. Les plis longitudinaux de ce ligament recèlent souvent des ovaires libres et des œufs, qui peut-être s'y sont introduits accidentellement; mais j'ai trouvé le ligament tubuleux de l'*Echinorhynchus tereticollis* entièrement rempli d'ovaires libres, tandis qu'il n'y en avait aucun dans la cavité du corps; quand des œufs s'étaient détachés de ces ovaires, on les rencontrait dans le tube du ligament, ou aussi dans la cavité du corps : il est donc vraisemblable que le tube possédait quelque part de petites ouvertures ou fissures, à travers lesquelles les œufs pouvaient se glisser dans la cavité abdominale. Chez les jeunes Vers de cette espèce, le tube du ligament ne contenait qu'un petit nombre d'ovaires libres, dans lesquels on n'apercevait encore aucun vestige de germes d'œufs : on ne découvrait non plus d'œufs ni dans le ligament, ni dans la cavité du corps, ni dans l'oviducte. Chez des Vers plus jeunes encore, le ligament contenait des ovaires encore plus petits et moins développés. Dans l'*Echinorhynchus gibbosus*, le ligament suspenseur est large, et, vers le milieu de son trajet, il se clot en un court canal, ouvert par le haut et par le bas, à travers lequel passe un autre ligament, qui provient également du sac de la trompe, et qui va s'insérer au côté convexe du corps. Dans cette espèce d'Echinorhynque, à l'endroit où le ligament forme tube, il est toujours parsemé, du côté concave, d'une multitude de corps vésiculeux arrondis, qui contiennent une masse de granulations déliées : peut-être sont-ce là des ovaires qui n'ont encore pris aucun développement. Il est digne de remarque que je n'ai jamais rencontré aucune femelle de cette espèce qui portât des ovaires et des œufs. Si les ovaires naissaient réellement du ligament suspenseur, il faudrait que leur origine eût lieu de très-bonne heure dans les autres espèces d'Echinorhynques, puisque je n'ai point encore trouvé d'autres Echinorhynques qui ne continssent point déjà d'ovaires libres. Il est vrai que, comme je l'ai déjà dit, il m'a été impossible jusqu'ici de me procurer des Echinorhynques très-jeunes.

II. Le développement des Cestoïdes est un peu plus facile à suivre que celui des Trématodes, parce que, chez un grand nombre de ces animaux, peut-être même chez la plupart, les embryons se développent tandis que les œufs sont encore contenus dans l'utérus; cependant ils ne se débarrassent des enveloppes de l'œuf qu'après la ponte de ce dernier.

1° Les organes génitaux des Cestoïdes, considérés d'une manière générale, paraissent ressembler à ceux des Trématodes. Les organes femelles consistent en un grand nombre d'ovaires isolés les uns des autres, dont la masse vitelline, blanche et à granulations déliées, passe dans la matrice à la faveur de canaux d'une grande ténuité : la matrice s'abouche au dehors par un vagin, et les œufs y font un assez long séjour, pendant lequel ils se métamorphosent de germes d'œufs incomplets en œufs complets, outre qu'ordinairement aussi leur masse vitelline se transforme en un embryon.

2° Les œufs des Cestoïdes varient beaucoup pour la forme. Ceux des *Triœnophorus, Caryophyllœus, Ligula, Bothriocephalus tetrapterus, nodosus, latus, claviceps* et *fragilis, Tænia literata, candelabraria, scolecina,* etc., n'ont qu'une seule enveloppe, tandis que la masse vitelline des œufs des *Bothriocephalus infundibuliformis, proboscideus* et *macrocephalus, Tænia cyathiformis, infundibuliformis, macrorhyncha, pectinata, solium, variabilis,* etc., en a deux, et qu'on en compte même trois autour de celle des œufs de *Tænia angulata, inflata, lanceolata, ocellata, porosa, setigera,* etc.

La plupart des œufs à enveloppe simple sont ovales ; la pellicule elle-même est ordinairement alors consistante et brune : je citerai comme exception les œufs ronds du *Tænia crassicollis,* et les œufs transversalement ovales du *Tænia cande-*

labraria; ces derniers sont incolores : ils ont une forme arrondie, et leur enveloppe est fort mince, ainsi que celle des œufs du *Tænia scolecina.* Dans la *Ligula* et le *Bothriocephalus latus,* les œufs, qui ont une teinte brune, s'ouvrent au moyen d'un petit couvercle.

Les œufs de Cestoïdes qui ont plus d'une enveloppe, présentent souvent des formes si bizarres qu'on ne saurait les caractériser par une description générale. Ils n'ont de commun ensemble que d'être incolores et d'avoir des enveloppes fort minces ; mais, même sous ce rapport, on rencontre des exceptions. En effet, dans le *Tænia solium,* l'enveloppe intérieure a des parois très-épaisses, et présente une teinte de jaune brun à l'état de maturité : dans le *Bothriocephalus macrocephalus,* le *Tænia solium* et le *Tænia macrorhyncha,* les deux enveloppes sont arrondies : dans les œufs du *Bothriocephalus infundibuliformis,* l'interne est ovale ; dans le *Bothriocephalus proboscideus,* au contraire, elle est arrondie ; chez ces deux derniers Vers, l'enveloppe externe est ovale. Les *Tænia variabilis* et *infundibuliformis* produisent des œufs transversalement ovales, dont la tunique extérieure porte, de chaque côté, soit un appendice divisé en filamens grêles (dans le *Tænia variabilis*), soit un diverticule allongé (dans le *Tænia infundibuliformis*). Il m'a semblé que les extrémités en cul-de-sac des deux diverticules se déchiraient par les progrès du développement des œufs du *Tænia infundibuliformis,* et que les appendices fibrilleux du *Tænia variabilis* provenaient de diverticules analogues, qui s'étaient déchirés. L'enveloppe extérieure des œufs du *Tænia cyathiformis* entoure l'interne en forme de poire, et offre deux appendices vésiculeux à sa petite extrémité. Les œufs du *Tænia pectinata* possèdent une enveloppe extérieure arrondie, d'un jaune brun, qu'on ne peut écraser dans le compresseur qu'en usant d'une certaine force ; ils sont presque toujours si accumulés dans l'utérus, que la membrane extérieure se trouve gênée dans son développement, et qu'il s'y produit, sur divers points, des dépressions qui donnent à l'œuf entier une apparence anguleuse ; l'enveloppe intérieure, de forme ronde, possède un appendice bifurqué, dont les deux bouts s'étendent en longs filamens déliés et entrelacés, qui rappellent parfaitement ceux dont les coquilles d'œufs de certains Squales sont garnis.

Les œufs qui ont trois enveloppes présentent les formes suivantes : les trois enveloppes sont rondes (dans le *Tænia ocellata*), ou l'interne, transversalement ovale, est entourée de deux membranes externes arrondies (dans les *Tænia setigera* et *angulata*); ou bien les deux internes, de forme ovale, sont entourées d'une troisième large et irrégulièrement configurée (dans le *Tænia porosa*). Il y a aussi des œufs sur lesquels on reconnaît une enveloppe extérieure ronde, avec des enveloppes internes transversalement ovales (dans le *Tænia lanceolata*). Les œufs du *Tænia inflata* sont fort remarquables : la membrane interne est transversalement ovale, la médiane présente deux diverticules très-longs, et l'externe est pourvue de deux énormes prolongemens latéraux.

Les œufs du *Tænia stylosa* sont construits d'une manière toute spéciale : ils possèdent même quatre enveloppes, dont les deux extérieures sont rondes et l'interne ovale, tandis que la troisième, ou celle qui existe entre la seconde et la quatrième, est fort étroite et tirée en travers, en même temps qu'elle offre deux diverticules très-longs et contournés. Le *Tænia cucumerina* mérite également d'être signalé ici, car ses œufs arrondis sont toujours logés, au nombre de dix à vingt, dans une enveloppe commune.

Dans tous ces œufs, les enveloppes ne se touchent presque jamais, et fréquemment elles laissent entre elles un large intervalle, qui est quelquefois rempli d'une masse de granulations très-déliées. Les œufs non à maturité, non encore développés, quelque variées que soient leurs formes quand ils ont acquis le terme de leur développement, sont presque toujours arrondis ou ovales, et ne consistent qu'en un jaune entouré d'une seule membrane, dans lequel il m'a été impossible jusqu'à présent d'apercevoir jamais une vésicule de Purkinje. C'est seulement par les progrès du développement de ces œufs que se produisent les autres enveloppes, dont les caractères particuliers se prononcent aussi peu à peu. Je n'ai pu déterminer quelle est celle des enveloppes qui apparaît la première : cependant il m'a semblé que l'interne, dans les œufs à deux tuniques, l'externe et l'interne, dans ceux à trois, se développaient plus tard. J'ai vu, dans les œufs non murs et transversalement ovales du *Tænia infundibuliformis*, les deux diverticules de l'enveloppe extérieure se dérouler; la cavité de l'œuf et celle des diverticules étaient remplies d'une masse de petites granulations, dans laquelle on n'apercevait encore nulle part l'enveloppe intérieure. Les œufs non à maturité du *Tænia cyathiformis*, qui sont ovales et allongés, s'échancraient à l'un de leurs bouts, par les progrès du développement, et l'échancrure, devenant toujours de plus en plus profonde, finissait par diviser ce bout en deux appendices obtus, qui prenaient ensuite la forme vésiculaire dont j'ai parlé plus haut ; on pouvait remarquer sans peine que l'enveloppe intérieure arrondie ne commençait à se produire qu'après que l'échancrure de l'externe avait acquis déjà une assez grande profondeur. Lorsque cette membrane interne apparaît, le contenu de l'externe perd son apparence grenue, attendu que la masse vitelline semble se concentrer dans l'enveloppe la plus intérieure.

3° Le développement de l'embryon commence après que les œufs et leurs membranes se sont développés d'une manière convenable. Le contenu de l'enveloppe la plus intérieure perd de plus en plus son aspect grenu, s'éloigne un peu de la membrane qui jusqu'alors entrait de toutes parts en contact avec lui, et finit par acquérir un contour bien nettement dessiné. La forme que l'embryon prend pendant ce temps, se règle sur celle de la membrane qui l'enveloppe, de sorte qu'elle est tantôt ronde et tantôt ovale, soit en long, soit en travers. On ne peut distinguer ni tête, ni col, ni articles, au milieu de ces corpuscules transparens et sans granulations : il a été impossible également de découvrir aucune trace d'organes dans leur intérieur, à l'exception de six petits crochets, qui ne manquaient à aucun des embryons que j'ai observés; je puis citer à ce sujet les embryons des *Bothriocephalus proboscideus, macrocephalus* et *infundibuliformis*, des *Tænia candelabraria, crassicollis, cyathiformis, inflata, lanceolata, in-*

fundibuliformis, macrorhyncha, literata, ocellata, pectinata, porosa, scolecina, solium, stylosa, angulata et autres. Il est remarquable que des Bothriocéphales qui sont inermes dans leur état adulte, et des Tænia appartenant à la section de ceux que Rudolphi appelle *inermes capite non rostellato*, possèdent, à l'état embryonnaire, les mêmes crochets que les embryons des Tænia, dont le rostre est garni d'une couronne de crochets. Je noterai ici, en passant, que, chez certains Tænia, ces petits crochets tiennent au rostre d'une manière très-superficielle, et qu'ils tombent aisément, ce qui a conduit Rudolphi à en ranger plusieurs, tels que les *Tænia infundibuliformis, setigera, angulata* et *stylosa*, parmi les espèces à rostre inerme. En même temps que les six crochets se développent, la vie des embryons s'éveille, et les mouvemens qu'ils exécutent dans l'œuf procurent un surprenant spectacle. Les crochets eux-mêmes ressemblent à ceux qui, chez beaucoup de Vers cystiques et chez un grand nombre de Tænia, forment la couronne céphalique; seulement ils reposent sur de plus longs pétioles. Ils sont implantés sur le tiers supérieur du corps de l'embryon, et, dans l'état de repos, leur pointe recourbée fait très-peu de saillie au-delà du bord du corps. Leur situation est la même dans tous les embryons, c'est-à-dire que deux d'entre eux s'élèvent en droite ligne du milieu du corps, tandis que, de chaque côté, deux autres se dirigent obliquement en dehors. Lorsque l'embryon exécute des mouvemens, il fait saillir fortement toutes ces armes, ou quelques unes seulement d'entre elles, comme s'il voulait s'en servir pour s'accrocher quelque part, ce qui lui permet de s'allonger et de redresser un peu son corps au dessous des crochets. Je me suis convaincu, sur quelques uns de ces embryons, que les six crochets ne sont pas tous construits d'après le même modèle, et qu'ils affectent trois formes différentes, mais variables suivant l'espèce de Ver cestoïde à laquelle les embryons appartiennent. Dans le *Tænia cyathiformis*, les deux crochets mitoyens sont les plus gros, et présentent une très-forte courbure; parmi les quatre autres, moins volumineux, il y en a deux, situés l'un en face de l'autre, qui sont plus grêles encore que ceux de l'autre paire. Les paires de crochets obliques du *Tænia porosa* offrent un crochet très-massif, tandis que l'autre est extrêmement élancé et peu recourbé ; quant aux deux crochets qui s'élèvent en ligne droite, ils tiennent le milieu entre les précédens, sous le rapport du volume, mais ils ont une pointe fortement recourbée.

4° Si l'on compare les Vers cestoïdes développés avec leurs embryons, on ne peut s'empêcher de présumer que ces derniers doivent subir encore une sorte de métamorphose, dont cependant je ne puis point affirmer la réalité d'une manière positive. Les plus jeunes individus de Cestoïdes que j'aie pu me procurer jusqu'à présent, appartenaient au *Bothriocephalus proboscideus* et au *Tænia ocellata;* la taille de ces Vers, qui étaient au plus bas degré de développement, s'élevait à une demi-ligne; or les embryons n'ayant qu'un quatre-vingt-dixième de ligne, il restait, entre ces deux époques, un vide qui a besoin d'être rempli par des intermédiaires encore inconnus. Les plus petits individus de *Bothriocephalus proboscideus* avaient une forme allongée et aplatie : ils étaient obtus à un bout, et légèrement pointus à l'autre ; on n'apercevait ni tête ni anneaux, et le parenchyme du corps constituait une masse blanchâtre de granulations déliées. Chez des individus longs de deux tiers de ligne, on découvrait, à l'extrémité obtuse du corps, deux enfoncemens, dans lesquels on ne tardait pas à reconnaître les fossettes futures ; le corps se rétrécissait un peu derrière eux, et plus loin il présentait encore deux étranglemens. J'ai compté cinq de ces étranglemens sur des individus qui avaient acquis une ligne de long ; l'extrémité céphalique commençait aussi à offrir une forme quadrilatère. Enfin, chez des Botriocéphales longs d'une ligne et un quart, la tête ressemblait presque parfaitement à celle de l'animal adulte, et les étranglemens, dont le nombre s'était élevé jusqu'à sept, figuraient assez bien des anneaux. Les petits, longs d'une demi-ligne, du *Tænia ocellata* constituaient des Vers aplatis, ovales ou pyriformes, n'ayant ni anneaux ni étranglemens; cependant, au moyen de la compression, on pouvait voir quatre ventouses sortir de leur parenchyme blanc et grenu, à l'extrémité la plus obtuse du corps. La division en anneaux ne s'apercevait que chez des individus ayant acquis trois lignes de long. Je n'ai jamais pu découvrir qu'un parenchyme à grains fins, chez tous les jeunes Cestoïdes, alors même que l'annulation du corps avait commencé depuis long-temps; je crois donc que les organes génitaux ne se développent en eux qu'à une époque très-tardive.

III. Je n'ai pu jusqu'à présent réunir qu'un petit nombre d'observations sur le développement des Trématodes hermaphrodites, car il paraît que très-peu seulement de ces Vers se développent dans l'utérus. En outre, les faibles notions que nous avons acquises sur l'histoire des embryons de Trématodes diffèrent tant les unes des autres, qu'il y aurait de la témérité à considérer les phénomènes offerts par une espèce comme les représentans de ceux qui ont lieu dans les autres. Cependant tous les Trématodes semblent se ressembler en ce qui concerne la formation des œufs. Le contenu du réceptacle des vésicules proligères, qui ne manque chez aucun de ces animaux, consiste toujours en un grand nombre de vésicules limpides comme de l'eau, dans lesquelles se trouve renfermée une autre vésicule beaucoup plus petite et un peu moins claire. Si l'on compare ces corpuscules avec les vésicules proligères des autres animaux sans vertèbres, on ne peut s'empêcher de regarder les vésicules externes comme des vésicules de Purkinje, et les internes comme des taches proligères de Wagner. La masse vitelline, qui prend son origine dans les ovaires divisés en branches nombreuses, est ordinairement blanche, et se compose de très-petites granulations et vésicules, fréquemment accollées les unes aux autres, en petits paquets arrondis. Lorsque les œufs se forment, une partie de la masse vitelline, ou, si celle-ci constitue de petits amas, plusieurs paquets de jaunes s'entourent, avec une vésicule proligère, d'une enveloppe commune. Cette enveloppe est presque toujours simple et ovale; d'abord incolore, elle se teint en jaune, et enfin en brun, pendant l'accroissement et la progression dans la matrice, qui représente toujours un canal contourné. Au moment où elle vient de se produire, elle est si délicate et si flexible, que l'œuf qu'elle entoure se ploie à la forme de tous les espaces où il parvient, et qu'en s'alongeant beaucoup il réussit à traverser les points les plus retrécis des étranglemens que présente l'utérus. Diverses formations monstrueuses d'enveloppes d'œufs, que j'ai quelquefois rencontrées, pourraient bien tenir à ce que les œufs, après avoir été ainsi comprimés, s'étaient endurcis sans reprendre leur forme antérieure. A mesure que les œufs croissent, leur enveloppe prend davantage de solidité : certains d'entre eux acquièrent aussi quelquefois un petit tubercule de couleur foncée, à l'extérieur de l'un ou l'autre de leurs bouts. Aux deux extrémités des œufs incolores du *Monostomum verrucosum* naissent deux tubercules, qui s'étendent peu à peu en deux appendices pointus, d'une longueur énorme. Pendant que la coquille de l'œuf continue de se développer, la masse vitelline grenue renfermée dans son intérieur diminue, et elle est remplacée par de plus grosses vésicules limpides, entre lesquelles il devient alors difficile de découvrir la vésicule proligère, qui finit par disparaître entièrement. Bientôt les vésicules commencent à se serrer fortement les unes contre les autres, de sorte qu'un moment arrive où elles forment un corps commun et cohérent, dont la surface vésiculeuse annonce le mode d'origine. Son pourtour vésiculeux s'aplanit peu à peu, et ne tarde pas à laisser apercevoir un embryon, qui paraît s'être produit surtout aux dépens des granulations vitellines, qui sont devenues de plus en plus rares pendant ce temps. La plupart des espèces de Trématodes pondent leurs œufs avant que l'embryon se soit développé ; Les *Monostomum mutabile* et *flavum*, les *Distomum cylindraceum*, *cycnoides*, *hians*, *nodulosum*, *perlatum* et *tereticolle*, sont les seuls chez lesquels on connaisse le développement des embryons dans la matrice. Les embryons de ces espèces peu nombreuses se ressemblent fort peu sous le point de vue de leur configuration et des phénomènes de vitalité. Leur forme est la plupart du temps ovale ; ceux du *Monostomum mutabile* et des *Distomum cylindraceum* et *cycnoides* ont une bouche en trompe, susceptible de sortir du corps et d'y rentrer ; le dos de ceux des *Monostomum flavum* et *mutabile* et du *Distomum nodulosum* est orné d'une tache de couleur foncée. Les mouvemens des embryons des *Disto-*

mum cylindraceum et *tereticolle* sont plus lents, tandis que les embryons du *Monostomum mutabile* et des *Distomum cygnoides, hians* et *nodulosum* se meuvent rapidement et avec adresse, comme des Infusoires polygastriques, au moyen des cils dont la surface de leur corps est garnie. Ce sont là les seuls exemples connus jusqu'ici d'Entozoaires qui soient pourvus d'organes vibratiles extérieurs. Les embryons du *Monostomum mutabile* sortent de l'œuf dès avant que celui-ci ait quitté l'utérus ; à cet effet la coquille s'ouvre par le moyen d'un petit couvercle. Cependant c'est de cette manière que s'ouvrent presque tous les œufs de Trématodes.

Dans cet ordre aussi, les petits ressemblent si peu aux adultes, qu'il doit s'opérer une grande métamorphose pendant le cours de leur développement ultérieur : mais nous ignorons encore entièrement comment des embryons très-vifs et semblables à des Infusoires se convertissent en Trématodes massifs et inertes. Un autre phénomène non moins énigmatique, c'est que tous les embryons de *Monostomum mutabile* hébergent un parasite nécessaire, dont la forme ressemble parfaitement à celle de la sporocyste de la *Cercaria echinata :* comme les embryons de ce Monostome périssent avec une grande facilité, que peut-être même ils sont détruits par les efforts que leur parasite fait dans l'intention de se dégager, on pourrait croire que ces parasites nécessaires, qui continuent de vivre après la mort de leur prison vivante, se développent en sporocystes, et produisent ensuite les Monostomes proprement dits.

_ IV. Les Nématoïdes, qui constituent le premier ordre de la classe des Entozoaires, annoncent aussi leur rang plus élevé par l'analogie qu'on remarque, à quelques égards, entre leur développement et celui de certains animaux vertébrés.

Les œufs, parvenus à maturité, sont presque tous ovales : l'*Ascaris labiata*, l'*Ascaris osculata* et un Cucullan provenant de l'*Emys lutaria,* sont les seules espèces chez lesquelles j'ai rencontré exceptionnellement des œufs mûrs ayant une forme ronde. Dans l'*Ascaris oxyura*, les œufs sont un peu effilés aux deux bouts, qui, dans le *Trichocephalus* et le *Trichosoma,* présentent chacun un petit diverticule limpide comme de l'eau.

L'enveloppe de l'œuf est incolore et simple; mais fréquemment aussi on la trouve double, par exemple dans les *Ascaris labiata*, *inflexa*, *osculata* et *spiculigera*, l'*Hedruris an-
drophora*, le *Strongylus fulicæ*, les *Trichocephalus unguiculatus* et *dispar*, les *Trichosoma falconum* et *larorum*. La
masse vitelline a une couleur blanche, et, dans les œufs non
à maturité, elle contient une vésicule proligère bien marquée,
avec une tache proligère. C'est ce dont j'ai pu me convaincre
dans les *Ascaris aucta*, *brevicau d ta*, *inflexa*, *labiata*, *lumbricoides*, *ensicaudata*, *osculata*, *semiteres*, *vesicularis*, et
gruis cinereæ, les *Spiroptera contorta* et *fallax* (1), le *Cucullanus emydis lutariæ*, les *Filaria attenuata* et *ardeæ cinereæ*, les *Strongylus auricularis* et *myoxi gliris*, le *Trichocephalus unguiculatus* et le *Trichosoma larorum*, d'où il
y aurait à conclure que la vésicule proligère doit exister aussi
chez les autres Nématoïdes. Ce qui semble faire qu'elle
échappe souvent à l'œil de l'observateur, c'est qu'elle se
tient cachée dans le milieu de la masse vitelline, et que, quand
on comprime l'œuf entre deux plaques de verre, elle se déchire aisément, de manière à disparaître tout-à-fait. En pareil cas, je me croyais fondé à admettre sa présence lorsque
je l'avais aperçue distinctement dans les ovaires, où elle était
encore peu obscurcie par la masse vitelline.

Les ovaires contiennent, dans leur extrémité postérieure
en cul-de-sac, une masse vésiculeuse, incolore, à laquelle se
joignent peu à peu en devant de petites granulations poncti-
formes, dont le nombre va toujours en augmentant, et qui finissent par remplir totalement les tubes ovariens, sous la
forme d'une masse vitelline blanche. Plus tard, elles se divisent en petits amas arrondis de jaune, qui, placés les uns à
côté ou au dessus des autres, s'avancent ainsi de plus en plus
dans l'ovaire. Chez plusieurs Nématoïdes, les amas de jaunes,
déjà divisés en autant de paquets qu'il doit y avoir d'œufs,
occupent l'extrémité antérieure des ovaires, où on les remarque, aplatis et empilés les uns sur les autres comme des pièces

(1) Nouvelle espèce que j'ai découverte dans le proventricule du *Strix
flammea*.

de monnaie : cette disposition a lieu dans les *Ascaris ensicau-data, semiteres* et *gruis cinereæ*, la *Filaria ardeæ cinereæ*, l'*O-phiostomum sphærocephalum*, les *Strongylus auricularis, myoxi gliris, hypudæi amphibii* et *fulicæ atræ*. A mesure que les masses vitellines avancent, la vésicule de Purkinje, avec sa tache proligère de Wagner, se prononce peu à peu dans les amas ou disques de jaunes, comme on le voit chez les *Ascaris brevicaudat* et *gruis cinereæ*, le *Cucullanus emydis lutariæ*, la *Spiroptera fallax*, les *Strongylus auricularis* et *myoxi gliris*, le *Trichocephalus unguiculatus* et le *Trichosoma larorum*. Quand ces masses sont parvenues à l'extrémité antérieure de l'ovaire, elles sont obligées, pour atteindre à la matrice, de traverser la trompe de Fallope, rétrécissement plus ou moins long du canal génital femelle, dans lequel il ne peut ordinairement glisser qu'un seul amas de jaunes à la fois, qui, suivant toutes les probabilités, se couvre d'une enveloppe pendant qu'il accomplit ce trajet.

Quelques Ascarides présentent des anomalies particulières dans la formation de leurs œufs. Ainsi, chez l'*Ascaris lumbricoides*, les amas ou paquets de jaunes ne tardent pas à prendre une forme irrégulière dans les extrémités postérieures des ovaires : ils s'allongent, deviennent très-aigus à l'un de leurs bouts, et s'élargissent un peu à l'autre, jusqu'à ce qu'enfin ils représentent tous des corpuscules coniques et aplatis, dont la longue pointe correspond à l'axe longitudinal du tube ovarien, tandis que leur bout obtus touche aux parois de ce même canal. Chacun de ces corpuscules est limité par une enveloppe extrêmement délicate. Ils croissent et cheminent dans l'ovaire; leur contenu grenu augmente et devient plus dense; la vésicule de Purkinje, avec la tache proligère, se développe sur un point quelconque, et l'extrémité obtuse s'échancre profondément. En suivant ces corpuscules plus loin, du côté de la partie antérieure des ovaires, on trouve que leurs extrémités pointues se raccourcissent, tandis que leurs bouts obtus s'élargissent encore davantage, et se chargent de plusieurs échancrures. C'est à ce degré de développement que Henle a vu et figuré (1) les germes des œufs de l'Ascaride lombricoïde, dans

(1) Muller, *Archiv fuer Anatomie*, 1835, p. 602, pl. XIV, fig. XI.

lesquels la vésicule proligère n'a point échappé à sa sagacité, quoiqu'il n'en soupçonnât point l'usage. A partir de ce moment, la forme des germes d'œufs redevient irrégulière, jusqu'à ce qu'enfin ils aient acquis la forme arrondie de l'œuf, à l'extrémité de l'ovaire. Pendant que la masse grenue augmente de volume, la vésicule de Purkinje disparaît, dans son intérieur, ce qui tient probablement à la couleur plus foncée qu'acquiert le jaune. Après avoir fait un court trajet dans l'utérus, les œufs ronds se convertissent en œufs parfaitement ovales, avec une enveloppe simple, à laquelle vient encore se joindre plus tard une enveloppe albumineuse extérieure.

Dans l'*Ascaris osculata*, les paquets de jaunes sont également réunis, à la partie antérieure des ovaires, sous la forme de petits corps conoïdes, dont toutes les extrémités pointues correspondent à l'axe longitudinal du tube ovarien.

A l'extrémité postérieure des ovaires de l'*Ascaris aucta*, les granulations du jaune se réunissent en petits amas arrondis, et s'entourent d'une enveloppe délicate. Dans la partie antérieure de l'ovaire ils se joignent, cinq, huit et plus ensemble, au moyen de filamens courts et déliés, qui, partant de l'un des bouts du germe de l'œuf, aboutissent tous à un point commun. Cette connexion des œufs persiste long-temps encore dans l'utérus, où ils ont pris une forme plus ovale.

Dès que les germes d'œufs des Nématoïdes sont arrivés dans l'utérus, des changemens remarquables ne tardent pas à s'accomplir dans le jaune, qui, à cette époque, représente une masse de granulations déliées, réparties d'une manière uniforme, et remplissant complétement l'enveloppe de l'œuf. La vésicule proligère, cachée profondément dans la masse vitelline, est difficile à apercevoir, et elle disparaît en un laps de temps fort court. Après sa disparition, la masse vitelline offre ces sillons remarquables qu'on n'avait point encore soupçonnés chez les animaux sans vertèbres, les Entozoaires moins que tous les autres, et qui n'avaient été aperçus que dans les œufs des Batraciens, par Prévost et Dumas, Rusconi, Baumgaertner et Baer. J'ai observé ces sillons dans les œufs des *Ascaris labiata*, *aucta*, *acuminata*, *brevicaudata*, *dactyluris*, *osculata* et *spiculigera*, du *Cucullanus emydis lutariæ*, des *Filaria attenuata* et *rigida*, des *Strongylus auricularis, filaria, paradoxus, myoxi gliris* et *fulicœ atrœ*. Les premiers se succèdent suivant un certain ordre, et font prendre des figures régulières à la masse vitelline ; mais, lorsqu'ils viennent à se multiplier, on ne peut plus reconnaître l'ordre qu'ils suivent dans leur manifestation. Toujours ils débutent par un sillon transversal, partageant en deux hémisphères, l'un supérieur, l'autre inférieur, le jaune, qui semble acquérir en même temps une plus grande densité. Le jaune se retire alors de la paroi interne de l'enveloppe de l'œuf, avec laquelle il avait été jusqu'alors en contact, et l'on discerne sur ses deux segmens une tache claire, arrondie, qui semble annoncer un vide (*Ascaris acuminata* et *brevicaudata, Strongylus auricularis*). Quelquefois le premier sillon ne passe pas précisément par le milieu du jaune, qui se trouve alors partagé en deux hémisphères inégaux (*Ascaris osculata* et *labiata*). Dans ce dernier cas, le second sillon, qui parcourt perpendiculairement l'hémisphère supérieur, divise la masse vitelline en trois sphères accollées, dont chacune renferme également un espace clair et arrondi. Dès lors les sillons se multiplient avec rapidité, et chacun de ceux qui paraissent semble en appeler sur-le-champ plusieurs autres, de sorte qu'on ne peut plus deviner quel est l'ordre suivant lequel ils se succèdent. Ainsi on rencontre très-fréquemment le jaune parcouru par trois sillons, dont deux transversaux qui le coupent en trois parties, et un vertical divisant la partie médiane en deux moitiés : en pareil cas, le quatrième sillon est transversal ; il passe précisément par le milieu de la masse entière du jaune, coupe le sillon vertical, et produit ainsi six segmens, offrant tous dans leur milieu l'espace rond et clair dont je viens de parler. J'ai parfois aussi observé des masses vitellines dans lesquelles, après les trois sillons dont j'ai donné plus haut la description, le quatrième se bornait à parcourir une moitié du segment médian coupé en deux par le troisième sillon vertical, tandis qu'un cinquième sillon vertical coupait en deux l'un des deux segmens externes. Il y a des cas aussi où ce dernier sillon est celui qui se manifeste en quatrième lieu. En général, les segmentations ne suivent plus maintenant d'ordre déterminé, et il semble que les sillons subséquens cherchent toujours à couper les segmens du jaune qui présentent le plus de volume. A mesure que ces segmens diminuent d'étendue, les taches claires deviennent aussi de moins en moins distinctes, et elles finissent par disparaître entièrement. Un moment arrive où l'on ne peut plus compter les segmens; la masse vitelline entière semble être composée, comme une framboise, de petites sphères, dont l'apparence grenue va toujours en s'effaçant, et qui, peu à peu, s'éclaircissent complétement. La segmentation marche constamment avec plus de rapidité à l'un des bouts du jaune qu'à l'extrémité opposée, de sorte que, quand elle est assez avancée déjà sur le premier pour que le jaune commence à y redevenir lisse, l'autre bout présente encore des inégalités bien sensibles : on remarque en même temps que le dernier bout s'allonge et s'effile un peu en reprenant une surface plane. Avant que l'autre extrémité soit arrivée au dernier terme de la segmentation, la masse externe, devenue à peu près transparente, subit une échancrure qui, acquérant peu à peu de la profondeur, produit deux branches, dont l'allongement ne tarde pas à représenter un embryon de Ver replié sur lui-même : alors aussi la vie s'éveille dans cet embryon, qui s'allonge de plus en plus, et qui bientôt se trouve étroitement serré et replié sur lui-même dans l'enveloppe de l'œuf, sans que cependant il perde pour cela la faculté de se mouvoir. L'extrémité de l'embryon dans laquelle les segmentations arrivent le plus tard à leur terme diffère encore pendant quelque temps de l'autre par son volume plus considérable. Je n'ai pas pu découvrir quelle est celle des deux qui devient l'extrémité céphalique.

Quant aux organes internes, l'œsophage musculeux est la partie qui se développe la première dans les embryons de Nématoïdes, avant la naissance même desquels on l'aperçoit souvent déjà, tandis que le reste de leur corps n'est rempli que de granulations et de vésicules éparses. Les mouvemens des embryons deviennent de plus en plus vifs à mesure que leur corps s'allonge; il apparaît une extrémité céphalique obtuse et une extrémité caudale pointue; enfin l'animal déchire l'enveloppe de l'œuf, souvent avant la ponte, de ma-

nière qu'alors les embryons frétillent librement dans l'u-
térus.

CHAPITRE III.

*Du développement des Actinies , des Acalèphes , des Mollus-
ques , des Annélides et des Insectes (1).*

I. Actinies.

§ 376. Les Actinies, ceux des animaux polypiaires qui
sont le plus développés, couvent leurs œufs dans leur ample cavité digestive, ou ce qu'on appelle leur estomac, et
y conservent aussi pendant quelque temps leurs petits. En
disséquant une variété de l'*Actinia mesembrianthermum* qui
habite la mer Noire, cette cavité m'a offert, dans les derniers
jours de l'hiver, plusieurs petits corps, un peu différens les
uns des autres pour le volume, la configuration et la couleur,
qui tous étaient formés en partie d'une substance grenue, un
peu épaisse, en partie d'une mince enveloppe membraneuse,
entourant lâchement les granulations : ces corpuscules étaient
absolument pleins, et nulle part on n'y apercevait d'ouvertures. Je crois donc ne pouvoir les considérer que comme
des œufs. Les plus petits étaient d'un blanc laiteux, et parfaitement lenticulaires; les plus gros, dont le volume n'égalait
cependant pas tout-à-fait celui d'une graine de pavot, étaient
faiblement rosés, un peu plus aplatis que les autres, et irrégulièrement ovales, attendu qu'auprès de l'extrémité amincie ou
de la pointe, l'un des bords, plus long, était un peu concave,
tandis que le bord opposé offrait une convexité plus ou moins
marquée. En outre, le bord presque entier était garni de
faibles échancrures, d'où partaient des sillons extrêmement
faibles et un peu sinueux, qui allaient se rendre vers le milieu des deux côtés aplatis. Lorsque l'on venait à plonger ces
corps dans l'eau, ils oscillaient sur un plan horizontal, l'un
de leurs côtés tourné vers le haut, et l'autre vers le bas, à
peu près comme ferait une assiette reposant sur un point
d'appui par son centre, et à laquelle on imprimerait des

(1) Rédigé par H. Rathke.

oscillations; mais, pendant ce mouvement, c'était toujours le bord convexe de la moitié la plus étroite qui regardait en haut et qui coupait l'eau. Il n'était pas rare non plus que le corps parcourût tout à coup un certain espace en ligne droite, ou à peu près, l'extrémité la plus mince dirigée en avant; après quoi les oscillations reprenaient leur cours. Je n'ai point aperçu, même à un très-fort grossissement, de cils par lesquels ces mouvemens fussent accomplis. Cependant, comme il arrive quelquefois, même à de forts grossissemens, qu'on ne puisse point distinguer, à la lumière diffuse, les cils d'animalcules qui en sont pourvus, quand ces productions n'exécutent point de mouvemens oscillatoires, il serait très-possible que les corpuscules dont je parle ici fussent munis de cils qui m'aient échappé.

En ayant égard, d'un côté, à la découverte faite par R. Wagner, que les Actinies produisent des œufs et non des spores, d'un autre côté, à cette circonstance que, parmi les animaux supérieurs aux Polypes, nous n'en connaissons aucun dont l'œuf entier présente ni mouvemens rotatoires, ni sillons pliciformes faciles à effacer, comme j'en ai observé dans les corps en question, je me sens disposé à croire que ces derniers n'étaient pas des œufs proprement dits, mais des petits déjà sortis de l'œuf, qui néanmoins consistaient uniquement en une membrane proligère mince, simple, d'épaisseur à peu près égale partout, close de toutes parts, renfermant un jaune, et dépourvue encore d'ouverture buccale. En général, je suis très-porté à présumer que les produits d'autres animaux polypiaires, appelés spores par les uns, et nommés œufs par les autres, n'étaient ni des œufs ni des spores, mais des petits éclos depuis peu, quand ils possédaient déjà la faculté de se mouvoir dans l'eau à l'aide de cils.

D'après des recherches ultérieures que j'ai faites sur la même espèce d'Actinie, les corps lenticulaires, qui me semblent être de jeunes Actinies, prennent peu à peu la forme d'oranges, et une couleur brunâtre; mais alors ils n'oscillent plus quand on les plonge dans l'eau. Sur l'un des côtés aplatis il se produit, dans la membrane proligère, et sans doute par résorption de matière (déhiscence), une ouverture buccale qui mène à une petite cavité intérieure. Je ne saurais dire cependant si déjà cette ouverture commence à se former tandis qu'il existe encore une partie du jaune. En même temps que le corps prend la figure d'une orange, la membrane proligère se partage, dans toute son étendue, en deux couches ou feuillets, qui néanmoins restent d'abord en contact partout et pour ainsi dire collés ensemble ; le feuillet externe, plus épais, plus mou et de teinte brunâtre, devient la paroi proprement dite du corps ; l'interne, plus mince, plus ferme et incolore, entoure immédiatement la cavité située dans l'intérieur du corps, et se développe en organe digestif. Ce dernier feuillet paraît avoir une égale épaisseur partout ; mais j'ai trouvé l'autre beaucoup plus épais à la partie moyenne du corps qu'à ses deux côtés aplatis, dont celui qui est placé vis-à-vis de l'orifice buccal se développe d'ailleurs ensuite en disque faisant office de ventouse. Plus tard, les deux feuillets s'écartent l'un de l'autre dans les points placés entre les deux côtés aplatis, par conséquent dans la plus grande partie du corps, ce qui donne lieu aux cloisons et aux chambres qu'on sait exister entre la paroi du corps et l'estomac. J'ai déjà distingué ces chambres et ces cloisons dans de petites Actinies qui avaient à peu près le volume d'un grain de vesce ; cependant le nombre en était moins considérable que chez l'adulte. Un peu avant cette époque il se forme, immédiatement derrière l'ouverture buccale, et par conséquent cachées dans l'entrée de la cavité stomacale, quelques petites verrues, qui ne tardent pas à se transformer en de courts cylindres.

II. Acalèphes.

Nous ne possédons non plus que des notions très-peu étendues à l'égard du développement des Acalèphes.

Eschholtz a vu de très-petites *Beroe* dont le corps présentait une forme ayant déjà beaucoup d'analogie avec celle des adultes, mais qui manquaient encore des huit rangées de lamelles natatoires. On n'apercevait chez elles que quatre bandelettes longitudinales opaques, qui pouvaient fort bien être des rudimens d'autant de rangées de lamelles. En tous cas donc, ces lamelles se développent après que le corps a déjà pris la forme qui caractérise l'espèce, et des huit rangées qu'elles représentent il n'en paraît d'abord que quatre, entre lesquelles se produisent ensuite les autres.

1° Les œufs de la *Medusa aurita* passent des cavités ovariennes entre les feuillets des bras, dont il y a toujours deux pour chacun de ces derniers, et ils y prennent le reste de leur développement, renfermés par paquets dans de petits sacs. Dans l'ovaire, les œufs, de forme arrondie, ont un chorion membraneux mince, et sont principalement constitués par une masse vitelline à grains fins, de couleur violette. Une fois parvenus dans les petits sacs des bras, ils n'ont plus de chorion, à ce que prétend Ehrenberg (1), et sont par conséquent déjà de jeunes Méduses. Quelques unes de ces dernières sont alors semblables à des framboises et d'un violet pâle; d'autres représentent un disque violet pâle, qui ressemble à une Méduse sans bras ni organes de nutrition; d'autres encore sont cylindriques, obtuses aux deux bouts, et d'un jaune brun. Ces deux dernières formes sont garnies de cils, par les vibrations desquels s'accomplit leur locomotion, déjà observée par Baer. Une autre forme, qui s'est présentée à Baer, était plus développée encore : ce naturaliste a trouvé, dans les bras de Méduses âgées, de très-petites Méduses qui représentaient de hautes cloches fortement obtuses à l'extrémité supérieure, et qui avaient une paroi très-épaisse (2). Les changemens ultérieurs sont inconnus : on doit présumer néanmoins qu'avec le temps la cloche sous la forme de laquelle Baer a vu les jeunes Méduses, va toujours en s'agrandissant, et que le pédicule, avec ses quatre bras, pousse du milieu de ce qui était primordialement son côté interne.

2° Ce serait une chose extrêmement remarquable que le développement d'une Méduse qui vit sur les côtes de la Norwège, s'il s'effectuait en réalité comme l'a décrit Sars (3). Pendant sa première période, cette Méduse ressemble entièrement à un Polype fixé sur un autre corps; elle est gélati-

_____

(1) Muller, *Archiv fuer Anatomie*, t. I, p. 562.
(2) Wiegmann, *Arhiv fuer die Naturgeschichte*, t. I, p. 35.
(3) *Isis*, 1833, p. 224.

neuse, cylindrique, plus épaisse à sa partie supérieure, presque cyathiforme, et tout-à-fait lisse. Son extrémité la plus large, ou celle qui est libre, présente une couronne de vingt à trente tentacules filiformes et assez longs. Le corps est creux; il ne contient point de viscères, et il offre une ouverture buccale au bout le plus gros. Pendant la seconde période, on voit paraître de profonds sillons annulaires, dont le nombre augmente à mesure que le corps tubuleux croît, et qui partagent le corps en une multitude de segmens empilés les uns sur les autres. Durant la troisième période, il pousse, au dessous de chaque sillon, huit lobes courts et rangés en cercle, qui tous dirigent leur sommet vers le haut. A mesure que les sillons augmentent en profondeur, chacun des segmens dont il vient d'être parlé se constitue en animal particulier, en une Méduse du genre des Ephyres, et les lobes se transforment en rayons de cet animal. Le côté convexe du segment le plus inférieur, ou de l'individu futur placé tout au bas de la pile, est alors allongé en un pédoncule qui retient la famille entière. Enfin, arrive la quatrième période, celle de la séparation. Les segmens rayonnés se détachent les uns des autres, opération qui s'accomplit de haut en bas. Sars n'a pu savoir ni comment le segment supérieur, garni de ses tentacules filiformes, se détache, ni ce qu'il devient; mais il a observé la séparation des autres, qu'il a reconnu être unis ensemble, de telle sorte que l'un deux reposait par son côté convexe dans le côté concave ou buccal de celui qui venait immédiatement au dessous. Les segmens devenus des animaux particuliers tiennent ainsi les uns aux autres. Les mouvemens qu'ils exécutent, après leur libération, sont ceux qu'on observe d'ordinaire chez les Acalèphes discophores.

III. Mollusques.

A. *Tuniciers.*

§ 377. 1° Les Biphores se développent dans le corps maternel. Suivant Meyen (1), l'œuf est composé d'une masse

(1) *Nov. Act. Nat. Cur.*, t. VIII, p. 339.

un peu grenue, et il a une forme arrondie lenticulaire. A l'un de ses côtés paraît un court pédicule, par le moyen duquel il tient à la mère dans l'endroit où il a été procréé. Du côté opposé s'élève une verrue, qui ne tarde point à s'étrangler à sa base, se convertit en une courte massue, et se recourbe ensuite en manière de crochet. A mesure que le tout grossit, la partie moyenne devient, non-seulement le corps du fruit et la tête de la massue, dans laquelle une masse adipeuse se prononce avec le temps, mais encore le jaune et le sac vitellin; mais la partie primordialement existante, ou celle qui est arrondie et lenticulaire, dans laquelle il se montre déjà de très-bonne heure des vaisseaux sanguins nombreux, qui tiennent par un tronc avec le vaisseau abdominal du fœtus, se convertit en une sorte de placenta. Plus tard, le jaune et le sac vitellin disparaissent : quand ils ont enfin disparu, la connexion entre le fruit et le placenta se déchire, et le petit se détache alors de la mère.

Les phénomènes les plus essentiels de cette courte histoire de développement sont encore problématiques à un haut degré. Si nous admettons que les Biphores se développent dans des œufs, comme le dit Meyen, et que nous ayons égard à la manière dont il décrit l'évolution, nous pouvons faire à ce sujet les remarques suivantes. Chez aucun animal invertébré, sans excepter même les autres Mollusques, on n'a reconnu de connexion organique entre la mère et le fruit, et chez les Mammifères, qui sont jusqu'à présent les seuls animaux dans lesquels on ait découvert une pareille connexion, le fruit ne se développe point du placenta, qui ne se forme qu'après que le fruit a pris naissance. Mais le jaune, avec sa vésicule proligère, est la partie primordialement existante de l'œuf, et c'est de lui précisément que se forme le fruit des autres animaux. Or, de quelque manière qu'on interprète les descriptions et les figures de Meyen, en se fondant sur l'analogie du développement des autres animaux, elles laissent toujours quelque chose qui ne se concilie point avec cette explication basée sur l'analogie. Ainsi, ou le développement des Biphores s'accompagne de phénomènes dont nous ne connaissons point jusqu'à présent les analogues, ou bien quelques unes des assertions de Meyen ne sont point parfaitement conformes à ce qui arrive en réalité. Il me paraît que la seule interprétation naturelle qu'on en puisse donner consisterait à dire que le mode de multiplication des Biphores observé par Meyen, tenait à une formation de spores intérieures, et non à une formation de véritables embryons, c'est-à-dire d'embryons se développant dans des œufs.

Suivant Chamisso, les individus accolés les uns aux autres des différentes espèces de Biphores, ne produiraient que des individus simples, c'est-à-dire isolés, qui, de leur côté, n'en procréeraient que de composés. Meyen, au contraire, dit n'avoir jamais remarqué qu'un seul fruit dans les individus accollés de diverses espèces, et avoir observé en outre que les jeunes Biphores ne s'unissent ensemble qu'après leur naissance. Mais si ce dernier cas a lieu réellement, il devient fort difficile de concevoir comment les organes nécessaires pour produire la connexion peuvent ne se développer que chez certains individus, et comment le mode de groupement des individus peut varier suivant les espèces, tout en restant constamment le même dans chaque espèce.

2° Le développement du Botrylle, espèce d'Ascidie composée, est fort singulier, d'après les observations qui ont été faites par Sars (1). Les adultes mettent au monde, par l'ouverture anale, de petits corps gélatineux, lisses et d'un jaune clair, qui paraissent être autant d'animalcules distincts, et qui, à l'instar des têtards de Grenouilles, nagent avec vivacité dans l'eau, au moyen des mouvemens latéraux d'une queue longue et mince. Chacun de ces corps se forme dans un œuf ovale, qui a une mince enveloppe gélatineuse (chorion?), et qui est couvé dans l'intérieur du corps maternel. Quand on en ouvre un, sa partie ovale se présente comme une enveloppe transparente, qui renferme plusieurs Botrylles déjà réunis dans un ordre déterminé, et constituant pour ainsi dire une petite colonie. On trouve ordinairement huit petits, de forme oblongue, assez semblables aux adultes, qui sont dressés et unis en couronne à leur base. Ce tronc commun d'Ascidies s'allonge,

(1) Wiegmann, *loc. cit.*, t. II, p. 209.

dans l'intérieur de la queue de l'enveloppe extérieure, sous la forme en quelque sorte d'une queue ou d'un pédicule rétréci vers son extrémité. A la partie supérieure de l'enveloppe est une ouverture qui ressemble à une bouche ; mais cette ouverture ne se contracte jamais, parce que son enveloppe est immobile, et elle paraît ne point avoir non plus de connexions intimes avec le tronc ascidien ; en effet, quand on irrite ce tronc avec force, son prolongement caudiforme sort presque en entier de la gaîne également caudiforme qui l'entoure et qui fait partie de l'enveloppe. D'après tous ces détails, le développement du Botrylle aurait donc beaucoup d'analogie avec celui de certaines Cercaires sous un point de vue, c'est-à-dire en tant que le jeune Mollusque se formerait dans une enveloppe particulière semblable à un animal. Mais peut-être répand-il aussi quelque jour sur le groupement des Biphores ; car il est concevable d'après cela que certains individus de Biphores produisent uniquement des œufs contenant des embryons groupés, tandis que d'autres, ou peut-être aussi les mêmes individus en d'autres temps, ne procréent que des gemmes internes, desquelles se développent des individus isolés.

B. *Pélécypodes.*

§ 377*. D'après les recherches faites par Carus sur la Mulette et l'Anodonte (1), l'œuf à maturité de ces animaux est sphérique, et il se compose d'un chorion transparent, d'une assez grande quantité d'albumine limpide comme de l'eau, d'un jaune globuleux, constitué lui-même par une substance grenue, et d'une membrane vitelline. Cette dernière membrane serait diversement colorée suivant les espèces, et formée d'une masse grenue particulière et dense, si ce n'est sur un petit point arrondi, incolore, transparent, et contenant une vésicule (vésicule proligère) dans son milieu. Mais peut-être cette matière colorée n'est-elle autre chose qu'une couche de globules adipeux étalée sur le jaune, comme par exemple dans les œufs des Syngnathes. Durant l'incubation,

(1) *Nov. Act. Nat. Cur.,* t. XVI.

qui a lieu dans les compartimens des branchies de la mère,
le jaune se transformerait immédiatement en fruit ; mais il est
probable qu'ici il se forme aussi une membrane proligère, qui
s'approprie le jaune en le modifiant et l'employant de la manière qui convient à ses fins. Le jaune acquiert une apparence celluleuse, par suite de l'absorption du blanc, qui fait
renfler ses granulations, et les rend un peu plus transparentes ;
une légère impression se produit sur l'un des points de son
étendue ; il s'aplatit de deux côtés, et acquiert la forme d'un
triangle sphérique à angles émoussés, dont la base est représentée par la partie munie d'une impression. Cependant le
jaune (ou plutôt l'embryon) devenu triangulaire, qui a tourné
de plus en plus l'une de ses faces latérales en haut et l'autre
vers le bas, commence à exécuter des mouvemens de rotation, et ces mouvemens lents, que Leeuwenhoek avait aperçus déjà, qui n'ont jamais lieu que suivant une seule direction, et qui ne produisent pas un déplacement notable du
jaune, continuent pendant plusieurs jours. Ils peuvent bien
avoir une certaine relation avec la respiration, mais de nouvelles recherches sont nécessaires encore pour décider s'ils
sont opérés, après la disparition de la membrane vitelline,
par des cils à la surface du fruit, ou s'ils dépendent d'un
rapport de polarité existant entre le fruit et le blanc, et fondé
lui-même sur l'attraction et la répulsion, comme le croit Carus. La base du triangle, représentée par le fruit et le jaune,
qui, du reste, perd peu à peu l'impression qu'on y remarquait d'abord, devient le côté dorsal du Mollusque ; la charnière de la coquille s'y produit, et au voisinage se développe
le cœur, qui exécute de très-bonne heure des battemens. Sur
les deux faces latérales du triangle se forment, de bonne
heure aussi, le manteau et les valves de la coquille. Les deux
moitiés latérales du manteau et les deux pièces de la coquille
constituent primordialement, selon Carus, un tout, qui ne se
déchire que plus tard tout le long du côté ventral. Il semble
cependant plus naturel d'admettre que le manteau se développe sous la forme de deux plis des tégumens cutanés, qu'il
prend ainsi son origine au voisinage du côté dorsal du fruit,
et que ces plis, sur lesquels se produisent aussi peu à peu les

valves de la coquille, vont toujours en augmentant de largeur, jusqu'à ce que leurs bords libres arrivent à se toucher l'un l'autre. Quand les embryons ouvrent et ferment alternativement leurs valves et les deux moitiés de leur manteau, celles-ci laissent apercevoir, dans l'endroit où se trouve le sommet du triangle situé en face de la charnière, deux petits lobes ou appendices terminés en pointe, garnis de franges, la plupart du temps tournés l'un vers l'autre, et par conséquent réfléchis en dedans, qu'on appelle les crochets. Ce sont les premiers rudimens des renflemens munis de franges qui, chez les Bivalves adultes, se montrent, à l'extrémité postérieure arrondie de la coquille, là où l'eau pénètre par la fente du manteau, afin d'être respirée par les branchies. La différence que ces parties présentent dans leur situation chez le jeune animal et chez l'adulte, tient à ce que le fruit, après s'être dégagé de ses enveloppes, échange sa forme de triangle contre celle d'un ovale irrégulier, attendu qu'il s'allonge dans le sens de sa base, en même temps que l'une des deux moitiés du triangle qu'on obtient en le supposant coupé par une ligne allant des crochets au milieu de la base, croît beaucoup plus dans cette direction que l'autre moitié, notamment que la postérieure, c'est-à-dire celle par laquelle l'eau est respirée.

Outre le manteau, le cœur et la coquille, on distingue encore, avant l'éclosion du fruit, les muscles destinés à fermer les valves. Quant aux branchies, on ne les aperçoit que plus tard. Elles paraissent d'abord sous la forme de deux paires de lobules très-délicats et transparens, qui n'ont qu'une très-petite étendue, proportionnellement au manteau, et dont l'un est situé derrière l'autre. Les deux petits lobules branchiformes qui sont situés autour de la bouche dans les Pélécypodes, paraissent se développer aussi en même temps qu'elles. Le pied est également très-petit, proportion gardée, chez le petit Bivalve déjà sorti de ses enveloppes, mais encore contenu dans les branchies de la mère, et il ne fait d'abord qu'une saillie très-peu considérable. De son milieu sort un byssus assez long et contourné en spirale, qui tombe plus tard et ne se reproduit plus. Ce byssus se forme dès les derniers temps de la vie dans l'œuf, et les jeunes Pélécypodes s'en servent, dans l'intérieur des compartimens de la branchie maternelle, pour s'unir tellement les uns avec les autres, qu'ils peuvent ensuite être rejetés hors de leur réceptacle sous la forme de masses allongées.

Quatresages a étudié le développement d'une Anodonte quelque temps après Carus (1) ; mais évidemment ses observations sont tout-à-fait inexactes.

C. Gastéropodes.

§ 377**. Il n'y a qu'un petit nombre de Mollusques gastéropodes qui mettent au monde des petits vivans. Telles sont la *Paludina vivipara* et la *Clausilia ventricosa*. La plupart de ces animaux pondent des œufs. Parmi ceux-ci, il y en a quelques uns, par exemple les Gastéropodes terrestres et d'eau douce, dont chaque jaune d'œuf a généralement son blanc et son chorion particuliers, mais dont tous les œufs d'une même ponte sont la plupart du temps liés ensemble par un moyen d'union spécial. Au contraire, parmi les Gastéropodes marins qui appartiennent à la section des Cténobranches, il en est beaucoup qui produisent toujours un chorion commun à une multitude de jaunes ; mais ce chorion varie de forme suivant les espèces, il est coriace ou parcheminé, et, outre les jaunes, il enveloppe encore une quantité considérable de blanc, qui leur appartient à tous en commun.

1° Les embryons qui se forment dans de pareilles enveloppes d'œufs laissent apercevoir chacun, de très-bonne heure, d'après les observations de Lund (2), un pinceau de longs cils, qui vibrent continuellement, et à la faveur desquels ils se meuvent d'abord dans le blanc, tant que leur enveloppe les renferme encore, puis plus tard dans l'eau de la mer, quand ils ont percé la capsule. Très-probablement ces cils sont des lames branchiales prolongées, et ils correspondent à ceux qu'on découvre chez les embryons des Squales et des Raies. Mais Grant assure que des organes analogues exis-

(1) Annales des sc. nat., seconde série, t. IV, p. 283.
(2) Froriep, *Notizen*, t. XLI, p. 1.

tent également chez les embryons et les petits de ceux d'entre les Cténobranches pélagiques qui pondent leurs œufs entourés d'une substance gélatiniforme.

2° De tous les Gastéropodes, le *Limnœus stagnalis* est celui dont le développement a été étudié avec le plus de soin, en particulier par Stiebel (1), Carus (2) et Baër. L'œuf de ce Mollusque se compose bien des mêmes parties que celui de nos Bivalves d'eau douce ; mais il est plus volumineux, il a une forme ovale, et la quantité du blanc y est plus considérable, proportionnellement au jaune. Le jaune, grenu quand on le contemple à l'œil nu, ressemble à un petit point jaune. Lorsqu'il commence à se former et à se développer en embryon, ce qui arrive dès le quatrième jour, selon Carus, la sphère vitelline exécute, dans le plan vertical, des mouvemens de rotation autour de son axe, dont la cause n'est pas encore bien connue jusqu'à présent. En même temps le jaune et l'embryon grossissent aux dépens du blanc ; les grains du premier s'enflent, ils deviennent plus volumineux et vésiculeux. Mais, au bout de quelques jours, la torsion devient de plus en plus faible, et elle s'arrête tout-à-fait bien longtemps avant l'éclosion. La perforation du chorion a lieu entre le vingtième et le trentième jour après la ponte de l'œuf. Quelque jours après que l'œuf est sorti du corps de la mère, il se forme à la surface du jaune, suivant Baër, une légère tache, qui n'occupe qu'une très-petite étendue de cette sphère, fait un peu de saillie au dessus de sa surface, et se trouve placée, quand la torsion a commencé, non point dans l'axe de torsion, mais sur l'un de ses côtés. C'est le germe, ou la partie de laquelle procède la formation de l'embryon. Elle-même se convertit, dans les limites entre lesquelles elle se montre alors renfermée, en pied du Mollusque, dont le développement commence en conséquence par son côté ventral. Mais simultanément elle s'élargit de plus en plus, en dehors du pied, par assimilation de la substance plasti-

---

(1) Meckel, *Deutsches Archiv*, t. II, p. 557-568.
(2) *Von den aeussern Lebensbedingungen der weiss-und kaltbluetiger Thiere*, p. 52-70.

que du jaune, et représente ainsi de très-bonne heure une enveloppe annulaire et irrégulièrement globuleuse du jaune, la membrane proligère. Ensuite cette enveloppe, dont la partie qui devient le pied augmente toujours d'épaisseur, d'opacité et de longueur, et le jaune renfermé au dedans d'elle, acquièrent la configuration d'un corps réniforme, et le pied ou la partie la plus épaisse de la membrane proligère représente alors la plus petite courbure du tout, tandis que la plus grande correspond à la paroi dorsale du corps, c'est-à-dire à la portion la plus mince de la membrane proligère. A cette époque encore l'embryon tourne autour d'un axe imaginaire qui le traverserait obliquement, en même temps qu'il exécute dans l'œuf un mouvement pour ainsi dire planétaire, c'est-à-dire qu'il décrit une ligne spirale revenant sur elle-même, ou une cycloïde. Swammerdam paraît avoir déjà vu ce mouvement. Après que le jaune et la paroi du corps, par conséquent l'embryon lui-même, ont pris la forme d'un bateau, ou plutôt d'un rein, on voit apparaître, à l'extrémité céphalique, pendant le cours du sixième ou du septième jour, les deux tentacules, à quelque distance derrière lesquels se prononcent une paire de languettes latérales, partant de la paroi du corps. Ces dernières parties sont étroites, longues et plates ; si l'on suppose l'embryon placé sur son pied, l'une de leurs faces est tournée en haut, et l'autre en bas ; elles appartiennent à la paroi du dos, et sont les bords latéralement saillans du manteau, duplicature de la paroi dorsale qui couvre une partie de la tête de l'animal en manière de capuchon. Quant au jaune, il se retire de plus en plus d'avant en arrière, devient plus grenu et plus vésiculeux dans la moitié postérieure de l'embryon que dans l'antérieure, et forme, dès le septième jour, immédiatement au devant de l'extrémité postérieure, un renflement médiocrement volumineux de la paroi dorsale. Suivant Baër, cette migration du jaune dépend vraisemblablement de ce qu'à cette époque il s'est déjà produit un canal intestinal, qui entoure le jaune d'une manière immédiate, et de ce que la moitié antérieure de ce canal, en grossissant et devenant l'estomac, se resserre avec force vers son axe, et chasse la portion du jaune qu'il contient dans la moitié postérieure, qui est formée encore d'une paroi plus mince. Baër a observé de très-bonne heure une limitation en forme d'enveloppe du jaune, consistant en substance à grains très-déliés, et annonçant devoir être le canal intestinal. Jusqu'à présent on ne sait pas encore bien comment ce canal se produit ; cependant l'analogie porte à présumer que la membrane proligère qui enveloppe le jaune se partage en deux feuillets, dont l'externe devient la paroi du corps, et l'interne le canal intestinal. Au neuvième jour, selon Carus, on aperçoit les yeux, puis le cœur, qui est déjà formé de deux sacs, une oreillette et un ventricule, et qui se trouve logé au dessous de la paroi dorsale, à quelque distance derrière la tête. Au onzième ou douzième jour, la masse du jaune, qui a déjà subi une diminution considérable, repousse fortement la paroi dorsale en arrière et à droite, de sorte que cette paroi produit là, de concert avec une partie du jaune, une petite éminence qui fait une légère saillie au dessus du pied, en arrière et à droite. Au bout de quelque temps le sommet de cette éminence s'incline d'abord en avant, puis à gauche. C'est là le rudiment des circonvolutions qu'on aperçoit chez le Limnée adulte : car plus l'embryon avance en âge, plus cette éminence devient considérable, et plus aussi elle se contourne en spirale, de manière qu'à la fin de la vie embryonnaire elle décrit déjà quatre tours et demi (on en compte six à sept chez l'adulte). Il est très-présumable que c'est principalement le canal intestinal qui détermine la torsion de la paroi du corps du Mollusque. En effet, la bouche et l'anus ne sont pas en face, mais sont près l'un de l'autre, et l'intestin forme une anse dont les contours s'étendent dans la coquille, jusqu'au bout presque de laquelle elle prolonge son sommet. Or cette anse est simple d'abord, c'est-à-dire tant qu'on n'aperçoit point encore de circonvolutions à l'extérieur de l'embryon ; mais dès qu'elle acquiert plus de longueur, elle se roule sur elle-même, pousse au devant d'elle, comme un sac herniaire, la paroi dorsale, qui est très-délicate et mince, et la force de prendre part à l'enroulement. La coquille se forme au dessous de l'épiderme, dans le mucus de Malpighi, et son origine remonte à peu près au dixième ou onzième jour. Une fois l'embryon éclos, elle s'agrandit par la sécrétion qu'une glande et le manteau accomplissent d'un suc calcaire, que le manteau dépose au bord de la coquille, là où se trouve l'ouverture de cette dernière. Baër assure qu'on ne découvre des vestiges de foie qu'à la fin de la vie embryonnaire, mais Carus en fait remonter l'origine bien plus haut. Nous ignorons encore comment cet organe se produit. Nous ne savons pas non plus si le fruit possède déjà des organes génitaux à l'époque de son éclosion.

3° Swammerdam a observé aussi des mouvemens rotatoires dans l'embryon de la *Paludina, vivipara* qui, du reste, au moment où il quitte l'œuf, a une coquille de quatre tours, garnie de plusieurs rangées de soies fines. Des mouvemens analogues ont été vus également sur les embryons de *Succinea amphibia* par Demortier (1), sur ceux d'une espèce de Limace qui paraît être le *Limax cinereus* par Laurent (2), et sur ceux du *Planorbis cornea* et du *Limnœus palustris* par Jacquemin (3), de sorte qu'il paraît que les embryons de tous les Gastéropodes terrestres et d'eau douce tournent sur euxmêmes, dans leur œuf, à une certaine époque de la vie.

4° Selon Jacquemin, peu de jours après la ponte de l'œuf du Planorbe (vraisemblablement peu de temps après que la membrane proligère s'est formée, et qu'il s'est produit ainsi une sorte de bandelette claire au pourtour du jaune, principalement sur l'une de ses deux moitiés), on commence à apercevoir, sur la bandelette d'une des moitiés, un tremblement ondulatoire, auquel succèdent ensuite des mouvemens de rotation. Deux jours plus tard environ il se manifeste, dans la substance du jaune, de faibles contractions, qui ont lieu en différentes directions; lorsque ce phénomène arrive, la simple rotation horizontale se convertit en une révolution du fruit dans une direction plus ou moins verticale, ce qui a pour résultat un déplacement de ce même fruit dans l'intérieur de

(1) Froriep, *Notizen*, t. XLV, p. 118.
(2) Annales des sc. nat., seconde série, t. IV, p. 249.
(3) *Isis*, 1834, p. 537.

l'œuf, dont la durée ne va point au-delà de quelques jours. Lorsque le fruit s'est dégagé de ses enveloppes, on aperçoit très-distinctement, au bord de la cavité respiratoire, qui est largement ouverte, et le long des tentacules, un tremblotement qui détermine des courans d'eau réguliers vers les tentacules et l'ouverture des organes de la respiration. Ce tremblotement, qui s'observe aussi, selon Jacquemin, aux tentacules des individus adultes, et qui continue même des heures entières après la mort de l'animal, mais qui du reste a lieu déjà, quoique d'une manière moins évidente, dans les derniers temps de la vie embryonnaire, est sans nul doute déterminé par des cils, et rentre dans la catégorie des mouvemens appelés vibratoires. D'après ces observations, je serais tenté de croire que, dès l'époque à laquelle l'embryon des Gastéropodes exécute des mouvemens rotatoires, il est couvert, sur sa surface entière ou à peu près, de cils vibratoires, jusqu'à ce jour inaperçus, que ce sont ces cils qui déterminent la rotation, mais que, quand la coquille vient à se former et à couvrir la plus grande partie du corps, les cils cessent d'agir (la coquille en est encore couverte chez la *Paludina vivipara* qui vient de naître) ou disparaissent tout-à-fait, et que de l'une ou de l'autre manière les mouvemens rotatoires ne peuvent plus continuer.

5° D'après les observations de Prevost (1), les yeux sont proportionnellement plus gros dans l'embryon du *Limnœus palustris* que chez l'adulte, et l'on commence à distinguer le foie dès le dix-neuvième jour de la vie embryonnaire, époque à laquelle l'embryon rampe aussi sur le chorion à l'aide de son pied.

On prétend que la coquille des *Succinea* a d'abord la forme d'une Patelle, mais qu'elle présente peu à peu celles des coquilles de Testacelle, de Crépidule, d'*Ancylus* et de *Capulus*.

6° Held assure (2) que chez les nouveau-nés de la *Clausilia ventricosa*, Gastéropode vivipare, la tête est propor-

(1) Annales des sc. nat., t. XXX, p. 41.
(2) *Isis*, 1834, p. 1002.

tionnellement très-grosse encore, comme en général chez la plupart des Gastéropodes qui viennent 'de naître. La coquille ne présente alors que trois tours ; mais, dans l'espace d'un mois, le nombre de ces derniers arrive fréquemment jusqu'à sept.

7° D'après les recherches que Pfeifer a faites sur les œufs de l'*Helix pomatia*, leur chorion se compose de deux couches, l'une extérieure et calcaire, l'autre intérieure, purement membraneuse et beaucoup plus mince; sa composition est donc la même que celle des œufs à coquille dure de vertébrés, par exemple d'Oiseaux et d'Ophidiens. Une membrane vitelline est très-distincte ; elle tient au chorion par un mince cordon, presque insensible, qui traverse le blanc, de même que le jaune des Oiseaux est retenu en place par ses chalazes. Dès les premiers jours qui suivent la ponte des œufs, le jaune augmente beaucoup de volume, ses granulations se ramollissent beaucoup, et elles deviennent vésiculeuses : ce phénomène a lieu surtout dans la partie postérieure du fruit, qui se roule ensuite en spirale. Plus tard, la membrane vitelline devient trouble et opaque, en sorte que, dès le treizième jour, elle ne laisse plus apercevoir ce qu'elle contient; mais, au vingt-quatrième jour, elle crève, et se débarrasse peu à peu de son contenu, le fruit. Du trentième au trente-deuxième jour, celui-ci quitte ses enveloppes, qui lui servent alors de première nourriture. Les jeunes d'une même ponte varient beaucoup pour la taille, et conservent toujours cette différence, à complète parité même de nourriture et de genre de vie. A l'expiration de la vie embryonnaire, leur coquille décrit à peine un tour et demi ; mais le nombre des tours augmente ensuite rapidement en peu de mois, au bout de onze desquels la coquille a acquis son entier développement.

D. *Céphalopodes.*

§ 377 ***. Nous ne possédons encore qu'un petit nombre d'observations relatives au développement des Mollusques Céphalopodes ; mais elles suffisent déjà pour nous apprendre

III.   6

que ce développement doit être fort remarquable sous plus d'un rapport.

1° D'après les remarques de Carus, le chorion des œufs de Seiche et de Calmar se compose, comme celui d'un grand nombre d'animaux vertébrés supérieurs, de deux feuillets, l'un externe, coriace, l'autre interne, membraneux et plus mince. Le jaune est proportionnellement très-volumineux. Un blanc libre se trouve entre lui et le chorion. La partie de l'œuf que Carus nomme l'amnios n'est sans doute autre chose qu'une membrane vitelline; car Cuvier dit expressément que l'amnios manque aux Céphalopodes. Dans l'origine, la tête et surtout les yeux ont, d'après Cuvier, un volume excessif, eu égard au tronc; cependant la proportion qui doit régner entre ces deux parties du corps s'établit dès avant la fin de la vie embryonnaire. En général, l'embryon prend déjà dans l'œuf une forme qui se rapproche beaucoup de celle des parens, et il paraît aussi posséder, au moment de l'éclosion, tous les organes qui appartiennent à son espèce. Parmi les organes internes, on trouve chez lui une bourse du noir, des branchies, l'estomac, l'intestin et la pièce qui soutient le dos. Au rapport de Cuvier, cette dernière présente déjà quatre couches dans la Seiche. D'après Coldstream (1), l'embryon de la *Sepia officinalis* exécuterait même déjà des mouvemens respiratoires. Une des particularités les plus remarquables est celle qui tient à la situation du jaune et à ses connexions avec l'embryon. Chez les autres Mollusques, à l'exception peut-être des Biphores, on ne voit pas une portion de la paroi du corps former un sac herniaire (sac ombilical) uniquement destiné à loger le jaune, et l'embryon reçoit ce dernier dans la cavité même de son corps; peut-être même qu'une portion de leur canal intestinal admet le jaune dans son intérieur, de manière que, chez eux, il n'y aurait pas même de sac vitellin spécial, placé dans la cavité du corps. Chez les Céphalopodes, au contraire, il se produit, pour recevoir le jaune, un appendice particulier du canal intestinal, un sac vitellin, qui se place hors de la cavité du corps, à peu près comme chez

(1) Froriep, *Notizen*, t. XXXIX, p. 6.

les Oiseaux. Quant à savoir si la paroi de cette cavité développe encore, pour enfermer le sac vitellin, un appendice
spécial constitué comme un sac herniaire, les recherches des
observateurs ne nous apprennent rien sur ce sujet; mais il
semble que les choses se passent réellement ainsi, puisque
les embryons des Seiches manquent d'amnios. Mais, chez
d'autres animaux, qui possèdent un sac vitellin proprement
dit, ce sac tient toujours, derrière la tête, au canal intestinal, spécialement à l'intestin grêle, au lieu que, chez les
Seiches, ce serait, suivant Cavolini et Carus, avec la bouche
elle-même qu'il aurait des connexions, de sorte qu'il se continuerait immédiatement avec le commencement du pharynx.
Cuvier est cependant entré dans de grands détails pour faire
voir qu'il n'existe point de pareille connexion, et qu'il part
seulement du sac vitellin un canal qui pénètre dans la tête,
au dessous et au devant de l'orifice buccal, entre les deux
tentacules, traverse la cavité circonscrite par le cartilage annulaire de la tête, en passant au dessous du pharynx et de la
partie antérieure de l'œsophage, suit pendant quelque temps
une marche parallèle à celle de ce dernier, d'avant en arrière, puis s'abouche dans l'œsophage, derrière le cartilage
céphalique. Vers la fin de la vie embryonnaire, le jaune augmente considérablement de volume et de masse, et il est
probable que les derniers débris du sac vitellin disparaissent
totalement avant que le fruit quitte ses enveloppes. Carus et
Cuvier disent que le reste du jaune passe, par le conduit toujours
béant du canal vitellin, dans l'œsophage et de là dans l'estomac, pour y être digéré; on peut élever des doutes contre
la réalité de ce phénomène, en se fondant sur les observations
qui ont été faites chez les animaux vertébrés.

2° On a pensé pendant long-temps que la coquille dans laquelle on trouve l'*Argonauta argo*, appartenait non point à
cet animal lui-même, mais à un autre animal, et qu'elle ne
lui servait que d'habitation. Mais l'examen des œufs de l'Ar-
gonaute a démontré suffisamment que l'embryon à maturité
possède déjà une coquille semblable, que par conséquent il la
produit lui-même, et qu'elle lui appartient en propre.

IV. Annélides.

§ 377 ****. I. La Sangsue ne pond vraisemblablement qu'un seul œuf à la fois. Suivant Weber (1), à qui nous devons l'histoire de cet animal, son œuf est ovale, et long de neuf à onze lignes ; il est formé d'un chorion corné, épais, spongieux, tapissé d'une membrane lisse à sa face interne, d'un albumen liquide et brun, et de plusieurs jaunes, dont le nombre varie depuis deux jusqu'à dix. Les jaunes sont extrêmement petits, lenticulaires et jaunâtres ; ils ont depuis un vingt-quatrième jusqu'à un dix-neuvième de pouce de diamètre transversal, et résultent d'une agrégation de très-petits grains. Weber ne les regarde pas comme des jaunes, mais comme des germes destinés à le devenir plus tard. Cette hypothèse est contraire à toute analogie : d'ailleurs R. Wagner a remarqué des jaunes et des vésicules proligères dans l'œuf des Sangsues. Suivant mon opinion, ces disques lenticulaires sont composés, du moins pendant quelque temps après la ponte, d'un jaune et d'un germe formant autour du jaune un sac gélatineux mince et clos de toutes parts. Peu à peu il apparaît sur l'un des points du bord de ce disque une petite élévation, dans laquelle se produit une cavité infundibuliforme, qui va en se rétrécissant vers le centre du disque, mais qui cependant paraît traverser seulement la membrane proligère et s'étendre jusqu'au jaune. La paroi de l'estomac exécute ensuite de temps en temps des mouvemens de déglutition, et il n'est pas invraisemblable qu'elle absorbe du blanc, d'autant plus que la membrane proligère et le jaune augmentent notablement de volume en peu de temps. Outre ce mouvement, on en remarque encore un autre qui parcourt onduleusement le bord entier du disque lenticulaire, dont les divers point alternativement reviennent vers le centre du disque, puis se dilatent, double phénomène que tous, en allant de droite à gauche, présentent successivement. Il est probable que ce dernier mouvement est accompli, comme le premier, par la membrane proligère seule, et que le jaune, qui acquiert peu à peu la

(1) Meckel, *Archiv fuer Anatomie*, 1828|, p. 366.

teinte brune, s'y comporte d'une manière purement passive.
Le disque va toujours en augmentant de volume aux dépens
du blanc, qui lui-même s'épaissit peu à peu, et il prend
en même temps la forme d'un haricot ; mais l'entonnoir vient
à se placer, dans le voisinage de l'un des bouts, au bord concave de ce corps réniforme, et, se développe d'une manière
de plus en plus sensible en ouverture buccale de la Sangsue,
c'est-à-dire en une véritable ventouse blanchâtre et à parois
épaisses. Ce suçoir continue toujours d'exécuter des mouvemens de déglutition, car il se dilate et se resserre alternativement. Plus tard que lui, sur le même côté du corps, et
derrière lui, se développe un épaississement médiocre de la
membrane proligère, qui représente une étroite bandelette
blanchâtre, s'étendant à peu près depuis la ventouse jusqu'au
milieu de la longueur de l'embryon. C'est la future paroi ventrale de la Sangsue : car, peu de temps après que cette bandelette a paru, on commence aussi à apercevoir en elle une
série de ganglions et de filets de communication placés à la
suite les uns des autres (moelle ventrale, parties centrales
du système nerveux). Il paraît que la moelle ventrale se
forme dans toute sa longueur à la fois. La membrane proligère continue ensuite d'acquérir plus d'épaisseur dans tous
les sens, à partir de la paroi ventrale, jusqu'à ce qu'enfin,
au bout de quelque temps, cette membrane entière ne laisse
plus apercevoir que faiblement le jaune à travers son épaisseur. Dans le même temps, l'embryon croît plus en longueur
qu'en largeur, et devient par conséquent vermiforme ; la ventouse orale se place à l'une des extrémités du corps, tandis
qu'à l'autre extrémité s'en forme une seconde, celle de la
queue. Enfin, à la même époque, vraisemblablement même
un peu plus tôt, la membrane proligère se divise, suivant
toute apparence, en deux feuillets différens, qui ne conservent de connexions ensemble que sur un petit nombre de
points : ces deux couches sont le feuillet muqueux et le feuillet séreux, ou la paroi du corps et la base des viscères plastiques (ici, du canal intestinal seulement).
Le feuillet muqueux devient œsophage, estomac et intestin, en s'épaississant, se rétrécissant et se resserrant sur di-

vers points, transformation pendant laquelle le jaune disparaît
peu à peu. Dans le feuillet séreux, et spécialement dans chacune de ses moitiés latérales, il se produit, par fluidification
de substance, une série de petites cavités, qui, à ce qu'il paraît, sont d'abord closes de toutes parts, mais s'ouvrent plus
tard à l'extérieur (vésicules respiratoires et muqueuses). La
fluidification du feuillet séreux donne aussi naissance aux vaisseaux sanguins, qui n'apparaissent que sur la fin de la vie
embryonnaire. La moelle ventrale appartient également à ce
feuillet. L'anus se développe très-tard, et immédiatement au
dessus de la ventouse caudale. La segmentation du corps ne
devient non plus visible à l'extérieur que fort tard Il n'a pu
être recueilli d'observations satisfaisantes sur l'origine et le
développement des parties génitales. Six semaines après que
le blanc a été complétement consommé, et quand il ne reste
presque rien non plus du jaune, l'embryon quitte l'œuf; à cette
époque, il est encore d'un blanc de lait.

II. Il résulte des observations de Morren (1) que les ovaires
du Lombric terrestre épanchent leur contenu dans la cavité
abdominale, en se crevant, et que ces produits cheminent
ensuite jusqu'à l'extrémité de la cavité, pour pouvoir arriver
au dehors à travers deux ouvertures situées en cet endroit,
près de l'anus.

2° Mais les produits des ovaires sont composés, en partie
d'œufs libres, dans chacun desquels il ne se forme qu'un seul
embryon, en partie de masses d'œufs (*corpora fœtifera*), qui
grossissent beaucoup hors des ovaires, dans le corps maternel, et dans lesquelles les œufs sont retenus tant par une substance gélatineuse noirâtre ou jaune, que par une enveloppe
close de toutes parts.

2° Après que les masses d'œufs ont séjourné pendant quelque temps dans la partie la plus postérieure du corps, leur
enveloppe disparaît. Quant aux œufs isolés, qui vont toujours en grossissant, il arrive une certaine époque où l'embryon s'y montre sous la forme d'un filament noir et enroulé.

(1) *De lumbrici terrestris historia naturali necnon anatomia tractatus,*
p. 195 204.

Après qu'il a quitté l'œuf, on le trouve un peu plus tard dans une gaîne membraneuse, cylindrique, droite ou très-peu recourbée, comme un Insecte dans sa membrane chrysalidaire. Enfin cette gaîne s'ouvre, et alors seulement le jeune animal quitte le corps de sa mère.

3° Les œufs qui sortent isolément des ovaires sont ou couvés dans le corps maternel, ou pondus dans la terre, avant que la formation du fruit ait commencé en eux. Il paraît que le premier de ces deux phénomènes a lieu pendant les mois chauds, et l'autre vers la fin de l'automne. Dans le premier cas, la membrane testacée demeure molle; dans l'autre (1), elle s'endurcit, représente une capsule cornée autour des œufs qu'on tire de la terre, et se partage en deux moitiés, au moment de l'éclosion. Morren ne nous fait pas connaître si l'embryon acquiert également une membrane chrysalidaire après qu'il est éclos.

4° La ceinture (clitellum) qui caractérise le Ver de terre se remarque déjà chez les jeunes, très-peu de temps après qu'ils ont quitté l'œuf. Ces petits animaux sont déjà pourvus d'un très-grand nombre de soies.

V. Insectes.

§ 378. Nous ne possédons point encore d'observations suivies sur le développement des Insectes au dedans de l'œuf. Suckow a remarqué que l'embryon de la Chenille du pin paraît sous la forme d'un petit point obscur dans l'embryotrophe liquide, et qu'ensuite il est recourbé sur lui-même dans l'œuf (2); que l'intestin est un tube droit, uniforme et étroit, dont l'estomac se détache par un étranglement peu de temps avant la sortie de l'œuf (3); que les trachées se montrent sous l'aspect de petits tubes courts, qui partent en rayonnant de deux troncs étendus le long du corps, et qui se ramifient peu à peu dans ces divers organes, mais que les stigmates

(1) *Ibid.*, p. 224-228.
(2) *Anatomisch-physiologische Untersuchungen der Insekten-und Krustenthiere*, p. 19.
(3) *Ibid.*, p. 23.

demeurent clos (1). On a aussi observé les pulsations du vaisseau dorsal quelques jours avant l'éclosion (2).

Mais les Insectes ne prennent pas leur développement complet dans l'œuf, et n'y acquièrent point leurs organes persistans; après en être sortis, ils subissent encore une métamorphose, dont le résultat est de développer des organes nouveaux, qui tantôt s'ajoutent à ceux dont l'apparition avait déjà eu lieu dans l'œuf, tantôt font disparaître ces derniers, et prennent leur place.

1° La *métamorphose par accession de parties (metamorphosis per accessionem)* est le plus bas degré de métamorphose. On ne l'observe que chez les Myriapodes, ordre inférieur de la classe des Insectes. Dans ces animaux, le nombre des anneaux du corps s'accroît.

2° La *métamorphose par succession de parties (metamorphosis per successionem)* a lieu quand celles qui se sont développées dans l'œuf meurent, et que d'autres prennent leur place.

Celles-ci peuvent être ou de même nature que celles qu'elles remplacent, ou de nature différente.

3° Dans le premier cas, qui constitue la *métamorphose restauratrice (metamorphosis restaurativa)*, l'animal ne fait que rejeter son enveloppe cutanée, à la place de laquelle il s'en est produit une nouvelle analogue. C'est en quelque sorte une répétition de l'éclosion, comme si l'animal ne s'était pas complétement débarrassé des membranes de l'œuf, et qu'il fût obligé d'en rejeter les débris par des essais réitérés. Il se rajeunit par là, tout en conservant d'ailleurs son caractère et l'ensemble de sa forme. C'est dans cette mue que consiste la métamorphose entière des Thysanoures et des Parasites.

4° Dans l'autre cas, c'est-à-dire dans la *métamorphose progressive (metamorphosis progressiva)*, les parties nouvelles sont différentes de celles qui existaient avant elles. Leur ap-

(1) *Ibid.*, p. 35.
(2) Rengger, *Physiologische Untersuchung ueber die thierische Haushaltung der Insekten*, p. 49.

parition marque une nouvelle direction imprimée à la vie. En même temps que l'organisation, changent et l'activité vitale, et les rapports avec le monde extérieur, et l'instinct.

Cette métamorphose progressive, qu'on peut appeler aussi métamorphose proprement dite, est ou partielle ou générale.

5° La *métamorphose progressive partielle* (*metamorphosis progressiva partialis*) se borne à certaines parties, notamment aux organes du mouvement. L'Insecte, lorsqu'il sort de l'œuf, c'est-à-dire à l'état de larve, possède déjà ses organes persistans pour le mouvement sur terre ou dans l'eau, et il a déjà acquis en général un développement considérable. Durant la période suivante, qui constitue l'état de chrysalide, il ne subit d'autre changément que d'acquérir des organes de mouvement dans l'air. Après que ces derniers organes ont pris tout leur développement, et qu'ils se sont mis à découvert par le rejet de la peau qui les revêtait jusqu'alors, l'animal est arrivé à son état parfait. Tel est le cas des Orthoptères, des Hémiptères, de quelques Nevroptères (Libellules, Ephémères, Termites)', des Hyménoptères (Fourmis) et des Diptères (Cousins). Lorsque la larve vivait dans l'eau, la métamorphose est plus plus profonde, et fait passage à la forme suivante, puisqu'indépendamment des nouveaux organes locomoteurs, il se développe aussi de nouveaux organes respiratoires.

6° La *métamorphose progressive générale* (*metamorphosis progressiva universalis*) se caractérise par des changemens dans tous les systèmes organiques, et elle s'accomplit à la faveur d'un état chrysalidaire, pendant la durée duquel la vie animale est interrompue. Une différence moins essentielle consiste en ce que tantôt la larve ne devient chrysalide que par un simple endurcissement de sa peau, comme chez les Diptères, tantôt elle se couvre d'une membrane chrysalidaire spéciale, qui peut être, ou transparente, de manière à laisser apercevoir la forme de l'Insecte parfait, comme chez les Hyménoptères, les Coléoptères et quelques Névroptères, ou opaque et cornée, comme chez les Lépidoptères.

7° La larve est déjà un animal indépendant, qui se meut librement, se procure de la nourriture par des mouvemens volontaires, et arrive à la maturité sexuelle par la métamorphose chrysalidaire. L'état de larve peut donc être considéré comme l'âge d'enfance, et celui de chrysalide comme l'âge de puberté. Mais, d'un autre côté, ces états nous apparaissent revêtus du caractère de la vie embryonnaire, puisque, pendant leur durée, l'organisme n'a point encore acquis le type persistant de la formation et de la vie, et que sa métamorphose ne peut être comparée qu'aux changemens qui ont lieu, chez les animaux supérieurs, tandis qu'ils sont à l'état d'embryon. Aussi allons-nous examiner en détail la plus complète de toutes, celle des Lépidoptères, attendu que celle-là comprend en elle toutes les autres, et que les observations de Herold surtout nous l'ont fait mieux connaître que ces dernières ne le sont.

§ 379. Dans les cas de métamorphose générale,

1° La larve a la forme d'un ver; son corps cylindrique et mou se compose d'anneaux presque entièrement semblables les uns aux autres; les membres n'existent pas, ou se réduisent soit à des soies courtes, soit à de larges saillies en forme de verrues, et qui ressemblent à des ventouses, soit enfin à des pattes articulées, occupant la partie antérieure du corps; mais toujours les ailes manquent.

2° L'activité vitale de la larve est dirigée principalement vers la nutrition. Dès que cette larve sort de l'œuf, elle se met à manger, et quand elle trouve assez de nourriture, si le froid ne l'en empêche pas, elle continue de manger presque sans interruption, de manière qu'il lui arrive quelquefois de consommer en vingt-quatre heure trois fois son propre poids d'alimens. Les mâchoires sont presque toujours fortement développées, l'appareil digestif est très-spacieux, l'estomac a beaucoup de longueur, les vaisseaux salivaires et biliaires fournissent des sucs digestifs en abondance. Chez la plupart des larves, les évacuations alvines sont proportionnées à la voracité; mais il y en a cependant quelques unes, celles surtout qui restent dans les cellules où elles sont écloses, et dont la vie de larve ne dure pas longtemps, comme celles des Abeilles, des Guêpes et des Fourmilions, qui n'ont point de déjections alvines, l'intestin étant clos par sa membrane interne vis-à-vis de l'intestin, qui lui-même est court et étroit.

3° Chez les larves qui vivent sur terre, les stigmates, qui étaient restés clos dans l'œuf, s'ouvrent, et les trachées acquièrent en même temps un plus grand développement. Mais celles qui vivent dans l'eau ont des organes respiratoires temporaires, notamment à l'extrémité postérieure du corps, qu'elles amènent à la surface, en laissant leur tête pendante, afin d'y puiser de l'air. Chez les Ephémères, ce sont des organes foliacés, situés à l'extrémité de l'abdomen, qui agissent à la fois comme branchies et comme nageoires : chez les Diptères, des tubes respiratoires placés à l'anus, dans lesquels se prolongent les deux trous des trachées, comme chez les Cousins, ou des branchies pénicillées, en partie dépourvues de trachées; chez les Libellules, des branchies qui sont placées dans une dilatation du rectum.

4° Carus (1) a découvert et démontré, sur plusieurs larves de Névroptères, de Coléoptères, de Diptères et d'Orthoptères, qu'il s'opère une circulation simple, mais complète, consistant en ce que le sang est chassé par le vaisseau dorsal vers les parties antérieures, d'où il revient de chaque côté, par un courant simple, dans les divers organes extérieurs, puis se dirige en arrière et rentre enfin dans l'extrémité postérieure du vaisseau dorsal.

5° Les testicules sont deux séries de globules, et les canaux déférens des filamens grêles, qui aboutissent à une petite masse blanche, la vésicule séminale ; mais les ovaires sont deux petits corps striés dans le sens de leur longueur, les oviductes des filamens, et les organes accessoires de petites masses blanches.

6° L'activité de la nutrition fait que l'accroissement marche avec une grande rapidité, quoiqu'en même temps une grande quantité de substance nutritive se dépose dans le corps

(1) *Entdeckung eines einfachen, vom Herzen aus beschleunigten Blutkreislaufes in den Larven netzflueglicher Insekten*, Leipzick, 1827, in-4.

adipeux, pour les besoins de l'avenir. Une larve de Mouche à
viande est, vingt-quatre heures après son éclosion, cent cin-
quante fois plus pesante qu'auparavant, et un Ver-à-soie
adulte pèse soixante-douze mille fois plus qu'à sa sortie de
l'œuf.

7° L'épiderme ne pouvant suivre un tel accroissement, il
se détache du corps, et finit par se fendre, après que le liquide sécrété au dessous de lui, par la peau, s'est condensé
en un nouvel épiderme, qui, chez certains Insectes, diffère de
l'ancien pour la consistance et la couleur. Cette mue a lieu
plusieurs fois, et à des époques différentes, par exemple,
toutes les trente-six heures, quand l'état de larve ne dure que
cinq jours, et tous les huit jours, lorsqu'il dure un mois. Pendant qu'elle s'opère, la larve demeure en repos et ne peut
prendre aucune nourriture.

8° A chaque mue le développement fait des progrès. Ainsi,
dans la chenille du chou, on voit paraître, après la quatrième,
les rudimens des ailes, et après la cinquième, ceux des pattes, des antennes et des organes de succion (1). Le sang afflue vers les nouveaux organes, et se retire des branchies caudales, s'il en existait, à mesure que les ailes se développent
et qu'un courant circulatoire s'établit en elles (2). Le développement des nouvelles parties à la tête refoule les anciens
organes manducateurs, de sorte que la larve ne peut plus
prendre de nourriture ; il survient une évacuation de matières
fécales, pendant laquelle, suivant Swammerdam (3) et Dutrochet (4), l'épiderme de l'estomac sort du corps chez certains
Insectes, phénomène qui n'a point lieu chez d'autres (5). La
plupart des larves cherchent un lieu de sûreté, dans l'angle de
deux branches, à la face inférieure d'une feuille, dans un
creux d'arbre, etc., ou se creusent en terre un trou profond
de quelques pouces. Quelques unes restent à l'endroit où el-

(1) Herold, *loc. cit.*, p. 29.
(2) Carus, *Entdeckung eines Blutkreislaufes*, p. 13.
(3) *Bibel der Natur*, p. 129.
(4) Bulletin de la soc. philom., 1818, p. 42.
(5) Herold, *loc. cit.*, p. 34.

les sont écloses et où elles ont ensuite trouvé abri et nourriture; ainsi la larve de l'Ichneumon se tient dans le corps du Puceron dont elle a sucé peu à peu les liquides et dont elle tapisse alors la cavité d'un tissu de soie; celle de l'Abeille reste également dans son alvéole, et s'y enveloppe d'un réseau de soie, après que les ouvrières l'y ont renfermée en appliquant un couvercle de cire sur l'ouverture. Plusieurs larves se filent des cocons; elles vident peu à peu le contenu de leurs vaisseaux soyeux au dessous d'une verrue placée à la lèvre inférieure; elles le tirent en fils qui se dessèchent aussitôt à l'air, et que, par divers mouvemens de leur tête, elles assujétissent à un corps solide, puis réunissent en un tissu capsulaire : la larve du Bostryche se fabrique un asile avec de la poussière, du sable et autres corps semblables, qu'elle colle ensemble à l'aide d'un suc analogue. Des mouvemens fréquens d'extension et de contraction font détacher l'épiderme, presque toujours devenu d'une couleur foncée et livide, jusqu'à ce qu'enfin il se rompe le long du dos; l'Insecte en sort alors à l'état de chrysalide. Le nouvel épiderme qui le revêt est d'une nature particulière, lisse et mou; il se ride, prend une teinte foncée, et au bout de quelques jours s'endurcit en une couche cornée. Chez quelques Insectes, c'est la peau de la larve qui produit celle de la chrysalide en se durcissant. Quelques Diptères vivent, à l'état de larve, dans les oviductes de leur mère, et s'y convertissent en chrysalides, sous la forme desquelles ils viennent ensuite au monde (*pupipara*).

§ 380. Chez la chrysalide il n'y a plus ni rapports avec le monde extérieur, ni activité sensorielle, ni mouvement volontaire : le mouvement vermiforme, lui-même, de l'estomac, a cessé, et l'anus est bouché; l'animal est resserré sur lui-même; sa longueur a diminué d'un tiers, les anneaux sont raccourcis, et les pattes sont repliées. En correspondance avec cette contraction, la force plastique agit dans l'intérieur, et emploie la substance nutritive mise en réserve au développement de nouveaux organes et au perfectionnement de ceux qui existaient déjà en germe; aussi le mouvement du vaisseau dorsal et la respiration continuent-ils, quoique faibles et à peine sensibles. La vie ne se manifestant plus que d'une manière purement végétale, l'Insecte réduit à l'état de chrysalide est redevenu semblable à l'embryon dans l'œuf. Plusieurs Insectes passent l'hiver dans cet état de larve, ou même à l'état parfait, mais engourdis ; beaucoup, au contraire, se transforment auparavant en chrysalides qui, à raison de leur vie latente (§ 330), peuvent même geler sans perdre l'aptitude à se développer plus tard.

Voici quels sont les changemens qui surviennent pendant l'état chrysalidaire.

1° Les premiers portent sur les organes digestifs. Ces organes diminuent d'ampleur, mais acquièrent plus de variété, et se divisent en parties séparées par des lignes de démarcation mieux tranchées. A la place des mâchoires qui avaient existé jusqu'alors, paraît une trompe ou une langue ; les vaisseaux propres à filer s'effacent, et les vaisseaux salivaires diminuent ; l'œsophage devient long et étroit. L'estomac, qui jusqu'alors remplissait la cavité du corps presque entière, se rétrécit ; il se transforme d'un long cylindre en une petite vésicule ovalaire, au commencement de laquelle pousse la poche du miel, comme chez les Lépidoptères ; ou bien il se partage en deux segmens par un étranglement, et devient en même temps plus court, comme chez l'Abeille, ou plus long, comme chez la Guêpe. S'il était déjà double, en se rétrécissant il acquiert un cœcum, comme chez le Fourmilion, ou se divise en trois parties, comme chez le *Dytiscus marginalis*. Le chyme contenu dans l'estomac se dessèche ; les vaisseaux biliaires deviennent plus grêles ; l'intestin s'allonge, il acquiert quelques flexuosités, et se divise en deux parties, l'une antérieure, plus étroite, l'autre postérieure, plus large, ou bien un appendice cœcal postérieur se développe.

2° Le nombre des stigmates diminue, et il se forme des sacs à air, dilatations vésiculeuses des trachées ; ces dernières se multiplient et se développent ; mais les appareils branchiaux disparaissent.

3° La circulation s'éteint ; le vaisseau dorsal se ferme à ses deux extrémités, il devient un peu plus court, et ne conserve plus qu'un faible mouvement oscillatoire.

4° La peau de la chrysalide s'endurcit peu à peu et se sé-pare de la peau nouvellement produite qui est située au des-sous d'elle ; celle-ci se resserre aux endroits où il n'y a que des organes allongés, tubulaires ou filiformes (œsophage, vaisseau dorsal, troncs des trachées et cordon ganglionnaire), de sorte que le corps, qui avait été formé jusqu'alors d'an-neaux semblables, se divise maintenant en tête, thorax et ab-domen.

5° Le cordon ganglionnaire subit une métamorphose cor-respondante à celle de la forme générale. Par exemple, la che-nille du papillon du chou avait treize ganglions ; le second se rapproche tellement de l'antérieur, situé dans la tête, ou de ce qu'on nomme le cerveau, qu'à peine reste-t-il entre eux un espace pour le passage de l'œsophage filiforme ; au thorax, le troisième se porte plus en arrière et se réunit avec le quatrième, comme aussi le cinquième avec le sixième ; le septième et le huitième disparaissent entièrement, avec les nerfs qui en éma-nent, parce qu'ils sont situés dans l'endroit où l'abdomen se sépare du thorax par un étranglement. Le cordon tout entier est donc plus court, mais ses ganglions diffèrent davantage les uns des autres, et surtout le premier a acquis une prépon-dérance plus prononcée. Cette inégalité se fait sentir, même alors que le cordon nerveux devient plus long , comme chez le Scarabée nasicorne, où il forme dans la larve un corps court, homogène, en fuseau, avec des nerfs rayonnans, et, dans la chrysalide, une série de ganglions distincts, réunis par des filets anastomotiques.

6° Les antennes et les palpes sont des organes sensoriels de nouvelle formation. Chez les Lépidoptères, les Coléo-ptères et les Hyménoptères, dont les larves n'avaient que de petits yeux simples, on voit paraître les grands yeux com-posés et polyédriques.

7° L'appareil musculaire perd son uniformité. Il se con-centre, à la tête, dans les muscles des antennes, des palpes, de la trompe et de la langue ; au thorax, dans ceux des ailes et des pattes ; à l'abdomen, dans ceux des parties génitales. Les pattes résultent du développement de celles des larves ; les ailes paraissent sous la forme de vésicules délicates et transparentes, qui sont ouvertes du côté de la cavité pectorale, et qui contiennent d'abord une petite quantité de liquide; les trachées qui sortent de la poitrine en cet endroit se réunissent en cordons saillans entre les parois appliquées à plat l'une contre l'autre. Les ailes deviennent peu à peu plus grandes, plus fermes, opaques, et elles se couvrent d'un mucus jaunâtre, qui s'endurcit en écailles.

8° Les deux testicules se réunissent en une masse impaire; celle par laquelle se terminaient les canaux déférens s'allonge, du côté de ces canaux, en un conduit commun, qui devient de plus en plus long et gros, et elle-même se développe en une longue vésicule séminale contournée; du côté opposé sortent quelques fibres, qui forment peu à peu le pénis et ses muscles.

Les ovaires, en croissant, déchirent la membrane qui les entoure, et s'en dépouillent; des germes d'œufs se produisent dans leurs tubes, qui deviennent plus longs et plus larges; les oviductes se raccourcissent, parce qu'ils se confondent en un ovicanal qui devient de plus en plus long; la masse qui touche au rectum s'amollit, et se développe en extrémité inférieure de l'ovicanal et en organes accessoires.

9° Le corps adipeux, amas de substance plastique analogue au jaune, est employé à de nouvelles formations : il devient peu à peu pâle, plus grenu, plus mou, et semble se convertir, sous l'influence de l'air qu'y amènent les trachées, en une bouillie liquide, qui se coagule en une nouvelle masse organique; il ne reste plus de lui que des sacs représentant des corps jaunâtres et coniques.

10° Sur les derniers temps, la vie se prépare aux nouvelles conditions dans lesquelles va se trouver l'Insecte parfait. Les vaisseaux salivaires sécrètent un liquide qui disssout la masse endurcie dans l'estomac; ensuite recommence le mouvement péristaltique des organes digestifs, et le chyme, ramené à l'état liquide, est poussé dans le rectum, avec une matière blanche sécrétée par les vaisseaux biliaires. La nouvelle peau durcit et devient cornée; les organes génitaux s'emplissent de leurs produits et se gonflent.

CHAPITRE IV.

Du développement des Arachnides et des Crustacés (1).

I. Arachnides.

§ 381. Le Scorpion met au monde des petits vivans, et ses œufs, composés d'un jaune épais et grenu, qu'entoure une seule enveloppe, mûrissent dans les organes sexuels en forme de grille de la mère. Chez le *Scorpio europæus*, dont j'ai étudié le développement, l'œuf est arrondi avant la production du germe ; mais, pendant que le fruit se développe, il devient ovale, en même temps que son volume augmente à peu près de moitié, parce qu'il s'empare des substances qui lui sont offertes par les organes génitaux.

Peu après que la membrane proligère a commencé de se former, et quand elle n'entoure encore le jaune qu'en partie, une pullulation partielle qu'elle éprouve y fait naître une petite et très-plate élévation, tournée vers l'enveloppe de l'œuf, qui est le premier rudiment de la queue. Le premier pas que le Scorpion fait dans la carrière du développement est donc analogue à celui qu'on observe chez les Décapodes. Ensuite, un épaississement partiel plus considérable de la membrane proligère, qui se clot alors de toutes parts autour du jaune, laisse apercevoir tout le côté ventral futur. En effet, on aperçoit vingt-deux points épaissis, disposés par paires à la suite les uns des autres, dont la paire la plus antérieure appartient à la tête, tandis que les autres se rapportent au thorax et à l'abdomen. La segmentation du côté ventral est donc marquée déjà de très-bonne heure, et la pièce ventrale de chaque anneau futur paraît d'abord composée de deux moitiés latérales, qui se confondent l'une avec l'autre. La languette entière formée par ces épaississemens, qui suit toute la longueur de l'œuf, et qui ressemble à celle qu'on voit dans les œufs de Cloporte (partie primaire du fruit), est fort étroite partout, moins toutefois à l'extrémité céphalique, et davantage près de la future queue. Un peu plus tard, immédiate-

(1) Rédigé par H. Rathke.

ment aux deux côtés des cinq paires antérieures de ces renflemens, se développent un pareil nombre de renflemens analogues, mais situés de telle manière qu'ils reçoivent les autres entre eux. Peu à peu les derniers renflemens deviennent de plus en plus saillans à la surface extérieure de la membrane proligère ; ils s'élèvent au dessus d'elle, et prennent la forme des huit pattes ambulatoires du Scorpion, et des deux mâchoires, avec leurs palpes.

La queue, quoiqu'elle se développe avant les membres, ne s'allonge cependant qu'avec beaucoup de lenteur, et elle est loin encore d'atteindre jusqu'au thorax chez l'embryon parvenu presque au terme de sa maturité. Elle s'applique d'une manière immédiate au côté ventral de l'abdomen, se porte directement en avant, se segmente complétement, et acquiert à son extrémité un renflement pyriforme, qui se termine en une brochette très-courte, épaisse et obtuse, et dans lequel se développe la vésicule du venin.

Les pattes s'allongent plus rapidement que la queue ; elles représentent de longs cônes obtus au sommet, se segmentent d'une manière complète, et se placent en travers sous le côté ventral, de telle sorte, que celles d'un côté s'entrecroisent avec celles du côté opposé. Les palpes des mâchoires grossissent avec plus de rapidité encore, et leurs pinces se développent de très-bonne heure ; cependant toutes leurs parties sont beaucoup plus courtes, proportion gardée, chez l'embryon, même presque à maturité, que chez l'adulte, quoiqu'elles aient plus de volume eu égard à leur longueur. Du reste, ces palpes se recourbent beaucoup, et ils s'appliquent principalement aux côtés de la tête et du thorax.

Les deux mandibules naissent beaucoup plus tard que les mâchoires. Les six yeux sont perceptibles presque en même temps.

Le feuillet muqueux de la membrane proligère croît autour du jaune, de manière à représenter un utricule simple et peu ovale, que remplit la masse vitelline. Puis, quand la queue s'allonge, la partie postérieure de cet utricule, où la portion fixée à l'extrémité de la queue d'abord verruciforme, s'étend en un canal étroit et de longueur médiocre, qui est la partie postérieure de l'intestin. Un autre canal, beaucoup plus étroit encore et bien plus court, part de la partie anté- rieure de l'utricule; c'est l'œsophage. Les deux canaux n'ad- mettent jamais le jaune dans leur intérieur. Quant à l'utricule lui-même, un peu après le milieu de la vie embryonnaire, il acquiert de chaque côté six échancrures pliciformes, qui marchent perpendiculairement de haut en bas, et vont tou- jours en s'approfondissant; d'où résultent sept paires de po- ches, ayant un volume différent, qui correspondent à autant d'anneaux du corps, et qui sont réparties tant sur le thorax que sur l'abdomen. A la même époque, ou peut-être plus tôt encore, la paroi supérieure et la paroi inférieure de l'utri- cule produisent, sur la ligne médiane et dans toute leur lon- gueur, un pli qui devient également de plus en plus profond. De cette manière, le sac vitellin, qui était d'abord simple, se trouve divisé en un tube et en plusieurs paires de poches, fai- sant corps avec lui, qui l'enveloppent des deux côtés. Le tube, dont le contenu disparaît par l'effet de l'absorption, devient la portion médiane du canal intestinal, ou celle qui est comprise entre la tête et la queue, et les poches se transforment en autant de foies ou de corps adipeux, attendu que leur com- munication avec l'intestin va toujours en se resserrant de plus en plus, et devient ainsi un étroit canal de communication, attendu aussi que les poches elles-mêmes, dont les parois se couvrent de plis, acquièrent par-là l'aspect d'une grappe de raisin, attendu enfin que leur paroi s'imbibe de graisse, tandis que le jaune contenu dans leur intérieur disparaît, sans qu'il en reste aucune trace.

Parmi les parties principales du système nerveux, qui lui- même semble se développer de très-bonne heure, on voit paraître le cerveau, un peu après le milieu de la vie embryon- naire, sous la forme d'une grosse masse, remplissant presque toute la cavité de la tête, et formée de deux moitiés latérales arrondies. Les yeux sont appliqués immédiatement sur cette masse, dont ils ne s'éloignent que plus tard, quand les nerfs optiques viennent à se prononcer. Le cerveau est alors beaucoup plus volumineux, proportion gardée, que chez les Scorpions adultes. La portion de la moelle ventrale qui occupe le tronc

se compose principalement, à cette époque ; de onze paires
de ganglions, dont les sept antérieures sont tellement rapprochées les unes des autres, et même confondues ensemble,
qu'elles représentent une seule grosse masse, qui va en s'é-
largissant et grossissant d'arrière en avant, présente à sa face
supérieure un sillon médian longitudinal, se trouve logée
presque en entier dans le thorax, et se continue avec le cerveau, en décrivant un arc très-prononcé. Entre cette masse
et le cerveau, il ne reste qu'une ouverture extrêmement petite, pour le passage de l'œsophage. Avec le temps, la partie
antérieure et plus épaisse de la moelle ventrale se concentre
de plus en plus, elle absorbe encore la huitième paire de
ganglions, et elle finit par former cette masse nerveuse arrondie, logée dans le thorax, que certains auteurs ont prise,
mais à tort, pour une partie du cerveau. Quant aux autres
paires de ganglions situés dans le tronc, c'est-à-dire à ceux de
l'abdomen, ils vont toujours en s'écartant de plus en plus les
uns des autres, et les filets de communication qui les unissent
acquièrent une longueur considérable. Je ne puis rien dire
de la portion de la moelle ventrale qui se trouve dans la
queue.

Le cœur se forme immédiatement au dessous de la paroi
dorsale du corps : il acquiert de très-bonne heure une forme
et des dimensions semblables à celles qui lui appartiennent
chez l'adulte. Les vaisseaux salivaires, les vaisseaux de Malpighi (organes urinaires), les poumons et les organes génitaux, ne se produisent vraisemblablement que peu avant la
fin de la vie embryonnaire ; peut-être même les organes
génitaux ne commencent-ils à se développer qu'après la fin
de cette dernière. Les embryons que j'ai pu examiner, et
qui n'étaient cependant point encore mûrs pour l'éclosion,
présentaient déjà la même segmentation que les adultes et
une forme générale analogue ; cependant leur abdomen était
beaucoup plus court, proportionnellement à la tête et au thorax ; mais il avait beaucoup plus de volume que chez les Scorpions adultes, eu égard à sa propre longueur, parce qu'il
contenait encore beaucoup de jaune. En général, l'embryon,
jusqu'à une médiocre distance de la queue, était d'autant

plus gros qu'on l'examinait plus en arrière, de sorte qu'il représentait à peu près un ovale alongé.

Il n'y a de connexion organique ni entre le fruit et l'enve-loppe de l'œuf, ni entre cette dernière et les organes géni-taux de la mère.

II. D'après les recherches de Herold sur la structure et le développement de l'œuf des Araignées, cet œuf est composé d'un jaune, d'un blanc, d'un disque proligère et d'une enveloppe membraneuse. Herold prétend que le blanc est en contact immédiat avec le jaune et le germe. Mais une telle disposition a contre elle l'analogie ; je présume donc que, s'il existe un blanc distinct, comme dans les œufs d'Ecrevisse, il y a aussi une membrane spéciale vitelline, et que c'est sa ténuité excessive seule qui la dérobe aux regards de l'observateur. Herold pense que, parmi les parties qui viennent d'être indi-quées comme contenues dans la membrane extérieure de l'œuf, le germe et le blanc éprouvent, chacun de son côté, un développement particulier, et produisent des parties spé-ciales du corps : suivant lui, le germe qui, chez la plupart des Araignées, ressemble à un petit amas de globules blan-châtres et gélatiniformes, mais qui, dans d'autres, se com-pose de plusieurs amas pareils, distincts les uns des autres, donne naissance à toutes les parties intérieures du tronc, ainsi qu'à quelques parties de l'abdomen. Il admet aussi que le blanc se métamorphose en tégument cutané général, en organes génitaux et organes respiratoires, en filières et en extrémité du canal intestinal, et que le jaune ne contribue nullement à la formation du jeune animal, qu'il sert seule-ment à le nourrir plus tard. Ces vues sont en pleine contra-diction avec ce que nous savons du développement de l'œuf d'un grand nombre d'autres animaux. Aussi suis-je disposé à croire que, chez les Araignées, le développement de toutes les parties du corps a également pour point de départ le germe seul ; que, pour les produire, ce germe s'approprie conti-nuellement de la matière plastique, puisée d'un côté dans le jaune, de l'autre dans le blanc, à travers la membrane vitel-line ; et que l'unique raison qui fait que le jaune ne semble pas changer de volume pendant tout le cours de la vie embryonnaire, c'est que, bien qu'il fournisse beaucoup de substance au germe, il en reçoit tout autant du blanc en échange.

Quand le développement de l'embryon commence,

1° Les granulations qui constituent le germe se séparent les unes des autres, et s'étendent sur une grande partie de l'œuf, de manière que le germe prend d'abord l'apparence d'une comète à queue, et qu'ensuite il couvre une grande étendue du jaune, à la surface duquel il forme une couche nébuleuse mince. Cependant il est à présumer que, dans cette expansion du germe, une partie des grains qui finissent par produire l'aspect nébuleux, proviennent aussi du jaune par une séparation ou sécrétion organique.

Un peu plus tard, ce nuage répandu sur le jaune disparaît, et le disque proligère qui le produisait se condense de nouveau, dans l'endroit où se trouvait primitivement son centre, en un coagulum homogène, visqueux, mucilagineux, de couleur nacrée (*cambium* de Herold), qui couvre environ le quart du jaune. Vraisemblablement il s'opère aussi en même temps une condensation de cette partie du germe, puisque celui-ci commence dès-lors à s'approprier de la substance plastique, qu'il tire du jaune ; mais la partie periphérique du germe acquiert par là l'apparence d'une membrane transparente. Le cambium se compose de deux moitiés, d'inégale volume, et qui se confondent l'une avec l'autre ; la plus petite, qui est presque ronde comme une assiette, occupe l'une des extrémités de l'œuf, dans le point où le germe avait primordialement son siège ; la plus grande, de forme elliptique, et separée de l'autre par un resserrement, se trouve dans l'endroit où le germe avait envoyé sa queue semblable à celle d'une comète.

2° Le cambium devient la partie inférieure de l'embryon, et contient le cordon ganglionnaire. Il produit donc, au tronc, la paroi abdominale et les pattes. La manière dont ces dernières naissent n'a pu être observée d'une manière satisfaisante, ce dont il ne faut probablement accuser que la petitesse de l'œuf ; mais nous présumons qu'elles proviennent d'excroissances des bords latéraux de la grande moitié du cambium, prolongemens qui se recourbent ensuite les uns vers les autres, et se réfléchissent en dedans, immédiatement au dessous de la paroi abdominale, comme chez les Scorpions. Quoi qu'il en puisse être, ces pattes paraissent d'abord sous la forme de quatre paires de cylindres, d'un calibre égal partout, qui ensuite s'allongent peu à peu, et s'entrecroisent un peu d'un côté à l'autre, en alternant ensemble. La surface inférieure ou externe du cambium produit également, à la portion céphalique, les mandibules et les mâchoires, qui primitivement ont la plus grande ressemblance avec les pattes.

3° A la surface supérieure, dirigée vers le jaune, ce cambium produit une couche plus transparente (feuillet muqueux ou membrane proligère), de laquelle les viscères tirent leur origine.

4° Les deux couches croissent peu à peu sur le jaune, de manière que celui-ci vient à se trouver au dedans du corps, et, comme chez l'Ecrevisse, au dessus de la paroi abdominale. Au reste, si l'on en juge d'après les planches de Herold, la couche interne forme, comme dans le Scorpion, plusieurs paires de poches, également produites par plissement. Herold lui-même pense, mais sans doute à tort, que ces plis, qu'il appelle échancrures ou dentelures, indiquent un commencement de formation des tégumens communs.

5° Au dessus du jaune, ou du côté du dos, paraît le rudiment du cœur, qui ressemble d'abord à une bandelette longitudinale, de couleur foncée, et qui prend ensuite l'aspect d'une colonne immobile de liquide.

6° L'extrémité postérieure se renfle en sphère, et l'antérieure s'allonge en pointe. A mesure que l'embryon croît, la membrane testacée s'applique à son corps, et lorsqu'il sort de l'œuf, il s'en débarrasse, comme dans l'éclosion.

7° Les parties génitales, les filières et les poumons, ne sont encore qu'incomplétement développés avant la sortie des enveloppes de l'œuf.

8° Les yeux ne paraissent que vers la fin de la vie embryonnaire.

9° Après l'éclosion, la jeune Araignée reste pendant quel-

ques jours sans mouvement, ne prend encore aucune nourriture du dehors, et continue à ne vivre que de la masse vitelline
qu'elle a entraînée avec elle. Du reste, celle-ci est proportionnellement très-volumineuse encore ; on la trouve tant
dans la partie antérieure que dans la partie postérieure du
corps, et, dans le céphalothorax, elle s'étend en deux prolongemens affectant la forme de cornes.

10° Les mâchoires et les mandibules, appliquées immédiatement l'une contre l'autre, sont cachées sous la peau extérieure, et incapables d'aucun mouvement ; elles ne deviennent libres et mobiles qu'à l'époque de la mue, qui a lieu
au bout de quelques jours.

II. Crustacés.

§ 382. Il n'y a qu'un petit nombre de Crustacés qui puissent confier leurs œufs à l'eau pour les couver. Tel est vraisemblablement le cas des Sphéromes et de quelques Isopodes
qui s'en rapprochent. La plupart les couvent eux-mêmes,
ce qui a lieu, soit à la surface du corps, soit dans son intérieur. Les Décapodes couvent leurs œufs sous la queue
(abdomen), où ils sont fixés aux fausses pattes, soit isolément, soit par petits groupes. Les Cyclopides et les Lernéides
portent les leurs en deux faisceaux réunis par une enveloppe
commune et attachés aux ouvertures sexuelles externes.
Quant aux Branchiopodes et à l'*Artemia salina*, ils ne les
réunissent qu'en un seul paquet, et les traînent partout avec
eux, jusqu'à ce que les embryons soient mûrs pour l'éclosion.
Les Amphipodes, presque tous les Isopodes et les Schizopodes,
du moins les *Mysis*, hébergent leurs œufs, et même pendant
quelque temps les petits déjà éclos, dans une cavité incubatoire particulière, située au dessous du thorax. Chez les Cirrhipèdes, la même chose a lieu dans la cavité qui se trouve
comprise, de chaque côté, entre le test et le corps. Chez les
Daphnides enfin, l'embryon se forme dans l'intérieur de la
mère, et il ne naît qu'après s'être débarrassé des membranes
de l'œuf.

A l'époque où la formation d'un embryon va commencer
dans l'œuf, cet œuf a communément une forme plus ou moins

sphérique ; très-rarement (*Dichelesthium sturionis* et *Peniculus fistula*) il affecte celle d'un disque épais et rond. La plupart du temps il conserve cette forme primordiale. Cependant il en change aussi chez un assez grand nombre de Crustacés, et devient ovale ; c'est ce qui arrive chez les Crangons, les Palémons, les Amphipodes sauteurs et la plupart des Isopodes. Dans le premier cas, l'œuf garde également son volume ; mais, dans le dernier, on remarque en lui un accroissement de volume et de masse, qui tient à ce qu'il a absorbé, soit des substances provenant de la mère, soit une partie de l'élément ambiant. Sous le rapport de ce grossissement, si l'on compare les œufs des Crustacés à ceux de certains Poissons et des Batraciens, dans lesquels le même changement s'opère, il y a cette circonstance caractéristique, que l'assimilation de liquides extérieurs n'a point lieu aussitôt après la ponte, mais seulement beaucoup plus tard, et qu'elle s'exerce non pas sur le blanc, mais sur le jaune.

Dans tous les cas, l'œuf possède, outre un jaune et une membrane testacée (chorion), une membrane vitelline et un blanc distinct, car ces deux dernières parties ont été remarquées chez les Crustacés qui occupent presque les deux extrémités opposées de leur classe, l'Ecrevisse de rivière et les Lernéides : tout porte à croire que, quand on n'a point encore pu les découvrir, elles formaient une masse trop peu considérable pour qu'il fût possible de les voir distinctement.

Avant qu'on discerne aucun organe spécial dans l'embryon, il s'est formé à la surface du jaune une couche mince d'albumine (blastême), qui couvre une plus ou moins grande partie de l'œuf à l'instar d'un test, présente plus d'épaisseur dans le milieu, et semble s'effacer à la périphérie. C'est le premier indice d'un fruit qui naît, car elle-même se développe peu à peu en un fruit entier.

A. *Décapodes.*

1. PREMIÈRE PÉRIODE.

§ 383. I. De tous les Crustacés, l'Ecrevisse de rivière est celui dont a étudié le développement avec le plus de soin.

1° Lorsque l'œuf de l'Ecrevisse est déjà attaché aux fausses pattes de la mère, mais que le développement du fruit n'a point encore commencé, cet œuf consiste en un jaune grenu, brun, et proportionnellement très-volumineux, une membrane vitelline, qui persiste du reste jusqu'à l'éclosion du fruit, une quantité assez médiocre de blanc, un chorion épais et coriace, et une membrane nidulante moins épaisse. Mais le disque et la vésicule proligère ont alors disparu, et, à la place du premier, on remarque une substance blanchâtre et un peu épaisse, qui s'étend, en une couche extrêmement mince, sur toute la surface du jaune, ne se trouve cependant presque que dans les interstices des granulations vitellines, et par cela même paraît pour ainsi dire réticulée.

2° Ensuite cette substance s'accumule davantage par places, et forme un nombre considérable de petites taches blanchâtres, réunies les unes avec les autres par le moyen du réseau. Quelque temps après, les taches ont disparu, et la substance proligère ou germinatrice s'est de nouveau réunie sur un petit point à la surface du jaune, où elle représente alors un disque nébuleux gris, irrégulier et imparfaitement délimité, la membrane proligère ou le blastoderme.

3° A peu près dans le milieu de cette membrane, il ne tarde pas à se produire d'abord une fossette ovale ou ellipsoïde, puis une dépression du point de la membrane proligère qu'entoure la fossette creusée dans la masse du jaune, c'est-à-dire un diverticule de la membrane proligère.

4° Cependant cette membrane acquiert encore davantage d'extension, et son épaisseur augmente, tant aux alentours du sac, que dans sa propre étendue, sur un point. Là même il apparaît ensuite, au côté de la membrane proligère tourné en dehors (vers la membrane vitelline), trois paires d'élévations peu prononcées, transversales, en forme de languettes, et situées l'une derrière l'autre, dont les deux paires antérieures deviennent les palpes et la paire postérieure les mandibules. Entre les languettes et la paire antérieure, dans le milieu, se développe une petite verrue aplatie, qui constitue ensuite la lèvre supérieure. Au fond du sac, dont la profondeur va toujours en augmentant, il se produit une élévation verruciforme, qui annonce la formation de l'abdomen ou de la quéue.

2. SECONDE PÉRIODE.

1° .Pendant la seconde période, la membrane proligère continue de s'étendre sur le jaune, sans pour cela cesser d'être appliquée immédiatement à sa surface ; elle finit par se clore vis-à-vis de l'endroit où elle avait pris naissance, et dès-lors elle enveloppe le jaune en façon de vésicule. La partie moyenne de cette membrane, c'est-à-dire celle dont la moitié postérieure forme le sac précédemment décrit, mais à la moitié antérieure de laquelle se sont développés les palpes et les mandibules, couvre, vers la fin de cette période, à peu près le huitième du jaune ; elle est beaucoup plus épaisse que le reste, ou que la partie à laquelle je donne le nom de périphérique, et qui même paraît être alors d'une délicatesse extrême.

2° Les palpes augmentent d'épaisseur et plus encore de longueur, surtout les deux postérieurs, et leur extrémité, dirigée vers la paroi latérale de la pièce médiane, croît librement au delà de la membrane proligère, de manière que leur partie externe n'est qu'appliquée à cette membrane. L'extrémité externe et plus renflée de chaque palpe antérieur acquiert une petite échancrure ; celle du postérieur s'allonge, au contraire, dès ce moment, en deux branches d'inégale longueur. A chacune des deux mâchoires, qui affectent d'abord la forme de bandelettes, comme les palpes, la moitié dirigée vers la ligne médiane se renfle davantage que l'autre, et finit par former une petite tête. La lèvre se retire un peu en arrière, et, immédiatement derrière elle, il se produit une ouverture buccale, par résorption de matière.

3° La moitié antérieure de la pièce médiane, sur laquelle se forment toutes les saillies dont il vient d'être question, par conséquent la paroi inférieure du corps, reste fort en arrière de la postérieure, c'est-à-dire de celle qui était la plus petite au commencement de cette période.

4° La saillie verruciforme et pourvue d'une petite fossette à son sommet, qu'on remarquait sur cette dernière, devient beaucoup plus longue, s'infléchit en avant (vers la lèvre) ; s'aplatit ensuite, et acquiert la forme d'une langue assez longue, médiocrement épaisse, et fort large à sa racine. A l'extrémité antérieure de cette partie, il se forme deux petits lobes arrondis, qui désignent une portion de l'éventail ; mais elle cache l'intestin dans son intérieur, et sa fossette, en se perforant, devient l'anus.

5° A l'endroit de la portion de la membrane proligère primordialement creusée en sac, mais maintenant de plus en plus saillante, qui se trouve entre l'appendice dont j'ai donné la description et les mandibules, il se produit huit très-courtes languettes parallèles paires, dont deux se forment également en haut, c'est-à-dire sur le côté de l'appendice tourné vers cette partie ; ces languettes acquièrent d'autant plus de volume qu'elles sont situées plus en arrière, et toutes se convertissent en lames dont la moitié extérieure fait saillie au-dessus de la membrane proligère. Ce sont les maxilles et les pieds-mâchoires en train de se développer. Peu de temps après elles, on voit se développer, de la même manière et sous la même forme que la paire postérieure de pieds-mâchoires, les dix paires de pattes, qui naissent du côté supérieur de l'appendice dont je viens de parler, s'étendent bien au-delà des bords de l'appendice en croissant, et finissent par représenter des tables étroites, épaisses et un peu recourbées, comme la barre d'un traîneau. Celles qui doivent devenir les trois paires antérieures de pattes sont un peu en forme de pelle, à leurs extrémités externes, vers la fin de la seconde période ; mais toutes ont alors leur extrémité externe dirigée en avant, et élargies sur le même plan, au dessous de la pièce médiane de la membrane proligère, en sorte que celles de la paire la plus postérieure, ou les plus petites de toutes, sont les moins éloignées les unes des autres, et que celles de la paire antérieure, ou les plus grandes, sont aussi les plus distantes.

6° Tout au commencement de cette période, la membrane proligère se divise en deux feuillets, qui ne conservent de connexion intime l'un avec l'autre que dans les deux points où se trouvent la bouche et l'anus, mais partout ailleurs ne font que se juxtaposer. Au feuillet externe ou séreux appartiennent toutes les parties du fruit qui ont été nommées jusqu'ici, et c'est de ce feuillet que se développent en général les organes de la vie animale, tandis que le feuillet interne ou muqueux produit d'abord le canal intestinal, puis presque tous les autres viscères. De très-bonne heure déjà ce dernier apparaît sous la forme d'une vésicule très-mince, enveloppant immédiatement le jaune, qui, sur deux points médiocrement éloignés l'un de l'autre, se prolonge en un court tube à parois épaisses. Le tube antérieur est le rudiment de l'estomac et de l'œsophage ; le postérieur, qui a un peu plus de longueur, est celui de l'intestin. Mais le reste du feuillet muqueux, qui en est la portion de beaucoup la plus considérable, présente plus tard les caractères d'un sac vitellin spécial, à un degré plus prononcé encore que maintenant. Du reste, ce sac est et demeure constamment renfermé dans le feuillet séreux, qui représente alors par lui-même la paroi de la cavité du corps.

7° Suivant toutes les apparences, le cœur naît du feuillet séreux, qu'un dépôt de substance plastique épaissit sur un point limité, du côté de la cavité abdominale ; mais la substance déposée acquiert l'indépendance, devient creuse à l'intérieur, et se détache de l'endroit où elle s'est formée. Elle est située au dessous de la partie postérieure de la portion du feuillet externe qui devient la paroi dorsale, et sa forme primordiale est celle d'une vésicule un peu ovale et médiocrement aplatie de deux côtés.

8° Il est vraisemblable que le cerveau et la moelle ventrale ne se forment guère plus tôt que le cœur au côté supérieur, et par conséquent interne, de la paroi ventrale du corps. Le cerveau et les ganglions de la moelle ventrale apparaissent comme de très-petites excroissances, disposées par paires, de cette paroi, d'où il suit que les parties centrales du système nerveux de l'Ecrevisse se forment d'une manière tout autre que chez les animaux vertébrés. Quel que soit le nombre des ganglions qu'on commence alors à distinguer le long de la moelle ventrale, il y en a toujours une paire pour chaque paire de mâchoires, de pieds-mâchoires et de pattes. Il résulte de ce qui précède que la portion abdominale de la paroi du corps se forme la première chez l'Écrevisse, comme chez les Arachnides, les Insectes et très-probablement aussi les Mollusques, tandis que la portion dorsale paraît la dernière, ce qui est le contraire de ce qu'on observe chez les animaux vertébrés; mais, par suite même de cette opposition, les parties centrales du système nerveux se développent à la paroi dorsale chez les Vertébrés, et à la paroi ventrale chez les Invertébrés dont je viens de donner la liste, tandis que le cœur, situé à l'opposite de ces mêmes parties, se montre à la paroi ventrale chez les premiers et à la paroi dorsale chez les autres.

3. TROISIÈME PÉRIODE.

Pendant la troisième période, tous les organes qui s'étaient produits jusqu'alors acquièrent plus de développement, et il s'y joint encore le foie, les branchies et enfin ce qu'on appelle les glandes salivaires; mais le jaune subit une diminution considérable de volume et de masse à sa partie inférieure, c'est-à-dire sur le côté qui correspond à la paroi ventrale.

1° Comme la portion médiane de la membrane proligère augmente toujours de longueur et en général d'étendue, tandis que la portion périphérique de cette membrane se resserre et se rapetisse, comme le jaune éprouve surtout des déperditions dans les points correspondans à la portion médiane, et que par cette raison il laisse plus de place dans l'œuf pour le développement de la membrane proligère, l'appendice de cette dernière qui affectait la forme d'une langue vers le milieu de la période précédente, et dans lequel les pieds-mâchoires et les pattes ont pris leur origine, va toujours en s'agrandissant depuis sa base jusqu'à l'insertion de la dernière paire de pattes ambulatoires. Mais, dans le même temps, un segment de la paroi de ce diverticule creux et contenant l'intestin qui semblait être en quelque sorte la continuation de la paroi ventrale du fruit, au dessous de laquelle elle était réfléchie, et avec laquelle elle se continuait en décrivant un petit arc, vient à se placer de manière qu'un moment arrive où sa portion à laquelle tiennent toutes les pattes ne décrit plus un arc en se continuant avec la partie de la membrane proligère à laquelle les organes manducateurs et les antennes sont unis, mais se trouve placée sur le même plan, et forme avec elle une table droite, tandis que, considérée à part soi, elle représente la paroi ventrale du thorax. Au contraire, la paroi primordialement inférieure ou plus mince de cet appendice devient la paroi dorsale du thorax, et contribue alors, comme celle de la tête, à envelopper le sac vitellin, dont la partie postérieure entre dans la cavité de l'appendice. Le reste de celui-ci, la queue ou l'abdomen en train de se développer, acquiert bien davantage de volume, mais ne s'étale cependant pas d'une manière notable, et demeure pour toujours recourbé sous le ventre de l'embryon.

2° Le bulbe de l'œil grossit plus que son pédoncule, et sa moitié qui regarde celui-ci finit par acquérir une couleur verte; ce qu'on peut considérer comme un signe que déjà l'organe a pris aussi beaucoup de développement dans son intérieur.

3° Les antennes se segmentent d'une manière plus sensible, et les deux branches en forme de fouet se développent aux antérieures, tandis que le fouet déjà existant des postérieures acquiert une longueur considérable, en même temps qu'il se dirige en arrière, couvre extérieurement les anneaux de la base de toutes les pattes de son côté, et s'étend enfin jusqu'à la queue.

4° La lèvre se reporte en arrière jusqu'entre les mandibules. Des deux côtés de l'ouverture buccale se développent deux petites saillies, presque demi-circulaires, et en forme de languettes, qui sont la langue bifide.

5° Les mandibules, les maxilles et les pieds-mâchoires se développent davantage, et dès la fin de cette période ils possèdent déjà autant de parties qu'on en trouve chez l'Ecrevisse adulte. La pièce principale des mandibules, qui a la forme d'un bouton, et qui tient à la paroi ventrale, devient pyriforme, tandis que la portion filiforme et libre, ou le palpe, s'allonge; les deux muscles adducteurs, destinés à devenir ensuite fort gros, et dont l'une des extrémités tient à la partie supérieure du céphalothorax, se développent et se logent dans deux replis du sac vitellin qu'apparaissent à cette époque. Les autres organes manducateurs deviennent d'autant plus grands qu'ils sont situés plus en arrière : du reste, leur accroissement marche encore avec rapidité dans les premiers momens, mais il reste ensuite presque stationnaire.

6° Les pattes croissent considérablement, celles surtout de la paire antérieure, et elles se segmentent comme elles doivent le faire. Celles des trois paires de devant acquièrent une pince, qui se développe d'abord à la première paire, puis la seconde et à la troisième. Les autres pattes se terminent en pointe à leur extrémité.

7° Les branchies naissent peu après le cœur, ou plutôt en même temps que lui, sous la forme de petites et étroites excroissances aplaties, qui surviennent à la base des pattes et des pieds-mâchoires. Celles qui paraissent les premières, et qui peut-être même se développent simultanément, sont celles des pieds-mâchoires et de la partie antérieure des pattes ambulatoires. L'excroissance qui se produit aux pattes ambulatoires des quatre premières paires, ne tarde pas à acquérir deux échancrures, ce qui fait qu'elle se partage en trois lobes situés dans le même plan, dont l'externe prend bien plus d'accroissement que les deux autres. A mesure que le lobe externe se développe, il s'élargit beaucoup vers son extrémité, se plisse dans le sens de sa longueur, et pousse, tant à son côté antérieur qu'à sa partie moyenne, où l'inflexion s'est opérée, une multitude de petites verrues, qui se développent peu à peu en lamelles branchiales. Les deux autres lobes, au contraire, prennent la forme de cylindres d'un diamètre médiocre, et il s'élève de toute leur surface de petites verrues, qui deviennent autant de lames branchiales. L'excroissance de l'article radical de la patte ambulatoire postérieure qui ne se divise jamais, se développe en une branchie pareille, mais impaire. Il se développe aussi aux pieds-mâchoires des branchies plus petites, mais conformées comme celles des pattes ambulatoires antérieures. D'abord toutes les branchies sont à nu au côté externe des pattes ; mais, au bout de quelque temps, elles s'enfoncent, de chaque côté, dans une cavité étroite et ouverte par le bas (cavité branchiale), qui doit naissance à ce que la paroi du corps produit, de chaque côté, au thorax et à la tête, un pli perpendiculaire, dans l'endroit où la portion ventrale se continue avec la portion dorsale.

8° La queue s'allonge en avant jusqu'au-delà de la lèvre, mais n'augmente que médiocrement de largeur et d'épaisseur ; sa division en segmens devient plus prononcée : près des bords latéraux des quatre segmens du milieu croissent les fausses pattes, qui s'allongent, et dont chacune pousse deux pointes ayant peu de longueur. Les lobes latéraux de l'éventail deviennent beaucoup plus grands ; cependant je n'ai pas pu reconnaître si, vers la fin de la période, il y a deux seulement, ou déjà quatre de ces lobes.

9° Les premiers vestiges de la carapace étaient déjà visibles dans la période précédente ; ils se présentent ensuite sous l'aspect d'un faible épaississement, fort étroit et en forme de bandelette, de la membrane proligère, qui entoure, en manière de bride, la partie postérieure et les parties latérales de la portion médiane de cette membrane. Les parties latérales de la bride vont dès lors toujours en augmentant d'épaisseur et plus encore de longueur, et, vers la fin de la troisième période, elles figurent deux plaques, qui se touchent dans une petite étendue sur la racine de la queue, dont la plus grande largeur correspond à la moitié postérieure du thorax, mais qui vont en se rétrécissant toujours par devant, et se terminent en une pointe mousse, immédiatement derrière les yeux. Un autre épaississement, mais beaucoup plus petit, de la portion périphérique de la membrane proligère, ou de la paroi dorsale du corps, se forme au dessus des yeux, entre eux et dans le milieu ; il devient la partie la plus extérieure de la carapace, qui, chez l'Ecrevisse adulte, se prolonge en rostre, et fait déjà une légère saillie en avant vers la fin de cette période. Dans ces trois parties de la carapace il se développe déjà des points et des stries rouges, qui peu à peu se multiplient et se rapprochent les uns des autres.

10° Le sac vitellin semble ne se clore qu'au commencement de cette période, vis-à-vis de la paroi ventrale. Ses parties latérales droite et gauche forment alors un pli perpendiculaire, de profondeur médiocre, qui s'enfonce dans le jaune, et qui reçoit le plus gros muscle des mandibules. Un troisième pli, également vertical, se manifeste au côté antérieur du sac vitellin, pénètre presque jusqu'au milieu du jaune, et sépare le devant du sac de ce dernier en deux lobes symétriques de médiocre grandeur. Mais, simultanément, il se développe, en face de ce dernier pli, et au côté interne de la paroi dorsale de la cavité du corps, une bandelette, dirigée de bas en haut, qui augmente rapidement de largeur, et se convertit en une mince plaque logée dans l'intérieur du pli; cette plaque est attachée en partie à la paroi dorsale, en partie à l'estomac et à l'œsophage, en partie aussi à la paroi ventrale, entre l'extrémité antérieure de cette dernière et l'œsophage.

11° Le tube lui même, avec le côté antérieur duquel le pli qui vient d'être décrit est uni, et qui, par son développement, produit l'œsophage et l'estomac, se recourbe postérieurement en manière de crochet, à mesure qu'il acquiert plus de longueur et d'ampleur, pénètre de plus en plus profondément dans le pli antérieur du sac vitellin, s'aplatit sur son côté droit et son côté gauche, acquiert, à peu près dans son milieu, un étranglement qui le partage en deux moitiés, dont l'antérieure est plus considérable que l'autre, et devient presque tout entier l'estomac. L'intestin acquiert plus de longueur et de la capacité, et il se rapproche de l'estomac, attendu que la paroi inférieure du sac vitellin, qui est située entre ces deux organes, et qui les unit l'un avec l'autre, devient de plus en plus courte.

12° Le cœur, qui représente une vésicule simple, devient plus volumineux; sa paroi acquiert plus d'épaisseur, et il s'échancre un peu, tant au côté droit qu'au côté gauche, mais n'en continue pas moins d'avoir les connexions les plus intimes avec la paroi dorsale, ainsi qu'il arrive également à quelques gros troncs vasculaires (l'artère oculaire et l'artère des palpes, qu'on aperçoit déjà du dehors).

13° Les ganglions de la moelle ventrale se rapprochent davantage les uns des autres par paires; il en est de même des six paires antérieures, qui augmentent de volume, tandis que la portion de la paroi ventrale à laquelle elles appartiennent ne s'alonge pas dans la même proportion; mais les paires de ganglions situées derrière celles-ci, s'écartent, au contraire, de plus en plus les unes les autres.

14° Le foie est un nouvel organe qui apparaît pendant le cours de la troisième période. Il naît de la paroi du sac vitellin: dans l'endroit où ce sac tient à l'intestin, à droite et à gauche de ce dernier, sa paroi postérieure se boursoufle un peu, d'où il résulte, dans chaque moitié latérale, un petit appendice oblong et très-plat, arrondi aux deux bouts, un peu rétréci dans le milieu, et dont le plus grand diamètre est presque vertical. A mesure que cette boursoufflure devient plus profonde, son entrée se resserre et se rétrécit; en même temps, sa paroi devient beaucoup plus épaisse que celle du sac vitellin, et tandis que chaque petit sac acquiert plus d'ampleur, ce qui a lieu d'une manière très-rapide, on y voit paraître, sur plusieurs points, de petites saillies, comparables à des verrues, qui donnent à sa surface une apparence tuberculée ou moriforme. D'après ces détails, il se produit à proprement parler, chez l'Écrevisse, deux foies, qui cependant sont très-rapprochés l'un de l'autre.

15° A la fin de cette période on voit paraître aussi les premiers vestiges des deux glandes vertes qui sont regardées ordinairement comme des glandes salivaires. Chacune d'elles se produit par un dépôt de substance plastique au côté externe d'un des deux lobes postérieurs latéraux du sac vitellin, à la partie supérieure et antérieure de ces lobes, et elle figure une petite saillie blanche, aplatie et oblongue, du sac vitellin.

4. QUATRIÈME PÉRIODE.

Pendant le cours de cette période, qui s'étend jusqu'à l'éclosion de l'Écrevisse, il ne se forme plus rien de nouveau, si ce n'est les organes génitaux, et les parties précédemment produites ne font que se développer davantage.

1° Le blanc disparaît, le jaune diminue davantage qu'il n'avait fait jusqu'alors, et la membrane vitelline s'applique immédiatement au chorion, qui devient plus mince. Les points, les stries et les étoiles rouges se multiplient et s'agrandissent au dos; il en paraît aussi de semblables aux antennes, aux pattes et à la queue, en même temps qu'une enveloppe parcheminée complète, analogue à l'épiderme, qui revêt la peau, se développe de plus en plus. La paroi ventrale devient plus longue et un peu bombée. Les parties latérales du bouclier dorsal s'élargissent, et en général grandissent; leurs bords supérieurs se rapprochent, parce que la portion médiane de la paroi dorsale située entre eux devient plus petite, et ils se soudent, au dessus des yeux, avec la portion épaissie de la paroi dorsale, qui se prolonge en un rostre, dont la saillie devient maintenant de plus en plus considérable. Cependant la partie moyenne de la paroi dorsale est encore assez mince et transparente, même à l'époque de l'éclosion.

2° L'organe qui croît le plus est l'estomac; sa moitié antérieure acquiert plus de capacité que la postérieure, se place dans une situation plus verticale, prend la forme d'une bouteille aplatie et presque ovale, et étend son col court, qui devient l'œsophage, jusqu'à l'ouverture buccale. Sa moitié postérieure forme une dilatation arrondie, vésiculeuse, qui se continue avec la moitié antérieure par une portion médiane arquée et dont la convexité regarde en haut; mais sa large ouverture pylorique est tournée vers la cavité du sac vitellin. A mesure que l'estomac grossit et s'élève, la cavité du corps s'aplanit de haut en bas, par suite de la diminution du jaune, et l'estomac se rapproche davantage de la paroi dorsale du corps. La lame qui s'étend de la paroi antérieure de la cavité du corps à cet organe, et qui le maintient en situation, se raccourcit en même temps, et devient plus étroite, et il se développe en elle des fibres musculaires, qui fixent l'estomac et la paroi du corps. L'intestin devient plus long et plus ample; cependant ni lui ni l'estomac n'admettent jamais de jaune dans leur intérieur. La paroi inférieure du sac vitellin, située entre l'intestin et l'estomac, se raccourcit à tel point que les deux organes en viennent à être très-rapprochés l'un de l'autre; cette partie augmente également beaucoup d'épaisseur. Les plis qui s'étaient déjà produits au sac vitellin deviennent plus profonds, et il s'en forme, de chaque côté, un nouveau, qui, partant de l'ancien pli du même côté, se porte obliquement en arrière et en bas. De toutes ces plicatures il résulte que la surface apte à absorber le jaune acquiert plus d'étendue, et qu'elle suffit aux besoins de l'embryon, qui exige des matériaux nutritifs plus abondans pour subvenir à son développement. Cependant le sac vitellin, considéré comme un tout, se rapetisse considérablement, mais sans disparaître tout-à-fait, car il a encore un assez grand volume au moment de l'éclosion, époque à laquelle il renferme également encore une assez grande masse de jaune. Du reste, l'ouverture qui conduit du sac vitellin dans l'estomac et l'intestin, n'a plus qu'un très-petit diamètre.

3° Les deux organes qui passent pour être des glandes salivaires, non seulement deviennent plus volumineux, mais encore commencent à prendre une teinte porracée dans la profondeur de leur tissu.

4° Les foies deviennent beaucoup plus gros, et prennent la forme de grappes : ils se rapprochent l'un de l'autre, sécrètent une assez grande quantité de graisse liquide, qui s'accumule dans leur substance, passent en conséquence du blanc au jaune, et fournissent aussi, vers la fin de la vie embryonnaire, une bile verdâtre, qui déjà s'épanche en partie dans l'intestin.

5° Le cœur vient se placer sur le commencement de l'intestin et les deux foies; il acquiert plus de largeur et de volume, et prend une forme plus arrondie.

6° Les branchies grossissent, et les saillies verruciformes qu'on y remarque deviennent presque filiformes. D'autres saillies analogues s'ajoutent à celles qui existaient déjà, et suivent la même marche dans leur développement.

7° Le cerveau, surtout dans ses deux lobes antérieurs, devient plus volumineux. Tous les ganglions de la moelle ventrale situés dans la tête et le thorax se soudent ensemble par paires, et les cinq paires postérieures du thorax s'écartent de plus en plus les unes des autres, tandis que celles qui sont situées au devant d'elles se rapprochent au contraire.

8° La queue augmente considérablement de longueur et d'épaisseur; cependant elle n'a point encore, même chez les embryons les plus rapprochés du terme de la maturité, un volume relatif comparable à celui qu'elle présente chez l'adulte.

9° La couleur verte du globe de l'œil s'étend de plus en plus, et devient plus foncée. Déjà aussi les facettes se développent à la cornée transparente.

5. CINQUIÈME PÉRIODE.

Lorsque l'Écrevisse perce les enveloppes de l'œuf et s'en dégage, elle a le dos fortement bombé, à cause du reste de jaune qu'elle emporte avec elle, et dont elle peut vivre encore pendant quelque temps. Les tégumens extérieurs sont mous sur toute la surface du corps, et ils ne s'endurcissent que long-temps après, ce qui autorise à penser que l'animal ne puise point encore de nourriture dans le monde extérieur. L'estomac est encore fortement aplati sur les côtés, et l'on n'aperçoit aucun vestige de son appareil osseux. Il n'y a non plus aucune trace d'organes génitaux. Peu à peu, à mesure que les tégumens extérieurs s'épaississent et s'endurcissent, il se joint aux petites taches rouges d'autres taches bleues très-nombreuses, qui donnent à la jeune Écrevisse une apparence bariolée assez agréable. Le jaune et son sac disparaissent complétement, le dos perd sa voussure, et il devient relativement plus étroit à la tête et à la poitrine. La même cause fait que l'estomac acquiert plus d'espace pour se développer. Les glandes salivaires prennent la forme de disques, et se colorent d'outre en outre en vert. Les quatre paires antérieures de ganglions de la moelle ventrale se coufondent en une seule masse ; la même chose arrive aussi aux cinquième et sixième, c'est-à-dire à celles qui appartiennent aux deux paires postérieures de pieds-mâchoires ; les autres, au contraire, vont toujours en s'écartant davantage les uns des autres. Parmi les organes génitaux, l'ovaire et les testicules sont les premiers à paraître. Chacun de ces organes se forme, peu de temps après l'éclosion, au devant du foie, et au dessus de la partie postérieure du sac vitellin, probablement aux dépens de ce dernier, par un dépôt de substance plastique à sa surface, et apparaît d'abord sous la forme d'une petite lame mince, qui adhère intimement au sac vitellin. Mais quand le jaune et son sac disparaissent, chacun de ces deux organes repose sur l'intestin. Les deux oviductes poussent des bords latéraux de l'ovaire, prennent la forme de courts et grêles filamens, dirigent de haut en bas leurs extrémités libres, qui embrassent l'intestin, entrent ainsi en contact avec les articles coxaux de l'une des paires de pattes, auxquels ils se soudent ensuite, et qu'enfin, mais assez tard, ces articles traversent pour s'ouvrir à l'extérieur. Les organes génitaux dont je viens de parler se développent donc de dedans en dehors. Plus tard encore que l'époque où l'on découvre les orifices des conduits séminaux, les deux verges commencent à pousser : il m'a été impossible d'en apercevoir aucun vestige chez des Écrevisses même qui avaient déjà quinze à seize lignes de long.

II. Le développement du Palémon, du Crangon, de l'*Eriphia spinifrons*, et par conséquent des Crabes eux-mêmes, ne diffère pas essentiellement de celui des Écrevisses de rivière. La plus grande différence consiste en ce que, chez tous ces animaux, les yeux ont une grosseur énorme pendant la dernière moitié de la vie embryonnaire, quoique plus tard ils ne présentent rien de particulier sous le rapport du volume. Au contraire, la queue (abdomen) des embryons avancés en âge, même chez les Crabes, est aussi grêle et aussi longue que celle de l'Écrevisse au moment de l'éclosion ; elle est même pourvue d'un éventail.

Le cristallin de l'œil des Décapodes, si j'en juge d'après une observation faite sur le Palémon, se forme avant le

corps vitré pyramidal et entouré de pigment, et le globe oculaire de ces animaux a d'abord beaucoup d'analogie avec un
œil agrégé d'Isopode. Le Palémon commence aussi par présenter, entre la lèvre supérieure et la base de la queue, autant
de paires de ganglions qu'il se produit là de paires de membranes et d'anneaux ; mais plus tard ces ganglions se confondent en partie en une grosse masse simple. En général, nous
sommes fondés aujourd'hui à établir, comme proposition très-
vraisemblable, que tous les Décapodes ont primordialement
autant de paires de ganglions à leur moelle ventrale qu'on
compte d'anneaux au corps, que tous ces ganglions se ressemblent alors beaucoup sous le point de vue de la configuration et du volume, et qu'en conséquence, à une certaine
époque de la vie embryonnaire, la chaîne entière de la moelle
ventrale est extrêmement simple chez tous les Crustacés.

Les antennes, les organes manducateurs, les pattes et
probablement aussi les branchies, sont déjà en nombre complet chez les Décapodes, quand ils éclosent. Les organes visibles à l'extérieur ne subissent non plus, après l'éclosion,
aucun changement essentiel dans leur composition, leur situation et leur fonction, si ce n'est toutefois que le rudiment
de l'éventail disparaît chez les Crabes. Les changemens qui
surviennent chez le jeune animal portent presque exclusivement sur les proportions seules. Il n'est donc pas vrai que,
comme l'a prétendu Thompson, les Décapodes sortent de
l'œuf dans un état fort imparfait, et les changemens qui se
passent encore pendant l'accroissement, ne méritent point
le nom de métamorphose (1).

B. *Amphipodes.*

§ 384. Les remarques suivantes portent principalement sur
les espèces des genres *Gammarus, Amphithoe,* et autres voisins.

Tandis que la membrane proligère croît autour du jaune,
et qu'elle s'applique immédiatement à sa surface, en l'enve-

(1) Thompson a publié des détails sur le développement d'une Mysis,
mais son travail n'est point venu à ma connaissance.

.loppant de toutes parts, il se forme de très-bonne heure un pli, qui pénètre à une grande profondeur dans le jaune, et qui le partage incomplétement en deux moitiés, dont le volume n'est pas tout-à-fait égal. Pendant que ce changement s'accomplit, la membrane elle-même, qui représentait d'abord une vésicule arrondie, prend la forme d'un utricule allongé et recourbé sur lui-même. L'un des bouts de cet utricule devient l'extrémité céphalique, l'autre l'extrémité caudale, et le pli dont je viens de parler le côté ventral tout entier du nouvel être; car, sur les deux côtés, tournés l'un vers l'autre, de l'utricule, naissent par paires, à la suite les uns des autres, et sous la forme d'excroissances, tous les membres, depuis la paire la plus antérieure d'antennes jusqu'à la paire la plus postérieure de filets abdominaux. La portion du feuillet séreux qui contribue à produire le pli, s'épaissit beaucoup plus que le reste; mais le feuillet séreux tout entier se couvre d'une multitude d'échancrures complétement annulaires, qui le partagent en un grand nombre de ceintures placées à la suite les unes des autres. Au moment où le jeune animal éclot, il présente déjà autant de ces ceintures ou anneaux qu'on en remarque chez l'adulte; leurs dimensions respectives ressemblent également beaucoup à ce qu'elles sont chez les individus âgés, car l'utricule du feuillet séreux modifie les siennes, et surtout s'amincit et s'allonge, à mesure que le jaune diminue. La larve possède aussi, au moment de l'éclosion, un nombre de membres (antennes, organes manducateurs, pattes, fausses pattes et filets abdominaux) égal à celui qu'on trouve chez l'adulte, et sous le rapport tant du lieu d'insertion que de la forme et des dimensions respectives, on reconnaît sans peine quel rôle ces membres doivent jouer, quoique leurs formes et leurs dimensions soient destinées à subir encore quelques modifications par la suite : ainsi par exemple les organes manducateurs sont proportionnellement bien plus volumineux chez la larve que chez les animaux adultes.

A mesure que le jaune diminue, le corps de l'embryon s'efflanque, d'abord dans sa moitié postérieure, puis dans l'antérieure. L'extrémité caudale s'effile aussi de très-bonne heure. La tête et l'abdomen (queue) s'allongent plus rapidement que la poitrine, de sorte que celle-ci paraît toujours plus grosse, proportion gardée, chez l'embryon que chez l'animal complétement développé.

Je ne puis point affirmer que la larve possède déjà des vésicules branchiales; le fait est vraisemblable cependant. Mais la paroi de son corps est indubitablement pourvue, des deux côtés du corps, du nombre complet de saillies tubulaires ou pliciformes, inclinées vers le bas, qui couvrent en partie les membres à l'extérieur. Les yeux se développent aussi avant son éclosion; mais leur formation n'est point la même que chez les Décapodes, car ils ne proviennent pas de la paroi ventrale, à l'instar des membres; ils se produisent au dedans des parois latérales, et chacun d'eux est composé, dès l'origine, de plusieurs granulations distinctes, ou de plusieurs yeux simples, étalés en une couche, qui laissent entre eux une certaine distance, et ne s'accolent d'une manière intime les uns aux autres que par les progrès de leur grossissement. Le feuillet interne ou muqueux de la membrane proligère représente d'abord un utricule ayant la même forme que celui du feuillet séreux, et il remplit entièrement ce dernier. Mais l'utricule entier du feuillet muqueux se transforme peu à peu en un canal intestinal assez simple, métamorphose tenant en grande partie à ce qu'à mesure que le jaune disparaît de son intérieur, il se resserre sur lui-même, et acquiert ainsi des parois plus épaisses. D'après cela, chez les Amphipodes, le canal intestinal lui-même, dès qu'il commence à se montrer tel, est rempli par le jaune. Cependant l'utricule muqueux produit de très-bonne heure, au voisinage de l'extrémité céphalique et de chaque côté, une expansion qui s'étend en un long cœcum dirigé d'avant en arrière, s'emplit de jaune au point de devenir rénitente, puis, quand ce jaune vient à être absorbé, se resserre sur elle-même, et finit par constituer un foie simple et en forme de cœcum, ou ce qu'on appelle à tort un corps adipeux. Par conséquent, chez les Amphipodes, les parties qui représentent des appendices du canal intestinal, en ce sens qu'elles sont pleines de jaune, correspondent au sac vitellin des Décapodes, et immédiatement au foie lui-même, au lieu que, chez les Décapodes, le sac vitellin ne se transforme en foie que d'une manière médiate, c'est-à-dire par des expansions spéciales qui n'admettent jamais de jaune dans leur intérieur. La formation de cet organe est donc beaucoup plus simple chez les Amphipodes que chez les Décapodes.

Pour produire la moelle ventrale, il se forme, dans la poitrine et l'abdomen, autant de paires de ganglions, que ces segmens du corps ont d'anneaux, et ces ganglions ne se rapprochent point les uns des autres, mais bien au contraire s'écartent davantage par les progrès de l'accroissement de l'animal entier. Il ne peut donc y avoir aucune fusion de paires.

Les lames de la cavité pectorale ne se forment que longtemps après l'éclosion de l'animal, qui, dans l'œuf, est fortement recourbé sur lui-même du côté ventral. De même, en général, les particularités d'organisation relatives au sexe ne se manifestent que long-temps après la vie embryonnaire chez les Amphipodes, comme probablement aussi chez tous les Crustacés sans exception. Mais, à part ces circonstances, les larves sont déjà parfaitement semblables à leurs parens lorsqu'elles sortent de l'œuf.

C. Isopodes.

§ 385. Dans les œufs d'*Idothœa*, de *Leptosoma*, de *Ligia*, de *Janira* et d'*Asellus*, la membrane proligère, après s'être accrue au point d'entourer complétement le jaune, et de l'envelopper en entier, produit bien, comme chez les Amphipodes, un pli qui s'enfonce à une grande profondeur dans la masse vitelline ; mais ce pli ne devient pas la paroi ventrale, et il se transforme en paroi dorsale du jeune animal. Aucun pli semblable ne se produit jamais dans les œufs de *Cloporta*, de *Porcellio* et d'*Armadillo* ; mais la membrane proligère entière, qui représente d'abord une vésicule sphérique, s'allonge peu à peu en un ovale, dont un des longs côtés devient ensuite la paroi ventrale. Mais constamment, dans les œufs des Isopodes, comme dans ceux des Amphipodes, la membrane proligère se métamorphose en un utricule plus ou moins oblong, qui est complétement rempli de jaune, et dont l'un des longs côtés donne naissance au côté ventral tout entier de l'embryon. De ce côté proviennent alors, comme autant d'excroissances, les antennes, les organes manducateurs, les pattes, les branchies, et les appendices caudaux, d'abord les antennes, et en dernier lieu les appendices qui terminent la queue ou l'abdomen. A l'exception des pattes, tous ces membres sont déjà complétement développés lorsque le jeune animal quitte la cavité incubatoire de sa mère. Parmi les pattes, la paire postérieure, ou la septième, est celle qui paraît la dernière. Les anneaux du corps sont également complets à cette époque, sous le rapport du nombre ; cependant le dernier anneau de la poitrine est encore extrêmement étroit ; il n'offre aucun vestige des excroissances latérales tubuliformes qu'on aperçoit déjà aux autres anneaux thorachiques, et il est, généralement parlant, beaucoup moins développé que les autres. Mais Milne Edwards assure qu'il n'y avait que six ceintures pectorales dans les larves des Isopodes qu'il a examinés (*Cymothoa* et *Anilocra*). Il résulte de là que ces Crustacés sortent de la cavité incubatoire un peu moins développés que ne le sont les Amphipodes.

Les yeux naissent comme chez les Amphipodes. Le canal intestinal et les foies (corps adipeux) se forment aussi de la même manière que chez ceux-ci, avec la différence toutefois que, dans la plupart de ces animaux, l'expansion du feuillet muqueux de la membrane proligère qui s'emplit de jaune et se convertit en un foie ayant l'apparence d'un appendice cœcal, présente de chaque côté un second appendice analogue, qui d'ailleurs n'admet jamais de jaune dans son intérieur.

Une particularité fort singulière, que présente l'*Asellus aquaticus*, et à laquelle les autres Isopodes n'ont rien offert qui ressemble, consiste en ce que, pendant les premiers temps de sa vie embryonnaire, la paroi dorsale du corps produit, immédiatement derrière la tête, deux organes analogues aux feuilles du tulipier, et correspondans sans doute aux ailes antérieures des Insectes, qui disparaissent, sans laisser la moindre trace, avant que l'embryon ait quitté la cavité incubatoire de la mère.

Un autre phénomène remarquable tient à ce que certains Isopodes, en particulier l'*Asellus aquaticus*, percent les enveloppes de l'œuf à une époque où ils n'ont encore fait que peu de progrès dans leur développement, c'est-à-dire quand ils ne portent que des vestiges de très-peu de membres, tandis que d'autres se développent bien davantage dans l'œuf. Cependant les classes des Poissons, des Reptiles et des Mammifères offrent aussi de pareilles différences.

Le *Bopyrus squillarum*, que l'on range parmi les Isopodes, mais que certaines particularités d'organisation, et spécialement la disposition de ses organes manducateurs, éloignent du type des Crustacés de cet ordre, présente aussi des anomalies considérables dans son développement. La membrane proligère, après avoir renfermé le jaune, produit bien un pli, comme chez certains Isopodes; mais ce pli devient la paroi ventrale, et non la paroi dorsale. La larve, au sortir de l'œuf, n'a que quatre paires de pattes, et les trois autres paires ne se forment que plus tard, après qu'elle a quitté la mère. La même chose a lieu pour les anneaux du thorax. Les branchies et les antennes sont en nombre complet à l'époque de l'éclosion, et ces organes, surtout les deux antennes postérieures, sont beaucoup plus volumineux, proportion gardée, que chez les parens; les extrémités des branchies et les deux antennes postérieures semblent même se perdre entièrement par une mue postérieure. Il y a plus encore : deux membres foliacés, attachés un peu au devant de l'extrémité postérieure du corps, étendus horizontalement, et communs à toutes les larves, qui semblent correspondre aux appendices caudaux des Isopodes, disparaissent complétement dans la suite, ainsi que les yeux agrégés des individus femelles. On peut donc dire avec raison que cet animal parasite subit une métamorphose considérable.

Le feuillet muqueux de la membrane proligère représente, comme chez les Amphipodes et les Isopodes, un utricule parfaitement simple, qui renferme le jaune entier. Mais son développement ultérieur a lieu d'une tout autre manière que chez les Crustacés; en effet, tout porte à croire que, comme chez les Scorpions, il s'y produit, de chaque côté, plusieurs échancrures perpendiculaires et profondes, et qu'il se sépare en un canal intestinal et en sept paires de foies en grappes de raisin, qui tiennent latéralement à ce canal. .

Tous les individus provenant d'une même mère ne diffèrent pas sensiblement les uns des autres pour la forme et la taille, ce qui a lieu aussi chez les autres Crustacés ; mais, dans la suite, ils changent tellement, sous ce double rapport, qu'au premier abord les individus mâles et femelles semblent ne point appartenir à la même espèce. La femelle perd non seulement les yeux, mais encore toute symétrie ; le mâle, au contraire, demeure parfaitement symétrique, mais aussi est-il cinq fois au moins plus petit.

D'autres Crustacés encore de l'ordre des Isopodes, qui manquent d'yeux à l'état parfait, possèdent également ces organes dans les premiers temps de leur vie. Telles sont, en particulier, les *Cymothoa*, d'après Milne Edwards.

D. *Daphnides.*

§ 386. Chez les Crustacés des genres *Daphnia* et *Lynceus*, la membrane proligère, dont la portion formée en premier lieu devient la paroi ventrale du corps, produit de bonne heure un sac ovale, qui enveloppe de près le jaune, mais n'envoie jamais de pli dans son intérieur. De chacune des deux extrémités du feuillet externe ou séreux de ce sac s'élève un prolongement plein, dont l'un devient le bec, et l'autre la queue. Parmi les membres, ceux de devant paraissent les premiers, d'après une règle qui est générale parmi les Crustacés. Ces membres sont les principaux organes natatoires ; ils se ramifient plusieurs fois chez les Daphnides, et portent le nom d'antennes. Après eux paraissent les autres membres ou les pattes branchiales, qui, de même que les précédentes, ont primordialement la forme de prolongemens simples.

Le grand bouclier dorsal, qui ressemble aux deux battans d'une coquille bivalve, doit naissance à ce que, comme chez les Décapodes, la paroi du ventre, ou la couche séreuse, produit de chaque côté, à quelque distance au dessus des membres, un long pli dirigé de dedans en dehors et de haut en

bas, et à ce que ces deux plis se développent considérablement tant en largeur qu'en longueur.

Les yeux sont doubles, comme chez d'autres Crustacés :
ils ont la même situation et la même configuration que ceux
des Amphipodes et des Isopodes, sont cependant plus écartés
l'un de l'autre dans les commencemens, et se confondent
complétement ensemble, par les progrès de l'accroissement,
de manière qu'ils finissent par ne plus constituer qu'en seul œil
agrégé.

Le sac que le feuillet muqueux de la membrane proligère
représente, et qui est primordialement rempli en entier par
le jaune, s'allonge et devient plus mince d'une manière relative, à mesure que ce dernier diminue, de sorte qu'il se métamorphose tout entier en canal intestinal, sans produire aucune
excroissance spéciale qui soit destinée à recevoir une partie de
la substance vitelline. Ce qu'il y a de remarquable, c'est que
l'anus se développe au côté dorsal de l'abdomen.

Le fruit se développe, renfermé dans ses membranes d'œuf,
entre le test et le dos de la mère, et vient au monde vivant.
Lorsqu'il naît, il possède déja tous les organes externes qui
caractérisent son espèce : par conséquent, il n'y a plus d'organe appartenant au feuillet séreux qui doive se développer
plus tard ; mais, d'un autre côté aussi, aucun de ceux qui
déjà existent en lui ne disparaît dans la suite, ni n'éprouve de
changemens essentiels, soit dans sa configuration, soit dans
ses fonctions.

E. *Branchiopodes.*

§ 387. D'après les observations de Prevost (1), le *Bran-
chiopus paludosus,* ou Chirocéphale, sort de l'œuf très-incom-
plétement développé. La tête est presque aussi grosse que le
reste du corps, représentant encore à cette époque un ovale
peu allongé, mais elle est séparée de ce dernier par un faible
sillon annulaire, tout comme le corps lui-même est divisé,
par un autre sillon analogue, en deux moitiés d'inégales dimensions. En outre, il n'a qu'un œil simple, et, en fait d'ex-

(1) Jurine, Histoire des Monocles, p. 245.

trémités, ne possède que deux antennes et deux paires de grandes nageoires, unies avec le côté inférieur de la portion céphalique, qui se composent d'une multitude d'articles, se terminent en soies raides, et se meuvent comme des ailes. Peu à peu ensuite le tronc augmente considérablement de longueur, acquiert une prédominance de plus en plus marquée sur la portion céphalique, et prend presque la forme d'un cône fort allongé. Sur les côtés de la tête il se forme deux gros yeux pétiolés et composés. Après la première mue, paraissent, sous l'aspect de bourgeons, les deux paires antérieures de pattes, qui sont cependant encore immobiles. Après la troisième mue, l'animal a neuf paires de pattes, et l'accroissement du nombre de ces membres continue ainsi d'avant en arrière. D'un autre côté, la lèvre inférieure énormément grande du nouveau-né va toujours en se raccourcissant d'une manière relative.

Il n'est point encore possible de dire quels sont positivement les changemens que subissent les deux paires de nageoires, et ce qu'elles deviennent en dernière analyse. Prevost prétend bien que la paire postérieure disparaît, et que l'antérieure se transforme en ce qu'on appelle les mains du mâle ou les cornes de la femelle. Cependant on peut objecter que ces mains et ces cornes s'insèrent à la portion céphalique antérieure, au devant des deux paires d'yeux, tandis que les deux nageoires sont situées, derrière ces yeux, à la partie postérieure de la tête. Je serais plutôt tenté de croire que les nageoires antérieures, c'est-à-dire les plus grandes, disparaissent entièrement, et que les postérieures se transforment en appendices (palpes?) des mandibules.

F. *Cyclopides.*

§ 388. Dans les œufs aussi de ces animaux, comme peut-être dans tous ceux d'Entomostracés, la membrane proligère forme d'abord un sac ovale, qui enveloppe complétement le jaune, et qui n'envoie jamais de pli dans son intérieur. De même que dans les œufs des Daphnides, le feuillet muqueux se transforme tout entier en canal intestinal, de sorte que,

chez les Cyclopides aussi, le jaune est enveloppé immédiatement et exclusivement par ce qui doit devenir un jour le tube
intestinal. Les yeux se produisent déjà chez l'embryon, et
sont doubles dans le principe; mais plus tard ils se confondent
entièrement ensemble. L'embryon quitte l'œuf dans un état
de développement fort incomplet : il se montre alors presque
sous la forme d'un ovale coupé en deux dans le sens de sa
longueur, qui ne laisse apercevoir nulle part de division en
ceintures, et au côté aplati duquel sont fixées trois paires de
membres, d'une médiocre longueur, représentant tous des espèces de bâtons, dont quelques uns sont parfaitement simples, tandis que les autres se partagent en deux branches ou
bras, mais qui tous servent à la larve pour se mouvoir dans
l'eau. Entre les insertions de ces membres, sur la ligne médiane, se trouve l'orifice buccal; l'anus, au contraire, est situé à l'extrémité amincie de la larve. Par les progrès du développement, la portion du corps qui est située derrière les
membres dont je viens de donner la description, et qui constitue la plus petite moitié du corps entier, augmente considérablement de longueur et d'épaisseur, de telle sorte qu'elle acquiert peu à peu la prééminence, eu égard au volume; dans
le même temps, elle se partage en plusieurs ceintures situées
à la suite les unes des autres, et il se développe, à son côté
inférieur et aplati, plusieurs paires de membres, les pattes
natatoires, organes qui vraisemblablement remplissent aussi
les fonctions de branchies. D'un autre côté, les trois paires
de membres primordialement existantes prennent d'autres
formes, et servent ensuite à des fonctions toutes différentes
de la locomotion; en effet, les deux antérieures se métamorphosent en antennes, et la postérieure en serres ou maxilles.
Mais, entre la paire postérieure et la médiane, il se développe encore quatre petits membres, tous relatifs à l'assimilation des substances alimentaires, savoir, les mandibules et la
paire antérieure des maxilles.

Aucun des organes que l'embryon apporte au monde, en
sortant de l'œuf, ne se perd.

D'après les recherches de Nordmann, les animaux qui appartiennent au genre *Ergasilus*, et qui sont tous parasites, ont

III.   9

une très-grande analogie avec les Cyclopes, sous le rapport tant de leur première formation que de leur développement ultérieur. La différence tient principalement à ce que, des trois paires de membres qu'on observe chez l'embryon, à l'époque où il quitte l'œuf, et qui ont le même aspect que les organes locomoteurs des Cyclopes nouvellement nés, l'antérieure seule, à ce qu'on peut conjecturer, se transforme en antennes, tandis que la médiane devient des serres, et que la postérieure disparaît totalement. Il y aurait encore à remarquer qu'il ne croît plus ensuite d'organes manducateurs semblables à ceux qu'on rencontre chez les Cyclopes.

G. *Lernéades.*

§ 388*. D'après des observations que j'ai recueillies sur la *Lernæopoda stellata,* la formation de ces animaux, dans l'intérieur de l'œuf, s'accomplit de la même manière que celle des Cyclopes; mais les recherches faites par Nordmann sur l'*Achteres,* la *Lernæocera* et le *Tracheliastes,* annoncent que les larves de ces animaux ont, avant de quitter l'œuf, une grande analogie avec des Cyclopes nouvellement nés, tant sous le rapport de la forme de leur corps, que sous celui de la configuration, des dimensions et de l'insertion des organes locomoteurs, dont il existe d'ailleurs trois paires dans quelques espèces, tandis que d'autres n'en ont pas plus de deux. Ces animaux se ressemblent aussi en ce que la moitié postérieure de leur corps, qui est plus petite que l'antérieure, augmente bien plus de volume que celle-ci, qu'elle se segmente en plusieurs ceintures placées les unes derrière les autres, et qu'à son côté inférieur ou ventral poussent plusieurs paires de pattes natatoires foliacées et ciliées. Mais les Crustacés en question diffèrent beaucoup des Cyclopes sous d'autres rapports. Si la larve nouvellement née ne possède que deux paires de membres, ces membres se transforment en serres, dont il naît encore une autre paire, indépendamment d'une paire d'antennes; mais si elle a trois paires de membres, tout porte à croire que l'antérieure se métamorphose en antennes, la seconde et la troisième en serres, pendant qu'il se développe une nouvelle paire de ces dernières, la plus postérieure de toutes. Plus tard, les pattes natatoires de l'abdomen disparaissent, généralement parlant; car il est rare qu'on en voie encore des débris chez le sexe masculin, ce qui est le cas par exemple des Crustacés du genre *Chondracanthus.* Les yeux s'effacent également jusqu'à la dernière trace. Mais un des phénomènes les plus singuliers, qui nous est offert par un grand nombre de Lernées, c'est que, chez le sexe féminin, les deux serres de la paire moyenne, ou de la seconde paire, se soudent plus ou moins ensemble.

H. *Cirrhipèdes.*

§ 388**. D'après les belles descriptions et figures que Burmeister a données de ces animaux (1), la membrane proligère, dans l'œuf des *Lepas,* après s'être close, est tendue de toutes parts sur le jaune, et l'utricule représenté par elle a un axe parfaitement droit. Le jeune animal, après avoir percé le chorion, a, pour organes ressemblant à des membres, une paire d'antennes et trois paires de pattes pourvues de longues soies : il se sert de ses pattes pour nager, et de ses antennes pour saisir et fixer les corps. Peu à peu, derrière les pattes déjà existantes, il en pousse encore trois paires, qui ressemblent beaucoup aux premières. Mais on n'aperçoit de division en ceintures que dans le court appendice caudiforme qui termine le tronc en arrière. Les organes manducateurs (maxilles et mandibules) se forment au dedans d'un court prolongement infundibuliforme de la paroi ventrale, et l'on n'a point encore pu découvrir jusqu'à présent s'ils paraissent avant ou seulement après les organes locomoteurs.

Du côté dorsal descendent, dans toute la longueur de la larve, deux replis cutanés, par lesquels toutes les autres parties ne tardent point à être complètement enveloppées. Ainsi, sous le point de vue du premier développement de leurs appendices en forme de membres (antennes et pattes),

(1) *Beitræge zur naturgeschichte der Bankenfusser (Cirrhipedia),* Berlin, 1834, in-4°, fig. — Voyez aussi G.-J. Martin Saint-Ange, Mémoire sur l'organisation des Cirrhipèdes et sur leurs rapports mutuels avec les animaux articulés, Paris, 3835, in-4°, fig.

soit qu'on les considère dans leur configuration, soit qu'on ait égard à l'époque de leur apparition, les *Lepas* ont la plus grande analogie avec les Cyclopides ; mais, pour ce qui concerne le développement de leur enveloppe, ils se rapprochent des Daphnides, principalement de ceux des genres *Cypris* et *Cytherea*. Mais ces analogies ne tardent pas à s'effacer, attendu que, dans le cours ultérieur de son développement, la jeune *Lepas* suit un type dont on ne trouve le semblable nulle part. La partie la plus antérieure des deux valves qui constituent l'enveloppe extérieure du corps, ou le manteau, s'allonge en une saillie ; celle-ci s'attache, d'une manière inconnue (peut-être à l'aide d'un suc visqueux, produit de quelque sécrétion), au corps sur lequel la larve a été déposée, et se développe ensuite en un épais pédoncule plus ou moins long, demeurant toujours mou et flexible, pendant que le reste du manteau se calcarifie et devient semblable à une coquille de Mollusque. En même temps, l'animal perd les antennes et les yeux qu'on avait commencé de très-bonne heure à apercevoir. Les anciens organes locomoteurs se dépouillent aussi de leurs soies, comme chez les Lernéides, et ces organes prennent la forme bien connue de cirrhes bifurquées et composées d'un grand nombre d'anneaux. Les branchies paraissent ne se produire que fort tard. La queue s'allonge considérablement, et prend l'aspect d'un appendice conique et multi-articulé. L'anus se développe, comme chez les Daphnides, au côté dorsal de l'animal, tout-à-fait au commencement de la queue.

Si l'on compare le corps de l'animal parfait avec celui de la jeune larve, on trouve entre eux une différence très-grande, qui consiste en ce que la portion antérieure ou céphalique surpasse le reste chez la larve, tandis qu'elle a un volume bien inférieur chez l'animal parfait. C'est cependant là un phénomène que nous offrent aussi les Lernéides et les Cyclopides, et qu'on retrouve peut-être chez tous les autres Crustacés, à un degré moins prononcé, il est vrai.

I. Résumé des considérations sur les Crustacés.

§ 388***. Nous remarquons en général les particularités suivantes :

1° La substance vitelline a une consistance pultacée dans les œufs de tous les Crustacés, et elle se compose presque entièrement de granu lations. Chez quelques uns de ces animaux, ceux surtout qui augmentent de volume pendant le développement de l'embryon, les granulations se renflent plus ou moins, par absorption des liquides ambians, avant d'être dissoutes et consommées pour servir à accroître le fruit. Si le jaune vient à se loger dans le canal intestinal lui-même, ce qui est peut-être le cas de tous les Crustacés, à l'exception des Décapodes, et si ce canal produit des expansions qui admettent une partie du jaune dans leur intérieur et deviennent ensuite des foies, la substance vitelline reçue dans ces diverticules change souvent de couleur d'une manière frappante. Une graisse liquide se trouve sans doute constamment mêlée au jaune ; mais, dans beaucoup de cas, elle est tellement atténuée, qu'on ne peut point la reconnaître dans l'œuf encore vivant ; parfois néanmoins elle se montre réunie en une ou plusieurs grosses gouttes, qui ne se dissolvent et disparaissent que très-tard, comme par exemple dans les œufs des Daphnides.

2° Il a été positivement reconnu, chez plusieurs Crustacés, que la portion de la membrane proligère formée la première, devient la paroi ventrale, et dès lors on peut présumer, par analogie, que c'est cette paroi qui se produit la première chez tous les Crustacés.

3° La segmentation du corps en anneaux ou ceintures commence toujours à la paroi ventrale, et le premier développement des parties centrales du système nerveux se rattache certainement à elle par d'intimes connexions. Il se produit vraisemblablement, pour chaque anneau, une paire de ganglions, qui, ensuite, de concert avec les nerfs anastomotiques pairs, constituent la chaîne de la moelle ventrale et du cerveau. Chez quelques Crustacés, le nombre de ces ganglions ne subit aucune diminution, et ils restent constamment distincts les uns des autres ; mais, chez certains autres, en particulier chez les Décapodes, quelques uns de ces ganglions disparaissent, d'autres se rapprochent peu à peu, finissent par se confondre, acquièrent même un volume supérieur à

celui de tous leurs congénères, et représentent alors une
très-grosse masse située dans le thorax. Parfois les ganglions
s'écartent de plus en plus les uns des autres, suivant la longueur du corps, mais se rapprochent davantage par paires,
ainsi que leurs filets de communication, jusqu'à ce qu'enfin,
ceux-ci, venant à se confondre ensemble, une partie de la
moelle ventrale ne présente plus qu'un filet simple, avec des
renflemens également simples. La moelle ventrale du *Dichelesthium* suit probablement cette marche dans sa moitié antérieure.

4° Parmi les membres, ce sont en général les antérieurs
qui se forment les premiers, et les postérieurs qui paraissent
en dernier lieu; chez un même individu, tous sont ordinairement semblables les uns aux autres, sous leur forme primordiale.

5° Si nous comparons le fruit avec l'adulte, nous trouvons
qu'à quelques rares exceptions près, par exemple dans les
Phronima, selon Milne Edwards, la tête est beaucoup plus
grosse que chez ce dernier, proportionnellement à la poitrine
et à l'abdomen.

6° Des yeux se développent très-probablement chez tous
les Crustacés; s'ils manquent dans les derniers temps de la vie,
comme on le voit chez la plupart des parasites, ils n'ont sans
doute pu être rejetés que pendant une mue.

7° Tous les individus d'une même espèce ont une ressemblance extrême les uns avec les autres à l'époque de l'éclosion; les différences sexuelles, qui sont si tranchées dans
certaines espèces, ne se manifestent que beaucoup plus tard.
Peut-être même est-il de règle générale que les organes génitaux se développent seulement après que le fruit a quitté
l'œuf.

8° D'un autre côté, la première forme sous laquelle le fruit
apparaît, et en général l'évolution entière de ce dernier, varient considérablement dans les divers ordres de Crustacés:
il s'en faut de beaucoup qu'elle soit à peu près une et la
même. Une grande différence existe donc, sous ce rapport,
entre le développement des divers animaux vertébrés et celui
des divers animaux testacés; comme, en général, plus une

classe d'animaux occupe un échelon inférieur, plus le plan qui préside à sa formation offre de variations, non seulement chez les membres déjà développés de la classe, mais même chez ceux qui en sont encore au point de leur formation première. Suivant toutes les apparences, la classe des Vertébrés est la seule dans laquelle tous les membres offrent, pendant leur première formation, eu égard tant à la composition qu'à la forme totale et à celle des différentes parties, cette étonnante analogie dont les physiologistes ont été si frappés. Chez les Crustacés, au contraire, on n'aperçoit point, à proprement parler, de plan dans la forme sous laquelle les diverses espèces apparaissent, et il n'y en a chez eux qu'en ce sens qu'ils sont composés de certaines parties essentielles. Mais ces parties essentielles sont une chaîne ganglionnaire unie avec la paroi ventrale, et plusieurs extrémités qui s'y rattachent. Chez les Insectes, les Arachnides et les Myriapodes, ce sont une chaîne ganglionnaire unie à la paroi ventrale, des extrémités se liant à cette chaîne; puis, en outre, des organes tubuleux ou utriculeux de respiration, qui existent dans l'intérieur du corps et s'ouvrent à travers sa paroi.

9° D'après les recherches qui ont été faites avec soin, tant par d'autres que par moi, sur le développement des Crustacés, je crois pouvoir affirmer d'une manière positive que les Décapodes, les Amphipodes, les Isopodes (à l'exclusion du Bopyre) et les Daphnides, une fois qu'ils sont venus au monde, ne subissent pas de changemens assez considérables, dans leur organisation, pour qu'on puisse se croire autorisé, comme Thompson l'a fait par rapport aux Décapodes, à leur attribuer une métamorphose, dans le sens que ce mot présente chez les Insectes; mais que, d'un autre côté aussi, Westwood est allé trop loin en refusant une métamorphose à tous les Crustacés; car le Bopyre, les Cyclopides, les Branchiopodes, les Lernéides et les Cirrhipèdes éprouvent, après l'éclosion, des changemens d'organisation non moins grands que ceux qui, chez les Insectes, caractérisent la métamorphose progressive partielle et même la métamorphose progressive générale.

CHAPITRE V.

Du développement de l'embryon des Poissons (1).

I. Poissons osseux.

§ 389. Parmi les Poissons osseux, le *Blennius viviparus*, le *Cyprinus blicca* et quelques Syngnathes, sont ceux surtout dont on a étudié avec le plus de soin le développement, et le *Cyprinus blicca* est celui chez lequel on connaît le mieux ce qui se passe pendant les premiers temps de l'évolution. Je réunirai l'histoire de tous ces Poissons dans un même cadre.

1° Lorsque l'œuf est convenablement prédisposé pour la formation d'un embryon, et surtout qu'il a été fécondé, il résulte des observations faites par Rusconi (2), sur les œufs de la Tanche et de la Perche, que le jaune, quand il est ferme et grenu, acquiert des sillons de plus en plus nombreux sur une partie de sa surface, qu'il s'y produit des enfoncemens d'une profondeur médiocre, qui s'entrecroisent, et dont le nombre s'accroît beaucoup avec une grande rapidité. Plus tard, les sillons et les inégalités auxquelles ils avaient donné lieu s'aplanissent de nouveau, et à la surface du jaune, où l'on aperçoit, suivant les espèces, tantôt une seule grosse goutte d'huile, tantôt plusieurs petites, et parfois d'innombrables gouttelettes (Syngnathes), il se développe un disque transparent, formé d'une substance albumineuse à grains fins, et un peu plus épais dans le milieu, qu'on appelle germe, et qui couvre une partie de ce jaune, comme pourrait le faire une capsule. Puis le disque s'agrandit; il devient une vésicule, et il enveloppe complétement le jaune, avec les gouttes d'huile. Dans les œufs des Cyprins, l'occlusion du germe a lieu avant qu'on aperçoive aucun vestige d'embryon; tandis que, dans ceux du *Blennius viviparus*, elle s'accomplit long-temps après cette époque.

2° A la partie du germe qui s'est produite la première, ou la membrane proligère, il se forme une longue, large et

(1) Rédigé par H. Rathke.
(2) Muller, *Archiv fuer Anatomie*, 1836, p. 281, 287.

étroite dépression ou gouttière, qui est cependant beaucoup plus large à l'un des bouts (l'extrémité céphalique future) qu'à l'autre. Bientôt, des deux côtés de la gouttière, et lui servant de limites, s'élèvent deux renflemens tournés vers la membrane vitelline, les lames dorsales, et ces lames se rapprochent peu à peu l'une de l'autre, pendant que la gouttière elle-même devient de plus en plus profonde et étroite. En même temps, la substance de la membrane proligère s'épaissit le long de la ligne médiane de cette gouttière, particulièrement du côté du jaune, et il résulte de là le rudiment de la corde dorsale ou vertébrale, c'est-à-dire le tronc de la colonne vertébrale.

3° Les lames dorsales s'élèvent de plus en plus; leurs bords libres s'arquent de dehors en dedans, l'un vers l'autre, et se soudent enfin ensemble, phénomène qui arrive d'abord dans la future portion céphalique de l'embryon. De là il résulte la formation d'un canal fort ample à l'un de ses bouts, mais qui se rétrécit vers l'autre, et qui constitue la cavité destinée à recevoir le cerveau et la moelle épinière.

4° La membrane proligère se sépare, dans presque toute son étendue, en deux feuillets, l'un interne, l'autre externe, dont le second, ou le feuillet séreux, produit les organes de la vie animale, tandis que le premier, ou le feuillet muqueux, donne naissance à ceux de la vie plastique. Les deux feuillets ne demeurent cohérens qu'à l'endroit où la corde vertébrale est en train de se former, et que dans le point où se développent ensuite les branchies. Une autre séparation analogue a lieu dans les parties du feuillet séreux qui renferment la cavité précédemment indiquée pour le cerveau et la moelle épinière; car ils se résolvent ou se partagent en deux conduits, dont l'un est logé dans l'autre, et dont l'un produit le cerveau et la moelle épinière, avec leurs membranes, tandis que l'autre produit la colonne vertébrale, le crâne, plusieurs muscles appartenans à ces appareils osseux et le tegument cutané.

5° Le feuillet muqueux subit de très-bonne heure un étranglement qui le partage en deux moitiés, dont l'une représente un canal marchant au dessous de la corde dorsale, le canal intestinal, et l'autre une grande poche, le sac vitellin; ce dernier renferme la masse entière du jaune ; il est situé au dessous du canal intestinal, et il communique avec lui, non loin de son extrémité antérieure, par un conduit extrêmement court. La partie existante chez de jeunes Perches, que Rusconi a désignée sous le nom de vésicule ombilicale, n'est probablement autre chose qu'une grosse goutte d'huile.

6° La portion du feuillet séreux de la membrane proligère qui se trouve en dehors des lames dorsales (portion périphérique) se métamorphose en parois latérales et en paroi ventrale de la cavité du corps, mais sert immédiatement à développer l'intestin et le jaune. Chez quelques Poissons (*Cyprinus, Perca* et *Salmo*), elle s'infléchit uniformément, à partir des lames dorsales, sur l'intestin et le sac vitellin ; mais, chez d'autres (*Blennius viviparus, Cottus gobio* et *Syngnathus*), à quelque distance des lames dorsales, elle s'étrangle peu à peu de plus en plus, comme le feuillet muqueux, d'abord sur les deux côtés seulement, puis aussi d'arrière en avant, c'est-à-dire en général d'une manière annulaire, et forme une vésicule qui n'admet en elle que le sac vitellin, et ne communique avec le reste du fruit qu'au moyen d'un pédicule extrêmement court et à peine perceptible. Dans le premier cas, le ventre du fruit paraît d'une grosseur énorme ; mais, dans le second, il présente, à sa partie antérieure un gros sac herniaire, dans lequel est logé le sac vitellin, qui le remplit presque entièrement.

7° Le canal intestinal adhère d'abord au feuillet séreux sur la ligne médiane (au dessous du cerveau et de la moelle épinière) et aux deux extrémités ; mais, sur les côtés et en dessous, il n'est que simplement appliqué à sa surface. Peu à peu, à partir du milieu, vers le devant et vers l'arrière, il se détache, dans toute sa longueur, de la partie centrale du feuillet séreux, ce qui produit le mésentère, de la même manière probablement que chez le Poulet. En même temps, il acquiert, à ses deux extrémités en cul-de-sac, des ouvertures, la bouche et l'anus, qui sont vraisemblablement le résultat d'une simple résorption de la paroi jusqu'alors existante. Rusconi prétend que, dans la Tanche, la formation de l'anus tient à ce que la membrane proligère ne se clot pas entièrement en s'étendant sur le jaune ; mais cette assertion est contredite par les observations que d'autres naturalistes ont faites sur d'autres Poissons. Le court canal qui se trouve entre le sac vitellin et l'intestin, et qui les unit tous deux ensemble, commence de très-bonne heure à se rétrécir de plus en plus, puis il disparaît par résorption, et les deux organes ne tiennent plus alors l'un à l'autre que par des vaisseaux sanguins.

8° Sur le feuillet muqueux, principalement sur le sac vitellin, se développe un réseau vasculaire délicat et très-compliqué, ayant des connexions avec le cœur et avec les vaisseaux du corps, qui se produisent à la même époque. Je n'ose prendre sur moi de décider s'il constitue un feuillet particulier (feuillet vasculaire), ou s'il n'est qu'une portion spéciale du feuillet muqueux.

9° La portion du fruit qui devient l'extrémité céphalique en se développant, est d'abord très-fortement recourbée de haut en bas ; mais bientôt elle s'étend de plus en plus, de sorte que son axe et celui du tronc finissent par se rapprocher beaucoup d'une ligne droite. D'abord elle se compose presque uniquement du crâne et de son contenu ; mais plus tard la face se développe. Le cerveau et le crâne ont aussi, quelque temps après leur apparition, une longueur proportionnelle à celle du tronc plus considérable que celle qu'ils présentent dans la suite. La queue se montre sous la forme d'une petite verrue, par laquelle le tronc se prolonge en arrière ; mais elle ne tarde pas à s'allonger considérablement.

10° La corde dorsale se convertit bientôt en un filament gélatiniforme transparent, qui va en s'amincissant à la partie antérieure et à la partie postérieure, s'étend en arrière jusqu'au bout de la queue, pénètre profondément dans la base du crâne en devant, et est entouré de toutes parts d'une gaîne membraneuse. De cette gaîne poussent par paires, entre la tête et le bout de la queue, un très-grand nombre de petites tiges, dirigées vers le haut, qui embrassent la moelle épinière sur les côtés, sont situées à l'intérieur des lames dorsales, ne consistent d'abord qu'en une gelée dense, mais plus tard se convertissent en cartilage, et enfin s'ossifient. Ce sont les parties latérales des arcs supérieurs des vertèbres. De petites

tiges analogues, parties latérales des arcs vertébraux inférieurs, poussent aussi de la gaîne dans l'intérieur de la queue,
et se portent de haut en bas, pour entourer l'artère et la veine
caudales. Les supérieures et les inférieures, celles-ci toutefois un peu plus tard, se réunissent ensuite, par paires, en autant d'arcs pointus, dont chacun pousse une petite épine de
son sommet. Il s'effectue également, sur la gaîne de la corde
vertébrale elle-même, un dépôt de gelée épaisse, qui bientôt
se cartilaginifie, puis s'ossifie. Cette masse, comme Baër l'a
remarqué dans le *Cyprinus blicca*, paraît alors sous la forme
de petites plaques, qui partent des parties latérales des arcs
vertébraux, se rencontrent par paires au bout de quelque
temps, et finissent par former des anneaux entiers autour
de la corde vertébrale. Ce sont les rudimens des corps vertébraux. Ils se montrent d'abord à la partie antérieure du
tronc, et en dernier lieu au bord de la queue. Peu à peu les
anneaux augmentent d'épaisseur, surtout en dedans, puis,
tandis qu'ils s'ossifient, ils s'étranglent ordinairement un peu
vers le milieu de leur axe, et enveloppent la corde vertébrale en manière de grains de chapelet. L'épaississement et
l'ossification des corps vertébraux font incessamment des
progrès de dehors en dedans, aux dépens du noyau inclus
de la corde vertébrale, qui se fluidifie peu à peu, et à l'endroit où se trouve le point le plus contracté, il reste un trou
dans l'intérieur de quelques corps vertébraux, tandis que
dans d'autres ce trou finit par s'emplir aussi de masse osseuse;
mais la gaîne fibreuse de la corde vertébrale se convertit en
partie en une masse ligamenteuse, qui unit les corps vertébraux les uns avec les autres. L'ossification des corps des
vertèbres et des parties latérales de leurs arcs commence
d'ailleurs, dans la Blennie, à l'endroit où l'une de ces parties
latérales part du corps, c'est-à-dire au même point que celui
où paraît aussi se montrer la première trace de cartilaginification.

11° La partie de la corde dorsale qui appartient à la tête
suit, dans son développement, une marche analogue à celle
du reste, et se constitue, du moins dans la Blennie, en trois
corps distincts de vertèbres, dont les deux antérieurs sont

fortement tirés en long. La formation des autres parties du crâne n'a point encore pu être appréciée d'une manière satisfaisante, à cause de leur délicatesse et de leur transparence. Tout ce qu'on peut dire en général, à cet égard, c'est que les trois corps vertébraux forment la base d'une capsule fibro-membraneuse, qui enveloppe le cerveau entier, que la cartilaginification et l'ossification y procèdent de bas en haut, que les os frontaux et pariétaux s'ossifient en dernier lieu, sans commencer, comme on pourrait le croire, par se cartilaginifier, puisque leur trame primitive est une membrane fibreuse, enfin qu'il reste encore pendant long-temps une grande fontanelle simple au côté supérieur de la boîte crânienne.

12° La portion du tube nerveux qui est logée dans l'intérieur de la tête, et qui se développe en cerveau, se divise de très-bonne heure en trois cellules placées à la suite l'une de l'autre, dont l'antérieure est la plus courte et en général aussi la plus petite, tandis que la médiane est la plus longue. Il se produit bientôt à l'antérieure un pli vertical, dirigé d'avant en arrière, qui la partage en deux moitiés latérales, les hémisphères futurs, après quoi la cavité des deux moitiés s'emplit de masse nerveuse, jusqu'au point de s'oblitérer complétement. La cellule médiane croît surtout en largeur; il s'y produit, à son côté supérieur, une faible duplicature longitudinale, sa paroi augmente d'épaisseur; mais elle reste néanmoins creuse, et elle représente par le haut l'analogue des tubercules quadrijumeaux du cerveau des Mammifères, tandis que par le bas elle s'évase en un très-grand entonnoir. De bonne heure aussi il se manifeste à sa partie supérieure, en dedans, quelques bandelettes qui, partant de la ligne médiane, se dirigent, en manière de côtes, de dedans en dehors et de haut en bas. La cellule postérieure ne tarde point à laisser apercevoir une large fente à son côté supérieur; elle s'élargit considérablement sur les côtés, et devient la moelle allongée, ses parois acquérant beaucoup d'épaisseur, sans que néanmoins sa cavité s'efface. Le cervelet apparaît sous la forme de deux petites lamelles, qui poussent des cuisses de la moelle allongée, immédiatement derrière la cellule cérébrale médiane, et qui, en se soudant l'une avec l'autre, sur la ligne médiane, ne constituent plus qu'une seule lamelle étroite et mince, couverte supérieurement par les tubercules quadrijumeaux, qui s'étendent et s'infléchissent un peu de haut en bas en arrière. Plus tard elle augmente beaucoup d'épaisseur, s'étend aussi davantage en arrière, et représente alors un feuillet simple, mais fort épais, qui couvre presque toute la cavité de la moelle allongée. Du reste, quand la tête vient à s'étendre et à se redresser suivant l'axe du tronc, la moelle allongée se trouve fortement refoulée sur elle-même, et la paroi supérieure de la cellule cérébrale médiane est rejetée un peu en arrière, au dessus du cervelet et de la moelle épinière.

13° Le tube de la moelle épinière, dont les parois sont d'abord fort minces, va toujours en s'épaississant d'une manière à la fois absolue et relative, ce qui rétrécit sa cavité, qui semble être remplie d'un liquide limpide.

14° Baër dit avoir observé, sur le *Cyprinus blicca*, que l'œil doit naissance à une expansion de la cellule cérébrale moyenne, et le nerf olfactif à une expansion de la cellule antérieure. Les yeux se développent de très-bonne heure, et paraissent sous la forme de deux corps olivaires, proportionnellement très-volumineux, faisant une très-forte saillie hors de la tête, que rien ne couvre à l'extérieur, et dont le plus grand diamètre correspond à la longueur du corps, mais qui, plus tard, s'accroissent davantage dans le sens de leur hauteur que dans celui de leur longueur, ce qui fait qu'ils s'arrondissent. A mesure que la portion faciale de la tête acquiert du développement, elle embrasse de plus en plus l'œil, qui se trouve ainsi placé à une plus grande profondeur, en même temps que sa moitié extérieure s'aplanit.

La choroïde commence de très-bonne heure à sécréter, dans le voisinage de la pupille surtout, un pigment noirâtre affectant la forme de petits points, et au bout de quelque temps on voit paraître un étroit anneau noir autour de la pupille. Bientôt après on discerne aussi un iris étroit et de couleur noire, qui, plus tard, acquiert un éclat argenté à sa face externe. Dès avant que l'iris se développe, il se forme, à la partie inférieure de la choroïde, un pli, qui se porte de la pupille vers le nerf optique, fait saillie dans la cavité de l'œil, et donne pendant quelque temps à la choroïde la même apparence que si elle était fendue à sa partie inférieure. La rétine est d'abord fort épaisse, proportion gardée, et le corps vitré a primordialement un volume plus considérable que chez l'adulte, tandis qu'au contraire le cristallin est plus petit.

15° Les organes auditifs paraissent se développer en même temps que les yeux, ou tout au plus à une époque peu éloignée ; aussi font-ils de très-bonne heure largement et fortement saillir le crâne sur les côtés. Dans le principe, quand la tête est encore très-courbée, une grande distance les sépare des yeux ; mais ils s'en rapprochent ensuite, lorsque la tête se redresse. Les canaux demi-circulaires sont d'abord courts et larges ; mais, en s'allongeant, ils diminuent d'ampleur proportionnelle. On ignore encore comment se produit le vestibule membraneux. Les osselets de l'ouïe se forment de très-bonne heure dans les appendices du labyrinthe membraneux.

16° Un peu plus tard que l'œil et l'oreille, les organes olfactifs se laissent apercevoir. Ils paraissent, au côté antérieur de la tête, sous la forme de deux petites fosses, peu profondes et médiocrement distantes l'une de l'autre, et acquièrent davantage de profondeur à mesure que les diverses parties de la face se développent ; au bout de quelque temps, les tégumens cutanés s'allongent de tous côtés au dessus de ces fosses, et forment ainsi à chacune d'elles un couvercle perforé.

17° La face paraît plus tard que le crâne ; ses divers os et muscles se produisent aux dépens de la substance plastique qui se dépose en quantité toujours croissante au côté antérieur du crâne. Toutes ses pièces osseuses ont pour base une substance cartilagineuse. Le vomer se développe indépendamment de la corde dorsale, et son axe est le point de départ de l'ossification.

La bouche est d'abord placée très en arrière, comme chez les Esturgeons, les Raies et les Squales, où elle conserve cette situation pendant toute la vie ; la mâchoire inférieure figure alors un arc court, dont la convexité est tournée, non pas en avant, mais en bas.

Il n'existe pas de cavité buccale dans l'origine; cette cavité n'apparaît que quand la mâchoire inférieure commence à s'allonger et à diriger sa partie inférieure en avant.

18° On aperçoit de très-bonne heure, derrière la bouche, et de chaque côté du corps, cinq, et peut-être même régulièrement six sillons verticaux parallèles, qui peu à peu deviennent plus profonds, finissent par percer d'outre en outre la paroi du corps, et représentent alors des fentes d'une longueur médiocre, conduisant dans le pharynx. La fente antérieure est celle qui paraît la première, et la postérieure celle qui se produit en dernier lieu. Les languettes fort étroites et parfaitement libres qui se trouvent entre ces fissures, sont les premiers rudimens des arcs branchiaux; mais une moitié de la mâchoire inférieure et de l'hyoïde se développe dans celle qui est située entre la fente antérieure et la bouche. Les arcs branchiaux s'allongent et s'élargissent d'une manière à la fois absolue et relative; mais leur épaisseur n'augmente pas dans la même proportion. Ainsi que la mâchoire inférieure et l'hyoïde, qui s'allongent en même temps qu'eux, ils deviennent de plus en plus obliques de haut en bas et d'arrière en avant, et se disposent de telle sorte, que leur côté primordialement postérieur est dirigé obliquement en dedans et en arrière, tandis que l'autre l'est en dehors et en devant. Pendant que ces changemens arrivent, les lames branchiales commencent aussi à se produire; elles naissent au bord externe de chaque arc branchial, sous la forme de petites verrues, disposées en deux séries parallèles, serrées l'une contre l'autre, qui occupent presque toute la longueur de l'arc, et qui s'allongent en cylindres courts, tronqués à l'extrémité. Ensuite il se développe, au côté supérieur et au côté inférieur de chacun de ces cylindres, une multitude de sillons transversaux parallèles, qui deviennent de plus en plus profonds, et laissent entre eux des languettes foliacées minces, mais d'une largeur médiocre. Dans la profondeur de l'arc branchial, il se développe un filament cartilagineux, qui se segmente ensuite, puis s'ossifie, et constitue alors le soutien osseux de la branchie. Chez certains Poissons, le ligament supérieur de quelques arcs branchiaux acquiert des dents à

son côté interne, et se développe en un os pharyngien supérieur. Derrière la dernière fente branchiale, et de chaque
côté, il se produit même, au commencement du canal intestinal, un arc cartilagineux, qui s'ossifie avec le temps, mais
qui n'est point segmenté, et qui se garnit de dents ; c'est le
pharyngien inférieur.

19° Au côté externe de l'arc situé entre la bouche et la
partie antérieure des fentes branchiales, se montre, de chaque côté, un faible sillon dirigé de haut en bas ; dans la
moitié placée au devant de ce sillon se forme une branche de
la mâchoire inférieure, et dans l'autre moitié, ou la postérieure, une corne de l'hyoïde ; plus haut, entre ces parties et
le crâne, se développe l'os carré. En arrière, la substance
de l'arc pullule, et produit une valvule, qui s'étend de plus
en plus sur les branchies, qu'elle finit par couvrir entièrement. Dans la valvule elle-même se forment peu à peu diverses pièces osseuses, et cette valvule, considérée d'une manière générale, se métamorphose tant en opercule qu'en
membrane branchiostége, avec ses rayons. Chez les Syngnathes, son bord postérieur finit par se souder avec les parties
voisines, dans la plus grande partie de son étendue ; mais cette
soudure n'a point lieu chez la plupart des autres Poissons osseux. (Je ne puis m'abstenir de laisser percer ici le soup-
çon qu'il a fort bien pu se glisser quelque illusion dans les
observations sur lesquelles reposent les détails qui viennent
d'être donnés. En effet, chez la Couleuvre à collier et la
Poule domestique, la mâchoire inférieure se développe dans
la paire antérieure d'arcs branchiaux, et c'est dans la seconde
paire que se forme l'hyoïde. Je serais donc tenté de croire
que la même chose arrive chez les Poissons osseux, mais que,
chez eux, la paire antérieure de fentes branchiales s'oblitère
de bonne heure, et qu'on doit rapporter l'opercule à la paire
antérieure d'arcs, la membrane branchiostége et ses rayons
à la seconde paire.)

20° Parmi les nageoires, les premières qui paraissent sont
les pectorales ; elles affectent d'abord la forme de petites
lames, d'une épaisseur médiocre, de largeur à peu près égale
partout, et arrondies à l'extrémité, qui s'élargissent ensuite,

en dehors principalement, et ne tardent pas non plus à laisser apercevoir leurs rayons digitiformes. Beaucoup plus tard on distingue les nageoires ventrales ; celles-ci sont également situées, dès leur première apparition, à l'endroit même qu'elles occupent chez le Poisson adulte, de sorte qu'il y a des espèces, la Blennie par exemple, dans lesquelles on les remarque un peu au devant des pectorales. La nageoire caudale ne devient également perceptible qu'assez tard. La queue elle-même, qui, peu après sa manifestation, ressemble, pour la forme, à celle des Mammifères et des Oiseaux, quand cette dernière vient de pousser depuis peu, s'allonge avec beaucoup de rapidité ; mais, même chez les Syngnathes, elle demeure pendant long-temps fortement aplatie et très-mince. Elle est d'abord infléchie de haut en bas, et dirigée vers la tête ; puis elle se recourbe davantage vers l'un des côtés, comme il arrive en général à l'embryon entier. Les nageoires dorsale et anale débutent par être de simples et très-minces replis de la peau.

21° Chacune des dents des mâchoires et des os pharyngiens naît dans un petit sac à parois épaisses et clos de toutes parts, et se montre d'abord sous l'aspect d'un cône creux. Le nombre des dents croît par les progrès du développement de l'animal ; les capsules sont ensuite resorbées, et les dents elles-mêmes se soudent alors avec les pièces osseuses sur lesquelles elles se sont formées.

22° Le canal intestinal représente d'abord un tube ayant presque la même capacité dans toute son étendue, de texture homogène, et dont la longueur ne dépasse point celle du corps. Mais bientôt, dans le *Blennius viviparus*, il acquiert beaucoup d'ampleur sur deux points, savoir, à quelque distance de son extrémité antérieure, puis tout-à-fait en arrière, et l'on voit alors se développer l'estomac et le gros intestin. Ce dernier acquiert peu à peu une capacité considérable, et son ampleur proportionnelle dépasse de beaucoup, chez l'embryon à terme, ce qu'elle est chez l'adulte. Dans les Syngnathes et le *Cyprinus blicca*, au contraire, il ne se développe point d'estomac ni de gros intestin à part, mais le canal intestinal ne fait qu'acquérir la forme d'un tube, qui a plus d'ampleur à quelque distance de son extrémité antérieure que partout ailleurs, et qui va toujours en s'amincissant depuis ce point jusqu'à son extrémité postérieure. En outre, dans la Blennie, le canal intestinal s'allonge plus que le corps, ce qui l'oblige à décrire des flexuosités et des circonvolutions, tandis que, chez les Syngnathes, il ne présente qu'une petite inflexion à quelque distance de son extrémité antérieure. La masse homogène qui le constitue primordialement, se sépare en tuniques diverses; la membrane muqueuse, d'abord très-épaisse et molle, forme de bonne heure des plis, qui, parfois même, comme dans le gros intestin de la Blennie, ont beaucoup plus de hauteur chez l'embryon à maturité que chez les individus adultes. Mais la membrane muqueuse et la tunique celluleuse ne sont pendant long-temps unies ensemble que par des liens très-lâches. On ignore encore si le canal intestinal éprouve aussi une mue intérieure chez les Poissons; mais le fait serait très facile à vérifier dans la Blennie.

23° Le mésentère de la Blennie s'élargit à mesure que l'intestin devient plus long et flexueux; mais, chez les Syngnathes et les Cyprins, il disparaît presque en totalité avec le temps.

24°. Le foie paraît fort peu de temps après la formation des fentes branchiales, et il se produit, chez la Blennie, immédiatement derrière, chez les Syngnathes et les Cyprins, immédiatement devant le sac vitellin, au côté inférieur de l'intestin; sa formation résulte vraisemblablement, comme chez le Poulet, d'une expansion de l'intestin, autour de laquelle se dépose ensuite rapidement une quantité considérable de blastême. On aperçoit de très-bonne heure en lui des ramifications de vaisseaux biliaires, et des rugosités à sa surface. Au bout de quelque temps, sa forme ressemble à celle d'un large fer à cheval; son côté concave embrasse à peu près le côté inférieur de l'intestin, et il est d'abord situé dans la moitié latérale gauche du corps plus que dans la droite. Le vésicule du fiel paraît naître d'une expansion du tronc commun des vaisseaux biliaires.

25° Les appendices pyloriques sont également des expansions de l'intestin.

26° Il en est de même pour la vessie natatoire, d'après les recherches de Baër sur le *Cyprinus blicca* et d'après les observations que j'ai faites à ce sujet sur quelques Syngnathes. Elle se montre d'abord sous la forme d'un petit diverticule simple et arrondi de l'intestin, situé à peu près vis-à-vis de l'endroit où le foie a commencé de se produire, et au côté supérieur de cet organe. Elle a d'abord une ouverture fort large, proportion gardée; mais, peu à peu, il se produit, entre elle et l'intestin, un conduit, qui persiste pendant toute la vie chez les Cyprins, qui s'efface, au contraire, entièrement chez les Syngnathes, tandis qu'une glande sanguine se développe dans l'intérieur de la vésicule, en sorte que, chez ces derniers Poissons, la vessie natatoire finit par n'avoir plus aucune communication avec le tube intestinal. Mais, dans les derniers temps, elle paraît être, tant chez les Syngnathes que chez les Cyprins, formée de deux moitiés, séparées l'une de l'autre par un étranglement annulaire. Suivant Baër, il n'y aurait, chez les Cyprins, que la moitié postérieure de la vessie natatoire, dont la capacité surpasse celle de l'autre, qui se produirait par une expansion de l'intestin, et l'antérieure se formerait à part, pour s'accoller ensuite avec l'autre; mais, dans les Syngnathes, c'est la moitié antérieure qui procède de l'intestin, et la postérieure, qui est plus petite, résulte d'une hernie de la membrane interne de l'autre, mode d'origine dont elle présente d'ailleurs tous les caractères.

27° La rate est postérieure au foie, et ne doit naissance qu'à la seule couche vasculaire du canal intestinal.

28° Les reins paraissent à peu près dans le même temps que le foie, sous l'aspect de deux lames très-étroites, très-minces, et composées d'une masse très-molle, qui occupent la longueur entière de la cavité ventrale, sont très-rapprochées l'une de l'autre, et se fixent au côté inférieur de la paroi dorsale. Ces lames ne sont point des expansions de l'intestin, et leur formation est tout-à-fait indépendante de cet organe. Baer a remarqué de très-bonne heure des vaisseaux urinaires en elles; ces vaisseaux représentaient une multitude de très-petites boursettes, toutes fixées en série à un long filament, l'uretère; mais peu à peu ces boursettes, en continuant de s'allonger, deviennent autant de tubes, décrivant de nombreuses sinuosités au milieu de la substance muqueuse qui les retient unis ensemble. On ne peut douter que les reins des Poissons osseux ne correspondent aux reins primordiaux des animaux supérieurs. La vessie n'est également point une expansion du canal intestinal, comme chez les Reptiles, les Oiseaux et les Mammifères : elle se produit par une expansion du conduit urinaire, c'est-à-dire du canal que les uretères des Poissons forment par leur réunion l'un avec l'autre en arrière.

29° La formation des organes génitaux commence après que le foie et les reins ont déjà fait d'assez grands progrès dans leur developpement. Ces organes sont, en général, ceux qui apparaissent le plus tard. Ils se produisent au côté inférieur des reins, représentent d'abord des filamens minces, et sont la plupart du temps doubles; car il est rare qu'on ne voie paraître qu'un seul de ces filamens, ce qui a lieu notamment chez les Blennies. Ils commencent par avoir la même forme et la même disposition chez tous les individus d'une même espèce; mais, peu à peu, ils se convertissent en utricules à parois membraneuses fort minces, chez certains individus, et présentent alors les caractères d'organes femelles, tandis que, chez d'autres, ils demeurent presque entièrement pleins et deviennent des organes mâles. Du reste, j'ai remarqué dans la Blennie que, peu de temps après son apparition, l'organe génital n'atteint point encore jusqu'à l'extrémité de la cavité abdominale, qu'il ne se continue ni avec l'extrémité du canal intestinal, ni avec celle de l'appareil urinaire, mais qu'il se termine librement dans la cavité ventrale, disposition qui demeure permanente chez les femelles de certains Poissons; plus tard seulement il s'étend jusqu'à l'extrémité de la cavité abdominale, et s'abouche au dehors, conjointement avec les organes urinaires.

30° Le développement du fruit s'accomplit aux dépens du jaune : aussi la masse et le volume de celui-ci vont-ils en diminuant peu à peu, jusqu'à ce qu'il finisse par disparaître totalement. La graisse qu'il renferme se dissipe avec plus de lenteur que ses autres principes constituans. En même temps que le jaune, le sac vitellin diminue et s'efface, sans laisser la moindre trace. Mais simultanément, chez les Poissons qui possèdent un sac particulier pour envelopper le sac vitellin, cet appendice de la paroi du corps disparaît, en partie par rétraction sur lui-même, en partie aussi par résorption ; son effacement complet précède même celui du sac vitellin et du contenu de cette poche. La poche vitelline pénètre ensuite dans la cavité abdominale, ce qui arrive, chez la Blennie, quand il ne reste plus que très-peu de jaune, et, chez les Syngnathes, à une époque où cette substance est encore assez abondante, ce qui fait aussi que le ventre de ces derniers Poissons éprouve alors une forte distension. Cependant la distension diminue à mesure que le jaune et le sac vitellin s'effacent, ce qui a lieu aussi chez les Cyprins, où ces parties sont situées dans la cavité ventrale depuis l'époque à laquelle cette cavité s'est produite.

31° Quoique le cœur soit du nombre des organes qui se forment de bonne heure, il apparaît cependant plus tard que la corde vertébrale et que les parties centrales du système nerveux. Il se manifeste au devant du sac vitellin, au dessous et en arrière des fentes branchiales, qui ne sont, à la vérité, perceptibles qu'un peu plus tard, et dans un petit vide que laissent entre eux les feuillet séreux et muqueux de la membrane proligère. Il a primordialement la forme d'un canal simple, mince, assez long, et légèrement recourbé, de sorte qu'il ressemble à un vaisseau sanguin. Peu après on remarque aussi quelques vaisseaux qui communiquent avec lui. En effet, son extrémité antérieure envoie à droite et à gauche plusieurs branches simples, qui montent par paires vers la paroi dorsale, à travers les parois latérales du corps. Cinq de ces branches parcourent de chaque côté, du moins chez les Cyprins, les cinq arcs situés entre la bouche et la fente branchiale postérieure ; une sixième et une septième se portent de bas en haut derrière la dernière fente. L'antérieure se produit la première, et la postérieure en dernier lieu. Mais celles de chaque moitié latérale s'anastomosent supérieurement ensemble, constituant ainsi un vaisseau court, qui marche d'avant en arrière, envoie par devant quelques branches au cerveau, à l'œil et à l'oreille, rencontre en arrière celle du côté opposé sous un angle aigu, et s'unit à elle pour produire un tronc commun, l'aorte, qui se continue en arrière, au dessous de la corde vertébrale. A l'extrémité postérieure du cœur aboutissent deux troncs veineux médiocrement longs, qui viennent du haut, et qui embrassent la partie antérieure du canal intestinal en manière de demi-anneau : chacun de ces troncs provient de deux branches d'une longueur fort inégale ; la branche la plus courte (*veine jugulaire interne*, veine vertébrale antérieure de Baër) provient de la tête ; la plus longue naît de la queue, et marche le long de l'aorte ; Baër donne à cette dernière le nom de veine vertébrale postérieure ; on l'avait comparée à tort à la veine cave postérieure des animaux placés plus haut dans l'échelle. Le canal du cœur se recourbe ensuite davantage, en même temps qu'il se dilate aux deux extrémités et dans le milieu. La dilatation postérieure devient l'oreillette ; la médiane, dont la paroi acquiert beaucoup d'épaisseur, est le ventricule ; et l'antérieure, qui s'aperçoit plus tard que les deux autres, constitue le bulbe de l'aorte. Pendant long-temps ces trois portions sont unies ensemble par d'étroits canaux de médiocre longueur ; mais ces conduits se raccourcissent ensuite, et les portions du cœur se rapprochent de plus en plus l'une de l'autre. La même chose a lieu pour un canal qui s'était formé entre l'oreillette et le point de réunion des deux troncs des veines vertébrales.

Au dessous de la colonne vertébrale, il se développe dans la queue un lacis de veines ayant une situation verticale, et d'où partent en commun les deux veines vertébrales postérieures. Cependant ce lacis ne dure pas long-temps, et tarde peu à disparaître. Baër l'a remarqué très-distinctement dans le *Cyprinus blicca*. Si je ne l'ai point vu dans la Blennie, ni dans les Syngnathes, c'est probablement parce qu'une partie du sang avait déjà disparu des vaisseaux chez les très-jeunes embryons qu'il m'a été permis d'examiner ; car ce qui me porte à présumer qu'il existe généralement chez les Poissons, à une époque peu avancée de la vie embryonnaire, c'est que je l'ai rencontré chez de jeunes embryons d'un animal placé bien plus haut, la Couleuvre, comme aussi, à la vérité d'une manière très-peu prononcée, chez le Poulet. Mais, tandis que ce lacis s'efface, il se produit, en dedans des arcs vertébraux inférieurs de la queue, et à côté de l'aorte, une veine nouvelle, la veine caudale proprement dite, qui apparaît ensuite comme le commencement de la veine vertébrale postérieure du côté droit. Les veines vertébrales antérieure et postérieure ne subissent plus de changemens essentiels, si ce n'est que, dans la moitié latérale gauche du corps, la postérieure se raccourcit beaucoup chez certains Poissons osseux. Les arcades vasculaires simples qui traversent les branchies envoient des branches très-déliées dans les lamelles branchiales, tandis qu'elles se développent, et chacune de ces branches se divise en un rameau artériel et un rameau veineux ; mais les autres arcades analogues à celle-là paraissent perdre leurs connexions avec le cœur et disparaître.

De très-bonne heure déjà on aperçoit au canal intestinal une veine mésentérique, dont le tronc ne s'étend cependant point jusqu'au cœur, mais ne va que jusqu'au point où l'intestin et le sac vitellin sont d'abord unis l'un avec l'autre ; là ce tronc se résout en un grand plexus de vaisseaux, qui se répandent sur la moitié postérieure du sac vitellin. D'autres vaisseaux, étalés sur la moitié antérieure de ce même sac, reçoivent le sang des précédens, et le ramènent à un tronc qui passe dans l'angle que les deux troncs des veines vertébrales produisent par leur anastomose, immédiatement derrière le cœur. Mais, tandis que le foie se développe, on remarque, dans la Blennie, chez laquelle cet organe naît derrière le sac vitellin, que la communication entre le tronc de la veine mésentérique et le réseau vasculaire de la moitié postérieure du sac s'efface peu à peu, attendu que l'extrémité antérieure de ce tronc pousse en quelque sorte des branches dans le foie, et que d'autres branches développées sous ce dernier organe s'anastomosent avec le réseau vasculaire en question, de sorte qu'alors tout le sang de la veine mésentérique ne peut arriver au sac vitellin qu'après avoir traversé le foie. Enfin, à mesure que le sac vitellin disparaît, et avec lui ses deux réseaux vasculaires, un débris du tronc commun du réseau antérieur devient le tronc des veines hépatiques. Chez les Syngnathes et les Cyprins, dont le foie se forme au devant du sac vitellin , le changement du système vasculaire relatif à ce sac et au foie, ne peut naturellement point être le même que dans la Blennie ; mais il n'est permis jusqu'à présent que d'émettre de simples conjectures sur la manière dont il s'accomplit.

32° Si l'on en juge d'après les observations recueillies jusqu'ici, il ne se forme ni amnios ni allantoïde chez aucun Poisson.

33° Tous les Poissons osseux dont on a suivi le développement perçent de très-bonne heure les membranes de l'œuf ; ils le font à une époque où ils n'ont encore consommé qu'une petite partie du jaune, et où leurs différens organes ne sont que très-peu développés. Ce phénomène est surtout bien sensible dans le *Cyprinus blicca*, dont l'embryon , quand il quitte l'œuf, ne possède même ni fente buccale ni lamelles branchiales. Plusieurs restent encore pendant quelque temps soit dans l'ovaire (Blennie), soit dans une cavité incubatrice de la mère (Syngnathes) ; mais d'autres , notamment les Cyprins , passent de suite dans l'élément de l'eau (*).

II. Poissons cartilagineux.

§ 390. D'après les recherches qui ont été faites sur les embryons de plusieurs espèces des genres Squale et Raie (1), on peut ramener l'histoire du développement de ces Poissons cartilagineux aux données générales qui suivent :

1° Chez tous ces animaux qu'ils se développent, au dedans des enveloppes de l'œuf, soit hors du corps de la mère, soit, comme quelques Squales, dans son intérieur même, le jaune demeure pendant très-long-temps suspendu à l'extérieur de la cavité abdominale, et , de même que chez la Blennie vivi-

(*) Comparez avec cette description celle que Carus a donnée, avec des très-belles figures, de l'évolution du *Cyprinus dobula* dans ses *Tabulae anatomiam comparativam illustrantes* , Pl. III , p. 12.

(1) Rathke , *Beiträge zur Geschichte der Thierwelt* , t. IV. — Leuckart, *Untersuchungen ueber die aeussern Kiemen der Embryonen von Rochen und Hayen* , Stuttgardt, 1836 , in-8.

pare et les Syngnathes, il est entouré de deux membranes spéciales, l'une interne, plus délicate, qui part de l'intestin, l'autre externe, plus épaisse, qui procède des tégumens généraux et représente en quelque sorte un sac herniaire. Cependant ces deux sacs, appliqués immédiatement l'un sur l'autre, diffèrent de ceux de la Blennie, en ce que tous deux se rétrécissent du côté du corps de l'embryon, et produisent ainsi un long canal, outre que l'externe offre à la surface extérieure, dans la *Zygœna tiburo*, une multitude de petits appendices arrondis et pleins, et que l'interne, ou le sac vitellin proprement dit, pénètre dans la cavité abdominale *derrière* le foie, tient au commencement du gros intestin, et communique pendant long-temps avec ce dernier par une ouverture assez large. Mais, de même que chez les Syngnathes, il rentre de bonne heure dans la cavité du corps, par l'ouverture ombilicale, et s'étale sur presque toute la longueur de la paroi inférieure de cette cavité. Le sac ombilical (ou herniaire) se resserre de plus en plus lorsque le sac vitellin a pénétré dans la cavité abdominale; il diminue peu à peu de capacité, ainsi que ce dernier, et finit par être complétement résorbé.

2° A la surface du sac vitellin interne se distribuent deux vaisseaux sanguins particuliers. L'un est une veine, dont le tronc pénètre d'arrière en avant dans le foie bilobé, reçoit les veines mésentériques, et représente le tronc de ces dernières aussitôt après que le sac vitellin, et avec lui les ramifications du vaisseau, ont disparu. L'autre est une artère qui constitue une branche de la cœliaque. Ces deux vaisseaux se comportent donc comme l'artère et la veine omphalo-mésentériques chez les animaux vertébrés supérieurs.

3° La partie la plus essentielle du rachis conserve pendant long-temps la même conformation que celle qui caractérise la partie correspondante de celui de la Blennie durant la première période du développement. Elle constitue un cylindre ferme, membrano-cartilagineux, qui s'amincit peu à peu en arrière, et que remplit une gelée un peu épaisse. Plus tard, ce cylindre se divise en segmens distincts, dont chacun ensuite se resserre de plus en plus dans son milieu, finit par s'y souder avec lui-même, tandis que la gelée qu'il renfermait disparaît peu à peu, et figure en dernière analyse un **double cône cartilagineux.**

Au crâne, on découvre une grande fontanelle, qui ne s'efface qu'avec lenteur et assez tard.

3° Les parois de la moelle épinière et du cerveau n'ont pendant long-temps qu'une épaisseur médiocre, proportionnellement à l'ample cavité qui règne dans toute la longueur de ces organes. La masse médiane du cerveau est d'abord la plus considérable ; mais, plus tard, l'antérieure, qui représente les hémisphères, la surpasse en volume. Le cervelet figure presque, dans les premiers temps de la vie embryonnaire, une demi-sphère creuse et lisse à la surface ; il ne s'étend en longueur que d'une manière lente, de sorte qu'il ne commence qu'assez tard à couvrir la cavité de la moelle allongée, et plus tard encore à se plisser en travers. Les bulbes olfactifs paraissent ne se développer que vers la fin de la **vie embryonnaire** : ils sont d'abord immédiatement appliqués **aux hémisphères.**

4° Les fentes branchiales extérieures semblent occuper d'abord presque toute la hauteur du cou, même chez **ceux** des Squales pendant l'âge adulte desquels elles n'ont, proportion gardée, qu'une longueur peu considérable. Les **branchies** elles-mêmes se composent de larges plaques, **sur les** deux côtés desquelles, et dans presque toute leur largeur, s'implantent les feuillets branchiaux. Parmi ceux de ces feuillets qui se trouvent au côté postérieur de chaque **branchie,** il en est quelques uns, chez certains Squales, le Poisson Scie et le *Rhinobatis,* qui, pendant la première moitié de la vie embryonnaire, font une saillie considérable hors du corps, **et dont les** parties libres ont la forme de rubans étroits, **minces** et bordés d'un vaisseau sanguin. Chez d'autres espèces de Squales et de Raies, non seulement les feuillets attachés **au** côté antérieur de chaque lame branchiale, mais encore ceux qui sont implantés au côté postérieur, se prolongent primordialement au dehors, bien au-delà de la fente branchiale extérieure. Chez les Squales pourvus d'évents, des lamelles flottantes analogues se détachent de la paroi antérieure de **ces** excavations, tout comme des cavités branchiales. Cependant

tous ces prolongemens des feuillets branchiaux ne se rapportent qu'à une certaine période du développement ; car ils
sont résorbés peu à peu, et finissent par disparaître entièrement : avec eux s'efface même jusqu'au moindre vestige de
feuillets branchiaux dans les évents.

6° Pendant que les arcs branchiaux cartilagineux se développent de plus en plus vers la fin de la première moitié de
la vie embryonnaire, il se produit, dans chaque branchie,
plusieurs tiges cartilagineuses, divergentes de dedans en dehors, et réunies à l'arc par une masse fibro-ligamenteuse
ou une lame cartilagineuse simple et plus large. Ces parties
doivent être considérées comme une répétition des rayons à
l'os hyoïde, et elles annoncent l'affinité qui existe entre cet os
et les arcs branchiaux. En même temps aussi il se développe,
dans l'endroit où la peau et les muscles longs du cou couvrent
les plaques branchiales, entre ces parties et chacune de ces
mêmes plaques, deux petits arcs cartilagineux, l'un supérieur, l'autre inférieur, qui se réunissent ensemble, entre les
fentes branchiales, par le moyen d'une masse fibro-ligamenteuse.

7° Nous ne pouvons rien signaler de remarquable, à l'é-
gard du développement de l'intestin, sinon que le pli spiral
du gros intestin existe déjà de très-bonne heure.

8° Avant que les parties génitales apparaissent, on remarque, à quelque distance derrière le cœur, et dans chaque
moitié latérale de la cavité abdominale, un corps adipeux
particulier, de médiocre volume, oblong et fixé au dessous
de l'extrémité antérieure de chaque rein.

9° Au côté inférieur de cette partie, et à peu près dans son
milieu, il se développe ensuite un corps beaucoup plus petit
encore, mais assez ferme, et du reste aplati en manière de
lame. Dans les individus qui doivent être un jour des femelles,
il s'élève (du moins chez les Squales, car nous *ignorons* si
la chose a lieu également chez les Raies), du côté inférieur
de ce corps, plusieurs bandelettes transversales, dans la
profondeur desquelles on distingue plus tard encore des œufs,
qui alors les tiraillent, de telle sorte que le tout, ou l'ovaire,
finit par ne plus représenter qu'une masse arrondie. Dans

d'autres individus, au contraire, le corps en question, n'acquiert jamais de bandelettes semblables, mais demeure à peu près lisse partout, et constitue le testicule, qui augmente assez rapidement de volume et surtout d'épaisseur. Mais, pendant ce temps, le corps adipeux semble disparaître par degrés. Peu après que les premiers rudimens de l'ovaire et du testicule se sont manifestés, il se forme, dans toute la longueur de chaque rein, et au voisinage de son bord interne, un canal grêle et à parois minces, qui s'étend en ligne droite, depuis le cloaque, dans lequel il s'abouche, jusqu'à l'extrémité antérieure de la cavité abdominale, au bord externe de l'ovaire ou du testicule. Chez les femelles, ce canal, qui continue de croître en longueur, se recourbe de dehors en dedans, à la partie antérieure de la cavité abdominale, de manière que son extrémité antérieure, qui est assez largement ouverte, vienne à se placer, comme chez les Batraciens, entre le foie et le cœur. Bientôt après ce canal, qui est l'oviducte, se renfle, à quelque distance de son extrémité antérieure, en une vésicule oblongue et de grosseur médiocre : quant à la dilatation qui existe à l'extrémité postérieure de l'oviducte, elle n'apparaît que dans les derniers temps de la vie embryonnaire. Chez les mâles, le canal, qui joue le rôle de conduit déférent, ne s'élargit pas à beaucoup près dans la même proportion que chez les femelles, et n'acquiert de renflement nulle part ; il ne se porte pas non plus si en avant que l'oviducte, et son extrémité antérieure reste au voisinage du testicule. Entre cette extrémité et le testicule se développe en dernier lieu l'épididyme, ce qui toutefois n'a lieu probablement que long-temps après l'éclosion ; car nous avons examiné plusieurs individus de *Squalus cunicula*, qui étaient longs d'un pied et demi environ, et chez lesquels l'épididyme n'avait qu'un très-petit volume, proportionnellement au testicule. Au reste, l'épididyme se forme, suivant toutes les apparences, par la division en branches et l'entortillement de l'extrémité antérieure du canal déférent.

10° Peu de temps après que le sexe est devenu manifeste à l'œil, une petite excroissance se développe, chez les mâles, dans l'angle interne de chacune des deux nageoires anales, et s'accroît rapidement en un cylindre plein et plus ou moins long.

11° Comme chez la Blennie vivipare, la tête et le cou des Raies et des Squales ont, dans le principe, un volume proportionnellement très-considérable. C'est plus tard seulement, après l'entrée du jaune dans la cavité abdominale, que la grosseur de ces parties devient moins frappante.

CHAPITRE VI.

Du développement de l'embryon des Batraciens (1).

I. Première période.

§ 391. La première période du développement de la Grenouille s'étend depuis la fécondation jusqu'à la sortie de l'œuf.

1° Les œufs fécondés tombent au fond de l'eau, et se gonflent par l'absorption de ce liquide qu'opère leur enduit albumineux. Lorsqu'ils sont réunis en masses, et qu'en se renflant ils se serrent les uns contre les autres, leur surface extérieure prend quelquefois une forme anguleuse, à peu près comme il arrive au tissu cellulaire des végétaux. Au bout de quatre heures, l'enduit gélatiniforme est saturé d'eau, et l'œuf, devenu alors spécifiquement plus léger, monte à la surface du liquide, quand il y a séjourné sept à huit heures.

2° Quelques heures après la fécondation, un changement commence à s'opérer dans l'œuf lui-même; sa surface devient inégale, et il s'y manifeste des sillons, qui partent du milieu de la membrane proligère, et qui se répandent d'abord sur l'hémisphère brun, puis ensuite sur l'hémisphère jaune (§ 298,7°).

3° Après la disparition des sillons, on voit s'élever, dans le milieu de la membrane proligère, un bourrelet étroit, qu'on peut appeler bandelette primitive. A peu près vers la tren-

---

(1) Rédigé par Baër. — Consultez, surtout pour les détails du système osseux et du système musculaire, A. Dugès, Recherches sur l'ostéologie et la myologie des Batraciens à leurs différens âges, Paris, 1834, in-4°, p. 79 et suiv., fig. 59-65.

tième heure (lorsque le développement marche d'une manière rapide), il s'élève, des deux côtés de cette bandelette primitive, des bourrelets beaucoup plus larges, qui sont les lames dorsales (ou les plis dorsaux primitifs, car il m'a paru que ces parties devaient naissance à un plissement du feuillet séreux) (1). Dans l'origine, ces lames sont plus larges vers le bout de l'œuf qui devient l'extrémité antérieure de l'embryon, que vers l'autre bout, où elles se réunissent en pointe. Au moment de leur apparition, elles ne décrivent qu'un arc très-surbaissé, qui ne tarde pas à s'élever davantage; mais leur plus grande élévation ne correspond pas à la partie moyenne, et c'est le bord interne qui s'accroît en une crête d'abord arrondie, puis assez tranchante. Dans le même temps, l'extrémité antérieure des lames dorsales produit, en se ployant de chaque côté, deux sinus, qui sont les cellules cérébrales ouvertes. Tandis que les lames dorsales s'élèvent en manière de crêtes, l'espace compris entre elles devient une fente dorsale étroite et profonde (car cet espace s'enfonce de plus en plus du côté du jaune, et perd la forme de jatte ou de baquet qu'il affectait d'abord, en même temps que les lames dorsales se rapprochent aussi l'une de l'autre à leur base) (2). La bandelette primitive a bientôt disparu; mais, au dessous de la surface, on trouve la corde dorsale (§ 398, 7°), qui se fait reconnaître par sa consistance plus grande, et qui ne tarde pas à pouvoir être extraite sous la forme d'une sorte de baguette cohérente.

4° Pendant le soulèvement des lames dorsales, l'œuf perd sa forme sphérique, attendu que la ligne dorsale devient presque droite. La tête future est recourbée sous un angle obtus, et en arrière aussi la surface dorsale forme un angle avec l'extrémité postérieure : de là résulte qu'une coupe perpendiculaire de l'œuf représente presque un triangle, dont le dos serait la base, tandis que les faces antérieure et postérieure de l'œuf constitueraient les côtés, et qu'en bas se trouverait le sommet, ou le ventre de l'embryon futur, pro-

(1) Addition de Rathke.
(2) Addition de Rathke.

duit par la réunion en voûte très-bombée des faces antérieure et postérieure.

Dans le même temps, la membrane proligère s'est agrandie sur tous les points de sa circonférence, en s'avançant vers la saillie de la face inférieure, ou le ventre, et de très-bonne heure il ne reste plus là qu'un très-petit point qui ne soit pas couvert par elle. Ce point demeure pendant plusieures heures sans être recouvert, ce qui paraît tenir à ce que la membrane proligère, qui est proportionnellement assez épaisse, y fait saillir un peu la masse du jaune, en se soudant de tous côtés avec elle-même. Cette ouverture, qui se maintient long-temps, n'est donc pas un anus, comme le prétend Dutrochet, et on pourrait plutôt l'appeler un ombilic transitoire. Tandis qu'elle se forme, l'anus commence à s'annoncer, sur la face postérieure, par une dépression dans la membrane proligère. En avant de la tête, la membrane proligère présente un léger sinus, indice d'un capuchon céphalique (§ 399, 5°), qui ne se développe jamais complétement.

5° La membrane proligère ne s'est pas seulement étendue, elle s'est aussi développée en elle-même. Elle se partage en deux feuillets, l'un interne, muqueux, peu coloré, l'autre externe, séreux, d'une teinte plus foncée, qui, plus tard, lorsque les lames dorsales se sont fermées, se divise à son tour en deux, le corps de l'embryon et une couche extérieure très-mince, ressemblant à l'épiderme. La petitesse et la mollesse de l'embryon ne permettent pas de démontrer l'existence d'un feuillet vasculaire spécial.

6° Au troisième jour, à peu près, les lames dorsales s'inclinent l'une vers l'autre, et circonscrivent la cavité destinée à la moelle épinière et au cerveau ; mais on n'aperçoit point encore de partie centrale du système nerveux dans cette cavité. En même temps, l'œuf s'allonge ; la grande courbure du ventre s'efface ; sur le devant, la grosse tête se sépare du tronc, attendu que, derrière le rudiment primitif du crâne, se manifeste un large bourrelet, destiné à former les branchies, et qui se dirige de haut en bas. (A proprement parler, avant que les lames dorsales se soient fermées, on remarque de chaque côté, tout près de l'extrémité antérieure du fruit,

deux bourrelets parallèles, séparés seulement l'un de l'autre
par un sillon peu profond, étroit et peu saillant, qui s'élèvent
presque verticalement de la lame dorsale, se perdent insensiblement par le bas, et se ressemblent tous deux, quant à
leur contour. L'antérieur est la base d'une moitié latérale de
la mâchoire inférieure, et le postérieur celui d'une corne
antérieure de l'hyoïde. Cependant, au bout d'un laps de temps
très-court, ils disparaissent à la vue, parce qu'ils se mettent
de niveau avec les parties d'alentour, tandis que le feuillet
séreux augmente aussi d'épaisseur dans leur voisinage.) (1)
Sur la face postérieure, la dépression dont il a été parlé plus
haut, et qui doit devenir l'anus, sépare le ventre de la queue ;
car c'est alors que la région située au dessus d'elle commence
à pousser de la membrane proligère et à produire la queue.
Mais, avant que celle-ci soit devenue apparente, on distingue
déjà un rudiment de bassin en cet endroit.

7° Ainsi, vers cette époque, on aperçoit déjà, chez l'embryon, en haut, le dos qui forme une saillie aiguë, en devant,
la tête, et en arrière, le bassin ; entre le bassin et la tête, sur
le côté, la base des lames dorsales se continue avec la paroi du ventre, qui n'est séparée d'elle que par une faible
excavation, et qui se continue sans interruption jusqu'à la
face inférieure de l'abdomen. Mais une coupe transversale
fait voir qu'un tiers environ de cette paroi ventrale est formé
par une lame ventrale beaucoup plus épaisse (§ 399, 4°), le
reste étant constitué par la membrane proligère peu modifiée,
qui y sert de paroi ventrale. Le feuillet muqueux s'est détaché partout ; il forme un sac au dedans de la couche externe
de la membrane proligère et au dessous des parties déjà développées de l'embryon. Il ne tient au feuillet externe que
supérieurement, dans toute sa longueur, et, en devant de
même qu'en arrière, par deux prolongemens infundibuli-
formes ; ces prolongemens se rendent aux points où la bouche
et l'anus commencent à se produire par des dépressions de
dehors en dedans ; l'anus ne tarde pas à s'ouvrir, mais la
bouche n'est point encore ouverte. Parmi les parties déjà for-

(1) Addition de Rathke.

mées qui se trouvent dans le dos, on distingue, outre la corde
dorsale, le rudiment des arcs vertébraux, et, peu après la
fermeture des lames dorsales, la moelle épinière.

8° Au cinquième jour, l'embryon est deux à trois fois aussi
long que large; la queue surtout croît avec une grande rapidité. Le bourrelet qui est destiné à former les branchies, se
creuse d'impressions parallèles, dirigées de haut en bas, qui
deviennent de plus en plus profondes, et qui finissent par
produire quatre fentes pénétrant jusque dans la cavité digestive et séparant quatre arcs branchiaux, dont le plus antérieur est le plus petit. Avant que les fentes aient pénétré
d'outre en outre, il s'élève des arcs branchiaux de petits tubercules, qui commencent à paraître de haut en bas, et qui ne
tardent point à s'allonger en feuillets branchiaux. (Derrière
les bourrelets destinés aux cornes de l'hyoïde, il se forme
de chaque côté un épaississement analogue de la membrane
proligère, qui produit d'abord une petite saillie verruciforme,
puis bientôt après une seconde, derrière la première et un
peu au dessus d'elle. Dans l'espace d'un petit nombre de jours,
pendant lesquels ces saillies s'allongent beaucoup, chacune
d'elle pousse, de son côté tourné vers le bas, d'autres saillies
analogues, jusqu'à ce que le tout ressemble à une crête,
dont les dents sont d'inégale longueur et assez espacées. Cependant, à l'époque où le fruit se dégage des enveloppes de
l'œuf, cette crête, qui est la branchie, n'a ordinairement
encore que quatre à cinq dents) (1).

9° Pendant le développement des branchies, il s'élève au
dessous d'elles, de chaque côté, un bourrelet, qui présente
à son sommet une fossette en forme de suçoir, au moyen de
laquelle plus tard le têtard pourra s'attacher. Au devant des
deux fossettes, on distingue alors fort bien la bouche, qui
est d'abord un creux profond et imperforé, mais qui s'ouvre
ensuite dans la cavité digestive. (La bouche ressemble d'a-
bord à une petite fossette oblongue, dirigée d'avant en ar-
arrière, sur la ligne médiane du côté ventral, et plus profonde au milieu que dans le reste de son étendue; un peu plus

_____

(1) Addition de Rathke.

tard, elle a la forme d'une ouverture irrégulièrement quadrilatère) (1). A l'intérieur, on reconnaît le cœur ; à l'extérieur,
on voit l'œil, et de très-bonne heure déjà le nez, qui n'est
cependant encore qu'une fossette. (Je ferai remarquer, à l'occasion de Steinheim (2), que les organes olfactifs existent réellement dès avant l'éclosion, sous la forme de deux petites
fossettes, par conséquent sous une forme analogue à celle
qu'ils présentent chez les embryons des Poissons. Mais on
ignore si plus tard ces fossettes ne font que se perforer du
côté buccal, ou si la formation de l'organe olfactif présente,
chez les Batraciens, des phénomènes analogues à ceux qu'elle
offre chez les animaux supérieurs. L'analogie est en faveur de
cette dernière hypothèse) (3).

10° A mesure que l'embryon se développe ainsi, la quantité du liquide qui se rassemble autour de lui va toujours en
augmentant, de sorte qu'il est séparé partout de la membrane
vitelline par une distance plus grande qu'auparavant. Dès que
son développement est parvenu au point que la queue ait
à peu près la longueur du tronc, et qu'on voie saillir quelques
feuillets branchiaux, il acquiert la faculté de se mouvoir ; il
courbe de temps en temps son corps, comme par des secousses
convulsives. Après avoir exécuté ces mouvemens pendant à
peu près deux jours sous la membrane vitelline, il la déchire
et apparaît au dehors.

II. Seconde période.

§ 392. La seconde période comprend la respiration à l'aide
des branchies extérieures.

1° L'embryon sorti de l'œuf, ou le têtard, a une queue
plate et foliacée, sans nageoire supérieure ni inférieure ; il ne
possède aucune autre extrémité. La tête est séparée, par un
étranglement, du corps qui, à cette époque, n'est plus que
très-peu gonflé. A l'extrémité postérieure de la tête, on voit
saillir les branchies, sous la forme de pointes déliées, mais

(1) Addition de Rathke.
(2) *Isis*, 1830, p. 1230.
(3) Addition de Rathke.

qui sont encore très-courtes. Les deux ventouses situées au
dessous des branchies ont acquis leur plus haut degré de développement. Le têtard entier a une couleur très-foncée ;
cependant il existe déjà chez lui un épiderme particulier.
Dans l'intérieur, on trouve le sac qui constitue le feuillet muqueux tiré fortement en long, dépourvu encore de circonvolutions, et adhérent tant en devant qu'en arrière. (Les
reins n'existent point encore ; mais on trouve deux viscères
glanduleux, qui semblent les remplacer, savoir les corps de
Wolff, ou les reins primitifs. D'après J. Muller (1), qui a découvert ces organes, ils ont un volume médiocre et une forme
presque lenticulaire ; ils se composent d'une houppe de petits
canaux courts et en cul-de-sac, et sont situés tout-à-fait en
devant, dans la cavité du tronc, au dessous de la paroi dorsale du corps. De chacun d'eux part un long et grêle filament,
qui est leur conduit excréteur, et qui se porte en arrière
vers la fin du sac vitellin ou du canal intestinal) (2). Tout le
long du dos règne la corde dorsale, qui est plus solide encore
que chez le Poulet. Les rudimens des vertèbres, au dos,
consistent en deux moitiés, qui ne sont unies ni ensemble ni
avec la corde dorsale ; chaque moitié a déjà ses apophyses
transverses. A la queue, au contraire, les moitiés latérales
sont déjà soudées ensemble à cette époque, ou du moins peu
de temps après l'éclosion, de manière que, sur toute la longueur de cet appendice, on aperçoit, en haut et en bas, des
apophyses épineuses, qui sont bifurquées et s'appliquent à la
corde dorsale. La moelle épinière est plus haute que large,
et se compose de deux feuillets, qui semblent tenir l'un à
l'autre à leur partie supérieure ; cependant on ne peut point
encore distinguer l'enveloppe de la masse nerveuse elle-
même. Du reste, cette moelle est aussi longue que le têtard
entier ; mais elle est très-mince dans la queue. Le cœur est
courbé en forme de fer à cheval. La plus grande partie de
la masse du corps paraît être encore composée de granulations.

(1) *Bildungsgeschichte der Genitalien aus anatomischen Untersuchungen an Embryonen der Menschen und der Thiere*, p. 9-12.
(2) Addition de Rathke.

2° Après l'éclosion, le têtard se tient toujours fixé, par sa ventouse, à la surface de la masse albumineuse d'un œuf quelconque. Il ne se meut encore que très-rarement ; son mouvement consiste en une flexion soudaine du corps entier, et paraît ne tomber que peu à peu sous l'empire de la volonté. Souvent la ventouse reste chargée d'un peu de blanc, qui s'allonge en fil ; c'est ce qu'on a nommé une chalaze ; mais la ventouse elle-même n'est point perforée. (Les ventouses sont peu élevées, tronquées et ovalaires à la surface terminale ; l'endroit où elles font le plus de saillie est l'extrémité tournée en devant et en dehors de cette surface. C'est aussi à cette extrémité qu'elles ont le plus de profondeur, tandis qu'à l'autre elles en offrent fort peu et ne sont même pas fermées, parce que la saillie qui borde le creux s'efface tout-à-fait sur ce point. Dès la fin de la vie dans l'œuf, et, après l'éclosion, presque aussi long-temps que la ventouse subsiste, il se sécrète dans son creux un liquide à peu près aussi limpide que de l'eau, mais extrêmement visqueux et filant entre les doigts, qui a trompé Steinheim (1), en lui faisant admettre que l'embryon des Batraciens est muni d'un cordon ombilical) (2).

3° La ventouse se flétrit au bout de quelques jours, et son bord devient irrégulier. Le têtard quitte fréquemment la masse albumineuse, et frétille volontairement dans l'eau environnante. Cependant la queue croît d'une manière rapide, et se partage en trois régions ; le milieu devient plus épais, et se garnit, en haut et en bas, d'une crête cutanée, qui est la nageoire. Une autre crête cutanée semblable se développe sur le dos, et les apophyses épineuses se prolongent dans toutes ces crêtes.

4° Les branchies se développent rapidement. On voit un pinceau de petites pointes saillir de chaque côté entre la tête et le tronc : ces pointes, situées sur les trois arcs branchiaux postérieurs, sont les feuillets branchiaux qui avaient déjà commencé à croître dans l'intérieur de l'œuf. Peu à peu, les arcs branchiaux se garnissent de feuillets dans toute leur

(1) *Die Entwickelung der Froesche*, p. 16.
(2) Addition de Rathke.

longueur. Mais le développement plus considérable de l'extrémité céphalique force chacune des branchies antérieures
à se placer plus en dehors que ne l'est celle qui vient immédiatement derrière elle ; de là résulte que chaque arc branchial est couvert par l'autre, mais que l'antérieur l'est par
un repli cutané, auquel il adhère. Les arcs branchiaux ne
sont donc point visibles à l'extérieur, où l'on n'aperçoit qu'une
fente, dans laquelle, lorsqu'on écarte les bords, se trouvent
tous les arcs branchiaux, garnis de feuillets sur leur longueur
entière. Ces feuillets ne sont point séparés à leur base ; mais,
entre eux et les arcs branchiaux proprement dits, qui commencent à devenir des cartilages mous, existe encore une
masse qu'on pourrait appeler la base des feuillets branchiaux.
A l'extrémité supérieure des fentes branchiales, là par conséquent où les arcs branchiaux touchent à la peau, cette base
s'écarte de l'arc branchial en dehors, et porte les plus longs
feuillets branchiaux, qui reposent sur elle en façon de crêtes,
et comme ces parties font saillie à travers la fente, elles sont
revêtues par la peau plus foncée en couleur du têtard ; elles
se continuent sans la moindre interruption avec les petits
feuillets branchiaux situés plus bas, qui ne sont pas couverts,
et qui, par cela même, n'ont pas non plus de couleur. L'arc
branchial le plus antérieur ne porte point de feuillets qui
fassent saillie au dehors. On voit les feuillets branchiaux extérieurs se mouvoir, sans doute par un mouvement des arcs
branchiaux, et le têtard peut imprimer par là un léger mouvement de progression à son corps. Quelque temps seulement
après que les deux feuillets branchiaux antérieurs de chaque
moitié latérale se sont formés, il s'en produit, derrière eux,
un troisième, qui leur ressemble quant à la configuration,
mais qui est plus petit. Le nombre des dents augmente encore
sur tous après l'éclosion, mais la forme précédente persiste ;
car si, à une certaine époque, quelqu'un des feuillets branchiaux semble avoir une dent tournée vers le haut, ce n'est,
à proprement parler, que l'extrémité du support qui s'est
recourbée de bas en haut. Steinheim fait remarquer avec raison (1) que les feuillets branchiaux suivent, dans leur déve-

(1) *Isis*, 1830, p. 1230.

loppement, un ordre inverse de celui qu'on observe chez les Poissons, et que les premiers paraissent avant les fentes branchiales, car celles-ci ne s'ouvrent que deux jours après l'éclosion. Dès qu'elles sont ouvertes, on voit un feuillet attaché à la partie la plus supérieure de son arc branchial. Il m'a semblé, comme à Baër, que le mouvement qu'on aperçoit dans les lames branchiales du jeune têtard, était produit par l'arc branchial (1).

5° Peu à peu, l'ouverture buccale se développe davantage, et en même temps elle se reporte plus en avant, car sa première formation avait eu lieu derrière l'extrémité antérieure de la tête. Deux plaques cornées couvrent la mâchoire supérieure et la mâchoire inférieure, et servent à ronger les plantes aquatiques ou à tuer de petits animaux. Les ventouses disparaissent tout-à-fait, et l'extrémité céphalique augmente beaucoup en largeur.

6° Bientôt les branchies extérieures ne se meuvent plus, et sont toutes dirigées en arrière; elles paraissent aussi être devenues plus petites, parce qu'elles font moins de saillie. Mais ce changement d'aspect tient à ce que la peau du premier arc branchial, qui est fixé à l'os carré, recouvre les branchies d'avant en arrière, sous la forme d'un repli voûté, de manière que tous les arcs branchiaux sont peu à peu renfermés dans une cavité qui n'a d'issue qu'en arrière, par une simple fente, hors de laquelle font saillie pendant quelque temps les plus longs d'entre les feuillets branchiaux primitivement extérieurs.

7° Cette métamorphose s'accomplit plus rapidement du côté droit que du côté gauche, et les branchies extérieures sont déjà entièrement recouvertes à droite, qu'on les voit encore bien distinctement saillir à gauche. Comme il s'est formé de chaque côté un repli cutané tenant lieu d'opercule, nous avons donc à cette époque des cavités branchiales, dont celle de droite a une issue plus étroite que celle de gauche.

8° Lorsque l'issue de la cavité branchiale droite est déjà devenue une fente étroite, il s'élève de la surface ventrale,

_____

(1) Addition de Rathke.

derrière les branchies, et dans toute la largeur du ventre, un pli, qui va au devant de l'opercule, et qui ne tarde pas à se réunir avec lui, du côté droit, de manière que cette cavité semble être entièrement close. Mais comme le pli n'est point adhérent sur la ligne médiane de l'extrémité antérieure du ventre, la cavité branchiale présente, sur la ligne médiane, et vers la gauche, une issue qui mène dans la cavité branchiale gauche. Un peu plus tard, l'adhérence s'opère au côté gauche ; mais elle ne s'y fait pas d'une manière complète, et il reste une ouverture oblongue, qui, par cela même que les deux cavités branchiales communiquent ensemble, peut évacuer l'eau de l'une et de l'autre. Les fentes branchiales, qui s'étaient déjà formées à une époque antérieure, établissent une communication entre la cavité gutturale et les cavités branchiales. Les branchies extérieures se flétrissent bien un peu au moment de l'occlusion, mais elles ne disparaissent pas ; car, pendant long-temps encore, leur couleur plus foncée les fait reconnaître, dans la cavité branchiale, pour les feuillets les plus supérieurs sur chaque arc branchial ; mais la couleur pâlit aussi peu à peu.

9° Pendant l'occlusion des branchies, et après, la queue du têtard croît considérablement ; le corps et la tête, alors confondus ensemble, ne s'accroissent au contraire presque pas en longueur, mais acquièrent beaucoup d'épaisseur. La cavité digestive, qui s'allonge toujours, doit par conséquent se replier sur elle-même, et en même temps elle se partage en plusieurs sections. A partir de la cavité buccale, dans laquelle s'est formée une langue, la moitié antérieure du canal digestif se prolonge en un estomac peu délimité, et décrit ensuite une circonvolution autour du pancréas. Auprès de l'intestin, d'où il s'est probablement développé, on aperçoit le foie. La partie postérieure de l'intestin, retenue par le mésentère, décrit un tour de spire.

I. Troisième période.

§ 393. La troisième période s'étend depuis l'enveloppement des branchies jusqu'au développement des membres.

1° Tant qu'il est dépourvu de membres, le têtard ressemble parfaitemeut à un Poisson.

2° L'appareil branchial paraît demeurer encore long-temps sans subir aucun changement : tout le sang le traverse avant de se distribuer dans le corps (le petit trou indiqué plus haut, qui se trouve presque au milieu du côté gauche du corps, mène dans la vaste cavité branchiale, qui s'étend du côté droit au côté gauche, et qui, à partir du tiers moyen du corps, en occupe la moitié inférieure. En dessous, et des deux côtés, cette cavité est enveloppée par les tégumens communs et par une membrane mince adhérente à ces tégumens, qui par son poli la fait ressembler à une membrane séreuse : en arrière, elle est bornée par le péritoine ; mais en devant elle l'est par un ligament fibreux particulier, tendu en travers, qui s'attache aux extrémités des deux mâchoires en train de se développer, et supérieurement enfin elle est close par le fond de la cavité gutturale et par le cœur attaché dans le milieu de la partie postérieure de cette paroi. A chaque moitié latérale de cette dernière, quatre fentes mènent dans la cavité gutturale, qui est très-vaste, et elles représentent de petits segmens de cercle, concentriques les uns aux autres, dont la convexité regarde en dehors. La plus intérieure de ces fentes est aussi la plus petite ; la plus extérieure est la plus grande, elle se rapproche beaucoup de la mâchoire inférieure, et c'est elle qui se porte le plus en avant, de manière que son extrémité antérieure correspond presque à la base de la langue, déjà en train de se développer. Mais, entre les fentes les plus internes des deux côtés, se trouve le cœur. Il résulte donc de ces fentes que, sur chaque moitié latérale du corps, la paroi inférieure de la cavité gutturale est partagée en trois arcs branchiaux étroits, de forme correspondante, qui sont lisses quand on les regarde par la cavité gutturale, mais qui, contemplés par la cavité branchiale, paraissent frangés, attendu qu'il se trouve à leur face inférieure une multitude de petits replis cutanés, ramifiés à la manière des arbres, et disposés en faisceaux, qui servent à l'oxidation du sang, et dont on trouve toujours deux rangées à chacun de ces arcs eux-mêmes, formés en partie de peau et en partie d'une languette de cartilage. Derrière la fente la plus interne ou la plus postérieure on découvre encore, de chaque côté, sur un arc cartilagineux, deux autres rangées de faisceaux semblables, représentant une quatrième branchie, qui est, comme chez certains Poissons, soudée avec les parties voisines) (1).

3° Le sang, qui était encore blanchâtre pendant la période précédente, se colore en rouge durant la respiration branchiale. Du renflement ou bulbe ventriculaire partent deux troncs artériels, l'un à droite, l'autre à gauche. Chacun de ces troncs ne tarde pas à se partager en quatre branches, qui vont gagner les arcs branchiaux; chaque branche donne à ceux-ci une artère branchiale, qui, d'une part, envoie aux branchies des ramifications nombreuses, revenant ensuite comme veines branchiales à la branche, et d'une autre part s'anastomose, à l'extrémité postérieure de l'arc branchial lui-même, avec la branche marchant parallèlement à elle. Outre les artères branchiales, la première branche, ou la plus antérieure, et la troisième, donnent des ramifications à la tête, et la quatrième en fournit au poumon. Mais, après avoir reçu les veines branchiales, les quatre branches se réunissent en un seul tronc, la racine de l'aorte, qui, s'anastomosant bientôt après avec celui du côté opposé, représente l'aorte descendante.

4° Les poumons paraissent sous la forme de deux petits corps arrondis, qui s'allongent peu à peu. (Ils germent immédiatement au dessous du point où se trouve plus tard le larynx, et naissent de la paroi inférieure de l'œsophage, sous l'aspect de deux petites excroissances gélatineuses et denses, étroitement serrées l'une contre l'autre.) (2)

5° Les reins sont de petits corps allongés, qui tiennent l'un à l'autre sur la ligne médiane, sont arrondis en avant, se terminent en pointe par derrière, et produisent un canal excréteur commun.

(Ils se forment séparément l'un de l'autre, à peu près dans le milieu du tronc, par conséquent derrière, et non pas au dessous des corps de Wolff; on les trouve immédiatement au

(1) Addition de Rathke.
(2) Addition de Rathke.

dessous de la paroi dorsale du corps ; dans l'origine, ils sont d'une longueur médiocre, mais extrêmement étroits et minces, et font corps encore, en arrière, avec l'extrémité de l'intestin. Leurs conduits excréteurs croissent dans la direction du rein à l'intestin.) (1)

6° Les vertèbres deviennent cartilagineuses, et les muscles visibles. La queue croît continuellement, elle se détache davantage de l'abdomen, et elle est le seul organe extérieur de mouvement. La moelle épinière s'étend à peu près jusqu'à son extrémité.

IV. Quatrième période.

§ 394. La quatrième période embrasse le temps qui s'écoule depuis le développement des extrémités postérieures jusqu'à l'apparition des antérieures.

1° Peu de temps après que la formation de la cavité branchiale est achevée, les extrémités apparaissent. Celles de derrière sont libres dès l'origine ; elles naissent près l'une de l'autre, immédiatement au devant de l'anus, et sont d'abord dirigées en dehors et un peu en arrière. Ensuite une ligne de démarcation vient séparer la cuisse de la jambe ; les bouts de ces pattes sont d'abord sans division, mais bientôt il y survient des crénelures, qui produisent enfin des orteils, unis ensemble par une membrane natatoire. Les pattes, jusqu'alors raides, acquièrent à cette époque la faculté de se mouvoir.

2° Les extrémités antérieures ne commencent peut-être pas plus tard que les postérieures à paraître, quoique le développement marche avec plus de rapidité dans ces dernières. C'est ce qu'on peut conjecturer d'après les Salamandres, chez lesquelles il ne s'opère pas d'enveloppement de la région pectorale. Mais comme, chez les Grenouilles, un feuillet ventral va au devant des opercules, pour former la double cavité branchiale, le segment antérieur du tronc, ou la région pectorale, se trouve par là enveloppé ; les pattes antérieures se développent donc dans la cavité branchiale, mais tout-à-fait à l'endroit

. (1) Addition de Rathke.

ordinaire, derrière les branchies, dont elles sont séparées par un intervalle. L'articulation du coude est ce qu'on distingue d'abord en elles. (De nouvelles observations m'ont appris que les pattes de devant se forment en même temps que celles de derrière. Elles naissent à la moitié antérieure des corps de Wolff, près de leur bord externe ; mais elles en sont cependant séparées par le péritoine, et ne tiennent que très-faiblement aux bords latéraux de la paroi dorsale, quand elles commencent à être visibles. Chacune d'elles représente d'abord, comme la patte de derrière, une verrue conique peu élevée. Au bout de quelque temps, lorsque cette verrue a acquis davantage de longueur, il part de la base une très-petite saillie, un peu aplatie, qui se porte vers le haut, et une autre, de même forme et de même volume, qui se dirige vers le bas : l'une est le rudiment de l'omoplate, et l'autre celui de la clavicule) (1).

3° Le canal intestinal s'allonge très-rapidement, surtout dans sa partie postérieure, qui se roule en nombreuses circonvolutions. Les têtards prennent beaucoup de nourriture ; l'intestin se remplit de chyme et d'excrémens, et de la graisse s'accumule à sa surface. (Les deux corps adipeux se développent immédiatement au dessous des reins, à leur bord interne : ils ont d'abord la forme de courtes épingles, ayant la tête dirigée en devant et la pointe en arrière.

De la paroi inférieure de l'intestin, et tout près de son extrémité inférieure, la vessie urinaire se produit par expansion) (2).

4° Les narines sont maintenant perforées ; cependant les têtards paraissent respirer encore l'air par la bouche surtout, car ils viennent souvent à la surface de l'eau, pour le humer. On peut conclure de là qu'outre la respiration branchiale, une respiration aérienne commence à s'établir peu à peu dans les poumons, qui ont pris un développement considérable.

(1) Addition de Rathke.
(2) Addition de Rathke.

V. Cinquième période.

§ 395. La cinquième période est signalée par l'apparition des extrémités antérieures.

1° Cette apparition paraît être le résultat d'une mue ; car, d'abord, avant qu'elle ait lieu, on aperçoit une seconde peau sous l'opercule membraneux, qui forme à cette époque la paroi extérieure de la cavité branchiale ; ensuite, on trouve souvent, immédiatement après qu'elle s'est effectuée, l'épiderme détaché par lambeaux sur le reste du corps ; en troisième lieu, le trou branchial droit, qui s'est produit depuis peu, n'a point la forme d'une ouverture résultant de déchirement ; enfin, le trou branchial gauche n'est point aussi reculé en arrière pendant cette période que durant la précédente, et il affecte aussi une autre forme, de manière qu'il semble être de nouvelle formation. S'il est difficile d'observer le travail entier de la mue, la cause en est sans doute que les têtards vivant presque toujours plusieurs ensemble, ils dévorent avec avidité tout lambeau d'épiderme qui se détache, comme on les voit aussi dépouiller rapidement de leur peau ceux d'entre eux qui viennent à périr.

2° Après la mue, non seulement les extrémités antérieures sont tout-à-fait à nu, mais encore on remarque, au devant de chaque bras, une ouverture ovale, qui conduit dans l'intérieur de la cavité branchiale, laquelle semble être alors plus étroite, et ne renferme que la branchie de son côté. Le nouvel opercule de la cavité branchiale fait corps avec la peau de l'extrémité.

3° Le têtard cesse de prendre de la nourriture ; la mâchoire inférieure est ossifiée ; les lames cornées des lèvres disparaissent pendant la mue, et l'ouverture de la bouche s'agrandit, la peau qui forme les coins se déchirant. La langue est plus développée. Il survient une excrétion alvine abondante, et l'intestin se raccourcit, pendant que ses parois acquièrent plus d'épaisseur ; son anse se rapproche davantage de la surface ventrale, et abandonne le pancréas ; les circonvolutions disparaissent ; l'estomac se développe ; le foie se porte plus à gauche, de manière qu'il arrive enfin à se trouver sur la ligne médiane; l'abdomen devient plus long et plus effilanqué.

4° La tête est, au contraire, plus large. Les yeux font plus de saillie.

5° (Pendant que les poumons achèvent de se développer, les franges ou replis cutanés des branchies sont absorbées, les fentes qui se trouvaient entre elles s'oblitèrent, et le fond de la cavité gutturale paraît alors lisse, sans aucune trace de perforation. La ceinture pectorale osseuse, et les muscles des extrémités antérieures qui y prennent leurs attaches, se développent de plus en plus; le sternum croît toujours en avant, et couvre une portion de plus en plus grande du cœur. Tandis que ces parties se développent, la cavité branchiale se resserre peu à peu, jusqu'à ce qu'elle disparaisse entièrement, attendu que plusieurs pièces de la ceinture pectorale et quelques uns des muscles qui s'y insèrent, prennent sa place, et que ses parois, pressées l'une contre l'autre, finissent par contracter adhérence ensemble) (1).

VI. Sixième période.

§ 396. La sixième période est caractérisée par la disparition de la queue.

1° Peu de jours après la sortie des pattes de devant, la queue commence à disparaître; elle reçoit de moins en moins de sang, et sa substance est absorbée, pour servir à la nutrition des organes persistans; car le têtard ne prend point alors de nourriture. Le sang commence par ne plus arriver au bout de la queue, puis il se retire de plus en plus. La moelle épinière rentre également dans la colonne vertébrale. La queue perd son mouvement, et le têtard nage à l'aide de ses pattes. Les vertèbres demi-cartilagineuses de la queue sont résorbées, ainsi que leurs muscles; le périoste forme ensuite un tube creux, qui est également absorbé au bout de quelques jours. La peau extérieure se resserre, et s'applique, sans former de plis, à l'extrémité postérieure du corps. Ainsi la queue disparaît en peu de jours, sans chute d'aucune partie.

(1) Addition de Rathke.

La graisse amassée dans l'abdomen se dissipe en même temps.

2° Quelques jours après la disparition de la queue, a lieu une nouvelle mue, ou le rejet de l'épiderme.

3° La bouche a, dans ce moment, toute sa largeur, et l'allongement de la mâchoire inférieure l'a reportée tout-à-fait à l'extrémité antérieure du corps. La langue est large et épaisse. L'intestin est devenu plus court encore, droit et étroit ; sa longueur, qui avait été pendant quelque temps d'un pied, depuis la bouche jusqu'à l'anus, n'a plus maintenant que deux pouces.

4° Les branchies se flétrissent, et leurs arcs cartilagineux disparaissent. Suivant Huschke, il se développe au côté externe de la corne postérieure de l'hyoïde, là où les arcs branchiaux se trouvaient auparavant attachés, de petites verrues rougeâtres, qui s'appliquent sur les côtés du larynx, et occupent ainsi la place de la thyroïde. Dutrochet a émis une opinion plus problématique encore, en disant que la cavité branchiale, lorsqu'elle se rétrécit, devient la cavité tympanique, son orifice guttural la trompe d'Eustache, et l'enveloppe cutanée de l'orifice externe la membrane du tympan.

5° Lorsque les branchies disparaissent, et que la jeune Grenouille commence à respirer exclusivement l'air, la circulation change. Il ne va plus de sang aux branchies, dont les vaisseaux se réduisent à des filamens, qui finissent par disparaître tout-à-fait. Les quatre troncs artériels se séparent, attendu que leurs branches anastomotiques s'oblitèrent. L'antérieur devient l'artère carotide primitive ; le second demeure la racine de l'aorte, et forme l'aorte abdominale par sa réunion avec celui de l'autre côté ; le troisième devient l'artère temporale ; quant au quatrième, il n'en reste que l'artère pulmonaire, dont le calibre augmente.

(Les corps de Wolff et leurs conduits excréteurs disparaissent. De chacun des corps adipeux, qui sont devenus plus gros, et tout près du bord interne du rein, dont le volume est déjà considérable, se forme, d'après des observations confirmées par celles de J. Muller (1), l'organe sexuel pré-

(1) *Loc. cit.,* p. 13.

parateur du germe, le testicule ou l'ovaire. Cet organe apparaît en premier lieu sous l'aspect d'un petit corps blanc,
arrondi et dense. Nous avons besoin de nouvelles recherches
sur la formation des oviductes et des conduits déférens; car
ce que j'ai publié jadis à ce sujet (1) ne me paraît plus satis-
faisant aujourd'hui, et je suis très-porté à croire qu'en examinant des têtards chez lesquels les pattes de devant n'étaient
point encore visibles à l'extérieur, j'ai pris pour une partie
de l'oviducte et du canal déférent, la portion des conduits
excréteurs des corps de Wolff qui est située au devant des
reins)(2).

CHAPITRE VII.

Du développement de l'embryon de Salamandre.

§ 397. Le développement de la Salamandre aquatique observe la marche suivante, d'après Rusconi (3).

I. La première période comprend le développement dans
l'œuf, et dure à peu près quinze jours.

1° L'œuf paraît d'abord sous la forme d'un globule blanc,
entouré par le mucus qui s'est déposé à sa surface dans l'o-
viducte, et au milieu duquel il peut se mouvoir : l'un des
côtés se tourne toujours vers le haut, à cause de sa moindre
pesanteur spécifique. Cet œuf croît en quelques jours, sa paroi, qui s'amincit, permettant à l'eau de s'y introduire.

2° Quatre jours environ après la ponte de l'œuf, l'embryon
devient visible : il a sa face dorsale convexe et tournée en
dehors, tandis que la ventrale est légèrement concave et regarde en dedans. A mesure qu'il s'allonge, il se courbe de
plus en plus. La paroi du tronc se referme de très-bonne
heure sur le sac vitellin, de sorte que celui-ci, comme l'a

---

(1) *Beitræge zur Geschichte der Thierwelt*, t. III, p. 85.
(2) Addition de Rathke.
(3) Amours des Salamandres, Milan, 1821, in-fol.—*Descrizione anatomica degli organi della circolazione delle larve delle Salamandre aquatiche*, Pavie, 1817, in-4. — Voyez aussi Dugès, *loc. cit.*, p. 155, pl. 16
et 17.

rèconnu Carus (1), entre tout entier dans la cavité du tronc, et s'y métamorphose en canal digestif. Vers le huitième jour, les divisions principales du corps sont plus distinctes ; cependant, jusqu'à un moment peu éloigné de l'éclosion, la substance est partout une gelée homogène.

3° Vers le sixième jour, on voit paraître, sur les côtés de la tête, quatre paires de petits tubercules, qui s'allongent peu à peu en autant de filamens : la paire antérieure devient les crochets, les autres produisent les branchies. Ces dernières, au douzième jour, sont des filamens simples et transparens. Chacune contient une artère branchiale, qui, sans donner de branches, marche jusqu'à son extrémité, s'infléchit alors sur elle-même, et se continue ainsi avec la veine branchiale, qui est également simple. Le cœur bat, mais le sang est encore blanc.

4° Le commencement de la formation des vertèbres s'annonce, vers le huitième jour, par des crénelures au dos, et celle des membres antérieurs par l'apparition d'élévations coniques derrière les branchies. Au onzième jour environ, il se développe deux séries de points noirs dans la peau du dos. Vers le treizième jour, on distingue les yeux, mais couverts d'une membrane.

II. La seconde période dure à peu près huit jours, ou jusqu'à la fin de la troisième semaine, et comprend un état intermédiaire entre l'embryon et la larve apte à se mouvoir librement, c'est-à-dire qu'elle s'étend depuis l'éclosion jusqu'au développement des membres antérieurs.

1° L'embryon déchire, par ses mouvemens, les enveloppes de l'œuf, que la distension a fortement amincies, et il arrive ainsi au dehors. Au moyen de ses crochets, qui sont devenus plus longs et plus gros à l'extrémité, le jeune animal se fixe à des corps solides, qu'il quitte parfois, pour quelques secondes seulement, et afin de s'attacher à un nouveau corps; il n'est point encore capable d'exécuter d'autres mouvemens.

Pendant toute cette période, il ne prend aucune nourriture,

____

(1) *Zeitschrift fuer Natur-und Heilkunde*, t. I.

et paraît vivre du jaune entré dans la cavité de son corps. La bouche n'est qu'indiquée par un sillon superficiel, et le sac vitellin, qui n'avait été jusqu'alors qu'enfermé, commence à se métamorphoser en organes digestifs.

2° Les branchies se développent à cette époque. Le simple filament dont chacune est composée, en pousse un autre latéral, qui reçoit de sa tige une branche de l'artère branchiale; Cette branche se renverse sur elle-même, à l'extrémité du filament, et devient une racine de la veine branchiale. Ces répétitions latérales de la formation primordiale se multiplient à mesure que le filament branchial croît en longueur, de sorte que celui-ci a déjà huit branches vers le dix-septième jour.

3° Il n'existe des yeux que de simples rudimens saillans, et des membres antérieurs que de petits tubercules, situés fort loin derrière les branchies.

III. La troisième période, qui dure environ quinze jours, ou jusqu'à la fin de la cinquième semaine, amène le développement des branchies et des membres antérieurs; les organes digestifs sont développés, la bouche est ouverte, et les crochets disparaissent; les yeux sont ouverts, la larve se meut librement, elle nage de tous côtés, et prend des Insectes pour s'en nourrir.

1° L'occiput, qui avait été étroit jusqu'alors, est devenu plus large du côté des branchies; les vertèbres et la mâchoire inférieure sont cartilagineuses; la peau, auparavant jaune, se colore en vert. La bouche est située plus en avant, et elle est fort grande. L'intestin est court, et seulement un peu flexueux. Le foie et les poumons paraissent sous la forme de petites masses. Les reins manquent encore.

2° Les pattes de devant deviennent plus longues, et se renflent à leur extrémité en plusieurs petits boutons qui produisent les orteils; ceux-ci se développent de dedans en dehors, de sorte que les orteils internes sont ceux qui arrivent les premiers à leur forme complète, et les externes, ceux qui l'acquièrent en dernier lieu.

3° Les branchies sont devenues lamelleuses, les filamens latéraux s'étant multipliés et serrés les uns contre les autres.

L'accroissement du volume des organes respiratoires fait que le sang a acquis une couleur rouge. Les arcs branchiaux internes s'aperçoivent à travers la peau.

IV. La quatrième période s'étend de la sixième à la huitième semaine.

1° Lorsque les membres antérieurs sont déjà presque entièrement développés, ceux de derrière apparaissent sous la forme de petits tubercules, et suivent ensuite la même marche que ceux de devant.

2° Les organes branchiaux sont alors parvenus à leur plus haut point de développement. Les quatre paires d'arcs branchiaux sont situées derrière l'hyoïde, avec la pièce moyenne duquel leurs extrémités antérieures s'unissent, à l'aide de cartilages, tandis qu'ils demeurent réunis ensemble par leurs extrémités postérieures. Entre elles se voient les quatre ouvertures branchiales de chaque côté, et un repli cutané, allant de la tête vers le cou, tient lieu d'opercule. Les arcs sont mis en mouvement surtout par un muscle allant de l'os temporal à leur extrémité postérieure (*temporo-guttural* de Dugès), et ils sont tapissés par un prolongement de la membrane muqueuse de la cavité gutturale. Les bords par lesquels ils se regardent offrent des dentelures, qui, lorsqu'on les rapproche, s'engrènent les unes dans les autres.

3° Les poumons s'étendent le long de la moitié du tronc.

4° L'artère qui sort du ventricule du cœur forme un bulbe, et se partage ensuite de chaque côté en quatre branches, qui marchent d'avant en arrière, le long du bord externe des quatre arcs branchiaux. Les trois branches antérieures se rendent de l'extrémité postérieure des arcs branchiaux dans les trois branchies extérieures, où elles se distribuent de la manière qui a été indiquée plus haut. La veine de la branchie la plus antérieure se répand dans la tête, après avoir donné un rameau anastomotique au tronc commun de la seconde et de la troisième veine branchiale; elle fournit aussi aux muscles de l'hyoïde une branche qui reçoit cinq à sept ramifications anastomotiques de l'artère branchiale antérieure. Le sang vermeil de la veine branchiale se trouve donc mêlé au sang noir de l'artère, et celui-ci suit des directions différentes, puisqu'il se rend vers les muscles hyoïdiens par les branches anastomotiques antérieures, et dans les ramifications céphaliques de la veine par les postérieures. La veine de la seconde branchie se réunit avec celle de la troisième, en un tronc commun, qui reçoit le rameau anastomotique de la première veine branchiale, en envoie un autre à l'artère pulmonaire, donne ensuite des branches à la colonne vertébrale et à la partie postérieure de la tête, et enfin décrit une arcade en arrière, afin de se réunir avec celle du côté opposé, pour produire l'aorte du corps. La quatrième veine branchiale, après avoir reçu la branche anastomotique du tronc commun de la troisième et de la seconde, se rend au poumon, où elle constitue l'artère pulmonaire.

Au cœur aboutissent trois troncs veineux, deux antérieurs, qui viennent de la tête, des pattes de devant et de la partie antérieure du tronc, et un postérieur, qui naît de deux branches. L'une de ces branches, plus grosse que l'autre, et qui marche le long de la colonne vertébrale, reçoit le sang des membres postérieurs et des organes urinaires; l'autre s'empare de celui des organes digestifs. Les deux branches vont au foie, à la sortie duquel elles se réunissent en un tronc veineux postérieur, qui reçoit encore la veine pulmonaire.

V. La cinquième période embrasse les neuvième et dixième semaines, et se caractérise par le commencement de la respiration aérienne.

1° Les filamens latéraux des branchies se raccourcissent, leurs extrémités se flétrissent, et ils finissent par disparaître entièrement; le filament qui leur sert de base diminue aussi, de sorte qu'à la fin de la neuvième semaine, il ne reste plus des branchies que de petits mamelons, qui ont disparu eux-mêmes à la fin de la dixième. Le repli cutané qui servait d'opercule se soude avec la région gutturale, et se trouve mis par là en rapport avec deux muscles qui vont à l'hyoïde et servent à la déglutition de l'air. Les ouvertures branchiales se ferment. Les trois arcs branchiaux postérieurs se ramollissent et sont résorbés; mais l'antérieur devient plus solide, et se soude d'une manière plus intime avec la branche postérieure de l'hyoïde, qui sert à dilater la gorge pendant l'inspiration.

2° Les rameaux qui terminent les trois branches artérielles antérieures se flétrissent et disparaissent, comme les branchies sur lesquelles ils se répandaient; au contraire, les branches d'anastomose entre elles et les veines branchiales deviennent de plus en plus fortes, de manière que ces artères antérieures ne figurent plus que des espèces de scissures placées entre le commencement de l'aorte et la continuation de son tronc.

3° Les artères pulmonaires deviennent plus volumineuses, les poumons plus gros et plus vasculaires.

4° Les mâchoires sont ossifiées et garnies de dents.

5° On voit paraître les rudimens des appendices graisseux.

CHAPITRE VIII.

Du développement de l'embryon de Couleuvre (1).

§ 397*. Le développement de l'embryon commence dans le corps de la mère; il y fait même assez de progrès pour que le jeune animal ait acquis déjà quatre paires de fentes branchiales à l'époque de la ponte de l'œuf, après quoi son évolution ultérieure est placée sous l'influence immédiate des élémens. Cependant l'embryon n'est pas toujours également développé lorsque l'œuf vient à être pondu. Les plus jeunes que j'aie vus jusqu'à présent avaient près de neuf lignes de long, et les organes les plus essentiels existaient déjà en rudiment chez eux. Ils étaient aussi déjà roulés en spirale, de manière à représenter un cône court et pointu; mais leur corps ne décrivait que quatre tours à quatre tours et demi d'une spirale tournant à droite.

1° La tête et l'extrémité antérieure du reste du corps formaient le plus grand tour, et le plus petit était constitué par l'extrémité postérieure du corps. La tête avait un volume proportionnel très-considérable, et ressemblait d'une manière frappante à celle du Poulet au quatrième jour de l'incubation. La mâchoire inférieure était à peine indiquée, de sorte que

(1) Rédigé par H. Rathke.

la bouche se trouvait fort en arrière. Les cavités nasales n'étaient point encore formées. L'œil, oblong et aplati, présentait une choroïde à peine un peu colorée, et ayant une fente étroite à sa partie inférieure ; l'iris manquait encore ; la capsule cristalline tenait intimement à la cornée transparente, et était fort grande. Il n'existait point encore de paupières. Les organes auditifs se composaient, de chaque côté, d'une petite saillie (capsule auriculaire, rocher) du crâne futur, qui représentait un ovale coupé en deux suivant sa longueur, offrait, du côté du cerveau, une large ouverture traversée par le nerf auditif, et contenait une vésicule membraneuse, close de toutes parts, et pleine d'un liquide aqueux (vestibule membraneux). Il y avait quatre fentes branchiales de chaque côté. Le cerveau ressemblait beaucoup à celui d'un Poulet au quatrième jour de l'incubation. Les méninges avaient encore, sur la longue et large fente de la moelle allongée, la même constitution que sur d'autres points du cerveau. Quoique le tronc eût déjà une longueur considérable, cependant la queue était à peine indiquée, fortement aplatie d'un côté à l'autre, et arrondie en arrière.

2° Le côté ventral de la cavité du corps était fort court, proportionnellement au côté dorsal, ce qui expliquait l'enroulement de l'embryon en spirale. La cavité du corps était fort ample, eu égard à sa longueur, surtout à la partie antérieure ; l'ouverture ombilicale était très-large aussi, mais il n'y avait point encore de cordon ombilical. Au devant de l'ombilic, la paroi du corps présentait une espèce de hernie considérable, dans laquelle le cœur se trouvait contenu, comme dans un ample et profond sac herniaire.

La corde dorsale était fort mince, et s'étendait, en devant, jusqu'à la région des capsules auditives. Sa gaîne était épaisse et molle ; mais on n'y apercevait encore aucune trace de corps vertébraux. Les parties latérales des arcs vertébraux s'étendaient vers le haut, jusqu'au-delà du milieu de la moelle épinière. Il n'y avait point encore de côtes.

3° Le canal intestinal n'était pas tout-à-fait aussi long que la paroi dorsale de la cavité du corps, et il avait un mésentère très-délicat et assez large. L'œsophage fort court et l'estomac surpassaient à peine en capacité l'intestin, qui était très-étroit. Le foie était très-petit et en forme de fer à cheval ; il était immédiatement appliqué à la veine mésentérique, mais ne l'embrassait cependant pas, et sa concavité regardait en avant. Le pancréas était fort gros, proportion gardée, et il représentait une vésicule simple, à parois épaisses, qui tenait à l'intestin par un pédicule court et large.

4° Les organes respiratoires étaient loin encore de s'étendre jusqu'au foie ; ils consistaient en une trachée-artère de médiocre longueur et de largeur égale partout, et en deux vésicules plus courtes encore, fort petites au total, complétement symétriques, et un peu allongées. Ces vésicules étaient les poumons, avec lesquels la trachée-artère se continuait en arrière.

5° Immédiatement au dessous de la paroi dorsale, la longueur entière de la cavité du corps était occupée par deux organes symétriques, gorgés de sang, terminés en pointe obtuse sur le devant, et de plus en plus minces en arrière, où ils finissaient par une pointe aiguë. Ces organes étaient les corps de Wolff, ou les reins primitifs. Chacun d'eux se composait d'une substance muqueuse abondante (blastème), d'un canal délié, parcourant toute sa longueur et aboutissant en arrière à l'extrémité de l'intestin, et, dans sa moitié antérieure, qui était plus volumineuse que l'autre, d'un grand nombre de boursettes membraneuses, disposées en série le long du canal, d'autant plus petites qu'elles étaient plus postérieures, mais déjà transformées, sur le devant, en de courts tubes cylindriques et fermés en cul-de-sac. On n'apercevait encore ni reins proprement dits, ni organes sexuels.

6° L'embryon tout entier était renfermé dans un amnios, qui l'enveloppait d'une manière très-serrée. Il existait déjà aussi une allantoïde, mais fort petite encore, représentant un sac très-rouge, aplati en forme de gâteau, situé immédiatement au devant de l'ouverture ombilicale, et dont un côté se trouvait déjà en contact avec le chorion. Le sac vitellin n'avait plus de connexions avec l'intestin que par les vaisseaux sanguins, d'où l'on doit conclure que toute communication

directe entre ce dernier et lui cesse de bonne heure chez la
Couleuvre. Dans un enfoncement de ce sac on apercevait l'embryon et l'amnios, logés comme dans une sorte de nid profond ou de fosse, vers le fond duquel l'embryon tournait son
côté gauche. Sa face interne était lisse encore, et il remplissait presque entièrement l'œuf; car l'embryon était fort petit,
eu égard à lui, et le liquide albumineux qui l'entourait si
peu abondant, qu'à peine l'apercevait-on.

7° Le cœur se composait d'une oreillette et d'un ventricule,
simples tous deux. La ventricule, parfaitement semblable à
l'estomac humain, pour la forme, avait son axe en travers,
et sa large extrémité tournée à gauche. Les deux cavités
étaient unies ensemble par un canal fort étroit et en même
temps très-court. Du ventricule sortait, pour se porter en
avant, un canal de médiocre longueur, un peu flexueux,
simple à l'extérieur et à l'intérieur (*fretum Halleri*), qui, au
dessous du pharynx, se partageait en deux courtes branches
embrassant un peu ce dernier de bas en haut, comme des bras,
et envoyant quatre paires d'anses vasculaires à la partie supérieure, vers la paroi dorsale. La paire antérieure, plus
grêle que toutes les autres, était située entre la première et
la seconde paire de fentes branchiales, c'est-à-dire dans la
paire d'arcs branchiaux aux dépens de laquelle se développent ensuite les deux cornes de l'hyoïde. De cet arc antérieur
partait une très-petite artère, qui probablement avait commencé aussi par être en partie une arcade, mais qui s'était
déjà séparée des autres, se dirigeait en avant vers la mâchoire inférieure, et représentait, suivant toutes les apparences, l'artère linguale. A une grande distance au dessous
d'elle, l'arc antérieur fournissait une seconde artère, un peu
plus grosse, qui allait gagner le cerveau et l'œil, et qui était
par conséquent la carotide, spécialement la carotide interne.
Le quatrième arc vasculaire était situé derrière la dernière
ouverture branchiale. Tous ces arcs formaient ensemble,
sous la partie antérieure de la colonne vertébrale, comme
chez les Poissons, le commencement de la large aorte, qui
en naissait pour ainsi dire par deux racines, et qui ensuite
marchait au dessous des corps des vertèbres, jusqu'au bout

de la queue. La branche principale de l'aorte était l'artère omphalo-mésentérique, qui se détachait d'elle à quelque distance derrière ses racines, passait au côté gauche de l'intestin, en lui fournissant un petit rameau, et allait se porter au sac vitellin. Après cette branche, les plus considérables étaient les deux artères ombilicales, qui sortaient de l'aorte immédiatement au devant de la queue, et se rendaient à l'allantoïde, en traversant l'ouverture ombilicale. Toutes les veines du corps aboutissaient, comme chez les Poissons osseux, à quatre troncs pairs, mais d'ailleurs parfaitement symétriques, dont deux recevaient le sang de la tête et du cou, et deux autres, beaucoup plus longs, celui de la queue, de la paroi dorsale et des reins primitifs. Ces quatre troncs se réunissaient en deux canaux, de médiocre longueur, situés derrière le cœur et au dessus, qui interceptaient entre eux l'œsophage, au dessous duquel ils s'anastomosaient ensemble, après être devenus de plus en plus larges, et constituaient alors un vaisseau court et étroit, qui s'abouchait dans l'oreillette du cœur. A chacun de ces canaux, auxquels je donnerai le nom de *ductus Cuvieri*, était unie une veine ombilicale, à tronc très-court, car il y avait deux de ces veines, parfaitement distinctes l'une de l'autre. En outre, la veine omphalo-mésentérique, le plus gros de tous les vaisseaux de l'embryon, était unie aussi au canal gauche; tandis qu'à celui du côté droit se trouvait accollée, non loin de son extrémité, la veine cave postérieure, qui était fort petite encore et naissait des reins primitifs, par deux branches.

§ 397**. L'embryon demeure dans l'œuf jusqu'au moment où tous les organes, à l'exception de ceux qui doivent présider aux fonctions sexuelles, sont complétement développés sous le rapport de la forme et de la structure, où la peau du corps entier présente une coloration semblable à celle de l'adulte, et où le jaune, réduit, ainsi que son sac, à un très-faible résidu, a été admis dans la cavité du corps.

1° L'amnios va toujours en diminuant, non seulement d'une manière absolue, mais encore en proportion de l'embryon, de sorte que l'espace compris entre lui et ce dernier devient un peu plus grand. Le liquide qu'il renferme est d'abord très-coulant, mais il s'épaissit peu à peu, au point de filer entre les doigts, sans cependant perdre sa limpidité.

2° L'embryon s'enfonce de plus en plus dans le sac vitellin, la fossette qui s'était produite sur un point de ce dernier devenant de plus en plus profonde et en général de plus en plus ample. Lorsqu'il y a pénétré à une certaine profondeur, avec son amnios, le bord se resserre peu à peu sur lui, d'une manière à la fois relative et absolue, de sorte que l'entrée de l'excavation se rétrécit, et que le sac vitellin finit par envelopper l'amnios et l'embryon, à l'exception d'une très-petite étendue de leur surface. Puis, quelque temps avant la fin de la vie embryonnaire, lorsque le jaune est déjà presque entièrement consommé, ce sac, clos de toutes parts, représente une vésicule, analogue à un bonnet de coton renversé, qui est formée de deux feuillets en contact l'un avec l'autre sur presque tous les points, et qui embrasse étroitement l'amnios. Enfin le sac vitellin, pourvu à cette époque d'une grande élasticité, se resserre sur lui-même, de sorte que l'amnios apparaît tout-à-fait à nu; peu de temps après, il n'a plus qu'une médiocre capacité; mais il est pourvu de parois beaucoup plus épaisses que par le passé, et présente une forme irrégulièrement ovale; un moment arrive enfin où il pénètre dans la cavité du corps, avec le très-faible résidu du jaune, en traversant le cordon ombilical, qui est court, mais ample.

3° Les branches de la veine omphalo-mésentérique se produisent de préférence au côté externe du sac vitellin, et celles de l'artère au côté interne de ce même sac, c'est-à-dire à celui qui regarde le jaune, et qui, dans l'origine, est parfaitement lisse, ainsi que l'autre. Mais, de très-bonne heure, les branches de l'artère se séparent, jusqu'à leurs extrémités, de la membrane du sac vitellin, pénètrent de plus en plus profondément dans la substance du jaune, en formant des anses dont les deux bouts demeurent fixés à cette membrane, et s'allongent considérablement, de sorte qu'elles sont forcées de décrire une multitude de petites anses. Cependant, tandis qu'une de ces anses se détache et s'enfonce de plus en plus dans la substance du jaune, on voit paraître encore, entre leurs deux extrémités fixées, dont l'une est le commencement d'une branche veineuse et l'autre fait corps avec une autre branche artérielle, ou même avec le tronc de l'artère, une foule d'anastomoses, allant de l'anse à la branche veineuse qui lui correspond et qui passe au dessus d'elle ; ces anastomoses, en s'allongeant, envoient de leurs parties latérales des ramifications qui s'unissent ensemble en manière de réseau, à peu près comme font les artères qui rampent entre les deux feuillets du mésentère de l'homme. C'est ainsi que, dès avant le milieu de la vie embryonnaire, il pénètre dans la substance du jaune une multitude de réseaux vasculaires, les uns plus longs et les autres plus courts, qui tous sont pliés en façon de cravate, et dont il y en a toujours deux qui ne se trouvent qu'à une médiocre distance l'un de l'autre. Peu à peu alors la portion grenue du jaune se sépare de la portion liquide, et elle se dépose sur les filamens des réseaux vasculaires, de sorte que chacun de ces filamens ou vaisseaux finit par être enfermé dans une couche de grains vitellins d'une médiocre grosseur, qui forment une espèce de gaîne autour de lui : quant à la partie liquide, elle s'amasse surtout dans la profondeur du sac vitellin. Vers la fin de la vie embryonnaire, les réseaux vasculaires qui pendent dans le jaune se dépouillent peu à peu de la substance vitelline, puis se resserrent, et en général deviennent plus petits ; cependant ils n'ont point encore disparu entièrement à l'époque où le sac vitellin pénètre dans la cavité du corps, ni même quand l'embryon se dégage des enveloppes de l'œuf.

4° L'allantoïde, qui augmente rapidement d'étendue, s'étend entre le chorion et le sac vitellin, tapisse complétement le premier, et couvre de même le second en entier, ainsi qu'une petite partie de l'amnios. La portion tournée en dehors, celle par conséquent qui tient au chorion, est beaucoup plus épaisse que celle qui s'applique au sac vitellin. L'allantoïde renferme dans son intérieur un liquide limpide, mais un peu épais, et filant entre les doigts. Elle demeure adhérente au chorion lorsque l'embryon quitte l'œuf.

5° La couche interne, mince et purement membraneuse, du chorion, disparaît par résorption long-temps avant le milieu de la vie embryonnaire, de sorte qu'alors l'allantoïde entre en contact avec la couche externe de cette membrane, qui contient du carbonate calcaire en abondance.

6° Peu à peu il se développe un cordon ombilical assez long. Quelque temps avant l'éclosion, ce cordon devient beaucoup plus court, mais plus gros, de manière que le sac vitellin le traverse aisément pour entrer dans la cavité du corps ; le passage une fois effectué, il se rétrécit considérablement, mais redevient aussi plus long.

§ 397***. Lorsque l'embryon se dégage de l'œuf, il a environ neuf pouces de long. Pendant que le corps, et notamment la queue, s'allonge, le nombre des tours de spire que l'animal décrit s'élève jusqu'à huit, et le corps ainsi roulé représente encore un cône terminé en pointe. Mais, à peu près vers le milieu de la vie embryonnaire, la portion du corps qui contient l'anus se place dans les tours formés par la tête, le col et le tronc, entraîne en quelque sorte avec elle les parties voisines du tronc et de la queue, forme une anse avec elles, et sort enfin un peu de la base du cône. Ainsi le corps entier ne représente plus un cône, mais un peloton ovale.

1° A la tête, qui, chez les plus jeunes embryons dont j'ai pu faire l'examen, était composée presque uniquement du crâne, de son contenu et des yeux, la face se développe, et il résulte de là que cette partie du corps, jusqu'alors large, épaisse et informe, acquiert une longueur relative plus considérable.

2° Les organes olfactifs se développent de la même manière que chez les Oiseaux. Ce sont d'abord deux fosses ou fentes oblongues, ayant leur plus grand diamètre de haut en bas, et placées à la région antérieure du corps, immédiatement au devant du cerveau ; la partie des tégumens cutanés qui les revêt, et dans laquelle se rendent les nerfs olfactifs (membrane de Schneider), est plus épaisse que les parties voisines de la peau ; mais bientôt les bords latéraux de chaque fossette se rapprochent l'un de l'autre, puis ils viennent à se mettre en contact, et enfin ils contractent adhérence ensemble ; en haut et en bas il reste, de la fossette, un petit trou ; de ces deux trous, l'un marque l'ouverture extérieure des narines, et l'autre leur ouverture interne.

3° L'œil s'arrondit, devient plus bombé à l'extérieur, fait davantage de saillie, et, pendant la première moitié de la vie embryonnaire, il paraît plus petit que chez les Oiseaux, mais plus gros que chez les Mammifères. La fente de la choroïde ne tarde pas à se clore ; des petits amas de granulations d'un pigment noir se déposent rapidement, et en quantité toujours croissante, dans cette membrane ; l'iris se forme long-temps avant le milieu de la vie embryonnaire. La capsule cristalline conserve encore long-temps des parois épaisses et des connexions avec l'iris, de sorte qu'il me paraît vraisemblable qu'elle se produit par une expansion en dedans de la cornée transparente, ce qui est aussi, d'après Huschke, son mode de formation chez le Poulet. La rétine présente pendant long-temps une épaisseur proportionnelle considérable. Les tégumens cutanés poussent au devant de l'œil, et forment une paupière circulaire ; à mesure que ce pli s'élargit, l'ouverture dont il était percé se rapetisse, et elle est même totalement effacée peu de temps après le milieu de la vie embryonnaire : l'œil se trouve alors couvert d'une peau distante de la cornée, dans laquelle ne tarde pas non plus à se développer la capsule bien connue qui a la forme d'un verre de montre.

4° On voit paraître de très-bonne heure, dans le vestibule membraneux que renferme la capsule auditive (rocher), les trois canaux demi-circulaires, qui sont d'abord très-courts et amples, mais qui peu à peu deviennent plus longs et relativement plus étroits. Ces canaux sont vraisemblablement produits par des plissemens du sac membraneux, ayant lieu de telle sorte que toujours deux plis situés vis-à-vis l'un de l'autre se soudent ensemble, après quoi la partie par laquelle ils étaient adhérens vient à être résorbée. Peu de temps après la formation des canaux, la paroi interne du vestibule membraneux s'enfonce de dedans en dehors, et produit ainsi une vésicule arrondie, qui est suspendue à un mince et court pédicule creux, et qui représente le limaçon. Une autre expansion semblable se manifeste à la paroi supérieure, près des canaux demi-circulaires, prend la forme d'une massue, se dirige de bas en haut, couvre en dehors la moelle allongée, au dessus de laquelle elle ne tarde pas à entrer en contact avec celle du côté opposé, et finit par s'envelopper de substance osseuse. Il apparaît bientôt dans les deux boursettes des cristaux calcaires, dont le nombre va toujours en croissant, et qui les remplissent entièrement. Des cristaux du même genre se déposent aussi extérieurement, sur un point de l'étendue du vestibule, et dans le liquide qu'il renferme. La columelle se développe au côté externe de la capsule auditive, dès avant le milieu de la vie embryonnaire ; elle a d'abord la forme d'une petite verrue, mais ne tarde pas à s'étendre d'un côté en un long pédicule. La fenêtre ovale se produit, dans la capsule auditive, par résorption de substance, et seulement à l'époque où la columelle est en train de se développer.

5° La langue se forme beaucoup plus tard que les autres organes sensoriels. D'abord, elle ressemble à celle de l'homme, sous le point de vue de la configuration : seulement elle est plus courte et plus large ; mais ensuite elle s'allonge en deux pointes par devant, et devient bifurquée.

6° La masse antérieure du cerveau, d'abord plus petite que la médiane et la postérieure, acquiert la prépondérance sur ces deux dernières, et se partage de très-bonne heure, par un plissement partiel, en deux hémisphères. Il se produit aussi, à la paroi supérieure de la seconde masse cérébrale, un pli dirigé dans le sens de la longueur, d'où résultent là deux éminences situées l'une à côté de l'autre, les parties latérales des tubercules quadrijumeaux des Mammifères. L'entonnoir, large et épaissi, reste un peu en arrière dans son développement : une glande pituitaire se développe de très-bonne heure à son sommet obtus. Le cervelet se forme comme chez les Poissons et le Poulet : il représente, au bout de quelque temps, une lame qui n'acquiert que médiocrement de largeur et d'épaisseur, et qui demeure lisse des deux côtés, sur la large et longue fente de la troisième masse cérébrale (moelle allongée); de la substance nerveuse se dépose à la surface des méninges, suivant toutes les apparences, et produit un couvercle fermant cette fente, dans lequel pénètrent de nombreux vaisseaux sanguins. Lorsqu'ensuite le redressement de la tête et de la nuque, qui d'abord étaient forte-

ment fléchies de haut en bas, oblige cette masse à se resserrer
sur elle-même, et le cervelet lui-même à s'étendre un peu
d'avant en arrière, sur la fente dont il vient d'être parlé, les
deux extrémités du couvercle éprouvent un refoulement de
plus en plus considérable, et le couvercle lui-même est
forcé de se replier dans ses deux moitiés latérales, en sorte
que, peu de temps après le milieu de la vie embryonnaire,
il présente de l'analogie avec certaines coquilles bivalves
côtelées sur leur face externe, notamment avec les Peignes ;
plus tard encore il acquiert une large incisure assez profonde,
qui le rend bilobé. Enfin, à l'époque de l'éclosion, après avoir
perdu beaucoup de son étendue et même de sa masse, il ne
présente plus qu'un très-petit volume. Quelque temps avant
la fin de la vie embryonnaire, on découvre à la tête une
très-grande fontanelle, située entre les os frontaux, les pariétaux et l'occipital ; mais l'accroissement de ces os, qui
marche avec rapidité pendant la dernière période de la vie
embryonnaire, fait que cette fontanelle disparaît en totalité
dès avant que le jeune animal quitte l'œuf.

7° A la surface de la gaîne membrano-gélatineuse de la
corde dorsale, se forment un très-grand nombre d'anneaux
cartilagineux minces et parfaitement clos, qui, dès avant le
milieu de la vie embryonnaire, s'ossifient les uns après les
autres, d'avant en arrière et dans l'ordre de leur succession. Le travail de l'ossification commence immédiatement
à la surface des anneaux, et d'abord, à ce qu'il m'a semblé,
non point au côté droit et au côté gauche, mais aux côtés
supérieur et inférieur ; bientôt on remarque que la masse
entière des anneaux est pénétrée de terre calcaire ; et à cette
époque leur substance osseuse présente un aspect spongieux.
Puis l'anneau s'épaissit, surtout vers l'axe de la corde dorsale, tandis que le noyau de celle-ci s'efface de plus en plus,
et au bout de quelque temps il représente un corps vertébral
parfaitement plein, qui, par conséquent, n'offre plus aucune interruption. La tête articulaire, au côté antérieur du
corps vertébral, apparaît sous la forme d'une excroissance
cartilagineuse, qui bientôt s'ossifie à partir du corps, et qui
représente ainsi une apophyse, et non une épiphyse, comme

Dugès dit que la chose a lieu chez les Batraciens : elle ne se développe toutefois que quelque temps après la disparition de l'ouverture qui existait primordialement dans le milieu du corps. [A droite et à gauche, la substance cartilagineuse des corps vertébraux s'accroît beaucoup, et forme, surtout aux vertèbres du cou et du tronc, une table oblongue, ayant ses faces disposées verticalement, dont un angle externe s'allonge en une des parties latérales d'un arc vertébral, tandis que, dans la plupart des vertèbres, l'autre devient une longue apophyse, qui, avant de commencer à s'ossifier, se détache de la table et représente une côte. Dans l'un et l'autre de ces prolongemens en forme de baguettes, l'ossification commence au milieu, d'où elle s'étend peu à peu aux extrémités.

8° La corde dorsale s'étend encore dans la tête, et s'avance presque jusqu'à l'endroit où se trouve l'extrémité de l'entonnoir. Cependant je n'ai pas pu remarquer, à la portion céphalique, qu'elle fût composée d'un noyau et d'une gaîne ; elle m'a semblé n'être là qu'un prolongement grêle, court, vésiculaire et non segmenté, de la gaîne. De cette partie médiane, qui présentait beaucoup d'épaisseur et ne tardait pas à se cartilaginifier, partait une paire de larges ailes, étendues sur les deux moitiés latérales, et ayant la même texture que la partie médiane. La base du crâne représente donc déjà de très-bonne heure une large table. De celle-ci procèdent, comme chez les têtards de Grenouille, deux cornes assez longues, médiocrement distantes l'une de l'autre, minces et étendues en ligne droite, qui se portent en devant jusqu'à la face : d'abord elles ne convergent que peu l'une vers l'autre, mais peu à peu, à mesure que les yeux grossissent, elles se rapprochent tellement, dans leur moitié antérieure, qu'elles arrivent presque à se toucher ; en arrière, elles laissent entre elles et la table cartilagineuse d'où elles émanent, au dessous de l'entonnoir, un vide triangulaire, qui est probablement rempli par une membrane fibreuse mince. L'ossification du crâne commence à sa base : d'abord le corps de l'occipital paraît sous la forme d'une petite table figurée en cœur de carte à jouer, et dont le sommet regarde le rachis ; puis, à une grande distance de lui, se produit la moitié postétérieure du corps du sphénoïde, sous celle d'une paire de petites tables écartées l'une de l'autre, mais se réunissant ensuite pour représenter une masse carrée ; quant à la moitié antérieure du corps du sphénoïde, elle se forme dans le vide dont je viens de parler, au dessous de l'entonnoir, et représente une table triangulaire, qui est simple dès le principe. Lorsqu'ensuite ces pièces osseuses grandissent, les deux cornes cartilagineuses dont il a été fait mention plus haut, deviennent plus petites, et elles disparaissent complétement avant la fin de la vie embryonnaire. Les parois latérales du crâne, primordialement membrano-gélatineuses, se transforment également de très-bonne heure en cartilage, et les parties cartilaginifiées représentent alors, de chaque côté, trois petites tables situées l'une derrière l'autre, entre lesquelles cependant et la base du crâne, aussi long-temps que celle-ci consiste encore en substance cartilagineuse, on aperçoit d'abord un intervalle membraneux. Dans la table postérieure se développe, par ossification, une partie latérale de l'occipital, et dans l'antérieure une aile (la grande ?) du sphénoïde. Mais la table médiane, qui est d'abord la plus grande, présente, dès l'origine, une forte convexité en dehors, et constitue la capsule auditive que j'ai déjà décrite plus haut, c'est-à-dire le labyrinthe futur. Ainsi, le labyrinthe se développe à part, comme il le fait aussi chez les Mammifères, d'après les observations de Valentin. L'ossification de toutes ces tables a lieu plus tard que celle de la base du crâne. Bien après les parties qui viennent d'être nommées, se forment les os qui constituent la voûte du crâne : ceux-là se développent dans une membrane fibreuse. Ceux qui paraissent le plus tard sont les pariétaux ; les frontaux commencent par être assez écartés l'un de l'autre. Les os de la face se produisent à part, et ne sont point, par conséquent, une pullulation du crâne.

9° Les fentes branchiales se bouchent bien long-temps après que l'œuf a été pondu. Dans la paire antérieure des arcs branchiaux, placée derrière la paire des fentes, se forment les deux cornes de l'hyoïde, qui d'abord sont dirigées obliquement de bas en haut et d'avant en arrière. Elles se rapprochent ensuite l'une de l'autre dans toute leur longueur, prennent une direction parallèle dans la paroi ventrale du corps, et augmentent considérablement de longueur.

10. La glotte est d'abord située immédiatement derrière la mâchoire inférieure, et se trouve sur le même plan que la membrane muqueuse de la cavité gutturale qui l'entoure immédiatement ; mais, dans la suite, deux replis de cette membrane, qui se produisent aux deux côtés du larynx, et qui se portent obliquement d'arrière en avant, en divergeant, tandis que la trachée-artère s'allonge beaucoup d'une manière à la fois absolue et relative, reportent de plus en plus le larynx en avant, et le ramènent même fort loin au dessus de la langue, d'où résulte la gaîne destinée à cette dernière. Les anneaux cartilagineux de la trachée-artère commencent à se former, comme chez les Mammifères, dans la paroi inférieure de ce tube, et s'allongent de là, tant à droite qu'à gauche, vers la paroi supérieure. Des deux poumons, qui sont d'abord symétriques, le gauche ne tarde pas à demeurer en arrière de l'autre, sous le point de vue du développement, et il finit par avoir l'air de n'en être qu'un petit appendice ; le poumon droit croît d'abord, en longueur surtout, puis aussi en largeur ; un réseau de plis se produit à sa surface interne, par suite de l'accroissement précipité de sa membrane muqueuse, et, ainsi que la trachée-artère, il s'emplit, à peu près vers le milieu de la vie embryonnaire, d'un liquide limpide, filant entre les doigts, et non coagulable par l'alcool, qui disparaît quelque temps avant l'éclosion, probablement par résorption. Des motifs que j'exposerai ailleurs, en donnant une histoire détaillée du développement de la Couleuvre, me le font regarder non comme de la liqueur amniotique, qui aurait été admise dans ces organes, mais comme une simple sécrétion de leur membrane interne.

11° Le canal intestinal devient plus long que la paroi dorsale du corps, et finit par décrire quelques petites inflexions ; on n'observe jamais d'anse intestinale pendant hors de l'ombilic. L'estomac s'allonge d'une manière absolue et relative, de sorte que le pylore se trouve reporté très-loin en arrière. Dès avant le milieu de la vie embryonnaire, il commence à se rassembler dans cet organe, et un peu plus tard aussi dans l'œsophage, un liquide analogue à celui qu'on trouve dans le poumon, et dont la présence fait que les deux portions de l'intestin, l'estomac surtout, sont considérablement gonflées. Ce liquide disparaît également, comme celui de l'appareil respiratoire, peu de temps avant que l'embryon perce la coquille de l'œuf. L'intestin, au contraire, demeure fort étroit, et il ne s'élargit un peu qu'à sa partie tout-à-fait postérieure. On n'y trouve pas de bile au dernier jour de la vie embryonnaire, mais seulement un peu de mucosités épaisses. La surface interne du canal intestinal n'éprouve pas non plus de mue avant l'éclosion; mais, chez de jeunes Orvets, qui avaient quitté l'œuf depuis peu d'heures, j'ai remarqué plusieurs petits lambeaux détachés de peau, qui étaient mêlés avec du mucus et avec de la bile. Le pancréas devient plus large absolument partout, mais plus étroit d'une manière relative.

12° Le pancréas, d'abord simple et vésiculeux, envoie de petits prolongemens dans le blastème, dont la quantité augmente en lui; il croît tout autour de l'extrémité du canal cholédoque, immédiatement à côté duquel il s'était formé, et l'enveloppe de toutes parts. Sur l'une de ses parties se produit une très-petite rate, ressemblant à un épais capuchon.

13° Le foie, qui a presque la forme d'un fer à cheval quelque temps après son apparition, augmente beaucoup de volume, mais bien plus encore de longueur, prend l'apparence d'une langue allongée, et devient un peu concave à son côté supérieur, légèrement convexe à son côté inférieur. Dès que son accroissement en volume a fait quelques progrès, il se divise postérieurement en deux lobes courts et obtus; mais ensuite le lobe droit acquiert beaucoup plus de longueur que le gauche, et le sillon qui existait entre eux s'efface. La situation du foie est telle d'abord, qu'un de ses côtés regarde à gauche et l'autre à droite; mais elle change ensuite, le premier côté devenant supérieur, et le second inférieur. L'organe s'éloigne notablement du cœur, immédiatement derrière lequel il se trouvait placé dans l'origine. On aperçoit de très-bonne heure déjà une vésicule biliaire, qui est alors très-rapprochée du pancréas; mais comme ensuite l'estomac s'allonge beaucoup plus que le foie, le commencement de l'intestin, avec lequel le pancréas fait corps, et où s'abouchent aussi les conduits biliaires, se reporte à une grande distance du foie en arrière, ce qui allonge beaucoup le canal cystique et le canal hépatique.

14° Tous les appendices primordialement bursiformes du conduit excréteur des reins primitifs (corps de Wolff) s'allongent et se métamorphosent en vaisseaux propres de cet organe. De bonne heure aussi, des corpuscules de Malpighi (paquets artériels) nombreux se développent en lui. Quoique les reins primitifs acquièrent beaucoup de longueur et en géneral de volume jusqu'au milieu environ de la vie embryonnaire, ils ne s'allongent cependant point en proportion du tronc, ce qui a pour résultat qu'ils s'éloignent considérablement du fond postérieur de la cavité du corps, et bien plus encore de son fond antérieur, de sorte que le conduit excréteur de chacun d'eux s'allonge beaucoup entre lui et le cloaque. Après le milieu de la vie embryonnaire, le volume des reins primitifs diminue beaucoup; cependant il en reste encore des vestiges sensibles, même après l'éclosion.

15° Les reins proprement dits se développent tout-à-fait à la partie postérieure de la cavité du corps, entre la paroi dorsale de cette dernière et les reins primitifs, à une époque où ceux-ci s'étendent encore presque immédiatement jusqu'au cloaque. Ils apparaissent sous la forme de deux lames extrêmement étroites, peu épaisses, et très-peu longues, d'un blastème blanchâtre, assez résistant, et peu translucide, dont la droite est un peu plus longue que celle du côté gauche. Sous le rapport de leur structure intime, ils se développent de la même manière que les reins primitifs; en effet, au bord interne de chacun d'eux, naît un canal excréteur (l'uretère), qui en parcourt toute la longueur, et qui aboutit au cloaque, tout à côté de celui des reins primitifs; mais à ce canal tiennent une multitude de boursettes, en forme de massue, placées en ligne les unes à la suite des autres, et renfermées dans le blastème, qui peu à peu se convertissent en vaisseaux urinifères figurant des tubes minces et très-ramifiés. Quand le développement de ces petits tubes a fait des progrès, le rein, qui était d'abord lisse, acquiert une apparence lobuleuse. Avec le temps, les reins s'éloignent beaucoup de l'extrémité postérieure de la cavité du corps, surtout celui du côté droit, et ils se reportent de plus en plus en devant, ce qui oblige les uretères à s'allonger considérablement.

16° Les capsules surrénales paraissent bien plus tard que les reins proprement dits ; elles se forment au côté inférieur des reins primitifs, près de leur bord interne, et représentent d'abord deux petits corps allongés, fort étroits, lisses, et d'un blanc jaunâtre ; mais ensuite leur volume relatif augmente, et elles deviennent tuberculeuses, en même temps qu'elles prennent une teinte de jaune d'ocre.

17° Les parties génitales se forment avant les reins, et quelque temps aussi avant que les troncs branchiaux s'oblitèrent. D'abord, et long-temps encore après, elles ont la même apparence chez tous les individus. Les ovaires et les testicules apparaissent sous la forme de deux filamens très-minces et d'une longueur proportionnellement considérable, au côté inférieur de la moitié inférieure des reins primitifs, immédiatement des deux côtés de l'aorte ; ensuite ils ne font plus que s'allonger encore d'une manière absolue, mais se raccourcissent beaucoup d'une manière relative. Les ovaires deviennent creux, et représentent de longs sacs membraneux ; mais les testicules demeurent pleins, et acquièrent un parenchyme composé de tubes déliés. Cette différence sexuelle commence à se prononcer vers le milieu environ de la vie embryonnaire. Des œufs ne se développent dans l'ovaire qu'après l'éclosion. Les oviductes et les canaux déférens se produisent au bord externe des reins primitifs, sous la forme de filamens extrêmement grêles, qui s'étendent depuis le cloaque jusque près de l'extrémité antérieure de ces viscères. Les deux organes ne tardent point à devenir creux, et à s'ouvrir aussi à leur extrémité antérieure ; mais on ne voit que très-tard s'établir une communication tubuleuse entre les canaux déférens et les testicules. Quant à ce qui concerne les oviductes, c'est seulement plus d'une année après l'éclosion qu'ils acquièrent assez d'ampleur pour pouvoir admettre des œufs, et alors seulement aussi ils s'éloignent au point d'être obligés de décrire des circonvolutions. Vers le temps à peu près où les organes génitaux internes commencent à se former, ou tout au moins fort peu de temps après, un petit tube verruciforme apparaît sur les deux côtés de la fente transversale de l'anus. Ce tubercule continue de croître ; bientôt cependant il diminue chez les femelles, où, avant la fin de la vie embryonnaire, on n'en aperçoit déjà plus aucune trace ; mais, chez les mâles, il ne cesse pas de se développer, pousse deux branches épaisses et courtes à son extrémité, et se transforme en une verge creuse à l'intérieur. Les deux membres restent visibles à l'extérieur jusqu'à la fin de la vie embryonnaire, et ce n'est vraisemblablement qu'à l'époque de l'éclosion, ou tout au plus peu de temps auparavant, que, rentrant en eux-mêmes, ils viennent se loger dans les cavités qui se sont produites pour eux, et qui se trouvent situées dans l'intérieur de la base de la queue.

18° Le cœur, qui d'abord était placé immédiatement derrière les arcs branchiaux, s'en éloigne beaucoup et se reporte en arrière ; en même temps il abandonne peu à peu son sac herniaire, qui va toujours en s'étrécissant, et rentre ainsi dans la cavité du corps, où les côtes, à mesure qu'elles s'allongent, l'enveloppent de plus en plus. Dans le ventricule, qui était primordialement simple, naît une cloison, d'abord annulaire, mais qui se forme d'une manière complète dès avant la fin de la vie embryonnaire, et qui partage ainsi cette moitié du cœur en deux oreillettes. Le ventricule avait commencé par ressembler à l'estomac humain, sous le point de vue de la configuration ; mais peu à peu le milieu de sa plus grande courbure venant à s'épandre de dedans en dehors, il acquiert la forme d'un cône court, obtus et un peu aplati ; il s'y produit aussi une espèce de cloison, mais qui demeure fort incomplète, c'est-à-dire dans laquelle on aperçoit toujours une grande ouverture. Le cœur entier, qui, à une époque antérieure du développement, était plus large que long, s'allonge ensuite à un degré convenable. Le canal, proportionnellement fort long et recourbé, qui unit ensemble le ventricule et les vaisseaux branchiaux, et qu'on doit considérer comme le tronc de ceux-ci, se renfle dans leur voisinage, et produit un bulbe cardiaque ; mais l'autre portion, qui a plus de longueur (*fretum Halleri*), se raccourcit tellement, qu'un moment arrive enfin où le bulbe touche immédiatement au ventricule.

Pendant que ces changemens ont lieu, la portion renflée augmente beaucoup de longueur, et finit par se diviser en trois canaux situés à côté les uns des autres. En effet, il s'est produit de très-bonne heure en elle trois courans de sang, allant du détroit simple de Haller aux divers arcs vasculaires branchiaux, et autour desquels la substance a acquis davantage de densité; mais la portion devenue plus dense se métamorphose en parois vasculaires; après quoi le reste de la substance embrassant ces parois disparaît par résorption. Des troncs vasculaires développés dans le renflement, et qui, avec le temps, deviennent de plus en plus longs, outre qu'ils se rapprochent toujours davantage du ventricule, l'un se prolonge dans la paire postérieure des arcs vasculaires branchiaux, le second dans la paire antérieure et la moitié droite de la moyenne, le troisième enfin dans la seule moitié gauche de cette dernière. Quelquefois, après que les ouvertures branchiales se sont oblitérées, les deux arcs vasculaires antérieurs cessent de communiquer, à leur extrémité supérieure, avec l'arc de la seconde paire, parce que leur moitié supérieure a été résorbée, et la moitié qui reste alors de chacun représente le commencement d'une carotide. Mais l'arc vasculaire moyen de la moitié latérale droite, qui, ainsi qu'il vient d'être dit, naît d'un seul et même tronc avec les deux antérieurs, persiste dans toute sa longueur, augmente considérablement de longueur et d'ampleur, et figure la racine permanente droite de l'aorte. L'arc vasculaire moyen gauche, avec lequel seul se continue le second des troncs vasculaires venant du cœur, augmente plus encore de largeur que l'arc correspondant de l'autre moitié latérale, et représente, avec son tronc, la racine permanente gauche de l'aorte. De l'arc droit de la paire postérieure il naît de très-bonne heure une branche, qui va gagner le poumon de son côté, et qui, avec le temps, acquiert assez de calibre pour égaler sous ce rapport la portion de son arc située entre elle et le troisième tronc. Cette partie et le troisième tronc deviennent donc le tronc de l'artère pulmonaire. Quant à l'autre partie du vaisseau postérieur droit, ou à la supérieure, elle se dilate beaucoup moins, et apparaît sous l'aspect d'un canal artériel de Botal communiquant avec la racine droite de l'aorte. L'arc vasculaire postérieur gauche, qui communique également avec la racine de l'aorte située de son côté, et qui d'ailleurs s'allonge et s'agrandit bien plus que tous les autres, représente dans toute sa longueur un second canal artériel de Botal. Les deux carotides se développent uniformément jusque près du milieu de la vie embryonnaire ; mais alors la moitié latérale droite commence à se rétrécir et à disparaître peu à peu, en allant de la tête vers l'arrière du corps, jusqu'à ce qu'enfin, long-temps déjà avant la fin de la vie embryonnaire, son tronc s'efface, dans toute sa longueur, sans laisser aucune trace, après toutefois que celles de ses branches qui appartiennent à la tête, et parmi lesquelles il faut compter l'une des artères vertébrales naissant au cou, tout-à-fait en devant, se sont réunies à la carotide gauche. (La même chose a lieu très-probablement aussi chez les Oiseaux, qui, parvenus à l'état parfait, ne possèdent qu'une seule carotide.) Pendant ce temps il se développe une nouvelle artère destinée au col, qui tire son origine de la racine droite de l'aorte, se prolonge en avant, au dessous des corps des vertèbres cervicales, ne parvient cependant pas jusqu'à la tête, et envoie de chaque côté des branches à la paroi dorsale. C'est le vaisseau que Cuvier appelait artère vertébrale, et que Schlemm nomme *arteria collaris*. A mesure que le canal intestinal grandit, et que le sac vitellin diminue, l'artère mésentérique acquiert un calibre de plus en plus fort ; mais l'artère qui va au sac vitellin diminue de calibre, et en général se rapetisse, pendant la dernière moitié de la vie embryonnaire, quelque temps avant la fin de laquelle elle disparaît, le tronc auparavant commun aux deux branches, ou l'artère omphalo-mésentérique, ne représentant plus alors que le tronc des artères mésentériques.

19° Les points les plus essentiels du développement du système veineux seront exposés plus loin (§ 442).

20° Long-temps avant que la carotide droite commence à

disparaître, il se forme, immédiatement au devant de l'arc représenté par les artères qui viennent du bulbe cardiaque, au dessous de la trachée-artère et de l'œsophage, et au milien du tissu muqueux unissant ensemble ces parties et les tégumens cutanés, trois petits corps placés en ligne les uns à côté des autres, qui, si l'on en juge d'après leur texture, leur longueur et leurs connexions, représentent le thymus. Celui de ces corps qui occupe le milieu est situé entre les deux carotides, en dehors desquelles on aperçoit les deux autres. Le corps moyen demeure simple, mais chacun des latéraux se divise transversalement en deux, tandis qu'il augmente de volume. Plus tard encore, tous ces corpuscules se rapprochent davantage les uns des autres, et ils représentent un seul corps lobé, de médiocre volume, autour duquel un peu de graisse se dépose.

21° Mais il s'amasse une bien plus grande quantité de graisse des deux côtés de la veine ombilicale droite, qui persiste et marche d'arrière en avant, sur la ligne médiane de la paroi ventrale. Cette accumulation de graisse forme, chez l'embryon à terme, deux longs cordons, plissés comme des cravates, assez épais, médiocrement larges, et entourés d'une portion du péritoine.

22° L'ombilic est situé tout près du cœur chez les très-jeunes embryons. Mais comme la paroi ventrale de la cavité du corps s'égalise à la paroi dorsale, eu égard à la longueur, et qu'elle s'allonge en outre d'une manière absolue, l'allongement s'opère principalement dans sa moitié antérieure, ce qui fait que l'ombilic semble se reporter de plus en plus en arrière, jusqu'à ce qu'enfin il ne soit plus fort éloigné de la fente anale.

23° Des épaississemens partiels produisent à la peau des écailles et des plaques, d'abord immédiatement derrière la tête, et en dernier lieu à l'extrémité de la queue. Mais les plaques céphaliques ne paraissent qu'un peu plus tard, et les plus tardives de toutes sont celles qui couvrent le vertex. Les plaques de la paroi du ventre se forment de deux moitiés latérales, qui sont d'abord très-écartées l'une de l'autre, mais qui se rapprochent peu à peu jusqu'au point de se toucher, et finissent par se souder ensemble. Les écailles acquièrent déjà, quelque temps avant l'éclosion, des carènes, qui d'ailleurs demeurent toujours très-peu prononcées jusqu'à ce que ce dernier événement s'accomplisse.

24° C'est également au cou, en devant, et à la queue, en arrière, que la coloration de la peau commence à se manifester. A cet effet, il se développe, dans les portions de la peau qui apparaissent déjà sous la forme d'écailles, de très-petits points noirs, non perceptibles à l'œil nu, dont le nombre va sans cesse en augmentant, mais dont en même-temps le volume s'accroît, ce qui est d'abord plus sensible que partout ailleurs aux bords des écailles, et fait que celles-ci paraissent bordées d'un liseré noir. Les deux taches blanches de la nuque se montrent beaucoup plus tard, et seulement vers la fin de la vie embryonnaire.

25° Après que le jeune animal a quitté l'œuf, il peut, sans inconvénient, se passer de nourriture pendant un long espace de temps ; car la vie s'entretient aux dépens des débris de jaune qu'il a entraînés de l'œuf avec lui, et de la graisse abondante qui s'est accumulée dans sa cavité abdominale.

CHAPITRE IX.

Du développement de l'embryon des Oiseaux (1).

I. Première période.

§ 398. La première période du développement du Poulet, que nous prendrons ici pour représentant de la classe entière des Oiseaux, s'étend jusqu'à l'établissement complet de la première circulation, et dure environ deux jours.

A. Premier jour.

Le premier jour, on observe les phénomènes suivans :

1° Le premier effet de l'incubation consiste à rendre plus prononcée la distinction entre le jaune, la membrane vitel-

_____

(1) Rédigé par Baër. — Comparez Baër, Ueber die Entwickelungsgeschichte der Thiere, Kœnigsberg, 1828, in-4°.

line, et la membrane proligère; celle-ci augmente aussi d'étendue.

Dès les premières heures, la membrane proligère se sépare mieux du jaune qu'elle ne faisait auparavant, mais elle continue encore de tenir à la membrane vitelline, de sorte que, quand on enlève cette dernière, elle la suit. Mais la couche superficielle du jaune continue encore d'adhérer tellement à la membrane vitelline, sur le pourtour de la membrane proligère, qu'on l'entraîne avec elle, en l'enlevant. Ce phénomène n'a plus lieu vers le milieu du premier jour.

Le *cumulus* de la couche proligère (*noyau de la cicatricule de Pander*) suit aussi la membrane vitelline, mais ne se détache pas nettement de la substance du jaune, dont il entraîne toujours un peu avec lui. De très-bonne heure, au contraire, le milieu de ce cumulus est déjà un peu séparé du milieu de la membrane proligère par une fort petite quantité de liquide.

En même-temps, la membrane proligère devient plus mince et plus cohérente, c'est-à-dire qu'elle prend davantage l'aspect d'une lame.

2° Pendant que la membrane proligère acquiert plus de consistance, il se développe en elle deux feuillets, l'un superficiel, plus mince, mais plus ferme, l'autre inférieur, plus épais, plus grenu, et moins cohérent. Avec le secours du microscope on peut déjà distinguer cette séparation avant la douzième heure, en déchirant doucement la membrane proligère avec des aiguilles. Mais elle n'est complète que plus tard; on l'aperçoit plus distinctement un peu avant l'apparition de l'embryon, que quelque temps après. Nous donnerons, avec Pander, le nom de feuillet séreux à la couche supérieure, et celui de feuillet muqueux à la couche inférieure.

3° A peu près en même temps que cette séparation s'effectue dans l'épaisseur de la membrane proligère, il s'en opère aussi une autre du centre à la circonférence, le milieu de la membrane devenant plus clair, et son pourtour plus foncé, parce que le feuillet séreux prédomine dans le premier point, et le feuillet muqueux dans le second. L'espace

clair du centre, qu'on nomme *auréole transparente* (*area pel-
lucida*), est d'abord peu étendu et à peu près rond ; mais il
ne tarde pas à s'allonger, et à devenir plus large à l'une de
ses extrémités. De cette forme ovale, il passe ordinairement
à celle d'une poire, qu'il présente en général vers la douzième heure et jusqu'à la formation du capuchon céphalique
de l'embryon, parce que l'extrémité la plus large continue
toujours de croître en largeur. La partie foncée de la membrane proligère entoure la partie claire en manière de large
anneau.

4° Vers cette époque, la membrane proligère a un diamètre de trois ou quatre lignes, et, à l'exception de son
bord, elle est fortement bombée, d'où il résulte que, sur
ce point, la membrane vitelline fait une saillie comparable
à celle de la cornée transparente de l'œil. Le blanc diminue
donc au dessus d'elle ; mais la diminution qu'il éprouve là
est trop considérable pour pouvoir dépendre uniquement du
bombement de la membrane proligère et de la portion de
membrane vitelline qui recouvre celle-ci. Il semble bien plutôt que la sphère entière du jaune s'élève de plus en plus
dans le blanc, de telle sorte que la membrane proligère, qui
occupe toujours la partie supérieure, se rapproche de la
membrane testacée. Ce changement est, comme on le conçoit
bien, plus sensible les jours suivants que le premier. Pendant
ce temps la membrane proligère s'est complétement séparée
des parties situées au dessous d'elle, car on peut alors enle-
ver la membrane vitelline avec elle, sans entraîner le *cumulus* de la couche proligère, à la surface supérieure duquel
on aperçoit un enfoncement entouré d'un bord circulaire
blanc. Un sillon circulaire, contenant un liquide clair, sépare
ce bord d'un autre cercle blanc que le jaune forme, et qu'un
sillon sépare à son tour de la masse vitelline située immédiatement en dehors. Ces cercles et les sillons pleins de liquide
qui les séparent, s'apercevant à travers la membrane proligère, il résulte de là ce qu'on appelle les *halos*. Les halos commencent peu après la huitième heure : d'abord circulaires,
ils deviennent ensuite un peu oblongs, et croissent avec la
membrane proligère. Leur nombre est de deux à trois dans

l'origine ; mais, au second jour, les élévations qui séparent les enfoncemens circulaires se brisent, et les enfoncemens se confondent ensemble d'une manière onduleuse, ce qui rend désormais impossible de déterminer le nombre des halos. A cette époque ils n'occupent que le dessous du pourtour de la membrane proligère, dont le milieu nage en plein sur un liquide. En effet, il s'accumule de plus en plus du liquide sous cette membrane, ce qui fait que le *cumulus* de la couche proligère est déjà séparé d'elle par une distance considérable. Ce liquide peut s'être en partie séparé de la masse vitelline voisine, et en partie aussi élevé de la cavité centrale du jaune. Comme le canal qui mène de la cavité centrale à la membrane proligère, est pour ainsi dire bouché en haut par le *cumulus* de la couche proligère, le liquide est obligé de se réunir en cercles autour de ce *cumulus*, ce qui explique aisément le sillon existant entre lui et le reste de la surface du jaune (1). Mais ce qui prouve que le jaune a subi aussi une métamorphose au dessous de l'embryon lui-même, c'est la couleur blanchâtre que prend la partie non liquide.

5° Pour bien faire saisir l'ensemble des métamorphoses qui dépendent de la membrane proligère, comme telle, nous en signalerons encore ici une qui ne s'observe cependant qu'après l'apparition de la première base de l'embryon. Entre la seizième et la vingtième heure on remarque, dans la partie foncée de la membrane proligère, une ligne circulaire, de couleur plus terne que le reste, qui fait saillie en dessous, comme une couture rabattue, et qui partage la portion foncée de la membrane proligère entourant l'auréole transparente en deux cercles, l'un externe, l'autre interne. C'est dans le cercle intérieur seulement que se forment les vaisseaux qui apparaissent au second jour, circonstance à cause de laquelle on l'a appelé avec raison *auréole vasculeuse* (*area vasculosa*). Dès avant cette séparation à la surface, une autre, correspondante, mais moins sensible à la vue, s'opère dans l'épaisseur de la membrane proligère. En effet, entre les feuillets séreux et muqueux il se forme une couche de globules, que Pander

(1) *Comp.* pl. II, fig. 1.

appelle le *feuillet vasculaire*, parce que les vaisseaux se développent plus tard aux dépens de ces globules. Cette couche manque dans l'anneau extérieur, mais elle existe dans l'auréole transparente et dans l'auréole vasculaire, et elle prédomine, comme véritable couche vasculaire, dans cette dernière, de sorte que la même division qui a lieu dans la membrane proligère en profondeur, c'est-à-dire suivant le sens de son épaisseur, et de laquelle résultent les trois feuillets séreux, vasculaire et muqueux, s'observe aussi dans le plan étendu du centre à la circonférence, où elle produit l'auréole transparente, l'auréole vasculaire, et le cercle extérieur, qu'on pourrait appeler *auréole vitelline*, si l'on voulait lui assigner un nom. Effectivement, le feuillet séreux prédomine dans l'auréole transparente, le feuillet vasculaire dans l'auréole vasculaire et le feuillet muqueux dans l'auréole vitelline.

6° Jusqu'au-delà du milieu du premier jour, aucune partie de l'embryon n'a commencé à se former ; c'est seulement vers la quatorzième ou quinzième heure qu'on en aperçoit le premier rudiment. Celui-ci consiste dans ce que j'appelle la *bandelette primitive*, qui est le précurseur de la colonne vertébrale. Cette bandelette a une ligne et demie environ de longueur, et elle occupe l'axe longitudinal de l'auréole transparente. Or cet axe ne correspond pas à l'axe longitudinal de l'œuf, mais bien à son axe transversal ; car la tête de l'embryon futur, qui est déjà indiquée, dans la première bandelette de couleur foncée, par une extrémité un peu plus épaisse, se trouve à gauche, tandis que l'extrémité caudale est située à droite, quand on place l'œuf devant soi, dans le sens de sa longueur, de manière que la grosse extrémité soit tournée du côté de l'observateur, la petite extrémité du côté opposé, et le feuillet proligère en haut. D'après cela, le côté gauche de l'embryon se dirige vers le gros bout de l'œuf, et son côté droit vers le petit bout. Cependant cette situation n'est pas toujours tellement rigoureuse, que l'axe longitudinal de l'embryon fasse un angle parfaitement droit avec celui de l'œuf ; l'angle varie, au contraire, à tel point, que le premier de ces axes se rapproche davantage du second, tantôt d'un côté, tantôt de l'autre, en sorte que, dans certains cas, rares à la vérité, les deux axes coïncident presque ensemble, la tête de l'embryon se trouvant alors tournée, soit vers le gros bout, soit vers le petit bout de l'œuf.

La bandelette primitive ne subsiste que pendant fort peu de temps, et elle se compose d'un amas de globules qui tiennent assez peu les uns aux autres. En effet, à cette époque, l'auréole transparente n'est point encore aussi claire qu'elle le devient plus tard, et elle contient encore un assez grand nombre de globules, qui viennent se réunir dans la bandelette primitive, de manière qu'un œil exercé reconnaît déjà cette dernière à sa teinte plus foncée, sans avoir besoin de recourir aux verres grossissans. Elle est plus ou moins élevée.

7° Des deux côtés de cette bandelette surgissent bientôt les élévations que Pander appelle *plis primitifs*, mais qui doivent recevoir un autre nom, puisqu'ils ne sont ni la première partie de l'embryon qui se développe, ni de véritables plis. Ce sont d'abord des bourrelets irréguliers, arrondis, assez foncés en couleur; l'espace compris entre eux est plus clair. Il paraît donc que les granulations se portent de la bandelette primitive vers les côtés. Les bourrelets apparaissent entre la seizième et la dix-huitième heure, et, dans le premier moment, ils n'arrivent à se toucher ni à l'extrémité antérieure, ni à l'extrémité postérieure; en général, leurs deux extrémités se développent en dernier lieu, mais cependant très-promptement. Ils sont un plus distans l'un de l'autre à leur bord supérieur que dans leur base, leur bord supérieur, qui est encore arrondi, se trouvant placé au-delà du milieu de leur base (1). Ces deux bourrelets deviennent le dos; car c'est en eux, et non à leur surface, comme nous le ferons voir plus tard, que se développent les rudimens des arcs vertébraux. On peut donc les appeler *lames dorsales* ou *spinales*. A mesure qu'ils acquièrent plus de hauteur, leurs bords, devenus plus tranchans, se rapprochent l'un de l'autre, jusqu'à ce qu'enfin ils se rencontrent et se soudent ensemble, de sorte

(1) Pl. II, fig. 2.

que le sillon situé entre eux devient un canal, celui qui est destiné à loger la moelle épinière.

8° Avec les lames dorsales se forme encore une autre partie, que je nomme *corde dorsale* ou *spinale*. C'est une bandelette qui suit l'axe de la colonne vertébrale future et par conséquent de l'embryon entier. Elle se compose d'abord d'une simple série de globules foncés en couleur, qui sont plus serrés du côté de l'extrémité antérieure et plus écartés les uns des autres à l'extrémité postérieure. Sa délicatesse fait qu'au moment de sa première formation on ne la distingue que quand l'eau dans laquelle on examine la membrane proligère est parfaitement pure de globules vitellins. Elle acquiert ensuite plus d'épaisseur et de solidité, parce que le nombre des globules qui la constituent va toujours en augmentant. L'extrémité antérieure prend de très-bonne heure la forme d'un bouton arrondi, beaucoup plus épais, de sorte que, dès la fin du premier jour, la corde dorsale ressemble à une épingle très-déliée, munie d'une petite tête. Elle conserve aussi cette apparence plus tard, tout en devenant peu à peu plus forte, et se courbant, comme l'embryon entier. Cette corde correspond évidemment à la colonne cartilagineuse qui se trouve pendant toute la vie dans le rachis de quelques Poissons cartilagineux. De même que chez ces derniers, dans le Poulet aussi, les corps vertébraux s'appliquent autour du cylindre, de sorte que, jusqu'à la moitié du développement, époque à laquelle celui-ci devient peu à peu plus fort, on peut le retirer des corps vertébraux, comme un ruban.

La règle générale du développement semble donc consister en ce que, peu de temps après avoir pris naissance, la bandelette primitive se divise en deux moitiés latérales, les lames dorsales, et en une bandelette médiane, la corde dorsale, et cela de telle manière que les deux parties se produisent à peu près en même temps, mais que, pendant les premiers momens, le développement marche avec plus de rapidité, ou du moins s'observe plus distinctement, dans les parties latérales. Or la corde dorsale est ce que tous les observateurs qui prétendent avoir vu la moelle épinière de très-bonne heure, ont pris pour cet organe, car il n'y a aucune trace de moelle épinière, comme corps solide, avant la soudure des lames dorsales.

9° Comme la corde dorsale commence à se former par une série simple de globules d'une couleur foncée, de même aussi on voit cette ligne entourée d'une bordure claire, et plus la corde est foncée, plus la bordure est claire, jusqu'à ce qu'elle acquiere la diaphanéité du verre. Mais, attendu qu'on la distingue de tous les côtés, elle est à proprement parler une *gaîne de la corde dorsale*. Dans le principe, elle ne fait qu'un avec la corde, et, pendant les deux premiers jours, elle est si étroitement unie avec elle, qu'il faut la plus grande patience et l'aiguille la plus déliée pour les séparer l'une de l'autre. Elles ne font réellement, durant le premier jour, qu'un tout, dans lequel s'opère la même séparation que presque partout où un corps plus foncé se développe dans l'embryon, et où l'on aperçoit anssi, à côté de ce corps, faisant opposition avec lui, une masse claire et sans globules. Il n'y a de remarquable, à la corde dorsale, que la solidité de la masse diaphane; car, en procédant avec précaution, on peut, dès le troisième jour, séparer la corde de sa gaîne, et, à dater du quatrième jour, l'expérience réussit assez facilement.

10° La gaîne entoure aussi le bouton de la corde dorsale, et c'est là que les extrémités antérieures des lames dorsales s'appliquent l'une contre l'autre. Les lames dorsales ne sont donc pas primitivement plus longues que la corde dorsale, et elles ne sont pas plus courbées, dans le sens de leur longueur, que ne l'était la bandelette primitive, c'est-à-dire que ne le comporte la courbure du milieu de la membrane proligère. Mais comme elles croissent plus vite que la corde dorsale, non seulement elles forment, par toute leur masse, un arc dont la convexité est dirigée en haut, mais encore leur extrémité antérieure se recourbe un peu de haut en bas autour du bouton de la corde dorsale. Cette inflexion antérieure va toujours en augmentant, entraîne aussi avec elle l'extrémité antérieure de la corde dorsale, et devient la tête, dans laquelle le bouton de la corde dorsale occupe le milieu de la base du crâne (1). En devant, cette même inflexion touche,

_____

(1) *Voyez* pl. II, fig. 2 et fig. 3.

par un bord demi-circulaire, à la portion non déroulée de la
membrane proligère, avec laquelle elle forme un angle, qui
devient peu à peu plus aigu. Mais si je l'ai représentée comme
procédant de l'accroissement considérable des lames dorsales,
c'était uniquement pour donner une idée plus nette de la métamorphose ; car on ne tarde pas à s'apercevoir que ce changement tient à une cause plus profonde et générale, qui se manifeste partout comme tendance à séparer l'embryon de la
partie entourante de la membrane proligère et du reste de
l'œuf. En effet, à peine l'extrémité antérieure de la colonne
vertébrale s'est-elle recourbée en bas, que la partie voisine
de la membrane proligère se retire en arrière, à la face inférieure du rudiment de l'embryon, c'est-à-dire que l'endroit
où le renversement de la membrane proligère se détache de
l'extrémité antérieure de l'embryon, pour aller faire suite à la
portion plane de cette même membrane, se reporte toujours
de plus en plus en arrière, d'où résulte qu'il commence à se
former d'avant en arrière une cavité du corps, dont la paroi
inférieure n'est actuellement constituée que par la membrane
proligère seule (2). Ce phénomène repose donc, d'abord sur
l'accroissement de l'embryon, qui grossit avec plus de rapidité que sa base, en second lieu, sur un commencement de
rétrécissement de la communication entre l'embryon et la
membrane proligère, qui ne devient cependant visible qu'au
second jour ; car la première inflexion des lames dorsales n'a
lieu que vers la vingtième heure, et le repoussement en arrière de la partie voisine de la membrane proligère, qu'à la fin
du premier jour. Par là une portion de la moitié antérieure
de l'auréole transparente se trouve attirée hors du plan, et
cette auréole ne paraît plus pyriforme, mais en forme de
biscuit.

11° Pendant que les lames dorsales se rapprochent l'une
de l'autre par leurs bords supérieurs, on voit paraître dans
leur intérieur les vertèbres, chacune en deux pièces situées
l'une vis-à-vis de l'autre. Ces vertèbres sont constituées,
comme la corde dorsale, par des grains très-serrés, formant

(1) Pl. II, fig. 3.

des taches entourées d'auréoles claires, qui ont avec elles le même rapport que la gaîne avec la corde dorsale. Il n'existe là aucune trace encore d'une autre texture, plus analogue à celle du cartilage. A la vérité, les taches ne sont point encore parfaitement carrées au moment où elles commencent à paraître ; mais elles ne tardent pas à prendre cette forme, qui fait que les intervalles clairs deviennent semblables à des ligamens transversaux. Ces rudimens de vertèbres se forment dans la région où la partie élevée et en crête des lames dorsales s'unit avec la partie plane, et ils n'atteignent point jusqu'au bord de la crête. La suite en est qu'il semble que la vertèbre se forme auprès des lames dorsales, attendu que, quand le dos commence à se fermer, si l'on plonge ses regards de haut en bas, on aperçoit de chaque côté des rudimens vertébraux, et, en dedans, une bandelette claire, bornée par deux ombres ; la bandelette claire est la crête transparente infléchie, et l'ombre extérieure est la limite de la cavité pour la moelle épinière (1). Au reste, les premiers vestiges des vertèbres paraissent vers la fin du premier jour, et à la région du cou, point à partir duquel il s'en forme de nouvelles en avant et en arrière.

12° Tandis que ces changemens s'opèrent au dos, l'embryon s'élève du jaune, et l'auréole transparente entière participe à cette élévation, même d'une manière uniforme, car le pourtour des lames ventrales n'est point encore déterminé en elle. Tous les feuillets s'élèvent en même temps, et sont serrés les uns contre les autres ; ce n'est qu'en devant qu'ils commencent à se séparer, par suite de la rétraction qui a lieu au dessous de l'extrémité céphalique, ce que nous examinerons de plus près au second jour.

Ainsi, à la fin du premier jour, l'embryon est constitué de la manière suivante :

On ne distingue d'abord en lui que du tissu plastique, ou cette masse fondamentale de toutes les parties animales, qui est composée d'un mucus albumineux et de globules incom-

---

(1) *Voyez* pl. II, fig. 3, où l'on aperçoit en haut (3') le dos ramené par les lignes ponctuées à la figure de la coupe.

plètement isolés. Une région renferme plus de globules, une autre davantage de mucus coagulé; nulle part il n'y a aucune trace de fibres continues. L'embryon est convexe en dessus, comme un bateau plat retourné. On ne distingue encore, des parties futures de l'animal, que la corde dorsale et les deux lames dorsales, qui sont au moment de se souder ensemble, et contiennent cinq à sept vertèbres. Au total, par conséquent, il n'existe que la moitié supérieure de l'animal. Sa moitié inférieure ou ventrale n'est point encore sortie de la membrane proligère. Les parties que nous appellerons plus loin lames ventrales, paraissent déjà appliquées aux deux côtés de la colonne vertébrale, car la membrane proligère y est un peu plus épaisse, et l'on distingue déjà un peu les lames ventrales à l'extrémité la plus antérieure. Mais elles ne sont point encore délimitées en dehors, et comme évidemment elles se développent, non des rudimens déjà visibles de l'embryon, mais de la partie voisine de la membrane proligère, on voit d'après cela que l'embryon, si l'on excepte son extrémité antérieure, n'est point encore distinct de cette membrane, et qu'il se confond avec elle par une transition insensible. On retrouve donc aussi en lui toutes les couches de la membrane proligère. Le feuillet muqueux est très-mince et simplement appliqué à la face inférieure de la colonne vertébrale. Le feuillet séreux se continue sans interruption avec la surface lisse, externe et interne, des lames dorsales. Le contenu de ces dernières lames est la partie la plus consistante de l'embryon. La couche de tissu plastique comprise entre les lames et le feuillet muqueux est beaucoup plus molle; on ne peut pas déterminer d'une manière positive s'il n'y a que cette couche molle qu'on doive considérer comme la couche vasculaire, ou s'il faut aussi rapporter à celle-ci le contenu des lames dorsales, parce que le contenu lui-même n'a pas de limites arrêtées en dehors. En outre, le feuillet vasculaire de la membrane proligère n'est point aussi indépendant que le sont les feuillets séreux et muqueux; il n'est point séparé de ce dernier par des limites tranchées, et il ne constitue au fond que le tissu plastique contenu entre eux, en quelque sorte la masse du corps emprisonnée entre la peau et la membrane muqueuse.'Car il est bien évident qu'une partie de la membrane proligère devenant l'embryon, on peut regarder cette membrane entière comme le corps informe de l'animal lui-même, qui n'est qu'un grand sac intestinal non fermé. Mais dans tous les cas, la couche molle située au dessous de la colonne vertébrale ressemble à la couche vasculaire de la membrane proligère par sa texture lâche, reçoit aussi plus tard les vaisseaux de cette couche, et ne se détache point d'elle, mais bien des lames dorsales et ventrales. De plus, la masse interne des lames dorsales est intimement unie, non pas seulement à cette époque, mais aussi pendant tout le second jour, avec leur surface, et l'œil ne distingue aucune ligne de démarcation entre cette masse et le revêtement, à coup sûr plus clair, qui ne devient séparable qu'au troisième jour. On peut donc considérer les lames dorsales en entier comme des pullulations du feuillet séreux. Tout le développement du premier jour peut être regardé comme une exsertion de la membrane proligère, qui n'a de limites arrêtées qu'à l'extrémité antérieure.

13° La substance qui sert à l'accroissement de l'embryon ne peut plus maintenant provenir que de la face inférieure, où s'est accumulé un liquide tirant son origine du jaune. Il ne me paraît pas douteux que ce dernier lui-même a attiré de la substance du blanc; car, quoique son volume ne soit pas encore accru, on ne peut méconnaître l'augmentation qu'il acquiert les jours suivans. Mais la diminution du blanc est déjà très-sensible, et plus considérable qu'elle ne le serait par le seul fait de l'évaporation, puisqu'elle se réduit pour ainsi dire à rien dans les œufs qui ne contiennent point d'embryon. Le blanc a surtout diminué au dessus de l'auréole transparente.

B. *Second jour.*

§ 399. Si les formations du premier jour ont pour caractère l'exsertion ou l'évolution de l'embryon hors des parties primitives de la sphère vitelline, celles du second jour tendent à l'isoler de plus en plus de ces parties, par l'établissement de limites, qui deviennent déjà une intersection pour la partie antérieure du corps ; et si le tronc de la colonne vertébrale ne subit d'abord qu'un développement marchant du côté vers le haut, pour circonscrire une cavité destinée aux parties centrales du système nerveux, on en voit ensuite s'opérer un autre, procédant du côté vers le bas, pour former une cavité destinée aux organes plastiques, ce qui complète le caractère morphologique de l'animal vertébré. Ces métamorphoses ont lieu surtout pendant la première moitié du second jour ; elles continuent bien encore durant la seconde moitié, mais elles deviennent alors moins sensibles, en raison du développement qui a lieu d'un antagonisme capital dans l'embryon devenu indépendant, savoir celui des systèmes nerveux et sanguin. Considérons d'abord les progrès de la formation qui avait déjà commencé la veille, celle du dos et de la cavité qu'il renferme.

1° La soudure des lames dorsales commence derrière la tête future, d'où elle s'étend assez rapidement en avant et en arrière. Le canal destiné à la moelle épinière se ferme en dernier lieu à la région sacrée, et il y conserve une base plus large que partout ailleurs.

2° Pendant la soudure des lames dorsales, le nombre des rudimens vertébraux augmente ; ces rudimens eux-mêmes deviennent de plus en plus distinctement carrés, et les espaces clairs qui les séparent prennent aussi de plus en plus l'aspect ligamenteux : il n'y a que les vertèbres les plus antérieures et les plus postérieures qui soient encore irrégulières. Vers le milieu du second jour, il existe dix à douze vertèbres.

3° Aussitôt après la soudure des lames dorsales, le canal qu'elles circonscrivent est un peu plus large à sa partie antérieure qu'à sa partie postérieure. Cette dilatation est le premier rudiment de la cavité crânienne, et sa partie postérieure s'étend jusqu'au-delà de l'endroit où l'inflexion de la membrane proligère se trouve vers la trentième heure : au bout de trente-six heures, la cavité crânienne revient plus en devant, par les progrès de l'inflexion des lames dorsales. Au moment de son apparition, elle ne présente encore ni étranglemens ni dilatations, jusque vers son extrémité la plus an-

térieure qui, de très-bonne heure, forme une très-petite cavité arrondie, pouvant avoir tout au plus un sixième de ligne
de diamètre, de sorte que la cavité entière destinée à recevoir la partie centrale du système nerveux a la même forme
que la corde dorsale, mais seulement plus de largeur. De
très-bonne heure, vers la trentième heure environ, cette excavation s'agrandit, et derrière elle se produit une seconde
dilatation pour les tubercules quadrijumeaux, puis derrière
celle-ci une troisième, beaucoup plus longue, pour la moelle
allongée. Cette dernière cellule a elle-même des parois on-
duleuses, de sorte qu'on reconnaît en elle un certain vague
de formation, ou une tendance à se partager en plusieurs cellules : on distingue surtout assez bien un étranglement, tantôt plus et tantôt moins prononcé, qui divise jusqu'à un certain point l'espace en une portion antérieure, plus courte,
arrondie, et une autre postérieure, plus longue et plus étroite,
circonstance en raison de laquelle les observateurs indiquent
tantôt trois et tantôt quatre cellules cérébrales. La plus antérieure des cellules, celle qui paraît la première, embrasse, à
une époque plus reculée, les cuisses du cerveau et les couches optiques; d'abord étroite et ronde, elle s'est, dès la trentième heure environ, élargie un peu à sa partie postérieure, et
légèrement allongée en pointe par devant, après quoi elle
pousse en arrière deux élévations arrondies, une de chaque
côté, qui sont les rudimens des yeux. Les cellules cérébrales
et le canal de la moelle épinière ne contiennent d'abord qu'un
liquide transparent, qui est le précurseur des parties centrales du système nerveux, et qui sans nul doute existe déjà au
moment du soulèvement des lames dorsales. Vers le milieu
du second jour se forme la substance solide du cerveau et de
la moelle épinière.

4° *Les lames ventrales* ou *viscérales* (*laminæ abdominales*
de Wolff, *plis ventraux* de Pander) se réunissent en dessous
pour produire une cavité, de même que les lames dorsales le
font en dessus; seulement leur réunion marche avec beaucoup plus de lenteur, et elle n'est complète qu'à la fin de l'incubation. Elles existent, à l'extrémité antérieure, dès le commencement du second jour, et à proprement parler même on

les y remarque déjà vers la fin du premier : seulement elles ne sont point encore séparées du reste de la membrane proligère (§ 398 , 13°), et on ne les aperçoit qu'un peu plus tard à la partie postérieure du corps.

5° Par rapport à la fermeture de l'extrémité du corps, nous nous rappelons qu'à la fin du premier jour, la corde dorsale, ou le tronc de la colonne vertébrale, s'était courbée de haut en bas à son extrémité antérieure, et que l'inflexion de la membrane proligère s'étendait à une petite distance derrière le bouton de cette corde (§ 398 , 11°) (1). Au commencement du second jour, cette inflexion se porte de plus en plus en arrière, de sorte que la fermeture de l'embryon en dessous procède d'avant en arrière, et qu'il se produit, dans son extrémité antérieure, une cavité, tapissée par la membrane muqueuse, et qui va toujours en grandissant (2). Dans le même temps, la partie de la membrane proligère qui, après s'être réfléchie, revient en devant, pour se continuer avec le reste de la surface de la membrane, doit couvrir l'extrémité antérieure de la tête, lorsqu'on veut contempler celle-ci de bas en haut. Nous donnons à cette partie le nom de *capuchon céphalique;* ce n'est donc pas une partie indépendante, mais une portion immédiate de la membrane proligère. Dès que le premier rudiment du capuchon céphalique a paru, vers la fin du dernier jour, on aperçoit déjà en lui des traces de séparation des feuillets de la membrane proligère. Pendant la première moitié du second jour, cette séparation marche avec rapidité ; de sorte que, vers le milieu de la journée, le feuillet supérieur ou séreux est séparé du feuillet muqueux par une distance d'environ une demi-ligne. La séparation ne s'efface plus désormais ; car, comme le resserrement ne s'opère pas seulement d'avant en arrière, mais encore d'un côté à l'autre, dans l'extrémité antérieure du corps , le contenu granuleux du feuillet vasculaire se resserre des deux côtés, d'où il résulte déjà que le feuillet séreux doit être maintenu à une certaine distance du feuillet muqueux. Cette dis-

(1) Pl. II , fig. 3.
(2) Pl. fig. 4.

position a pour effet immédiat qu'au milieu du second jour le capuchon céphalique est beaucoup plus court dans son feuillet séreux que dans ses feuillets vasculaire et muqueux.

6° Le reculement du point réfléchi de la membrane proligère marque l'époque où l'embryon commence à se séparer du reste de la membrane, séparation qu'au troisième jour nous voyons s'étendre à tout le pourtour. Comme elle commence à s'effectuer en devant, l'embryon offre aussi d'abord, à son extrémité antérieure, une excavation (1), qui est immédiatement formée de tous côtés par le feuillet muqueux, attendu que ce feuillet représente la couche la plus inférieure dans le rudiment de l'embryon, et par conséquent aussi la couche la plus supérieure dans la portion réfléchie de la membrane proligère. L'excavation elle-même est encore fort ample, et elle s'étend en avant jusqu'à l'inflexion de la colonne vertébrale, qui en constitue le fond, de manière que, sur ce point, la cavité affecte la forme d'un cul-de-sac. En arrière, ou à l'extrémité de la partie réfléchie de la membrane proligère, elle se continue, par une large ouverture arrondie, avec l'espace dans lequel est placé le jaune. Évidemment cette excavation est la *partie* la plus *antérieure* du *canal alimentaire* futur, et nous la désignerons provisoirement sous ce nom vague ; car il ne s'est point encore établi en elle de divisions qui la distinguent en cavité gutturale, œsophage, etc., quoique la partie recourbée de la colonne vertébrale se caractérise déjà comme couverture de la cavité gutturale. Nous donnerons à l'extrémité ouverte de l'excavation antérieure (2) le nom d'*entrée antérieure du canal alimentaire* (*fovea cardiaca* de Wolff, *fosse stomacale* ou *cardiaque* de Meckel, dénominations impropres, qui contribuent beaucoup à répandre de l'obscurité sur le travail de Wolff, et à en rendre l'intelligence difficile). Tandis que la partie antérieure du canal alimentaire se forme ainsi, on aperçoit déjà, sur ses parois latérales, les extrémités antérieures des lames ventrales. Ces lames se touchent l'une l'autre au bouton de la corde dorsale ; mais, plus

(1) Fig. 4 d, g.
(2) Fig. 3-9 g.

en arrière, leurs bords inférieurs sont écartés, de sorte que le vide qu'elles laissent entre elles n'est rempli que par la portion réfléchie de la lame proligère (5°); à l'endroit même de la réflexion, elles sont plus distantes encore l'une de l'autre, et leur partie postérieure, faiblement développée, se trouve dans le plan de la lame proligère, comme la remarque en a déjà été faite.

7° Nous avons déjà dit (5°) que la séparation de la moitié antérieure du corps, et le refoulement en arrière des extrémités antérieures des lames ventrales, primitivement à peu près horizontales, avaient pour résultat de forcer le contenu granuleux du feuillet vasculaire d'abandonner cette région. En effet, dès la fin du premier jour, on aperçoit, entre le feuillet séreux et le feuillet muqueux, une masse grenue, de couleur foncée, qui se continue en arrière avec les bords latéraux du capuchon, par deux espèces de cuisses latérales. Ces deux cuisses sont unies en devant par un filament très-mince ; pendant la première moitié du second jour, elles se rapprochent de plus en plus l'une de l'autre, en sorte qu'il se produit peu à peu une masse de couleur foncée, ayant la forme d'un Y renversé : car, les cuisses étant resserrées d'avant en arrière, cette masse présente un tronc commun en devant, tandis qu'elle offre deux jambages en arrière. C'est de sa substance que doit se former le cœur, qui n'est encore qu'une masse grenue, de consistance visqueuse, faisant un peu de saillie par en bas, à cause de son épaisseur, mais sans limites précises et sans cavité intérieure. Vers le milieu du second jour, cette masse devient claire et liquide dans l'intérieur, tandis que la surface extérieure prend la forme d'une paroi. C'est ainsi que se produit le cœur, la masse en question se transformant en sang liquide, tandis que, simultanément ou fort peu de temps auparavant, la masse liquide du cerveau et de la moelle épinière commence à se déposer dans le contenu liquide du canal dorsal.

Nous avons maintenant à examiner les deux points importans de la formation du système sanguin et de celle du système nerveux.

8° Peu après le milieu du second jour, on aperçoit d'abord

un enduit trouble à la face interne des lames dorsales, qui forment un canal clos, ayant plusieurs cellules dans sa partie antérieure. Cet enduit contient de gros globules, d'une teinte assez foncée, qui sont unis par une masse visqueuse claire, et il ressemble à une couche qu'on aurait étalée avec un pinceau sur la face interne des lames dorsales, à laquelle il adhère fortement. Il est trop mou pour qu'on puisse lui donner le nom de feuillet. Pendant la seconde moitié du second jour, il devient un tout plus cohérent, et peut alors être appelé feuillet. On reconnaît ce feuillet en ouvrant le canal dorsal, aux parois duquel il est intimement appliqué, ou en y pratiquant une coupe verticale; cependant il est encore tellement mince, que, chez l'embryon non ouvert, le canal dorsal semble ne contenir que du liquide. Si on laisse l'embryon plongé pendant quelques heures dans l'eau froide, la couche grenue devient beaucoup plus prononcée, et l'on aperçoit alors, même du dehors, surtout dans les cellules cérébrales, un enduit grenu, de couleur foncée, qui ressemble à du verre dépoli.

Je me suis beaucoup occupé de la question de savoir si ce premier rudiment de la partie centrale du système nerveux est formée de deux feuillets distincts, qui ne se soudent ensemble que plus tard. Mes observations m'obligent de m'élever contre l'opinion reçue. Souvent, en effet, il m'est arrivé, après avoir coupé en travers des embryons de la seconde moitié du second jour, et plus souvent encore après avoir agi de même sur des embryons de trois jours, d'extraire ensuite la moelle épinière, et quand j'y étais parvenu sans produire aucune contusion ni déchirure, cette moelle s'offrait toujours à moi sous la forme d'un canal clos et comprimé d'un côté à l'autre. En haut, la paroi de ce canal est fort mince; elle l'est également en bas, dans le principe; mais elle augmente promptement d'épaisseur sur ce dernier point; sur les côtés, elle est plus épaisse, plus foncée en couleur, plus grenue, et cette épaisseur prédominante des parties latérales va toujours en croissant, de sorte qu'on peut dire que le cylindre creux se compose de deux moitiés, primitivement réunies, auxquelles je donnerai désormais le nom de feuillets de la moelle épinière. La couche médullaire, qui tapisse les cellules cérébrales en dehors, paraît, au premier abord, et pendant le second jour, être réellement divisée vers le haut, parce que la paroi des cellules est d'une transparence parfaite dans cette région, et ce qui contribue encore à produire cette apparence, c'est qu'un trait mince et plus foncé parcourt la ligne médiane de la voûte supérieure. Mais, en y regardant de plus près, on découvre que ce trait est la suture non encore effacée des lames dorsales, et quand on laisse l'embryon pendant long-temps dans l'eau, où, comme je l'ai déjà dit, la couche grenue, foncée en couleur, devient plus prononcée, on reconnaît bien positivement que les cellules cérébrales sont tapissées par elles à leur partie supérieure aussi, même dans la région où plus tard doit se développer le quatrième ventricule. Je considère donc le cerveau comme une vésicule complétement close par le haut et divisée en plusieurs cellules, et je n'exprime cette opinion qu'après de nombreuses recherches, faites avec beaucoup de soin, qui n'ont pas eu seulement l'œuf d'Oiseau pour objet.

Cependant il faut avoir égard à une circonstance fort importante. La partie centrale du système nerveux contient, au second jour, non seulement sa substance propre, mais encore ses enveloppes, le tout confondu en une masse indifférente. Mais je ne pourrais partager l'opinion de ceux qui prétendraient que ce que j'ai vu, au second jour, sur la ligne médiane du corps, est uniquement la dure-mère, de laquelle ou sur laquelle se forme plus tard la masse médullaire ; je crois, au contraire, que ce qui occupe alors la ligne médiane est la même chose que ce qui forme les parties latérales, et que les enveloppes du cerveau et de la moelle épinière s'en séparent seulement à une époque plus avancée ; car, quelque mince que puisse être le feuillet sur la ligne médiane, j'ai cependant toujours aperçu, dans ce point, des globules, que je considère comme de vrais globules nerveux.

Quant à ce qui concerne la forme extérieure de la partie centrale, la moelle épinière représente, comme on l'a déjà dit, un tube comprimé de droite à gauche, et dont la cavité, proportionnellement considérable, renferme un liquide épais.

La moelle allongée est une continuation immédiate de ce cylindre, qui va en s'élargissant peu à peu, et sur laquelle on
distingue à peine la région que doit plus tard occuper le cervelet : les tubercules quadrijumeaux forment une cellule au
devant de cette moelle allongée, et jusque-là le cerveau est en
ligne droite avec la moelle épinière; il n'y a que la cellule qui
s'était montrée la première, et de laquelle sont sortis les yeux,
qui soit située au devant du bouton de la corde dorsale, et
qui, celle-ci étant recourbée de haut en bas, se trouve au
dessous du reste du cerveau. L'épaisseur de la paroi cérébrale est très-faible à la partie supérieure et bombée, mais
elle va en augmentant de haut en bas, de manière que le
bord inférieur de chaque moitié présente déjà, à la partie
antérieure du cerveau, l'apparence d'un filament épaissi. Ce
filament, qui doit devenir la cuisse du cerveau, tourne autour
du bouton de la corde dorsale, et se termine, à la base du
crâne, en un prolongement dirigé de haut en bas et qui produit l'entonnoir. Celui-ci est la véritable extrémité primordiale de la partie centrale du système nerveux, et résulte
d'une inflexion de la cellule qui avait paru en premier lieu.
Mais, vers la fin du second jour, on aperçoit encore, au devant de cette cellule, une autre cellule divisée par une échancrure médiane. Cette double cellule antérieure, à l'égard de
laquelle j'ai été long-temps sans pouvoir m'orienter, me
paraît maintenant représenter les hémisphères. D'après cela,
les hémisphères se développeraient plus tard de la cellule qui
est primitivement la plus antérieure, et dont l'expansion foliacée supérieure embrasse l'extrémité recourbée des cuisses
du cerveau et de l'entonnoir. Le canal du cerveau à l'œil est
alors tapissé aussi d'une couche mince de moelle nerveuse,
de sorte que, dans l'origine, le nerf optique est également
creux, et une continuation immédiate du cerveau.

De même que, pendant la première moitié de ce jour,
l'œil pousse de la cellule cérébrale antérieure, de même
aussi, pendant la seconde, l'oreille sort de la moelle allongée,
sous la forme d'un cylindre creux, tapissé de moelle nerveuse, qui repousse un peu en dehors la lame dorsale sur ce
point. Mais la saillie, au lieu de se terminer en sphère,

comme à l'œil, présente, à ce qu'il paraît, une surface extérieure légèrement concave ; dans tous les cas, le bord antérieur est plus avancé que le postérieur. Je n'ai aperçu aucun vestige des autres nerfs.

9° Je n'ai pas pu suivre tous les détails de la formation du système sanguin. D'après Pander, il apparaîtrait de fort bonne heure, sous le feuillet séreux, de petits îlots, d'une couleur foncée, et composés de petits globules. Vers la vingtième heure, cette forme d'îlots disparaîtrait, et la surface entière serait uniformément remplie de globules, entre lesquels se manifesteraient de petites fissures, au bout de trente heures, après quoi les globules se réuniraient de nouveau en îles, d'abord jaunâtres, qui deviendraient rouges peu à peu, et qui constitueraient alors les îles de sang décrites par Wolff. Ces îles s'allongent, deviennent plus étroites, s'unissent ensemble par leurs extrémités, et forment un réseau rougeâtre, avec des interstices transparens, de sorte qu'il se produit des courans déliés de globules rougeâtres, qui, suivant leur épaisseur diverse, se disposent en manière ou de branches ou de troncs. Pendant ce temps, l'intervalle entre les courans se remplit d'une membrane déliée.

Tout ce que je puis dire sur la formation du sang, c'est qu'au premier jour il se développe, dans le feuillet vasculaire, des vésicules retenues ensemble par du tissu plastique, qu'un peu plus tard il apparaît des grains de couleur foncée, et qu'ensuite il se forme, entre ces grains, des fissures qui les entourent en façon de mailles. Je donne, avec Pander, le nom d'île à l'ensemble des grains qui sont enveloppés par une de ces mailles. On distingue bientôt, dans les gouttières, un courant, que je n'ai cependant pu apercevoir que dans l'auréole transparente, parce que l'auréole vasculaire est trop obscure pour qu'on y reconnaisse des filets aussi grêles. On voit bien plutôt, dans cette auréole vasculaire, un liquide s'accumuler en grandes masses, rougir, et prendre à l'œil nu l'apparence de gouttes de sang ; j'y ai même aperçu déjà des îles de sang, tandis que je ne pouvais point encore distinguer de courans dans l'auréole transparente. Au contraire, ce qui coule d'abord dans cette dernière, est incolore, et il ne se forme point en elle de gouttes de sang *rouge*. Il m'a même paru que le mouvement a lieu d'abord dans le cœur, qu'un peu plus tard paraît le courant dans les gouttières de l'auréole transparente, et qu'enfin seulement le sang sort de l'auréole vasculaire. Ce qu'il y a de certain, c'est que, pendant quelques heures, il se meut dans le cœur un liquide parfaitement limpide, qui ne paraît point incolore uniquement à cause de sa petite quantité, puisqu'à la même époque on distingue déjà des îles de sang rouges, ou au moins jaunes, dans l'auréole transparente, dont le diamètre est inférieur à celui du cœur. Ce n'est pas sans scrupule que je présente ce résumé de mes recherches, car elles n'ont nullement répondu à mon attente, et il était beaucoup plus vraisemblable que le premier sang arrivait au cœur par des courans venant de la membrane proligère.

10° Vers le milieu du second jour, la masse foncée qui s'était rassemblée dans la paroi inférieure de la partie antérieure et close de l'embryon, semble disparaître, car cette région devient claire. Mais si l'on contemple de côté l'extrémité antérieure du corps, on s'aperçoit qu'il y a une saillie plus considérable vers le bas, par conséquent augmentation, et non diminution de volume ; de très-bonne heure aussi on distingue les pulsations et la paroi du cœur. Ce qui prouve que le cœur est né de la masse foncée, réunie en une seule agglomération, c'est que les cuisses de cette masse, dont les sommets n'étaient point devenus clairs, sont maintenant les cuisses du cœur. En effet, voici quelle était la forme du cœur à l'époque la plus reculée où j'ai pu observer cet organe. En arrière, immédiatement contre le repli du feuillet muqueux, il s'allongeait des deux côtés en deux cuisses, dont le commencement paraissait être creux, mais qui se perdaient d'une manière vague dans la membrane proligère, sans recevoir de vaisseaux et sans présenter non plus d'orifices béans, mais limitées par une masse granuleuse non encore dissoute. De l'angle formé par la réunion des cuisses, partait un canal tout-à-fait limpide, qui se portait en avant, non pas en ligne droite, mais d'une manière irrégulièrement sinueuse, parce que l'espace destiné à le loger était manifestement trop court.

En avant il se rapetissait un peu, et se partageait en deux cuisses extrêmement minces et grêles, plutôt indiquées que réellement formées. Ces cuisses s'écartaient un peu l'une de l'autre, en même temps qu'elles se dirigeaient d'arrière en avant et de bas en haut, comme si elles voulaient atteindre la voûte et la surface dorsale de la cavité gutturale : mais elles paraissaient se perdre d'une manière vague, avant d'être arrivées à la colonne vertébrale, dans le tissu plastique qui couvrait en dessous l'extrémité antérieure de cette dernière. Le cœur contenait un liquide parfaitement limpide, dont les mouvemens résultaient de pulsations. Le mouvement était ondulatoire dans le canal du cœur, et se dirigeait d'arrière en avant, à peu près comme celui qui a lieu dans le vaisseau dorsal des Insectes ; tandis qu'une contraction s'opérait d'arrière en avant, on voyait distinctement que le sang ne retournait point en arrière avant d'avoir atteint l'extrémité antérieure, mode de locomotion qui, chez les Insectes, tient nécessairement à ce que, pendant que la masse du sang embrassée par la contraction est chassée en avant, le reste reflue en arrière, parce que le vaisseau dorsal est tout-à-fait ou presque entièrement clos. On peut donc conclure de là qu'à cette époque, si le cœur n'est pas totalement clos, du moins il ne pousse qu'une très-petite quantité de sang. Je n'ai pu non plus découvrir, dans l'auréole transparente, aucun courant de sang dirigé vers le cœur. Il n'y avait point encore de globules réunis en îles dans l'auréole vasculaire. Vers cette époque, le cœur était situé tout-à-fait au dessous de la tête future ; car, ainsi qu'on l'a vu plus haut, le rudiment de la moelle allongée s'étend en arrière jusqu'à l'endroit où la membrane proligère se réfléchit vers le bas ; mais les cuisses postérieures du cœur sont situées précisément dans ce repli. Le cerveau et le cœur s'étendent donc aussi loin l'un que l'autre en arrière. Les cuisses antérieures du cœur vont jusqu'au bouton de la corde dorsale, de sorte qu'en devant le cerveau ne s'avance que très-peu au-delà d'elles. Dans cette situation, le cœur est enveloppé des deux côtés par la partie antérieure des lames ventrales, et, à ce qu'il paraît, très-serré dans son espace, ce qui fait qu'il décrit des flexuosités. En continuant de se développer, il écarte les lames ventrales, comme un coin, et fait en dessous une saillie ayant la forme d'une hernie. Les flexuosités du canal cardiaque se convertissent alors en une courbure continue, dont la convexité répond déjà au côté droit, mais en même temps aussi vers le bas. Les extrémités antérieures des lames ventrales, qui étaient réellement adhérentes ensemble, restent seules unies. Derrière ce point, l'intervalle compris entre elles n'est rempli que par la membrane proligère, et il n'y a que la moitié antérieure du cœur qui soit couverte par le feuillet séreux : la postérieure, au contraire, est logée entre ce dernier et le feuillet muqueux, attendu que le repli du feuillet muqueux ne s'étend pas si loin en arrière ; mais elle est couverte par le capuchon céphalique tout entier, si nous mesurons celui-ci d'après le feuillet muqueux (1).

Le cœur, faisant hernie, est bien plus facile à apercevoir qu'auparavant. Son contenu est d'abord parfaitement incolore. Deux à trois heures après la forme qui vient d'être décrite, son mouvement n'est plus ondulatoire, mais simultané dans toute la longueur de l'organe, d'arrière en avant, et il chasse réellement le contenu, de même que le cœur reçoit aussi du sang des veines dans ses pointes latérales. A chaque expulsion du sang succède un temps de repos; ensuite le cœur se dilate dans toute sa longueur et absorbe lentement le sang des veines, puis il exécute une contraction qui dure moins long-temps. Comme, à cette époque, il fait saillie au dehors, sous la forme d'un arc simple, ses mouvemens présentent l'image d'une inspiration très-lente et d'une expiration plus courte. Ces mouvemens donneraient à penser que l'admission du sang est le phénomène primitif, celui qui joue le rôle de cause, et que son expulsion est le phénomène secondaire.

11° Les deux canaux qui sortent de l'extrémité antérieure du cœur sont très-distinctement développés vers cette époque. Embrassant la cavité gutturale, ils s'étendent jusqu'à sa voûte, c'est-à-dire jusqu'à la surface infléchie de la colonne

(1) *Voyez* pl. II, fig. 4.

vertébrale, et, en cet endroit, à la limite antérieure de l'excavation interne du corps, ils se courbent de bas en haut, marchent le long de la face inférieure du rachis, et se réunissent problablement, après avoir été séparés pendant quelque temps, ce qu'à la vérité on n'a point pu encore jusqu'ici démontrer, parce qu'ils semblent perdre leurs parois au dessous de la colonne vertébrale, et que leur contenu est trop limpide pour permettre de les suivre en se guidant d'après lui; mais cette réunion est déjà bien manifeste avant la fin du second jour. Il est probable, d'après ce qui a lieu auparavant, que le sang creuse d'abord peu à peu une aorte dans ces deux vaisseaux, après s'être peut-être perdu pendant quelque temps dans le tissu plastique; du moins, à l'époque dont il s'agit ici, n'ai-je pu voir encore aucune artère sortir de l'embryon. Or, si l'on se rappelle que le premier courant apercevable dans le cœur marche vers l'extrémité antérieure du cerveau, et que le sang se creuse une route le long de la base du crâne et de la face inférieure du rachis, il paraît ressortir immédiatement de l'observation elle-même que ce liquide est attiré par l'extrémité antérieure du système nerveu x, et repoussé ensuite vers l'extrémité postérieure.

12° La métamorphose que le cœur subit jusqu'à la fin du second jour, ou jusqu'au développement complet de la première circulation, consiste en ce que sa courbure augmente, parce qu'il fait une saillie plus considérable encore entre les extrémités antérieures des lames ventrales. En même temps, ses deux extrémités se rapprochent un peu l'une de l'autre; l'antérieure surtout se retire en arrière. La paire la plus antérieure des arcs artériels qui sortent du cœur est alors facile à distinguer; elle monte encore jusqu'à la voûte de la cavité gutturale, ne se réfléchit par conséquent pas sur-le-champ autour de la cavité digestive, mais commence auparavant par se porter en devant, tandis que l'extrémité antérieure du cœur, qui est devenue la racine de l'aorte, s'est retirée en arrière. En outre, vers le troisième quart du second jour, on trouve encore une seconde paire, postérieure, d'arcs vasculaires, qui, sortant du cœur, se forment derrière les précédens, autour du commencement de la cavité digestive, et disparais-

sent en haut, comme ceux de la première paire, en s'amin=
cissant de la même manière qu'eux. À la fin du troisième
jour, il paraît se former un troisième arc encore derrière le
second. Vers cette époque, la courbure du cœur, qui est
plus considérable, a sa convexité tournée non seulement en
bas, mais encore d'une manière déjà très-notable à droite.
Pour parler avec plus de précision, le confluent des veines se
trouve à peu près dans le milieu du corps ; de là le canal cardiaque commun, produit par la coalition de ces vaisseaux, se
porte d'abord un peu à gauche, puis se courbe fortement à
droite, en même temps qu'il se dirige d'abord en bas, puis
en haut, et, dans tout son trajet, d'arrière en avant. Le
cœur forme donc une panse saillante en dessous et à droite,
et Pander s'est trompé en indiquant une courbure à gauche,
puisque la courbure de l'extrémité postérieure vers la gauche
est toujours plus faible que celle vers la droite, et que la première disparaît entièrement dès le commencement du jour
suivant. À la fin du second jour, le cœur n'est point encore
divisé ; cependant sa forme extérieure offre déjà des traces
d'une séparation entre le ventricule d'une part, la portion
veineuse et le tronc de l'aorte de l'autre.

13° Le reste du système sanguin présente la forme suivante,
à l'époque de son premier développement. Un grand réservoir
qui, après le cœur, est le plus vaste canal destiné à recevoir
le sang, s'est formé dans les deux demi-arcs foncés qui séparent l'auréole vasculaire de l'auréole vitelline. Comme ces deux
arcs forment un cercle qui présente toujours une échancrure
prononcée en avant, et qui en a quelquefois aussi une moins
profonde en arrière, le vaisseau est circulaire et composé
de deux moitiés de cercle, dont chacune est plus grêle en
arrière qu'en avant. Ce cercle sanguin (*sinus terminalis*) est
long-temps dépourvu de parois propres, et ne constitue qu'un
simple vide entre le feuillet séreux et le feuillet muqueux ;
mais, plus tard, il acquiert une paroi, que l'on peut aisément
mettre en évidence à la fin de la seconde période, en déta-
chant le feuillet séreux ; dans ce dernier état, il mérite le
nom de *veine terminale* (*vena terminalis*). C'est dans le cercle
sanguin qu'on aperçoit le plus tôt du sang rouge. Le sang qui

afflue pénètre dans chacune des deux moitiés du cercle par son milieu, jusqu'où s'étend la dernière extrémité des artères; de là partent un courant plus fort d'arrière en avant, et un autre plus faible d'avant en arrière, et à l'extrémité antérieure il sort du cercle sanguin une multitude de veines qui se réunissent ensemble, de manière à parvenir dans le corps de l'embryon tantôt par un seul tronc, et tantôt par deux. Quand il y a deux troncs veineux, chacun d'eux pénètre dans une cuisse du cœur ; s'il n'y en a qu'un seul, il aboutit à la cuisse gauche, et la cuisse droite reçoit alors, de l'auréole vasculaire, une petite veine, qui communique bien avec le cercle sanguin par ses branches les plus déliées, mais qui n'en provient pas comme tronc. Ces veines descendent d'avant en arrière, pour aller gagner l'embryon, tandis qu'une autre veine, qui se développe un peu plus tard, monte de la paroi postérieure du cercle vasculaire, se dirige d'arrière en avant, et se jette dans la cuisse gauche du cœur. Les deux cuisses ne sont à proprement parler que les deux petits troncs veineux qui amènent tout le sang au cœur. De là, ce liquide, poussé par une pulsation simple, coule dans deux ou trois paires d'arcades, qui le conduisent à la face inférieure de la colonne vertébrale, où il passe dans deux bras qui finissent par se réunir en un seul tronc au dessus du canal alimentaire. Ce tronc aortique ne tarde pas à se diviser lui-même en deux branches qui, assez rapprochées l'une de l'autre, marchent vers l'extrémité postérieure de l'embryon, mais donnent auparavant, vers le milieu de leur trajet, une branche qui s'en détache presque à angle droit ; cette branche, beaucoup plus forte que la continuation du tronc vers l'extrémité postérieure, se ramifie dans l'auréole vasculaire, et étend ses dernières extrémités jusqu'au cercle sanguin. Comme le cœur est encore un canal presqu'entièrement indivis, la pulsation s'étend d'abord sans la moindre interruption dans toute la longueur de ce canal, et à travers les artères, jusque dans le cercle sanguin ; à la fin de la journée, son unité ne peut plus être méconnue.

Cependant la couverture du cœur a changé ; le repli du feuillet séreux qui paraissait être resté en repos pendant la première moitié du second jour, tandis que l'inflexion des autres feuillets continuait, de sorte qu'à la trente-sixième heure il n'y avait que la partie antérieure du cœur qui fût couverte par le feuillet séreux, fait rapidement des progrès durant le dernier quart de la journée, à la fin de laquelle le cœur presque entier est couvert en dessous par le feuillet séreux, et qu'à l'exception de ses cuisses il est situé bien moins dans le pli compris entre le feuillet séreux et le feuillet muqueux.

13° Comme l'extrémité caudale s'est étendue au-delà de l'union de l'embryon avec la membrane proligère, et que l'embryon commence aussi à éprouver une pareille inflexion à son extrémité postérieure, vis-à-vis du capuchon céphalique, il se forme, à la fin de la journée, un *capuchon caudal*, qui cependant est encore aussi court que celui de la tête l'est à peu près vers la fin du premier jour. Il résulte de là que le feuillet muqueux commence à produire également en arrière une fosse, qui est l'extrémité postérieure du canal alimentaire. En même temps, les lames ventrales s'abaissent un peu, de manière que, de tous les côtés déjà, l'embryon commence à se détacher de la membrane proligère.

14° D'après l'exposition qui précède, la forme de l'embryon n'est plus celle d'un bateau renversé, mais d'une chaloupe renversée, l'extrémité antérieure s'étant close dans une étendue considérable, et la postérieure dans une étendue très-courte, tandis que les parois latérales se sont abaissées.

15° Pour être complet, nous dirons encore qu'il commence à s'opérer une scission des feuillets dans les parties latérales, et qu'un pli s'élève de la limite antérieure du capuchon céphalique vers le haut (§ 398, 7°); la signification de ces deux changemens ne deviendra claire qu'au troisième jour.

16° Après le milieu du second jour, on aperçoit, derrière l'extrémité recourbée de la corde dorsale, et à la face inférieure, une ligne arquée, de couleur foncée, qui est une espèce de cicatrice en sens inverse. En effet, l'extrémité antérieure des lames ventrales va toujours en s'amincissant dans cette ligne arquée, pour se déchirer tout-à-fait au commencement du jour suivant, et former la cavité buccale.

17° La courbure de l'embryon augmente peu pendant la première moitié de ce jour ; durant la seconde, l'extrémité céphalique se courbe de telle manière que la cellule destinée aux tubercules quadrijumeaux vient à être placée tout-à-fait en devant.

18° Dès le commencement de ce jour, l'auréole transparente a pris la forme d'un biscuit, attendu que, par la production du capuchon céphalique, une partie de sa moitié antérieure s'est appliquée à l'embryon, et que cette moitié paraît par conséquent plus étroite. Les halos étaient flexueux au commencement de la journée : ils disparaissent totalement vers sa fin, parce que le liquide a augmenté de quantité au dessous de l'embryon.

19° L'histoire de la première période nous apprend que l'embryon est une partie de la membrane proligère qui arrive à une plus grande indépendance ; qu'à mesure que son indépendance se révèle, le type des animaux vertébrés, le développement d'un tronc vers le haut et vers le bas, se prononce ; et qu'ensuite on aperçoit dans la partie animale une segmentation qui est l'indice du type des animaux articulés.

II. Seconde période.

§ 400. La seconde période est caractérisée par la circulation dans les vaisseaux vitellins sans la circulation dans ceux de l'allantoïde, qui ne commence à paraître que vers la fin de cette période, comme les premiers fondemens de la circulation dans les vaisseaux vitellins avaient été posés à la fin de la première période. La limite qui sépare cette période de la troisième est encore plus difficile à déterminer que celle qui distingue la seconde de la première. Cependant ce qu'il y a de plus naturel, c'est de la fixer au moment où l'allantoïde fait une saillie tellement prononcée qu'elle atteint jusqu'à la membrane testacée, et que par conséquent elle peut remplir la fonction respiratoire. D'après cette division, la seconde période embrasse les troisième, quatrième et cinquième jours.

Pendant ce temps donc, l'embryon est en conflit plus actif avec la membrane proligère qu'auparavant, où il semblait ne faire que se détacher d'elle. Mais la séparation continue aussi pendant la seconde période, et elle se manifeste sous la forme d'un étranglement et d'un enveloppement de l'embryon.

A. *Troisième jour.*

1° Les progrès de cette séparation amènent, au troisième jour, la formation de la poitrine et de l'abdomen, du mésentère et du canal alimentaire.

2° Les cavités pectorale et abdominale sont formées en commun par les lames ventrales. Comme elles représentent plus encore dans l'embryon que chez l'Oiseau adulte une cavité commune et non interrompue, qui est située sous la colonne vertébrale du tronc, nous les embrasserons toutes deux sous le nom collectif de cavité abdominale, et nous distinguerons dans celle-ci une région pectorale et une région ventrale. Mais comme les lames ventrales enveloppent aussi le cou, et que celui-ci est primordialement creux, sa cavité n'est point séparée de la cavité abdominale ; elle ne disparaît que plus tard, par le retrait du cœur en arrière.

2° La formation d'une cavité à la face inférieure de l'embryon fait des progrès rapides, le bord externe des lames ventrales s'inclinant toujours de plus en plus vers le bas, tandis qu'une séparation s'effectue au dedans d'elles-mêmes. Cette séparation consiste en ce que, dans toute leur largeur, et jusqu'à leur bord interne, par conséquent jusqu'au bord de la surface inférieure de la colonne vertébrale, il s'y produit deux couches, l'une supérieure, l'autre inférieure. Elle a lieu très-promptement, et la couche inférieure s'agrandit en même temps, de sorte qu'elle est obligée de s'arquer vers le bas, tandis qu'une petite quantité de liquide s'amasse entre elle et la supérieure. Cette arqûre en dessous a pour effet nécessaire, ou plutôt pour phénomène concomitant, que le bord interne de la couche inférieure, demeurant attaché au bord de la colonne vertébrale, se dispose de plus en plus perpendiculairement, et, que, comme il acquiert en même temps de l'épaisseur, si on le regarde du haut ou du bas, il ne paraît que comme une bandelette obscure, le reste de la couche inférieure étant presque transparent.

Pour bien comprendre la métamorphose qui s'opère à cette époque, il faut jeter encore un regard sur l'état de l'embryon avant qu'elle commence. Nous voyons en lui deux parties latérales, les deux lames ventrales, et une partie médiane. Celle-ci se compose en haut des lames dorsales, soudées ensemble, qui circonscrivent la moelle épinière : au dessous se trouve la corde dorsale, avec sa gaîne, entourée d'un tissu plastique amorphe, un peu condensé, qui touche à la base des lames dorsales, et qui est le fondement de la colonne vertébrale future ; plus bas encore est l'aorte, entourée d'une masse transparente de tissu plastique lâche, qui l'unit à la face inférieure de la colonne vertébrale. Si l'on s'enquiert des feuillets de la membrane proligère qui ont servi à former l'embryon, on trouve que le feuillet muqueux constitue encore une couche très-mince, étendue sur toute la surface inférieure de la partie médiane de l'embryon, et qu'il se sépare avec facilité, n'étant retenu partout que par une petite quantité de tissu plastique. L'aorte, avec la masse claire qui l'entoure, appartient sans doute au feuillet vasculaire. Quant aux parties latérales, ou aux lames ventrales, tant qu'elles sont horizontales, on n'y aperçoit point de couches distinctement séparées les unes des autres ; mais lorsqu'elles se courbent de haut en bas, vers la fin du second jour, la scission en deux couches dont j'ai parlé plus haut s'effectue en elles. La couche inférieure est à son tour formée de deux feuillets, qui cependant restent toujours adhérens l'un à l'autre ; l'inférieur est le feuillet muqueux ; le supérieur, plus épais et plus transparent, contient les vaisseaux sanguins, et nous le considérerons dès à présent comme le feuillet vasculaire proprement dit, parce qu'il se continue avec le feuillet vasculaire de l'auréole vasculaire, quoique l'observation ne nous ait point encore permis de déterminer si la lame ventrale proprement dite ne tirerait pas aussi son origine du feuillet vasculaire. En effet, on aperçoit également dans la couche supérieure deux feuillets, qui sont unis ensemble d'une manière plus étroite encore que ceux de la couche inférieure. Le feuillet séreux s'est un peu séparé, en manière d'épiderme, d'une épaisse lame de tissu plastique, qui est d'abord plissée, mais qui ne tarde pas à s'étendre en une voûte très-surbaissée. Cette dernière est la *lame ventrale proprement dite*, de laquelle se produit le système fibreux tout entier, les os, les muscles et les nerfs des parois abdominales. Elle forme donc, concurremment avec les lames dorsales, la partie animale du tronc, tandis que la couche inférieure, détachée d'elle, en forme la partie végétative. Cette séparation, qui s'effectue dans les parties latérales vers la fin du second jour, n'est au fond qu'une continuation de celle qu'on avait déjà remarquée auparavant dans le capuchon céphalique. Elle fait de rapides progrès pendant le troisième jour, de manière que la couche inférieure ne tarde point à être fortement bombée en dessous. Le bombement augmente encore par cette circonstance que les lames ventrales proprement dites, en cessant d'être plissées, courbent leur bord inférieur en bas et en dedans. Mais comme le feuillet vasculaire ne se détache point encore sous la colonne vertébrale, l'arqûre dirigée en dessous offre un enfoncement médian, profond et en forme de gouttière, que Wolff appelle *l'ouverture du faux amnios*, attendu que, chez lui, la portion arquée en dessous de la membrane proligère porte le nom de faux amnios, parce qu'elle enveloppe en quelque sorte l'embryon. Mais, d'après ce que nous avons dit, l'embryon entier n'est point enveloppé à cette époque, et la face inférieure de la colonne vertébrale se trouve à découvert, de sorte qu'on pourrait décrire le faux amnios comme formé de deux voûtes. En effet, les deux voûtes se continuent par devant avec le capuchon céphalique, et par derrière avec le capuchon caudal, ce qui doit nécessairement être ainsi, puisque les capuchons ne sont autre chose que des portions de la membrane proligère qui tapissent en dessous certaines parties du corps de l'embryon ; or il est clair que la formation du capuchon céphalique et du capuchon caudal était le commencement d'une métamorphose qui devient maintenant générale, et par suite de laquelle l'embryon tout entier se trouve enveloppé, à l'exception de la colonne vertébrale. On peut donc dire que les parties latérales sont des capuchons latéraux, représentant, avec les capuchons céphalique et caudal, les diverses régions du faux amnios ou du capuchon général, qui est une voûte formée par la membrane proligère avoisinante (1).

4° Nous avons déjà remarqué que le bord interne de la couche inférieure des lames ventrales ne tarde pas à prendre une situation perpendiculaire et à s'épaissir. La portion épaissie se sépare des parties voisines par deux angles, qui deviennent de plus en plus prononcés, savoir par un angle supérieur (2), de la face inférieure de la colonne vertébrale, et par un angle inférieur (3) de la portion non épaissie, mais d'autant plus arquée, du feuillet vasculaire. La bandelette épaissie entre les deux angles n'est autre chose qu'une *lame mésentérique*. En effet, les angles inférieurs des deux côtés deviennent assez rapidement aigus, et se rapprochent en même temps l'un de l'autre, jusqu'à ce qu'ils arrivent à se toucher et à contracter ensemble l'union à laquelle Wolff donne le nom de suture. Avant que cet événement arrive, les deux lames du mésentère forment, avec la face inférieure de la colonne vertébrale, qui demeure encore tapissée par la portion non séparée du feuillet vasculaire, un demi-canal, le *vide du mésentère*, ou ce que Wolff appelait la gouttière intestinale. Wolff croyait à tort que ce vide est complétement ouvert avant la formation de la suture, parce qu'il n'avait point eu égard au feuillet muqueux; or ce feuillet ne reste appliqué à la colonne vertébrale qu'aussi long-temps que les lames du mésentère ne sont point encore devenues perpendiculaires; dès qu'elles prennent cette dernière direction, la masse ténue qui unit le feuillet muqueux et les autres couches dans le milieu de l'embryon, devient de plus en plus lâche, et le feuillet muqueux s'éloigne par conséquent. Puis, quand les angles inférieurs des lames du mésentère se rapprochent l'un de l'autre, ils se glissent par dessus le feuillet muqueux,

(1) On voit les capuchons céphalique et caudal, fig. 6 h f, h u, dans la coupe longitudinale, et les capuchons latéraux fig. 6' et 6'' d f, dans la coupe transversale.
(2) Fig. 6 h.
(3) Fig. 6 i.

et le détachent toujours de plus en plus de la colonne vertébrale, de sorte qu'ensuite ce feuillet ne se trouve nullement
contenu en partie dans la suture, qui ne fait que le chasser
devant elle. Il suit de là qu'aussi long-temps que les lames du
mésentère n'ont point encore une direction perpendiculaire,
le demi-canal compris entre elles est réellement ouvert par
le bas, et revêtu en dessus par la membrane muqueuse, mais
que, quand leurs bords ou angles inférieurs se rapprochent,
le demi-canal n'est point ouvert en dessous, mais couvert par
la membrane muqueuse très-mince qui a été repoussée. On
voit encore, d'après cela, que si le vide est complétement
clos après la formation de la suture, il n'est entouré de tous
côtés que par le feuillet vasculaire. Ce canal creusé dans le
mésentère est donc produit par le feuillet vasculaire de la
même manière qu'en dessus le canal pour la moelle épinière
l'est par la soudure des lames dorsales. Le vide du mésentère
est triangulaire ; l'un des bords correspond en bas à la suture,
deux faces sont tournées latéralement vers les lames du mésentère, et une autre regarde en dessus la partie de la membrane vasculaire qui demeure attachée à la colonne vertébrale. Le vide reste assez long-temps sans se remplir, et
persiste ainsi pendant tout le troisième jour au moins, mais
en se modifiant sans cesse ; car il continue de s'élargir et de
diminuer de hauteur jusqu'à ce qu'il disparaisse tout-à-fait.
En effet, les angles supérieurs des deux lames du mésentère
ne changent point de place, retenues qu'elles sont par la formation des corps de Wolff, dont nous parlerons plus bas, et
comme l'embryon devient continuellement de plus en plus
large, la face supérieure doit s'agrandir. Mais, d'un autre
côté, du moment que la suture est formée, les lames du mésentère ne cessent de se rapprocher l'une de l'autre, en
prenant une situation perpendiculaire, de sorte qu'elles ont
déjà une hauteur considérable, dans le milieu du corps, vers
la seconde moitié du troisième jour, et qu'à cette époque
aussi elles constituent un mésentère qu'on ne saurait méconnaître. La soudure s'opère peu à peu d'avant en arrière, de
sorte qu'avant le milieu du troisième jour, on trouve la suture dans le milieu de l'embryon, tandis qu'elle manque en-

core en arrière, et qu'en devant il s'est déjà formé un peu de mésentère; mais, après que les lames du mésentère se sont soudées dans toute leur longueur, l'accroissement du mésentère lui-même est bien plus rapide, un peu en arrière du milieu du tronc, que dans le reste de sa longueur. Si, pendant la première moitié du troisième jour, on suit les lames du mésentère en devant jusque dans la partie déjà close du corps, on trouve, au dessus de la portion déjà formée du canal alimentaire, un mésentère très-court, qui ne cesse qu'à l'extrémité la plus antérieure de ce canal, et dont les lames, après avoir produit la suture, s'écartent l'une de l'autre par le bas, entourent la partie antérieure du tube digestif formée par le feuillet muqueux, et se réunissent de nouveau en dessous, de sorte, par conséquent, que la portion déjà formée du canal alimentaire consiste en un tube intérieur, produit par le feuillet muqueux, et en un tube extérieur, engendré par le feuillet vasculaire. Nous voyons d'après cela que cette partie antérieure doit s'être formée de la même manière que l'intestin, dont nous allons décrire la formation, qui est plus facile à observer.

5° Jusqu'à l'occlusion de la suture du mésentère, le feuillet muqueux se comporte d'une manière purement passive; mais, à peine cette soudure a-t-elle eu lieu, qu'il devient indépendant. Alors, en effet, on voit de chaque côté une bandelette étroite du feuillet vasculaire repasser, simultanément avec le feuillet muqueux, de la direction horizontale à la verticale. Les deux bandelettes s'appliquent, par leurs bords supérieurs, à la suture ou au mésentère, parce que, pendant ce temps, la suture rentre dans le mésentère, c'est-à-dire que, de ligne qu'elle était, elle devient surface en s'étalant. Le bord inférieur de la bandelette qui s'élève se continue à angle avec la surface horizontale, relativement à lui, du capuchon latéral. Les deux bandelettes sont concaves à leurs faces internes, et convexes aux externes; elles circonscrivent par conséquent un demi-canal, qui est l'intestin encore ouvert. De même qu'autrefois la portion du feuillet vasculaire voisine du point où se formaient les lames du mésentère, acquérait d'autant plus d'épaisseur qu'elle devenait plus perpendiculaire, de même aussi la partie qui se sépare de nouveau s'épaissit de haut en bas ; cet épaississement a lieu également dans le feuillet muqueux, quoiqu'à un moindre degré, et prouve que celui-ci ne demeure point inactif pendant la métamorphose ; loin de là même, il paraît être la cause d'où elle dépend. Nous donnons aux deux bandelettes le nom de *lames intestinales*, et nous faisons remarquer qu'elles sont composées à la fois du feuillet muqueux et du feuillet vasculaire. Elles vont toujours en se rapprochant l'une de l'autre par le bas, et forment ainsi, à partir du milieu du troisième jour, une gouttière assez profonde, la *gouttière intestinale*. Tout semble annoncer que cette dernière a de très-bonne heure de la tendance à se clore dans toute sa longueur par une suture ; cependant la conversion du demi-canal en un canal fermé n'a lieu que peu à peu, et non par une suture médiane, mais parce que le commencement et la fin du canal alimentaire s'allongent tous deux par degrés vers le milieu. En effet, tandis que, sur les côtés, la membrane proligère se bombe par rapport à l'embryon, afin d'entrer, par sa portion la plus intérieure, dans l'organisation de ce dernier, les deux extrémités en avaient déjà fait autant auparavant, dans le sens de la dimension longitudinale, comme l'indiquent les figures 4, 5 et 6. Nous savons qu'à la fin du second jour, époque à laquelle le capuchon céphalique était déjà considérable, l'extrémité postérieure de l'embryon faisait déjà saillie au-delà des attaches de ce dernier à la membrane proligère, de sorte que l'extrémité postérieure de la colonne vertébrale était un peu couverte en dessous par le renversement de la membrane proligère. Or, pendant le troisième jour, le point où s'opère cette inflexion postérieure se reporte de plus en plus en devant, comme aussi la limite postérieure du capuchon céphalique se rejette de plus en plus en arrière. Le progrès continuel de ces deux inflexions a pour résultat qu'une portion de plus en plus considérable des feuillets vasculaire et muqueux se tourne en dedans, et devient par là partie immédiate du canal alimentaire. Naturellement les parties déjà closes et tubuleuses se continuent, par des orifices béans, avec la partie moyenne non encore fermée, c'est-à-dire avec la gouttière intestinale. Mais les parois des extrémités closes ne cessent point là : elles se réfléchissent de tous les côtés vers le capuchon et la membrane proligère, qui en sont la continuation immédiate. Elles ne tiennent ensemble, à leur paroi postérieure, que par la gouttière intestinale. L'entrée du rectum est fort large pendant tout le troisième jour, et le rectum lui-même n'est, durant la première moitié de cette journée, qu'une fosse large et profonde, semblable pour la forme à la cavité gutturale au commencement du second jour. Vers la fin du troisième jour, c'est un entonnoir large et un peu courbé, dont l'extrémité obtuse s'étend presque jusqu'à la pointe de la colonne vertébrale, région où elle est manifestement close, attendu qu'on n'aperçoit encore aucune trace de l'anus. La partie antérieure du canal alimentaire est assez large au commencement du troisième jour, et contient l'œsophage futur. La portion qui se forme vers le milieu de ce jour devient l'estomac; mais elle est à peine plus large que le commencement du duodénum, qui se développe à la fin de cette même journée. A l'expiration du troisième jour il ne reste plus qu'un tiers environ de la longueur totale du canal alimentaire, qui conserve la forme d'une gouttière, et cette partie (*intestin médian* de Wolff) est ce qui doit plus tard constituer l'intestin grêle.

6° Maintenant, si, pour suivre les détails de la formation des extrémités closes du canal alimentaire, nous l'avons représentée, avec Wolff, comme résultant d'un renversement en dedans des capuchons céphalique et caudal, il va sans dire qu'on ne doit point la concevoir d'une manière purement mécanique, et ne voir en elle qu'un simple plissement des feuillets de la lame proligère étendus d'abord en une surface plane. Loin de là, ce renversement est accompagné d'un accroissement organique, et l'on a tout autant de droit de dire qu'après que les extrémités de la corde dorsale ont marqué l'emplacement de la bouche et celui de l'anus, les deux extrémités du canal alimentaire sont soutirées des couches inférieures de la membrane proligère enveloppant la sphère vitelline, de telle sorte que cette sphère soit le centre commun de ces deux extrémités. Il est plus exact encore de comparer la formation de l'intestin avec celle du mésentère, qui la précède, ou avec le rapprochement des lames ventrales, c'est-à-dire de la considérer comme le résultat du progrès que fait le resserrement qui doit séparer l'embryon du jaune et de la membrane proligère ; car l'union entre eux va toujours en se rétrécissant jusqu'à la fin du cinquième jour, non pas seulement d'une manière relative par rapport à l'embryon qui croît, mais encore d'une manière absolue. Au fond, cependant, la métamorphose embrasse ces trois circonstances à la fois.

7° Tandis que les feuillets se séparent l'un de l'autre dans l'intérieur de la lame ventrale, et que la couche inférieure (feuillet vasculaire et feuillet muqueux) se recourbe de haut en bas, tandis que le bord inférieur de la lame ventrale qui se meut de bas en haut et de dehors en dedans, se glisse au dessus du feuillet vasculaire, absolument de même que la lame du mésentère au dessus du feuillet muqueux, pour former la suture, le bord externe des capuchons latéraux s'élève au dessus du bord inférieur de la lame ventrale, à peu près jusqu'à la hauteur de la corde dorsale, et, parvenu là, se continue avec le reste de la membrane proligère, sous un angle d'abord obtus, puis droit, et enfin aigu (1). Dans la dimension en longueur, cet angle existait déjà depuis long-temps au bord antérieur du capuchon céphalique : il devient plus aigu pendant le cours de la troisième journée, et s'élève jusqu'au dessus de l'extrémité antérieure de la tête. Au capuchon caudal, l'angle par lequel il se termine en arrière, ne s'ouvre que pendant le cours du troisième jour, un peu plus tôt que l'angle des capuchons latéraux. Il se produit donc, sur tout le pourtour du capuchon général, un angle aigu, sous la forme d'un anneau elliptique, dans lequel la membrane proligère, se renversant brusquement, passe du capuchon au reste de la surface. Le plan de cet anneau frotte contre le dos de l'embryon, tandis que celui-ci se trouve en grande partie au dessous, et par conséquent plongé dans le jaune. L'anneau se rétrécit, et couvre un peu les bords laté-

(1) *Voyez* pl. III, fig. 6′, 6″.

raux, ainsi que les extrémités céphalique et caudale de l'embryon : celui-ci, vu en dessous, est enveloppé tout entier; mais, vu en dessus, il ne l'est qu'à son pourtour, ce qui a déterminé Wolff à appeler faux amnios le bombement de la membrane proligère que nous avons nommé capuchon général, pour exprimer que le capuchon céphalique n'est que le commencement de cette formation.

L'enveloppement que l'embryon acquiert en dessous est le prélude d'un enveloppement complet par le véritable amnios.

8° Quand le capuchon commence à se former, sur quelque point que ce soit, il contient toutes les couches de la membrane proligère; mais on ne tarde pas à remarquer en lui la séparation des feuillets dont nous avons parlé plusieurs fois. Lorsque l'angle aigu de son pourtour s'est formé, la séparation est arrivée déjà jusqu'à ce point, et alors le feuillet séreux s'élève en un pli que nous appelons *pli de l'amnios*. La base de ce pli est l'anneau elliptique qui forme l'angle de l'inflexion. Mais ce pli lui-même ne s'élève pas à la fois sur tout le pourtour, attendu que le capuchon et son angle ne se sont pas développés d'un manière simultanée. On le voit paraître d'abord à l'extrémité antérieure du capuchon céphalique; le pli en forme d'arc qu'on remarquait déjà le second jour (§ 399, 7°) au devant de la tête de l'embryon, et qui est le commencement de cette formation, s'étend assez rapidement sur la tête et le cou, et comme il tient à ce que le feuillet séreux s'élève de la limite antérieure du capuchon céphalique, c'est à cette époque seulement qu'on voit paraître une *coiffe céphalique*, qui enveloppe la tête, et qui est formée en bas par le capuchon céphalique (1), en haut par le pli de l'amnios (2). Au commencement du troisième jour, un pli analogue se produit aux dépens de l'extrémité postérieure du capuchon caudal, et convertit celui-ci en une véritable *coiffe caudale*. Bientôt aussi le pli latéral s'élève des bords des capuchons latéraux, attendu que les cuisses des plis anté-

(1) Pl. III, fig. 6 p, r.
(2) *Ibid.* r, t.

rieurs et postérieurs s'allongent l'une vers l'autre et finissent par se toucher. Ainsi, dès avant le milieu du troisième jour, on a un pli elliptique, continu partout, qui s'élève, en se rétrécissant toujours de bas en haut, de sorte qu'il produit autour de l'embryon un sac qui l'enferme peu à peu, et qui n'est autre chose que le véritable *amnios*. A la fin du troisième jour, l'amnios, quoiqu'il lui arrive quelquefois d'être déjà fermé à cette époque, présente ordinairement encore une ouverture d'une ligne de long, qui est située au dessous de la région lombaire du dos, et qui tient à ce que son développement non seulement a commencé de meilleure heure du côté de la tête, mais encore y a marché avec plus de rapidité. A mesure que cette ouverture se rapetisse, on aperçoit une courte cicatrice à ses extrémités antérieure et supérieure, de manière qu'il semble s'être opéré là une véritable adhérence.

Comme la transition de l'embryon au feuillet séreux se resserre tout aussi bien que ses transitions aux autres feuillets, il résulte de là que l'inflexion ou le pli se rapproche de tous les côtés. Ainsi, les progrès de l'inflexion font non seulement que le cœur est couvert entièrement par une enveloppe séreuse, mais encore que celle-ci s'étend jusque derrière lui, et tapisse la partie supérieure de la future région pectorale. De même aussi, la partie postérieure de la région abdominale se couvre d'une membrane séreuse. La transition de l'embryon au feuillet séreux se resserre également davantage sur le côté; mais, comme les lames ventrales s'étaient d'abord plissées, et qu'elles ne sont sorties que peu à peu du pli, pour se placer en dehors, il manque encore une paroi latérale formée par le feuillet séreux.

9° Pendant que ce resserrement et cet enveloppement s'opèrent, l'embryon se courbe sous deux points de vue. Déjà, au premier jour, l'extrémité antérieure des lames dorsales s'infléchissait au dessus du bouton de la corde dorsale, et au second jour la partie postérieure, jusqu'à l'extrémité de la moelle allongée, acquérait une légère courbure vers le bas. Cette courbure s'accroît rapidement à partir du commencement du troisième jour, et le résultat en est que l'extrémité anté-

rieure de l'embryon se trouve située plus bas, circonstance à
laquelle se rattache aussi un bombement plus considérable du
capuchon céphalique vers le bas : en même temps, une partie
de plus en plus considérable du dos se glisse au dessus du
bouton de la corde dorsale. A la fin du second jour, on ne voyait
au devant de ce bouton que la vésicule cérébrale antérieure,
ou le cerveau proprement dit, encore même incomplet; au
troisième jour, la seconde région cérébrale passe aussi par
dessus, et le bord antérieur des tubercules quadrijumeaux
atteint presque jusqu'au bouton. Mais la partie postérieure de
la tête future, qu'au second jour on ne pouvait point distinguer extérieurement du reste de la nuque, se porte en avant,
plus encore que ne le fait la région antérieure, ce qu'on reconnaît surtout à la situation des oreilles. La conséquence en
est que les parties de la tête se resserrent de plus en plus,
et qu'alors seulement commence à se dessiner la forme d'une
tête. Au commencement du second jour, la première vésicule
cérébrale (le troisième ventricule, avec l'entonnoir) est la
partie la plus antérieure de l'embryon entier. Au troisième
jour, la vésicule des tubercules quadrijumeaux forme l'extrémité antérieure, qui se porte aussi peu à peu vers le côté
ventral; car, vers la fin de ce jour, on distingue déja, à la nuque,
une courbure, qui ne se développe bien toutefois qu'au
quatrième jour. En même temps, l'extrémité postérieure du
corps se recourbe aussi vers le bas.

10° A l'extrémité antérieure, la courbure de haut en bas
s'accompagne très-promptement d'une torsion vers le côté
gauche, de sorte que l'extrémité de la tête se tourne vers le
côté droit de l'embryon. La torsion commence à la tête, et se
propage peu à peu en arrière, à mesure que l'embryon se clot :
la partie ouverte du corps est encore droite pendant le troisième jour, c'est-à-dire que la queue, avant de se tourner à
gauche, est courbée en S, et appliquée sur le ventre.

11° Pendant le troisième jour, non seulement l'auréole vasculaire s'élargit, mais encore la veine terminale devient de
plus en plus apparente, et le nombre des vaisseaux sanguins
augmente visiblement dans l'auréole vasculaire. Dans les régions qui primitivement n'avaient eu guère que des veines,

le capuchon céphalique et les extrémités antérieure et postérieure de l'auréole vasculaire, il se ramifie alors des artères, et dans les parties latérales de cette dernière se forment de nouvelles veines qui, au côté gauche, s'abouchent dans la veine ascendante, et, au côté droit, forment un petit tronc commun; comme ce dernier tronc ne reçoit pas le sang de la partie postérieure de l'auréole vasculaire, il n'acquiert jamais le volume de la veine ascendante gauche, et il s'unit avec la veine ascendante droite, immédiatement avant son entrée dans le cœur. Les deux troncs veineux du côté droit et du côté gauche se réunissent en un tronc commun, qui est déjà l'extrémité postérieure du cœur ; car ces troncs sont ce qu'au second jour nous avons appelé les cuisses du cœur (§ 399, 10°). Le tronc commun ne se sépare du cœur proprement dit que pendant le cours de cette journée, par le développement du foie ; car jusqu'alors il paraît encore en faire partie intégrante, et se continue immédiatement, en arrière, avec les deux cuisses du cœur.

Dès le commencement du troisième jour, le cœur se partage, à son extrémité antérieure, en quatre paires d'arcs, dont le premier longe immédiatement le bord postérieur de la bouche, à cette époque ouverte, et reçoit le courant de sang le plus fort : l'arc postérieur est si faible, qu'on a besoin d'une grande attention pour l'apercevoir, et que le sang qui le parcourt ne lui donne point encore une couleur rouge. Entre les arcs vasculaires la masse du corps s'amincit en lames atteignant jusqu'au premier arc, et de là résultent peu à peu trois paires de fentes, dont les deux antérieures paraissent les premières, et la postérieure plus tard. Les fentes pénètrent jusque dans la cavité digestive, dans le commencement du canal alimentaire, qui prend la forme de cavité gutturale ; mais elles n'acquièrent jamais assez de largeur pour atteindre immédiatement jusqu'aux arcs vasculaires ; les vaisseaux sanguins se trouvent dans des segmens falciformes des lames ventrales, qui sont convexes et plus larges en dehors, concaves et plus étroits en dedans. Nous laissons à ces arcs le noms d'*arcs branchiaux*, que leur a imposé Rathke, à qui l'on en doit la découverte, car on ne saurait méconnaître leur

analogie avec les arcs branchiaux des Poissons. Le quatrième
arc branchial est donc en connexion immédiate avec le reste
de la lame ventrale. Les fentes commencent par être presque
parallèles et perpendiculaires par rapport à la corde dorsale,
qui représente l'axe du corps. Les quatre paires d'arcs vasculaires se réunissent de chaque côté en un vaisseau particulier,
que nous nommerons *racine de l'aorte :* ce sont ces deux racines qui se réunissent, à une assez grande distance encore
en arrière du quatrième arc, pour produire l'aorte. Celle-ci ne
tarde pas à se diviser de nouveau, et à suivre, dans la distribution de ses branches, le mode indiqué à la fin du second
jour.

Il est temps de nommer toutes les parties du système vasculaire, ou, ce qui reviendra au même, de comparer l'état
actuel de ce système avec ce qu'il doit être plus tard. Toutes
les veines viennent de la membrane proligère tournée vers le
jaune, et sont des veines vitellines ; mais le feuillet muqueux
et le feuillet vasculaire de la membrane proligère sont le
canal intestinal et le mésentère futurs ; les veines sont donc
des veines omphalo-mésentériques. Comme la partie déjà formée du canal alimentaire ne montre point encore de veines
proprement dites, et que cette partie appartient aux régions
du cou et de la poitrine, elles constituent aussi le système
entier de la veine porte ; et comme on ne distingue point
encore de veines dans l'embryon déjà formé, toutes les veines
se réduisent, vers cette époque, non seulement au système
de la veine porte, mais encore à la seule portion de ce système qui vient de l'intestin et du mésentère. En outre, non
seulement cette veine porte aboutit immédiatement au cœur,
mais encore son tronc est trop court pour qu'on puisse le distinguer du reste. Quant au cœur lui-même, la partie la plus
bombée est la pointe future, et l'on aperçoit déjà, dans l'intérieur de cette partie bombée principale, une bandelette de
couleur foncée, la future cloison des ventricules, qui date
du second jour (§ 399, 12°), et qui doit être sinon formée,
du moins prédisposée à se produire, dès le premier développement du cœur. Les deux grosses artères qui sortent de
l'embryon sont les artères omphalo-mésentériques,

Le développement que le système vasculaire acquiert pendant le cours du troisième jour, consiste, outre les changemens survenus dans le cœur, en ce qu'après que les veines se sont multipliées dans les parties latérales de l'auréole vasculaire, les troncs dans lesquels elles se sont réunies s'appliquent de plus en plus près aux troncs artériels ; ainsi, le long de chaque artère mésentérique marche une veine qui suit une direction transversale sur l'embyron. L'une et l'autre s'abouchent dans les veines ascendantes, au bord de l'intestin qui se forme et du mésentère ; au bord gauche se trouve située la veine ascendante primordiale, qui vient de l'extrémité postérieure de l'auréole vasculaire ; au bord droit s'est formé le tronc commun d'une autre veine ascendante qui reçoit moins de sang, et qui est par conséquent moins volumineuse. Les quatre veines imitent manifestement la distribution de l'aorte. C'est ainsi que se développe peu à peu la première circulation ; mais comme la métamorphose n'est pas très-évidente, et qu'il n'y a guère que continuation immédiate où progrès de développement, nous l'appellerons la seconde forme de la première circulation. Cette forme n'est achevée qu'au quatrième jour ; car, à la fin du troisième, les veines latérales n'ont que leurs ramifications appliquées contre les artères, leurs petits troncs se trouvant un peu au devant de ces dernières. En général, les artères occupent une situation plus profonde dans la membrane proligère, et les veines sont plus rapprochées de la partie supérieure, de sorte que les artères mesentériques passent sous les veines ascendantes pour arriver dans l'auréole vasculaire, tandis que le rapport est inverse dans les troncs principaux, l'aorte se trouvant attachée à la colonne vertébrale, les veines étant situées dans la portion non encore réunie en mésentère du feuillet vasculaire, et leur tronc commun, qui a pris plus de longueur à la fin du troisième jour, marchant sous le canal alimentaire, au dessus duquel court l'aorte.

Dans l'aorte, le tronc se prolonge, et le point de division descend de plus en plus bas. Les dernières extrémités de l'aorte se perdent dans l'allantoïde, qui paraît pendant le cours de la troisième journée. Enfin, le système vasculaire subit un changement essentiel, qui consiste en ce que l'aorte se ramifie dans le corps de l'embryon, où les carotides sont les premières artères dont on aperçoive le développement, et en ce qu'il apparaît un nombre égal de veines embryonnaires, parmi lesquelles les jugulaires sont déjà très-prononcées à la fin du troisième jour, de sorte qu'à cette époque, outre le système de la veine porte, il existe aussi un système de veines caves.

12° Le cœur, avec son entrée et sa sortie, est sujet à des changemens tellement continuels que, d'heure en heure, il offre des différences; or, comme les modifications qu'il éprouve sont nombreuses et simultanées, il faut, pour en bien saisir les détails, les envisager sur-le-champ dans leur résultat le plus général.

D'abord, le cœur et ses appendices se retirent de plus en plus en arrière; et comme, en même temps, les parties situées au dessus de la corde dorsale se reportent en avant, sa situation par rapport au cerveau change tout-à-fait. Au moment de sa première formation il était placé en entier sous le cerveau, et s'étendait en arrière aussi loin que ce dernier; à la fin du second jour, cette situation n'avait guère changé encore; mais, à la fin du troisième jour, il n'y a plus que son extrémité antérieure, car on peut considérer comme telle le bulbe de l'aorte, qui soit située au dessous de la moelle allongée, partie la plus postérieure du cerveau. Si l'on ne compte pas le bulbe de l'aorte comme faisant partie du cœur, celui-ci est placé en entier derrière le cerveau.

En second lieu, les diverses parties du cœur se resserrent sur elles-mêmes, les antérieures se reportant plus en arrière que ne le font les postérieures; celle qui reçoit le sang revient même davantage en avant. Il suit de là que le milieu du cœur est beaucoup plus saillant en dessous, et qu'à la fin du troisième jour il représente une sorte de goître, couvert seulement d'un feuillet séreux, qui apparaît au dehors entre les extrémités antérieures des lames ventrales.

En troisième lieu, l'extrémité du cœur qui reçoit le sang se porte à gauche, tandis que le corps se ferme de plus en plus et se tourne à gauche. Après le premier quart du troisième jour, la situation de l'oreillette à gauche est déjà très-prononcée, et elle le devient de plus en plus jusqu'à la fin de cette journée. Il résulte de là que la courbure que le cœur décrivait primordialement de droite à gauche, à partir de l'union de ses cuisses (§ 399, 12°), cesse bientôt, et qu'elle fait même place à une courbure de gauche à droite ; les choses sont portées si loin à cet égard, que la convexité de la courbure n'est pas seulement tournée en bas, mais encore très-fortement à droite, et avec un changement continuel tel que, d'abord tournée principalement vers la droite, elle se tourne ensuite davantage vers le bas et un peu en arrière.

En quatrième lieu, le cœur se partage en diverses portions. Je n'ai encore pu apercevoir, vers le milieu du second jour, aucune ligne de démarcation entre la pointe de cet organe et sa partie moyenne, que j'appelle *canal cardiaque*, non plus qu'entre celle-ci et l'arc qui sort en devant : le cœur n'est absolument qu'une réunion de vaisseaux, et son organisation ne diffère pas de celle des vaisseaux. Mais, à la fin du second jour, on aperçoit les vestiges de trois divisions (§ 399, 12°), dont les limites deviennent de plus en plus prononcées. En effet, au commencement du troisième jour, le côté convexe de la courbure principale s'accroît d'une masse nouvelle et de couleur plus foncée, qui bientôt se renfle de plus en plus, prend un aspect spongieux, et se compose enfin de filamens entrelacés ; c'est la masse musculaire future des ventricules. Le bulbe aortique, placé au devant de cette masse, a encore la forme d'un simple canal, qui cependant est recourbé de droite à gauche et de bas en haut. La limite entre les ventricules et le bulbe aortique n'offre point non plus encore l'étranglement (*fretum* de Haller) qui devient sensible dès la fin du troisième jour. Plus le cœur se divise en compartimens, et plus aussi la pulsation, de simple qu'elle était d'abord, devient triple.

13° Le bulbe aortique acquiert sa courbure en se rétractant d'avant en arrière. Les arcs vasculaires suivent cette rétraction, mais seulement d'une manière lente, et plus par leur partie inférieure que par la supérieure. C'est surtout

l'arc branchial antérieur qui se retire en arrière, parce que
la bouche, située immédiatement au devant de lui, s'ouvre
toujours de plus en plus. Il suit de là, et d'autant plus qu'en
même temps la portion dorsale se reporte en avant, que le
courant de sang, qui d'abord allait directement de bas en
haut dans le premier arc, décrit plus tard deux courbures;
d'abord il se porte un peu en devant, à la sortie du bulbe
aortique, pour arriver dans le premier arc branchial; ensuite
il s'infléchit dans cet arc, en se tournant vers le haut tandis
qu'il le parcourt. A l'endroit de cette inflexion il se produit
donc une dilatation sacciforme, qui ressemble à un petit
bulbe antérieur (1). Après que le vaisseau a parcouru le
premier arc branchial, il se courbe de nouveau en avant,
pour atteindre la région qu'il occupait primitivement, avant
la disparition des arcs branchiaux, savoir l'opercule de la cavité gutturale. Là il se renverse tout à coup, comme commencement de la racine de l'aorte. De ce renversement sort
déjà, pendant le cours du troisième jour, un vaisseau qui
va se rendre au cerveau, et qui ne peut être que la carotide.
Cet arc, le plus antérieur de tous, et qui s'était aussi formé
le premier, est le plus considérable pendant la première
moitié du troisième jour; mais il devient ensuite de plus en
plus faible, tandis que le second et le troisième acquièrent
davantage de volume, et à la fin de la journée à peine distingue-t-on encore le courant de sang dans son intérieur; tant
parce que le premier arc branchial s'épaissit plus que les
autres, en vertu de sa destination, qui est de servir à une autre métamorphose, que parce que le courant du sang diminue réellement dans son intérieur, ce qu'on reconnaît à ce
qu'il ne peut plus remplir le commencement du bulbe aortique; en effet, vers la fin de la journée, le courant du sang
se divise à partir du second arc, une partie allant gagner le
tronc de l'aorte, et une autre plus petite refluant vers l'origine de la racine de cette artère. Au quatrième jour, l'arc
antérieur s'oblitère, et la carotide ne reçoit plus le sang que

_____

(1) Pander, *Beitrœge zur Entwickelungsgeschichte des Huehnchens
im Eie*, pl. IX, fig. 3.

de la racine de l'aorte, par les arcs postérieurs. Il n'y a donc que la partie supérieure de la carotide qui sorte immédiatement du premier arc, de son inflexion dans la racine de l'aorte vers la tête, et son tronc est le commencement de la racine de l'aorte elle-même.

14° Pendant que la portion artérielle du cœur acquiert une paroi épaisse, la veineuse conserve des parois minces; c'est une véritable veine, que nous ne comptons comme partie constituante du cœur que parce qu'elle exécute des pulsations, et parce qu'elle n'était point d'abord séparée de ce qui constitue aujourd'hui le ventricule. Les pointes du cœur sont les troncs veineux qui y aboutissent; leur tronc commun est l'oreillette future. Tandis que l'extrémité veineuse du cœur se porte à gauche et en avant, ce tronc veineux, qu'on ne pouvait point d'abord distinguer de lui, s'allonge, et vers le premier quart à peu près du troisième jour, il acquiert, à son extrémité antérieure, deux dilatations latérales, qui sont encore fort petites à cette époque; ces dilatations sont les deux oreillettes, ou plutôt leurs deux appendices. Comme il y a ici inflexion de gauche à droite, le commencement de l'appendice gauche est beaucoup plus en avant que celui de l'appendice droit; les deux appendices se forment en même temps; mais la partie située entre eux, l'oreillette future, est encore indivise.

15° A mesure que l'extrémité veineuse du cœur se retire en arrière, elle remonte aussi vers la colonne vertébrale. Il suit de là que le tronc commun des veines se rapproche de l'entrée antérieure du canal alimentaire, le confluent des veines au commencement du troisième jour indiquant le bord inférieur de cette entrée. L'œsophage embrasse donc supérieurement la veine par deux jambages. Ceux-ci représentent, vers le milieu du troisième jour, des pyramides creuses, dont la base large se continue avec le canal alimentaire, et ils sont les premiers rudimens du foie; car, à peine ont-ils embrassé la veine, qu'ils s'allongent dans la portion du feuillet vasculaire qui renferme cette dernière, et qui entoure par le bas l'entrée antérieure du canal alimentaire, et ils s'y ramifient en poussant toujours devant eux une couche de membrane

vasculaire. Or, comme la portion déjà close du canal alimentaire continue toujours de s'allonger en arrière, en même
temps qu'elle se rétrécit, les deux cônes creux font saillie
par leurs extrémités, pendant que la base reste naturellement
en connexion avec la paroi du canal alimentaire. Les portions
saillantes apparaissent alors sous la forme de feuillets, et entourent étroitement la veine. Dans ces feuillets s'aperçoivent
les sommets des cônes, tandis que la base se rétrécit de plus
en plus, et prend la forme d'un cylindre. La ramification,
vue au microscope, offre l'apparence d'une figure de couleur
foncée ramifiée dans l'intérieur de chaque feuillet. D'après
cela, voici quelle est la forme du foie, à la fin de la journée :
il consiste en deux petites moitiés foliacées, qui sont les deux
lobes, et qui se trouvent placées presque perpendiculairement sur le canal alimentaire; ces deux lobes s'élèvent de la
surface du feuillet vasculaire, et entourent le tronc veineux,
qui passe entre eux sans se diviser encore. Le point où il les
traverse marque l'endroit où plus tard se ramifie la veine porte.
Après que le développement du foie a fixé ce point dans le
tronc veineux, celui-ci se dilate un peu jusqu'à l'entrée dans
le cœur, et les veines du corps, qui se forment pendant la seconde moitié du troisième jour, s'abouchent dans l'espace
compris entre le cœur et le foie. Nous avons donc maintenant
un tronc veineux continu, qui est veine porte jusqu'au foie,
puis tronc des veines du corps, et enfin oreillette commune.

16° Comme les deux lames du mésentère se sont formées
par le resserrement qu'éprouve de tous côtés le feuillet vasculaire, qu'elles se sont unies par une suture au dessus du
feuillet muqueux, et qu'ensuite elles se sont closes en un
tube, conjointement avec ce dernier; à la fin du troisième
jour, la plus grande partie du canal alimentaire a pris de cette
manière la forme d'un tube : un tiers environ, dans le milieu,
est encore ouvert, mais ressemble déjà cependant à un demi-
canal. Le canal alimentaire entier se compose donc de deux
couches, ou de deux tubes emboîtés l'un dans l'autre (deux
demi-tubes à la partie moyenne); le tube intérieur, formé
par le feuillet muqueux, ou la membrane muqueuse de l'intestin, est grenu et de couleur foncée; le tube externe, pro-

duit par le feuillet séreux, est plus clair, plus transparent,
plus lisse, et subit une métamorphose particulière. En effet,
à mesure que le canal alimentaire prend la forme d'un tube
clos, la couche vasculaire, qui était fort mince dans la membrane proligère, se renfle dans son intérieur, et se soulève à peu
près comme une pâte qui fermente, ou comme de la gomme
que l'humidité fait gonfler. La couche extérieure du canal alimentaire devient ainsi de plus en plus épaisse et transparente
jusqu'au cinquième jour, de manière qu'aux quatrième et
cinquième jours son tube intérieur est entouré d'une gaîne
beaucoup plus épaisse et transparente. Au contraire, l'ampleur du tube intérieur va en diminuant, du moins jusqu'au
quatrième jour. Ce que nous avons dit du premier renversement antérieur au premier et au second jour (§ 398), s'applique aussi à la formation de la partie postérieure du canal
alimentaire, qui a lieu au commencement du troisième jour.
Pendant cette journée, les deux extrémités diminuent d'ampleur, en devenant plus longues. Du reste, le canal alimentaire
se forme d'après les mêmes lois que le cœur, de manière qu'il
se sépare d'abord du corps, comme organe particulier, mais
qu'ensuite il est encore homogène en lui-même, et que la différence de ses diverses parties ne se prononce que plus tard.
Ainsi je vois que, pendant la première moitié du troisième
jour, la cavité gutturale est déjà délimitée dans la moitié antérieure de ce canal ; elle est proportionnellement très-
grande, mais surtout très-large, et elle va en se rétrécissant
vers le bas. Vient ensuite une partie fort étroite, qui est très-
courte, puis une autre plus large, qui se continue avec l'ouverture, et qui par conséquent est en train de se former :
mais ce n'est point là l'estomac, puisqu'il en sort des prolongemens, qui deviennent des conduits hépatiques ; par conséquent, l'estomac futur est contenu ou dans la partie étroite,
avec l'œsophage, ou dans la partie large, avec le duodénum. Mais les deux segmens ne sont pas même limités l'un
par rapport à l'autre ; ils se continuent d'une manière parfaitement insensible l'un avec l'autre, et la différence d'ampleur ne tient qu'à ce que l'entrée est toujours plus large,
comme partie formée la première et qui vient ensuite à se ré-

trécir. A la fin du troisième jour, la partie de laquelle proviennent les conduits hépatiques est également rétrécie, parce que l'entrée se trouve alors plus en arrière, et l'on voit s'étendre, de la cavité gutturale jusqu'au voisinage de l'entrée, un canal étroit, qui commence à peine à se renfler d'une manière notable dans son milieu, pour limiter la région de l'estomac, limite qui ne devient bien sensible qu'au quatrième jour. La même chose arrive à la partie postérieure du canal alimentaire; on ne peut reconnaître, dans le canal homogène, quel est le point jusqu'où s'étend le rectum, que quand les cœcums poussent, ce qui arrive au plus tôt vers la fin du troisième jour, et non point à l'entrée, mais dans la portion déjà close.

17° De la couche vasculaire renflée du canal alimentaire se développent, pendant le cours de la troisième journée, les poumons, le foie, le pancréas, les cœcums et l'allantoïde. Le développement de toutes ces parties tient à ce que la membrane muqueuse du canal alimentaire fait, pour ainsi dire, hernie dans la couche vasculeuse du canal uniforme; or toutes naissent de l'extrémité close du canal, et aucune de sa partie ouverte. La différence entre elles ne tient qu'à de légères modifications du mode de développement, qui demeure le même pour toutes, quant aux circonstances essentielles.

18° Dès après le milieu du troisième jour, on trouve, dans la couche vasculaire qui entoure le canal alimentaire, derrière la cavité gutturale, un renflement qui s'étend jusqu'à l'entrée antérieure. A peu près dans le milieu, on aperçoit deux petits tubercules, qui n'ont pas tout-à-fait un quart de ligne de hauteur; en devant et en bas, ils se continuent peu à peu avec la couche vasculaire, sans être séparés d'elle par aucune limite précise; mais leur bord postérieur est un peu renversé, et il s'étend ainsi un peu vers le haut, où les tubercules font aussi une légère saillie; du reste, leur masse est parfaitement identique avec la couche vasculaire du canal alimentaire. Chaque tubercule contient une cavité courte et conique, qui s'abouche dans l'œsophage. Mais ces tubercules deviennent les poumons, et les canaux intérieurs sont les bronches, qui sortent à l'opposite l'une de l'autre, du canal alimentaire. Le tronc de la trachée-artère manque.

19° Le pancréas se développe presque de la même manière et à la même époque que le foie. A peine les prolongemens coniques qui deviennent les conduits hépatiques futurs, commencent-ils à prendre une forme cylindrique, qu'entre eux se manifeste une sorte de hernie, qui s'accroît avec lenteur, de sorte qu'à la fin du troisième jour elle s'étend encore à peine jusqu'au milieu de l'épaisseur de la couche vasculaire, et ne fait absolument aucune saillie à l'extérieur ; la face interne grenue porte cependant déjà, au sommet, quelques indices de division, qui, à la vérité, ressemblent davantage à des bourses muqueuses.

20° Les cœcums ne se montrent qu'à la fin du troisième jour, souvent même seulement au commencement du quatrième, sous la forme de deux hernies latérales implantées perpendiculairement sur le canal alimentaire. D'abord ils ont une ampleur considérable, et forment extérieurement deux tubercules mousses produits, à la surface de l'intestin, par le feuillet muqueux qui repousse le feuillet vasculaire ; ensuite ils paraissent s'arrêter presque tout-à-fait dans leur développement, de manière qu'ils ne présentent aucune différence, alors même qu'ils ne commencent à paraître qu'au quatrième jour ; plus tard ils se remettent à croître rapidement, mais leur division en branches n'a lieu qu'à une époque fort éloignée, et ils s'arrêtent à la forme de bourses muqueuses.

21° De l'extrémité postérieure du canal alimentaire s'élève, peu après sa formation, et dès avant le milieu du troisième jour, une petite hernie vésiculiforme, la seule de toutes qui ne se ramifie jamais, l'*allantoïde*. Au moment où elle sort de l'intestin, elle ressemble à un cone émoussé ; mais sa base ne tarde pas à se resserrer, et son sommet devient hémisphérique. Jusqu'à la fin du troisième jour, elle ne croît qu'avec beaucoup de lenteur, au point de dépasser à peine le volume d'une tête d'épingle, et vue, en dessous, elle ne soulève le capuchon caudal que d'une manière insensible. Non seulement la manière dont l'allantoïde se développe ce jour-là, mais encore la forme qu'elle conserve jusqu'au sixième, prouvent qu'elle se compose de deux feuillets, l'un interne et muqueux, l'autre externe et séreux.

22° Si nous comparons entre elles les diverses hernies parvenues à leur état complet, nous trouvons que les antérieures, c'est-à-dire les poumons, sont celles dans lesquelles la division en rameaux est poussée le plus loin ; qu'ensuite vient le foie, puis le pancréas ; la division n'est qu'indiquée dans les cœcums, et il n'y en a point dans l'allantoïde. Elle va donc en diminuant d'avant en arrière, quant au degré, mais non quant au temps, car le foie est l'organe qui se ramifie le premier et le plus rapidement, puis le pancréas ; les poumons n'acquièrent aucune ramification pendant tout le cours de la seconde période. L'époque plus ou moins reculée de ce phénomène tient probablement au rôle que chaque organe joue immédiatement par rapport aux premières conditions de la vie embryonnaire.

23° Dans l'angle que le feuillet du mésentère forme en haut avec la lame ventrale, il apparaît, pendant la seconde moitié du troisième jour, un cordon arrondi, ou un filament épais, qui est le premier rudiment de ce que Rathke appelle le *corps de Wolff*, et qui s'étend depuis la région du cœur jusqu'à l'allantoïde. On aperçoit déjà, sur son côté libre, des élévations et des étranglemens qui alternent ensemble ; les coarctations sont plus claires, les élévations plus foncées et formées d'une masse plus dense. Dès la fin du troisième jour déjà, on distingue dans son intérieur un canal situé tout auprès de son attache, qui contient quelquefois une gouttelette de sang.

24° Pendant la seconde moitié de ce jour les membres se voient, sur les lames ventrales, affectant la forme de petits lisérés étroits.

25° Les lames dorsales ont peu changé, si ce n'est qu'elles sont devenues plus épaisses. Les rudimens de vertèbres qu'elles contiennent descendent latéralement jusque sur la corde dorsale, mais n'arrivent point en haut à se toucher. Ils s'étendent en arrière jusqu'au bout de la queue, et en devant jusqu'au-delà de l'oreille, de sorte que, sinon le troisième jour, du moins le quatrième, on reconnaît deux vertèbres encore au devant de cette dernière. Il est digne de remarque que les vertèbres qui, au moment de leur formation, étaient d'une couleur plus foncée que leurs interstices, deviennent plus claires au troisième jour. Il est difficile de déterminer par l'observation si des nerfs rachidiens se sont déjà produits.

26° La moelle épinière est encore fortement comprimée de droite à gauche ; les deux feuillets sont devenus beaucoup plus épais, et ils remplissent presque entièrement le canal. On les sépare l'un de l'autre avec une grande facilité ; cependant ils se tiennent, à leurs faces supérieure et inférieure, par une lamelle très-mince, qui paraît ne contenir presque point de masse nerveuse et n'être qu'une simple membrane. Chaque moitié latérale de la moelle épinière est partagée, par un sillon clair, en deux cordons, l'un supérieur et l'autre inférieur. A la moelle allongée, les deux feuillets nerveux s'écartent largement l'un de l'autre vers le haut, pour former le quatrième ventricule, qui cependant est encore couvert d'une lamelle ; ils produisent plusieurs plis peu étendus, et se rapprochent de nouveau, au bord antérieur, de la cellule cérébrale postérieure, pour former les tubercules quadrijumeaux. Le reste du cerveau est une grande vésicule divisée en plusieurs cellules, une pour les tubercules quadrijumeaux, une en avant de ceux-ci, et deux pour les hémisphères. Le cerveau me paraît être clos en dessus dans toute cette étendue. La masse cérébrale est encore fort mince : c'est une lame partagée en cellules, dont le bord inférieur, qui doit devenir les cuisses du cerveau, est à peine un peu plus épais que le reste. Entre les deux bords épaissis se trouve un amincissement, qui règne dans le milieu. Je n'ai pu encore distinguer ni couches optiques, ni aucun autre ganglion cérébral.

L'entonnoir qui, au second jour, était dirigé uniquement de haut en bas, se porte de plus en plus en arrière, parce que l'extrémité antérieure de l'embryon se recourbe davantage, et que toutes les parties du cerveau se rapprochent plus les unes des autres ; il a encore une ampleur proportionnelle considérable. Les hémisphères, qui représentent aussi la double cellule cérébrale antérieure, sont petits. Entre eux et la cellule cérébrale impaire, qui vient après, on distingue manifestement la sortie du nerf optique, sous la forme d'une ouverture, quand on examine les parties de bas en haut : le nerf optique lui-même est très-manifestement creux ; il se porte d'abord vers la base du crâne, puis en dehors, et ne tarde pas à se développer en une vésicule, qui contient un globule d'albumine ; la paroi de cette vésicule, ou la rétine, est facile à reconnaître, et à la surface du globule d'albumine on distingue fort bien le cristallin.

A la face inférieure de chaque hémisphère du cerveau, il paraît, dans le cours de la troisième journée, une petite surface ronde et claire, entourée d'un cercle obscur : c'est le nerf olfactif faisant saillie vers la base du crâne. Ce nerf est creux, et sa paroi cylindrique, vue de bas en haut, paraît comme un cercle. Ce point a la ressemblance la plus frappante avec le premier rudiment de l'œil et de l'oreille ; mais, extérieurement, à la face inférieure du crâne, on ne remarque encore aucun changement.

L'oreille paraît avoir peu changé depuis la veille, si ce n'est qu'elle s'est portée plus en devant, avec tout ce qui l'entoure.

27° Pendant le troisième jour, le blanc diminue d'une manière très-sensible. La membrane proligère s'est étendue jusqu'au delà de la moitié de la sphère vitelline. Les halos ont totalement disparu, et au dessous de l'embryon, entre lui et la masse vitelline proprement dite, on trouve un liquide homogène.

La masse du jaune a notablement augmenté de volume. La membrane vitelline est devenue plus mince sur l'embryon.

B. *Quatrième jour.*

§ 404. Le quatrième jour, les changemens suivans ont lieu :

1° L'isolement de l'embryon fait de notables progrès ; mais une partie de l'intestin demeure encore ouverte en forme de gouttière. L'enveloppement par le véritable amnios est achevé au commencement de cette journée, si déjà il ne l'était à la fin de la précédente.

2° Le mécanisme de l'enveloppement est fort simple ; le bord interne du pli elliptique de l'amnios revient de tous

côtés vers le milieu , jusqu'à ce que l'ouverture se ferme ,
par une cicatrice blanche , au dessus de la portion lombaire
du dos, et il arrive souvent que, dès la fin de cette journée, on
n'aperçoit plus aucune trace de la cicatrice. Comme, en même
temps, la scission des feuillets dans le capuchon général s'est
prolongée jusqu'au pourtour de celui-ci , le feuillet séreux
desséché n'a plus maintenant de connexions qu'avec le pli de
l'amnios , et nous avons par conséquent tout à coup un amnios clos (1), provenant du pli amniotique (2) du feuillet séreux du capuchon (3) , et se continuant avec la paroi inférieure de l'embryon , autant qu'il en a déjà été produit par
le feuillet séreux (4).

2° Mais, comme l'amnios est formé par un pli , il doit se
trouver encore au dessus de lui, quand il se clot, un feuillet,
qui est attaché au point de la suture , mais libre partout ailleurs (5) ; c'est le feuillet supérieur du pli amniotique , que
nous appellerons plus tard l'*enveloppe séreuse;* Pander le
nomme faux amnios.

4° A l'égard de l'étranglement, nous trouvons que le repli circulaire formé par le capuchon général se resserre de
tous côtés vers le milieu, et qu'alors la communication entre
l'embryon et l'œuf ne paraît plus déjà que comme une simple ouverture, qu'on désigne sous le nom d'*ombilic.* Si nous
comparons ensemble nos figures (6), nous trouvons que l'ombilic était auparavant la large ouverture du corps, plus anciennement encore tout le pourtour du corps ouvert, et
qu'enfin, au premier jour, il n'avait pas de limites, parce
que l'embryon lui-même en était dépourvu. D'après cela, on
doit retrouver à l'ombilic tous les feuillets de la membrane
proligère , et nous allons les distinguer les uns des autres ,
parce que leur histoire ultérieure n'est point la même. Tout-

(1) Pl. III, fig. 7 , 8 , et fig. 7.
(2) Hi , tr' , us'.
(3) R' , p' , q' , s'.
(4) Dp' , q' , b.
(5) R, t , u , v.
(6) Fig. VII à I , et 7 à 1.

III.

à-fait en dehors se trouve une gaîne du feuillet séreux (1) :
cette gaîne se continue en haut avec la peau de l'embryon,
en bas avec le feuillet séreux du capuchon, et, comme celui-
ci devient maintenant l'amnios, avec l'amnios. On pourrait
l'appeler *ombilic cutané* ou *amniotique;* car le nom reçu de
gaîne ombilicale ne lui convient pas, en ce que cette gaîne
forme l'ombilic pour la cavité du corps elle-même. Au dedans
d'elle est un second tube, composé lui-même de deux tubes,
qui demeurent toujours unis ensemble et ne constituent
qu'un même canal : en effet, dans l'intérieur de ce canal, il
y a une transition du feuillet muqueux de la sphère vitelline
à la membrane muqueuse de l'intestin, et en dehors, une
autre transition du feuillet vasculaire à la couche vasculeuse
de l'intestin. Ce canal est donc un simple *ombilic intestinal*,
dont la cavité s'étend de l'espace qu'occupe le jaune à l'excavation du canal alimentaire, aboutissant ainsi, par les entrées postérieure et antérieure, aux extrémités déjà formées
de ce canal, et immédiatement à la gouttière intestinale. Il
n'y a plus qu'une petite partie de l'intestin qui ait encore la
forme de gouttière ; celle-ci est déjà arquée des deux côtés,
et ouverte seulement en dessous. L'excavation de l'ombilic
cutané conduit dans la cavité ventrale, qui, durant la seconde
moitié du quatrième jour, a une ampleur considérable.

5° La cavité ventrale semble avoir paru tout d'un coup,
car il se trouve dans l'embryon un espace libre considérable, qui renferme le canal alimentaire, le foie, les corps de
Wolff et l'allantoïde. Le mésentère pend très-bas, jusqu'à la
partie de l'intestin qui a encore la forme d'une gouttière, et
de cette manière il divise presque la cavité abdominale en
deux moitiés. Cette circonstance nous éclaire sur la manière
dont se produit la cavité du ventre ; elle n'est autre chose que
la réunion des deux vides qui s'étaient produits le troisième
jour dans les lames abdominales, comme on peut s'en convaincre en jetant les yeux sur les figures 5, 6 et 7. A la fin
du quatrième jour, elle a, supérieurement et de chaque côté,
les lames ventrales, qui sont encore fort étroites ; plus bas,

(1) P' q'.

elle est entourée par la peau jusqu'à l'ouverture ombilicale ; en arrière, elle s'étend originairement jusqu'à l'endroit où l'extrémité postérieure du canal alimentaire touche aux lames ventrales ; en devant, la disposition semble être moins simple, mais elle est au fond la même ; car, ainsi que l'extrémité anale, la cavité gutturale est entourée immédiatement par les lames ventrales, dont la séparation ne s'étend par conséquent point encore jusque-là, et la seule différence consiste en ce que la cavité est beaucoup plus longue.

6° A l'égard des régions de l'embryon, la colonne vertébrale s'est accrue au dessus de la cavité abdominale et un peu au dessus de la cavité intestinale, qui se sont un peu reportées en arrière, de sorte qu'à cette époque seulement nous commençons à trouver une véritable queue. Le tronc est marqué par les deux paires de membres, mais la cavité abdominale se prolonge encore par devant dans le cou. Il me paraît hors de doute, en effet, que la partie du corps située au devant des extrémités antérieures est le cou ; car les lames ventrales de cette région deviennent parois du cou aussitôt que le cœur s'est retiré en arrière ; mais, à l'époque dont il s'agit, le cœur entier et même le foie sont logés dans le cou.

Pendant le quatrième jour, l'extrémité caudale commence à s'infléchir fortement vers la tête, et elle se place au côté gauche. Il n'y a que le tronc proprement dit, compris entre les membres de devant et ceux de derrière, qui soit droit. Le cou est très-recourbé, de manière que le tronc se trouve tourné vers la poitrine future, et que le passage de la moelle épinière à la moelle alongée occupe la région la plus antérieure de l'animal entier ; le côté dorsal du cou est donc beaucoup plus long que son côté ventral. La tête s'est resserrée davantage sur elle-même, et, de toutes les cellules cérébrales, celle pour les tubercules quadrijumeaux est la plus grande. La longueur de la tête et du cou, pris ensemble, égale à peu près celle du tronc ; mais la tête seule égale ce dernier en volume.

7° Le canal alimentaire est encore presque droit. Sa portion moyenne, non encore close, ou la gouttière intestinale, est la seule partie qui dépasse le reste par le bas, attendu qu'ici le mésentère s'est allongé; l'entrée antérieure est plus étroite que pendant la première moitié du troisième jour. A la partie antérieure du canal alimentaire, non seulement la cavité gutturale est limitée, mais encore on remarque derrière elle un œsophage très-court, auquel succède une dilatation oblongue, qui est l'estomac, mais qui se trouve encore tout-à-fait dans la direction de l'axe longitudinal du canal commun, et qui n'est qu'une simple portion élargie de ce dernier, ayant sa plus forte convexité tournée vers le dos, et quelquefois aussi un peu vers la droite. Le duodénum, qui vient après, aboutit à l'entrée antérieure, en s'élargissant peu à peu. Vers la fin de cette journée, la gouttière intestinale n'a plus qu'un tiers de ligne de long. A la partie postérieure du canal alimentaire, le large intestin, dont les cœcums marquent la limite, ne diffère point d'ailleurs de la portion postérieure de l'étroit intestin, qui se continue avec l'entrée postérieure. La bouche est large. On n'aperçoit point encore d'anus.

8° La couche vasculaire s'est encore plus ramollie dans la portion déjà formée du canal alimentaire, et elle ressemble à une gelée demi-transparente. Les poumons, qui sortent de cette couche, font une saillie plus considérable en dessous, mais tiennent cependant encore au canal alimentaire par un feuillet qu'ils ont soulevé en se séparant de lui. Le tube que chacun d'eux renferme s'est dilaté postérieurement en un petit sac, et s'est fort allongé antérieurement, de manière que les deux branches se réunissent ensemble sous un angle fort aigu. Vient ensuite un canal commun très-court, qui n'a souvent qu'un sixième de ligne de longueur à la fin de la journée; ce canal, qui est la trachée-artère, s'ouvre dans l'œsophage derrière la cavité gutturale.

9° Le foie est développé en deux corps aplatis, qui entourent la veine porte comme des lames. Les deux conduits hépatiques se sont ramifiés davantage dans ces lames, mais en même temps séparés davantage de l'intestin, de sorte que, la plupart du temps, ils se touchent déjà à leur base, et qu'à la fin de la journée ils ont coutume de former un canal commun. Leur face interne est grenue, comme celle de l'intestin, et entre eux passent des prolongemens de la veine, qui se rendent dans le foie.

10° Le pancréas n'est point encore sorti du plan de la couche vasculaire, ou du moins il l'est fort peu.

11° Les cœcums forment encore des cônes courts et obtus, qui reposent perpendiculairement sur l'axe du canal alimentaire.

12° L'allantoïde croît avec une grande rapidité pendant la seconde moitié du quatrième jour, après que la séparation des deux feuillets, qu'elle paraît soutenir, s'est effectuée partout; elle pénètre entre ces feuillets, d'abord au capuchon caudal, puis, par les progrès de l'accroissement, au capuchon latéral droit, et devient en même temps beaucoup plus mince et plus transparente. Sa base s'allonge en un pédicule creux; le sommet prend une forme conique, et, à la fin du jour, il a le volume d'un pois. Un beau réseau vasculaire, qu'elle soulève du corps, et qui est formé par des branches de l'aorte, se trouve contenu dans sa couche vasculaire. La couche interne, ou le feuillet muqueux, est très-facile à distinguer.

13° Le vide dans le mésentère se rapetisse, parce que, d'un côté, les feuillets du mésentère se rapprochent l'un de l'autre vers le haut, et, d'un autre côté, un peu de tissu plastique se dépose dans le vide.

14° Les corps de Wolff contiennent un vaisseau sanguin qui en parcourt la longueur. Les stries transversales foncées ont acquis plus de volume; ce sont de petits tubes entourés d'une paroi de couleur foncée, à peu près comme les conduits hépatiques lors de leur première formation, mais beaucoup plus grêles que ces derniers.

15° Les deux branches principales dans lesquelles l'aorte se divisait déjà au second jour, marchent bien au même endroit où se trouvent plus tard les corps de Wolff; mais, dès le troisième jour, et plus encore au quatrième, on voit l'aorte s'étendre, sous la forme d'un tronc non divisé, jusqu'au voisinage de l'allantoïde, où elle se partage en deux branches, et l'artère mésentérique n'est alors qu'une simple branche de ce tronc commun. Au quatrième jour, on aperçoit aussi très-distinctement une veine jugulaire, qui ramène le sang de la tête, et dans le bord inférieur de chaque lame ventrale il y a encore une veine qui s'unit à la jugulaire de chaque côté, avant son entrée dans le cœur. Ces dernières veines seraient donc des intercostales; elles naissent, comme nous l'avons déjà dit, et comme on peut l'observer ici mieux que partout ailleurs, de telle manière que la masse du corps se liquéfie sur certains points, que le liquide s'amasse, rougit, apparaît sous la forme de points sanglans, et ne coule que peu à peu dans des gouttières. Autant qu'on peut en juger d'après les observations recueillies jusqu'à ce jour, la formation des veines précède celle des artères dans le corps de l'embryon.

Au quatrième jour, le système de la veine porte se sépare déjà très-distinctement du système de la veine cave; la veine porte se ramifie dans le foie en canaux proportionnellement fort larges et très-courts, tandis que le tronc veineux dans lequel elle se prolonge parcourt une étendue notable avant d'arriver au cœur.

16° La portion veineuse du cœur est située encore tout-à-fait à gauche. Les deux appendices auriculaires acquièrent une ampleur considérable et des crénelures. L'épaississement de la paroi, qui n'avait eu lieu d'abord qu'en eux, s'étend aussi, au quatrième jour, à l'oreillette située entre eux. Aussi, à partir de ce moment, donnerai-je le nom d'oreillette à l'ensemble des deux appendices et du sac. Le ventricule s'allonge peu à peu en pointe; la pointe est d'abord tournée à droite, mais ensuite elle se porte de plus en plus en arrière, et ses parois acquièrent une teinte plus foncée. Entre le ventricule et l'oreillette, le canal intermédiaire et transparent, ou canal auriculaire, devient plus considérable. Le renflement aortique s'épaissit; sa convexité principale est tournée vers le bas et à gauche, et alors seulement il paraît mériter le nom de partie spéciale du cœur. Le ventricule semble encore, à l'extérieur, sans division; mais, à l'intérieur, on trouve un pli très-saillant, qui partage la cavité en deux portions communiquant ensemble le long du pli. Celui-ci s'étend d'un côté jusqu'à la base du bulbe aortique, et de l'autre jusque dans le canal au-

riculaire. Il me paraît n'être qu'un accroissement de celui
qu'on apercevait déjà au troisième jour; mais maintenant il
affecte une direction oblique particulière, de sorte qu'il
marque la limite entre deux compartimens, l'un à droite et
en arrière, l'autre à gauche et en avant, et que ces deux compartimens communiquent ensemble avec le bulbe de l'aorte.

17° Les arcs vasculaires, les arcs branchiaux et les fentes
branchiales subissent des changemens remarquables. D'abord
le courant du sang devient de plus en plus difficile à apercevoir dans la paire antérieure d'arcs : je ne l'ai jamais pu
voir à la fin de cette journée. Le second arc vasculaire s'affaiblit aussi peu à peu. Quant aux troisième et quatrième, ils
deviennent plus considérables, et reçoivent la plus grande
partie de la masse du sang. Il se forme aussi, pendant le
cours de cette journée, un cinquième arc, postérieur à tous
les autres, mais que j'ai toujours trouvé plus faible au côté
gauche qu'au côté droit. Nous avons donc de nouveau, à la
fin du quatrième jour, quatre courans de sang, mais qui ne sont
point ceux du troisième jour. Pendant cette métamorphose, le
premier arc branchial grossit beaucoup, et son extrémité inférieure devient claviforme; le second arc, au contraire, s'é-
lève, du côté extérieur, en une lame, qui se continue supérieurement et inférieurement avec le plan général du cou,
mais qui, dans le milieu, fait une forte saillie par un rebord
elliptique; son bord convexe est d'abord tourné presque en
dehors, mais, par les progrès de l'accroissement, il se dirige
de plus en plus en arrière. Entre les quatrième et cinquième
arcs vasculaires se forme une fente oblongue, tandis que les
autres fentes s'agrandissent un peu, à l'exception des premières, qui, pendant la seconde moitié du quatrième jour,
sont oblitérées par un tissu plastique délicat, jusqu'à ce qu'on
ne puisse plus les reconnaître qu'à la transparence du lieu
qu'elles occupaient jusque-là. Nous avons donc aussi trois
fentes branchiales, qui ne sont pas tout-à-fait les primitives,
puisqu'il en a paru une nouvelle, et qu'une ancienne s'est effacée (§ 400, 12°, 13°). L'appareil entier des arcs branchiaux,
vu par la face inférieure, a une analogie frappante avec l'appareil branchial des Poissons, surtout quand on examine ce

dernier à l'état de squelette. Tous les arcs ont grossi un peu, mais surtout les deux antérieurs, et leurs extrémités inférieures ne sont pas seulement unies par une membrane mince, comme au troisième jour, elles sont encore rapprochées les unes des autres, et sur la ligne médiane on trouve une bandelette de tissu plastique plus ferme, semblable à la série médiane d'osselets de l'appareil branchial des Poissons. Si l'on fend la cavité gutturale, on voit qu'elle est plus large en devant, et qu'en arrière elle se rétrécit à la façon d'un entonnoir. A la partie antérieure on observe un point un peu plus épais, mais encore peu isolé, au dessus des deux premiers arcs branchiaux; en arrière, ce point épaissi laisse déjà apercevoir deux branches courtes : je le considère comme le premier rudiment de l'hyoïde.

Le plus fort courant du sang passant par les troisième et quatrième arcs vasculaires, une partie plus considérable encore de la racine de l'aorte devient carotide à cette époque; outre cette artère, j'ai encore trouvé un vaisseau qui m'a paru être la vertébrale. Le sang se répand sur la vésicule cérébrale, en plusieurs arcades presque rayonnées, et il se rassemble dans des veines, dont une, en forme de sinus, occupe la ligne médiane des tubercules quadrijumeaux. De l'aorte partent des branches bien visibles, qui se rendent dans tous les espaces intervertébraux. Dans l'auréole vasculaire, les artères et les veines sont très-serrées les unes contre les autres.

18° Les rudimens de vertèbres dans les lames dorsales se prolongent de haut en bas vers la corde dorsale, d'où il suit que le tronc de la colonne vertébrale se développe de plus en plus; mais ces rudimens n'arrivent point encore à se toucher par le haut.

19° Les membres se convertissent, de liserés qu'ils étaient, en lames qui sont plus larges et arrondies en arrière, et qui ne paraissent plus reposer sur le bord des lames ventrales, mais qui, celles-ci étant devenues plus larges, ont aussi leur base sur le sillon compris entre les lames ventrales et dorsales.

20° Les deux feuillets de la moelle épinière se développent de plus en plus, et se séparent d'une enveloppe extrêmement mince, qui y est encore appliquée de la manière la plus intime, de sorte qu'on ne peut guère la séparer sans déchirure. Aussi m'a-t-il été impossible de distinguer si les lames de la moelle épinière sont ou non soudées ensemble à leur partie supérieure ; cependant elles paraissent ne tenir qu'à l'enveloppe. Mais, en bas, elles sont unies par une lame mince, qui ne fait point partie de cette dernière. Un sillon interne bien prononcé, à chaque lame, indique sa division en deux cordons, l'un supérieur, l'autre inférieur, dont le second est le plus gros. A la moelle allongée, les deux feuillets s'écartent largement l'un de l'autre ; l'espèce de feutrage qu'on apercevait au troisième jour, a été remplacé par des stries transversales bien distinctes. Le quatrième ventricule est encore couvert d'un feuillet, qui paraît contenir de la matière nerveuse ; non seulement il en a l'aspect au microscope, mais encore il devient complétement blanc dans l'alcool, comme la masse nerveuse. Ce feuillet adhère intimement aux lames de la moelle épinière sur toute la périphérie du quatrième ventricule ; mais on peut l'en détacher sans produire aucune déchirure, et il paraît être le résultat d'un épaississement de l'enveloppe, déjà plus distincte sur ce point qu'ailleurs. De tout cela il suit que du rudiment primitivement canaliforme de la portion centrale du système nerveux se détache une enveloppe de la moelle nerveuse proprement dite, que cette moelle est fendue en haut, ce qui devient plus sensible encore au cinquième jour, et qu'au dessus du quatrième ventricule, endroit où les feuillets de la moelle nerveuse sont plus écartés l'un de l'autre que partout ailleurs, il se dépose une couche de masse semblable à la matière nerveuse, absolument comme chez certains Reptiles. De même que chez ces derniers, cette masse est séparée du cervelet et de la moelle allongée.

Le cervelet existe déjà bien marqué ; en effet, les feuillets de la moelle épinière, après avoir formé le quatrième ventricule, s'épanouissent de chaque côté en une lame arrondie et presque perpendiculaire ; les deux lames s'écartent largement l'une de l'autre en arrière, mais viennent à se toucher en avant, et circonscrivent un canal court et étroit, qui mène dans la vésicule des tubercules quadrijumeaux.

Les tubercules quadrijumeaux forment la plus grosse vésicule. Celle-ci paraît close par le haut; nous donnerons à sa cavité le nom d'aquéduc de Sylvius.

La vésicule cérébrale qui vient après, la première de toutes qui ait paru, et primordialement la plus antérieure, forme la région du troisième ventricule; elle est beaucoup plus surbaissée et plus courte que celle qui vient d'être décrite. La masse nerveuse commence dès la seconde moitié du jour à se retirer un peu du milieu de son épaisseur, de sorte qu'on aperçoit un vide transparent sur la ligne médiane. En même temps, une légère crénelure transversale se manifeste à la voûte de cette vésicule.

Le troisième ventricule descend profondément vers la base du crâne, et ce prolongement est l'entonnoir. Comme les tubercules quadrijumeaux sont situés plus en avant, par rapport à l'embryon entier, et qu'en général toutes les parties du cerveau qui, dans le principe, se trouvaient à la suite les unes des autres, s'aglomèrent peu à peu, il reste, entre l'entonnoir, le cervelet et les tubercules quadrijumeaux, un vide qui est maintenant plus étroit qu'au troisième jour; dans ce vide est logée la corde dorsale, avec le tissu plastique appartenant à la colonne vertébrale, et dont l'inflexion devient de plus en plus prononcée. A partir des régions frontale et pariétale, les ventricules latéraux sont séparés l'un de l'autre par une échancrure profonde, mais sans être complétement distincts; il semble que leurs feuillets nerveux s'adossent dans le milieu, mais ils ne sont point encore sensiblement séparés de l'enveloppe.

Le cerveau se compose donc de vésicules que j'ai désignées d'après les ventricules, attendu que j'aurais manqué de nom pour celle qui appartient au troisième ventricule. Mais la paroi de ces vésicules cohérentes les unes avec les autres, n'est plus un feuillet aussi simple qu'au troisième jour. De même que le cordon inférieur de chaque côté est plus prononcé déjà dans la moelle épinière, de même aussi son prolongement dans le cerveau s'étend plus loin et s'aperçoit mieux : quoiqu'il se continue toujours en dehors avec la paroi latérale, on le voit clairement suivre le fond du quatrième ventricule et du ventricule de Sylvius, jusque dans le troisième ventricule, et former là l'entonnoir. Enfin il se perd, par un prolongement à peine élevé d'une manière sensible, dans la vésicule du ventricule latéral de son côté, c'est-à-dire dans l'hémisphère du cerveau.

21° Plusieurs des ventricules cérébraux se prolongent dans l'intérieur des nerfs sensoriels. Il est très-facile de s'en convaincre sur des cerveaux endurcis. Ainsi le quatrième ventricule s'ouvre dans les nerfs auditifs, entre les feuillets du cervelet et ceux de la moelle allongée ; le troisième ventricule dans les nerfs optiques, au devant de l'entonnoir ; le ventricule latéral, dans les nerfs olfactifs, à sa face inférieure. Comme on n'aperçoit point encore de fibres, on ne peut juger de l'origine des parties cérébrales que par la forme extérieure, et d'après cette forme les nerfs sensoriels paraissent provenir non de points limités, mais de tout le pourtour des vésicules cérébrales, de sorte que, par exemple, le nerf optique ne naît pas du point qui deviendra plus tard la couche optique, mais qu'il est, dans l'acception propre du mot, un prolongement de la vésicule cérébrale qui circonscrit le troisième ventricule. D'après cela, les nerfs sensoriels sont des espèces de hernies du cerveau dans la masse du corps, et les organes sensoriels, des modifications de cette masse produites par là.

22° L'œil nous en fournit la preuve la plus claire. Si l'on ouvre un œil du quatrième jour, endurci dans l'alcool, on trouve la rétine très-épaisse, proportion gardée, et ferme, de sorte qu'on peut, sans beaucoup de peine, la séparer complétement des autres feuillets. Ce feuillet médullaire représente une cavité sphérique, unie par un canal avec le troisième ventricule, et qu'on peut très-bien considérer comme une cavité cérébrale qui s'est développée sur le côté. Le canal qui aboutit à cette cavité, ou le nerf optique futur, monte de dedans en dehors, et s'épanouit ensuite tout à coup en rétine, de telle manière que la face postérieure (ou inférieure, si nous plaçons la tête sur la base du crâne) de cette membrane présente, dans la même direction qu'affectait le nerf optique avant son entrée, une languette plus claire, le long de laquelle la rétine est fort amincie. Cette languette fait certainement aussi hernie en dedans, mais très-peu. D'après cela, la rétine serait presque fendue en arrière ou en bas. Sa vésicule contient une albumine épaisse, le corps vitré, qu'on peut extraire par énucléation, après avoir fait macérer l'œuf dans l'alcool. Elle présente, en outre, à son extrémité, une ouverture circulaire, qui est remplie par le cristallin ; celui-ci est assez considérable, mais cependant moins bombé qu'il ne doit l'être plus tard ; on ne distingue point encore sa capsule. Mais la vésicule de la rétine est entourée d'une membrane complétement distincte, qui offre déjà une couleur très-foncée à sa face interne ; cette coloration ne s'étend néanmoins que jusqu'à la capsule cristalline, par conséquent jusqu'aux limites de la rétine ; au devant de ce point, la membrane est d'une transparence parfaite, et s'applique immédiatement à la paroi antérieure du cristallin. Elle est sans doute redevable de sa teinte foncée à son antagonisme avec la rétine ; car elle reste sans couleur au dessous de la languette amincie de cette dernière ; c'est là ce qu'on appelle la fente de la choroïde, quoiqu'il n'y ait point solution de continuité. La chambre antérieure de l'œil n'existe pas. La peau extérieure passe immédiatement sur l'œil ; elle est mince et bombée, sans traces de paupières.

23° Tout ce que je puis dire de l'oreille, c'est que sa partie interne est encore plus cachée qu'au troisième jour ; mais j'ai aperçu, au plancher de la cavité gutturale, une fosse profonde, dirigée vers l'oreille, qui est peut-être le commencement de la trompe d'Eustache.

24° A l'endroit où le nerf olfactif sort au troisième jour, il se forme, le quatrième, dans la masse maintenant plus épaisse du crâne, une petite fossette oblongue, bordée d'un bourrelet, et qui est la fosse nasale ; les deux fosses nasales sont assez rapprochées l'une de l'autre.

25° Au dessous de l'œil, à partir de son bord postérieur, et croissant d'arrière en avant, s'élève une étroite saillie de tissu plastique, qui est la mâchoire supérieure future.

26° A l'égard de la métamorphose des parties de l'œuf, nous remarquons que le blanc continue de diminuer, surtout au dessus du jaune, de sorte que, souvent la membrane vitelline entre déjà en contact avec la membrane testacée. Il résulte de là, comme aussi de ce qu'une partie considérable de l'auréole vasculaire se rapproche de la chambre aérienne, que ses vaisseaux semblent être exposés à l'action immédiate de l'air. En effet, l'auréole vasculaire s'étend peu à peu sur la moitié de la sphère vitelline; l'auréole vitelline a envahi presque tout l'espace restant, de sorte qu'à peine reste-t-il en dessous un cercle de la membrane proligère ayant quelques lignes de diamètre qui ne soit point couvert. La membrane vitelline est devenue beaucoup plus mince, et elle se déchire avec facilité. Le jaune a sensiblement augmenté de volume, et il est devenu en grande partie liquide, dans le même temps qu'il a pris une couleur de blanc jaunâtre. Il ressemble à une émulsion. Cette métamorphose commence au dessous de l'embryon, et se montre ensuite dans toute l'étendue de la sphère vitelline.

C. *Cinquième jour.*

§ 402. Au cinquième jour ont lieu les phénomènes suivans :

1° Cette journée paraît être destinée à compléter ce qui a commencé le troisième et le quatrième jours, et à préparer l'état de choses qui entre en pleine activité pendant la troisième période; car la séparation de l'embryon arrive à son plus haut degré, et l'allantoïde se développe en organe de respiration.

2° En effet, l'ombilic se rétrécit de tous les côtés. A la fin de la journée, l'ombilic intestinal est déjà un canal étroit qui descend verticalement dans l'intestin; c'est le *canal vitellin*, qui reste sans subir presque aucun changement depuis cette époque jusqu'à un temps très-rapproché de l'éclosion. Les entrées antérieure et postérieure du canal alimentaire se sont rapprochées l'une de l'autre, et il n'y a plus aucune partie de l'intestin qui ait la forme d'une gouttière. L'ombilic cutané est beaucoup plus ample, à la vérité, que l'ombilic intestinal, mais cependant, comme la portion large de l'allantoïde le traverse, il est beaucoup plus étroit qu'au quatrième jour : il embrasse le canal vitellin et le pédicule de l'allantoïde, avec les vaisseaux qui appartiennent à l'un et à l'autre.

3° L'allantoïde est alors située en grande partie hors du corps, dans l'intérieur duquel il n'y a que son pédicule qui soit logé. Comme elle est sortie entre le feuillet du mésentère et la lame ventrale du côté droit (§ 401, 12°), elle se trouve toujours située à la droite de l'embryon, dans l'espace compris entre la couche supérieure et la couche inférieure du capuchon, et, quand celui-ci disparaît, entre l'amnios et l'enveloppe séreuse. Elle atteint un diamètre de quatre à cinq lignes, et reçoit un grand nombre de vaisseaux.

4° Les deux feuillets de l'amnios subissent aussi une métamorphose. Après que cette membrane s'est close, ils se séparent l'un de l'autre, et leur séparation paraît être favorisée encore par l'accroissement du volume de l'allantoïde. De là résulte que l'amnios devient une enveloppe indépendante et détachée vers le haut ; mais, du feuillet supérieur, il se forme une nouvelle enveloppe, qui couvre supérieurement l'amnios, avec l'embryon, et qui, en dehors, s'étend aussi loin que la membrane proligère, dont elle est précisément le feuillet séreux. Ce feuillet séreux n'est qu'aujourd'hui seulement séparé par une grande distance de la couche inférieure, de sorte qu'il existe, entre l'amnios, la couche profonde de la membrane proligère et le feuillet séreux détaché, un vaste espace avec lequel la cavité abdominale de l'embryon se continue à travers l'ombilic cutané. A la formation de cette nouvelle enveloppe extérieure, que nous appellerons l'*enveloppe séreuse*, succèdent l'amincissement et enfin le déchirement de la membrane vitelline ; dès que ce dernier phénomène a eu lieu, le blanc se retire du jaune avec plus de rapidité qu'il n'avait fait jusqu'alors, et se porte vers le petit bout de l'œuf, où l'on trouve encore pendant quelque temps les chalazes.

5° La membrane proligère s'est tellement agrandie, pendant ce temps, que l'auréole vasculaire occupe près des deux tiers du jaune, le reste étant rempli par l'auréole vitelline.

Cette dernière est fort mince et si adhérente au blanc, qu'elle se déchire aisément lorsqu'on cherche à l'en séparer. De là vient qu'on dit que le jaune n'est pas enveloppé sur ce point, et que le blanc fait office de bouchon pour clore un vide de son enveloppe, assertion contre laquelle semblent s'élever les résultats d'un examen attentif.

6° Comme la scission de la membrane proligère fait toujours des progrès, il finit par ne plus y avoir rien de ce qui soulevait la couche inférieure au bord du capuchon. L'angle que le pourtour du capuchon a formé, se trouve en effet soulevé par l'effet de la séparation ; tout le pourtour s'affaisse donc, et par là l'apparence de ce capuchon disparaît entièrement, à moins qu'on ne veuille considérer encore comme telle l'espèce d'entonnoir que le passage de la membrane proligère au canal vitellin produit sur la face inférieure de l'embryon.

7° L'embryon est situé en entier au côté gauche, et tellement plié sur lui-même que la tête et la queue se touchent la plupart du temps. Comme l'allantoïde est placée à droite, elle atteint par cela même la région la plus élevée, et elle n'est séparée de la membrane testacée que par l'enveloppe séreuse. La tête égale le tronc eu égard au volume : les tubercules quadrijumeaux font une forte saillie ; le col croît rapidement, mais il est encore beaucoup plus court à son côté inférieur qu'au côté supérieur, de sorte qu'on ne peut l'étendre en long ; la nuque est surtout très-prononcée derrière la tête, mais presque uniformément courbée en un grand arc. Les lames ventrales se sont considérablement accrues en hauteur. La cavité abdominale s'avance encore un peu dans le cou ; le foie est déjà placé dans le tronc, à la hauteur des membres de devant ; mais une partie plus ou moins considérable du cœur se trouve encore au devant de lui, et la rétraction de cet organe paraît contribuer à la courbure du cou, puisque les arcs vasculaires sont encore unis avec la cavité gutturale, et semblent être tirés en arrière par le cœur.

8° Les deux moitiés de l'intestin forment l'une avec l'autre un angle aigu vers le canal vitellin, attendu que le mésentère s'est fort agrandi dans le milieu de son étendue. L'ampleur du canal intestinal n'a pas seulement augmenté d'une manière générale, mais encore les diverses parties de ce canal sont mieux distinctes les unes des autres; une ligne de démarcation bien tranchée sépare l'intestin de l'estomac, qui est beaucoup plus ample, dont les parois ont plus d'épaisseur, et qui fait saillie à gauche, sous la forme d'un cul-de-sac.

9° Les poumons se sont détachés tout-à-fait du canal alimentaire; mais leur portion moyenne, très-sensiblement allongée, est encore appliquée d'une manière intime à ce canal. Non seulement les bronches se sont allongées, mais encore la trachée-artère s'est accrue, moins à la vérité, et, parfaitement semblable en cela au canal alimentaire, elle consiste en un tube étroit de membrane muqueuse, couvert d'un épais dépôt de la couche vasculaire. Ainsi le canal alimentaire et la voie aérienne se détachent l'un de l'autre, de telle sorte que la cloison s'accroît toujours d'arrière en avant.

10° Le foie est très-considérable; ses deux lobes sont devenus plus épais, et paraissent avoir une texture spongieuse dans leur intérieur. Un examen attentif démontre que la veine s'est partout répandue en grosses branches entre les canaux biliaires. Ceux-ci ont un tronc commun.

11° Le pancréas sort de la couche vasculaire, et il en soulève une partie à la surface du canal alimentaire. Autour du point où il se prononce, l'intestin fait un grand détour; ainsi se produit une première anse, appartenant au duodénum, qui devient plus considérable le lendemain. Comme, à l'époque où l'estomac commençait à se bomber, la couche vasculaire de cette région avait acquis une grande épaisseur, puisque la plus forte saillie se trouvait primitivement en haut, et quelquefois un peu à droite (§ 401, 7°), mais qu'au cinquième jour l'estomac éprouve une torsion telle que la région bombée vient à être placée au côté gauche, la couche la plus extérieure du feuillet vasculaire, en prenant part à la torsion, se sépare de l'estomac, et se convertit plus tard en un feuillet distinct, l'épiploon, dans lequel on aperçoit pour la première fois au cinquième jour un petit corps, de couleur rouge, qui est la rate.

12° Les cœcums ont encore la forme de cônes obtus; l'intestin large est fort court. L'anus apparaît sous la forme d'une simple fente transversale, et il marque pour toujours la limite de la queue.

13° Les corps de Wolff ont beaucoup augmenté de hauteur et de largeur, et ils reçoivent une quantité considérable de sang. A leur face interne paraît un cordon arrondi de tissu plastique, qui est le testicule ou l'ovaire; en haut et en dehors, se trouve une partie en forme de lame, qui se continue avec la paroi de la cavité abdominale. Les conduits transversaux se ramifient et se contournent. Au cinquième jour, on voit distinctement le tronc de la veine cave naître du côté interne des extrémités antérieures de ces corps, par un grand nombre de petites racines, et monter derrière le foie.

14° Le cœur est encore plus contracté sur lui-même qu'auparavant, de manière que l'oreillette confine à la racine de l'aorte. Le sommet du ventricule est tourné en arrière, et plus allongé en pointe; les premiers rudimens des deux appendices auriculaires sont plus arrondis, et se courbent un peu de haut en bas; le sac veineux médian laisse apercevoir à l'extérieur un commencement d'étranglement. Le canal auriculaire a acquis sa plus grande longueur, et il est tellement transparent, qu'on aperçoit dans son intérieur un pli figurant une languette de couleur obscure. Le ventricule est complétement opaque; sa cloison intérieure a tellement augmenté, qu'elle le partage en deux ventricules, communiquant ensemble par un vide oblong seulement. Le bulbe de l'aorte renferme deux conduits distincts l'un de l'autre, mais qu'on ne peut apercevoir à l'extérieur. Ces conduits paraissent se contourner un peu l'un sur l'autre, de manière que l'un d'eux, inférieur, marche d'arrière en avant, et de droite à gauche, tandis que l'autre, supérieur, se porte d'arrière en avant et de gauche à droite. Le premier vient donc de la section droite du ventricule, et le second de la section gauche. Tous deux paraissent avoir été produits par deux courans de sang; en effet, comme le pli contenu dans le ventricule se développe en une cloison incomplète, qui devient de plus en plus oblique, il faut que le courant du sang se divise en deux : l'un se dirige vers le côté ventral, dans l'espace qui est destiné à devenir le ventricule gauche; comme il se réfléchit, à la

III. 18

pointe du ventricule, pour arriver dans le canal d'abord simple du bulbe aortique, il acquiert nécessairement, outre la direction d'arrière en avant, celle de gauche à droite et de bas en haut. Le courant de l'autre cavité se porte davantage en haut et à droite ; en revenant sur lui-même, il acquiert la direction de droite à gauche et de haut en bas. La direction d'arrière en avant est commune aux deux courans ; mais comme ils en ont encore d'autres différentes, il ne peut manquer d'arriver que, quoique d'abord (au troisième jour) serrés l'un contre l'autre dans un canal unique et presque rond, ils sillonnent peu à peu (au quatrième jour, § 401, 16°) ce canal suivant deux directions. Mais les deux directions ne peuvent pas se séparer entièrement l'une de l'autre, et comme tout le sang ne trouve à se rendre dans l'aorte que par les arcs vasculaires, il faut que les deux courans d'un arc prennent peu à peu une direction opposée : de là la torsion en spirale. Les deux courans devant se diriger de nouveau l'un vers l'autre après s'être écartés en se croisant, il résulte de là l'apparence renflée qui caractérise le bulbe aortique à la fin du quatrième jour et au commencement du cinquième. Ce renflement est la conséquence de la dilatation latérale d'une cavité, et il croît peu à peu d'arrière en avant ; il est un peu moins sensible à la fin du cinquième jour, parce que la dilatation s'est étendue jusqu'à l'extrémité antérieure.

Ainsi, après que la cavité intérieure s'est creusée, au quatrième jour, d'un sillon contourné, et que les deux courans de sang sont arrivés à se toucher dans les angles de ce sillon, le tissu plastique voisin pénètre dans le milieu non rempli de la fente, de sorte que celle ci a produit deux canaux en spirale séparés par une cloison encore étroite.

15° Des quatre arcs vasculaires qui existaient à la fin du jour précédent, le plus antérieur (primitivement le second) devient de plus en plus faible au cinquième jour, et bientô l'on ne l'aperçoit plus du tout. Les arcs de la paire postérieure, qui étaient encore très-faibles la veille, deviennent plus forts, mais ne le sont cependant jamais autant au côté gauche qu'au côté droit. On aperçoit donc du côté droit trois forts arcs vasculaires ; du côté gauche, on n'en découvre que deux au premier aspect, mais, avec quelque attention, on voit aussi le troisième.

16° L'ancienne première fente branchiale devient entièrerement méconnaissable ; la quatrième, ou postérieure, reste petite, et elle est plus arrondie que les autres. Vers la fin du cinquième jour, les deux fentes postérieures se ferment ; celle qui était originairement la seconde persiste plus longtemps ; quoiqu'elle soit couverte par le lobe auquel Rathke donne le nom d'opercule, et qui va toujours en grandissant, outre qu'il se dirige d'avant en arrière, cependant, en soulevant ce lobe, on l'aperçoit encore bien distinctement à la fin de la journée. Les fentes postérieures sont également placées un peu de travers, avant leur oblitération, de manière qu'on est obligé de ramener les arcs branchiaux un peu en devant pour les apercevoir ; il semblerait que les arcs branchiaux fussent tirés en arrière par les arcs vasculaires. Mais l'ancien premier arc branchial grossit beaucoup, et sort très-sensiblement du plan des autres, ce qui fait paraître plus à plat l'opercule, qui maintenant est adhérent avec lui. En effet, cet arc est en train de se métamorphoser en mâchoire inférieure ; celle-ci ne se compose donc jamais de deux moitiés séparées, et, pendant toute la cinquième journée, elle offre seulement une crénelure dans son milieu. Au dessus des deux premiers arcs branchiaux, par conséquent plus près de de la cavité gutturale, se forme l'hyoïde, dont je distingue fort bien à cette époque les deux branches postérieures ; elles sont appliquées immédiatement au second arc branchial, de sorte que leurs extrémités sont tournées vers l'opercule, comme chez les Poissons.

17° Le dos continue toujours à être très-plat ; mais le sillon existant entre les lames dorsales et les lames ventrales est assez profond. Les moitiés de vertèbres arrivent à se toucher en dessous, et enveloppent la corde dorsale, qui a singulièrement augmenté de volume ; elles paraissent aussi s'atteindre en haut par des prolongemens fort minces ; mais, sur les côtés, elles acquièrent plus de consistance, par l'accumulation sur ce point d'une masse grenue, de couleur foncée. Cette masse occupe tant la face interne que la face externe de chaque vertèbre; celle de la face externe s'étend sans interruption jusque dans les lames ventrales, et cette partie de la languette obscure doit contenir les apophyses transverses et sans doute aussi les côtes. Enfin, au cinquième jour, j'ai pu apercevoir les nerfs rachidiens, mais seulement en arrachant les lames ventrales de la colonne vertébrale; par ce moyen je découvrais les extrémités déliées des nerfs entre chaque couple de vertèbres.

18° Les membres se sont notablement allongés en arrière, et ils ont changé de forme; au lieu de représenter une lame arrondie, comme au quatrième jour (§ 401, 19°), ils ont pris la forme d'un ciseau; en effet, ils ont un pédicule arrondi, qui se termine par une lame linguiforme; la base du pédicule est située dans la gouttière placée entre les lames dorsales et ventrales. Du reste, jusque vers cette époque, les membres se ressemblent tellement, qu'après les avoir détachés du corps, on aurait de la peine à les distinguer les uns des autres. Ordinairement, pendant la durée du cinquième jour, il se forme, dans le pédicule, un angle qui est le coude ou le genou; car l'un et l'autre se ressemblent parfaitement; le bras et la cuisse présentent une petite tache obscure, rudiment du cartilage et de l'os futurs; on voit deux languettes foncées à la jambe et à l'avant-bras. L'extrémité en forme de langue renferme un lobe intérieur, de couleur foncée, et non encore divisé, qui imite parfaitement la forme du lobe entier. Vers la fin du cinquième jour, l'extrémité linguiforme devient plus large.

19° Si les membres se développent plus rapidement au cinquième jour qu'auparavant, la même chose arrive aux mâchoires. La supérieure devient peu à peu une lame assez considérable, située au dessous de l'œil, et qui se prolonge vers une apophyse descendant du front, entre les deux fosses nasales, sans atteindre encore jusqu'à elles ce jour-là: ainsi, non seulement elle est déjà réunie, mais même elle est doublement fendue.

20° La moelle épinière entière est, à cette époque, entourée d'une enveloppe manifestement isolée: il n'y a que quelques points de la vésicule cérébrale où cette enveloppe ne soit point encore, à ce qu'il paraît, réunie, notamment dans le milieu de la voûte. La moelle épinière est en général comprimée de droite à gauche : sa plus grande hauteur et sa plus grande largeur correspondent vis-à-vis des membres; au cou, elle est plus étroite que partout ailleurs. A la courbure de la nuque, ses lames s'écartent brusquement l'une de l'autre, deviennent beaucoup plus larges, et s'unissent ensuite en un cervelet, dont les lamelles font plus de saillie vers le haut (ou en arrière, si nous considérons le cerveau seul), qu'elles n'en faisaient auparavant. L'union entre le cervelet et les tubercules quadrijumeaux s'est allongée en un canal considérable, qui correspond à la partie postérieure de l'aquéduc des Oiseaux adultes. Mais la vésicule des tubercules quadrijumeaux s'est fort agrandie, de sorte qu'elle couvre complétement l'aquéduc en arrière, et en devant une partie du troisième ventricule. La base de cette dernière cavité s'est moins élevée que le reste, de sorte qu'à peine a-t-elle encore l'apparence vésiculeuse; mais elle s'est prolongée à son fond; les entrées des nerfs optiques et leurs alentours immédiats s'éloignent effectivement en arrière (ou en bas, si l'on met le cerveau sur sa base), et forment au dessous de l'entonnoir une saillie, semblable à celui-ci, qui rapproche beaucoup les deux entrées l'une de l'autre. Nous appellerons ce prolongement *fosse du nerf optique;* il est déjà reconnaissable au quatrième jour. La crénelure supérieure dans le sens transversal, qu'on apercevait la veille à la voûte de cette région (§ 401, 20°), présente, au cinquième jour, une partie postérieure et cylindrique, séparée de l'antérieure, qui est vésiculeuse; dans cette partie, les lames médullaires s'écartent supérieurement l'une de l'autre. La vésicule pour les cavités latérales, ou pour le cerveau proprement dit, est très-profondément enfoncée dans le milieu de la voûte : celle pour le ventricule de Sylvius l'est moins; mais, intérieurement, j'ai très-bien vu de la masse cérébrale s'étendre sur ce pli, de sorte que je ne peux point considérer le cerveau comme fendu en cet endroit, quoiqu'il ait l'air de l'être quand on le contemple de haut en bas, parce que l'enveloppe moins blanche s'enfonce dans la fente et couvre la masse cérébrale. Dans l'intérieur du cerveau nous trouvons très-grossis les cordons qui ont été décrits plus haut, et que déjà nous avons pu appeler cuisses du cerveau, parce qu'ils semblent être le tronc de toutes les parties cérébrales. Ils parcourent tout le pourtour de l'entonnoir, puis pénètrent dans les hémisphères, où ils se terminent par une espèce de tubercule, au devant de l'entrée dans les nerfs olfactifs.

Au cinquième jour, le cerveau s'est fortement courbé sur lui-même dans ses parties antérieures. Si nous voulons le décrire seul sous ce rapport, comme formant l'extrémité antérieure du corps, nous trouvons que les tubercules quadrijumeaux sont la partie située le plus en avant, et qu'ils font une saillie à peu près égale en devant et en bas. La moelle allongée descend de la moelle épinière sous un angle obtus ; vient ensuite une seconde inflexion, aussi à l'angle obtus, attendu que le tronc du cervelet se porte en avant ; puis on trouve une inflexion à l'angle droit, qui a lieu dans le tronc des tubercules quadrijumeaux ; à partir de ce point, l'inflexion devient si forte, que le sommet de l'entonnoir est dirigé de bas en haut, vers le tronc du cervelet, et que le prolongement principal des cuisses du cerveau dans les hémisphères se porte presque en ligne droite d'avant en arrière. A une époque antérieure, l'entrée de la fosse du nerf optique affectait cette direction, qui, plus antérieurement encore, était celle de l'entonnoir. Celui-ci est la partie qui s'infléchit la première, celle qui se courbe de haut en bas le second jour, avant l'inflexion de la corde dorsale. Il est clair, d'après cela, que la cuisse du cerveau se continue toujours immédiatement avec la partie de l'encéphale qui est dirigée le plus en arrière. Mais à ce changement de courbure se rattache aussi une modification dans l'accroissement : l'entonnoir est encore fort large au troisième jour ; à mesure que la courbure antérieure augmente, et que l'entonnoir se rapproche de la corde dorsale, son accroissement diminue.

Si nous avons égard à l'embryon lui-même, nous trouvons qu'il est plus recourbé au cinquième jour qu'en tout autre temps, que les tubercules quadrijumeaux sont plus dirigés vers le bas qu'en avant, et que la région la plus antérieure de l'embryon n'est, à proprement parler, point remplie, l'échancrure se trouvant là entre les tubercules quadrijumeaux et la moelle allongée.

21° L'œil a beaucoup grossi, et il a conservé ses stries blanches. Dans la rétine, ces stries sont maintenant élevées et formées de deux cordons laissant entre eux un sillon, absolument comme il arrive aux cuisses du cerveau dans les diverses régions de ce dernier organe. Je n'ai pas trouvé que la membrane enveloppante obscure fût ici manifestement renversée en dedans, comme le prétend Huschke, quoiqu'elle eût déposé du pigment à la surface extérieure des deux cordons nerveux; mais, au milieu des stries nerveuses, elle est sans pigment, et à peine y a-t-il de l'espace pour un renversement réel, puisque le sillon entre les deux cordons nerveux, vu de dedans en dehors, n'est point élevé, mais creux. Tel est au moins l'état des choses dans des yeux que l'alcool a fait durcir; j'ai peu examiné ces organes à l'état frais; dans tous les cas, la languette de la rétine se compose de deux renflemens et d'un moyen d'union très-mince. La membrane obscure de l'œil semblait simple auparavant, et se continuait sans interruption avec la cornée transparente; aujourd'hui, elle commence à se diviser; un feuillet extérieur, incolore, mais encore mince, est en connexion immédiate avec la cornée transparente, et représente par conséquent la sclérotique; le feuillet interne a une couleur foncée, et cesse au bord du cristallin; celui-là est la choroïde. Le corps vitré et sa membrane sont manifestement formés. Le cristallin a une forte convexité.

22° Les fosses nasales deviennent plus profondes, et sont séparées l'une de l'autre par l'épine nasale.

23° L'oreille est indiquée par une bandelette ronde et saillante; mais ordinairement la fosse nasale est encore fort peu considérable au cinquième jour. Il n'arrive pas toujours que l'oreille paraisse avoir une ouverture intérieure par la trompe d'Eustache. L'ouverture externe, au contraire, se forme ordinairement le jour suivant, de sorte qu'elle paraît quand les fentes branchiales sont closes; cependant il m'est arrivé plus d'une fois de la voir lorsque l'une ou l'autre de ces fentes existait encore.

III. Troisième période.

§ 403. La troisième et dernière période de la vie embryonnaire est caractérisée par la circulation au moyen des vaisseaux de l'allantoïde, et elle s'étend jusqu'à l'éclosion, ou jusqu'à l'apparition de la circulation pulmonaire.

A. *Sixième et septième jours.*

1° La chambre à air s'agrandit continuellement. La membrane proligère embrasse le jaune entier, de sorte que celui-ci est renfermé dans une enveloppe qui fait corps avec l'embryon, le sac vitellin. Le blanc, dont la consistance a beaucoup augmenté, adhère intimement à la membrane testacée sur l'auréole vitelline, de même que vers le petit bout de l'œuf. L'auréole vasculaire embrasse beaucoup plus que la moitié du jaune. Le cercle sanguin devient plus étroit, et commence à disparaître ; les autres vaisseaux sont moins pleins aussi ; les veines ascendantes et les veines descendantes sont les premières qui disparaissent, et souvent on n'en voit plus aucune trace au septième jour ; du reste, une branche veineuse se trouve partout à côté d'une branche artérielle. Le jaune a beaucoup augmenté de masse, et il est presque entièrement liquide, à l'exception d'une petite partie, située dans la moitié inférieure de la sphère vitelline, et non appliquée à la membrane proligère, mais placée plus en dedans. Dans la portion liquide du jaune, les plus gros globules sont très-considérables, faciles à voir à l'œil nu, d'un neuvième à un vingtième de ligne de diamètre, et assez clairs, ce qui tient évidemment à la quantité considérable de liquide qu'ils renferment ; si l'on écrase un de ces globules, il s'en échappe un grand nombre d'autres plus petits. Comme le nombre des gros globules vitellins a diminué par rapport à la masse entière, on ne saurait douter qu'un grand nombre d'entre eux ne se soient dissous. L'allantoïde dépasse l'embryon de tous côtés, à sa face droite, et s'étend dans l'espace qu'elle trouve entre la nouvelle enveloppe séreuse, la couche profonde de la membrane proligère et l'amnios ; elle devient par là fort aplatie, mais n'en conserve pas moins la forme d'une vésicule cohérente, qui contient un liquide parfaitement limpide. Au septième jour, cette vésicule comprimée a le diamètre d'une pièce de cent sous, et les deux moitiés sont sensiblement séparées par le liquide contenu. Chaque moitié laisse encore apercevoir d'une manière distincte le feuillet vasculaire et le feuillet muqueux; le premier s'applique intimement à l'enveloppe séreuse, et la moitié de l'allantoïde qui tient à cette membrane est plus riche en vaisseaux que celle qui regarde vers le bas. L'union intime de l'allantoïde avec la partie supérieure de l'enveloppe séreuse fait que l'embryon se trouve en quelque sorte suspendu, et de là résulte qu'il ne s'enfonce plus maintenant dans le jaune, mais qu'il soulève un peu la transition du sac vitellin au canal vitellin, ce qui efface jusqu'à la dernière trace du capuchon. A partir du cinquième jour, l'amnios croît rapidement en capacité, et s'emplit d'une grande quantité de liquide.

2° Ordinairement on trouve l'embryon non plus dans le milieu de la face supérieure du jaune, mais penché vers le gros bout de l'œuf. Ce changement de lieu paraît tenir en partie au déplacement du blanc, en partie aussi au propre poids de l'embryon. En effet, comme la membrane vitelline se déchire au cinquième jour, et qu'ensuite le blanc se retire vers le petit bout, la sphère vitelline éprouve une légère torsion; mais comme, vers cette époque, il y a fort peu de blanc au dessus du jaune, qu'il s'en trouve encore assez au dessous, et que ce blanc tient davantage à la sphère vitelline, il faut, puisque le blanc se retire vers le petit bout de l'œuf après la déchirure de la membrane du jaune, que la moitié supérieure de celui-ci se tourne vers le gros bout. Le propre poids de l'embryon augmente cette torsion; mais la mesure en est fort sujette à varier.

3° Au sixième jour j'ai aperçu, dans l'embryon, le premier mouvement, qui consistait en une convulsion de certaines parties, et semblait être déterminé par l'impression de l'air froid. Au septième jour, le mouvement est plus général; l'embryon oscille dans l'amnios, sur l'ombilic, comme sur un pivot fixe. Mais ce mouvement de va-et-vient ne dépend pas de l'embryon seul : il se rattache plus encore à l'amnios, qui se contracte et se fronce, tantôt à l'une de ses extrémités, et tantôt à l'autre. Il m'a donc semblé être une sorte de pulsation irrégulière dans l'amnios.

4° L'embryon est fortement courbé, moins cependant qu'au cinquième jour. La courbure surtout du cou diminue par l'accroissement considérable de sa surface antérieure, et on ne peut l'étendre en ligne à peu près droite qu'après la mort de l'embryon. Lorsque le col commence à s'étendre, la tête se reporte vers la région dorsale, et la nuque forme alors un tubercule plus saillant, qui indique l'inflexion de la moelle épinière dans le cerveau. Le tronc est très-gonflé par l'accroissement du foie et par la rentrée du cœur dans sa propre cavité. Cependant la tête a au moins autant de masse que le tronc.

5° L'ombilic n'est plus une simple ouverture ou un anneau; c'est un canal, qui, vers la fin du septième jour, a une ligne de long, et qu'on peut appeler un cordon ombilical, lequel toutefois est court et demeure creux. Sa cavité renferme le pédicule et les vaisseaux de l'allantoïde, une anse d'intestin, et le canal vitellin, avec les vaisseaux qui s'y rapportent. Une veine forme le tronc de la veine porte, avec lequel s'unissent les autres veines intestinales : on doit l'appeler veine vitelline antérieure. Car, dès lors, on commence aussi à découvrir une veine vitelline postérieure, qui marche d'avant en arrière, le long de la partie postérieure du canal alimentaire, jusqu'au point où se rencontrent les veines de la queue, du cloaque, etc., avec lesquelles elle s'unit : cette veine a déjà un calibre considérable au dixième jour, et on ne peut pas douter qu'elle ne soit la branche de communication entre la veine porte et la veine du tronc. Les vaisseaux de l'allantoïde sont particulièrement ceux qu'on nomme ombilicaux, savoir deux artères, naissant de l'aorte descendante, dont celle du côté droit disparaît plus tard, et une très-grosse veine qui marche d'arrière en avant à la paroi inférieure du ventre, et, dans la scissure du foie, à la face inférieure. Il m'a été impossible, dans les premiers temps, d'en distinguer la terminaison : plus tard, elle donne une très-forte branche à chaque moitié du foie, après quoi elle s'unit, à l'extrémité

antérieure de cet organe, avec une veine hépatique, qui s'a-
bouche sur-le-champ dans la veine cave, dont le tronc pénètre
de haut en bas dans le foie ; on est donc presque aussi fondé
à dire que la veine ombilicale se continue avec le tronc de la
veine cave, qu'à prétendre qu'elle s'abouche dans une veine
hépatique. La portion de la veine ombilicale, qui, après la
distribution dans le foie, s'avance jusqu'au système de la
veine cave, serait donc comparable au canal veineux d'A-
ranzi chez les Mammifères. Je n'ai pas trouvé de communication immédiate avec la veine porte hors du foie.

6° Les lames ventrales sont encore fort étroites, et elles occupent d'abord un tiers, puis près de la moitié de la hauteur
de l'abdomen ; le reste de cette hauteur est entouré par la
peau du ventre, dans laquelle on distingue fort bien plusieurs
couches. Comme le cœur s'est retiré du cou, la cavité de ce
dernier s'efface, et les lames ventrales s'y appliquent plus étroitement l'une contre l'autre. Les rudimens des côtes s'aperçoivent, dans les lames ventrales, sous la forme de stries
obscures.

7° Peu de temps après que les arcs vertébraux se sont fermés en dessus, il s'en élève des apophyses épineuses bien
sensibles, qui rendent le dos plus tranchant.

8° Les membres se sont allongés ; leur base s'est étendue
sur les lames ventrales et dorsales, et ils se sont divisés en
quatre segmens principaux. Le bras et la cuisse sont fort
courts ; le coude et le genou se dirigent en dehors, comme
chez la plupart des Reptiles ; l'avant-bras et la jambe se portent un peu en arrière, surtout le premier, mais plus encore
vers le bas ; les articulations de la main et du pied ne sont
point encore indépendantes ; car les segmens terminaux continuent de suivre la direction de l'avant-bras et de la jambe.
Ces deux segmens ont acquis plus de largeur, et leurs bords
libres se sont dirigés davantage vers le bas, surtout au membre de devant ; ils se sont convertis en de larges lames,
ayant la forme d'un segment de cercle. Le contenu, de couleur foncée, est maintenant divisé en plusieurs rayons distincts, savoir les segmens du carpe et des doigts, du tarse
et des orteils, et cela de telle manière que la formation, qui

commence par le carpe et le tarse, s'étend peu à peu jusqu'aux derniers articles des doigts et des orteils. Les doigts et les orteils représentent autant de rayons obscurs dans la lame transparente, qui les enveloppe comme ferait une membrane natatoire. Le tarse et le métatarse sont encore aussi courts que le carpe et le métacarpe. Mais on remarque une différence, tenant à ce que le segment terminal de l'extrémité antérieure présente dès l'origine trois rayons (doigts), tandis que celui de l'extrémité postérieure en a quatre (orteils); chez les Poulets qui ont cinq orteils, ceux-ci se forment tous à la fois. A l'aile, le doigt du milieu est le plus long, et le pouce le plus court, dès l'origine. A la patte, l'orteil antérieur est le plus court, et l'avant-dernier en dehors et en arrière, le plus long; mais la différence se réduit à si peu de chose, que le bord paraît encore circulaire à l'un et l'autre membres. Du reste, à chaque rayon, le cartilage d'un article est renfermé dans une gaîne continue, qui représente l'enveloppe fibreuse de l'os.

9° L'apophyse frontale se prolonge rapidement en bas et en arrière (ou en avant et en bas, si l'on suppose la tête placée sur sa base); des deux côtés de sa racine sont situées les fosses nasales; les apophyses des os maxillaires supérieurs vont à la rencontre de cette apophyse. Au sixième jour, il existe, entre les deux apophyses, une échancrure profonde, dont le sommet correspond à la fosse nasale. Au septième, l'apophyse maxillaire atteint l'apophyse frontale au dessous de la fosse nasale, mais non encore au sommet, et il reste toujours, de chaque côté de l'apophyse frontale, une petite échancrure jusqu'à laquelle ne s'étend plus la fosse nasale. Il résulte de là que la bouche offre de chaque côté un large jambage; le milieu est rétréci par la saillie de la mâchoire inférieure, qui grandit et s'allonge en pointe rapidement, et qui est la partie que nous avons décrite précédemment comme premier arc branchial. En dedans, la langue s'y trouve appliquée sous la forme d'une languette saillante.

10° Les arcs vasculaires encore subsistans se sont séparés de la cavité gutturale, après que les fentes branchiales ont été remplies de tissu plastique, et elles se retirent rapide-

ment en arrière, de sorte qu'elles ne sont plus situées que
très-peu en avant du cœur : il suit de là que la face antérieure
du cou devient libre, et qu'elle peut s'allonger et s'étendre
en ligne droite. L'opercule couvre la seconde fente branchiale,
et se prolonge en arrière, en s'appliquant immédiatement à
la surface du cou, ce qui fait qu'il ne tarde pas à devenir méconnaissable. Je n'ai jamais pu apercevoir aucune fente branchiale après le sixième jour.

11° Le développement des mâchoires fait que la cavité gutturale se prolonge par devant en une cavité orale.

12° L'œsophage s'est fort allongé ; le gésier fait une forte
saillie à gauche, et montre deux points clairs, qui sont les
centres tendineux des deux masses musculaires. La cavité
de l'estomac dépasse de beaucoup l'ouverture du duodénum.
Au devant du gésier on aperçoit le ventricule succenturié ; cependant ces deux organes sont encore peu distincts l'un de
l'autre.

13° L'intestin forme, derrière l'estomac, une anse qui
contient le duodénum, et plus en arrière une seconde anse,
composée de deux arcs simples et égaux ; le premier part de
l'anse du duodénum, immédiatement dans l'ombilic, où il est
la partie antérieure de l'intestin grêle ; le second va de l'ombilic à l'anus, et contient la partie postérieure de l'intestin
grêle et le gros intestin. Les cœcums se développent avec
rapidité pendant ces deux jours ; au septième, ils ont une ligne de long, et ils sont couchés sur l'intestin, leurs culs-de-
sac tournés en devant.

14° Le foie reçoit une grande quantité de sang, et paraît
presque aussi rouge que l'oreillette du cœur quand elle est
pleine ; son lobe gauche, qui couvre l'estomac, est sensiblement plus petit que le droit. La rate est complétement détachée de l'estomac.

15° La trachée-artère s'allonge d'une manière rapide, et
ses branches deviennent par là proportionnellement plus cour-
tes, de même que l'angle compris entre elles s'ouvre davantage. Les poumons sont tout-à-fait séparés du canal alimentaire, ou seulement unis avec lui par une bandelette de tissu
plastique. Chaque poumon se partage, par un étranglement,

en deux moitiés, l'une antérieure plus grande, et l'autre postérieure ou interne, plus étroite ; la moitié antérieure est plus solide, et l'on y aperçoit, dans l'intérieur, des stries anastomosées, encore très-peu sensibles, qui sont des ramifications de la cavité antérieure ; dans la moitié postérieure, la cavité est plus considérable, sans embranchemens, et telle que nous l'avons décrite précédemment (§ 401, 8°). A l'endroit où la trachée-artère se continue avec la cavité gutturale, elle laisse apercevoir une petite élévation, qui est le commencement du larynx ; le passage lui-même est rétréci. Au cinquième jour, la trachée-artère semblait se continuer plus immédiatement avec la cavité gutturale, à l'extrémité postérieure de laquelle l'œsophage aboutissait de haut en bas en arcade ; maintenant, au contraire, l'œsophage paraît être la continuation immédiate de la cavité gutturale, changement qui se rattache sans doute à la plus grande liberté qu'a acquise le cou.

16° Dès le cinquième jour on voyait une partie lamelleuse en haut et en dehors du corps de Wolff ; elle s'aperçoit surtout sur la coupe transversale, et se continue avec la paroi ventrale. Entre elle et le corps de Wolff il reste un vide ; au sixième et au septième jours, on découvre tout à coup, dans le même endroit, un canal à parois fort épaisses, qui parcourt toute la longueur du corps de Wolff. Ce canal, qui s'épaissit en arrière, se continue avec l'extrémité du rectum, ou le cloaque futur (§ 402, 13°) ; en devant il s'étend bien au delà de l'extrémité des corps de Wolff. Il paraît être formé par le feuillet détaché qu'on peut attribuer au péritoine futur, et comme ce canal se développe plus tard en conduit excréteur des parties génitales, c'est-à-dire en oviducte ou en conduit déférent, on peut présumer qu'au moment de sa première origine il correspond aux canaux qui, chez plusieurs Poissons, mènent de la cavité abdominale dans l'ouverture sexuelle. Il est manifestement creux dans toute la longueur du corps de Wolff ; en devant, il s'étend au-delà du sommet de ce corps, devient tout à coup plus grêle, peut-être parce que sa cavité se continue avec celle du bas-ventre, et se prolonge, sur le poumon entier, jusqu'à la partie antérieure du

cœur ; mais là j'ai toujours perdu le filament de vue au voisinage de l'oreillette, sans pouvoir découvrir comment il se termine au juste. On ne peut douter que, comme le dit Rathke,
il se métamorphose en conduit excréteur de l'appareil génital,
de sorte que je le désignerai désormais sous ce nom.

17° Dans le cœur, les divers segmens sont plus concentrés.
Les oreillettes quittent peu à peu leur position à gauche, pour
se placer sur les ventricules ; les deux appendices sont sur
le même plan ; celui du côté gauche est encore le plus volumineux. Le sac veineux commun n'est plus formé uniquement
par la paroi vasculaire, car le paroi des appendices auriculaires primitifs s'est prolongée sur lui, et elle l'entoure déjà
en entier. A l'intérieur, on découvre la trace d'une cloison
incomplète, effet de l'étranglement extérieur. Le canal auriculaire de Haller devient bientôt méconnaissable. Il rentre
dans les ventricules, dont la masse musculaire s'étend sur
lui : il semble donc former la duplicature de la membrane interne du cœur qui, à partir de l'orifice veineux de chaque
ventricule, fait saillie dans la cavité de celui-ci. Le ventricule
n'a pas seulement changé de forme et de situation, mais encore il paraît déjà double, même à l'extérieur ; en effet, on
aperçoit à sa face inférieure un sillon, séparant un ventricule
droit plus petit, et qui ne s'étend pas à beaucoup près jusqu'à la pointe du cœur, d'un ventricule gauche, allant jusqu'à
cette pointe. Le bulbe de l'aorte est courbé en arc, et contient deux canaux largement séparés ; le canal situé vers le
côté ventral vient du ventricule droit, et, vu de ce côté, il
couvre entièrement l'autre canal, circonstance qui explique
pourquoi le bulbe aortique semble ne provenir que du seul
ventricule droit.

Comme, à la fin du cinquième jour, les oreillettes se portent
du côté gauche vers le milieu, les ventricules éprouvent aussi
une légère torsion sur leur axe : de là vient que le ventricule
droit apparaît à la face inférieure ou ventrale, mais seulement par son extrémité la plus antérieure, et que, quand on
ne retourne pas le cœur, il ressemble à une petite vésicule
latérale. Le bulbe aortique repose sur la cloison, et semble
encore à cette époque appartenir davantage au ventricule

gauche, parce que le droit ne se montre qu'au bord, et que le passage du ventricule gauche dans le bulbe aortique se voit très-distinctement au côté gauche. Le cœur acquiert déjà cette apparence dès la fin du cinquième jour, et elle est encore plus développée pendant la première moitié du sixième. La promptitude avec laquelle le ventricule droit croît réellement, et surtout semble croître, est digne de remarque. A mesure que la torsion fait des progrès, non seulement on aperçoit davantage le ventricule à la face ventrale, mais encore, comme le sang coule alors d'avant en arrière dans la moitié droite des oreillettes, et qu'ensuite il est obligé de retourner en avant et à gauche, le ventricule se détache de plus en plus de la cloison, ce qui détermine l'apparition rapide du sillon servant de limite. Ajoutons encore que la torsion a pour résultat de faire que le ventricule gauche se convertisse de plus en plus en un cône, que par conséquent la cloison devient de plus en plus arquée, et que le sang qui entre dans le ventricule droit soulève nécessairement sa paroi, ce qui rend le sillon plus marqué. A la fin du sixième jour, l'oreillette est déjà entièrement au devant du ventricule droit, et au septième jour on ne remarque presque plus de torsion dans le ventricule lui-même, mais bien dans l'intérieur du bulbe aortique. Celui-ci ressemble moins à un bulbe, et paraît moins provenir du ventricule droit qu'à la fin du sixième jour ; la raison en est que le canal du ventricule droit qui marchait vers la gauche, occupe déjà le bord gauche du bulbe, à sa base ; car l'orifice artériel de ce ventricule s'est déjà reporté fortement à gauche. L'inflexion du canal pour se réunir avec l'autre, fait donc saillie vers le côté dorsal, et non, comme auparavant, à gauche, outre qu'elle devient plus faible, attendu que la séparation des deux canaux se reporte de plus en plus en avant. A la fin du septième jour, le bulbe aortique est devenu plus large dans toute sa longueur, et l'on trouve dans son intérieur deux canaux entièrement séparés, qui, même à l'extérieur, sont déjà un peu distingués l'un de l'autre par des sillons.

Pendant cette métamorphose, la forme du cœur change ; d'abord large, il devient ensuite plus étroit et plus long. Sa direction ne reste pas non plus entièrement la même ; au cinquième jour, sa pointe regarde en arrière ; mais, dès qu'il est entré tout entier dans la vaste cavité abdominale, cette pointe se reporte un peu vers le bas.

18° A la fin du sixième jour, nous avions de chaque côté trois arcs vasculaires, mais dont le plus postérieur, du côté gauche, demeure toujours plus faible que celui du côté droit. Cette disposition paraît tenir à ce qu'il y a dans le bulbe aortique deux courans qui tournent l'un autour de l'autre pour ensuite se réunir en un tronc commun, d'où proviennent les arcs en question. D'après la description donnée au cinquième jour, le courant qui vient du ventricule droit présente, à l'extrémité, là où il rencontre l'autre, une direction de gauche à droite et de bas en haut, ou du côté ventral vers le côté dorsal ; or, comme les arcs postérieurs ne descendent point aussi bas que les antérieurs, le courant provenant du ventricule droit les remplit de préférence à ces derniers ; et comme en même temps il a une direction de droite à gauche, il passe presque tout entier devant l'arc postérieur gauche, pour se répandre dans le dernier arc droit et l'avant-dernier gauche ; le postérieur gauche reçoit donc très-peu de sang, et il disparaît en entier pendant le cours de la sixième journée. Au contraire, le courant du ventricule gauche a en dernier lieu une direction de haut en bas, de manière qu'il remplit spécialement les deux arcs antérieurs, qui descendent plus bas que tous les autres. L'arc moyen du côté droit peut bien, le cinquième jour, avoir une part égale aux deux courans ; mais plus tard il ne reçoit le sang que de celui qui vient du ventricule gauche ; en effet, les deux courans qui, s'il est permis de s'exprimer ainsi, ne parcourent que forcément ensemble la cavité primitivement simple du canal, se séparent peu à peu l'un de l'autre, au sommet du bulbe aortique, tout comme ils le faisaient auparavant à sa base, et vers la fin du sixième jour, ou au commencement du septième, le courant du ventricule droit ne passe que dans les arcs postérieurs du côté droit et les arcs actuellement aussi postérieurs du côté gauche ; le courant du ventricule gauche passe dans les deux arcs antérieurs, et en outre, peut-être parce qu'il est le plus fort, dans l'arc moyen du côté droit. Les deux courans sont alors des canaux complétement séparés l'un de l'autre dans le bulbe aortique, comme les injections me l'ont appris, quoiqu'on n'aperçoive aucune trace de séparation à l'extérieur. Nous avons donc maintenant cinq arcs, deux au côté gauche et trois au côté droit; les deux arcs postérieurs des deux côtés reçoivent le sang du ventricule droit, les autres du ventricule gauche, et supérieurement tous les arcs d'un côté se réunissent dans le bulbe aortique de ce même côté. C'est ainsi que les choses restent à peu près pendant toute la troisième période, quoiqu'avec une métamorphose progressive continuelle.

19° Le cœur paraît aussi pourvu à cette époque d'un péricarde, que j'ai quelquefois cru apercevoir dès le cinquième jour. Tout ce que je puis dire sur son développement, c'est qu'après que le cœur s'est enveloppé de sa masse musculaire, on remarque à sa surface une couche de substance transparente destinée à former l'enveloppe séreuse. La partie extérieure du péricarde doit avoir un mode analogue de formation.

20° A la partie centrale du système nerveux, outre l'enveloppe qui s'était produite d'abord, et qui a pris plus de consistance, on en découvre une seconde, étroitement appliquée à la face interne de la première; l'un est la dure-mère, l'autre la pie-mère. La moelle épinière a considérablement augmenté d'épaisseur dans les points d'où sortent les nerfs des membres; mais les deux renflemens se continuent encore l'un avec l'autre, de manière que toute la portion qui appartient au tronc a beaucoup plus de volume que celle qui occupe le cou. Les cordons inférieurs de la moelle épinière sont plus volumineux que les supérieurs, du moins au tronc. Si l'on enlève l'enveloppe, on aperçoit une fente à la surface supérieure de la moelle : mais les deux feuillets sont étroitement appliqués l'un contre l'autre, et en quelque sorte collés ensemble ; cependant ils se roulent de dedans en dehors par l'immersion dans l'eau froide. J'ai suivi plusieurs nerfs, depuis la moelle épinière jusqu'à une profondeur assez considérable dans les lames ventrales, sur des embryons du sixième jour ;

ils sont extrêmement grêles, n'ayant pas même l'épaisseur d'un cheveu.

24° Au cerveau, les tubercules quadrijumeaux sont la partie prédominante, celle qui dépasse de beaucoup les autres, et qui donne à la tête un sommet obtus. Cependant leur accroissement diminue déjà à partir du septième jour : comme le tubercule de la nuque se prononce davantage à cette époque, l'angle que la moelle épinière forme avec la moelle allongée devient aussi beaucoup plus fermé qu'auparavant : il est presque droit ; de même, le passage de la moelle allongée au cervelet a lieu par un angle non plus obtus, mais droit : au total donc, les inflexions postérieures du cerveau deviennent plus prononcées. Mais la moitié antérieure de cet organe se détache un peu de la courbure, et toutes les parties se rapprochent davantage du côté dorsal de l'embryon, pour correspondre à la forme générale du corps, que nous avons exposée précédemment (4°). En effet, si nous considérons l'inflexion de la corde dorsale comme le point fixe de la torsion, nous ne pouvons rendre celle-ci plus sensible qu'en disant que toutes les parties de la tige cérébrale qui, d'après la position de l'embryon entier, sont situées au dessus de l'inflexion, décrivent un coude plus marqué. Ainsi nous ne voyons plus les tubercules quadrijumeaux au devant de l'inflexion de la colonne vertébrale, mais en grande partie au dessus d'elle, de sorte que non seulement ils touchent au cervelet, qui est fendu, mais qu'encore ils couvrent la transition à ce dernier et à l'aqueduc postérieur. Il y a plus même : leur voûte présente deux ou trois plis profonds, dirigés obliquement d'arrière en avant, comme si leur partie antérieure avait été obligée de se refouler précipitamment sur la postérieure. Ce qui me prouve que c'est bien là l'expression réelle du changement survenu, et non pas seulement une image propre à le faire mieux concevoir, c'est que la dure-mère n'entre jamais dans ces plis ; il m'a même paru souvent que la pie-mère n'en faisait pas non plus partie, et qu'elle passait par dessus eux, tandis que, dans d'autres cas, je l'ai vue manifestement sortir du pli. Au contraire, la dure-mère pénètre de plus en plus profondément dans la scissure médiane, entre les deux hémisphères, qui augmentent aussi beaucoup de profondeur.

Au dessous de l'inflexion de la corde dorsale, les parties du cerveau s'étendent un peu plus en ligne droite, du moins le tronc cérébral, car les hémisphères se portent réellement vers le haut, de manière à s'incliner un peu sur la vésicule du troisième ventricule. Mais cette disposition dépend aussi de la tendance à se refouler vers le dos qui règne dans les parties inférieures du cerveau. Les origines des nerfs olfactifs, qui, aux troisième et quatrième jours, occupaient le milieu de la face inférieure, se trouvent maintenant presque entièrement en avant.

A mesure que la vésicule du cerveau proprement dit se prolonge vers celle du troisième ventricule, la limite entre l'une et l'autre devient plus profonde, de sorte qu'à l'extérieur la face latérale de l'hémisphère représente une sorte de tubérosité saillante en arrière (1). Comme, en même temps, l'étranglement médian a beaucoup acquis en profondeur, et que les extrémités antérieures des hémisphères sont aussi plus largement séparées l'une de l'autre, on aperçoit, dans l'intérieur de la vésicule du cerveau proprement dit, une voûte profonde, qui se continue en devant avec la base de chaque hémisphère, par deux jambages rapprochés l'un de l'autre. Postérieurement cette voûte se divise en deux autres jambages plus écartés, qui ne sont autre chose que les étranglemens latéraux séparant les hémisphères de la vésicule du troisième ventricule. La voûte entière, avec ses quatre jambages ou piliers, n'est point une partie nouvelle, mais seulement une apparence produite par les crénelures. En effet, on conçoit sans peine qu'en déprimant une vésicule par le devant et par le haut jusqu'à faire naître un angle aigu, et la séparant en arrière, par des impressions latérales, d'un pro-

(1) Comme nous avons jugé nécessaire, dans la description générale du cerveau, d'avoir égard à la courbure de l'embryon entier, nous avons indiqué les positions par rapport tant à l'embryon qu'à la tête seule. Mais en essayant d'appliquer cette méthode dans la description des détails, nous avons reconnu qu'elle ne ferait qu'embrouiller : aussi le cerveau est-il maintenant supposé reposant sur sa base.

longement postérieur, il doit se produire une voûte à quatre piliers. Cette voûte correspond évidemment à la voûte des Mammifères ; elle n'en diffère que parce qu'on ne distingue point d'épais faisceaux longitudinaux en elle, et qu'elle n'est guère que le bord d'un pli saillant. La voûte existe donc dès le commencement, mais comme partie supérieure d'une vésicule, forme qu'on ne peut méconnaître en elle au cinquième jour, et qui le lendemain fait place à la forme caractéristique. Au septième jour, les piliers antérieurs paraissent un peu plus épais à leurs extrémités, où ils se continuent avec le fond du cerveau. Du reste, on trouve, au dessous des piliers postérieurs, un passage ouvert dans les vésicules du troisième ventricule.

Quant à ce qui concerne la déhiscence de la masse cérébrale entière, nous pouvons maintenant nous mieux prononcer à cet égard, puisqu'on distingue la pie-mère. En ouvrant les hémisphères, je continue encore de trouver l'inflexion médiane entièrement remplie d'une couche continue de masse nerveuse. Lorsque le cerveau a été soumis à l'induration, cette couche se sépare assez facilement sur le bord de l'inflexion ; mais ce phénomène tient sans contredit à l'angle aigu sous lequel les deux côtés se rencontrent ; car la déchirure offre des bords dentelés, et comme j'ai toujours reconnu de la masse nerveuse sur la ligne médiane, je ne doute pas que la partie supérieure du cerveau proprement dit n'ait été close jusque-là. On pourrait plutôt conjecturer que la partie supérieure des tubercules quadrijumeaux s'ouvre au sixième jour ; car la ligne médiane de la dépression est fort mince au septième, et adhère d'une manière intime à la pie-mère ; mais je ne trouve cependant pas de véritable vide dans le feuillet médullaire ; celui-ci s'épaissit plus tard, et la dépression diminue. Si la description donnée jusqu'ici est exacte, on peut affirmer que le cerveau proprement dit et les tubercules quadrijumeaux n'ont point été ouverts jusqu'ici à leur partie supérieure. Mais le troisième ventricule l'est largement à sa partie antérieure, et même les bords des feuillets latéraux sont tournés fortement en dehors, de manière que leur sommet se renverse lorsqu'on enlève la pie-mère. Il n'y a jamais eu de discussion quant à l'ouverture du quatrième ventricule ; l'époque de sa première apparition est la seule où la partie centrale du système nerveux soit également close sur ce point (§ 399, 8°; § 400, 24°).

Si l'on ouvre le cerveau, on découvre dans son intérieur le corps strié, autour duquel le ventricule latéral se contourne : c'est le renflement dont nous avons parlé au cinquième jour, comme formant une des extrémités du tronc cérébral. Du cinquième au septième jour, il croît avec une grande rapidité.

Au sommet de l'entonnoir, on remarque un petit globule, la glande pituitaire, qui est fort peu distincte encore de l'entonnoir, et qui doit peut-être son origine à une adhérence survenue au sommet de ce dernier.

La fosse optique est devenue plus étroite et plus profonde. Les deux entrées des nerfs optiques se trouvent par là rapprochées l'une de l'autre, et, quand on coupe ces nerfs au devant de la base, elles forment une ouverture d'abord bilobée, puis tout-à-fait simple, au sommet de cette saillie infundibuliforme, qui est maintenant plus considérable que l'entonnoir proprement dit, et du sommet de laquelle sortent les nerfs optiques. On voit aisément que le sommet de la saillie creuse n'est autre chose que l'entrecroisement des nerfs optiques, dont chacun était allé jusqu'à présent à l'œil de son côté, sans se croiser avec l'autre. Cependant il n'y a encore là qu'un simple rudiment du chiasma.

A la face interne du troisième ventricule on aperçoit une saillie arrondie, qui est la couche optique. Cette couche était déjà indiquée au cinquième jour; mais elle se prononce davantage maintenant, repose sur la cuisse du cerveau, et s'élève cependant plus de sa surface que le corps strié, en sorte que la cuisse semble passer au dessous d'elle.

22° Le nerf optique a bien encore une entrée creuse; mais du reste, il est plein, et l'on peut aisément le partager en deux cordons. La rétine est encore assez épaisse, plus que la partie supérieure du cerveau proprement dit; mais elle ne conserve pas cette épaisseur jusqu'au cristallin, à quelque distance duquel elle s'amincit tout à coup; cette portion mince et annulaire, qui, au sixième jour, a encore l'apparence d'une lame nerveuse fort amincie, est plus transparente au septième, et présente tous les caractères du peigne. A l'endroit où la rétine cesse, on aperçoit, dans la membrane colorée, une séparation en choroïde et en corps ciliaire ; ce dernier présente quelques plis très-petits. La séparation entre la choroïde et la sclérotique, encore fort mince, est complète, et la cornée transparente est en connexion avec cette dernière. La choroïde est encore sans couleur sous le pli de la rétine, qui renferme deux renflemens considérables ; mais la bandelette blanche n'est bien prononcée qu'à l'entrée du nerf optique, et elle diminue en dehors.

23° L'oreille présente à l'extérieur une ouverture, qui est située au dessus de la fente buccale, et qu'il ne faut pas confondre avec la première fente branchiale, puisqu'elle a son siége dans les lames dorsales et non dans les lames ventrales. Les embouchures des deux trompes d'Eustache se rapprochent l'une de l'autre ; les deux trompes elles-mêmes sont placées seulement à la surface du rudiment du sphénoïde, et non dans son intérieur.

24° La fosse nasale augmente de profondeur au sixième jour. Comme le sommet de la mâchoire supérieure atteint l'épine frontale, il reste entre eux un vide, le canal nasal, qui aboutit à l'extérieur, où il produit l'ouverture nasale externe, mais qui se prolonge dans la cavité buccale par l'autre extrémité. Ce canal est court ; car il descend presque perpendiculairement ; son orifice, dans la cavité buccale, est situé immédiatement derrière le bout du bec, comme chez les Reptiles. Le canal nasal entier marche au dessous de la fosse nasale, qui s'y ouvre seulement de haut en bas. L'organe olfactif s'est donc développé avant le canal aérien destiné à la respiration ; car la fosse nasale qu'on apercevait dès le quatrième jour est l'organe olfactif proprement dit.

B. *Huitième, neuvième et dixième jours.*

§ 404. 1°. Le jaune semble encore augmenter de volume. L'auréole vasculaire s'étend au trois quarts du sac vitellin ; mais le cercle vasculaire disparaît entièrement, et les autres vaisseaux diminuent aussi, les artères plus cependant que les veines : la diminution n'est peut-être même qu'apparente dans ces dernières ; car, tandis qu'elles semblent moins visibles à la surface, elles deviennent très-saillantes à la face inférieure. Elles y sont couvertes d'une couche épaisse de tissu cellulaire contenant des globules vitellins jaunes, qui le colorent : aussi les petites branches, qui contiennent peu de sang, paraissent-elles jaunes (*vasa lutea* de Haller). Mais il me paraît très-douteux qu'elles admettent la substance vitelline sans changement. Il ne l'est pas que la partie liquide du jaune soit absorbée par les veines ; car, à partir du dixième jour, sa diminution est plus considérable que celle qui pourrait résulter du seul passage de cette substance à travers le canal vitellin, et le sang est si peu coloré, dans les petites branches veineuses, qu'on croit reconnaître le mélange avec une eau peu chargée en couleur. L'absorption de la partie liquide du blanc mène également à cette hypothèse.

Le feuillet séreux s'est séparé jusqu'au pourtour extérieur de l'auréole vasculaire, et l'allantoïde s'étend de tous côtés dans cet espace. Les vaisseaux se multiplient beaucoup dans l'allantoïde, et lorsqu'on examine les ramifications les plus déliées, on voit que les veines et les artères semblent se continuer immédiatement ensemble ; l'artère ombilicale gauche se développe davantage que celle du côté droit. L'allantoïde couvre la plus grande partie du sac vitellin, sous la forme d'une vésicule close, dont une moitié s'applique à l'amnios et au sac vitellin, et l'autre à l'enveloppe séreuse et par elle à la membrane testacée ; cette moitié extérieure est beaucoup plus riche de sang que l'interne, mais toutes deux sont séparées par le liquide contenu. Chaque moitié se compose originairement du feuillet muqueux tourné vers le liquide et du feuillet vasculaire ; mais, pendant le cours de ces journées, les deux feuillets deviennent méconnaissables dans la moitié inférieure et dans le pédicule, là par conséquent où la respiration prédomine le moins, et ils paraissent, surtout dans le pédicule, n'en former qu'un seul, à l'égard duquel il m'a été impossible de décider si c'était le feuillet muqueux primitif, ou le vasculaire, ou un produit de l'adhérence de ces deux-là.

2° L'amnios est fortement rempli de liquide. Les oscillations de l'embryon, favorisées par les contractions de l'amnios, sont très-vives au huitième jour; mais elles le sont moins les jours suivans. Il m'a paru hors de doute que l'amnios joue là un rôle actif, quoique je ne m'y attendisse pas; car c'était seulement après que cette membrane s'était contractée à l'une de ses extrémités, en se plissant fortement, que l'embryon, porté par le liquide, se dirigeait vers l'extrémité opposée; lorsque j'irritais l'amnios avec une aiguille, les contractions devenaient plus vives, ou, si elles avaient déjà cessé, on les voyait reparaître. Le mouvement de l'embryon n'est donc point un mouvement circulaire, comme celui de l'embryon des Gastéropodes, mais un mouvement de va-et-vient produit par une sorte de pulsation.

3° L'embryon croît maintenant d'une manière rapide, et il est encore très-courbé, quoique la saillie considérable du ventre fasse que la tête soit loin de pouvoir toucher encore à la queue. Le développement le plus rapide continue toujours d'avoir lieu à la tête, et celle-ci semble surpasser le tronc en masse plus encore qu'elle ne faisait auparavant, ce qui tient peut-être à ce que l'occiput paraît maintenant appartenir d'une manière plus prononcée au pourtour de la tête. Le bec supérieur continue encore d'offrir des deux côtés une échancrure, faisant place plus tard à un sillon peu profond, qui s'aperçoit à peine au dixième jour : à la pointe de ce bec se développe une tache d'un blanc de craie. La forme de la tête devient beaucoup plus ronde, parce que les tubercules quadrijumeaux font moins de saillie. Le cou devient plus long et plus libre; cependant il est encore sensiblement plus long en arrière qu'en devant. Le tubercule de la nuque, encore très-saillant au huitième jour, l'est moins plus tard. Au neuvième et au dixième jour, on voit les bulbes des plumes s'élever, d'abord sur la ligne médiane du dos, depuis le cou jusqu'au coccyx, et sur les hanches; les bulbes les plus saillans sont ceux des rémiges du coccyx.

4° La différence entre les membres devient plus prononcée; le coude se dirige en arrière et le genou en avant; mais, au huitième jour, les ailes et les pattes sont encore tout-à-fait dépendantes, pour la direction, de l'avant-bras et de la jambe, les doigts ayant leurs extrémités tournées en avant, et les orteils les leurs en arrière. Après cette époque, les articulations de la main et du pied deviennent indépendantes ; la première dirige son côté externe en avant, et l'autre le sien en arrière ; les bouts des doigts se meuvent par conséquent en arc d'avant en arrière, et ceux des orteils d'arrière en avant. A la fin du dixième jour, les articulations du coude et du genou, qui sont tournées l'une vers l'autre, se touchent presque. Les orteils sont fortement dirigés en avant : les doigts le sont encore un peu plus vers le bas qu'en arrière : les uns et les autres se développent de telle sorte que les rudimens de tous leurs articles apparaissent d'abord dans l'intérieur du lobe cutané, et qu'ensuite les doigts croissent au-delà de ce dernier. Le doigt postérieur et le doigt médian restent unis ensemble, et sont même plus étroitement joints par la peau, qui s'épaissit, de sorte que, vers la fin du dixième jour, on ne les distingue plus extérieurement l'un de l'autre : ce sont les deux doigts contenus dans l'aile principale. Le doigt antérieur, au contraire, croît davantage en avant : au neuvième jour, il est complétement séparé, et il devient le tronc de l'aileron. Comme le segment terminal antérieur se dirige simultanément en arrière, il a complétement, dès le dixième jour, le caractère d'une aile ; les plumes seules lui manquent. Au membre de derrière, c'est aussi l'orteil antérieur qui se sépare le premier ; il se porte de plus en plus en dedans, la surface plantaire, qui était primitivement tournée en dedans, se plaçant en bas ; il devient ainsi l'orteil postérieur. Les autres orteils croissent également au-delà de la membrane digitale, mais séparés les uns des autres, et avec une vitesse inégale, ce qui augmente l'inégalité de leur situation ; vers la fin du dixième jour, le pied a déjà sa forme générale, mais les ongles manquent encore.

5° L'ombilic est infundibuliforme, de sorte qu'il semble être la continuation immédiate du ventre, dans lequel l'anse intestinale est si profondément entrée, que le canal vitellin occupe le sommet de l'entonnoir.

6° Les lames ventrales augmentent considérablement de

hauteur, et arrivent à se toucher par devant, où, vers la fin de cette période, le sternum apparaît comme une plaque courte et large, sans trace de crête. Les côtes se prononcent bien plus tôt, et des muscles poussent entre elles. J'ai pu aussi à cette époque suivre des nerfs dans tout leur trajet, notamment presque tous ceux du tronc; car, bien qu'ils existent déjà beaucoup plus tôt, et que j'en aie fort bien distingué les extrémités déchirées dès le cinquième jour, que j'aie même pu suivre une partie de leurs traces au sixième et au septième jour, leur défaut de consistance, surtout lorsque l'embryon n'a point été durci par l'action de l'alcool, fait qu'on ne peut qu'assez tard en reconnaître le trajet entier. Ainsi il paraît hors de doute que le mode particulier de distribution de la paire vague dépend du reculement de l'arc aortique, et de la hauteur proportionnelle à laquelle se trouve d'abord l'extrémité de la trachée-artère; quelquefois aussi j'ai cru apercevoir ces nerfs au cinquième jour, sous la forme de filamens extrêmement déliés, mais sans cependant pouvoir jamais acquérir de certitude absolue à cet égard.

7° Peu de temps après que les cartilages se sont formés, on aperçoit des fibres dans le tissu plastique ambiant : ce sont les muscles futurs ; leurs tendons sont des prolongemens immédiats du périoste. A cette époque, la plupart des muscles des membres sont déjà reconnaissables, mais surtout ceux qui reposent sur l'os coxal et l'omoplate. La première ossification se montre de très-bonne heure au membre de derrière ; on l'aperçoit au tibia vers le commencement du neuvième jour ou la fin du huitième. A la fin du neuvième l'ossification commence dans le fémur et dans les premiers articles des orteils.

8° La rentrée complète du cœur dans la cavité abdominale a produit de grands changemens dans la situation des viscères que celle-ci contient. Le foie et l'estomac sont refoulés fort en arrière. Comme le foie a pris en même temps beaucoup de volume, le fond de l'estomac n'est pas très-éloigné de la paroi postérieure de la cavité abdominale, et le ventre a gagné considérablement en hauteur, l'intestin, qui a grossi d'une manière sensible, s'étant reporté vers le bas. Le ventricule succenturié est très-distinctement développé ; le cul-de-sac de l'estomac fait une grande saillie au-delà de l'issue de l'intestin. Au commencement de cette période, la cavité du ventricule succenturié se continue presque sans rétrécissement avec celle du gésier, et celui-ci est plutôt le fond de l'estomac qu'une partie distincte et indépendante, ce qui établit quelque analogie avec la structure des Oiseaux rapaces ; plus tard la séparation se voit mieux, à l'extérieur comme à l'intérieur, et l'estomac acquiert ensuite la forme particulière à celui des Oiseaux granivores.

9° L'œsophage n'est pas seulement plus large, mais encore il se dilate, à la partie inférieure du cou, en une poche vésiculeuse, dont la convexité se dirige à gauche. Cette poche est le jabot. Elle paraît être indiquée dès le septième jour, mais on ne peut la méconnaître au huitième.

10° L'intestin a considérablement grossi, mais non, à beaucoup près, dans la même proportion que l'estomac. De sa première anse le pancréas croît beaucoup en longueur ; la seconde anse sort par l'ouverture ombilicale. La moitié antérieure de l'intestin grêle s'est trop allongée pour se continuer en arcade simple avec cette anse ; la moitié postérieure a acquis moins de longueur, mais le gros intestin se distingue très-manifestement de l'intestin grêle par son ampleur plus considérable. Les cœcums ont une ligne et demie de long. Le gros intestin a la même longueur, et un pli le sépare manifestement du cloaque ; je ne sais pas si ce pli s'est déjà formé plus tôt. Vers la fin de cette époque apparaissent les premiers vestiges de la bourse de Fabricius ; elle se produit vraisemblablement aussi par une sorte de hernie, mais je n'ai pu suivre d'une manière complète son évolution. La fente anale est entourée d'un bourrelet saillant.

11° Le foie n'est plus si rouge qu'auparavant : sa teinte tire davantage sur le jaune brun. Les vaisseaux sanguins se sont retrécis, et le parenchyme a augmenté. Cependant les injections colorent encore complétement le foie. On reconnaît le vésicule biliaire. La rate est plus distante de l'estomac, et retenue par un feuillet qui va jusqu'à ce dernier ; ce feuillet qui est déjà fort mince, a par conséquent les caractères de l'épiploon.

12° Le péritoine ne peut plus être méconnu ; mais il est plus épais qu'il ne le sera plus tard : il forme aussi un feuillet moins cohérent et moins condensé. De très-bonne heure, en effet, on aperçoit un enduit transparent qui couvre tous les organes situés dans la cavité abdominale, et qui leur donne la même apparence que si l'on avait étendu une dissolution de colle à leur surface. Par les progrès du développement, cet enduit prend de plus en plus les caractères d'un feuillet, c'est-à-dire qu'il devient plus consistant et plus mince. Toutes les membranes séreuses semblent se former de la même manière, les organes plongés dans une cavité pleine de sérosité animale se couvrant d'un enduit semblable.

13° Les organes respiratoires se développent d'une manière rapide à cette époque. La partie antérieure du poumon devient plus épaisse, et se refoule de plus en plus vers le dos ; les ramifications se multiplient beaucoup dans son intérieur, et, dès le huitième jour, elles sont formées par des parois bien distinctes, tandis que jusqu'alors elles semblaient n'être que très-légèrement dessinées avec un pinceau dans la masse. D'abord chaque bronche se divise en deux branches principales, qui continuent de se bifurquer ; de ces premiers conduits croissent, vers la fin de cette période, des cylindres extrêmement grêles et minces, qui sont parallèles les uns aux autres, et qui ne proviennent point, par dichotomie, des branches plus volumineuses, mais sortent de celles-ci par paquets sur les côtés, et ont un cul-de-sac dirigé vers la périphérie du poumon. La partie postérieure et interne conserve, pendant ces journées, l'aspect d'une bandelette étroite, mais le microscope fait apercevoir dans son intérieur, dès le huitième jour, la cavité partagée en trois ou quatre dilatations sacciformes, qui se réunissent par devant en un canal commun, mais dont la plus grande convexité correspond en arrière, sans cependant faire saillie au-delà du bord postérieur de la bandelette ; les dilatations ne sont donc absolument qu'intérieures pendant cette journée, et la plus postérieure paraît être la même cavité vésiculeuse que nous avions remarquée le cinquième jour (§ 402, 9°). Au dixième jour ces vésicules font déjà saillie en arrière, au-delà du bord, mais surtout la postérieure, dont le volume égale presque celui d'une tête d'épingle; quant à la paroi, elle est devenue plus mince et plus transparente, par l'effet du grossissement.

La trachée-artère s'allonge très-rapidement pendant ces journées; à sa bifurcation on aperçoit une partie renflée, rudiment du larynx inférieur; son extrémité antérieure offre une dilatation, qui est l'indice du larynx supérieur. Cependant le point où elle se continue avec la cavité gutturale se rétrécit de nouveau en une fente, entourée de bords en bourrelets, qui est la glotte. Je n'ai point encore trouvé d'anneaux cartilagineux.

14° Les reins sont crénelés à leur bord, parce que des lobules se développent en eux; ils se raccourcissent, et par cela même les artères deviennent tout-à-fait libres à leur partie postérieure.

15° Les corps de Wolff se raccourcissent de plus en plus; ils deviennent plus larges dans le milieu, et plus pointus vers les extrémités, l'antérieure surtout. Mais une différence bien remarquable se manifeste suivant le sexe; chez les mâles, les parties, quoiqu'elles demeurent fort arriérées dans leur développement, eu égard aux organes voisins, croissent cependant plus que chez les femelles, et chez celles-ci le corps du côté droit reste un peu en arrière de celui du côté gauche. Le nombre des vaisseaux augmente dans ces corps. Le canal excréteur des parties génitales acquiert une extrémité antérieure beaucoup plus large chez la femelle que chez le mâle. Les organes génitaux des deux sexes se resserrent, mais sous des formes différentes; chez les mâles, ils prennent la forme d'une silique, et on ne peut plus alors les méconnaître pour des testicules; chez les femelles, ils deviennent des lames triangulaires.

16° La forme extérieure du cœur reste la même à dater de cette époque, abstraction faite néanmoins de petits changemens qui surviennent encore. La pointe s'amincit de plus en plus, et dépasse davantage le ventricule droit qu'elle ne faisait auparavant; la torsion du cœur semble aussi continuer à s'effectuer d'une manière lente; cet organe se replace peu à peu dans l'axe longitudinal du corps, après avoir eu pendant quelque temps sa pointe dirigée vers le bas. On aperçoit très-distinctement la valvule musculeuse dans le ventricule droit; les autres valvules du cœur et les colonnes charnues sont également faciles à apercevoir. Des deux oreillettes, la gauche est toujours la plus volumineuse; toutes deux sont implantées immédiatement sur les ventricules. Si le sac veineux n'avait été jusqu'ici qu'une cavité indivise, il se forme maintenant en lui deux compartimens, par suite d'une saillie qui se prononce dans son intérieur; cette saillie, la cloison future, forme un arc dont la plus grande largeur correspond à l'endroit où la cloison des ventricules aboutit au sac veineux; de là elle marche, à la paroi inférieure de ce dernier (le cœur supposé toujours dans sa situation horizontale), vers la paroi antérieure, et paraît se perdre avant d'atteindre à l'orifice veineux, qui est placé dans la paroi supérieure. On ne peut donc point dire si la veine cave se rend dans l'oreillette gauche ou dans la droite, car il ne m'a point paru y avoir encore de division à cette surface. Mais, à son entrée, la veine cave affecte une direction de droite à gauche, qui paraît être la suite immédiate de la métamorphose du cœur. En effet, pendant la seconde période, cette veine était obligée de se porter très-fortement à gauche, pour atteindre la partie veineuse du cœur, et elle s'infléchissait sous un angle très-aigu vers le canal auriculaire; mais comme, pendant la troisième période, la partie veineuse du cœur se reporte davantage vers le milieu, la flexion gauche du courant de sang devient de plus en plus obtuse, quoique d'une manière fort lente. La courbure de cet arc était en même temps dirigée en avant; elle conserve encore la même direction, avec une faible inflexion à gauche, de sorte que le courant de sang se contourne dans la moitié gauche du sac veineux commun ou encore très-peu divisé; de là paraît dépendre le renflement plus considérable et toujours subsistant de la paroi gauche. Pendant la seconde période, le courant de sang passait dans le ventricule par les deux canaux du canal auriculaire peu à peu divisé par une cloison ; il le fait encore maintenant, puisqu'il coule dans les deux ouvertures veineuses des deux ventricules, qui ont reçu le canal auriculaire, et que les sacs veineux ne sont, comme l'étaient d'abord les appendices auriculaires du cœur, que des dilatations latérales de ce courant.

Je n'ai parlé que d'une veine cave, et il est parfaitement clair, pendant la seconde période, qu'il n'arrive au cœur qu'un seul tronc veineux, qui, avant d'y pénétrer, reçoit des deux côtés les veines caves antérieures, comme autant de branches ; chaque veine cave antérieure est composée des veines jugulaire, brachiale et intercostales de son côté. Cette disposition change actuellement, en ce sens seulement que le petit tronc commun de la veine cave paraît de plus en plus court ; au huitième et au neuvième jour, il n'y a plus qu'un orifice commun ; mais plus tard encore les deux orifices se séparent l'un de l'autre.

19° Le bulbe aortique avait, dès le septième jour, la forme d'un large tronc vasculaire, quelquefois déjà sillonné, plutôt que celle d'un bulbe : aujourd'hui on le trouve profondément sillonné, et paraissant divisé en quatre canaux par les sillons. En y regardant de près, on trouve que les trois canaux du côté droit se réunissent en un tronc commun court, et que le canal du côté gauche a encore une branche supérieure et cachée, à droite. Ce sont là les deux troncs principaux qu'au septième jour déjà on voyait séparés dans l'intérieur du bulbe aortique, et qui maintenant sont devenus visibles aussi à l'extérieur et fort courts ; leur ancienne réunion antérieure a complétement cessé. L'un de ces courans principaux vient du ventribule gauche : à son origine il se trouve plus en dessus, de sorte qu'en regardant par la face inférieure il est couvert par l'autre ; ils se partage en deux troncs, qui sont les artères innominées, entre lesquelles passe l'œsophage, et en un troisième arc, qui se porte au côté droit, derrière le tronc innominé de droite. Le second courant principal vient du ventricule droit ; à son origine il est placé plus en dessous, mais en même temps dirigé vers la gauche, et il se partage en deux canaux, dont l'un, situé en dessous, marche vers la gauche, le long du tronc innominé gauche, tandis que l'autre, placé à droite et en haut, passe au dessus des arcs vasculaires qui du premier tronc principal se rendent vers ce côté.

La brièveté des troncs communs est frappante. La métamorphose des arcs vasculaires est maintenant parvenue à un degré qui permet de concevoir le passage de la première forme à la distribution ultérieure des vaisseaux. Nous avions d'abord un canal simple, qui sortait de l'oreillette du cœur, et se partageait en cinq paires d'arcs naissant à la suite les uns des autres; tous les arcs d'un côté se réunissaient en une racine de l'aorte, et les deux racines produisaient ensemble le tronc de l'aorte. Dans cinq arcs, nous avons vu disparaître d'abord l'antérieur, puis le second; il n'en restait donc que trois au cinquième jour, et la racine de l'aorte semblait s'être convertie, en tant du moins qu'elle appartient aux deux premiers arcs, en tronc de l'artère carotide. Cependant l'origine de l'aorte s'est épaissie; elle contient, en effet, deux courans, qui se séparent d'autant plus, que la séparation des ventricules devient plus complète, mais qui, pendant un certain laps de temps encore, se réunissent ensemble en avant; l'un sort du ventricule gauche, et se dirige vers les troisièmes arcs primitifs des deux côtés et vers le quatrième du côté droit; l'autre va du ventricule droit au quatrième arc de gauche et au cinquième de droite, attendu que le cinquième de gauche disparaît, et qu'en même temps les arcs quittent la cavité gutturale pour se reporter en arrière. Enfin, à l'époque où nous sommes parvenus, les deux courans sont distincts l'un de l'autre, même à l'extérieur; l'aorte naît encore de deux racines, qui sont proportionnellement plus courtes qu'elles ne l'étaient auparavant; la droite est alimentée par les troisième, quatrième et cinquième arcs de son côté, et la gauche, qui est plus petite, par les troisième et quatrième de gauche. L'aorte reçoit donc encore le sang des deux ventricules, c'est-à-dire que chaque racine reçoit un arc du ventricule droit, mais qu'en outre la droite en reçoit deux du gauche, et la gauche un seulement. Le cinquième arc du côté droit a un peu changé

de situation, puisqu'il passe au dessus de l'origine de l'aorte
provenant du ventricule gauche ; on peut attribuer ce changement à la direction du courant de sang qui sort du ventricule
droit.

Les cinq arcs qui existent actuellement persistent désormais
toujours, mais changent de signification. Les deux troisièmes
se convertissent encore, avec leur courant assez fort, en
la racine de l'aorte de leur côté ; mais qu'on se figure ces passages devenant plus faibles, comme nous le dirons ailleurs,
et la transition en artères carotide et brachiale plus forte, ce
qui montre ces artères comme ramifications immédiates des
arcs, et ceux-ci auront tous les caractères des troncs innominés, auxquels nous les avons déjà rapportés. Le cinquième
arc de droite et le quatrième de gauche envoient déjà de petites branches au poumon, tandis que leur courant principal
passe dans l'aorte ; qu'on se figure les branches pulmonaires
assez grosses pour constituer la continuation des arcs, et le
passage dans l'aorte s'affaiblissant de plus en plus, nous aurons avec ces deux arcs les deux artères pulmonaires envoyant
chacune un canal de communication, ou de Botal, à l'aorte.
Lorsque ce dernier conduit disparaît après l'éclosion, toute
la partie de l'aorte qui naissait du ventricule droit se trouve
convertie en artère pulmonaire. Pendant que toutes les autres
transitions dans l'aorte s'affaiblissent, le quatrième arc du
côté droit se fortifie de plus et plus, et avant l'éclosion du
Poulet il forme la principale racine de l'aorte descendante ;
peu après la naissance, il est la seule.

J'ai tracé par avance l'exposition qu'on vient de lire, afin de
pouvoir dès à présent imposer aux différens arcs des noms
corrélatifs au rôle qu'ils prennent peu à peu. Ainsi désormais
les premiers arcs de la période actuelle, qui étaient primitivement les troisièmes, s'appelleront les troncs innominés, ou
mieux les *troncs artériels antérieurs;* les postérieurs, c'est-
à-dire le cinquième de droite et le quatrième de gauche, de
la formation primitive, seront les *artères pulmonaires;* enfin
l'avant-dernier arc de droite sera l'aorte descendante ou le
tronc artériel postérieur.

Les deux corps qu'on a appelés tantôt la thyroïde et tantôt

le thymus de l'Oiseau, reçoivent des branches de l'artère carotide, au point d'origine de laquelle ils sont situés ; ils ont des connexions plus intimes encore avec la veine jugulaire, et semblent résulter d'un assemblage de vaisseaux ramifiés et entortillés.

18° A la moelle épinière, les renflemens d'où naissent les nerfs des membres grossissent. Aux époques précédentes, cette moelle paraissait être épaissie dans toute l'étendue du tronc (§ 402, 20°) ; maintenant elle diminue de calibre proportionnel dans le milieu, et les renflemens antérieur et postérieur s'écartent l'un de l'autre ; du reste, l'entrée de chaque nerf a son petit renflement spécial. Les lames de la moelle épinière s'écartent manifestement l'une de l'autre, surtout au cou ; les cordons inférieurs sont beaucoup plus forts que les supérieurs à la sortie des nerfs destinés aux membres.

19° La forme générale du cerveau change beaucoup pendant ces trois jours. Les tubercules quadrijumeaux, qui croissaient déjà moins au septième jour, restent tellement en arrière, sous le point de vue du développement, qu'ils semblent s'affaisser, et cela d'autant plus que, dans leur accroissement limité, ils n'acquièrent ni plus de hauteur ni plus de largeur. Le développement le plus considérable a lieu maintenant dans les hémisphères du cerveau, qui deviennent convexes de tous les côtés, mais s'allongent surtout vers les tubercules quadrijumeaux. Comme il résulte de là que la vésicule du troisième ventricule, dont le développement était déjà resté fort en arrière au sixième et au septième jours, se trouve presque entièrement recouverte, si l'on examine le cerveau de haut en bas, ou par sa convexité, on n'aperçoit presque plus que les tubercules quadrijumeaux et le cerveau proprement dit, devenu fort considérable ; entre ces deux parties règne une fente transversale profonde, et encore assez large, au fond de laquelle on trouve la vésicule du troisième ventricule, avec sa voûte ouverte et déprimée. Derrière les tubercules quadrijumeaux, paraît le cervelet, avec un corps moyen bien prononcé. Mais le changement le plus essentiel consiste en ce qu'on voit presque partout se développer des fibres, qui se réunissent pour la plupart en faisceaux épais.

A mesure que le cerveau proprement dit croît, sa forme extérieure change, mais surtout celle de ses parties intérieures. La partie que nous avons comparée à la voûte à quatre piliers des Mammifères, n'est presque plus reconnaissable au huitième jour ; l'affaissement médian devient plus profond ; mais comme en même temps les corps striés croissent beaucoup, surtout en arrière, les piliers postérieurs de la voûte se trouvent fortement soulevés et écartés l'un de l'autre, d'où il suit que la ligne médiane de la voûte se place de plus en plus perpendiculairement par rapport à la base du cerveau proprement dit. L'affaissement médian, qui résulte de deux feuillets de plus en plus rapprochés l'un de l'autre, et qui atteint jusqu'à la ligne médiane de la voûte, est donc déjà bien évidemment la partie du cerveau de l'Oiseau qu'on appelle la cloison rayonnée. Les ventricules latéraux se rétrécissent ; on trouve des fibres entrecroisées vers la base du cerveau.

Comme la ligne médiane de l'ancienne voûte, ou le bord inférieur de la future cloison, se place plus perpendiculairement, et que les piliers postérieurs sont repoussés vers le haut et écartés l'un de l'autre, le passage de la cavité du cerveau dans le troisième ventricule se trouve agrandi, et comme le troisième ventricule est ouvert au sommet, le cerveau a là une issue médiate, qui existait déjà au septième et au sixième jours, même plus tôt. Mais, à cette époque, le cerveau n'avait point d'autre issue immédiate, de sorte que les ventricules latéraux ne communiquaient qu'avec la cavité médiate traversant tout l'encéphale. Au huitième jour, et au commencement du neuvième, les ventricules cérébraux sont encore clos de toutes parts ; mais, au dixième, le passage de la cloison à la calotte de chaque ventricule m'a paru offrir, avec quelque précaution que j'enlevasse les membranes cérébrales, une solution de continuité, entourée de rebords aigus.

En même temps que le cerveau proprement dit et la vésicule du quatrième ventricule se rapprochent l'un de l'autre, les couches optiques grossissent et s'élèvent considérablement.

On en voit sortir une bandelette saillante et large, qui marche de dedans en dehors et de haut en bas, en contournant les cuisses du cerveau, prend une structure manifestement fibreuse, s'unit à celle du côté opposé, la croise en partie, et se continue avec les nerfs optiques. C'est donc la bandelette optique, qui met ces nerfs en connexion avec la couche optique et la moitié des tubercules quadrijumeaux de chaque côté. Antérieurement, en effet, cette dernière moitié surtout était fort éloignée des nerfs optiques, et n'y paraissait tenir que par des parties étrangères; mais maintenant les tubercules quadrijumeaux sont appliqués immédiatement aux nerfs optiques. Cependant la bandelette optique n'est point une partie de nouvelle formation; elle doit naissance au développement de la paroi externe de la base du cerveau, et je crois avoir aperçu, dès le septième jour, une petite élévation qui l'indiquait.

Le fond du troisième ventricule conduit dans l'entonnoir. La glande pituitaire est plus sensiblement séparée de ce dernier, et embrassée d'une manière plus étroite par une fossette du sphénoïde en train de se produire. La fosse optique se remplit aussi peu à peu, et l'on n'aperçoit plus d'entrées dans les nerfs optiques. Pour concevoir comment la décussation se produit sans que les nerfs subissent jamais aucun changement à leur origine ni à leur fin, il faut se rappeler l'état des choses au quatrième et au cinquième jour. Chaque nerf a alors son entrée creuse particulière dans la paroi latérale d'une fosse infundibuliforme : qu'on imagine maintenant que chacun d'eux s'allonge, en sortant de plus en plus du cerveau, et qu'on se représente cette exsertion s'effectuant d'une manière purement mécanique, comme elle pourrait se faire d'une pâte molle et visqueuse, une portion de plus en plus considérable de la paroi de la fosse optique commune se convertira en la substance des nerfs, de manière que le sommet de la fosse des deux nerfs finira par devenir commun, que les deux entrées creuses se réuniront au dessus, et que les sommets seront alors le lieu de l'entrecroisement. Si maintenant les fibres sont devenues apparentes sur ces entrefaites, elles se réuniront des deux côtés sur ce point : au quatrième et au cinquième jour, on ne distingue point encore de fibres, et il semble que le nerf optique vienne de toute la paroi du troisième ventricule ; qu'on se figure alors la périphérie du passage de l'une à l'autre assez étendue (quoiqu'elle ne soit réellement indiquée par rien), non seulement une partie de la paroi droite du troisième ventricule, mais encore une petite partie de la paroi gauche voisine servent d'origine au nerf optique du côté droit, et il ne peut point être surprenant que plus tard, quand les fibres seront bien dessinées, chaque nerf optique vienne des deux côtés. Mais cette exposition semble prouver que les nerfs sensoriels sortent du cerveau, ce qui est parfaitement clair pour la première formation.

La calotte du troisième ventricule se plisse, par le rapprochement du cerveau proprement dit et des tubercules quadrijumeaux. La partie postérieure de cette calotte, qui n'avait pas d'ouverture, se plisse bien un peu aussi, mais elle ne s'élève pas, et acquiert seulement plus d'épaisseur, à cause des plis qui s'y forment ; elle a déjà très-distinctement, au dixième jour, le caractère de la commissure postérieure. Au dessous d'elle se trouve un canal, que j'appellerai l'aquéduc antérieur ; c'est la partie postérieure de la vésicule du troisième ventricule, qui ne formait originairement qu'un tout, mais qui s'est ensuite partagée en deux segmens, l'un antérieur, l'autre postérieur. La portion de la calotte qui part immédiatement des couches optiques, et qui est en partie ouverte, s'élève et se plisse, non pas tant par l'effet du rapprochement du cerveau et des tubercules quadrijumeaux, qui ne se touchent point encore en dessous, qu'à ce qu'il paraît par le fléchissement des cuisses elles-mêmes du cerveau et le rapprochement des parties situées à la base de l'encéphale.

Les tubercules quadrijumeaux sont les parties dont l'apparence change le plus. Les plis que nous avons décrits au septième jour, augmentent le huitième ; en même temps, l'affaissement médian devient plus large. Si l'on ouvre à cette époque une moitié des tubercules quadrijumeaux, on voit une cavité latérale se ramifier entre les plis ; ceux-ci occupent la partie antérieure des tubercules quadrijumeaux, et laissent en arrière une petite partie lisse ; c'est là tout ce que j'ai vu de la division des tubercules quadrijumeaux en paire antérieure et paire postérieure, dont Serres fait mention. Au neuvième jour les plis commencent à se souder ensemble, et au dixième jour on n'aperçoit presque, de chaque côté, qu'une cavité simple, à parois épaisses, qui communique avec sa congénère, au dessus de l'affaissement médian, dont la largeur va toujours en augmentant. Les tubercules quadrijumeaux consistent donc en deux vésicules, qui se rejettent de plus en plus sur les côtés, et qui sont unies ensemble par un large canal. Ce canal, qu'on peut appeler aquéduc moyen, se continue en devant avec l'aquéduc antérieur, en arrière avec le postérieur, et n'est maintenant qu'un peu plus large que ces deux là; sa calotte est fort mince en arrière. Dans l'intérieur des tubercules quadrijumeaux, la cuisse du cerveau qui les traverse s'infléchit de bas en haut, et c'est là sans doute ce qui les raccourcit; vu en dedans, cette flexion a quelque analogie avec un ganglion cérébral; mais maintenant elle n'est point encore à beaucoup près aussi libre que les ganglions internes des tubercules quadrijumeaux le sont chez les animaux vertébrés inférieurs.

Le cervelet croît rapidement, après que les deux lames se sont réunies. Au devant de la réunion, on aperçoit, vers la fin du septième jour, au lieu du feuillet simple, un feuillet doublé par plissement et crénelure, rarement un triple pli. Au dixième jour, le ver se voit déjà très-bien; car le milieu de l'adhérence acquiert de l'épaisseur. Quoiqu'on n'aperçoive pas de pont de Varole en dessous, les cuisses du cerveau sont cependant fort épaissies sous le cervelet.

Le quatrième ventricule change beaucoup d'aspect. Les inflexions des cuisses du cerveau deviennent de plus en plus prononcées, en sorte que le quatrième ventricule se cache aussi de plus en plus sous le cervelet. Il ne se continue pas immédiatement, en arrière, avec la fente de la moelle épinière; car non seulement les lames de celle-ci sont soudées sur ce point, mais même leur union forme une saillie, qui ressemble au cervelet, quoique étant beaucoup plus petite.

Tous les prolongemens de la duremère, la faux, la tente, etc., sont fortement développés. Mais ce qu'il y a de remarqua ble, c'est que le crâne a encore presque la consistance d'une membrane : le sphénoïde, l'occipital et les alentours de l'oreille interne sont les seules régions qui aient un peu plus de solidité. A la colonne vertébrale, les vertèbres sont annulaires, le corps dépassant très-peu les arcs sous le rapport de l'épaisseur ; cependant la corde dorsale n'est plus aussi facile à extraire vers la fin de cette période, qu'elle l'était auparavant. La vertèbre entière est encore cartilagineuse.

20° Le volume des yeux est tel, qu'on pourrait presque le dire énorme. A eux deux ils font plus de la moitié de la tête. Jusqu'au septième jour, l'œil était complétement découvert ; au huitième jour la peau forme tout autour de lui une bride presque circulaire ; le cercle est un peu allongé du côté interne, où il se produit, en dedans de la bride, un mince repli, qui est la membrane nictitante. La bride s'élève en forme de pli vers le milieu, plus cependant en haut et en bas que sur les côtés ; de là résulte peu à peu une ellipse, qui est encore assez large, au dixième jour, pour que la plus grande partie de l'œil reste à découvert. La sclérotique est encore fort mince. La choroïde a encore une tache oblongue sans pigment, qui va en se rétrécissant depuis l'entrée du nerf optique jusqu'au bord, à quelque distance duquel elle cesse. Mais, plus en dehors, à la face interne du corps ciliaire, on voit de nouveau un trait blanc, qui cependant paraît exister à la face interne du corps ciliaire, et non dans son intérieur, et résulter d'un pli, duquel j'ai quelquefois extrait une masse coagulée par l'alcool, qui rappelle la *campanula Halleri* de l'œil des Poissons. A l'endroit dépourvu de pigment, la rétine forme un pli bien prononcé vers l'intérieur, et qui imprime sa trace dans le corps vitré. Le corps ciliaire croît, et il est couvert, à sa face postérieure, par une membrane mince, qui se sépare maintenant très-bien de la rétine et que j'ai déjà précédemment appelée la lame rayonnée ; elle paraît cesser à la capsule cristalline, ou être adhérente avec elle ; il est très-manifeste que la rétine se sépare de cette lame par une bride renversée et quelquefois crénelée. Vers la fin de cette période, l'iris paraît sous la forme d'un étroit anneau à l'ouverture de la choroïde : il est encore sans couleur.

21° Le canal nasal prend peu à peu une situation plus horizontale, attendu que le bec devient plus proéminent, mais surtout parce que, la mâchoire supérieure, après avoir atteint l'apophyse frontale, continue encore de s'étendre vers les parties voisines, et que depuis la pointe du bec jusqu'en arrière, il y a une portion de plus en plus considérable de ce dernier qui se soude avec elle, ce qui produit en même temps la cloison nasale. Par-là se forment donc les arcs palatins; en avant, ils s'adossent l'un à l'autre; en arrière, ils sont séparés par une scissure dans laquelle se prolongent les conduits nasaux; vers la fin de cette période, ils commencent déjà à se cartilaginifier. Les cornets croissent de la surface de la fosse nasale vers le canal nasal.

22° Le conduit auditif externe est large et profond. La trompe d'Eustache n'est point tout-à-fait aussi ample qu'auparavant, mais elle n'est pas encore embrassée par le sphénoïde. Si on la fend, elle mène dans l'oreille interne. Celle-ci laisse apercevoir plusieurs parties que je ne puis déterminer, parce que je n'ai point suivi pas à pas leur développement. On voit entre autres une vésicule blanchâtre, entourée encore d'une masse molle, qui est probablement le vestibule. Les canaux demi-circulaires sont aussi hors du crâne à la fin de cette période.

C. *Onzième, douzième et treizième jours.*

§ 405. 1° La chambre à air augmente sans cesse, et le blanc diminue dans la même proportion. Le sac vitellin devient flasque et s'affaisse sur lui-même : il est par conséquent moins plein; les gros globules vitellins paraissent avoir diminué beaucoup. L'auréole vasculaire s'est étendue sur presque tout le jaune, dont il ne reste plus qu'une petite partie, d'environ quatre à cinq lignes de diamètre, qui soit entourée uniquement par l'auréole vitelline. En se rapetissant ainsi, l'auréole vitelline semble disparaître réellement : du moins m'a-t-il souvent paru, vers cette époque, même après avoir enlevé le blanc avec précaution, exister un véritable vide dans l'enveloppe du jaune. Quoique la veine terminale ne se

voie plus, on aperçoit cependant fort bien le lieu qu'elle occupait autrefois, car la membrane proligère est fort mince à
l'auréole vitelline, tandis qu'à l'auréole vasculaire elle est très-
épaisse, surtout dans son feuillet muqueux. Celui-ci s'enfonce
dans la masse du jaune par des plis onduleux, qu'on distin-
guait déjà au commencement de cette période, mais qui ont
acquis maintenant une profondeur de plus d'une ligne. Ces
plis sont garnis eux-mêmes de petites rides, et évidemment
analogues à ceux qui, chez beaucoup d'animaux vertébrés
inférieurs, remplacent les villosités intestinales. Chacun d'eux
renferme une veine, et chaque ride une veinule. Lorsque
l'allantoïde a acquis un plus grand développement, le feuillet
séreux du jaune disparaît aussi. L'allantoïde entoure peu à
peu le jaune entier, avec l'amnios, de telle sorte qu'en continuant de croître de gauche à droite, elle finit par arriver à
se toucher elle-même, et qu'en cet endroit ses bords se collent ensemble ; sa forme primitive ne tarde pas à devenir
absolument méconnaissable. Au treizième jour, l'artère ombilicale gauche est seule, ou du moins elle surpasse de beaucoup en développement celle du côté droit, qu'à peine distingue-t-on. Les troncs et les branches principales de l'artère
et de la veine ombilicales paraissent souvent être situées
entre la moitié externe et la moitié interne de l'allantoïde,
attendu qu'ils font plisser la moitié interne de dehors en dedans ; le point par lequel ils sortent, c'est-à-dire l'ombilic, et
leurs extrémités étant fixés par l'attache de l'allantoïde à la
membrane testacée, il résulte de là qu'en croissant les grosses
branches prennent une situation fort différente, qui fait que
la membrane unissante paraît diversement plissée, contracte
des adhérences avec elle-même, et devient méconnaissable.
On voit, d'après tout l'ensemble du développement, que quand
l'allantoïde a fini par s'atteindre elle-même en s'accroissant,
l'amnios et le sac vitellin sont entourés par deux couches de
ce sac, l'une interne et l'autre externe, dont chacune a été
primitivement formée du feuillet muqueux et du feuillet vasculaire ; ordinairement aussi on parvient encore à développer
les deux moitiés d'une manière complète. Dans le liquide
compris entre les deux couches, on aperçoit maintenant de

petits flocons blancs, qui sont un dépôt de l'urine. Les troncs veineux de l'allantoïde contiennent du sang vermeil, et les troncs artériels du sang noir ; on voit ces derniers s'allonger à chaque pulsation et se courber au voisinage des points fixes. L'amnios reçoit des vaisseaux grêles, mais bien visibles.

2° Les mouvemens de l'embryon sont plus spontanés. Sa situation varie beaucoup ; cependant il est plus rapproché du gros bout de l'œuf que du petit, et ordinairement il a la forme d'un anneau occupant la périphérie transversale de ce dernier. Il paraît velu, et les poils ont la couleur que doit avoir le poulet futur ; ces poils ne sont autre chose que des follicules de plumes étroits et non ouverts, qui, au premier jour, ont acquis une longueur de quatre lignes, et qui contiennent les plumes futures, dont les barbes, extrêmement minces, ne sont pas encore distinctes les unes des autres. La masse du tronc surpasse déjà très-sensiblement celle de la tête.

3° Le bec n'a plus d'échancrure ; il devient plus obtus, et se couvre de son enduit corné. Les orteils acquièrent des ongles. L'épiderme des pattes se partage en plaques et écailles, mais il est encore mou. L'orteil postérieur se place tout-à-fait en arrière.

4° L'anse intestinale contenue dans l'ombilic n'est plus simple, mais contournée ; elle fait saillie hors de cette ouverture, de sorte qu'il y a réellement une partie de l'intestin située hors du corps, même en comprenant l'ombilic dans la cavité abdominale, avec laquelle la sienne communique librement. Le pédicule de l'allantoïde est adhérent, au contraire, avec l'ombilic. Les lames ventrales s'allongent beaucoup vers l'ombilic, mais n'arrivent cependant point encore jusque-là, et laissent entre elles un vide elliptique, qui, à cette époque, est rempli par la peau du ventre jusqu'à l'ombilic cutané : ce que l'ombilic cutané est pour la peau du ventre, ce vide l'est pour les lames ventrales, qui se sont maintenant partagées en cartilages, muscles et nerfs, et qui forment toute la partie animale du corps située au dessous de la colonne vertébrale ; je serais donc tenté d'appeler ce vide l'*ombilic du corps.* Il n'occupe pas à beaucoup près la longueur entière du tronc ; aussi trouve-t-on en avant, là où les lames ventrales sont arrivées à se toucher, un espace suffisant pour loger le sternum, qui s'est agrandi, et qui s'allonge rapidement d'avant en arrière, en même temps qu'il acquiert une crête mince.

5° Le squelette cartilagineux est assez complet au treizième jour, ce qui fait aussi que les muscles sont partout faciles à distinguer. L'ossification ne fait que commencer; pendant la période précédente, on ne la remarquait qu'aux extrémités postérieures; au dixième jour, elle a lieu sur tant de points, elle marche avec tant de rapidité, et, autant que j'ai pu m'en assurer, elle est si peu identique chez les divers individus, qu'il faudra une longue série de recherches spéciales à ce sujet seulement pour pouvoir en déterminer d'une manière exacte la succession normale. Dans un embryon du douzième jour, les grands os longs des extrémités, la clavicule, l'omoplate, le pubis et l'os des îles présentent des points d'ossification. Dès auparavant, la corde dorsale, qui maintenant paraît transparente eu égard à l'épais cartilage, est amincie, dans chaque vertèbre, par l'accrue de son corps, en sorte qu'elle a la forme extérieure d'un vaisseau lymphatique, apparence qui devient rapidement plus prononcée après la manifestation des points d'ossification. Les premiers points d'ossification paraissent dans les vertèbres du cou et de la poitrine. Au treizième jour on en voit déjà de considérables des deux côtés dans les arcs vertébraux, tandis que ceux des corps croissent avec une lenteur extrême, de manière qu'on peut aisément ne point les apercevoir. A la fin du douzième jour, j'ai trouvé des points d'ossification dans presque tous ceux des os de la tête qui sont éloignés du crâne. La calotte du crâne est encore fort mince et molle; cependant les prolongemens antérieurs des os frontaux sont ossifiés, de même qu'une petite partie du temporal; mais les canaux demi-circulaires sont encore cartilagineux. La base du crâne, ou la continuation de la série des corps vertébraux, se compose d'épaisses masses cartilagineuses, qui contiennent de petits points d'ossification. Un jour plus tard, presque tous les os de la tête sont ossifiés, du moins en partie, et la calotte du crâne peut être considérée comme une grande fontanelle.

6° Le ventre croît plus lentement à sa partie postérieure

qu'à l'antérieure. Comme le cœur a maintenant un volume considérable, et que le foie croît aussi d'une manière rapide, quoiqu'il ne le fasse jamais dans la même proportion que chez les Mammifères, l'estomac s'étend jusqu'à la région de l'ombilic, et de là paraît dépendre que, vers cette époque, une portion considérable de l'intestin se trouve dans l'ombilic, d'où il en sort même plusieurs circonvolutions, en même temps que le cordon ombilical creux s'allonge de près d'un demi-pouce.

7° La face interne de l'œsophage est garnie de plis longitudinaux considérables ; le jabot est mieux dilimité qu'auparavant, et fait une forte saillie au côté droit. L'œsophage décrit aussi une courbure à droite, de sorte qu'il n'est plus situé au dessus de la trachée-artère. Le ventricule succenturié est considérablement dilaté, séparé du gésier à l'extérieur, comme à l'intérieur, à parois épaisses, et garni à sa face interne de cryptes muqueuses très-prononcées. Le gesier a une paroi musculeuse fort épaisse, et en général la forme qu'il doit toujours conserver. Le duodénum, qui en part, se porte à droite jusqu'à l'ombilic, puis s'infléchit brusquement, et remonte à droite jusqu'à la face inférieure du foie, embrassant le pancréas dans cette anse étroite. A partir du foie, l'intestin se dirige en arrière, et passe au côté droit dans l'ombilic, hors duquel il décrit quelques circonvolutions maintenues par le mésentère, qui s'est allongé ; il reçoit le canal vitellin dans une de ces circonvolutions, remonte dans l'ombilic, et se continue, au côté gauche, avec le gros intestin, qui descend le long du sacrum jusqu'au cloaque, en ne décrivant qu'une courbure simple. La portion de l'intestin grêle située dans l'ombilic doit être considérée comme ayant été chassée au dehors par l'étroitesse de la cavité abdominale, et non pas comme un prolongement de nouvelle formation : je le conclue de ce que les cœcums, qui ont quatre lignes de long au treizième jour, sont maintenant situés presque en entier dans l'ombilic. Le gros intestin est la partie qui a pris le moins d'accroissement, mais il a acquis beaucoup d'ampleur. La vésicule biliaire est colorée en vert : on trouve un peu de bile dans le duodénum et l'estomac.

En général donc, l'appareil digestif a déjà sa forme permanente, si toutefois nous faisons abstraction de la portion d'intestin grêle située hors du ventre.

8° Le cloaque est distinctement séparé de l'intestin. La bourse de Fabricius s'y ouvre par un large orifice, mais elle a une structure différente. En effet, sa paroi interne offre des plis, qui cessent à l'endroit où elle se continue avec le cloaque. Celui-ci reçoit aussi les conduits excréteurs des corps de Wolff, en un mot ceux de l'appareil génital et des reins. De plus il reçoit le pédicule de l'allantoïde, qui, avant d'y arriver, se dilate, mais qui, à l'endroit même de son embouchure, est fort étroit; la dilatation s'allonge en pointe vers l'ombilic, et c'est là ce que quelques observateurs ont nommé la vessie.

9° Les lobules des reins se divisent beaucoup, de sorte que le bord externe de ces organes paraît plus frangé encore qu'auparavant. Les uretères peuvent être suivis jusque dans le cloaque. Vers le douzième jour les capsules surrénales naissent, suivant Rathke, à l'extrémité antérieure des reins.

10° Les corps de Wolff vont toujours en se raccourcissant, mais ils reçoivent encore beaucoup de sang; le raccourcissement est toujours plus considérable, surtout au côté droit, chez les femelles que chez les mâles. Les conduits intérieurs se contournent davantage : d'un côté, ils se rapprochent des testicules, qui se raccourcissent aussi, et de l'autre, ils se rapprochent pour produire le canal excréteur : ce dernier perd son extrémité antérieure chez les mâles; chez les femelles, il est beaucoup plus court à droite qu'à gauche.

11° Les poumons sont déjà appliqués aux côtes, qui produisent de profondes impressions à leur surface, comme s'ils éprouvaient un refoulement de plus en plus prononcé vers le haut : ils contractent aussi adhérence avec la cage pectorale, l'enveloppe péritonéale qui se détache des deux côtés les y collant en quelque sorte. Pendant le passage de la période précédente à celle-ci, les poumons ont souvent une apparence pénicillée ou velouteuse attendu que les derniers tubes grêles font saillie au-delà de la surface précédemment lisse; mais ils ne tardent pas à se recoller ensemble, et au treizième jour ils ont la forme qu'ils doivent conserver. La bandelette postérieure, remplie de vésicules, ne commence à se développer qu'à cette époque ; les vésicules, dont, suivant les observations de Rathke, il existe quatre de chaque côté au commencement de cette période, sortent de la surface, et la postérieure beaucoup plus rapidement que les antérieures ; au treizième jour la postérieure s'étend librement, dans la cavité abdominale, jusqu'à l'ombilic.

12° La trachée-artère devient plus uniforme sous le point de vue de l'épaisseur, mais son extrémité antérieure conserve encore plus d'ampleur que la postérieure. Elle se constitue en plusieurs couches, qu'on parvient aisément à séparer l'une de l'autre au treizième jour ; la plus interne est la membrane muqueuse mince, mais résistante, qui se détache si complétement des autres, qu'on peut l'en retirer comme une sorte de gaîne. La couche suivante, beaucoup plus solide et épaisse, se partage en anneaux disposés à la suite les uns des autres, avec des masses intermédiaires peu considérables, représentant les arceaux trachéens et leurs interstices fibreux. La troisième couche, ou la plus extérieure, est fibreuse et plus épaisse de chaque côté : c'est une enveloppe musculeuse, qui forme des deux côtés les muscles sterno-hyoïdiens. La dilatation du larynx supérieur augmente, de sorte qu'il paraît distendu en deux poches latérales peu profondes ; on finit par pouvoir distinguer toutes ses parties.

13° L'oreillette droite du cœur acquiert le volume de la gauche. La veine cave postérieure entre dans l'oreillette droite après la cloison, qui maintenant s'est prolongée jusque là, et le courant du sang se dirige vers le ventricule gauche. La veine cave antérieure droite pénètre dans la postérieure peu avant son entrée dans le cœur ; mais la gauche a une embouchure distincte, parce que l'orifice commun s'est enfoncé dans l'oreillette suivant le mode que nous avons décrit plus haut (§ 402, 15°). L'orifice de la veine cave postérieure est rapproché de celui de la veine cave antérieure gauche, et ces deux ouvertures sont séparées l'une de l'autre par une cloison qui ne permet au sang de la dernière veine d'arriver que dans l'oreillette droite, et qui dirige celui de la veine postérieure principalement dans l'oreillette gauche, quoique, la veine n'étant pas fermée, l'oreillette droite doive aussi être remplie par la veine cave postérieure.

14° Quant aux anciens arcs vasculaires, ils ont subi un grand changement. Les arcs artériels antérieurs se détachent peu à peu davantage des postérieurs ; au treizième jour, ils se continuent immédiatement avec les artères carotide et brachiale, dont ils figurent les troncs ; leurs transitions avec les deux racines de l'aorte deviennent au contraire plus grêles, et s'effectuent sous des angles de plus en plus aigus, de sorte qu'elles ont davantage la forme de branches anastomotiques. Les artères pulmonaires se continuent en arcade avec les racines de l'aorte, mais de différentes manières ; au côté gauche, comme la branche anastomotique venant du tronc artériel antérieur est faible, l'artère pulmonaire est l'aorte elle-même, et beaucoup plus volumineuse que l'autre ; du côté droit, au contraire, le tronc artériel postérieur s'agrandit aux dépens de l'artère pulmonaire de ce côté, en sorte que ce tronc constitue principalement la racine droite de l'aorte, et qu'il ne fait que recevoir l'artère pulmonaire à titre de branche. Ces changemens semblent indiquer que le ventricule gauche continue toujours de pousser le sang davantage à droite, et le ventricule droit davantage à gauche. Chaque artère pulmonaire fournit en outre une petite branche au poumon voisin. La partie antérieure du corps ne reçoit donc le sang que du ventricule gauche, tandis que la postérieure le reçoit du droit et du gauche en même temps.

15° Le cerveau, vu en dessus, ressemble presque à un trèfle de carte à jouer. La masse des tubercules quadrijumeaux est fortement rejetée de côté, en deux renflemens : le milieu de la calotte est tout-à-fait affaissé, et forme une très-large bandelette d'union entre les deux renflemens latéraux. Les aquéducs antérieur, moyen et postérieur, ne font qu'un seul canal non interrompu. Le jambage postérieur du trèfle est produit par le cervelet, qui s'encastre entre les deux vésicules des tubercules quadrijumeaux, dont il a atteint la hauteur ; il l'est en outre par l'union des deux feuillets de la dure-mère qui touche au cervelet. Le jambage antérieur est représenté par le cerveau proprement dit, qui se termine en pointe sur le devant. Dans le milieu, là où les quatre jambages se réunissent ensemble, on remarque un enfoncement d'où s'élève une éminence, qui n'arrive cependant point à la hauteur des autres; cette éminence est composée manifestement de masse cérébrale, et ne peut être autre chose que la calotte du troisième ventricule, qui, pendant la période précédente, avait été refoulée en plis vers le haut. En effet, elle est creuse à sa face inférieure, comme une chaudière renversée, et en devant elle se continue avec les couches optiques par deux minces piliers que sépare l'un de l'autre une fente (la fente primitive dans la calotte du troisième ventricule); mais, en arrière, elle semble se continuer avec la commissure postérieure par une lame blanche. Il est évident que cette partie cérébrale, qui au treizième jour ne se trouve point à une ligne de distance des couches optiques, est la glande pinéale; cette glande serait donc la calotte détruite et relativement morte du troisième ventricule.

L'adhérence dont nous avons parlé déjà des lames de la moelle épinière à l'endroit où celle-ci se continue avec le cerveau, s'élève et s'applique au cervelet, d'où il résulte que le quatrième ventricule se trouve entièrement couvert. Le cervelet a considérablement augmenté de volume, et il s'est produit dans sa portion médiane des échancrures transversales qui le partagent en feuillets. Les deux masses des tubercules quadrijumeaux, écartées l'une de l'autre, contiennent une petite cavité, qui communique avec l'aqueduc, et dans laquelle on trouve maintenant un ganglion oblong; les parois ont acquis de l'épaisseur, par le fait des adhérences. Les couches optiques sont très-considérables, et plus volumineuses, relativement aux autres parties du cerveau, que chez l'Oiseau adulte. La commissure antérieure se développe complétement.

16° La fente palpébrale est très-rétrécie, de sorte que le repli circulaire s'est converti en deux paupières, l'une supérieure, l'autre inférieure, qui ne sont plus transparentes. Le cristallin n'est plus aussi convexe qu'auparavant, ce qui détermine la formation d'une chambre antérieure de l'œil. L'iris commence à se colorer, à partir de son bord interne. La rétine s'amincit peu à peu ; son pli fait une forte saillie dans le corps vitré, et il est traversé, à partir de l'entrée du nerf optique, par le peigne qui se forme. Celui-ci s'enfonce profondément dans le corps vitré, mais je n'ai point encore pu découvrir de continuité immédiate entre lui et la choroïde.

17º Dans l'oreille, on aperçoit la membrane du tympan, qui est fort oblique. La trompe d'Eustache se trouve dans un sillon du sphénoïde, dont la masse ne l'enveloppe point encore de toutes parts.

D. *Quatorzième, quinzième et seizième jours.*

§ 406. 1º Le sac vitellin s'affaisse de plus en plus, et les troncs des vaisseaux ombilicaux y font naître des étranglemens irréguliers. L'allantoïde entoure l'œuf entier, et comme l'enveloppe séreuse manque, elle s'attache immédiatement à la membrane testacée, mais de telle sorte cependant qu'on parvient toujours à l'en séparer avec facilité : au petit bout de l'œuf, ses bords paraissent couper le blanc, lorsqu'il est très-adhérent à la membrane testacée ; car on trouve quelquefois sur ce point un peu de blanc au dehors de l'allantoïde, et le reste au dedans d'elle. L'adhérence de ce sac avec lui-même rend tout-à-fait méconnaissable son mode de formation ; il semble constituer une enveloppe continue, et peut, à dater de cette époque, prendre le nom de chorion.

2º La situation de l'embryon est bien moins arrêtée encore que pendant la période précédente. Cependant j'ai toujours trouvé la tête tournée vers la poitrine, quoiqu'elle ne fût pas constamment sous l'aile droite. L'étroitesse du lieu ne permet plus à l'embryon de rester dans l'axe transversal de l'œuf, et, à mesure qu'il croît, sa dimension la plus longue se range parallèlement à l'axe longitudinal de ce dernier : de là peuvent dépendre les différences sans fin dans la forme du sac vitellin et dans la situation des vaisseaux ombilicaux qui rendent plus méconnaissable encore la forme primitive de chorion. Un Poulet tiré de l'œuf vers cette époque ouvre le bec pour humer l'air.

3º Le nombre des circonvolutions intestinales qui sortent par l'ombilic cutané va d'abord en croissant ; ensuite elles commencent à rentrer un peu dans le ventre. L'ombilic du corps est très-rapproché de l'ombilic cutané.

4° Les follicules des plumes, et les plumes qu'ils renferment, s'allongent beaucoup. Au seizième jour, leur longueur est de huit lignes. Cependant ils ne s'ouvrent pas; de sorte que le Poulet, examiné à l'œil nu, paraît couvert de poils partout. Les plaques cornées sur les pattes et le bec acquièrent plus de solidité et prennent une teinte plus foncée. Les ongles deviennent plus pointus.

5° Dans le cœur, les orifices de la veine cave postérieure et de l'antérieure gauche s'écartent beaucoup l'un de l'autre; la valvule située entre eux devient insensible, ou dégénère en valvule d'Eustache; mais un bourrelet musculaire sépare du trou ovale le courant de sang qui vient de la veine cave antérieure gauche. Vues à l'extérieur, la veine cave postérieure et l'antérieure droite semblent encore avoir un orifice commun; mais, dans l'intérieur, il y a déjà une séparation indiquée. En effet, l'orifice de la veine cave postérieure est garni de deux valvules, dont la destination et la situation deviennent maintenant plus sensibles; l'une s'étend de cet orifice vers le vide de la cloison, qu'elle traverse même, de sorte qu'elle est la valvule du trou ovale; l'autre sort de la paroi de la veine située en face, s'étend par une de ses extrémités jusqu'à l'orifice de la veine antérieure gauche, et par conséquent sépare les deux courans de sang, mais atteint, par son autre extrémité, le point où la veine cave postérieure et l'antérieure droite s'adossent ensemble; celle-ci est donc la valvule d'Eustache, comme on peut mieux encore s'en convaincre plus tard. Ainsi, à l'époque où nous sommes arrivés, le sang passe principalement de la moitié antérieure du corps dans l'oreillette gauche, et de la moitié postérieure dans l'oreillette droite.

6° Les troncs artériels antérieurs se détachent de plus en plus des racines de l'aorte descendante, et souvent il m'est arrivé de ne plus pouvoir retrouver au seizième jour les canaux de communication. Les artères pulmonaires envoient aux poumons des branches beaucoup plus volumineuses que par le passé, en même temps que leur continuation avec les artères postérieures devient beaucoup plus faible.

7° Je n'ai à indiquer aucun changement par rapport aux poumons. Rathke a suivi le développement des sacs à leur bord postérieur, et trouvé qu'ils se prolongent dans la cavité abdominale, en poussant le péritoine devant eux ; il a reconnu aussi que les sacs postérieurs, qui, à l'époque précédente, faisaient déjà une saillie considérable dans la cavité abdominale, deviennent le grand sac à air du bas-ventre, et que les deux antérieurs produisent ceux du cœur.

8° La trachée-artère est devenue plus large : on y distingue toutes les parties du larynx inférieur, sous la forme qu'elles doivent conserver. Les cartilages qu'on apercevait déjà antérieurement au larynx supérieur, ont acquis aussi leur forme permanente ; la bandelette située sur le cartilage thyroïde s'est élevée, et l'on distingue déjà les divers muscles ; la glotte paraît être étroitement fermée par eux ; car, vers cette époque, on trouve, dans la trachée-artère, de l'air, et point de liquide, comme il y en a dans l'appareil digestif.

9° La masse des reins augmente, et ils ont l'air moins divisés. Les capsules surrénales sont plus distinctes. Le pédicule de l'allantoïde s'élargit au voisinage du cloaque.

10° La différence des sexes devient de plus en plus saillante dans l'appareil génital. Les testicules se rapprochent de la forme d'un haricot, et, suivant Rathke, les vaisseaux séminifères apparaissent dans leur intérieur. Les ovaires, au contraire, demeurent plats ; celui du côté droit ne se développe plus, et le gauche augmente de largeur en avant ; le corps de Wolff du côté droit s'arrête de même dans son développement, chez les femelles, tandis que le gauche continue encore de croître.

11° Le cervelet s'élève davantage, et s'engrène plus profondément, en avant, entre les vésicules des tubercules quadrijumeaux : celles-ci se portent peu à peu vers le bas, et la glande pinéale s'élève davantage, de manière que son union avec la région du troisième ventricule cérébral devient plus mince. Le nombre des incisures du cervelet augmente considérablement.

12° Les paupières arrivent à se toucher, et forment plus ou moins la fente palpébrale, sans cependant devenir adhérentes. La chambre antérieure de l'œil se produit par la diminution de la convexité du cristallin et l'accroissement de celle de la cornée transparente : et comme en même temps l'iris croît, il se forme aussi une chambre postérieure, qui néanmoins n'est pas complétement séparée, car on n'aperçoit pas de membrane pupillaire.

13° L'oreille interne s'ossifie déjà au commencement de cette période.

14° Dans le nez, les cornets sont fort allongés. On aperçoit bien distinctement les écailles, situées à l'entrée du nez, qui caractérisent la famille des Gallinacés.

E. *Dix-septième, dix-huitième et dix-neuvième jours.*

§ 407. 1° Le contenu du sac vitellin diminue de plus en plus, et le sac lui-même se ploie en plusieurs compartimens séparés par de profonds enfoncemens. Souvent il ne présente, à cette époque, qu'un seul étranglement profond, qui le fait paraître bilobé. Il m'a semblé que, vers la fin du développement, le jaune acquérait une couleur de plus en plus foncée, ce qui tient suivant toute vraisemblance à la perte continuelle qu'il fait de sa partie liquide. Le blanc disparaît peu à peu en entier. Le liquide de l'amnios diminue également.

2° La situation du Poulet varie ; cependant il est toujours replié sur lui-même, de sorte que son corps entier a presque la forme de l'œuf, et son axe longitudinal correspond à celui de l'œuf, parce que l'axe transversal ne lui offrirait point un espace suffisant. D'ordinaire, son extrémité antérieure est tournée du côté de la chambre à air. De bonne heure déjà la tête était repliée vers la poitrine ; mais, dans la période précédente, la courbure était encore simple, et la pointe du bec dirigée en arrière ; maintenant, il s'établit peu à peu une double courbure, le col reste arqué d'avant en arrière, mais l'extrémité céphalique revient en avant ; la tête est ordinairement placée sous l'aile droite, et la pointe du bec se dirige peu à peu en avant. Il suit de cette situation que la pointe du bec est voisine de la partie des membranes de l'œuf qui confine à la chambre à air.

3° Pendant la période précédente, des circonvolutions intestinales sortaient encore de l'ombilic, qui s'élargit beaucoup à cette époque; en même temps, la peau du ventre paraît croître vers l'ombilic cutané, l'ombilic du corps se rapprochant de ce dernier : en effet, le feuillet séreux du jaune devient plus épais, et il acquiert une organisation plus compliquée. Ce développement semble avoir l'ombilic pour point de départ, et consister en un allongement immédiat du feuillet de la peau du ventre, qui s'applique aux parois abdominales. Pendant la période actuelle, cette organisation plus élevée se développe beaucoup, et le feuillet séreux se sépare complétement des feuillets vasculaire et muqueux. Comme l'intestin rentre maintenant dans la cavité abdominale, il entraîne avec lui le jaune, entouré des feuillets vasculaire et muqueux, et le canal vitellin s'élargit. L'entrée du jaune ne commence qu'au dix-neuvième jour, ce qui fait que nous reviendrons encore sur elle.

4° En général, les plumes conservent encore leur enveloppe pendant toute cette période, quoiqu'elles acquièrent un pouce de longueur.

5° L'oreillette droite paraît maintenant plus grosse que la gauche. Le trou ovale et l'orifice de la veine cave postérieure s'éloignent de plus en plus l'un de l'autre. La valvule d'Eustache, fortement développée, sépare parfaitement les orifices de la veine cave postérieure et de l'antérieure droite, et s'étend aussi jusqu'à la limite entre la veine cave postérieure et l'antérieure gauche : elle ne permet au sang des deux veines caves antérieures que l'entrée dans l'oreillette droite, et dirige au contraire celui de la veine cave postérieure vers le trou ovale et le ventricule gauche, quoique, comme elle n'atteint pas la paroi inférieure de l'oreillette, elle laisse échapper autant de sang que l'oreillette droite peut en admettre en sus de celui qui y arrive immédiatement par les deux autres veines caves. La valvule d'Eustache est la continuation de la paroi droite de la veine cave; on aperçoit ordinairement, en outre, une petite valvule, qui est la continuation de la paroi gauche. J'ai remarqué que la valvule du trou ovale variait beaucoup ; elle m'a paru quelquefois manquer entièrement; dans d'autres cas, elle occupait tout le pourtour du trou ovale, et faisait saillie, à l'instar d'un tube court, dans l'oreillette gauche ; je ne suis donc point en mesure de dire quelle est la disposition normale pendant cette période. En outre, je n'ai point examiné les pièces à l'état frais.

6° Les canaux de communication entre les troncs artériels antérieurs et les racines de l'aorte disparaissent en général : cependant j'en ai quelquefois encore trouvé un au dix-neuvième jour. Les artères pulmonaires se ramifient beaucoup dans les poumons, et les transitions de ces artères à l'aorte prennent de plus en plus le caractère de simples conduits anastomotiques. Comme, à cette époque, la racine gauche de l'aorte ne se compose plus que de ce conduit, elle est beaucoup plus grêle que celle du côté droit.

7° Au dessous des poumons, la peau, qui, d'après sa situation, tient la place du diaphragme, est développée d'une manière complète, et proportionnellement très-ferme.

8° Le foie est jaune.

9° Les cryptes muqueuses sont très-apparentes dans les cœcums.

F. *Vingtième et vingt-unième jours.*

§ 408. L'éclosion commence déjà pendant les deux derniers jours ; mais nous nous bornerons à jeter un coup d'œil sur les phénomènes qui la préparent.

1° Il ne reste presque plus aucune humidité dans l'amnios, non plus que dans l'espace compris entre les moitiés externe et interne du chorion, où le dépôt de l'urine a au contraire augmenté. L'embryon, outre la chambre à air, occupe presque toute la cavité de l'œuf ; car le sac du jaune est aussi entré dans son corps. Ce dernier phénomène commence à peu près avec le dix-neuvième jour, attendu que le sac vitellin, entouré seulement de son enveloppe la plus prochaine, suit l'intestin ; mais comme l'ombilic n'est point assez large pour lui permettre de passer dans tout son diamètre, il ne pénètre d'abord dans l'abdomen que la partie voisine du conduit vitellin, tandis que lui-même s'allonge en pointe; mais une fois qu'une partie de ce sac est ainsi rentrée dans l'abdomen, elle s'y dilate de nouveau, de sorte que le sac se trouve alors formé de deux moitiés, l'une interne et l'autre externe, qui communiquent ensemble par une portion rétrécie, située dans l'ombilic. Mais la moitié externe rentre de plus en plus dans l'ombilic, de sorte que le rétrécissement lui-même va toujours en reculant, jusqu'à ce que le sac vitellin soit entré tout entier dans la cavité abdominale. La portion entrée ne conserve pas la forme sphérique, elle remplit tous les vides de l'abdomen, c'est-à-dire tous les espaces que laissent entre elles les autres parties. Mais ensuite l'enveloppe du jaune paraît se resserrer de nouveau sur elle-même; au moment de l'éclosion, et plus encore quelque temps après, elle acquiert une forme presque globuleuse, avec des étranglemens que les vaisseaux déterminent.

2° Lorsque le jaune est entré tout entier dans la cavité abdominale, l'ombilic se rétrécit rapidement, et commence à se cicatriser; l'enveloppe extérieure du sac vitellin reste seule, en façon de sac herniaire, et s'étrangle.

3° L'entrée du sac vitellin, qui proportionnellement a un volume considérable, change beaucoup la forme du corps. L'ombilic, qui fait une saillie conique, forme l'extrémité postérieure du corps, l'anus se trouvant reporté en haut; il n'a acquis son caractère complet que pendant la dernière période, par le rapprochement et l'adhérence de ce que nous avons appelé l'ombilic cutané et l'ombilic du corps.

4° La branche anastomotique de l'artère pulmonaire droite avec le tronc artériel postérieur, et la racine gauche de l'aorte provenant de l'artère pulmonaire gauche sont devenues fort grêles, et forment deux conduits de Botal, dont celui du côté droit est beaucoup plus court que celui du côté gauche.

CHAPITRE X.

Du développement de l'embryon humain.

§ 409. Parmi les Mammifères, l'homme est celui dont nous étudierons de préférence le mode de développement, non seulement parce qu'il nous offre plus d'intérêt que tous les autres, mais encore parce qu'il règne, parmi les différens ordres de Mammifères, des variétés trop considérables pour qu'on puisse présenter l'histoire de la classe entière, et qu'il n'est aucun ordre dont on ait étudié le développement d'une manière aussi complète que l'a été celui de l'homme.

I. Première période.

La première époque de l'histoire du développement de l'espèce humaine n'a point encore été embrassée dans tous ses détails. On a bien trouvé dans les trompes de Fallope, quinze jours environ après la fécondation, des œufs humains semblables encore à des vésicules pleines de liquide (1); on en a vu qui s'étaient échappés du corps par le fait d'un avortement (2), et Velpeau dit en avoir examiné plus de cent qui n'étaient pas âgés de plus de douze semaines depuis l'imprégnation (3); mais la formation de l'embryon, qui commence dès la troisième semaine, n'a point encore été soumise, dans ses premiers momens, à une série complète d'observations. Des œufs même de Mammifères datant d'une époque correspondante à celle-là n'ont encore été vus que par Cruikshank, Prevost et Dumas (4) et Baër (5), dont les observations présentent le seul ensemble de faits certains que nous possédions sur l'histoire primitive de l'embryon des Mammifères.

Chez les Chiennes, Baër (6) a trouvé les plus petits œufs,

(1) Burns, *The anatomy of the gravid uterus*, p. 10.
(2) Maygrier, dans Magendie, Précis de physiologie, t. II, p. 427.
(3) Embryologie, ou Ovologie humaine, Paris, 1833, in-fol. fig.
(4) Annales des sc. nat., t. III, p. 113-131.
(5) *De ovi mammalium et hominis genesi*, Léipzick, 1827, in-4.
(6) *Loc. cit.*, p. 7-11.

dans la matrice, blancs, opaques à l'intérieur et transparens à l'extérieur. Les plus gros, qui avaient un tiers de ligne de diamètre, présentaient à leur surface extérieure de petits tubercules à peine sensibles, et offraient à leur surface interne de petites granulations, réunies les unes en un monticule, les autres en plusieurs petits amas. D'autres, qui avaient une demi-ligne de diamètre, étaient transparentes, presqu'aussi délicates que des bulles de savon, un peu allongées, et se composaient de deux membranes ; l'extérieure (exochorion) était transparente, et couverte de petits tubercules demi-transparens, rudimens des flocons ; l'interne était moins transparente, et à sa face intérieure il y avait des granulations, serrées les unes contre les autres, qui formaient les unes des cercles irréguliers, les autres une espèce de disque ; le reste du contenu consistait en un liquide presque dépourvu de granulations. En jugeant d'après l'analogie de l'œuf des Oiseaux, Baër pense que la membrane interne est la membrane vitelline, et que le disque qui y adhère, et qui est formé de granulations peu adhérentes les unes aux autres, est la membrane proligère. Cependant, si les vues que nous avons exposées précédemment (§ 344, 10°), sur la formation des membranes de l'œuf, sont fondées, si la production d'une membrane testacée secondaire (§ 344, 3°), coïncidant avec une membrane vitelline, sans albumine ou blanc intermédiaire, est contraire à l'analogie, si enfin il est invraisemblable que, chez la Chienne, dix jours environ après la fécondation, et peu avant l'apparition de l'embryon, la membrane proligère manque encore de solidité et ne soit qu'une agrégation de granules, nous dirons que la membrane interne dont il vient d'être parlé est la membrane proligère, et que les granulations qui y adhèrent sont l'embryotrophe primaire, ou le jaune.

Prevost et Dumas ont observé l'œuf de Chien aux périodes subséquentes. D'abord ellipsoïde, il devient pyriforme, c'est-à-dire qu'il acquiert une extrémité large et floconneuse, et une autre pointue et lisse ; entre ces deux extrémités se forme un endroit transparent, qui est d'abord rond, puis cordiforme, et dans lequel le rudiment de l'embryon (la bandelette primitive) paraît sous la forme d'une ligne de couleur plus foncée. Ensuite l'extrémité large devient aussi étroite que l'autre, de manière qu'alors l'œuf ressemble à une sphère munie de deux prolongemens coniques, qui correspondent à l'axe longitudinal de la matrice, tandis que le rudiment de l'embryon se trouve en travers (dans l'équateur de l'œuf). Ce dernier devient plus long et bordé sur les côtés de renflemens parallèles. Du reste, l'œuf est encore dépourvu de tout moyen d'union avec la matrice.

Ces observations, et celles qu'on peut y rattacher de Baër sur un œuf de trois semaines (1), prouvent que la première formation de l'embryon, chez les Mammifères, est la même, quant aux circonstances essentielles, que chez les Oiseaux, et que là où l'observation laisse des lacunes dans l'histoire de l'embryon humain, nous pouvons hardiment appeler à notre secours l'analogie de l'embryon du Poulet, en ne perdant pas de vue seulement la différence qui doit résulter de ce que l'œuf des Mammifères ne contient pas toute la provision d'embryotrophe dont il a besoin, mais est obligé de la recevoir à mesure qu'elle lui devient nécessaire. Nous considérons donc comme première époque, dans l'histoire de l'embryon humain, l'état où il se trouve quinze jours environ après la fécondation lorsque, l'œuf étant devenu plus gros et s'étant développé, la membrane proligère se sépare de lui, et le rudiment de l'organe central de la sensibilité et de ses enveloppes se manifeste comme première partie qui ait une configuration appréciable, époque après laquelle ne tarde pas non plus à se former l'amnios, qui manque évidemment encore dans les œufs décrits plus haut. Il est hors de toute contestation que cet état dure peu; peut-être même ne s'étend-il pas au-delà d'un jour.

Après ces notions préliminaires sur un état primitif qui n'est admis que par analogie, nous allons nous en tenir à des observations précises sur l'embryon humain.

(1) *Loc. cit.*, p. 2-5.

II. Seconde période.

§ 410. La seconde période, à laquelle se rapportent les observations de Kieser (1), Sœmmerring (2), Meckel (3), Autenrieth (4), Hunter (5), Pockels (6), Muller (7) et moi (8), s'étend depuis la troisième semaine jusqu'à la cinquième environ. L'embryon acquiert des parois propres, qui établissent une limite entre lui et l'œuf : on voit paraître des organes impairs, faisant antagonisme à l'organe central du système sensible, savoir l'intestin, avec la vésicule ombilicale, l'allantoïde et le foie, et le cœur, avec les troncs vasculaires et les ramifications qu'ils envoient aux branchies et à la vésicule ombilicale ; le système sanguin qui vient de se produire a encore un cercle étroit, et il ne pénètre point encore la masse entière ; les trous branchiaux, l'allantoïde et le canal de la vésicule ombilicale se manifestent, pour disparaître bientôt.

1° Le chorion, et par suite l'œuf en général, acquiert une longueur d'environ dix à quinze lignes. Il est délicat, blanchâtre, et transparent ; à sa face externe s'élèvent de minces filamens blancs, ou des flocons cylindriques, qui ont quelques lignes de long, et qui pour la plupart se renflent à leur extrémité libre ; de leurs surfaces latérales s'élèvent peu à peu, pendant la quatrième semaine, de petites branches, qui se ramifient ensuite, de sorte que chaque flocon prend l'apparence d'un petit arbre. Ces flocons poussent à travers les mailles de la membrane nidulante réfléchie, et adhèrent à cette membrane, ou à la membrane nidulante extérieure, de

(1) *Der Ursprung der Darmcanals und der Vesica umbilicalis*, p. 29, pl. I, fig. 2.
(2) *Icones embryonum humanorum*, p. 4, fig. 1.
(3) *Beitræge zur vergleichenden Anatomie*, t. I, cah. I, p. 60, pl. 5, fig. 1 ; p. 64, pl. 5, fig. 2 et 3.
(4) *Supplementa ad historiam embryonis humani*, p. 6.
(5) *Anatomia uteri humani gravidi*, pl. 34, fig. 1 et 2.
(6) *Isis*, 1826, p. 1340, pl. 12.
(7) *Archiv fuer Anatomie*, 1832, pl. II, fig. 11.
(8) Burdach, *De fœtu humano adnotationes*, Léipzick, 1828, in-fol.

manière qu'à cette époque l'œuf se trouve fixé. Chez les Lapines, l'œuf s'attache à la matrice au huitième jour ; c'est à peu près vers le seizième qu'il le fait dans la Chienne. La cavité du chorion contient un liquide albumineux, rougeâtre et transparent, qui est parcouru dans toutes les directions par un tissu délicat et incolore.

2° L'amnios, vésicule transparente et à parois minces, que remplit un liquide clair comme de l'eau, est beaucoup plus petit que le chorion, et revêt la surface dorsale de l'embryon, d'où il s'étend sur les faces latérales de celui-ci, de sorte qu'il repose sur lui, comme dans une fosse, ou qu'il n'y a que sa surface ventrale, tournée vers le haut, qui ne soit pas couverte par cette membrane. Peu à peu l'amnios s'avance de plus en plus vers cette surface ventrale, comme s'il se renversait sur lui-même par l'enfoncement de plus en plus profond de l'embryon, jusqu'à ce qu'enfin il forme, à l'endroit où celui-ci se continue avec l'œuf, un canal, la gaîne ombilicale, qui est d'abord fort courte et très-large, mais qui enfin devient un peu plus étroite et acquiert une longueur de quelques lignes, en même temps qu'elle s'applique immédiatement à l'extrémité inférieure du tronc.

3° L'embryon croît d'une ligne à près de trois, et arrive à peser depuis un grain jusqu'à trois environ. Il se compose d'une masse homogène, grisâtre, demi-transparente, gélatineuse, qui paraît grenue au microscope. D'abord étendu en long, il ne tarde pas à se recourber vers la surface ventrale.

4° La tête est une simple masse sphérique, sans ouvertures. D'abord étroite et basse, à peine distincte du tronc, elle croît ensuite avec une telle rapidité que, dès la quatrième semaine, elle a acquis le volume du tronc, dont elle est séparée en devant par un léger sillon transversal, rudiment du cou, en arrière par la saillie anguleuse du tubercule de la nuque, qui résulte de l'inflexion subite de la moelle allongée faisant le passage de la moelle épinière au cerveau. Sur les côtés de la tête on aperçoit, pendant la quatrième semaine, les yeux, qui figurent deux points noirs.

5° Le tronc est sans membres, ayant son extrémité infé-

rieure terminée en pointe et caudiforme. Les parois du corps,
qui sont formées en partie d'une masse grenue et en partie
d'une membrane transparente, croissent des côtés du tronc
vertébral en arrière et en avant, et, sur ce dernier point, se
réunissent de bonne heure, vers la ligne médiane, pour produire la poitrine, ne laissant qu'au ventre un vide, par lequel
la cavité abdominale se continue avec celle de la gaîne ombilicale. Au dos, on aperçoit les vertèbres, ayant la forme de
cartilages, avec des rudimens de côtes, qui percent à travers
les parois du tronc, sous la forme de linéamens, ayant deux
tiers de ligne de longueur. A la surface ventrale se trouvent
deux vésicules qui se continuent par des canaux avec la membrane muqueuse de la cavité abdominale, s'étendent vers
l'extrémité céphalique et l'extrémité caudale, sont situées
horizontalement sur la face ventrale de l'embryon, mais plus
tard se trouvent enfermées par la gaîne ombilicale, qui se
forme, et prennent avec elle une situation verticale.

6° En effet, de l'embryon part un canal extrêmement grêle,
long d'environ trois lignes, qui s'étend au-delà de l'extrémité
céphalique, et se termine là dans la vésicule ombilicale. Celle-
ci, sphérique, un peu plus grosse que l'embryon, d'un blanc
jaunâtre, translucide, grenue et assez ferme, est remplie
d'un liquide limpide ou blanchâtre. Lorsque la gaîne ombilicale se forme, elle se soude avec elle, et, en s'allongeant peu
à peu, elle s'éloigne de sa situation primordiale, et son canal se trouve tiré plus en longueur. A l'endroit où l'intestin
se réfléchit sur lui-même, ce canal se continue avec lui ; mais,
pendant la cinquième semaine, il s'oblitère sur ce point, et se
trouve ainsi réduit à n'être plus qu'un simple filament. L'intestin est blanc, opaque, uniformément cylindrique, court
et étendu en ligne droite : à partir de l'estomac il se dirige
obliquement en avant dans la gaîne ombilicale, se réfléchit
sur lui-même à l'insertion du canal de la vésicule ombilicale,
revient ensuite dans la cavité abdominale, et se termine à
l'anus. Les deux portions de l'intestin, qu'on peut appeler, la
première stomacale et la seconde anale, sont réunies ensemble par un mésentère ; sur la portion anale, à quelque

distance du point d'inflexion, le cœcum est indiqué par un petit prolongement.

7° La seconde vésicule est l'allantoïde, qui, chez l'homme, disparaît peu de temps après sa manifestation, dès la quatrième ou cinquième semaine, de sorte qu'on la rencontre rarement, mais qui, chez les Mammifères, persiste pendant la vie embryonnaire. Sa portion cylindrique, ou le canal allantoïdien, sort de l'extrémité du canal digestif, se détache à angle droit de la surface ventrale, et se continue, par une inflexion géniculée et dilatée, avec la portion vésiculeuse et pyriforme, qui s'étend, parallèlement à l'axe longitudinal de l'embryon, jusque par-delà son extrémité caudale. L'allantoïde est d'un blanc de lait, et Pockels dit avoir aperçu, dans son intérieur, des globules rouges, qui sont d'abord épars, puis rangés en lignes.

On ne distingue rien encore du système urinaire.

8° Le cœur est situé horizontalement, la pointe en avant. Les vaisseaux omphalo-mésentériques, savoir une branche de l'aorte et une racine de la veine cave, se répandent sur la vésicule ombilicale, et sont remplis de sang rouge. Les vaisseaux omphalo-iliaques paraissent se former un peu plus tard.

9° Le foie reçoit en grande partie la veine omphalo-mésentérique. Il est d'un gris rougeâtre, fort gros, près de moitié aussi pesant que le corps entier, et divisé en plusieurs lobes.

10° Les trous branchiaux, qui sont situés dans des plis transversaux parallèles, sur les côtés du cou, ont à leurs bords des branches de l'aorte et de la veine cave, et sont surtout bien marqués chez les animaux; mais ils disparaissent à la fin de cette période, ou au commencement de la suivante.

III. Troisième période.

§ 411. La troisième période, qui s'étend depuis la cinquième semaine jusqu'à la fin de la huitième, a pour caractères le développement latéral et la saillie plus prononcée en dehors de l'embryon, entre lequel et l'œuf s'est établie une ligne de démarcation plus tranchée. Ces changemens s'annoncent par le développement latéral plus marqué du cerveau et de la moelle épinière, par l'augmentation de largeur

de la tête et de la colonne vertébrale, par la formation de la
périphérie animale, les cartilages, les os, les muscles et les
nerfs, par la formation progressive des organes sensoriels et
la poussée des membres latéraux, par l'apparition des ouvertures du canal intestinal et des organes sensoriels, par la
production d'organes excrétoires pairs, les poumons, les
reins et les organes génitaux, enfin par la formation de protubérances ou d'excroissances cutanées, telles que paupières
et lèvres, oreilles et nez, verge et clitoris. Ici se rangent les
observations de Sœmmerring (1), Meckel (2), Tiedemann (3),
Autenrieth (4), Albinus (5), Blumenbach (6), Wrisberg (7),
Hunter (8), Kieser (9), Senff (10), Muller (11) et Mayer (12).

1° L'œuf est oblong, presque elliptique. Le diamètre perpendiculaire ou longitudinal s'élève à environ seize lignes
dans la cinquième semaine, et jusqu'à plus de deux pouces
dans la huitième; le diamètre transversal croît environ de
douze à vingt-et-une lignes; le poids se monte jusqu'à près de
deux onces. Les flocons du chorion grandissent, mais avec
une répartition inégale; partout où s'étend la membrane nidulante réfléchie, ils sont plus courts et plus isolés; au contraire, sur le côté supérieur et libre du chorion, ils sont plus
serrés les uns contre les autres, plus forts, longs de quatre
lignes, plusieurs fois divisés, et nagent, par leurs extrémités libres, dans le liquide sécrété par la matrice. Pendant

(1) *Icones embryonum humanorum*, p. 6, fig. 2, 3, 4, 5, 6.
(2) *Beiträge*, t. I, cah. I, p. 66, pl. 3, fig. 4; —p. 67, pl. 5, fig. 4-6;
p. 72, pl. 5, fig. 10, 11; p. 76. — *Deutsches Archiv*, t. III, pl. 1, fig. 5,
6, 7, 8.
(3) *Anatomie der kopflosen Missgeburten*, p. 80, fig. 1-7.
(4) *Supplementa ad historiam embrionis humani*, p. 9, 10, 14, 15, 17.
(5) *Academic. annotation*, pl. V, fig. 5, 4, 1. pl. I, fig. 12.
6) *Commentationes soc. reg. scient. Gottingensis*, t. IX, p. 123, fig. 1.
(7) *Commentationes*, p. 16.
(8) *Anatomia uteri gravidi*, pl. 33, fig. 3-6.
(9) *Der Ursprung des Darmcanals*, pl. I, fig. 1, pl. II, fig. 1, 2.
(10) *Nonnulla de incremento ossium embryonum*, pl. II, fig. 1.
(11) Meckel, *Archiv fuer Anatomie*, 1832, pl. XI, fig. 12. 13.
(12) *Nov. Act. Nat. Cur.*, t. XVII, pl. XXXVII, fig. 3, pl. XXXVIII,
fig. 2, 3.

cette période, l'amnios croît plus rapidement que le chorion, de sorte qu'il entre en contact avec lui par une surface plus étendue ; le liquide qu'il contient augmente de la même manière ; la vésicule ombilicale a quelques lignes de long, et elle est pleine de liquide.

2º L'embryon croît à peu près de trois à cinq lignes dans la cinquième semaine : il arrive à sept lignes dans la sixième, à neuf dans la septième, à douze dans la huitième ; son poids monte jusqu'à plus d'un gros. Jusqu'alors, il avait été horizontal, la surface ventrale tournée vers le haut ; il prend maintenant une situation verticale, attendu, d'un côté, que la tête et le haut du corps se portent vers le bas, à cause de l'augmentation de leur pesanteur, d'un autre côté, que la gaîne ombilicale, qui s'insère près de l'extrémité inférieure du tronc, devient plus longue, en sorte que l'embryon, déjà fortement recourbé, s'y trouve suspendu comme à un pédicule.

3º La hauteur de la tête égale d'abord à peu près la moitié de la longueur totale du corps : vers la fin de cette période, à peine a-t-elle encore le tiers de cette même longueur. La moelle épinière ressemble d'abord à un canal transparent, plein d'un liquide blanchâtre, et le cerveau a une série de vésicules analogues à ce canal. La substance, qui se condense vers la fin de la période, forme d'abord les cordons latéraux antérieurs de la moelle épinière, de sorte que celle-ci offre, dans toute sa longueur, qui s'étend presque jusque dans le tubercule coccygien, une gouttière ouverte en arrière, qui est enveloppée par ses membranes. Le cerveau se développe d'une manière analogue : jusque dans le cours de la cinquième semaine, il forme une série de vésicules closes, que les progrès plus marqués du développement latéral forcent à se rapprocher dans le sens de la longueur, qui s'ouvrent en haut par une fente longitudinale, et qui croissent de bas en haut et de dehors en dedans, ou de la base et des côtés vers la voûte et la ligne médiane. La moelle allongée, à partir de son point d'inflexion, le tubercule de la nuque, marche horizontalement en avant, et une nouvelle flexion porte son prolongement ou sa continuation vers le haut. Le cervelet se forme pendant la sixième ou la septième semaine ; il est composé de deux lames latérales minces et étroites, qui croissent vers la ligne médiane. Le tronc du cerveau proprement dit monte au devant du cervelet et au dessus de sa tente, et porte les tubercules quadrijumeaux, qui, figurant deux demi-sphères creuses, élevées sur ses côtés, et non encore en contact l'une avec l'autre sur la ligne médiane, constituent le sommet ou le point culminant de l'encéphale entier. Il s'infléchit de haut en bas, au devant des couches optiques, et porte là les corps cannelés, qui sont uniquement couverts par les hémisphères, lesquels partent de leurs parties latérales, et ont des parois fort minces.

4° La face commence à se former, mais demeure très-petite, en proportion de la cavité crânienne. Les yeux croissent avec rapidité, et deviennent proportionnellement fort gros ; l'augmentation de la tête en largeur fait qu'ils se reportent des côtés vers la partie antérieure ; ils sont placés à peu de distance au dessus de la bouche. D'abord il n'y a que deux lignes peu prononcées, l'une supérieure, l'autre inférieure, qui les distinguent du reste de la surface ; vers la huitième semaine, ces lignes se développent en replis cutanés, rudimens des paupières, pendant qu'on aperçoit, dans l'angle interne, l'ouverture du canal nasal et la caroncule lacrymale. L'iris est un anneau noirâtre, d'abord ouvert en dedans et en haut, qui se forme pendant la septième semaine, mais qui reste plus étroit en cet endroit.

5° La cavité buccale apparaît comme une vésicule close, située au dessous du cerveau, et comprenant en elle le rudiment de la cavité nasale. Dans la sixième semaine, cette vésicule s'ouvre à l'extérieur par une petite fente, qui est la bouche. Cette fente s'agrandit avec rapidité, de manière qu'à sept semaines la bouche occupe toute la largeur de la face ; après quoi, dans la huitième semaine, elle vient à être limitée par de petits replis cutanés, qui sont les commencemens des lèvres. Peu à peu la cavité nasale et la cavité buccale se séparent l'une de l'autre, parce que les apophyses palatines de l'os maxillaire supérieur se développent d'avant en arrière et de dehors en dedans, tandis qu'entre eux la luette croît de haut en bas, d'abord partagée en deux moitiés latérales, qui ne tardent pas à se souder ensemble. La langue paraît dans la septième semaine, et ne tarde pas à être complétement développée. La mâchoire inférieure se compose de deux moitiés latérales ; elle est basse et sans branches.

6° Les narines apparaissent vers la septième semaine, sous la forme de petites fossettes, qui sont séparées l'une de l'autre par une cloison fort mince, et qui ne s'ouvre que peu à peu ; vers la huitième semaine, le nez se prononce sous l'apparence d'un petit renflement.

7° Pendant la sixième ou la septième semaine, les troncs des conduits auditifs paraissent comme de petits points ; ensuite l'oreille interne se développe ; elle ressemble d'abord à une saillie plate, simplement cutanée, large par le haut, étroite par le bas, et dans le milieu de laquelle on aperçoit le commencement du conduit auditif, figurant une fissure longitudinale : le bord antérieur se recourbe, et acquiert une échancrure transversale, de manière qu'il se sépare en hélix et antitragus. Le cadre du tympan se forme, comme cartilage, pendant la huitième semaine.

8° Les parois du tronc sont tellement minces à la face antérieure, que le cœur et le foie s'aperçoivent à travers ; leurs parois latérales opaques ne sont constituées d'abord que par une masse grenue ; mais, dans la septième semaine, toute la paroi du tronc devient grenue. Ensuite la cartilaginification s'étend rapidement, à partir de la colonne vertébrale, pour représenter la base du squelette ; les premiers points d'ossification paraissent, dans la septième semaine, à la clavicule et à la mâchoire inférieure ; puis, dans la huitième, à la mâchoire supérieure et au fémur, en partie aussi à la portion squameuse de l'occipital et du frontal. La membrane fibreuse, qui représentera plus tard le périoste, est tellement développée, qu'on peut déjà la détacher des cartilages ; la substance musculeuse n'est point encore bien distincte. Dans la septième semaine, la colonne vertébrale est épaisse et large, mais encore transparente ; les corps sont jaunâtres, et séparés par des bandelettes transversales ; les arcs ne sont point encore complétement fermés. Pendant la huitième semaine, les vertèbres font plus de saillie dans l'intérieur du tronc ; les côtes cartilagineuses s'aperçoivent mieux à la face interne de la poitrine, et, dans la paroi qui circonscrit cette dernière, se développe le sternum, qui est court et cartilagineux. Une masse cartilagineuse située sur les côtés de la partie inférieure de la colonne vertébrale, indique à huit semaines le bassin, qui ne forme point encore de cavité distincte et embrassant des organes. L'extrémité de la colonne vertébrale, ou la tubérosité coccygienne, fait saillie au-delà de cette masse, et affecte une forme recourbée.

9° Des parois du tronc poussent les membres, et d'abord ceux du haut, semblables à des tubercules globuleux, qui, en s'éloignant, s'écartent d'abord du tronc, puis plus tard s'y appliquent. Bientôt la main se sépare du bras ; ensuite arrive la division en bras et avant-bras ; puis la main se partage en doigts ; elle n'est d'abord que crenelée sur le bord, et les doigts paraissent ensuite comme autant de tubercules. Lorsque le bras se partage, les membres inférieurs se divisent en cuisse et pied, et quand les doigts de la main paraissent, la jambe et la cuisse deviennent distinctes. Dans la huitième semaine, les membres supérieurs ont déjà près de deux lignes et demie de long ; la clavicule n'est cartilagineuse encore qu'à ses extrémités ; à peine distingue-t-on l'omoplate ; le bras est gros, l'avant-bras très-court ; la main est plus longue, et elle a cinq cartilages ; les doigts, parfaitement divisés, sont libres, et l'on distingue déjà le pouce ; du reste, l'avant-bras commence déjà à se fléchir, et la main à se rapprocher du menton. Les membres inférieurs ont environ deux lignes de long ; ils sortent de l'étroit bassin sans fesses, et dépassent alors seulement le tubercule coccygien ; ils ne tardent pas non plus à se courber vers le ventre, tandis que la flexion du genou n'est qu'indiquée. Le bord du pied se garnit de crénelures, et peu à peu on voit paraître les orteils, sous la forme de petits tubercules cohérens, qui finissent par se séparer les uns des autres dans toute leur longueur. Du reste, le bras et la cuisse se forment d'abord sous la peau des parois du tronc, qui semble les attacher à ce dernier.

10° Le foie s'étend jusqu'à l'os des îles ; le vésicule biliaire a la forme d'un canal. La gaîne ombilicale se rétrécit, et acquiert une longueur d'environ six lignes. Les intestins commencent à en sortir, pour entrer dans la cavité abdominale. L'intestin grêle décrit déjà quelques circonvolutions ; le gros intestin, qui est placé derrière lui et étendu en ligne droite, ne se distingue point encore par une épaisseur plus considérable, et en partant de l'ombilic, il se dirige tout droit vers le bas ; le cœcum apparaît dans la septième semaine, sous la forme d'un petit tubercule. L'estomac est encore perpendiculaire, de sorte que sa future paroi supérieure, constituant le bord droit, sans incurvation, se continue en haut avec le bord droit de l'œsophage, et inférieurement en ligne droite avec celui de l'intestin, tandis que sa future paroi inférieure est située à gauche, mais déjà bombée. Le grand épiploon commence à se former. L'anus apparaît dans la septième semaine ; c'est d'abord un enfoncement en cul-de-sac, qui s'ouvre ensuite.

11° Le diaphragme se forme comme une expansion membraneuse entre le cœur et le foie, qui occupent la plus grande partie de la cavité du tronc. Dans la sixième semaine, le cœur est aussi large que long, placé perpendiculairement, et partagé en deux grandes moitiés, le sac veineux et le ventricule. Dans la septième semaine, il y a deux ventricules, mais qui communiquent encore ensemble, par une étroite ouverture oblongue, à la partie supérieure de la cloison, sont séparés l'un de l'autre à l'extérieur par un sillon longitudinal, et se terminent par deux pointes distantes l'une de l'autre. Dans la huitième semaine, la séparation des deux ventricules est complète, et il commence aussi à se former une cloison entre les oreillettes ; en même temps, le cœur se place horizontalement. La veine cave est beaucoup plus grosse que l'aorte. A sept semaines, cette dernière sort encore des deux ventricules. C'est dans la huitième semaine seulement que l'aorte pulmonaire commence à envoyer quelques branches aux poumons.

12° A peu près dans la sixième semaine, on aperçoit le rudiment du larynx, sous la forme d'un petit corps mou, convexe en dedans, échancré en dessous, dans lequel on ne peut distinguer aucune partie spéciale. A sept semaines, il y apparaît un cartilage composé de parties latérales séparées. Au dessous de lui se trouve le rudiment de la glande thyroïde, figurant deux petits lobules latéraux, qui sont complétement séparés l'un de l'autre, et ne font que converger un peu par le bas, ou qui ne tiennent que faiblement ensemble sur la ligne médiane. Dans la sixième semaine, la trachée-artère est un filament grêle; elle acquiert ses cartilages dans la huitième; la bronche gauche est plus longue, plus grosse et plus solide que la droite. Les poumons sont des masses composées de vésicules, qui paraissent dans la sixième semaine.

13° Les corps de Wolff s'étendent de la région du cœur jusqu'à l'extrémité de la cavité abdominale, où leur conduit excréteur aboutit au dehors. Durant la septième semaine, apparaissent les capsules surrénales, les reins, et les organes génitaux formateurs, dans la région épigastrique, le long de la colonne vertébrale, derrière le péritoine. De ces organes, les plus volumineux sont les capsules surrénales. Les testicules et les ovaires sont des corps parfaitement semblables, étroits, oblongs, qui s'étendent obliquement de haut en bas et de dehors en dedans; leurs prolongemens, les canaux déférens et les oviductes, suivent la même direction, pour se réunir, sous un angle aigu, en un canal commun, dont le diamètre est à peu près le même. Les uretères se réunissent de la même manière pour produire l'urètre, et ce n'est que pendant la huitième semaine qu'on voit paraître la vessie, qui est d'abord vide et en forme d'intestin. L'ouverture anale reçoit l'orifice des organes urinaires et génitaux; en avant et au dessus d'elle, près de l'ombilic, se développe, dans la sixième semaine, la verge ou le clitoris, sous la forme d'un corps conique, sur la face inférieure duquel se creuse, dans la septième semaine, une gouttière ou un sillon longitudinal.

IV. Quatrième période.

§ 412. Pendant la quatrième période, qui embrasse le troisième mois lunaire, la vésicule ombilicale disparaît, et le placenta se forme, de manière qu'à cette époque l'enveloppement du fœtus est achevé et a pris les formes qu'il conserve pendant le reste de la grossesse. Les principaux organes existent déjà, et ils s'en produit d'accessoires. Les parties solides ont acquis en grande partie leur configuration, et il se fait maintenant une sécrétion plus abondante. Divers organes plastiques se développent, notamment aux extrémités et dans les dilatations sacciformes du système digestif, dont les parties sont mieux distinctes les unes des autres, les glandes salivaires à la bouche, la rate à l'estomac, le pancréas au commencement de l'intestin grêle, l'appendice cœcal au commencement du gros intestin. Le thymus apparaît dans la poitrine. La plus grande abondance de la sécrétion se manifeste par le contenu de la vésicule biliaire et du canal intestinal, par la graisse qui se dépose, par la plus grande quantité de liquide qui imprègne toutes les parties du corps. Mais, pendant que la nutrition fait ainsi des progrès, les organes sensoriels se ferment, soit par l'accollement des parties qui les couvrent, soit par la formation de parties tégumentaires spéciales.

A cette période appartiennent les observations d'Autenrieth(1), Meckel (2), Tiedemann (3), Senff (4), Sœmmerring (5), Madai (6), Albinus (7), Wrisberg (8), Hunter (9) et Mayer (10).

1° L'œuf acquiert, dans le troisième mois lunaire, un diamètre d'environ trois pouces et demi, et un poids de quel-

(1) *Supplementa*, p. 18, 27, 31.

(2) *Beitræge*, t. I, cah. I, p. 96, pl. V, fig. 17; — p. 111; — p. 117, fig. 27-32; p. 121. — *Abhandlungen aus der menschlichen und vergleichenden Anatomie*, p. 279, 294, 303, 338. — *Deutsches Archiv*, t. III, Pl. 1, fig. 9, 10, 11, 12, 13, 14.

(3) *Anatomie der kopflosen Missgeburten*, p. 81, 82.

(4) *Loc. cit.*, pl. I, fig. 1, 2; — p. 76, pl. I, fig. 3, 4; — pl. II, fig. 5-6; — p. 76, pl. I, fig. 5, 6.

(5) *Icones embryonum*, p. 7, fig. 7, 8, 9.

(6) *Anatome ovi humani*, fig. 2-4.

(7) *Academic. annctat.*, Pl. 5, fig. 4.

(8) *Commentat.*, p. 16. — *Descriptio anatomica embryonis*, p. 17, 27.

(9) *Anat. uteri humani gravidi*, pl. 33, fig. 1, 2.

(10) *Loc. cit.*, t. XVII, pl. 37, fig. 1, 2.

ques onces. Le chorion contracte adhérence avec les deux parties de la membrane nidulante, et ses flocons disparaissent sur ces points; il s'unit aussi, par un tissu cellulaire lâche, avec l'amnios, qui, en vertu de son rapide accroissement, s'est rapproché de lui de toutes parts. Comme les intestins se sont entièrement retirés de la gaîne ombilicale, et que la vésicule ombilicale se flétrit aussi dans son intérieur, cette gaîne devient le cordon ombilical grêle, qui ne contient que les vaisseaux omphalo-iliaques. Ces vaisseaux pénètrent, à l'extrémité du cordon, par la partie supérieure du chorion, celle qui n'est point revêtue de membrane nidulante, et dont les flocons nombreux et longs se réunissent avec eux pour produire un disque appelé placenta fœtal, tandis qu'à la région correspondante de la matrice se forme un autre disque analogue, mais infiniment plus mince, le placenta utérin, qui est une répétition de la membrane nidulante : les deux disques tiennent l'un à l'autre, et se soudent ensemble. Cette formation porte les enveloppes du fœtus au plus haut point de développement; elles ne subissent plus ensuite aucune nouvelle métamorphose, et ne font plus que croître en étendue. Du reste, jusqu'à la fin du mois dont nous parlons, le cordon ombilical s'allonge au point d'avoir presque trois pouces de longueur; ses vaisseaux se remplissent davantage de sang rouge, et commencent à se contourner en spirale.

2º L'embryon arrive à quinze lignes environ dans la neuvième semaine, à deux pouces dans la dixième, à deux pouces et un quart dans la onzième, et à deux pouces et demi dans la douzième. Son poids monte de quelques gros jusqu'à une once. La masse grenue homogène a été remplacée par des tissus hétérogènes ; les muscles sont visibles, et l'on reconnaît déjà les plus volumineux d'entre eux; on distingue partout les nerfs : la peau se sépare aussi de la masse du corps, mais elle est encore mince et translucide. La forme de l'embryon se rapproche davantage de celle qu'il doit conserver. Comme les muscles de la colonne vertébrale deviennent plus forts, il s'étend davantage en ligne droite, pour se courber plus tard de nouveau.

3° La tête est devenue globuleuse, et le tubercule de la nuque a disparu. La base du crâne est cartilagineuse ; on distingue la selle turcique, avec les apophyses clinoïdes du sphénoïde. La voûte du crâne est encore membraneuse dans la neuvième semaine ; le front fait saillie ; l'ossification s'étend dans l'os frontal, à partir de l'arcade surcilière, et l'on voit paraître les premiers points d'ossification de l'occipital au devant de son trou ; l'ossification commence aussi dans les grandes aîles, les petites aîles et les apophyses ptérygoïdes du sphénoïde, ainsi que dans les portions écailleuses des temporaux et dans les pariétaux.

4° La moelle épinière, de gouttière qu'elle était, est devenue un corps cylindrique, contenant un canal, qui n'offre plus d'autre trace de son ancienne ouverture qu'une petite fissure en arrière, et qui est un peu plus gros aux extrémités centrales des nerfs destinés aux membres. Les parties latérales du cervelet sont unies ensemble par une lame étroite, sur la ligne médiane, et forment la calotte excavée du quatrième ventricule. Les tubercules quadrijumeaux sont deux hémisphères creux adossés l'un à l'autre, et non réunis sur la ligne médiane, couvrant, à cela près d'une fente sur [la ligne médiane, l'aquéduc, qui représente une vaste cavité. La glande pituitaire est fort petite. Les hémisphères du cerveau sont encore des vésicules à parois minces, mais croissant d'avant en arrière et de dehors en dedans, de sorte qu'à cette époque ils couvrent les couches optiques. Les lobes antérieurs sont formés, les supérieurs ne le sont qu'en partie, et les inférieurs ne sont encore qu'indiqués. Il n'y a de formé que la partie la plus antérieure du corps calleux, ou le genou : des éminences médullaires s'élèvent les piliers antérieurs de la voûte, derrière le genou du corps calleux ; ces piliers se courbent en arrière, mais ne s'unissent point encore ensemble, et ne s'étendent pas jusqu'au dessus des couches optiques. Les commissures antérieures et postérieures deviennent visibles. Les vastes ventricules cérébraux contiennent de très-gros plexus choroïdes. Les bandelettes olfactives sont courtes, claviformes et creuses.

5° La face devient un peu plus longue. L'arcade zygomatique reçoit de l'os jugal et de l'os temporal un point d'ossification filiforme. La mâchoire supérieure forme un triangle, dont le rebord alvéolaire est la base : l'apophyse palatine s'ossifie presque entièrement, et sépare d'une manière complète les cavités orale et nasale. A la mâchoire inférieure, les apophyses articulaires et coronoïdes commencent à se distinguer, et des points d'ossification se développent à leurs sommets, comme aussi aux angles de la mâchoire. Le rebord alvéolaire des deux mâchoires devient crénelé, parce qu'il se développe dans son intérieur seize follicules dentaires, pour les incisives et les deux molaires antérieures. Cependant la mâchoire inférieure demeure encore peu élevée, et à partir du bord inférieur sa surface, qui est arrondie et sans saillie mentonnière, se continue avec la poitrine ; ce n'est que vers la fin du mois qu'on commence à apercevoir le menton.

6° Les paupières sont encore, dans la neuvième semaine, des replis cutanés étroits et circulaires. En grandissant, pendant la dixième semaine, ils forment, du côté interne, un lac lacrymal très-vaste, qui est situé plus bas que l'angle externe des yeux, de sorte que la fente des paupières se trouve un peu oblique. Dans la onzième semaine, les paupières se touchent par leurs bords, et se collent ensemble ; mais elles restent encore pendant quelque temps minces et translucides. En même temps se forme la membrane pupillaire, qui est encore molle.

7° L'oreille externe acquiert la forme d'une ligne spirale qui, en haut et en devant, s'élève peu à peu de la peau pour produire l'hélix, et à l'extrémité postérieure et inférieure de laquelle on voit le tragus ; l'anthélix se développe aussi ; mais la conque n'est point creuse, et l'oreille est plate : elle contient cependant déjà un peu de substance cartilagineuse, tandis que jusqu'alors elle n'avait été constituée que par un simple repli de la peau. Le conduit auditif est bouché par une masse onctueuse. Le cadre du tympan s'ossifie. Les osselets de l'ouïe deviennent visibles pendant la neuvième semaine, et commencent à s'ossifier dès la douzième. Une masse cartilagineuse séparée du rocher représente le labyrinthe, dont la cavité est tapissée par une membrane. Le limaçon se compose d'une membrane épaisse; mais il a déjà la forme qu'il doit conserver. Pendant la douzième semaine apparaissent les premiers points d'ossification au pourtour de la fenêtre ronde, située presque parallèlement à la membrane du tympan, ainsi que dans les canaux demi-circulaires supérieur et postérieur.

8° Le nez est large et peu saillant, petit et obtus, aplati à sa base ; les narines sont dirigées en avant, très-près de la bouche, séparées l'une de l'autre par une cloison large, et bouchées par une sorte de masse cutanée. Peu à peu, de la substance cartilagineuse se développe dans le nez jusqu'alors membraneux; les aîles du nez se forment, la cloison se rétrécit un peu, et dans la douzième semaine apparaît le premier point d'ossification des os propres. Les cornets ne sont que de simples plis saillans de la membrane muqueuse. La lame criblée est encore une membrane mince.

9° Pendant la neuvième semaine, la fente buccale est encore ouverte, grande, et pourvue de bords jaunâtres, bien délimités; la langue, large, ronde et aplatie, sort de la bouche. Mais bientôt les lèvres croissent sous la forme de faibles plis cutanés, qui s'élèvent peu à peu en façon d'ourlets; cependant l'inférieure se développe plus lentement que la supérieure, et elle est située bien plus en arrière qu'elle. Vers la douzième semaine, les lèvres arrivent à se toucher, et ferment la bouche, dans laquelle la langue se retire alors. Le palais est développé dans la dixième semaine. Les glandes salivaires paraissent sous la forme d'amas de vésicules qui reposent sur des canaux ramifiés de la membrane muqueuse.

10° La tête et le tronc commencent à se séparer ; il se forme entre eux un cou, d'abord fort court et épais, qui, dans la dixième semaine, devient long d'environ une ligne et demie. Les côtes sont rapprochées les unes des autres, et elles s'ossifient, à l'exception de la plus inférieure, mais restent encore arrondies ; à la fin du mois, elles forment déjà un angle. On aperçoit quelques fibres musculaires au diaphragme; sa partie tendineuse est encore fort grande, proportionnellement. Les corps des vertèbres s'ossifient depuis la cinquième du cou jusqu'à la cinquième du ventre ; les arcs vertébraux sont formés depuis le haut jusqu'aux vertèbres dorsales.

11° On distingue l'hyoïde dans la neuvième semaine. Le cartilage thyroïde se compose de deux parties latérales, qui sont unies, sur la ligne médiane, par une membrane dans laquelle la cartilaginification fait peu à peu des progrès. Le rudiment du cartilage cricoïde consiste également en deux moitiés latérales. A la face antérieure de la trachée-artère, les arceaux cartilagineux se montrent comme autant d'étroites bandes transversales, qui sont plus minces et plus transparentes sur la ligne médiane, de sorte que la trachée se trouve par là un peu déprimée ou aplatie en devant ; plus tard ils acquièrent plus de largeur, et, vers la fin du mois ; ils sont étroitement appliqués les uns contre les autres. Les poumons sont blanchâtres, denses, et situés dans la partie postérieure de la cavité pectorale, couverts par le cœur : des échancrures profondes les divisent en lobes ; les lobules ne sont pas encore soudés complétement ensemble, et ils font saillie comme autant de vésicules appliquées les unes contre les autres, qui rendent la surface inégale. Le thymus consiste en deux petits corps étroits et plats, qui sont logés derrière la partie supérieure du sternum, et qui se réunissent ensemble à leurs extrémités inférieures.

12° Le cœur est d'abord près de moitié aussi gros que le foie ; peu à peu il devient plus conique, par l'effet surtout du renflement de son bord droit ; la partie veineuse devient plus large, et l'artérielle s'allonge en pointe. L'organe enfin se place déjà un peu obliquement, la base à droite et la pointe à gauche. Le péricarde est complétement développé. Les oreillettes sont fort grandes, surtout la droite ; la moitié droite de l'organe a plus de volume que la gauche. La fente entre les deux ventricules n'est plus aussi profonde. La valvule se forme dans le trou ovale. La valvule d'Eustache, prolongement de la paroi antérieure de la veine cave inférieure, est très-grande ; elle détourne de cette dernière veine le sang amené par la veine cave supérieure, et dirige la plus grande partie du sang que l'inférieure amène du ventre et du placenta vers le trou ovale de la cloison des oreillettes, par conséquent dans le cœur gauche, et de là dans l'aorte ascendante. Le sang qui arrive dans l'oreillette droite par la veine cave supérieure, coule directement dans le ventricule pulmonaire, et de là dans l'artère du même nom ; mais celle-ci ne donne que de faibles branches aux poumons ; elle monte en ligne droite, comme canal artériel, et, vers le milieu de la crosse de l'aorte, s'unit avec cette artère, qu'elle égale en volume ; plus tard, elle ne monte plus d'une manière parfaitement verticale, mais se porte de suite vers la gauche, décrit un petit arc pour atteindre l'aorte, et s'unit avec elle, immédiatement au dessous de l'origine de l'artère sous-clavière gauche ; elle forme à proprement parler l'aorte descendante, qui ne reçoit que peu de sang du ventricule aortique. Mais l'aorte descendante se termine dans les artères iliaques, qui ne fournissent que de très-petites branches au bassin et aux membres inférieurs, et se continuent avec les artères ombilicales.

13º Le foie occupe encore la plus grande partie de la cavité abdominale ; cependant son lobe gauche ne descend plus aussi bas ; du reste, il devient plus ferme et rouge. Ses conduits excréteurs sont bien prononcés. La vésicule biliaire est longue et un peu conique.

14º L'estomac est court, large et vide. Pendant le cours de ce mois, il change peu à peu sa situation verticale en une horizontale, de sorte que sa longueur fait presqu'un angle droit avec l'œsophage et le duodénum, qui sont tous deux perpendiculaires. En même temps, son cul-de-sac se développe, et son bord supérieur commence à s'excaver.

15º L'ouverture ombilicale se rétrécit au point de n'être plus qu'une ligne, et elle se trouve placée un peu plus haut, parce que la région hypogastrique, qui a pris du développement, est devenue plus longue. La vésicule ombilicale se flétrit et s'oblitère, de sorte qu'à peine en distingue-t-on plus tard un vestige. La portion des vaisseaux omphalo-mésentériques qui passe au dessus de l'ouverture ombilicale disparaît de même. Le duodénum est d'abord fort large et non encore distingué de l'estomac ; il remonte jusqu'au conduit biliaire, puis redescend. Le reste de l'intestin grêle forme, au commencement du troisième mois, trois à cinq circonvolutions en spirale, avant d'arriver à l'ouverture ombilicale; après être entièrement rentré dans la cavité abdominale, durant la dixième semaine, il se pelotonne, et se place dans le milieu du ventre et à gauche. En même temps, il perd l'uniformité de diamètre qui l'avait caractérisé jusqu'alors, et devient un peu plus grêle vers le bas; son extrémité s'enfonce dans le commencement du gros intestin, au point d'en toucher presque la paroi opposée. Pendant la dixième semaine se développe l'appendice cœcal, qui est d'abord aussi large que l'extrémité de l'intestin grêle et fort long; cet appendice monte en ligne droite, mais s'amincit peu à peu, et finit par se recourber. Le colon acquiert sa valvule; à son origine, il n'a pas plus de volume que le duodénum, et, vers son autre extrémité, il va en s'amincissant peu à peu : dans la dixième semaine, il ne se porte point encore en haut, mais passe directement du côté droit au côté gauche, après quoi il descend; à douze semaines, il est plus long et un peu arqué, mais sans plis ni bosselures. Le rectum n'a point encore non plus un diamètre plus considérable. Vers la fin du mois, la membrane muqueuse se développe d'une manière uniforme dans toutes les parties de l'intestin; elle s'élève en plis, et forme des villosités. On commence aussi dès-lors à trouver du méconium, surtout dans l'iléon. Jusque vers la douzième semaine, l'anus, qui constitue un trou arrondi, est situé immédiatement derrière l'ouverture des organes urinaires et génitaux; mais comme ensuite le coccyx s'allonge, ainsi que toute la colonne vertébrale, l'anus devient une fente longitudinale béante, qui se reporte plus en arrière, et en avant de laquelle se forme le périnée.

16° Le grand épiploon croît davantage, et acquiert des masses graisseuses. Au commencement du troisième mois paraît le pancréas, corps composé de granulations peu adhérentes les unes aux autres, et qui tient à l'estomac et au duodénum; il est d'abord perpendiculaire, mais peu à peu il se place en travers, comme l'estomac. La rate paraît sous la forme d'un corps proportionnellement très-petit, blanchâtre, qui se termine en pointe par le haut et par le bas, pend à l'extrémité du cul-de-sac de l'estomac, et se compose, à son hile, de plusieurs lobes distincts ; l'artère rénale est encore courte, et elle marche en ligne droite.

17° Les capsules surrénales sont maintenant plus faciles à étudier. Pendant la neuvième semaine, elles ont encore un volume double de celui des reins ; leur extrémité supérieure et externe est pointue, et touche au diaphragme ; leur extrémité inférieure et interne est arrondie. Les deux capsules tiennent ensemble par cette dernière extrémité, mais elles se séparent peu à peu l'une de l'autre. Elles sont formées de très-petits grains, unis en trois ou quatre masses, dont chacune repose sur un vaisseau, comme sur un pédicule. Leurs troncs vasculaires sont aussi volumineux que ceux des reins.

18° Les reins sont situés plus bas ; leurs sommets s'écartent davantage en dehors, mais leurs extrémités inférieures se touchent, de manière qu'ils représentent un corps ayant deux cornes recourbées l'une vers l'autre. Dans la dixième semaine, ils deviennent aussi longs que les capsules surrénales, quoiqu'ils n'aient point encore autant de largeur. Ils se composent d'une multitude de petits grains qui, à la fin du mois, sont réunis en sept ou huit lobules ; ces lobules ne tiennent guère ensemble que par du tissu cellulaire, quoique des vaisseaux contribuent aussi à les unir vers le hile ; du reste, ils diffèrent les uns des autres quant au volume et à la forme ; ils sont pour la plupart carrés, et forment deux couches, l'une antérieure, l'autre postérieure. La membrane qui les enveloppe en commun, n'envoie pas de prolongemens entre eux. Les uretères sont fort larges. La vessie est vide ; d'abord étroite et en forme d'intestin, elle devient peu à peu plus arrondie ; cependant elle demeure toujours oblongue. On ne peut suivre l'ouraque que jusqu'à l'ombilic.

19° Pendant la dixième semaine, les testicules sont placés à côté des reins ; dans la douzième, ils se trouvent immédiatement au dessous d'eux. Ils ont environ deux lignes de long, et la forme d'un haricot, le bord convexe tourné en dehors et en devant, le bord concave en dedans et en arrière. Ils sont retenus, au devant du muscle psoas, par un large repli du péritoine, et convergent un peu l'un vers l'autre par leurs extrémités inférieures, qui sont obtuses. De leurs extrémités supérieures, terminées en pointe, sortent les épididymes, qui descendent en arrière et un peu en dehors, le long des testicules, après quoi les conduits déférens, qui en sont la continuation, se portent obliquement de haut en bas et de dehors en dedans, dans le petit bassin. Le gouvernail est un cordon qui naît au fond du sac péritonéal, à peu près dans le milieu de l'arcade crurale, et qui remonte jusqu'à l'endroit où l'épididyme se continue avec le conduit déférent. La verge est volumineuse et redressée ; la gouttière creusée à sa face inférieure se ferme et devient l'urètre.

Dans la neuvième semaine, les ovaires sont situés près et au devant des reins ; ils sont plus longs et plus étroits qu'eux, et convergent vers le bas : peu à peu ils descendent, et d'obliques deviennent horizontaux ; ils ont une surface inégale et une structure presque en grappe. A partir de la neuvième semaine, les oviductes sont séparés des ovaires ; ils commencent par un renflement en cul-de-sac, et deviennent peu à peu légèrement flexueux. L'insertion des ligamens ronds marque leur limite du côté de la matrice, et l'on reconnaît ainsi que cette dernière se compose actuellement de deux longues cornes, qui aboutissent à un corps commun, dont le diamètre ne dépasse d'ailleurs point le leur. Peu à peu les cornes deviennent plus courtes et plus larges que les oviductes, et ne se réunissent plus sous un angle aussi aigu, tandis que le corps se renfle un peu et finit par prendre la forme d'un triangle arrondi. Le vagin a d'abord un diamètre égal à celui de la matrice, et peu à peu il se rétrécit : il se termine dans la portion postérieure du vestibule, tandis que l'orifice de l'urètre se trouve plus en avant. Le clitoris est volumineux, et d'abord redressé ; mais, à dater de la douzième semaine, il croît plus lentement et devient proportionnellement plus petit ; les bords de sa gouttière sont moins saillans et plus rapprochés vers la base, plus hauts et plus distans vers le bout.

Tandis que les organes génitaux des deux sexes se ressemblent encore beaucoup, on voit déjà se manifester des traces de différence sexuelle dans le caractère général de l'organisation.

20° Les membres deviennent plus longs et plus grêles, et leurs racines, qui jusqu'alors avaient été ensevelies sous la peau du tronc, paraissent couvertes d'un tégument cutané propre.

Les membres supérieurs sont encore plus longs et plus gros que les inférieurs, et ils se distinguent par le volume plus considérable de leurs articulations. La clavicule, qui est d'abord large et presque droite, décrit un arc dans la dixième semaine, s'aplatit à son extrémité scapulaire, et acquiert à peu près la forme qu'elle doit conserver. Durant la dixième semaine, un point d'ossification apparaît dans l'omoplate, dont l'épine se développe pendant la douxième. L'ossification de l'humérus est déjà cylindrique dans la neuvième semaine. A cette même époque, on aperçoit des points d'ossification dans le radius et le cubitus; celui du cubitus ne tarde pas à devenir plus long que celui du radius. La main est aussi longue que l'avant-bras et plus étroite que le pied; elle est placée devant le visage, souvent avec les doigts ployés en dedans : on découvre des points d'ossification dans les métatarsiens de l'indicateur et du médius, ainsi que dans les troisièmes phalanges de tous les doigts.

Pendant la seconde moitié du mois, le bassin acquiert un point d'ossification dans chaque os coxal. Les fesses, jusqu'alors plates, commencent à se bomber, et la queue disparaît entièrement. La cuisse sort peu à peu de la peau du tronc, d'abord en avant, puis en arrière; son point d'ossification devient plus considérable, et les extrémités de l'os commencent à se renfler. Le genou devient arqué, et la cuisse se fléchit sur le bas-ventre. Le tibia et le péroné acquièrent des points d'ossification; celui du premier est beaucoup plus long que l'autre. Les pieds sont d'abord étendus; mais, dans la dixième semaine, ils commencent à former un angle avec la jambe; la plante est tournée en dedans. Le talon se prononce; les orteils sont développés, de moitié moins gros que les doigts, et terminés en pointe; l'ossification commence à la fin du mois dans l'os métatarsien du second orteil.

V. Cinquième période.

§ 413. La cinquième période comprend le quatrième et le cinquième mois lunaires.

L'inégalité d'accroissement des organes cesse, et ceux-ci se rapprochent de plus en plus des proportions qu'ils doivent conserver ; par là disparaît aussi l'analogie avec les animaux, la forme purement humaine se dessine davantage, et l'embryon acquiert une physionomie, comme aussi la différence sexuelle devient plus prononcée. Le cerveau et la moelle épinière se développent davantage, et l'on y aperçoit des fibres bien distinctes. Au moyen de la métamorphose du sang dans le placenta fœtal, maintenant bien développé, il arrive, suivant toute vraisemblance, que la fibrine se développe en plus grande quantité ; aussi les muscles, qui jusqu'à ce moment étaient minces, pâles et gélatineux, deviennent-ils fibreux et rouges. L'ossification marche également avec rapidité vers son but ; les dents aussi commencent à s'ossifier, et les ongles à devenir cornés. Au milieu de ce développement du système animal et des parties qui lui sont subordonnées, au milieu de cette manifestation plus prononcée de l'individualité, qui s'exprime même déjà dans la prédominance de la masse de l'embryon sur celle de l'œuf, au milieu enfin de la marche calme et uniforme que suit la nutrition, on voit apparaître les premiers vestiges de la vie morale, dans les mouvemens de l'embryon, qui permettent d'admettre une excitation provenant de la sensibilité générale. En même temps, les organes sensoriels, ceux surtout des sens inférieurs, commencent à s'ouvrir.

I. Au quatrième mois lunaire se rapportent les observations de Meckel (1), de Wrisberg (2), de Sœmmerring (3), de Senff (4) et d'Autenrieth (5).

(1) *Abhandlungen*, p. 321, 346. — *Deutsches Archiv*, t. III, pl. I, fig. 15, 16.
(2) *Commentationes*, p. 16.
(3) *Icones embryonum*, fig. 10, p. 8; fig. 11, 12, 13.
(4) *Nonnulla de incremento ossium*, pl. I, fig. 7, 8.
(5) *Supplementa*, p. 32, 33.

1° Le placenta fœtal se développe davantage. Le chorion a perdu entièrement ses flocons. L'amnios contient quelques onces de liquide. L'œuf pèse à peu près cinq onces.

2° L'embryon acquiert environ quatre pouces, du sommet de la tête à l'extrémité du coccyx, et un poids de deux onces à peu près. Il se courbe de nouveau et davantage. La tête se place à la partie inférieure de la matrice.

3° La moelle épinière devient fibreuse à sa phériphérie, mais reste molle et sans fibres à l'intérieur, c'est-à-dire du côté de son canal. On distingue l'entrecroisement des fibres des pyramides, et les pyramides se dessinent, quoique encore peu saillantes. On aperçoit le ganglion du nerf auditif dans le sinus rhomboïdal. Le cerveau se développe davantage en largeur. On voit apparaître au cervelet le corps ciliaire et le pont de Varole, mais celui-ci n'est d'abord qu'une bandelette étroite. Les tubercules quadrijumeaux sont adhérens ensemble sur la ligne médiane ; les couches optiques sont unies par la commissure molle ; les piliers de la glande pinéale, qui en naissent, se réunissent pour produire cette glande ; la glande pituitaire est creuse. On trouve dans les couches optiques les piliers antérieurs de la voûte ; celle-ci s'est allongée, et ses piliers postérieurs arrivent dans les cornes d'Ammon. On distingue aussi l'ergot. Les hémisphères augmentent d'épaisseur, surtout à leur origine, ou en dehors et en bas, et quelques anfractuosités se dessinent à leur surface ; ils se portent assez loin en arrière pour couvrir déjà une partie des tubercules quadrijumeaux ; comme les lobes postérieurs se développent, et que les supérieurs et inférieurs grandissent, les antérieurs sont plus couverts, et les fosses de Sylvius se ferment.

4° L'ossification continue dans le sphénoïde ; les grandes ailes ont leurs trois faces, et les apophyses ptérygoïdes s'allongent ; un noyau osseux se forme dans le corps postérieur de l'os. Les apophyses nasale et jugale de l'os frontal sont encore membraneuses. Les angles des pariétaux ne sont point encore développés. Les points d'ossification de l'occipital se réunissent ; les apophyses articulaires, sont réniformes ; la portion basilaire est filiforme.

5° La face est devenue plus considérable. L'œil a une convexité plus marquée; les paupières sont unies par l'épiderme, et ne restent béantes qu'en dedans; les caroncules lacrymales sont développées et font saillie au dehors; la sclérotique est translucide, mais ferme; la choroïde est brune, noire à sa partie antérieure; l'iris est étroit; le cristallin sphérique est placé immédiatement derrière la cornée transparente; la rétine, épaisse en devant, est plus mince en arrière.

6° Les oreilles sont à peu près développées, quant à la forme, mais encore plates; le cadre du tympan est fort étroit, de manière que la paroi du labyrinthe se trouve très-rapprochée de la membrane tympanique.

7° Le nez est encore fort large et court; les narines sont grandes; les ailes du nez se développent, et le vomer s'ossifie dans l'intérieur de la cavité nasale.

8° La gouttière de la lèvre supérieure est formée; la bouche petite, proportion gardée, et close; la langue moins plate et plus épaisse qu'auparavant; elle s'est encore retirée davantage en arrière. La luette se soude complétement avec le voile du palais, pendant que la voûte palatine osseuse achève de se développer et de s'excaver. L'angle et le condyle de la mâchoire inférieure se forment, et les trous mentonniers deviennent visibles, comme aussi les sous-orbitaires. Aux seize follicules dentaires s'en joignent quatre autres, pour les canines. Du fond des follicules internes s'élève le germe dentaire, sous la forme d'un petit corps mou et rougeâtre, qui reçoit des vaisseaux et des nerfs de ce fond.

9° Le col est bien distinct de la tête et des épaules. Les vertèbres s'ossifient davantage, tant dans leurs corps, qui sont presque globuleux, que dans leurs parties latérales; les apophyses transverses sont surtout fort grandes au cou. Vers la fin du mois, le sternum commence à s'ossifier. Les nerfs grand-sympathiques se font remarquer par leur volume, et leurs ganglions sont si gros qu'ils se touchent en partie les uns les autres.

10° Le cœur s'est placé plus obliquement encore; il est, proportion gardée, plus court qu'auparavant, mais plus large. Les oreillettes ont perdu leur prédominance; elles sont devenues plus petites, et surtout plus minces dans leurs parois, de sorte qu'elles ressemblent à des membranes transparentes, sur lesquelles sont éparses des fibres musculaires très-déliées. Le trou ovale est devenu un peu plus petit, et il est couvert à moitié par la valvule, mais cependant encore une fois aussi large que l'entrée du ventricule. Le sang de la veine cave inférieure ne passe plus si exclusivement dans l'oreillette gauche, quoique le courant principal prenne cette route, parce que le trou ovale est placé, au côté gauche, plus en devant, et par conséquent plus en face de la veine cave inférieure. L'artère pulmonaire devient plus forte; le canal artériel est un peu plus étroit qu'elle, et il se porte presque horizontalement en arrière. L'aorte se recourbe plus haut que par le passé, et elle devient plus forte après avoir reçu le canal artériel. La partie tendineuse du diaphragme se rapetisse, eu égard à la musculeuse, et s'unit plus étroitement avec le péricarde qu'elle ne l'avait été jusqu'alors.

11° Les poumons deviennent rougeâtres, et ils s'élargissent, relativement à leur longueur; leur surface devient plus unie, parce que leurs lobules s'aplatissent. Le larynx n'est plus aussi volumineux, proportion gardée; les parties latérales du cartilage thyroïde se réunissent sur la ligne médiane; celles du cartilage cricoïde ne le font point encore. La trachée-artère n'est plus plate, mais cylindrique. Le glande thyroïde est longue; ses moitiés latérales sont unies ensemble; on distingue mieux son tissu grenu.

12° Le foie ne s'étend plus aussi loin vers la gauche, son lobe gauche n'ayant pas crû en proportion du développement qu'a acquis la cavité abdominale; mais, du côté droit, il descend encore presque jusqu'à l'os des îles. La vésicule biliaire contient du mucus; elle est tout-à-fait verticale, et plus allongée qu'auparavant; on remarque déjà des rides à sa face interne. Son canal est encore droit.

13° L'estomac est situé en travers; le grand développement de son cul-de-sac fait qu'il paraît arrondi; ses courbures deviennent plus étendues, et ses parois beaucoup plus épaisses que celles du duodénum; à sa face interne des rides se développent, et la valvule pylorique se forme. L'intestin grêle acquiert un diamètre plus uniforme; le duodénum a beaucoup de villosités, mais point encore de valvules de Kerkring ; les ouvertures du conduit biliaire et du canal pancréatique font saillie en manière de tubercules, et sont distantes l'une de l'autre d'une demi-ligne. Le gros intestin commence à acquérir la situation qu'il doit avoir plus tard, le cœcum se plaçant sur l'os iliaque droit, et le colon montant avant de traverser la largeur du bas-ventre : l'appendice cœcal devient de plus en plus grêle et flexueux ; le rectum acquiert des sillons longitudinaux, et diffère du colon par son épaisseur.

14° La rate devient peu à peu plus large. Le pancréas s'entoure de tissu cellulaire plus dense, et ses granulations se rapprochent les unes des autres ; son canal a une largeur considérable.

15° Les capsules surrénales n'ont plus une texture grenue si sensible ; elles représentent une masse plus homogène, dont la partie externe est blanchâtre, et l'interne jaunâtre. Les reins sont aussi volumineux qu'elles, et plus gros, en proportion du reste du corps, qu'ils ne l'avaient été jusque-là. Les lobules de leur face antérieure commencent à se souder ensemble, et la partie moyenne devient plus grosse, eu égard aux portions terminales et aux cornes. Les bassinets sont encore en grande partie découverts, attendu que les reins ne sont point aussi larges en avant qu'en arrière. La vessie s'arrondit ; elle acquiert pour la première fois quelques rides à sa surface interne, mais elle ne contient que du mucus ; à deux lignes de distance d'elle, l'ouraque cesse d'être creux.

16° Les testicules sont situés à quelques lignes au dessous des capsules surrénales, et ils touchent aux os des îles, qui maintenant ont pris un accroissement considérable ; ils reçoivent les vaisseaux à leur bord supérieur. Ils ne sont plus, proportion gardée, aussi volumineux que par le passé ; mais, en revanche, les épididymes sont plus développés, et les conduits déférens qui en partent se dirigent d'abord vers le haut, puis s'infléchissent vers le bas. Le gouvernail est devenu plus fort, et il a son point d'appui inférieur à la région de l'anneau inguinal. La verge commence à se courber vers la fin du mois.

17° Les ovaires sont proportionnellement plus petits que

par le passé, et plus arrondis, presque aussi épais que larges, convexes en dessus, concaves en dessous, et profondément échancrés à leurs deux bords ; la forme en grappe de leur structure se dissipe ; ils sont placés à quelques lignes au dessous des reins, et situés horizontalement. Les oviductes se trouvent plus en devant que jusqu'alors ils ne l'étaient : ils sont plus longs et plus flexueux, et paraissent acquérir une ouverture à leur commencement. La matrice, dont les cornes s'effacent, se convertit en une cavité simple, mais de telle sorte cependant que son bord supérieur est encore concave, et que ses bords latéraux demeurent presque en ligne droite. Le clitoris acquiert un prépuce, et se retire un peu en arrière ; les nymphes se séparent mieux des grandes lèvres.

18° Les épaules se développent davantage. L'ossification des os du bras continue. Les os du métacarpe sont entièrement ossifiés ; les mains sont encore fort larges ; les doigts sont épais : leurs premières phalanges acquièrent des points d'ossification, et ceux des troisièmes augmentent. Le sacrum s'ossifie dans ses deux vertèbres supérieures ; l'extrémité du coccyx ne fait plus saillie, et le bassin se développe davantage.

Les membres inférieurs croissent d'une manière plus rapide que les supérieurs, de manière qu'ils arrivent à les égaler en longueur, et à les surpasser en volume, à leur partie supérieure. La rotule devient cartilagineuse. Un vestige de mollet se dessine à la jambe. Les os du métatarse s'ossifient, ainsi que les troisièmes, et plus tard aussi les secondes phalanges des orteils. Les orteils sont devenus plus courts, eu égard aux doigts ; les uns et les autres laissent apercevoir les rudimens membraneux des ongles.

II. Au cinquième mois se rapportent les observations d'Autenrieth (1), Sœmmerring (2) et Meckel (3).

1° L'œuf a environ six pouces de long, sur cinq de large, et il pèse près de six onces. Le placenta fœtal acquiert un dia-

---

(1) *Supplementa*, p. 34, 37, 40, 47.
(2) *Icones*, fig. 14, 5, 17.
(3) *Abhandlungen*, p. 359, 370.—*Deutsches Archiv*, t. III, pl. I, fig. 17, 18.

mètre d'environ quatre pouces. La longueur de l'embryon est de cinq à sept pouces, depuis le vertex jusqu'à l'anus, et de huit à dix depuis le sommet de la tête jusqu'au bout des pieds. Il pèse cinq à huit onces. Déjà il est assez volumineux pour toucher à l'amnios et être obligé de prendre une forme sphérique. A dater de la dix-huitième ou de la dix-neuvième semaine, la femme sent, dans la matrice, des mouvemens qui proviennent de l'embryon. Ces mouvemens, d'abord faibles et rares, sont ensuite plus forts et plus fréquens. Ils deviennent appréciables même pour l'étranger qui applique sa main sur le bas-ventre.

2° Les hémisphères se développent au cervelet, et quatre sillons transversaux indiquent la division en cinq lobes. Dans le cerveau proprement dit, on aperçoit la cloison transparente, dont la cavité se continue avec celle du troisième ventricule. Le corps calleux se prolonge au dessus des corps striés. Les hémisphères n'atteignent point encore tout-à-fait jusqu'au dessus des tubercules quadrijumeaux. On n'aperçoit les premières traces des circonvolutions qu'à leurs faces internes, ou à celles qui sont tournées vers la ligne médiane. La tête est au corps dans la proportion de 1 : 3. La face devient plus longue et plus large, le front plus développé et arrondi. A la peau du crâne, des sourcils et des paupières, se manifestent de petites élévations percées de trous, pour les poils qui pousseront le mois suivant.

3° Les paupières sont considérablement convexes, et elles ne sont plus unies ensemble par l'épiderme; leur séparation est indiquée, vers la fin du mois, par une ligne visible à l'extérieur même. Les caroncules lacrymales et les points lacrymaux sont grands, et paraissent comme des plis qui s'appliquent les uns sur les autres. On distingue des vaisseaux dans la membrane pupillaire.

4° Le développement de la face fait que l'oreille est plus reportée en arrière, et plus distante de l'œil et de la bouche. Elle est grande, et comme la conque apparaît maintenant, toutes ses parties sont développées, sans cependant avoir encore acquis leur forme permanente. Le cadre du tympan se soude avec la pyramide. La trompe d'Eustache devient carti-

lagineuse. Le canal demi-circulaire externe commence à s'ossifier, et le labyrinthe entier est près d'avoir acquis son entier développement.

5° Le nez est encore large. Les narines se rouvrent. L'ethmoïde et les cornets commencent à s'ossifier.

6° La bouche se rapetisse en proportion de la grandeur de
la face, et s'ouvre un peu. La lèvre supérieure est très-large,
et sa gouttière encore plane. Le menton est encore rapproché
de la bouche. Les joues deviennent plus fortes. Le palais s'é-
largit en arrière. Aux vingt follicules dentaires s'en joignent
encore quatre, ceux des troisièmes molaires. En même temps
l'ossification commence dans les dents de lait ; les sommets des
couronnes futures paraissent, à la surface terminale libre du
germe dentaire, sous la forme de petites et minces écailles,
qui deviennent peu à peu plus solides et plus épaisses, se soudent ensemble, et embrassent le germe dans son excavation ;
ce phénomène a lieu d'abord dans les incisives externes, puis
dans les internes, et enfin dans les molaires antérieures.

7° Le cœur a sa pointe tournée plus à gauche encore. L'o-
reillette droite est beaucoup plus grosse que la gauche. Le
trou ovale est devenu plus petit ; sa valvule est plus longue ;
elle se dirige obliquement de gauche à droite et de haut en
bas ; comme la veine cave inférieure est maintenant plus élevée qu'elle ne l'avait été jusqu'alors, la quantité de sang qui
peut couler de ce vaisseau dans le trou ovale est moins considérable aussi.

8° Les poumons deviennent plus gros, plus sanguins, plus
rougeâtres ; ils représentent un tissu dense, parsemé de vaisseaux. L'épiglotte est encore molle ; le larynx et la trachée-
artère contiennent un liquide mucilagineux. La thyroïde est
proportionnellement plus volumineuse et plus large. Le thymus
est également plus gros et composé de petits grains arrondis.

9° La région hypogastrique se développe davantage, de
sorte que l'ouverture ombilicale se trouve située plus haut.

10° Le foie devient plus rouge et plus dense ; son volume
proportionnel diminue ; la vésicule biliaire est plus horizontale, et contient un mucus jaune-verdâtre.

11° L'estomac a des plis longitudinaux et des flocons. Le

duodénum offre également des plis saillans dans son intérieur. Les orifices du canal biliaire et du conduit pancréatique se sont rapprochés l'un de l'autre. Les villosités de la partie inférieure de l'intestin grêle et celles du gros intestin deviennent plus petites que celles de la partie supérieure de l'intestin grêle. Le colon commence à présenter des bosselures dans sa portion transversale. Le rectum acquiert sa flexion en S. L'anus est fermé.

12° Les reins reçoivent davantage de sang. La vessie a des rides plus prononcées, et contient de l'urine claire.

13° Les testicules sont devenus non plus longs, mais plus gros. Les canaux déférens marchent en serpentant vers le bassin, se dilatent à leur partie inférieure, et se continuent avec les vésicules séminales, qui sont flexueuses. Le gouvernail est triangulaire ; son sommet s'applique à la région supérieure du scrotum, un peu au dessous de l'anneau inguinal, et sa base à la partie inférieure de l'épididyme. Le péritoine forme une bourse à l'arcade crurale. Le scrotum est plus bombé, et l'on y distingue le raphé. La verge est un peu courbée de haut en bas ; le prépuce représente un pli annulaire, qui pousse vers le gland. La prostate apparaît sous la forme d'un très-petit corps.

14° Les ovaires deviennent proportionnellement plus petits, et sont situés dans le grand bassin. Les oviductes sont plus flexueux, et ils ont de larges orifices. La matrice se termine en haut par un bord droit, et commence à se plonger dans le petit bassin. Le vagin acquiert des plis, et l'hymen se forme de deux saillies latérales. Le clitoris se courbe par l'effet du raccourcissement de sa face inférieure, mais il n'est point encore couvert par les grandes lèvres. Le mont de Vénus commence à devenir plus saillant.

15° L'avant-bras est ployé sur la poitrine, et dirigé vers la tête. Les membres inférieurs acquièrent plus de masse musculaire que les supérieurs.

VI. Sixième période.

§ 414. Pendant cette période, qui comprend les sixième, septième et huitième mois, le développement et l'accroissement continuent, sans qu'il survienne de changemens notables. L'embryon peut déjà naître vivant à cette époque, c'est-à-dire qu'après s'être séparé du corps de la mère, il peut respirer et se mouvoir pendant quelque temps ; mais sa naissance à un pareil moment constitue toujours un avortement, c'est-à-dire qu'il est inapte à continuer de vivre.

I. Pendant le sixième mois, auquel se rapportent les observations de Wrisberg (1), Sœmmerring (2), Meckel (3) et Mayer (4), on remarque les changemens suivans :

1° L'œuf acquiert un poids d'environ huit onces. L'embryon devient long de douze pouces, et son poids s'élève à douze ou seize onces. Le cordon ombilical décrit des circonvolutions. La peau se développe davantage ; partout, à l'exception de la paume des mains, de la plante des pieds, et des régions occupées par les organes sensoriels et génitaux, il pousse des poils lanugineux. On voit aussi apparaître le vernis caséeux ; cependant il est encore peu abondant, et plutôt mucilagineux que gras. La graisse augmente sous la peau, notamment aux joues, à la nuque et au ventre. Les ongles commencent à devenir cornés. Quelques petits cheveux poussent sur la peau ridée de la tête ; les sourcils et les cils croissent également. Les mamelons apparaissent comme de petits anneaux.

2° La tête a un quart de la longueur du corps. Une grande partie du crâne est ossifiée. On aperçoit les olives à la moelle allongée. Les lobes du cervelet sont divisés en lobules par de nouveaux sillons transversaux : le cervelet a augmenté en même temps d'épaisseur, et le quatrième ventricule se prolonge par conséquent moins dans son intérieur. La masse des

(1) *Loc. cit.*, p. 37.
(2) *Loc. cit.*, fig. 20.
(3) *Loc. cit.*, p. 373, 378.
(4) *Loc. cit.*, t. XVII, pl. 36.

tubercules quadrijumeaux est aussi plus épaisse en dedans, ce qui fait que la cavité qu'ils renferment est devenue plus étroite. De la substance non fibreuse, mais encore blanchâtre, se dépose à la surface. La glande pituitaire est volumineuse, rougeâtre et imbibée de sucs. Le corps calleux s'étend jusqu'au-delà de la partie antérieure des couches optiques. Les hémisphères du cerveau couvrent les tubercules quadrijumeaux et le cervelet; ils acquièrent plus d'épaisseur, attendu que des fibres de renfort s'ajoutent aux rayonnemens des pédoncules cérébraux qui les avaient d'abord seuls constitués.

3° Le front est ridé; la face plissée et semblable à celle d'un vieillard. La cornée transparente est pâle, le cristallin mou, opaque, et comme mucilagineux, la membrane pupillaire solide.

4° Le lobule de l'oreille est développé; l'oreille est encore fort large, et l'hélix n'a point encore de limites bien tranchées.

5° Le nez et la cloison nasale ne sont plus aussi larges; les narines sont ouvertes, mais remplies de mucosité.

6° La bouche est ouverte, et dans son intérieur on trouve un liquide blanc et filant. La langue est épaisse et rouge; elle a une surface grenue et un long filet. La parotide est large et composée de petits grains; elle a un fort conduit excréteur.

7° Le cœur est devenu un peu plus petit proportionnellement et moins arrondi. Les oreillettes sont un peu plus petites par rapport aux ventricules.

8° Le cou a une longueur considérable. La thyroïde n'est point devenue, proportion gardée, plus volumineuse. Des anneaux cartilagineux se forment à la trachée-artère. Les artères pulmonaires sont devenues plus fortes. Les poumons sont solides, celluleux, et l'on ne peut les souffler qu'en employant beaucoup de force; l'insufflation fait paraître des vésicules du volume d'une graine de pavot, et l'air ne tarde pas à ressortir.

9° Le foie monte plus haut, et refoule le diaphragme. Il augmente plus de diamètre d'avant en arrière que de haut en bas, d'où résulte qu'il fait plus de saillie vers le haut, et que son lobe droit ne descend point aussi bas. La vésicule biliaire a encore une forme allongée.

10° Les orifices du canal biliaire et du canal pancréatique ne sont ni aussi saillans ni aussi séparés l'un de l'autre qu'auparavant. Le pancréas devient plus petit, proportion gardée, et la rate, au contraire, beaucoup plus grosse.

11° Les capsules surrénales acquièrent de profondes cellules et des sillons, avec un liquide brunâtre. Les reins sont proportionnellement plus gros, et une fois aussi volumineux que les capsules. Leurs lobes sont plus confondus dans l'intérieur, et ils ne sont plus séparés les uns des autres qu'à la surface, par des sillons. Les uretères sont longs et rougeâtres. L'urine contenue dans la vessie est en petite quantité, sans couleur ni odeur.

12° Les testicules sont logés sur les os des îles et les muscles psoas, et encore recourbés.

13° Les ovaires sont plus refoulés en dedans. Les oviductes sont plus horisontaux, et ils s'ouvrent, dans la cavité abdominale, par de très-larges ouvertures, garnies de grandes franges. Le bord supérieur et la face postérieure de la matrice deviennent plus convexes. Le clitoris est caché entre les grandes lèvres.

II. Pendant le septième mois, on remarque les particularités suivantes :

1° L'œuf pèse environ douze onces. L'embryon a près de quinze pouces de long, et il pèse environ deux livres.

2° La peau est riche de vaisseaux. L'épiderme se développe, surtout aux mains et aux pieds. La graisse, qui se dépose en abondance, rend les formes plus potelées. Les anneaux qui tiennent la place des mammelons, sont composés des orifices béans des conduits lactifères, disposés en lignes circulaires.

3° La longueur de la tête n'égale que le cinquième de celle du corps. Le canal de la moelle épinière s'est rétréci. Le cervelet se partage, par des sillons multipliés, en un plus grand nombre de lobules; on voit surtout paraître les flocons et la voile médullaire postérieure. Le pont de Varole se développe davantage. A cette époque seulement, les tubercules quadrijumeaux sont partagés, par un sillon transversal, en une paire antérieure et une paire postérieure ; en même temps ils acquièrent tant d'épaisseur, à leur partie interne, que l'aqueduc n'est plus une cavité spacieuse, mais un étroit canal. Le corps calleux s'étend au dessus des couches optiques. Les éminences mamillaires sont séparées. Les hémisphères du cerveau s'étendent sur le cervelet, et l'on remarque quelques circonvolutions à leur face supérieure et externe. Cependant les ventricules latéraux sont encore très-grands, et remplis par les plexus choroïdes.

4° Les cils sont plus longs et plus forts. Les points lacrymaux font moins de saillie. La cornée est plus convexe. La membrane pupillaire est développée de la manière la plus complète.

5° Les osselets de l'ouïe sont complétement ossifiés.

6° Toutes les dents de lait ont des germes osseux.

7° La thyroïde est alors arrondie et plus épaisse. Le thymus est proportionnellement plus volumineux.

8° La valvule d'Eustache est déjà refoulée à gauche, et la valvule du trou ovale s'est agrandie, de manière que ce trou admet moins de sang.

9° La vésicule biliaire contient de la bile. Les villosités ont disparu dans le gros intestin. Le cœcum est plus manifestement séparé du colon, et l'ouverture de sa valvule est plus allongée que par le passé. Le rectum contient davantage de méconium.

10° Les reins sont plus gros et couverts d'un peu de graisse. La vessie ne contient encore que peu d'urine.

11° Les testicules sont au voisinage de l'anneau inguinal, ou même engagés dedans, auquel cas il suffit d'une légère pression pour les faire rentrer dans la cavité abdominale. Le prépuce s'est étendu sur le gland.

12° L'hymen fait une forte saillie. Les grandes lèvres se renflent.

13° Les bras sont pliés sur la poitrine, et les doigts fléchis. Les cuisses sont également fléchies sur le corps, les genoux tournés en dehors, et les pieds en dedans, appliqués aux parties génitales.

III. Pendant le huitième mois lunaire, on remarque les changemens qui suivent :

1° L'œuf a environ neuf pouces de long, et pèse une livre. La longueur de l'embryon est de seize à dix-sept pouces, et son poids de trois à quatre livres.

2° Les orifices des conduits lactifères sont plus clos, et le mamelon commence à s'élever. Les ongles sont encore mous et courts.

3° Les cavités de la glande pituitaire et de la bandelette olfactive s'oblitèrent, et celle de la cloison se ferme.

4° Les paupières sont moins serrées l'une contre l'autre. La cornée est moins trouble. La membrane pupillaire commence à disparaître vers son centre.

5° Les canaux demi-circulaires sont complétement ossifiés.

6° L'hyoïde s'ossifie.

7° Les deux valvules semi-lunaires du trou ovale se rapprochent de plus en plus l'une de l'autre, et laissent passer moins de sang. Le canal artériel devient plus faible, en proportion des branches pulmonaires.

8° Les cartilages du larynx et de la trachée-artère sont plus solides, et les poumons plus celluleux.

9° Le foie est d'un rouge foncé ; l'urine d'un jaune de paille.

10° Un testicule, la plupart du temps celui du côté gauche, est descendu dans le scrotum, tandis que l'autre se trouve encore, au dessous de l'anneau, dans la région inguinale. A cette époque seulement le canal déférent se recourbe sur lui-même, après être descendu le long du testicule, et ensuite il remonte.

11° La matrice a sa forme permanente. Un mucus gélatineux et blanchâtre remplit le vagin. La vulve est béante.

VII. Septième période.

§ 415. — La *septième période* comprend les neuvième et dixième mois de la grossesse. La vitalité du placenta fœtal diminue ; la circulation dans les poumons devient plus forte, et le cœur se dispose de plus en plus à la séparation des deux circulations. C'est ainsi que l'embryon se prépare à quitter le corps de sa mère : lorsque sa séparation a lieu au commencement de cette période, elle ne constitue plus un avortement, mais une part prématuré, c'est-à-dire que le fœtus peut continuer de vivre, quoiqu'il ne soit point encore arrivé à maturité parfaite.

I. Au neuvième mois, on observe ce qui suit :

1° L'œuf pèse cinq quarterons. L'embryon à dix-sept à dix-huit pouces de long, et son poids est de cinq ou six livres.

2° Les poils lanugineux commencent à tomber, et les cheveux s'allongent ; les ongles deviennent plus fermes.

3° Les os de la tête se rapprochent les uns des autres, et les fontanelles diminuent. Les hémisphères du cervelet se développent davantage vers le bas et en arrière. La plupart des circonvolutions du cerveau sont situées sur ses lobes antérieurs et moyens : il y en a moins sur les lobes postérieurs.

4° L'œil est encore un peu trouble ; le cristallin mou, et sa capsule terne ; on n'aperçoit plus de la membrane pupillaire que quelques débris qui flottent au bord de l'iris.

5° Le larynx et la trachée-artère sont complétement cartilaginifiés, et contiennent une mucosité peu épaisse.

6° La bile est d'un vert clair, muqueuse et douce.

7° Les parois du canal intestinal s'épaississent, et leur couche musculeuse devient discernable. Le méconium prend une teinte plus foncée, et acquiert de la viscosité.

8° Le canal du péritoine qui s'étend de la cavité péritonéale dans le scrotum est encore ouvert.

9° Les membres deviennent plus pleins et plus arrondis.

II. Au dixième mois, ont lieu les changemens suivans :

1° L'œuf a dix ou onze pouces de long, sur sept de large, et dix-huit à dix-neuf de circonférence : le placenta a neuf pouces environ dans son plus grand diamètre, près de vingt-quatre de circonférence, et un et demi d'épaisseur ; le cordon ombilical a dix-huit à vingt pouces de long, sur un demi d'épaisseur. L'embryon est long de dix-huit à vingt pouces, et large de trois pouces un quart à trois pouces et demi à la tête et au bassin, de quatre pouces un quart à quatre pouces et demi aux épaules. L'œuf pèse à peu près une livre et demie,

dont les deux tiers pour le placenta et le cordon. Les eaux pè-
sent à peu près une demi-livre, et l'embryon six ou sept livres,
de sorte que le poids total est ordinairement de huit à neuf
livres.

2° Les poils lanugineux ont disparu en grande partie. L'é-
piderme est solide et lisse, la peau dense et d'un blanc rougeâtre. Les cheveux sont assez longs et forts, les ongles solides, les cartilages des oreilles plus épais. A l'ombilic, on
distingue mieux la limite entre la peau de l'embryon et les
membranes du cordon.

3° La moelle épinière s'est tellement raccourcie, qu'elle ne
s'étend plus que jusqu'à la troisième vertèbre lombaire.
Son canal est devenu plus étroit, et entouré d'une substance
rougeâtre. Les sillons se sont multipliés au cervelet, et ils ont
produit les dernières divisions de cet organe, même les amygdales. Les vides entre les couches optiques et les corps striés
sont remplis par les bandelettes demi-circulaires. Les corps
striés sont plus enfoncés dans les parois des hémisphères, et
les ventricules latéraux sont devenus plus grands absolument,
mais plus petits relativement, que par le passé.

4° Les apophyses articulaires des différens os sont plus ossifiées. Les premières cavités médullaires commencent à se
former dans les tibias, mais ne contiennent encore qu'une
gelée rougeâtre, mucilagineuse et un peu grasse. L'ossification commence dans les dents de remplacement et dans les
os coccygiens.

5° Les muscles deviennent plus forts et plus rouges, les
tendons plus solides et plus brillans, les fesses plus rebon-
dies.

6° Les testicules sont situées dans le scrotum, et ils ont
leur tunique vaginale. Le canal du péritoine commence à se
clore.

9° Les grandes lèvres sont appliquées l'une contre l'autre,
et ferment la vulve.

SECONDE DIVISION.

DU DÉVELOPPEMENT DES FONCTIONS ET DES ORGANES.

§ 416. Après avoir passé en revue l'histoire du développement de l'embryon entier chez les diverses espèces d'êtres
organisés, il faut examiner de plus près les différens points
de cette histoire dans l'ensemble du règne organique. Nous
avions en vue précédemment les conditions et les manifesta-
tions de la vie embryonnaire : ici, notre but est de tracer un
tableau général de cette vie. Les faits recueillis par l'observation nous serviront d'appui ; partout cependant où il seront
trop isolés, nous n'hésiterons pas à émettre des conjectures
sur les rapports qui peuvent les lier à d'autres, mais en ayant
soin de faire remarquer qu'il ne s'agit là encore que d'hypothèses. L'embryon humain sera celui surtout que nous aurons
en vue, et c'est à lui que nous ferons allusion toutes les fois
que nous parlerons de l'embryon en général. Mais partout
nous chercherons à acquérir une idée du développement organique en général, et l'histoire du Poulet dans l'œuf sera
celle sur laquelle nous nous fonderons principalement pour
ce qui concerne les premières périodes et l'organogénie proprement dite.

PREMIÈRE SUBDIVISION.

DU DÉVELOPPEMENT DE LA VIE PLASTIQUE.

Nous distinguons deux formes de la vie ; l'une s'annonce
par des phénomènes extérieurs persistans, ou par des produits
matériels (§ 417-470) ; l'autre se manifeste, d'un côté, par des
actions intérieures, qui ne frappent pas immédiatement les
sens, et dont le jugement seul nous procure la connaissance,
d'un autre côté, par la pure activité dans l'espace, c'est-à-dire
par le mouvement (§ 471, 472).

De ces deux formes de l'activité vitale, la première est
relative, ou à la configuration extérieure (§ 417-460), ou à la
composition matérielle (§ 461-470).

Du développement de la configuration extérieure.

§ 417. La configuration en général se prête aux considérations suivantes :

1° Chez les végétaux, comme chez les animaux, elle commence par la formation d'une masse molle, et qui, eu égard à la consistance, tient le milieu entre les solides et les liquides. Cette masse est grisâtre, blanchâtre, ou presque sans couleur, et translucide ; le microscope démontre qu'elle se compose de globules, ou de petites masses irrégulières, et d'un liquide légèrement épais. On l'appelle *gelée* ou *mucus ;* mais ces dénominations, qui n'ont trait qu'à la consistance, peuvent entraîner des erreurs sous le point de vue chimique. Celles de *tissu cellulaire, tissu muqueux, tissu plastique,* paraissent inconvenantes, parce qu'il n'y a point encore de véritable texture. Enfin celle de *substance animale* exprime une idée trop restreinte, et celle de *substance primordiale* une idée trop étendue. Nous adopterons donc pour cette masse le nom de *masse organique primordiale*, ou de *blastème.* Le liquide semble en être la partie à proprement parler primitive ; car les granulations s'y multiplient peu à peu, jusqu'à ce qu'enfin on voie apparaître une configuration organique.

2° Le nouveau corps organique se développe ou d'une spore ou d'un œuf. Dans le premier cas, il procède immédiatement de la masse organique primordiale, car la spore elle-même provient d'une granulation ou de plusieurs granulations. Dans le second cas, la formation de l'embryon est accomplie par une partie membraniforme, la membrane proligère (§ 342), qui elle-même provient de la masse organique primordiale, l'embryon provient de la masse proligère, dont il est une métamorphose, qui s'accompagne d'un dépôt de la masse organique primordiale contenue dans l'embryotrophe. (Ainsi, dans l'œuf de Poule couvé, on reconnaît, pendant la première période (§ 398, 12°), que l'embryon lui-même ne tient pas uniquement à la membrane proligère, mais qu'il fait en réalité corps avec elle, qu'aucune ligne de démarcation n'existe entre

elle et lui, et qu'il n'est qu'une simple modification particulière d'un point de cette membrane, une pullulation isolée de
sa surface. Cet état de choses persiste pendant tout le développement dans l'œuf, à cela près seulement que la partie
isolée à laquelle nous donnons le nom d'embryon, et qui d'a-
bord se réduisait presque à rien, ne tarde pas à jouer le rôle
le plus important, et à acquérir une prédominance bien marquée sur le reste de la membrane proligère) (1).

Les différens organes sont des développemens directs (3°)
ou indirects (4°) de la membrane proligère.

3° Les organes qui procèdent directement et primordialement de la membrane proligère représentent l'antagonisme
le plus prononcé. En effet, la membrane proligère se partage en deux feuillets qui, par leur développement, produisent, l'un les organes de la vie animale, l'autre ceux de la
vie plastique.

Le feuillet qu'on a nommé *séreux*, à cause de son aspect
(§ 418-435), est situé en dehors ; par conséquent il regarde le
milieu extérieur, notamment l'air atmosphérique, dans l'incubation extérieure, et le corps maternel, spécialement la
matrice, dans l'incubation intérieure. Mais, dans les deux
cas, il est exposé à une influence d'un ordre plus élevé, et
plus générale. C'est de lui que se développent les systèmes
nerveux, musculaire, osseux et cutané extérieur, par conséquent tout l'ensemble de la vie animale.

L'autre, ou le feuillet *muqueux* (§ 436-439***), est situé
en dedans ; il se trouve en contact immédiat avec l'embryotrophe primaire, ou le jaune ; par son développement il produit le système des membranes muqueuses, qui est le principal siège de la vie plastique, celui dans lequel les substances
du dehors sont admises et assimilées, celui aussi par lequel
la substance organique est décomposée et rejetée à l'extérieur.

4° Conformément à ce caractère, le feuillet muqueux absorbe de l'embryotrophe dès l'origine, et le dépose, métamorphosé en masse organique primitive, à sa surface externe.
Puis, en cet endroit, ou entre le feuillet muqueux et le feuil-

(1) Addition de Baer.

let séreux, apparaissent les formations indirectes ou secondaires, qui entrent diversement en rapport avec celles de ces
deux feuillets, mais représentent, eu égard les unes aux
autres, un nouvel antagonisme. En effet, le feuillet vasculaire
(§ 440-449), qui prend sa racine dans les feuillets muqueux,
et qui pousse vers le feuillet séreux, produit, par son développement, le système vasculaire universel, qui se répand dans
l'organisme entier, à l'instar du système nerveux, et qui est
l'une des conditions des formations intérieures. Le système
uro-génital, au contraire, a une tendance de dedans en dehors, où il se met en connexion immédiatement avec les membranes muqueuses, et, en sa qualité de système partiel, il ne
représente que le côté égésif de ces membranes, mais à une
plus haute puissance, puisqu'il dépose au dehors la matière,
soit désorganisée, soit susceptible d'une organisation et d'une
vitalité particulière, qui est devenue la plus étrangère à la
vie individuelle.

Aux divers degrés du règne animal, on découvre des différences essentielles suivant que la membrane proligère se métamorphose tout entière en embryon, ou qu'elle ne le fait
qu'en partie, l'autre portion venant alors à périr.

5° Chez les animaux invertébrés et les Batraciens, la membrane proligère est presque partout une formation purement
persistante; car elle se métamorphose en embryon d'une manière complète et dans toute son étendue. Nous avons donc ici
un degré de formation qui vient immédiatement après les
spores.

6° Entre cette formation et la suivante, les Poissons nous en
présentent une intermédiaire, qui consiste en ce qu'il apparaît,
chez ces animaux, une partie transitoire ou périssable du feuillet muqueux, la vésicule ombilicale, qui s'efface pendant la
vie embryonnaire.

7° Chez les Reptiles supérieurs, les Oiseaux et les Mammifères, une partie de toutes les couches de la membrane proligère
se trouve en excès, et n'entre point dans l'organisation permanente de l'embryon. Ici, en effet, la formation de l'embryon,
comme expression d'un plus haut degré de vitalité, est restreinte
à la partie germinative, qui constitue le centre de la membrane

prolifère disciforme, ou la portion jouant le rôle de centre de la membrane prolifère réduite en une sphère creuse, tandis que le reste de cette membrane se réfléchit sur la limite de la partie germinatrice ou de l'embryon, et représente une vésicule périphérique transitoire, qui s'approche plus ou moins de la membrane de l'œuf, couvre plus ou moins l'embryon, et constitue par conséquent une enveloppe du fruit. La partie périphérique du feuillet séreux devient l'amnios (§ 435), qui entoure immédiatement l'embryon, et qui, en raison de sa plasticité moins énergique, exprime plus particulièrement l'individualité de ce dernier. La partie correspondante du feuillet muqueux est la vésicule ombilicale (§ 437), résidu de la formation du canal digestif, qui couvre en partie le côté ventral de l'embryon, mais, chez quelques animaux, l'enveloppe, ainsi que l'amnios. Mais la plus extérieure des enveloppes du fruit, celle qui s'applique à la membrane de l'œuf, est formée en commun par les développemens immédiats ou secondaires de la membrane prolifère (4°); c'est l'allantoïde (§ 447), qui se transforme en partie périphérique du système uro-génital, et que revêt une expansion du feuillet vasculaire, l'endochorion (§ 448).

7° Par *trou ombilical,* nous entendons le point où la partie interne de la membrane prolifère se continue avec la partie périphérique, en d'autres termes celui où la paroi creuse de l'embryon n'est point close, mais se réfléchit sur elle-même pour faire corps avec les enveloppes embryonnaires. Dès la première apparition de l'embryon on distingue un plissement qui marque la limite entre les deux parties de la membrane prolifère, attendu que la portion interne s'enroule de tous côtés sur elle-même pour s'isoler et se clore comme embryon, mais que la portion périphérique s'épanouit en sens contraire de dedans en dehors; l'ouverture ombilicale est donc ici à peu près aussi longue et aussi large que l'embryon entier (1). A mesure que celui-ci se sépare ou s'isole, l'ouverture ombilicale devient plus étroite, et le passage de la partie embryonnaire à celle qui constitue les enveloppes de l'embryon se rapproche

(1) *Voyez* pl. II et III, p' q'.

humaine, quand le cordon a moins de dix-huit pouces, comme de plus en plus de la forme cylindrique. Maintenant, comme la membrane proligère se divise en deux feuillets, l'un externe et l'autre interne, il se produit aussi deux ouvertures ombilicales, l'une extérieure, qui est l'orifice de la cavité du corps, dont la paroi se continue avec l'amnios, l'autre intérieure, qui est le vide de l'intestin, dont la paroi se continue avec la vésicule ombilicale (§ 401, 4°) ; mais, à ces deux ouvertures se joint encore une autre ouverture ombilicale interne, savoir le vide du cloaque ou de la vessie, qui se continue avec l'allantoïde. Il existe donc trois formations tubuleuses qui servent d'intermédiaire entre l'embryon et les expansions vésiculeuses des enveloppes embryonnaires, savoir la gaîne ombilicale, qui appartient à l'amnios, le conduit de la vésicule ombilicale, avec ses vaisseaux, qui appartient à la vésicule ombilicale, enfin le conduit allantoïdien, avec son feuillet vasculaire, qui appartient à l'allantoïde et à l'endochorion. Chez les Reptiles supérieurs et chez les Oiseaux, ces communications tubuleuses sont fort courtes, de manière que les enveloppes vésiculeuses touchent immédiatement au corps de l'embryon : chez les Mammifères, elles sont plus longues, et forment un cordon, appelé *ombilical*, qui établit une connexion entre l'œuf et l'embryon, mais qui en même temps les tient écartés l'un de l'autre, et exprime par conséquent un antagonisme plus prononcé entre eux. De là vient que c'est chez l'homme qu'il a le plus de longueur absolue et relative, car ordinairement il est long de dix-huit à vingt-deux pouces chez l'enfant, tandis que sa longueur ne dépasse point douze à dix-huit pouces chez les Chevaux et les bêtes à cornes (1), et qu'il est plus court encore, proportion gardée, chez les Carnassiers et les Rongeurs. En outre, le conduit de la vésicule ombilicale et celui de l'allantoïde disparaissent de très-bonne heure dans le cordon ombilical de l'homme, de sorte qu'il ne reste plus d'autre tube de transition que la gaîne ombilicale, et que les vaisseaux du conduit allantoïdien forment le noyau cylindrique du cordon. C'est toujours une anomalie, dans l'espèce

(1) Jœrg, *Ueber das Gebœrorgan*, p. 29.

chez les Mammifères, ou quand il manque en entier, de manière que l'embryon repose immédiatement sur le placenta, comme chez les Oiseaux et les Reptiles supérieurs (1).

De ce qui précède, il résulte que les Poissons ont un ombilic interne ou intestinal, mais point d'ombilic externe, et que l'ombilic manque tout-à-fait chez les Batraciens, les animaux sans vertèbres et les plantes. Mais si l'on veut entendre par ombilic tout vide dans la paroi abdominale qui doit un jour se remplir, alors on est réellement forcé d'attribuer un trou ombilical (§ 391, 4°) à ces animaux inférieurs pendant tout le temps que la membrane proligère n'a point encore enveloppé le jaune de toutes parts, ou n'est point encore devenue une vésicule complète : seulement on ne peut jamais dire qu'ils ont un cordon ombilical. C'est parce qu'on ne s'était point fait une idée nette de cette partie, et parce qu'on supposait chez tous les autres embryons ce qui a lieu chez celui de l'homme, qu'on était enclin à considérer comme un cordon ombilical, ou comme un conduit vitellin, toute partie filamenteuse qu'on apercevait à l'œuf des organismes inférieurs. Ainsi ce qu'on a nommé le cordon ombilical de l'œuf végétal n'est qu'une union vasculaire entre la membrane interne de la graine et le tronc maternel, et si l'on a trouvé, chez des Entozoaires et autres animaux inférieurs, un filament de jonction entre l'embryon et l'œuf, ce n'était sans doute qu'un simple effet de coagulation, un produit dont le rôle n'avait aucun rapport avec celui du cordon ombilical.

PREMIÈRE SOUS-SÉRIE.

Du développement primaire de la membrane proligère.

CHAPITRE PREMIER.

Du développement du feuillet séreux.

§ 418. L'origine du feuillet séreux et celle du feuillet muqueux sont simultanées. Toutes deux résultent d'un même acte, du développement d'un antagonisme dans la membrane proligère.

(1) Meckel, *Handbuch der pathologischen Anatomie*, t. I, p. 91.

1° Mais, chez l'Oiseau, le feuillet séreux commence à acquérir une configuration dans sa partie centrale, pendant que le feuillet muqueux devient seulement plus transparent. De cette partie centrale, ou germinative, se développe la bandelette primitive, qui ne tarde pas à se diviser en corde spinale et en lames spinales (§ 398, 6°, 7°, 8°), et qui, de cette manière, non seulement devient la base du système central de la vie animale (le cerveau et la moelle épinière, le crâne et la colonne vertébrale), mais encore en représente la forme dans ses premiers linéamens. Ainsi ce qu'il y a de proprement animal est aussi ce qui apparaît le plus tôt chez l'animal, et la formation commence de suite par l'essentiel. Dans les végétaux parfaits, la radicule se développe d'abord, attendu que chez eux la racine, comme portion tellurique, est l'essentiel; en effet, elle persiste, dans beaucoup de plantes, tandis que la tige meurt annuellement. Ainsi, dans les deux règnes, là du moins où l'organisation est parvenue au plus haut degré, les parties caractéristiques sont aussi les premières de toutes à se développer.

2° Après que le feuillet séreux a produit ces diverses formations dans sa partie centrale, il continue de se développer vers la périphérie, et, la partie centrale du feuillet muqueux arrivant alors à prendre une configuration, il forme les lames viscérales (§ 399, 4°), qui sont la portion animale de la cavité du corps, c'est-à-dire la base des muscles, des os et de la peau des parois.

3° Pendant que le feuillet muqueux ne forme les premiers rudimens d'un organe, le canal digestif, que par plissement, c'est-à-dire par une limitation de ses parties centrale et périphérique, résultant d'une direction en sens inverse, le feuillet séreux produit déjà un organe réel et particulier dans l'axe de sa partie centrale. La centralisation, le refoulement de la masse sur elle-même, la coagulation, prédominent donc sur la ligne médiane. Si nous reconnaissons, dans ce feuillet, une tendance générale à la centralisation, la coagulation plus précoce qui en est le résultat peut dépendre en partie de ce que, l'albumine qui entre dans sa composition étant plus pure, il jouit d'une plus grande coagulabilité, de même que, dans le cas d'un double embryotrophe, il n'est séparé du blanc que par la membrane vitelline déjà distendue, amincie et devenue plus transparente, tandis que le feuillet muqueux repose sur le jaune, qui est moins susceptible de se coaguler ; mais elle peut tenir aussi à ce qu'il se trouve immédiatement à la surface, et par conséquent plus exposé à l'action de l'air extérieur, dont l'oxygène est apte à favoriser cette coagulation.

4° Enfin le feuillet séreux se montre à nous comme l'expression de la tendance à l'individualité ; car sa portion persistante forme non seulement l'organe de l'individualité animale elle-même, le cerveau et la moelle épinière, mais encore la peau et la paroi du corps, c'est-à-dire les parties limitantes, enveloppantes, individualisantes, tandis que sa portion transitoire enveloppe immédiatement l'embryon, sous la forme d'amnios, et l'entoure d'une atmosphère de sérosité, absolument de même qu'une membrane séreuse enveloppe les organes principaux de la vie.

ARTICLE I.

Du développement de la partie permanente du feuillet séreux.

§ 419. En nous représentant le feuillet séreux comme un disque, tel qu'il est réellement d'abord, du moins chez les ovipares, et en reconnaissant que la partie interne ou centrale de ce disque est persistante, ou prend la forme d'embryon (§ 417, 6°), nous distinguons encore ici la partie centrale proprement dite, ou la *première zône*, la *partie germinative*, qui contient le centre, qui l'entoure immédiatement, et où se forme l'organe central du système nerveux (§ 419 - 424), de la partie qui tient à celle-là, qui se développe en périphérie animale de l'embryon, et que nous appellerons la *seconde zône*, la *partie excentrique* du feuillet séreux (§ 425 - 434).

I. Partie centrale du feuillet séreux.

Lorsque l'organe central de la sensibilité s'étend le long du corps, nous distinguons, dans ce dernier, deux côtés opposés ;

l'un où se trouve cet organe central, et l'autre qui contient la
cavité pour les différens viscères. La désignation de ces deux
côtés par les épithètes de haut et de bas, ne convient pas
partout, attendu que les rapports de l'organe central avec les
dimensions varient suivant la situation du corps et de ses diverses régions; que, par exemple, il est en bas chez les animaux sans vertèbres, que, chez les Oiseaux, il est en haut
au tronc et en arrière au col, qu'enfin chez l'homme il est en
arrière au tronc et en haut à la tête. Les épithètes mêmes de
côté ventral et côté dorsal semblent également de nature à
introduire une sorte de confusion, parce qu'elles sont tirées
de segmens déterminés du corps. Cependant, comme il faut
déterminer les rapports de situation de tous les organes d'après cet antagonisme, et que, les noms étant indifférens en
eux-mêmes, il s'agit seulement d'en trouver qui ne puissent
donner lieu à aucun malentendu, nous prendrons le parti,
quand il sera question de l'embryon animal considéré dans sa
totalité, de donner à ces deux côtés les épithètes de *viscéral*
et *spinal*, et par conséquent aussi d'appeler, pour abréger,
cordons viscéraux, ceux de l'organe central de la sensibilité
qui sont le plus rapprochés de la cavité viscérale, et *cordons
spinaux*, ceux qui sont tournés vers la surface libre, notamment vers les apophyses épineuses.

Maintenant, quant à ce qui concerne la formation de l'organe central de la sensibilité :

1º La bandelette primitive ne la précède que de quelques
heures chez les Oiseaux (§ 398, 6º). Après qu'elle a disparu,
on aperçoit les rudimens de la colonne vertébrale, représentés par la corde dorsale et les lames spinales (§ 398, 7º, 8º),
qu'on a trouvées aussi dans les Poissons, les Batraciens et les
Mammifères. Or on a de la peine à croire que le rudiment du
squelette soit ce qui arrive en premier lieu à la vie; nous devons plutôt présumer, d'après les observations indiquées précédemment (§ 399, 3º), que la bandelette primitive se partage
en substance sensible et enveloppe de cette substance, que
par conséquent cette substance et son enveloppe apparaissent
simultanément, par l'effet d'un même acte, mais que la substance sensible est encore à cette époque un liquide transpa-

rent, tandis que les parties destinées à produire les parois se sont déjà coagulées, en vertu de leur prédisposition à acquérir un plus haut degré de cohérence. D'après cela, le rudiment de l'organe central de la sensibilité et de ses enveloppes, qui est ce qu'il y a de plus essentiel dans l'embryon, serait aussi ce qui se manifeste en premier lieu. En cas d'anomalie, une colonne vertébrale peut se former chez l'embryon humain, tandis que l'organe central de la sensibilité continue de demeurer à l'état liquide, et n'acquiert ni solidité ni forme fixe (1).

2° Chez les animaux vertébrés, la masse centrale du système sensible se développe à la face externe du feuillet séreux, par conséquent à l'opposé du jaune et du côté viscéral futur. Suivant Rathke, le cordon ganglionnaire de l'Ecrevisse naît, au contraire, à la face interne, celle qui est tournée vers le jaune. Peut-être devons-nous voir dans cette particularité une preuve de la différence fondamentale entre les animaux vertébrés et les animaux sans vertèbres, consistant en ce que, chez ces derniers, l'organe central de la sensibilité n'a pas le pouvoir de se détacher complétement du côté tellurique de l'œuf, du jaune et de la cavité viscérale.

3° L'organe central de la sensibilité existe d'abord, chez les animaux vertébrés, sous la forme d'un liquide renfermé dans son enveloppe, du sein duquel se précipite ensuite, de la périphérie vers le centre, une substance solide, qui consiste en granulations opaques, unies par une masse visqueuse et transparente, et qui, après être demeurée pendant quelque temps accolée à l'enveloppe, s'en détache peu à peu. Les amas de sérosité dans le cerveau et la moelle épinière d'enfans nouveau-nés, chez lesquels ces organes sont réduits à de minces lamelles, doivent être considérés, du moins en partie, comme un arrêt anormal à ce degré de formation (2). Du reste, la coagulation dont il s'agit ici a lieu avant qu'il existe encore de vaisseaux (§ 399, 3°, 8°). L'organe central de la sensibilité se forme donc immédiatement de l'embryotrophe, et ne reçoit que plus tard du sang apportant les ma-

(1) Meckel, *Handbuch der pathologischen Anatomie*, t. I, p. 172.
(2) Meckel, *loc. cit.*, t. I, p. 260.

tériaux de son développement ultérieur. Il suit de là que nous ne devons considérer ni le cerveau comme un produit des vaisseaux, ni l'acéphalie comme l'effet de l'absence du cœur et des vaisseaux cérébraux (1). La substance sensible est d'abord un liquide pur, puis un liquide mêlé de granulations, et que ceux-ci, en se multipliant, font passer peu à peu à l'état solide ; plus tard, après le troisième mois, chez l'embryon humain, cette substance se sépare en deux autres substances, l'une fibreuse ou médullaire, dont les fibres ne tardent pas, surtout après l'immersion dans l'alcool, à devenir beaucoup plus prononcées que chez l'adulte, l'autre sans fibres, ou ganglionnaire, qui consiste en amas de globules pressés les uns contre les autres. A une époque plus reculée encore, se manifeste aussi une légère différence de couleur, la substance médullaire paraissant plus blanche, et la médullaire plus rougeâtre ; cette dernière teinte se montre surtout dans le noyau ganglionnaire de l'organe central de la sensibilité ; on l'aperçoit moins, on ne la distingue même pas du tout, à la surface du cerveau, ou dans l'écorce.

4° La membrane plastique de l'organe central de la sensibilité paraît se diviser à sa surface, et se fendre peu à peu en pie-mère et arachnoïde ; car on ne distingue point d'abord cette dernière dans l'embryon humain ; mais elle ne tarde pas à devenir plus épaisse, plus humide et plus opaque que chez les adultes ; la pie-mère est aussi plus développée et plus riche en vaisseaux, et les plexus choroïdes, qui ne se forment qu'au bout de quelque temps, sont, proportion gardée, plus volumineux que chez l'adulte.

5° La partie qui se développe la première est le système longitudinal de l'organe central de la sensibilité, par conséquent la moelle épinière et le tronc cérébral, avec ses premiers ganglions. Ce système semble aussi se produire dans toute sa longueur à la fois, et non sur un point seulement, auquel s'ajouterait, par un accroissement successif, ce qui serait nécessaire pour le compléter. La corde spinale ne débute pas par un petit point, qui prendrait ensuite du déve-

_____

(1) Tiedemann, *Anatomie der kopflosen Missgeburten*, p. 94.

loppement; elle naît tout à coup, de même que la bandelette primitive (§ 398, 6°), dans une étendue d'une ligne et demie, et avec une extrémité renflée en manière de bouton, qui est le rudiment de la tête (§ 398, 8°), tout comme aussi la paroi de la tête forme dès l'origine une cavité dilatée (§ 399, 3°). Nous ne pouvons donc point admettre que le cerveau soit une efflorescence de la moelle épinière, et il faut reconnaître que que tous deux naissent simultanément, par l'effet d'un antagonisme dans la direction longitudinale. Les monstres acéphales et hémicéphales, chez lesquels la moelle épinière existe et le cerveau manque, ne sont point un argument qu'on puisse faire valoir pour prouver que ce dernier se développe plus tard ; car on trouve aussi, chez les monstres, des membres inférieurs sans membres supérieurs, des os pelviens sans côtes, des organes urinaires et génitaux sans cœur, un intestin grêle sans œsophage, un foie sans cerveau, et, quoique tous ces organes se forment plus tard que ceux qui manquent, nous ne voyons point, dans l'état normal, que l'accroissement parte du bas-ventre, pour s'étendre peu à peu vers la tête, et nous ne pouvons considérer ces monstruosités que comme de simples arrêts de développement (1). Mais comme la moelle épinière est presque exclusivement constituée par le système longitudinal, qui ne fait, au contraire, que la base ou le fond du cerveau, la première doit avoir d'abord la prépondérance, et se rapprocher plus tôt du terme de son développement complet, tout comme elle précède le cerveau sous le point de vue de la solidification, de l'acquisition des fibres, et de la distinction de sa masse en substances grise et blanche. Ce n'est que quand le système de renforcement s'ajoute peu à peu au tronc central, que le cerveau acquiert la prédominance. En effet, si nous prenons pour unité la masse de la moelle épinière, celle du cerveau peut être évalué à dix-huit dans l'embryon humain de trois mois, à soixante-trois dans celui de cinq mois, à cent sept dans celui de dix mois, à quarante chez l'adulte (2).

(1) *Voyez* Isid. Geoffroy Saint-Hilaire, Histoire des {anomalies de l'organisation chez l'homme et les animaux, Paris, 1836, 3 vol. in-8, fig.

(2) Meckel, Manuel d'anat., t. 1, p. 706.

6° Il résulte des recherches de Baer que, comme l'admettait Carus (1), la forme de l'organe central de la sensibilité est celle d'une cavité; que par conséquent la moelle épinière est tubuleuse (§ 399, 8°), et le cerveau vésiculeux (§ 400, 25°), de telle sorte cependant que les parties latérales sont plus développées et plus épaisses, que leur réunion sur la ligne médiane ne représente qu'un feuillet extrêmement mince. Ces observations ont été faites avec tant d'exactitude, et à une époque si rapprochée de l'origine, que nous pouvons avoir pleine et entière confiance en elles. Elles s'accordent d'ailleurs parfaitement avec ce que j'ai vu sur des embryons humains de six semaines. Nous devons donc rejeter l'opinion qui représente l'organe central de la sensibilité comme originairement formé de deux moitiés latérales complétement séparées (2).

7° Mais bientôt le développement latéral devient prédominant, avec une différence entre les cordons situés vers le côté viscéral et le côté spinal. Ceux du côté viscéral, qui, chez l'homme, sont placés en avant à la moelle épinière, et en dessous au cerveau, se développent de meilleure heure (§ 401, 20°) : c'est en eux aussi que les fibres commencent à paraître à la moelle épinière de l'embryon humain (3); ce sont eux qui se développent les premiers au cerveau, de sorte qu'ici la formation marche de la base vers la voûte ou la calotte. Leur réunion sur la ligne médiane est déjà plus forte dès l'origine que celle des autres cordons (§ 399, 8°), et elle persiste.

8° Les cordons situés du côté spinal (chez l'homme, en arrière à la moelle épinière, et en dessus au cerveau) se développent plus lentement, et le plus grand accroissement qu'ils prennent en largeur fait disparaître leur réunion sur la ligne médiane, de manière qu'il s'opère là une scission. Dès-lors la moelle épinière ne représente plus un tube, mais une gouttière ouverte du côté spinal, et tapissée par la pie-mère; gouttière dont le fond est formé par les cordons viscé-

(1) *Versuch einer Darstellung des Nervensystems*, p. 218.
(2) Meckel, *Deutsches Archiv*, t. I, p. 334-344.
(3) Tiedemann, Anatomie du cerveau, p. 127.

raux, tandis que les parois latérales le sont par les cordons spinaux. C'est qui a lieu dans l'embryon du Poulet, depuis le quatrième jour (§ 401, 20°) jusqu'au dixième (§ 404, 18°), et, dans celui de l'homme, depuis environ la fin du second mois jusqu'au cinquième ; la scissure qu'on observe quelquefois, chez les enfans, à la face postérieure de la moelle épinière, doit être considérée comme un arrêt à ce dégré de développement. On observe aussi, à la partie supérieure du cerveau, une scissure qui, d'après Serres, commence au troisième jour dans le Poulet, et pendant la sixième semaine chez l'embryon humain (1), de sorte que le cerveau représente en quelque sorte une gouttière, à l'instar de la moelle épinière.

Ce n'est qu'en grossissant du côté spinal que les cordons spinaux de la moelle épinière se rapprochent l'un de l'autre, finissent par se toucher sur la ligne médiane, et s'y soudent ensemble ; de sorte que la gouttière, après s'être rétrécie peu à peu, devient un canal logé entre les deux paires de cordons, qu'on suit au sixième mois, ou même plus tôt encore, chez l'embryon humain. Les parois latérales de la gouttière que le cerveau représente pendant un certain laps de temps, s'infléchissent également de plus en plus l'une vers l'autre, jusqu'à ce qu'enfin elles arrivent à se toucher ; alors elles se soudent, de meilleure heure toutefois sur quelques points que sur d'autres, et forment ainsi les ventricules cérébraux ; mais ici la soudure part tantôt des cordons viscéraux (tubercules quadrijumeaux), tantôt des cordons spinaux (cervelet), tantôt enfin du système de renfoncement (corps calleux, voûte à trois piliers et cloison transparente).

9° L'organe central de la sensibilité est d'abord la paroi mince et lamelleuse d'une cavité spacieuse ou d'une gouttière. Mais comme la membrane plastique s'accolle à sa face interne et à sa face externe, et que des vaisseaux viennent s'y joindre, elle augmente peu à peu d'épaisseur, tant en dedans qu'au dehors, par des additions de nouvelle substance qui se dépose couche par couche, de manière que la cavité diminue

_____

(1) Anatomie comparée du cerveau, p. 6, 89.

ou même finit par s'oblitérer entièrement, comme à la partie inférieure de l'entonnoir et dans la glande pituitaire. Mais le dépôt est plus considérable à la face interne qu'à la face externe, ce qui fait que le volume de l'organe central de la sensibilité diminue peu à peu, proportionnellement au reste du corps. Cependant cet organe et les deux organes des sens supérieurs acquièrent un tel volume et un tel développement, sous le rapport de la masse et de la forme, pendant la vie embryonnaire, qu'ils se rapprochent plus qu'aucun autre organe du terme de leur perfection, et que, de toutes les parties du corps, ils sont celles qui croissent le moins et subissent le moins de métamorphoses après la naissance.

10° La formation est d'abord fort simple; peu à peu seulement les parties se multiplient, jusqu'à ce qu'enfin cette multiplicité soit enchaînée par une unité supérieure (§ 420, 3° ; 421, 2°).

A. *Moelle épinière.*

§ 420. A la moelle épinière

1° La masse non fibreuse conserve la prépondérance sur la substance médullaire fibreuse, pendant toute la durée de la vie embryonnaire, dans les quatre cordons et au pourtour du canal.

2° Le canal se rétrécit peu à peu, en raison de la masse nouvelle qui se dépose; mais il reste ouvert chez les Mammifères, et, dans l'embryon humain lui-même, il ne se ferme pas complétement, du moins à la région du cou. La pie-mère qui tapissait la gouttière de la moelle, ne pénètre pas dans ce canal, mais passe au dessus de la scissure de la surface spinale, et ne s'enfonce que dans celle du côté viscéral.

3° La moelle épinière commence par être un cylindre lisse; il s'y développe ensuite, aux extrémités centrales de tous les nerfs, des renflemens qui plus tard n'existent plus qu'aux membres (§ 402, 20°), de même que, chez les Insectes, le cordon ganglionnaire, uniforme dans la larve, prend une forme spéciale sur divers points dans la chrysalide (§ 380, 5°).

4° De même que le cordon ganglionnaire des Insectes se raccourcit ou s'allonge selon que le corps entier subit un changement ¸correspondant, de même aussi la moelle épinière conserve, chez les Mammifères, la longueur du tronc, ou aussi de la colonne vertébrale entière. Dans l'embryon humain, elle n'a cette longueur que pendant les trois premiers mois; à partir du quatrième ou du cinquième environ, elle cesse de croître, comme le fait la colonne vertébrale, de sorte qu'au septième mois, elle n'arrive qu'à la dernière vertèbre lombaire, et qu'au neuvième elle ne s'étend que jusqu'à la première. S'il lui arrive de descendre plus bas chez l'enfant naissant, c'est un arrêt de développement, qui s'accompagne souvent d'hydrorachis (1).

B. *Cerveau.*

§ 421. Le cerveau¸

1° Paraît consister originairement, chez tous les Mammifères, en trois vésicules qui représentent la moelle allongée, les tubercules quadrijumeaux et le rudiment du cerveau proprement dit. Ces vésicules sont situées à la suite l'une de l'autre, et formées d'abord uniquement par la paroi spinale séreuse (§ 430), sur laquelle se dépose peu à peu de la substance sensible. Au reste, elles sont remplies d'un liquide clair et transparent, et ne sont pas divisées sur la ligne médiane.

2° Les diverses parties qui se forment au cerveau semblent d'abord séparées les unes des autres et isolées; les vésicules sont distinctes, et représentent une série de formations en quelque sorte indépendantes; le tronc cérébral affecte des directions tout-à-fait différentes; car il s'écarte de la moelle épinière sous un angle aigu, et se porte vers le côté viscéral, pour produire la moelle allongée; puis il s'infléchit vers le côté spinal, à l'endroit où il supporte les tubercules quadrijumeaux; enfin il revient à angle aigu vers le côté viscéral, pour servir de support aux couches optiques. Peu à peu l'unité s'établit entre les diverses parties : le tronc cérébral cesse de décrire ces fortes courbures, et il prend une direction plus uniforme, tandis que les parties qui étaient situées

(1) Meckel, *Handbuch der pathologischen Anatomie*, t. I, p. 354.

à la suite les unes des autres se concentrent davantage et se réunissent en un tout.

3° Au quatrième mois seulement, le cerveau se développe davantage en largeur; mais ensuite la longueur paraît aller toujours en augmentant, proportionnellement à la largeur; du moins, d'après les observations de Wenzel (1), son rapport avec cette dernière était-il, dans quelques embryons humains, au quatrième mois comme 1,07, à neuf et à dix mois comme 1,13 à 1,21, c'est-à-dire à peu près comme chez l'adulte, la largeur étant prise pour unité. D'après cela, la prédominance de la dimension en largeur paraît être restreinte à une période intermédiaire de courte durée.

4° Le cerveau a, proportion gardée, beaucoup plus de masse chez l'embryon que chez l'adulte, et il ne diminue que peu à peu sous ce rapport. Chez l'embryon humain, son poids est d'1/8 environ de celui du corps au cinquième mois, et d'1/10 au dixième mois, tandis que, chez l'adulte, il n'est que d'1/40. D'après Wenzel (2) le rapport de sa masse à celle du corps augmente, chez le Poulet, depuis le sixième jusqu'au dixième jour, période pendant laquelle il croît de 1/24 à 1/15; mais, du onzième au vingt-unième jour, il diminue, et descend de 1/20 à 1/51, l'accroissement portant de préférence sur le reste du corps pendant cette dernière période. Chez la Poule adulte le cerveau n'est que 1/400 du corps entier.

§ 422. I. La *moelle allongée*, ou la plus postérieure des vésicules cérébrales primordiales,

1° S'infléchit à angle aigu sur la moelle épinière, peu de temps après son apparition, et produit ainsi le tubercule cervical visible à l'extérieur. Il résulte de là que l'organe central de la sensibilité offre une sorte de coude sur ce point, et que le cerveau est brusquement séparé de la moelle épinière. Peu à peu l'angle devient plus ouvert, le passage d'une partie à l'autre de l'organe central s'adoucit, et la moelle allongée prend une direction obliquement ascendante, en

(1) *De penitiori structurâ cerebri*, p. 258.
(2) *Ibid.*, pl. V.

même temps que le pont de Varole et l'apophyse basilaire de l'os occipital se forment au dessous d'elle.

2° La moelle allongée est d'abord très-développée proportionnellement au cerveau, et elle ne diminue que fort peu, sous ce rapport, pendant la vie embryonnaire. D'après les mesures prises par Tiedemann, sa largeur, comparée à celle du cerveau est $\therefore$ 1 $\therefore$ 1,25 au second mois, $\therefore$ 1 $\therefore$ 2 ou 3 au troisième, $\therefore$ 1 $\therefore$ 3,20 au quatrième, $\therefore$ 1 $\therefore$ 4,80 au cinquième, $\therefore$ 1 $\therefore$ 5 au sixième, $\therefore$ 1 $\therefore$ 5,63 au dixième, $\therefore$ 1 $\therefore$ 6 ou 7 chez l'adulte. A dix mois, elle est déjà près de moitié aussi large que chez l'homme adulte.

3° Quant à sa structure, l'entrecroisement des cordons pyramidaux s'aperçoit dès la cinquième semaine, suivant Tiedemann (1), et les olives se forment peu de temps après, sous l'apparence de petites cavités ramifiées, qui sont remplies au sixième mois (2), de sorte qu'alors on les distingue mieux aussi à l'extérieur. Du reste, la moelle allongée a une teinte rougeâtre uniforme, pendant la vie embryonnaire.

4° D'après la découverte de Baër, la moelle allongée, semblable en cela à l'organe central tout entier, est d'abord un tube fermé chez l'embryon du Poulet. De même aussi Girgensohn (3) a trouvé, chez un embryon humain de deux à trois mois, le sinus rhomboïdal fermé par une lame médullaire qui s'appliquait aux cuisses de la moelle allongée, et touchait en devant au cervelet. Il ne reste de cette lame, chez l'homme adulte, que la petite bandelette médullaire qui forme le commencement du sinus rhomboïdal; mais, chez les Reptiles, elle persiste pendant la vie entière, et continue de couvrir complétement ce sinus (4). Le sinus lui-même est la continuation du canal de la moelle épinière : d'abord très-large, il se rétrécit peu à peu, par suite de l'épaisseur qu'acquièrent les cuisses du cervelet. Les bandelettes grises, ou ganglions auditifs, deviennent visibles au quatrième mois; ensuite elles

---

(1) Anatomie du cerveau, p. 446.
(2) Carus, *Versuch einer Darstellung des Nervensystems*, p. 289.
(3) Meckel, *Archiv fuer Anatomie*, 1827, p. 362.
(4) Carus, *loc. cit.*, p. 478, 483, 485.

prennent un volume plus considérable d'une manière absolue, mais plus petit en proportion des autres parties du cerveau : les stries médullaires situées derrière elles ne sont point encore visibles pendant la vie embryonnaire.

II. Le *cervelet* ne fait point partie des formations primordiales.

1° Il naît entre la moelle allongée et les tubercules quadrijumeaux : les cordons spinaux constituent, avec une partie des cordons latéraux, les cuisses postérieures du cervelet sortent de la moelle allongée, se portent d'abord de dedans en dehors et de bas en haut vers les côtés, puis se recourbent de dehors en dedans, pour former une sorte de voûte au dessus d'un sinus rhomboïdal, et parviennent ainsi à se toucher sur la ligne médiane. Mais les cuisses postérieures du cervelet semblent avoir déjà toute cette étendue au moment même de leur apparition ; car, lorsqu'on les aperçoit pour la première fois, au quatrième jour, dans l'embryon du Poulet, pendant la sixième ou la septième semaine, chez l'embryon humain, elles affectent la forme de deux minces feuillets, qui s'étendent déjà jusqu'à la ligne médiane, au dessus de l'extrémité cérébrale du sinus rhomboïdal, mais sans être encore unis l'un avec l'autre. Serres attribue leur production aux ramifications de l'artère vertébrale (1) ; mais comme, au dire même de cet auteur, l'artère vertébrale ne se forme qu'au troisième mois, elle ne peut servir qu'à la nutrition de ce qui existait déjà avant elle.

2° Les deux moitiés se soudent ensemble sur la ligne médiane, au commencement du troisième mois, chez l'homme, et constituent une lamelle étroite et mince, qui couvre une partie du sinus rhomboïdal, et qui, à la fin de ce mois, est déjà plus forte, offrant une convexité en dessus, une concavité en dessous.

3° Au quatrième mois, paraissent les ganglions ciliaires, qui, suivant Carus (2), représentent d'abord des cavités closes ou des vésicules. Ils reçoivent un grand nombre de vaisseaux.

(1) Anatomie comparée du cerveau, p. 115.
(2) *Loc. cit.*, p. 285.

4° Au cinquième mois, les hémisphères du cervelet commencent à se développer, et dépassent davantage le ver en avant qu'en arrière.

5° Entre les couches superposées et parallèles les unes aux autres du cervelet, dont la formation est due aux fibres qui partent en rayonnant de la moelle épinière, de nouvelles couches s'appliquent en des directions différentes, et la masse se partage en cinq branches, qui représentent des lobes; les quatre sillons transversaux situés entre les branches paraissent d'abord à l'éminence vermiforme, au commencement du quatrième mois, mais d'une manière moins prononcée aux hémisphères. Pendant le sixième mois, les branches se partagent en rameaux, et les lobes en lobules, tandis que la cavité du cervelet devient plus étroite. Au septième mois, les sillons deviennent plus profonds et plus nombreux, par suite de la multiplication des rameaux et de la formation des ramilles; les lobules deviennent plus marqués à la face inférieure du ver; on voit paraître les touffes et la valvule postérieure. Au huitième mois, les hémisphères sont plus développés en bas et en arrière, de sorte qu'à cette époque se forment, sur la ligne médiane, en dessous la vallée, et en arrière l'échancrure bursiforme. A dix mois enfin, les dernières ramifications ou les folioles sont développées, et les amygdales apparaissent; la substance grise et la blanche se distinguent aussi l'une de l'autre par leur teinte.

6° La masse de renforcement, qui s'applique aux rayonnemens du tronc cérébral, paraît vers le commencement du quatrième mois. Le pont de Varole est d'abord étroit, et n'existe que dans sa partie postérieure, de manière que le nerf de la cinquième paire sort de son bord antérieur; son diamètre d'avant en arrière s'élève à une ligne au quatrième mois, à deux au cinquième, à quatre au neuvième, à cinq et demie au dixième, à quinze ou dix-huit lignes chez l'homme adulte. Les prolongemens ascendans, avec la valvule, apparaissent sous la forme d'une mince lamelle, qui va gagner les tubercules quadrijumeaux, et ils se développent à mesure que le ver augmente d'épaisseur. Ceux des lobules du ver (pyramide, luette et nodule) et des hémisphères (amygdales, touffes et voile), qui se forment des couches ascendantes , des couches descendantes et des renforcemens, se développent plus tard que ceux qui proviennent des rayonnemens des cuisses du cervelet, et seulement à dater du septième mois.

7° Pendant toute la durée de la vie embryonnaire, le cervelet se comporte, eu égard au volume , comme la partie la plus arriérée du cerveau. Tandis que le volume des parties cérébrales primitives de l'embryon à terme est à celui des mêmes parties chez l'adulte $: : 1 : 1$, 80 ou 2, le cervelet du premier est à celui du second $: : 1 : 2$, 66 dans son diamètre longitudinal, $: : 1 : 3$ dans son diamètre transversal, enfin $: : 1 : 3$, 29 par rapport au diamètre antéro-postérieur du pont de Varole. Le poids du cervelet est à celui du restant du cerveau $: : 1 : 23$ chez le fœtus à terme , et $: : 1 : 7$ chez l'adulte. S'il semble acquérir avant le cerveau le terme de sa perfection sous le point de vue de la texture intime (1), ce phénomène tient uniquement à la simplicité plus grande de son organisation.

§ 423. Les *tubercules quadrijumeaux* des Mammifères, et les ganglions optiques qui leur correspondent chez les autres animaux vertebrés,

1° Sont du nombre des formations primordiales. Au moment où le cerveau apparaît pour la première fois , ils en constituent la masse médiane, représentant une vésicule non divisée, et pleine d'un liquide clair, qui est située derrière le cerveau proprement dit , et au devant de la moelle allongée, qui s'élève plus haut que l'un et l'autre, et qui forme ainsi le point culminant de l'encéphale.

2° Comme le développement s'accomplit latéralement, le liquide, en se coagulant, produit de chaque côté un feuillet médullaire, qui naît de la face intérieure de la moelle allongée (les futurs cordons olivaires et siliquaires externes), monte obliquement d'arrière en avant, et s'infléchit de dehors en dedans au dessus du tronc cérébral situé devant la moelle allongée. Les deux feuillets sont séparés l'un de l'autre, sur la ligne médiane , à peu près depuis la sixième semaine jusqu'à

(1) Meckel, Manuel d'anat., t. II, p. 740.

la neuvième. Leur face périphérique, dirigée en dessus, est convexe; la face centrale, ou inférieure, est concave. Ils représentent par conséquent deux demi-sphères creuses, qui sont séparées l'une de l'autre par une scissure longitudinale. La grande cavité qu'ils circonscrivent, est la continuation du sinus rhomboïdal, et, de même que ce dernier, elle constitue à proprement parler une gouttière, dont l'entrée seulement est rétrécie et en forme de fente.

3° A la fin du troisième mois, les deux feuillets se rencontrent sur la ligne médiane, tandis que les prolongemens ascendans du cervelet viennent se joindre à eux. Au quatrième mois, ils se soudent ensemble, et forment une vaste cavité close; bientôt la prédominance du développement latéral fait apparaître sur la ligne médiane un sillon longitudinal, et, il s'en produit aussi un transversal, qui divise la partie en deux paires d'éminences, l'une antérieure, l'autre postérieure.

4° Au sixième mois, ils sont couverts par le cerveau proprement dit. Leur paroi devient plus épaisse; il se dépose à sa surface une couche de substance ganglionnaire non fibreuse, mais de même couleur encore que la moelle; on commence aussi à distinguer les fibres, qui passent dans les couches optiques. A sept mois, les tubercules quadrijumeaux sont devenus si épais qu'il ne reste plus de leur cavité qu'un simple canal, l'aqueduc, analogue au canal de la moelle épinière.

5° Les tubercules quadrijumeaux ont toujours à peu près la même largeur que la moelle allongée : de même que celleci, ils sont d'autant plus volumineux, en proportion du cerveau proprement dit, que l'embryon est plus jeune; pendant la durée de la vie embryonnaire, ils acquièrent plus de la moitié du volume qu'ils doivent avoir chez l'homme adulte.

6° Chez les Oiseaux, où, comme chez les Mammifères et les Poissons (§ 388, 11°), ils constituent, pendant quelque temps la partie prédominante du cerveau (§ 401, 20°, 404, 19°), le cervelet, qui se glisse entre eux dans sa croissance d'arrière en avant, les écarte peu à peu l'un de l'autre, et les refoule vers la base du crâne, où ils trouvent leur situation permanente, mais conservent leurs cavités spacieuses.

§ 424. La troisième partie primitive, ou la masse cérébrale la plus antérieure, est la base du *cerveau proprement dit*.

I. Examinons d'abord les *cuisses du cerveau*.

1° Prolongemens des cordons viscéraux de la moelle épinière, les cuisses du cerveau se développent de fort bonne heure; il résulte de là qu'elles sont, proportionnellement aux autres parties du cerveau, plus volumineuses dans l'origine qu'à une époque subséquente, et que, vers la fin de la vie embryonnaire, elles deviennent fermes, sans changement de couleur néanmoins dans leur substance, tandis que les autres parties du cerveau proprement dit sont encore molles; à peu près vers le quatrième mois, la couche qui repose sur elles se développe davantage, par l'accroissement des cordons spinaux de la moelle épinière et le prolongement toujours croissant des fibres qui proviennent des tubercules quadrijumeaux.

2° De très-bonne heure, dès le quatrième jour, chez le Poulet (§ 401, 20°), les cuisses du cerveau paraissent fendues à leur côté supérieur, de manière qu'elles représentent pendant quelque temps une gouttière ouverte par le haut, jusqu'à ce qu'elles soient couvertes par les hémisphères.

3° A partir de la région des tubercules quadrijumeaux, elles s'infléchissent d'abord sous un angle aigu, et descendent vers la base du crâne. Cette inflexion, qui s'efface peu à peu, paraît indiquer la formation de l'*entonnoir*. En effet, d'après les observations de Baër sur le Poulet (§ 399, 8°, 400, 26°), l'entonnoir, prolongement des cordons gris qui reposent sur les cordons viscéraux de la moelle allongée, dont ils renferment encore le canal, paraît être formé primordialement, et constituer l'extrémité céphalique proprement dite de l'organe central de la sensibilité.

4° L'entonnoir figure un tube proportionnellement assez large, qui se continue avec la *glande pituitaire*. Dans l'embryon humain, cette glande renferme jusqu'au sixième mois une cavité qui représente la dernière extrémité du canal de la moelle épinière, et s'oblitère plus tard, après quoi la partie inférieure de l'entonnoir se convertit également en un cylindre plein. La glande pituitaire est d'abord plus volumineuse, proportionnellement au cerveau; sa longueur est à celle de ce dernier ∷ 1 ∶ 9, 50 au quatrième mois, et ∷ 1 ∶ 16 au septième, tandis que, chez l'adulte, elle est ∷ 1 ∶ 18. Dans certains cas d'hémicéphalie, elle est la seule partie du cerveau qui se soit développée, ce qui annonce non seulement qu'elle se forme de très-bonne heure, mais encore qu'elle joue un rôle essentiel, comme antagoniste du filament terminal de la moelle épinière, et comme la plus extrême de toutes les formations cérébrales.

II. Les *ganglions* du cerveau proprement dit pullulent des cuisses de cet organe, sans subir de notables métamorphoses. Ils paraissent se former simultanément : du moins, les couches optiques et les corps striés commencent-ils à être visibles au cinquième jour dans l'embryon de Poulet (§ 403, 21°), et pendant la huitième semaine chez l'embryon humain.

1° Les *couches optiques* sont creuses d'abord (à la fin du second mois); c'est avec le temps seulement qu'elles se remplissent. Elles deviennent proportionnellement plus volumineuses que chez l'adulte; mais, malgré la texture fibreuse qu'elles acquièrent, elles demeurent rougeâtres dans toute leur masse. Pendant les premiers temps, on les trouve quelquefois réunies en haut par une lame médullaire mince, qui est peut-être un reste de la formation vésiculeuse primitive des cuisses du cerveau. La commissure molle se forme au quatrième mois, et la postérieure à la fin du troisième; celle-ci semble résulter du plissement (§ 404, 19°) de la portion restante de la voûte de la vésicule des cuisses du cerveau (1). Le soulèvement de cette voûte produit la *glande pinéale*, comme l'annoncent les recherches de Baër (§ 405, 15°), et comme Meckel (2) l'avait déjà indiqué, mais d'une manière vague. Serres (3) a prétendu qu'elle devait naissance à la coalition de ses deux pédicules; cette assertion paraît reposer sur une erreur d'observation. Du reste, la glande pinéale est d'abord aplatie;

---

(1) Valentin, *Handbuch der Entwickelungsgeschichte des Menschen*, p. 166.

(2) Meckel, *Deutsches Archiv*, t. I, p. 378.

(3) *Loc. cit.*, t. I, p. 158.

elle devient peu à peu plus épaisse, mais demeure cependant molle et dépourvue de sable intérieur.

2° Les *corps striés* sont d'abord plus étroits que les couches optiques, et n'ont pas beaucoup plus de longueur qu'elles ; mais ils se développent rapidement, et ne tardent pas à les surpasser dans l'une et l'autre direction. Ils sont d'abord séparés d'elles par un sillon profond, que les bandelettes cornées ne remplissent qu'au dixième mois ; vers cette époque, ils s'enfoncent aussi plus profondément dans les hémisphères, qui ont acquis une épaisseur plus considérable.

III. La couronne rayonnante, ou l'expansion flabelliforme qui part de ces ganglions et du lobe (*lobus caudicis*) par lequel ils sont couverts à l'extérieur, forme les *hémisphères*. Comme elle n'est couverte que d'une couche mince de masse de renforcement, on l'aperçoit mieux chez l'embryon que chez l'adulte. Elle est d'abord assez courte, et son accroissement tient à ce que des fibres de plus en plus parallèles s'appliquent au bord inférieur de ses extrémités antérieure et postérieure. Le grand renflement cérébral de Dœllinger (1) est l'ensemble des lobes formés par cette expansion à sa surface externe.

1° Les hémisphères sont d'abord une vésicule indivise, que partage ensuite un sillon longitudinal. Telle est sa disposition chez les Poissons (§ 388, 11°), les Oiseaux (§ 491, 2°, 403, 21°) et les Mammifères (2). Il arrive quelquefois, dans les monstruosités humaines (3), ou même chez des enfans et des adultes (4), qu'on trouve le cerveau proprement dit arrêté à ce point de développement et non divisé.

2° Jusqu'au commencement du troisième mois, les hémisphères consistent en des feuillets minces, qui montent de la partie externe et antérieure des corps striés, se recourbent de dehors en dedans et d'avant en arrière, forment les lobes que j'appelle *lobi caudicis* et *lobi anteriores*, et ne couvrent

---

(1) *Beitræge zur Entwickelungsgeschichte des Gehirns*, p. 5.
(2) Meckel, *Deutsches Archiv*, t. I, p. 378.
(3) Klinkosch, *Diss. med. select. Prag.*, p. 204.
(4) Meckel, *Handbuch der pathologischen Anatomie*, t. I, p. 299.

qu'une partie des corps striés. A la fin du troisième mois, se forment aussi les *lobi superiores,* qui couvrent les couches optiques, dont ils reçoivent peu à peu des fibres de plus en plus nombreuses, en sorte qu'ils s'étalent aussi de plus en plus d'avant en arrière. A quatre mois, ils s'étendent jusqu'au dessus de la partie antérieure des tubercules quadrijumeaux, attendu que les rudimens des *lobi posteriores* et des *lobi inferiores* s'y sont joints comme autant d'appendices courts. Les *lobi caudicis* sont alors encore entièrement à nu sur la surface externe, parce que les *lobi anteriores* ne s'étendent point encore assez sur le côté par leur partie inférieure, que les *lobi superiores* n'ont point encore de partie latérale pendante (*operculum*), et que les *lobi inferiores* ne font point encore assez de saillie en avant. A six mois, les hémisphères s'étendent jusqu'au dessus de la partie antérieure du cervelet, et à sept, ils la dépassent ; il résulte de l'accroissement de ces trois lobes que le *lobus caudicis* se trouve couvert peu à peu, de sorte que l'enfoncement qui existait auparavant aux faces latérales du cerveau proprement dit, se rétrécit en une fente (scissure de Sylvius), qui est cependant encore assez grande pour laisser apercevoir le *lobus caudicis*, et qui ne se resserre davantage que dans les mois suivans.

Les hémisphères deviennent plus grands parce que les fibres de la couronne rayonnante, qui ressemblent à des rayons situés l'un derrière l'autre ou sur le même plan, se multiplient et augmentent de longueur ; ils deviennent plus épais, tant par l'augmentation du nombre des fibres de la couronne situées à côté les unes des autres ou sur la même longueur, que par l'addition de la masse de renforcement ; de ces deux circonstances, la première est la plus importante, parce que l'endroit où les hémisphères ont le plus d'épaisseur correspond au point d'où les rayons partent, et où par conséquent les fibres sont encore serrées les unes contre les autres ; en effet, ils ont un quart de ligne d'épaisseur au troisième mois, deux lignes déjà au quatrième, et près de cinq au septième, tandis qu'ils vont toujours en s'amincissant vers le haut et en dedans, c'est-à-dire vers l'extrémité des rayons.

3° Les hémisphères, par l'accroissement de leur masse,

ne tardent pas à acquérir la prépondérance sur la moelle épinière, la moelle allongée, le cervelet et les tubercules quadrijumeaux ; cette prépondérance est même plus prononcée dans l'embryon que chez l'adulte. Si, par exemple, on prend la largeur du cervelet pour unité, celle du cerveau s'élève à 1,25 chez l'adulte ; à 0,75 chez l'embryon de deux mois ; à 1 au commencement du troisième mois ; à 1,25 vers la fin de ce mois ; à 1,45 au quatrième ; à 1,75 au cinquième ; à 1,87 au sixième ; et à 2 au neuvième ; après quoi elle retombe à 1,93 au dixième.

IV. Vers la fin du troisième mois, le *système de renforcement* commence à se développer, à la fois dans le sens longitudinal et dans le sens transversal. On ignore si ces formations secondaires sont produites par le détachement d'une partie de la masse encore molle des formations primordiales, ou si elles naissent d'un liquide nouvellement épanché, du sein duquel elles se précipitent sur ces dernières. Il n'est point hors de ressemblance que, comme l'a dit Wenzel (1), le corps calleux résulte de deux moitiés latérales qui se soudent ensemble sur la ligne médiane ; car on possède l'exemple d'un adulte chez lequel ces deux moitiés n'étaient point réunies (2). Mais Serres paraît avoir émis une opinion problématique en disant que tous les organes qui se rapportent ici doivent naissance à la coalition de deux moitiés d'abord séparées, savoir les commissures antérieure et postérieure de deux parties gauches et deux droites, la voûte à trois piliers d'une partie antérieure (colonne) et d'une postérieure (corne d'Ammon), la cloison transparente d'une partie inférieure montant de la voûte et d'une supérieure descendant du corps calleux (3).

1° Le *corps calleux* est produit, au commencement du troisième mois, par de nouvelles fibres qui s'appliquent à la face interne de la couronne rayonnante des deux côtés, et se portent vers la ligne médiane, au dessus de la gouttière du cerveau proprement dit. On voit d'abord paraître le genou, sous la forme d'une lamelle située presque perpendiculairement

(1) *De penitiori structura cerebri*, p. 302.
(2) Reil, *Archiv*, t. XI, p. 344.
(3) *Loc. cit.*, t. I, p. 148, 454, 456.

au devant des corps striés. Le corps çalleux couvre ces ganglions à cinq mois, puis aussi les couches optiques à six mois, et à huit mois il s'étend au-delà de ces dernières, formant les ventricules du cerveau.

2° Les parties antérieures de la *voûte* se forment en même temps que le corps calleux. A la fin du troisième mois, cette voûte se compose des éminences mamillaires, qui ne constituent encore qu'une masse impaire, des piliers ascendans dans les couches optiques, et des piliers antérieurs, qui montent derrière le genou du corps calleux, sans s'appliquer l'un contre l'autre, se courbent d'avant en arrière, mais ne parviennent point encore jusqu'au dessus des couches optiques, et se perdent dans les hémisphères. Au quatrième mois, ces piliers s'appliquent l'un contre l'autre, derrière le genou du corps calleux, et s'étendent en arrière jusque dans les cornes inférieures : on découvre alors les deux extrémités de la voûte, savoir, en devant, les piliers antérieurs, qui descendent dans les couches optiques, vers les éminences mamillaires, et, en arrière, les cornes d'Ammon, qui sont encore des plis creux et non remplis. A sept mois, les deux éminences mamillaires sont distinctes l'une de l'autre.

3° La *commissure antérieure* paraît au troisième mois, sous la forme d'un filament grêle ; elle augmente ensuite dans la même proportion que les hémisphères.

4° Les pédicules de la *cloison transparente*, qui marchent de dehors en dedans, à la face inférieure du *lobus caudicis*, naissent peut-être dès la fin du troisième mois ; mais leurs lames médullaires épanouies vers le haut, ou la cloison proprement dite, n'apparaissent qu'au cinquième mois, entre le corps calleux et les piliers de la voûte ; elles ne sont point encore appliquées l'une contre l'autre, mais laissent entre elles un vide, avec lequel le troisième ventricule se continue entre les piliers de la voûte, et dans lequel pénètre aussi un prolongement du plexus choroïde. C'est dans les derniers mois seulement que les lames se rapprochent l'une de l'autre, et se soudent en bas et en arrière, d'où résulte une cavité close, ou un ventricule de la cloison, qui diminue également peu à peu de capacité.

5° A la face extérieure de la couronne rayonnante s'applique la masse de renforcement, qui devient manifestement fibreuse au sixième mois (1). Les couches de fibres s'écartent les unes des autres vers la périphérie, et dans les vides qui résultent de là s'insinuent les fibres de la masse de renforcement, qui ont leurs extrémités à la surface, et qui passent d'une lame à l'autre en se repliant sur elles-mêmes au fond des vides. De là proviennent les anfractuosités, dont les bords (circonvolutions) sont formés par les extrémités des rayons de la couronne et par celles des fibres de renforcement, et dont les fonds le sont par les écartemens des lames rayonnantes et les inflexions des fibres de renforcement. Les premières sont produites, au cinquième mois, par des rayonnemens du corps calleux à la face interne et à la partie interne de la face supérieure ; au septième mois, on en voit paraître quelques unes à la face supérieure et externe. D'après Valentin (2), elles se manifestent dès la fin du troisième mois. D'abord isolés et épars, ces sillons se multiplient peu à peu et acquièrent plus de profondeur ; cependant ils deviennent assez peu prononcés pendant toute la durée de la vie embryonnaire.

V. A l'égard des *ventricules* du cerveau proprement dit, ils sont originairement clos et indivis. Lorsqu'ensuite la vésicule cérébrale antérieure vient à s'ouvrir, le troisième ventricule apparaît sous la forme d'une gouttière étendue entre les couches optiques, et avec laquelle la gouttière de la moelle épinière (§ 419, 8° ; 420, 2°) se continue par le moyen du sinus rhomboïdal et du ventricule des tubercules quadrijumeaux. Les hémisphères venant ensuite à croître, on voit paraître les ventricules latéraux, qui sont ouverts, sur la ligne médiane, par une scissure longitudinale. La formation du corps calleux commence ensuite, vers la fin du troisième mois, à les clore par le haut, et leur clôture est achevée au huitième mois. Au cinquième, ils commencent à être séparés longitudinalement l'un de l'autre, par la formation de la cloison transparente, mais de telle manière cependant qu'il reste

(1) Tiedemann, Anat. du cerveau, p. 85, 86.
(2) *Loc. cit.*, p. 166.

encore une ouverture au dessous des piliers de la voûte. La cavité se continue, en devant et en haut, avec celle de la cloison, en devant et en bas avec celles des bandelettes olfactives (ou nerfs olfactifs), et précisément en bas avec celle de l'entonnoir et de la glande pituitaire. A peu près vers le huitième mois, les cavités des nerfs olfactifs et de la glande pituitaire disparaissent, et l'ouverture de la cavité de la cloison s'oblitère. Les plexus choroïdes se forment à la fin du troisième mois, mais ne tardent pas à devenir proportionnellement bien plus volumineux qu'ils ne doivent l'être dans la suite, de manière qu'ils remplissent presque entièrement les ventricules. Du reste, la capacité des ventricules latéraux augmente à mesure que s'accroît le volume des hémisphères, et diminue à proportion que ceux-ci acquièrent plus d'épaisseur : de cette manière, ils sont pendant quelque temps fort petits et bornés à la région des corps striés ; ensuite ils acquièrent leur plus grande ampleur vers le sixième mois, lorsque les hémisphères s'étendent jusqu'au dessus du cervelet, mais sont encore minces ; enfin, à dater du septième mois, ils se rétrécissent peu à peu, par suite de l'accroissement des hémisphères en épaisseur, et chez les Poissons osseux ils s'oblitèrent entièrement, à cause de la masse qui s'y dépose (§ 386, I).

II. Partie périphérique du feuillet séreux.

§ 425. La *seconde zône,* ou la *portion excentrique du feuillet séreux*, dont les limites aboutissent immédiatement à l'organe central de la sensibilité, forme à cet organe (§ 430), et plus tard aussi aux organes plastiques (§ 431), une paroi protectrice, qui délimite l'organisme, le met en conflit immédiat avec le monde extérieur, et est le siége du sentiment et du mouvement volontaire. Nous désignerons cette paroi sous le nom de *périphérie animale.* Elle a des relations intimes avec le noyau animal (cerveau et moelle épinière), à l'égard duquel elle se comporte comme l'extérieur par rapport à l'intérieur. Une harmonie parfaite règne entre son développement et le sien, et elle se met en connexion avec lui. Mais elle n'est point sous sa dépendance d'une manière absolue, et on ne peut la considérer comme en étant la suite ou le produit; elle se forme librement, indépendamment de lui, en vertu d'une force à elle propre, et cependant d'après un type qui correspond à celui du noyau. Ainsi, on rencontre certains monstres chez lesquels la portion centrale du feuillet séreux est restée sans développement, de manière que le cerveau et la moelle épinière manquent, tandis qu'il s'est formé une paroi du corps, avec des membres, de la peau et de la substance osseuse, bien que ces diverses parties s'éloignent toujours alors plus ou moins de la disposition normale, tant sous le rapport de la texture que sous celui de la configuration générale (1). La formation de la périphérie animale procède de dedans en dehors : elle commence donc d'abord immédiatement auprès de l'organe central de la sensibilité, sur les côtés du cerveau et de la moelle épinière, et elle s'accomplit en trois périodes, sous le point de vue de la substance.

1° D'abord le feuillet séreux lui-même, ou une pullulation qui lui ressemble parfaitement, forme la paroi de l'embryon, qui est fort mince et transparente, et qui, en se soudant sur la ligne médiane, établit la première délimitation de l'embryon, dont elle clôt les cavités à l'extérieur. Nous le désignerons sous le nom de *paroi séreuse*.

2° Cette paroi s'épaissit peu à peu, par l'addition de masse organique primordiale; elle devient ainsi grenue et opaque. Wolff, Autenrieth (2) et Baer ont parfaitement établi que cette masse grenue apparaît aux deux côtés de l'organe central de la sensibilité, tandis que le reste de la paroi est encore à l'état séreux; elle se montre donc sous la forme de deux bandelettes longitudinales, moins transparentes et plus épaisses, que nous appellerons *lames pariétales*. Ces lames, d'abord étroites, s'élargissent peu à peu vers la ligne médiane, jusqu'à ce qu'elles aient atteint cette dernière, en refoulant la paroi séreuse, ou plutôt la convertissant en masse grenue.

3° Cette masse se sépare enfin en tissus déterminés, peau

(1) Meckel, *Handbuch der pathologischen Anatomie*, t. I, p. 142. — Is. Geoffroy Saint-Hilaire, Histoire des anomalies de l'organisation, t. II, p. 464.

(2) *Supplementa ad historiam embryonis*, p. 53.

et os , muscles et nerfs , qui représentent dès-lors la véritable *périphérie animale.*

Mais la métamorphose n'est point simultanée dans toute l'étendue de la paroi ; elle marche de dedans en dehors, de manière qu'il y a déjà quelque temps que la paroi est périphérie animale immédiatement auprès de l'organe central de la sensibilité, tandis que plus en dehors elle est grenue, et plus en dehors encore, ou vers la ligne médiane, simplement séreuse.

D'après les dernières recherches de Rathke, la périphérie animale permanente ne se développe point par métamorphose de la paroi séreuse, qu'il nomme membrane unissante (*membrana reuniens*), mais c'est une partie entièrement nouvelle, qui vient s'ajouter sur les côtés de la bandelette primitive, dont elle écarte de plus en plus la portion séreuse à la paroi viscérale, de sorte que là cette portion diminue, d'abord par rétraction sur elle-même, puis par résorption, jusqu'à ce qu'elle finisse par disparaître en totalité, tandis qu'à la paroi spinale elle ne s'efface point entièrement, et entre en partie dans la texture de la peau.

Nous allons examiner d'abord les élémens de la périphérie animale (§ 426-429), puis ses configurations spéciales (§ 430-434).

A. *Elémens constituans.*

1. PEAU.

§ 426. La paroi séreuse, qui, chez l'embryon humain, forme encore la plus grande partie de la surface pendant la sixième semaine, pourrait être regardée comme la *peau* primordiale, à la face interne de laquelle se développent plus tard des muscles et des os ; mais on prétend avoir observé des cas dans lesquels la peau manquait, soit aux membres, soit par tout le corps, et où les muscles se trouvaient à nu (1), de sorte que nous devons considérer cette paroi séreuse comme un rudiment commun, qui se métamorphose en muscles et os à son côté interne, en peau à son côté externe.

1° La peau, lorsqu'elle se sépare de la couche musculeuse

(1) Meckel, *Handbuch der pathologischen Anatomie,* t. I, p. 449,

sous-jacente, est encore mince et molle. Vers le milieu seulement de la vie embryonnaire, elle acquiert plus de solidité,
comme aussi l'abondance des vaisseaux lui donne une forte teinte rouge, qui diminue un peu vers la fin. D'après Valentin (1),
on y aperçoit, durant la huitième semaine, des granulations
ayant 0,0036 à 0,0048 ligne de diamètre, qui, vont en diminuant de volume à mesure qu'elle acquiert plus de solidité,
de sorte qu'au cinquième mois, leur diamètre n'est plus que
de 0,0024 ligne. Dès le troisième mois, elle a des sillons
spirales, et au quatrième on y distingue fort bien des papilles.

2° Les follicules sébacés paraissent au troisième mois, et
vers cette époque ils ont environ 0,0096 ligne de diamètre,
dans le sens de leur largeur. Ils croissent rapidement en profondeur, de manière qu'au huitième mois leur largeur est
de 0,0192 ligne à l'entrée, et de 0,0132 au fond, et leur
profondeur de 0,0864 à 0,01452 (2). A partir du cinquième
mois environ, la surface de la peau se couvre d'un vernis caséeux, qui est glissant, visqueux et d'un blanc jaunâtre ; ce
vernis, d'abord peu abondant et presque mucilagineux, devient bientôt plus épais et onctueux. Il graisse le papier, ne
se dissout ni dans l'eau, ni dans l'alcool, ni dans l'huile, fond
sur les charbons ardens, y noircit, et brûle en laissant un
charbon difficile à incinérer, dont la cendre se compose de
carbonate calcaire. Ce vernis caséeux paraît tenir le milieu
entre le mucus et la graisse. Ce qui prouve qu'il est sécrété
par la peau, et non déposé par les eaux de l'amnios, c'est
qu'on ne le trouve que sur l'embryon lui-même, et qu'il ne
se rencontre ni au cordon ombilical ni sur l'amnios. Comme
en outre il est plus abondant à la tête, sous les aisselles et
aux aînes, en un mot partout où l'on voit beaucoup de follicules sébacés, on est en droit d'attribuer sa formation à ces
organes.

3° On distingue l'épiderme dès la fin du second mois : il
ressemble alors à une couche extrêmement mince et trans-

(1) Handbuch der Entwickelungsgeschichte des Menschen, p. 272.
(2) Ibid., p. 274.

parente. Suivant toutes les apparences, il est le résultat de la coagulation d'un liquide albumineux exhalé par la peau, de même que, chez le Limaçon, le mucus sécrété par la surface de la peau, au dessous de l'épiderme, s'endurcit déjà en coquille dans l'œuf, comme aussi, chez les Crustacés, le test extérieur se produit d'une manière analogue. L'épiderme devient déjà plus épais et plus solide à la plante des pieds et à la paume des mains que partout ailleurs.

4° Au troisième mois, on distingue déjà les ongles, qui cependant sont encore très-mous et courts. Ils ne se durcissent qu'au neuvième mois; au dixième, ils deviennent plus solides et plus longs.

Heusinger a le premier observé (1) que les poils se développent au dessous de l'épiderme, sous la forme de petits globules bruns ou noirs, qui, en grossissant, deviennent creux, et qui ensuite s'allongent en tiges coniques, les globules représentant les bulbes. Il admet que ces globules ne sont autre chose que du pigment. Mais Valentin, dont l'opinion est bien plus vraisemblable (2), pense que le pigment n'est qu'une addition qui vient se joindre au germe du poil. Du reste, il a trouvé ces taches noires de forme sphérique à la fin du troisième mois ou au commencement du quatrième, et coniques pendant la seconde moitié du cinquième. A la fin de ce dernier, on voit paraître, sur toute la surface du corps, les *poils lanugineux* (*lanugo*), qui se sont produits de cette manière. Ce sont de petits poils mous, soyeux, et d'un blanc jaunâtre, dont la plupart sont déjà tombés à la fin du dixième mois.

Au sixième mois poussent les *cheveux*, ainsi que les sourcils et les cils. Les petites fossettes cutanées qui leur sont destinées étaient devenues visibles quelque temps déjà auparavant.

5° Comme la formation des poils n'a pu être suivie dans tous ses détails, à cause de la finesse de ces organes, nous donnerons ici l'histoire du développement d'un tissu analogue, celui des plumes, telle qu'Albert Meckel l'a tracée (3). Cette

(1) Meckel, *Deutsches Archiv*, t. VII, p. 409.
(2) *Loc. cit.*, p. 275.
(3) Reil, *Archiv*, t. XII, p. 37-96.

histoire ne repose, à la vérité, que sur des observations faites pendant la mue annuelle ; mais comme celle-ci n'est qu'une répétition du travail de la formation primordiale, nous pouvons admettre que cette dernière ne diffère pas, du moins quant aux points essentiels.

Au fond d'un creux tubuliforme de la peau, dans lequel la plume doit prendre racine, les vaisseaux cutanés se développent, et versent un liquide séreux sous l'épiderme. La portion périphérique de ce liquide se coagule en une membrane, qui représente une vésicule pleine de sérosité, à laquelle on donne le nom de gaîne. Cette vésicule est percée à sa base d'une ouverture par laquelle pénètrent des prolongemens des vaisseaux cutanés, et qu'on nomme trou vasculaire. A mesure qu'elle croît et s'allonge du côté de la superficie du corps, elle devient ovale ; la partie tournée vers la superficie s'allonge en pointe, mais le fond conserve toujours plus de largeur, de sorte que la gaîne acquiert la forme d'un cylindre terminé par une extrémité conique. Les vaisseaux qui pénètrent dans l'intérieur constituent, avec un cylindre gélatineux à la surface duquel ils se répandent en manière de réseau, ce qu'on appelle le noyau ou le bulbe de la plume. Dutrochet(1), Blainville et F. Cuvier assurent qu'il s'y introduit aussi des nerfs. La surface du noyau est couverte d'un liquide albumineux, qui joue le rôle de substance plastique à l'égard de la plume. Entre ce noyau et la gaîne se produit alors, immédiatement auprès du trou vasculaire, une couche de globules demi-transparens, qui se disposent en séries ; deux de ces séries, réunies par une masse qui se forme entre elles, représentent une barbe de l'étendard. Sur les bords latéraux de chaque fibre se déposent d'autres séries courtes et simples de globules, qui forment les barbules. Toutes les barbes ont leur extrémité libre dirigée vers la pointe, et leur extrémité adhérente vers la racine. A l'orifice interne du trou vasculaire, la masse grenue se condense en une bandelette ovale, sur les bords latéraux de laquelle s'implantent

(1) Mém. pour servir à l'Hist. anat. et physiol. des animaux et des végétaux, t. II, p. 361.

les barbes de l'étendard; cette bandelette s'allonge bientôt en une lame cornée et composée de fibres longitudinales, qui va en se rétrécissant vers le sommet de la gaîne, mais qui, du côté du trou vasculaire, se termine par un anneau; c'est la hampe de la plume, dont la portion vexillaire ou la tige est représentée par la lame, et dont la portion tubuleuse a l'anneau pour rudiment. Sur la face opposée se produit le rachis, tissu spongieux, naissant des bords latéraux de la lame de la hampe, sous la forme de deux bandelettes, qui vont en s'épaississant, se rencontrent sur la ligne médiane, et forment, avec la lame de la hampe, une cavité close, dans laquelle se trouve contenue la portion terminale du noyau gélatineux. Après que l'étendard s'est développé, l'anneau de la hampe s'allonge en un tube, qui offre à sa racine seulement une ouverture pour le passage des vaisseaux. Les deux bandelettes du rachis s'enfoncent un peu dans l'anneau ou le commencement du tube, mais de manière cependant qu'entre elles il reste une ouverture, le trou aérien, par laquelle pénètre l'air qui doit se répandre dans le tissu du rachis et dans le tube de la hampe. L'étendard s'est développé à partir du sommet; de même, le noyau et ses vaisseaux périssent du sommet vers la racine, et se convertissent en un sac vide; les diverses portions se dessèchent ainsi l'une après l'autre, et se resserrent en forme d'entonnoir, de manière que le noyau finit par ressembler à une série d'entonnoirs emboîtés les uns dans les autres, qu'on appelle l'âme de la plume. D'abord la gaîne croît uniformément avec son contenu, et sort du creux de la peau; mais, une fois qu'elle est arrivée au point culminant de son accroissement, elle se fend au sommet et laisse sortir l'étendard. Celui-ci, qui était roulé sur lui-même du côté dorsal vers le côté ventral, se déploie alors; mais la gaîne reste fixée à la hampe, sous la forme d'une membrane adhérente, qui finit par tomber en écailles. F. Cuvier admet encore deux membranes appliquées, l'externe à la gaîne et l'interne au noyau; il dit que ces membranes s'unissent ensemble par des cloisons transversales, et qu'entre elles se forment les fibres de l'étendard.

2. os.

§ 427. Étudions maintenant la substance osseuse ,

I. Et d'abord sa formation en général.

1° De la masse grenue des parois se sépare une *gelée* consistante, qui est le rudiment du squelette sous une forme déterminée. Cette gelée consiste en un amas de granulations peu translucides, et on la distingue à travers le reste de la masse, qui est plus transparente. Le tronc gélatineux de la colonne vertébrale a dès l'origine une gaîne (§ 398, 8°) ; peut-être aussi toutes les autres parties du squelette résultent-elles primordialement d'une séparation en masse gélatineuse et en enveloppe fibreuse. Mais, à cette époque, il n'existe encore aucune division, et l'on n'aperçoit que les linéamens du squelette entier ; il n'est pas plus possible, aux membres qu'à la colonne vertébrale, de distinguer aucun vestige de séparation en plusieurs os distincts.

2° La gelée devient *cartilage*, c'est-à-dire une masse homogène, transparente comme du verre, qui acquiert peu à peu de la consistance et de l'élasticité , dont la tranche offre une surface lisse, et dans laquelle on ne distingue ni texture particulière, ni cavités, ni cellules, ni vaisseaux sanguins. C'est par sa surface que la gelée devient transparente et cartilagineuse, et cette métamorphose s'étend peu à peu du dehors au dedans, jusqu'à ce qu'enfin il ne reste plus aucune trace de masse grenue opaque. Les cartilages sont visibles dans la cinquième semaine chez l'embryon humain, et au troisième jour chez le Poulet, par conséquent à une époque où le cœur fait de grands progrès dans son développement. Or comme, d'après la remarque de Weber (1), la cartilaginification se manifeste d'abord dans les corps des vertèbres , les côtes et le sternum , c'est-à-dire autour du cœur, elle paraît être en connexion avec la formation de ce dernier. Avec elle commence la segmentation ; en effet, la métamorphose en cartilage s'effectue, non pas d'une manière partout uniforme et continue, mais par places distinctes, indiquant ainsi les futures articulations ; la masse grenue qui demeure indivise à l'endroit de la

---

(1) Meckel , *Archiv fuer Anatomie* , 1827, p. 231.

segmentation, se développe peu à peu en ligamens articulaires. Le cartilage ne forme une masse indivise que dans les régions où doivent se développer plusieurs os immobiles les uns sur les autres, par exemple au crâne et au bassin. Chaque cartilage a une enveloppe fibreuse, mais qui est encore fort mince.

3° Ensuite des vaisseaux sanguins pénètrent dans le cartilage, à travers l'enveloppe fibreuse, et se ramifient dans son intérieur. La couleur et la texture changent le long de ces ramifications ; l'endroit devient d'abord opaque, puis d'un rouge jaunâtre, et blanc par la dessiccation ; la flexibilité cesse ; la surface devient inégale et striée ; il se manifeste des fibres, qui s'anastomosent ensemble sous des angles aigus, ou suivent pendant quelque temps une marche parallèle, puis s'unissent par des fibres transversales, et ne tardent pas à produire de cette manière un tissu aréolaire. La condition générale de *l'ossification* est l'afflux du sang rouge, et l'idée la plus simple qu'on puisse s'en faire est que le cartilage, attirant la substance terreuse de ce sang, subit aussi une métamorphose dans sa composition, se condense d'une manière inégale, et cristallise en forme de réseau. Car, d'un côté, nous ne pouvons pas croire que le cartilage disparaisse dans sa masse entière, qu'il fasse place à la matière osseuse, et qu'il soit absorbé ; d'un autre côté, le changement qu'il subit ne se borne point à admettre de la terre calcaire ; car la pièce osseuse nouvellement produite se sépare sans peine du reste du cartilage, et donne, après qu'on en a extrait le sel calcaire, une gelée qui diffère un peu de celle de ce dernier.

D'après des recherches récentes, le tissu osseux se produirait de la manière suivante. Les granulations des cartilages se métamorphosent en corpuscules osseux oblongs, terminés en pointe à leurs deux extrémités, et il se produit dans la masse cartilagineuse dense des cavités sphériques distinctes, qui s'allongent, se confondent et représentent les canaux des os (1). Ces canaux contiennent, ainsi que les corpuscules dont il vient d'être parlé, des sels calcaires, qui néanmoins ne

(1) Valentin, *loc. cit.,* p. 261.

manquent vraisemblablement pas non plus dans le reste de la substance osseuse.

L'ossification commence, chez le Poulet, au neuvième ou dixième jour, et chez l'embryon humain pendant la septième semaine, par conséquent à une époque où la plupart des organes sont déjà formés, où la respiration prend une forme plus élevée, et où la sécrétion de l'urine commence à s'établir.

II. A l'égard des points d'ossification,

1° Quelques os se développent par un seul point. Tous ceux-là, si l'on excepte les pièces du coccyx, sont pairs, tels que les pariétaux, les palatins, les jugaux, les nasaux, les lacrymaux, les cornets du nez, les clavicules, les rotules, les os du carpe et du tarse, à l'exclusion du calcanéum. D'autres ont deux points d'ossification qui, pour les os impairs, le frontal, le vomer et la mâchoire inférieure, sont placés latéralement, d'une manière symétrique, et qui, pour les os pairs, le calcanéum, les métacarpiens, les métatarsiens et les phalanges, produisent le corps et la portion terminale. Il y a des os qui se développent par trois points d'ossification, constituant, pour les impairs, l'ethmoïde et les vertèbres, une pièce médiane, avec deux pièces latérales, et pour les pairs, de forme allongée, soit un corps et deux apophyses à l'une des extrémités, comme aux côtes, soit un corps et deux extrémités, comme au radius, au tibia et au péroné ; l'os maxillaire supérieur a aussi trois points d'ossification. On en compte cinq aux seconde et septième vertèbres cervicales, parmi les os impairs ; à l'omoplate, au cubitus, au fémur et aux iliaques parmi les os pairs. L'humérus en a sept, l'occipital onze, le sphénoïde quatorze et le sacrum vingt-et-un ; le nombre des points d'ossification du sternum n'a rien de fixe.

2° Chaque noyau s'élargit peu à peu, et lorsque deux noyaux appartenant au même os viennent à se toucher, ils se confondent ensemble ; ainsi, sept des points d'ossification de l'occipital et onze de ceux du sphénoïde se soudent pendant la vie embryonnaire, de sorte qu'il ne reste plus du premier de ces os que quatre pièces, et de l'autre que trois.

3° Plusieurs des ouvertures et canaux destinés aux vaisseaux et aux nerfs se forment entre deux noyaux osseux primordialement séparés. Ainsi, par exemple, le trou qui re-çoit l'artère vertébrale naît à la septième vertèbre cervicale, entre une apophyse transversale antérieure et une posté-rieure, tandis qu'aux vertèbres du cou il est produit par une seule apophyse transverse, qui croît tout autour de l'artère.

III. Eu égard à la succession,

1° Celle des premiers points d'ossification est soumise à de nombreuses variétés dans les différens os. Suivant Rusconi (1), chez la Salamandre, les premiers points paraissent dans la mâ-choire inférieure, puis dans la mâchoire supérieure, ensuite dans la colonne vertébrale, en procédant d'avant en arrière, enfin dans les membres. Chez le Poulet, au contraire, suivant Haller (2) l'ossification s'opère au huitième jour, dans le tibia, au neuvième dans le fémur, au dixième dans la mâ-choire, les côtes et le sternum, au treizième dans le péroné, au quinzième dans le crâne. Chez l'embryon humain, le pre-mier point d'ossification paraît dans la clavicule, vers la fin du second mois; ensuite il s'en développe dans la mâchoire inférieure, la mâchoire supérieure et le fémur; durant la pre-mière moitié du troisième se manifestent ceux du frontal, de l'occipital, de l'humérus, des os de l'avant-bras, des os de la jambe, de l'omoplate et des côtes; pendant la seconde moitié du troisième mois, ceux du temporal, du sphénoïde et du ju-gal, puis ceux du pariétal, du palatin et du nasal, enfin ceux des vertèbres, du métacarpe, du métatarse et des phalanges onguéales; au quatrième mois, ceux du vomer, des deux au-tres phalanges et des iliaques; au cinquième, ceux de l'eth-moïde, du lacrymal et du cornet nasal; au sixième, ceux du sternum, des os du carpe et de ceux du tarse; au dixième, ceux de l'hyoïde et du coccyx.

La succession de l'ossification diffère de celle de la cartilagi-nification, et l'on peut la déterminer d'après le mode de distri-bution des vaisseaux. Presque partout, nous voyons que l'ossifi-cation se manifeste simultanément sur les points les plus divers;

---

(1) Amours des Salamandres, p. 17. — *Voyez* aussi A. Dugès, Rech. sur l'ostéologie et la myologie des Batraciens à leurs différens âges, Pa-ris, 1833, in-4°, fig.

(2) *Opera minora*, t. II, p. 560.

les points d'ossification sont semés dans les différentes régions.

2° En général, l'ossification procède des parties latérales vers la ligne médiane, ce qu'on doit attribuer à ce que le système artériel se ramifie d'abord d'une manière paire vers les côtés, et à ce que ses divisions les plus déliées ne viennent que plus tard à se rencontrer sur la ligne médiane. Aussi les os qui se forment les premiers sont-ils pairs pendant toute la vie, comme les clavicules, la mâchoire supérieure et le fémur, ou du moins pendant les premiers temps de leur apparition, comme la mâchoire inférieure et le frontal. Dans les os impairs, les parties latérales sont également celles qui se forment les premières; ainsi, aux vertèbres, les arcs précèdent les corps; à l'occipital, les parties latérales sont ossifiées avant l'apophyse basilaire; au sphénoïde, les ailes avant le corps; à l'ethmoïde, les masses latérales avant la lame perpendiculaire. Le sacrum seul fait exception; les corps s'y développent plus tôt que les arcs.

Conformément à cette règle, certains os impairs sont pairs au moment de leur origine; outre la mâchoire inférieure et le frontal, cette catégorie renferme encore le vomer, les os coccygiens supérieurs, et même le sternum, quoique sans symétrie régulière; cependant les os inférieurs du coccyx sont impairs dès le commencement, mais ils paraissent aussi en dernier lieu.

Enfin la partie moyenne de quelques os impairs est paire aussi au moment de sa formation. C'est ce qui arrive au corps du sphénoïde, à l'apophyse odontoïde de la seconde vertèbre du cou, à la partie squameuse de l'os occipital, à l'apophyse épineuse des vertèbres. Le rapport est moins précis et plus variable dans le corps de la seconde vertèbre du cou et de l'hyoïde; mais les corps des autres vertèbres et de l'occipital paraissent ne se former que d'un seul noyau, quoiqu'on remarque aussi, sur la ligne médiane, un étranglement ou une diminution de masse.

3° Dans chaque os, la formation commence toujours à l'intérieur, et s'étend peu à peu vers l'extérieur. Ainsi, l'ossification des os cubiques marche du centre à la circonférence, dans toutes les directions; celle des os larges, du centre vers la périphérie, et de la surface interne vers l'externe; celle des os longs, de la pièce médiane, vers les extrémités, et du tissu spongieux intérieur vers la substance corticale. Il n'y a que les points terminaux du squelette qui fassent exception sous ce rapport; les phalanges onguéales des doigts et des orteils s'ossifient à partir de leur sommet.

IV. A l'égard du développement,

1° La substance osseuse demeure d'un gris rougeâtre et flexible chez l'embryon; ses vaisseaux diminuent lorsqu'elle approche du terme de son complet développement. Le périoste est plus épais, plus rouge, plus riche en vaisseaux, et plus facile à détacher que chez l'adulte.

2° Aucun os n'a dès l'origine la forme qu'il doit conserver, alors même qu'il s'en rapproche déjà plus ou moins. Dans ce dernier cas, on reconnaît que son accroissement a lieu du dedans au dehors, et qu'il ne consiste pas uniquement dans l'addition d'une nouvelle couche. Ainsi la clavicule a déjà, dès la dixième semaine, sa double courbure, qu'elle conserve également dans la quatorzième semaine, quoiqu'elle soit alors trois fois aussi grosse. A mesure que les os longs deviennent plus épais, leur cavité acquiert aussi plus d'étendue; à mesure que le cadre du tympan s'accroît, le vide qu'il renferme devient plus considérable (1). Ici donc encore l'accroissement résulte d'un travail plastique intérieur, et comme la substance osseuse n'est plus susceptible de se prêter à une formation mécanique, il faut que l'opération consiste en une formation continuelle, avec ramollissement, fluidification et absorption.

3° Dans leur état cartilagineux, les épiphyses ont déjà la forme de l'os futur, mais elles font corps avec la diaphyse. Ce n'est que quand les ossifications de l'épiphyse et de la diaphyse entrent en contact l'une avec l'autre que ces parties se séparent, parce que le périoste adhère davantage à la limite de chacun; l'épiphyse repose, par une surface concave, sur la surface convexe de la diaphyse, et reçoit de celle-ci des canaux larges et ramifiés, sur les parois desquels se ramifient des vaisseaux sanguins; plus tard, les deux parties s'engrènent l'une dans l'autre.

(1) Senff, *Nonnulla de incremento ossium embryonum*, p. 13.

4° Là où existe une articulation, l'ossification ne s'étend point jusqu'à l'extrémité, et la dernière couche du cartilage persiste pour constituer le cartilage articulaire.

5° Il se manifeste de très-bonne heure, dans les os longs, un tube médullaire, que du tissu osseux ferme ensuite aux extrémités, après quoi se forment des cellules remplies d'une masse rougeâtre et gélatineuse. Le tissu spongieux et la moelle manquent dans les os plats pendant la vie embryonnaire.

6° Chez l'embryon à terme, les cornes supérieures de l'hyoïde, les rotules, les pièces inférieures du coccyx, les quatre os de la première rangée, le grand et le petit os carré, au carpe, le scaphoïde et les trois cunéiformes au tarse, sont encore sans ossification. Dans d'autres os il manque seulement quelques noyaux ; par exemple, à l'ethmoïde, la lame perpendiculaire, à l'omoplate les apophyses, à l'humérus et aux phalanges, l'extrémité supérieure, au tibia, aux métacarpiens et aux métatarsiens, l'extrémité inférieure, au fémur, l'extrémité supérieure et les deux trochanters, aux côtes, l'extrémité postérieure, au cubitus, au radius et au péroné, l'extrémité supérieure et l'extrémité inférieure, à l'atlas, le corps. Certains os sont encore séparés ; le frontal, l'ethmoïde, la mâchoire inférieure, l'humérus, le fémur, l'atlas sont de deux pièces ; le sphénoïde, l'iliaque et les vertèbres, de trois ; le sacrum, de vingt-et-une. Il n'y a que les osselets de l'ouïe qui soient complétement développés.

V. Le *tronc vertébral*, c'est-à-dire l'ensemble des corps de la colonne vertébrale et des parties des os du crâne qui sont leurs analogues, forme la première base du squelette.

1° Chez les Poissons osseux (§ 388, 13°), de même que chez les Oiseaux (§ 398, 8°), et incontestablement aussi chez les Mammifères, il se montre d'abord sous l'aspect d'un cylindre gélatineux qui, après son prototype, la bandelette primitive, dont l'existence dure si peu, est la première formation ayant des limites déterminées. Il ne se résout en corps de vertèbres distinctes les unes des autres que par l'effet de la cartilaginification et de l'ossification qui s'opèrent ensuite en lui. Ce cylindre gélatineux, ou la corde dorsale, se compose d'une multitude de petites granulations serrées les unes contre les autres dans une masse transparente, et d'une enveloppe résistante, qui est également transparente. D'après les recherches de Muller (1), ce n'est point lui-même qui s'ossifie ; mais il finit par être totalement enveloppé d'une substance osseuse qui se développe sur sa gaîne, et ses derniers débris constituent les cartilages inter-articulaires (2).

2° Le tronc vertébral situé entre la cavité spinale et la cavité viscérale paraît être, moins que la paroi spinale, déterminé par l'organe central de la sensibilité dans son développement. En effet, d'après la remarque de Béclard, son ossification part du milieu de sa longueur, de sorte que, vers la dixième semaine, il existe environ douze corps de vertèbres, savoir depuis la cinquième dorsale jusqu'à la quatrième lombaire : pendant la onzième semaine, on en trouve vingt, attendu qu'aux précédentes s'ajoutent les trois cervicales inférieures, les quatre dorsales supérieures et la cinquième lombaire ; à quatre mois, il y en a vingt-six, par l'addition de la troisième et de la quatrième cervicales et des quatre pelviennes supérieures : l'ossification s'effectue à six mois dans la cinquième pelvienne ; à sept dans la seconde cervicale ; à dix dans la première cervicale et la coccygienne supérieure. Du reste, les corps vertébraux se produisent sous la forme d'anneaux qui croissent tout autour de la corde spinale, tandis que ce qui reste de l'enveloppe de cette dernière remplit alors l'office de masse ligamenteuse (comparez § 389, 10°, § 397 ***, 7°).

3° L'ossification des vertèbres crâniennes commence à peu près vers la même époque que celle de la colonne vertébrale ; mais elle procède d'arrière en avant ; les premiers noyaux osseux apparaissent, au troisième mois, dans l'apophyse basilaire de l'occipital, au quatrième, dans le sphénoïde postérieur (os sphéno-temporal, ou vertèbre crânienne médiane), au septième, dans le sphénoïde antérieur (os sphéno-orbitaire,

---

(1) *Veigleichende Anatomie der Myxinoiden , der Cyclostomen mit durchbohrtem Gaumen*, Berlin, 1835, in-fol. p. 74.

(2) *Ibid.*, p. 84.

ou vertèbre crânienne antérieure). Dès l'origine on ne remarque point d'accord parfait entre les segmens du cerveau et ceux du crâne ; d'abord il semble n'y avoir que deux vertèbres crâniennes, l'occipital pour la moelle allongée et les tubercules quadrijumeaux, et le sphénoïde postérieur, qui est indiqué, soit seul, soit conjointement avec la première, dans le bouton du cylindre gélatineux (corde dorsale), forme la selle turcique, et reçoit l'entonnoir, avec la glande pituitaire, terminaison de la formation cérébrale. Ce n'est que quand les hémisphères prennent un certain développement que le sphénoïde antérieur paraît comme vertèbre crânienne antérieure, et au huitième mois il se soude avec le sphénoïde postérieur.

4° D'ordinaire, il y a deux points d'ossification dans le sphénoïde postérieur et la seconde vertèbre du cou ; on n'en trouve quelquefois que deux dans le sphénoïde antérieur, la première vertèbre céphalique et la vertèbre coccygienne supérieure ; mais, sur ces divers points, ils ne tardent pas à se souder ensemble. Tous les autres corps de vertèbres n'ont dès leur origine qu'un seul point d'ossification.

5° Le tronc de la colonne vertébrale est d'abord très-plat en devant, et il ne commence qu'à la fin du second mois à faire plus de saillie dans l'intérieur de la cavité du tronc. Du reste, les corps marchent plus lentement que les arcs dans leur développement ; ils sont d'abord proportionnellement moins élevés et plus minces, de manière que les vertèbres se rapprochent davantage de la forme annulaire.

6° Le tronc de la colonne vertébrale, avec les vertèbres crâniennes, constitue d'abord la longueur entière du corps, et il ne diminue que peu à peu, sous ce rapport, à mesure que les membres abdominaux se développent. La base du crâne est fort longue dans son état gélatineux : à dater de la fin du second mois, époque où elle devient cartilagineuse, elle se resserre sur elle-même, à mesure que les parties du cerveau se concentrent également davantage.

7° L'extrémité prolongée de la colonne vertébrale, ou la queue, est le premier organe locomoteur, le précurseur des membres ; ainsi, chez les têtards des Anoures, la queue transitoire sert aux mouvemens dont ces animaux ont besoin pour se procurer la nourriture nécessaire à l'accélération de leur développement; de même, chez les larves des Urodèles, la queue et la crête sont fortement développées (1). Dans l'embryon humain, la queue est fortement développée au second mois; mais elle n'arrive point à remplir sa fonction, et elle diminue peu à peu au second mois, d'un côté, parce qu'elle se retire sur elle-même pendant la cartilaginification, de l'autre, parce qu'elle est pour ainsi dire absorbée par les parties du bassin qui se développent.

3. MUSCLES.

§ 428. Les *muscles*

1° Sont visibles à la fin du second mois chez l'embryon humain. Ils sont alors gélatineux, mous, pâles, jaunâtres, transparens et minces. D'après Valentin (2), il apparaît d'abord les deux couches les plus internes des muscles spinaux, puis successivement les muscles de la tête, du ventre, de la superficie du dos, et enfin de la face. Des granulations de masse organique primordiale se disposent en lignes, puis se serrent les unes contre les autres, et forment des filamens, qui peu à peu deviennent des cylindres transparens et lisses, dont la surface présente des traces faibles de stries transversales à partir du sixième mois, époque à laquelle ils deviennent aussi plus épais et plus rougeâtres. Il ne paraît d'abord que des fibres, qui peu à peu se divisent en fibrilles. Le diamètre des parties élémentaires dans lesquelles Valentin a réduit les muscles par la compression, était de 0,0084 lignes à huit semaines, 0,0072 à trois mois, 0,0048 à cinq, 0,0036 à huit, 0,0024 à dix. Entre les muscles et leurs fibres, on aperçoit des globules qui se convertissent en tissu cellulaire. Les tendons se produisent de la même manière que les muscles, mais plus tôt, et dès la fin du troisième mois; on les distingue, sous la forme de cylindres transparens, pleins et visqueux, tandis que la substance musculaire est encore grenue.

(1) Rathke, *Beitræge zur Geschichte der Thierwelt*, t. 1, p. 104.
(2) *Loc. cit.*, p. 267.

2º Dans les monstres, chez lesquels on ne voit ni organe central de la sensibilité ni nerfs à la périphérie animale, les muscles manquent également, et à leur place il ne se forme qu'un tissu cellulaire spongieux imitant une masse gélatineuse. Chez les acéphales, qui ne possèdent qu'une partie de l'organe central de la sensibilité, les muscles ne se développent non plus que sur certains points. Leur formation paraît donc dépendre du rapport qui existe, au moyen des nerfs, entr'eux et l'organe central de la sensibilité, soit qu'elle succède à celle des nerfs, soit que les nerfs et les muscles se séparent de la masse organique primordiale d'une manière simultanée et en jouant les uns eu égard aux autres le rôle de cause.

3º Les muscles se forment à des époques diverses dans les différentes régions du corps. Ainsi ils paraissent d'abord au côté dorsal de la moitié supérieure du tronc, comme aussi ils se manifestent plus tôt au bras et à la cuisse qu'à l'avant-bras et à la jambe; mais chaque muscle apparaît en entier, dans toute sa longueur, comme moyen d'union entre deux cartilages différens.

4. NERFS.

§ 429. Les questions suivantes se présentent par rapport aux nerfs.

1º On peut demander d'abord si, comme on semble l'admettre communément, ils proviennent de l'organe central de la sensibilité, ou si, comme le prétend Serres, ils naissent des parties situées à la périphérie. Pour envisager ce problème dans le sens le plus général, nous devons examiner ici le rapport de formation qui existe entre le centre et la périphérie du système de la sensibilité. Serres dit avoir vu, chez l'embryon humain, que le nerf optique était encore borné à l'œil vers la fin du premier mois (1), et que le nerf trijumeau ne s'accollait au cerveau que dans le troisième mois (2). (Je doute que l'observation puisse jamais démontrer

(1) *Loc. cit.*, t. I, p. 346.
(2) *Ibid.*, p. 372.

III. 27

que les nerfs sortent de la moelle épinière, ou qu'ils viennent se joindre à elle. Il est vrai que, pendant la seconde période du développement de l'embryon du Poulet, la moelle épinière, quand on l'enlève, paraît lisse, et ne laisse apercevoir aucune insertion de nerfs, tandis qu'on peut suivre ces derniers dans les lames ventrales (§ 403, 6°); mais comme tout porte à croire que, dans les nerfs rachidiens, de même qu'à la moelle épinière, la gaîne se forme postérieurement, il est naturel qu'un filament mou, peu coloré, et plus grêle qu'un cheveu, ne laisse aucune trace) (1). D'après les découvertes faites sur l'embryon du Poulet (§ 399, 3°; § 400, 26°), les nerfs optiques, auditifs et olfactifs naissent du cerveau, mais non pas tant ces nerfs que les organes sensoriels eux-mêmes; il paraît se former au cerveau une partie relativement périphérique, qui se sépare de lui peu à peu, s'avance vers la périphérie animale, et, de concert avec les parties qui proviennent de cette dernière, y représente un organe sensoriel, tandis que la masse s'étire en une sorte de fil, pour unir ensemble cet organe et le cerveau, et représente ainsi le nerf sensoriel. Ce nerf ne pousse donc pas du cerveau pour aller s'insinuer dans l'organe sensoriel, mais le rudiment de cet organe s'est formé au cerveau, et le nerf ne paraît que comme un intermédiaire qui tient celui-ci à distance de celui-là, tout en les unissant l'un avec l'autre. Les trois nerfs sensoriels se montrent originairement sous l'aspect de prolongemens cérébraux, c'est-à-dire comme des tubes formés de substance cérébrale, dont les cavités sont des prolongemens des ventricules du cerveau. Les prolongemens oculaires et auriculaires se convertissent de si bonne heure en nerfs, c'est-à-dire en cylindres composés de faisceaux de fibres, qu'on n'a point encore pu les observer dans leur état primordial chez l'embryon humain. La production cérébrale destinée à l'organe olfactif, organe sensoriel d'un rang inférieur, est la seule qui reste en arrière sous ce rapport; en effet, le cordon olfactif, communément appelé nerf olfactif, se montre sous la forme d'une partie cérébrale épaisse, courte et renflée à l'extrémité,

(1) Addition de Baer.

dont la cavité communique avec le ventricule latéral du cerveau, et quoique cette cavité s'oblitère au septième ou huitième mois, il ne prend cependant jamais la nature d'un nerf ; car on ne peut à bon droit considérer comme des nerfs que les filamens qui sortent de son renflement.

Cette exsertion, en vertu de laquelle les parties périphériques sortent des parties centrales, explique comment les premières peuvent ne pas se développer, quoique les parties centrales aient pris un développement convenable. Ainsi Rudolphi a vu l'œil droit manquer entièrement, quoique le cerveau offrît le rudiment du nerf optique de ce côté. Cependant on n'a encore jamais trouvé de cerveau développé, sans organes sensoriels et sans nerfs. Au contraire, on connaît beaucoup de cas d'hémicéphalie dans lesquels le cerveau était demeuré sans développement, quoique les organes sensoriels eussent acquis le leur ; ainsi, par exemple, Buttner (1) a rencontré, au lieu du cerveau, deux simples globules médullaires rouges et creux, d'où les nerfs optiques, représentant des tubes rouges, s'étendaient jusqu'à des rétines bien conformées ; ainsi, malgré même son état d'imperfection, le cerveau s'était prolongé en une rétine, autour de laquelle le reste de l'œil s'était produit d'une manière normale. Mais ce développement complet peut aussi avoir lieu dans un organe sensoriel qui est tout-à-fait détaché, et qui, par conséquent, ne se trouve plus sous l'influence du rudiment de cerveau. Morgagni (2) a vu les yeux bien conformés, mais les nerfs optiques qui en partaient se terminaient librement dans les orbites, et, au lieu de cerveau, il n'y avait que deux petites masses molles. Enfin, l'indépendance des parties périphériques à l'égard des parties centrales est poussée même si loin, qu'un organe sensoriel peut acquérir sa forme extérieure, sans qu'une production du cerveau lui ait servi de base. Klinkosch (3) rapporte que, dans un cas de développement incomplet du cerveau, l'œil était formé d'une membrane solide, pleine de

(1) *Anatomische Wahrnehmungen*, p. 110. —Is. Geoffroy Saint-Hilaire, Hist. des anomalies de l'organisation, t. II, p. 449.

(2) *De sedibus*, ép. 48, art. 50.

(3) *Diss, med. select. Prag.*, p. 205.

liquide, sans nerf optique, sans rétine, sans choroïde et sans iris. De tous ces faits, il résulte que la production du noyau sensible des organes sensoriels est un acte antérieur et essentiel de la formation cérébrale, mais que la partie périphérique crée les parties extérieures de ces organes d'une manière indépendante, quoique en harmonie avec le noyau, et que pourvu qu'elle ait reçu ce dernier, elle peut développer complétement l'organe sensoriel, sans nulle autre influence ultérieure de la part du cerveau.

Maintenant si, dans les organes sensoriels, qui sont en quelque sorte les ouvrages avancés du cerveau, la formation du nerf dépend de l'existence d'une partie centrale et de celle d'une partie périphérique, ce cas doit avoir lieu à plus forte raison pour les autres organes.

L'indépendance dans laquelle la périphérie animale ou la partie excentrique du feuillet séreux se trouve de la partie centrale, se manifeste déjà chez les monstres. Clarke a trouvé un acéphale dont la paroi abdominale était formée, avec des rudimens de pieds et d'orteils, sans colonne vertébrale, moelle épinière, ni nerfs (1). Meckel a également vu (2), dans un cas semblable, une extrémité sans nerfs. Mais cette indépendance se prononce aussi dans l'état normal; chez l'embryon du Poulet, par exemple, les premières vestiges des membres paraissent au troisième jour (§ 400, 24°), et ce n'est qu'après qu'ils se sont développés davantage (§ 402, 18°) qu'on voit paraître, au cinquième jour, les premiers nerfs de la moelle épinière (§ 402, 17°) et les renflemens de cette moelle correspondans aux nerfs des membres (§ 402, 20°). Mais nous ne pouvons pas croire que les nerfs s'allongent pour aller de la moelle épinière dans les membres, ou de ceux-ci à la moelle. Il faut donc admettre que, quand une partie périphérique s'est formée, une harmonie préétablie entre elle et un point déterminé de l'organe central de la sensibilité, harmonie qui se rattache à son essence même, fait qu'il s'établit entre cet organe et elle une relation ou une tension dynamique, qui ne

_____

(1) Tiedemann, *Anatomie der kopflosen Missgeburten*, p. 9.
(2) *Handbuch der pathologischen Anatomie*, t. I, p. 173.

tarde pas à se matérialiser, en ce sens que, sur toute la longueur, de la substance nerveuse se détache ou se sépare de la masse organique, pour devenir l'intermédiaire de ces deux parties ou représenter les nerfs. L'observation vient à l'appui de cette théorie ; car, à mesure que les organes périphériques prennent du développement, les nerfs qu'ils possèdent croissent par addition latérale ou par multiplication de leurs filets ; ainsi la grosse racine du nerf de la cinquième paire se compose de dix-huit cordons chez l'embryon de huit mois, et de vingt-huit à trente chez l'enfant nouveau-né (1). Cette théorie a également pour elle les faits pathologiques ; chez les acéphales, on trouve tantôt des nerfs qui viennent de la moelle épinière et cessent à peu de distance, sans atteindre jusqu'aux membres (2), tantôt des nerfs qui viennent des membres et qui s'arrêtent à la colonne vertébrale ou à l'enveloppe fibreuse de la moelle épinière (3). A peine d'ailleurs parviendrait-on à expliquer autrement les cas où une paire nerveuse est interrompue dans une étendue considérable (4).

Nous pourrions dire que cette relation lie plus intimement les organes nouvellement formés à l'organe central de la sensibilité, qu'elle les fait entrer en quelque sorte dans l'unité de ce dernier, et que, par là, elle entretient tant la normalité de leur conformation que la permanence de leur durée, tandis que les parties privées de nerfs tantôt ne se maintiennent qu'en vertu de leur cohésion plus forte ou de la lenteur de leur nutrition, comme les cartilages et les membranes fibreuses, tantôt sont transitoires et sans soutien, comme les corps de Wolff et les enveloppes fœtales. Mais le type général que la formation organique tend à représenter domine encore par dessus cette loi, et son pouvoir peut aller jusqu'à anéantir une partie riche en nerfs, avec le point correspondant de l'organe central, lorsqu'elle ne correspond plus à l'ensemble de l'organisation. C'est ainsi que, pendant l'état chrysalidaire, certains points des parois du tronc disparaissent, avec leurs nerfs

(1) Manuel d'anatomie, t. III, p. 145.
(2) Windslow, dans Tiedemann, loc. cit., p. 16.
(3) Lallemand, Observations pathologiques, p. 28.
(4) Meckel, Handbuch der pathologischen Anatomie, t. I, p. 391.

et avec les ganglions dans lesquels ceux-ci avaient leur extrémité centrale (§ 380, 5°) : de même aussi, pendant la métamorphose des Grenouilles, on voit disparaître les muscles de la queue, avec leurs nerfs et la partie postérieure de la moelle épinière (§ 396, 1°), et nous ne pouvons pas dire que cette mortification marche du centre à la périphérie ou de la périphérie au centre ; car elle paraît s'effectuer simultanément dans l'un et l'autre, d'une manière sympathique.

2° Suivant Serres (1), la formation des nerfs marcherait d'avant en arrière au cerveau. D'après Meckel (2), les nerfs se perfectionneraient dans la direction inverse, c'est-à-dire d'arrière en avant. Cependant la qualité des organes paraît être ce qui influe davantage sur la formation plus ou moins précoce des nerfs ; car les trois nerfs purement sensoriels sont les premiers qui se développent, sans que leur situation en avant ou en arrière semble exercer d'influence notable. Au reste, les nerfs cérébraux sont plus gros, proportionnellement au cerveau, chez l'embryon que chez l'adulte.

3° Le nerf grand sympathique est plus développé que les autres nerfs à une époque reculée, notamment aux quatrième et cinquième mois, et les ganglions sont alors si volumineux, surtout dans la cavité pectorale, qu'ils se touchent presque, et forment pour ainsi dire une série non interrompue : cependant, dès le sixième mois, il diminue de volume, et rentre à peu près dans les proportions qu'il doit conserver (3). Ses rapports avec le système vasculaire se prononcent surtout chez les monstres acéphales, où il ne s'étend pas plus loin que les vaisseaux eux-mêmes (4).

B. *Configurations spéciales.*

§ 430. De ces élémens (§ 426-429), auxquels il faut joindre encore les vaisseaux sanguins et les vaisseaux lymphatiques, qui, aussi bien que leurs glandes, sont fortement développés pendant la vie embryonnaire, se forme la périphérie animale.

(1) *Loc. cit.*, t. I, p. 50.
(2) Manuel d'anat., t. III, p. 144.
(3) Meckel, Manuel d'anat., t. III, p. 145.
(4) Tiedemann, *Anatomie der kopflosen Missgeburten*, p. 91.

Celle-ci comprend deux parties, l'une commune ou pariétale, qui se développe en deux directions différentes , c'est-à-dire vers le côté spinal et vers le côté viscéral ; l'autre spéciale , qui se segmente en deux classes d'organes (§ 432-434).

I. Considérations générales.

a. *Paroi spinale.*

1° La *paroi spinale*, où la portion de la périphérie animale qui renferme l'organe central de la sensibilité, et forme une cavité pour le loger, est celle qui apparaît la première (pli primordial de Pander, lame dorsale de Baer) ; la portion du feuillet séreux située sur le même plan que l'organe central , encore liquide, de la sensibilité , et immédiatement autour de lui, s'élève, par pullulation de sa substance , ou par accumulation de masse organique primordiale, en talus qui s'étendent des deux côtés de l'organe central (§ 391, 3° ; 398 , 7° ; 409). Ces bandelettes latérales s'allongent très-promptement jusqu'à la ligne médiane, s'y soudent ensemble, et forment ainsi une cavité close pour l'organe central. Mais on aperçoit encore pendant quelque temps ce dernier à travers la paroi spinale, qui d'abord n'est grenue que sur les côtés , tandis que , vers la ligne médiane, elle est séreuse et transparente. La masse grenue qui se répand peu à peu sur la paroi entière se divise en couches membraneuses , d'abord intimement unies ensemble, savoir , la peau extérieure et l'enveloppe fibreuse de l'organe central , ou la dure-mère. Entre ces deux couches se développent ensuite des os , des muscles et des nerfs. L'organe central exerce de l'influence sur le développement de la paroi spinale ; car la calotte du crâne et la peau de la tête manquent presque toujours dans les cas d'hémicéphalie , comme aussi les arcs vertébraux et leurs tégumens cutanés dans celui d'incomplet développement de la moelle épinière, et alors la paroi spinale est transparente et séreuse, par conséquent demeurée à son degré primitif de formation. Les exceptions à cette règle , qu'on observe quelquefois, prouvent que l'influence dont nous parlons n'est point absolue.

b. *Paroi viscérale.*

2° Vis-à-vis de la cavité spinale, et séparée d'elle par le tronc vertébral, se forme la cavité viscérale, ou l'espace contenant les organes divers chargés d'assurer la vie du centre de la sensibilité, ou les viscères produits par les développemens des feuillets vasculaire et muqueux. Cette cavité communique avec celle des enveloppes fœtales, ne se forme qu'assez tard, et même alors continue d'être en relation avec les enveloppes du fœtus, par l'intermédiaire de l'ombilic (§ 417, 7°). Ce qui la limite, ou la *paroi viscérale* (lames ventrales de Wolff et de Baer), est une partie du feuillet séreux d'abord appliquée immédiatement aux feuillets vasculaire et muqueux; c'est à l'époque seulement où ces deux derniers feuillets se séparent du séreux, par la contraction plus grande qu'ils éprouvent, qu'il se manifeste entre eux un vide, ou la cavité viscérale, ainsi que Baer (1) l'a fait voir. La paroi viscérale part, comme la paroi spinale, des lignes latérales de la tige vertébrale, et comme cette dernière paroi aussi, mais en suivant une direction inverse et décrivant un plus grand arc, elle va gagner la ligne médiane; on n'en aperçoit d'abord, au côté de la tige vertébrale, qu'une bandelette étroite, composée de masse grenue et figurant la lame viscérale, tandis que le reste de son étendue demeure séreux et transparent, jusqu'à ce que peu à peu il devienne grenu dans tous ses points; alors seulement on voit apparaître des différences en elle. Il n'est pas rare de rencontrer des monstres chez lesquels, persistant à un degré inférieur de formation, elle ne s'est point soudée sur la ligne médiane, de manière qu'elle y a laissé une scissure et qu'elle n'y a point couvert les viscères.

En se portant vers la ligne médiane, cette paroi produit, de même que la paroi spinale, des arcs osseux, qui suivent cependant un type moins fixe, puisqu'ils manquent sur quelques points (le cou et le ventre), où la paroi n'est constituée que par de la peau et des muscles, tandis que, sur d'autres (tête et poitrine), ils se partagent en une multitude de pièces

(1) *Ueber die Entwickelungsgeschichte der Thieren*, p. 67.

osseuses, et que, sur d'autres encore (bassin), ils se réunissent au contraire en une seule masse.

Il est des points aussi où une partie de la paroi viscérale
se détache et se prolonge de dehors en dedans, de manière
qu'elle produit une cloison (diaphragme) dans la cavité viscérale, ou qu'elle s'applique aux développemens du feuillet
muqueux, et alors tantôt pénètre, comme couche musculaire,
dans les replis de la membrane muqueuse (langue et voile du
palais), tantôt se développe en un appareil cartilagineux
pourvu de muscles autour d'une membrane muqueuse en
forme de tube (larynx et trachée-artère); les corps vertébraux envoient également çà et là de semblables prolongemens (apophyses épineuses inférieures et cloison du nez),
tandis que, dans certaines régions (poitrine), eux-mêmes font
une forte saillie à l'intérieur et divisent la cavité. Cette pé-
nétration de l'extérieur dans l'intérieur, qui annonce à quel
point la diversité ou la pluralité prédomine dans la cavité viscérale, n'a d'autres analogues que la faux et la tente de la
dure-mère dans la cavité spinale, qui représente davantage un
tout non divisé.

§ 430*. Au *tronc*,

I. La paroi spinale est formée par les arcs de la colonne
vertébrale. Pendant leur état cartilagineux, ces arcs sont séparés des corps (1). Ils s'ossifient un peu plus tard que la paroi
spinale de la tête, et leur ossification procède de la région
cervicale vers les os coccygiens. D'après les indications de
Béclard, qui a seulement assigné des époques trop rapprochées de l'origine, nous trouvons, durant la septième semaine,
des noyaux osseux dans les arcs de la septième vertèbre cervicale et des onze dorsales supérieures ; puis, durant la
huitième semaine, ces noyaux s'étendent jusqu'à la troisième
vertèbre lombaire ; ils vont, au troisième mois, jusqu'à la première vertèbre pelvienne, au quatrième jusqu'à la seconde,
au cinquième jusqu'à la quatrième, et au huitième jusqu'à la
cinquième. Cependant les parties latérales ne se soudent point
encore ensemble sur la ligne médiane, durant le cours de la
vie embryonnaire, et elles ne font que s'y appliquer l'une

(1) Meckel, *Archiv fuer Anatomie*, 1827, p. 239.

contre l'autre. Quand elles s'arrêtent à un degré inférieur de formation, de manière à ne point se toucher, il résulte de là un spina bifida, qu'accompagne presque toujours un développement incomplet de la moelle épinière, et qui dépend vraisemblablement de cette dernière circonstance (1).

II. La cavité viscérale prend une forme spéciale dans les diverses régions du corps.

1° Le cou semble manquer d'abord, mais uniquement parce qu'il a encore la même largeur que le tronc. Le cœur s'y trouve encore renfermé, comme il l'est d'une manière permanente chez les Poissons, puisque, d'après la remarque de Rathke, ce qu'on appelle la poitrine chez ces animaux, n'est autre chose que le cou, en jugeant d'après la situation des branchies chez les Oiseaux et les Mammifères. C'est seulement lorsque le cœur se retire en arrière, et qu'il ne reste plus que des parties tubuleuses entre la tête et le tronc, qu'un étranglement se manifeste entre ces deux parties, ou que la paroi viscérale, en se resserrant sur elle-même, ramène le col à la forme cylindrique, absolument de la même manière que les étranglemens qui séparent la tête de la poitrine et la poitrine de l'abdomen se produisent dans la chrysalide des Insectes (§ 380. 4°). Cependant, chez l'embryon humain, le thymus fait encore une assez grande saillie dans le cou, au dixième mois.

Au quatrième mois, pendant le plus fort développement des organes à proprement parler cervicaux, le larynx, la glande thyroïde et le thymus, les apophyses transverses se développent davantage aux vertèbres cervicales qu'aux autres. Elles paraissent fendues : le jambage antérieur est court; le postérieur est plus long, et son extrémité produit en devant une saillie, qui s'unit par un cartilage avec celle du jambage antérieur, de manière qu'il résulte de là un anneau, à travers lequel monte l'artère vertébrale. Mais, à la septième vertèbre cervicale, il se développe, au sixième mois, et au devant de ce cartilage, un noyau osseux particulier, qui, d'après mes observations (2), fait saillie au-delà du jambage

(1) J. Cruveilhier, Anat. pathol. du corps humain, 6ᵉ et 16ᵉ livrais. infol., fig. col.

(2) *Anatomische Untersuchungen*, t. IV, p. 30-34.

postérieur, tandis que, pendant la vie embryonnaire, il ne se
soude ni avec celui-ci, ni avec le jambage antérieur, de sorte
qu'il est une apophyse transverse redoublée et prolongée, ou,
en d'autres termes, une côte cervicale.

8° Les côtes apparaissent, dans la paroi pectorale, durant
le cours de la sixième semaine, sous la forme de stries blanchâtres, et pendant la huitième elles sont déjà plus apparentes, attendu qu'elles s'allongent et se partagent en deux
pièces cartilagineuses, dont l'une s'ossifie, tandis que l'autre
persiste. Leur ossification débute dès le commencement du
troisième mois, et marche avec rapidité ; mais, durant le
cours de la vie embryonnaire, elle ne s'étend point au-delà
de la tête et de la tubérosité.

Le sternum, comme clef de la voûte pectorale, ou, suivant
les expressions de Wolff, comme cicatrice des parois thorachiques, est encore fort court pendant la huitième semaine,
et se compose de deux cartilages, l'un supérieur, qui s'ossifie,
l'autre inférieur, qui persiste, et qui est le cartilage xi-
phoïde. La poignée ne s'ossifie qu'au cinquième mois, ordinairement par deux points, l'un en dessus, l'autre en dessous,
qui parfois ne tardent pas à se confondre ensemble. La partie supérieure du corps, celle qui est destinée à la seconde
côte, s'ossifie bientôt après ; la suivante, ou celle à laquelle
s'insère la troisième côte, s'ossifie à la même époque que la
précédente, tantôt par un seul point et tantôt par deux ; la
quatrième, destinée à la quatrième côte, le fait dans le cours
du sixième au huitième mois ; l'inférieure, pour les cinquième
et sixième côtes, ne s'ossifie que quelquefois, et alors durant
les derniers mois de la vie embryonnaire.

Le diaphragme, portion tournée en dedans de la paroi viscérale, n'existe point encore au second mois. Il se développe,
au troisième, sous la forme d'une membrane mince, dans laquelle on aperçoit peu de fibres musculaires. Celles-ci deviennent plus prononcées au quatrième mois. Cependant la portion tendineuse demeure encore pendant quelque temps fort
grande, proportion gardée, et elle est intimement unie avec
le péricarde.

3° Durant la sixième semaine, le paroi abdominale est encore séreuse et transparente à la face antérieure du corps ; elle ne devient grenue et opaque que pendant la septième semaine.

L'ouverture ombilicale, ou le vide existant à l'endroit où les parois du tronc ne se sont point encore réunies, est située, au commencement du second mois, presque entièrement à l'extrémité inférieure du tronc ; car, à proprement parler, la région hypogastrique n'existe point encore ; c'est seulement lorsque celle-ci commence à se former, vers la fin du mois, que l'ouverture ombilicale arrive à se placer plus haut, proportion gardée. Elle diminue sans cesse de diamètre, eu égard au volume du corps ; cependant, à partir du moment où elle ne laisse plus passer que les vaisseaux ombilicaux, elle devient plus large, d'une manière absolue, parce que les vaisseaux ont augmenté de calibre. Les muscles droits du bas-ventre forment en quelque sorte un sphincter autour d'elle. Enfin, la peau produit, autour de l'anneau ombilical, un renflement circulaire, une sorte de prépuce, qu'un pli profond sépare du cordon ombilical qu'elle entoure, et qu'on trouve surtout très-développé chez les enfans qui viennent au monde tard et après le terme ordinaire. En haut, où la veine ombilicale entre, la fosse est moins profonde, et comme interrompue par un frein.

La hernie ombilicale tient à ce que l'ouverture ombilicale s'est arrêtée à l'un de ses degrés primitifs de développement, et à ce qu'elle ne s'est point appliquée d'une manière assez immédiate aux vaisseaux ombilicaux.

4° Pendant la huitième semaine, on voit paraître le rudiment du bassin, sous la forme d'un cartilage unique de chaque côté. Au quatrième mois, l'os iliaque commence à s'ossifier, puis l'ischion, enfin le pubis : cependant ces trois pièces demeurent non réunies pendant la vie embryonnaire. Le développement du bassin est en raison directe de celui des viscères contenus dans cette cavité ; de sorte que, quand le rectum vient à manquer, le bassin est ordinairement plus étroit, les tubérosités sciatiques se trouvant tout auprès l'une de l'autre (1).

---

(1) Meckel, *Handbuch der pathologischen Anatomie*, t. I, p. 502.

§ 434. Quant à ce qui concerne la formation du *crâne*,

I. La théorie de cette formation, eu égard aux corps vertébraux et à la paroi spinale, a été bien établie par Oken, puis
par Spix, Carus (1) et autres. Aux trois vésicules cérébrales correspondent trois vertèbres crâniennes, dont les parties voûtées
représentent la paroi spinale. Dans mes recherches sur la
morphologie de la tête (2), j'ai fait connaître mes opinions à
l'égard du type général de la périphérie animale chez les animaux vertébrés. J'y ai fait voir qu'au tronc comme à la tête,
il part du tronc vertébral un anneau qui embrasse la partie
centrale du système nerveux, et un autre anneau qui enveloppe les viscères. J'avais donné l'épithète de viscérales aux
apophyses du crâne enveloppant les organes qu'antérieurement déjà (3) j'avais signalés comme des viscères céphaliques.
Cet aperçu morphologique a été depuis présenté sous un autre
point de vue et généralement admis. Mais lorsqu'on cherche
à en faire l'application aux détails, il se présente de grandes
difficultés, tenant à ce que plusieurs os font partie de la partie
spinale (le crâne) tout aussi bien que de la partie viscérale, et
à ce que plusieurs d'entre eux, dont la signification est différente, se soudent ensemble, tandis que d'autres, dont la signification est la même, demeurent distincts les uns des autres. D'après des motifs que j'ai longuement développés,
j'admettais comme paroi spinale pour la vertèbre postérieure
la région inférieure de la partie squameuse de l'occipital,
pour la médiane la portion squameuse du temporal, les pariétaux et la région supérieure de la portion squameuse de
l'occipital, pour l'antérieure la portion squameuse du frontal; en outre, je considérais comme apophyses transverses, à la
vertèbre postérieure, les cornes du larynx, à la médiane les
grandes ailes du sphénoïde et la partie inférieure des portions
squameuses des temporaux, à l'antérieure les petites ailes du
sphénoïde et les lames orbitaires du frontal : enfin je regardais
comme apophyses viscérales, à la vertèbre postérieure, les
apophyses styloïdes, avec les os hyoïdes; à la médiane, les

(1) Traité élément. d'anat. comp. Paris, 1835, 3 vol, in-8°, et atlas in-4°.
(2) *Berichte von der anatomischen Anstalt zu Kœnigsberg*, t. IV.
(3) *Vom Baue und Leben des Gehirnes*, t. I, p. 85.

apophyses ptérygoïdes et la mâchoire inférieure; à l'antérieure, les os palatins, la mâchoire supérieure et les os jugaux. Il restait, aux vertèbres postérieure et antérieure, des pièces osseuses dont la signification ne pouvait être interprétée qu'à l'aide d'analogies éloignées; l'analogie des côtes cervicales dont j'ai parlé plus haut (§ 470, 1°*), me faisait rapporter les os mastoïdiens à la vertèbre postérieure, et les masses latérales de l'ethmoïde, ainsi que les cornets et les lacrymaux, à la vertèbre antérieure, comme apophyses transverses secondaires. Enfin l'analogie des apophyses épineuses inférieures des Poissons me montrait la crête gutturale, à la vertèbre postérieure, comme un rudiment d'apophyse épineuse viscérale, et le bec du sphénoïde, avec la lame perpendiculaire de l'ethmoïde et le vomer, comme un grand développement d'une apophyse épineuse de même nature.

Au contraire, suivant Valentin (1), il y a trois vertèbres fondamentales pour les trois vésicules cérébrales, savoir l'os occipital pour la postérieure, le corps postérieur du sphénoïde, avec les petites ailes et les os pariétaux, pour la médiane, le corps antérieur du sphénoïde, avec une partie des grandes ailes et le frontal, pour l'antérieure; mais, entre ces trois vertèbres, s'insinuent trois intervertèbres pour les organes sensoriels, savoir, en arrière, les os temporaux pour l'oreille, au milieu, les lames orbitaires du frontal pour l'œil, en devant, la lame criblée pour la cavité nasale.

II. Si de ces tentatives, ayant pour but de rendre intelligible la formation du crâne, nous passons aux observations, nous remarquons d'abord cette particularité, que l'ossification et la cartilaginification coïncident ensemble dans la portion voûtée, et qu'avant que la première ait lieu, on n'aperçoit pas de lame cartilagineuse spéciale entre la peau de la tête et la dure-mère.

1° Des interstices membraneux séparent les pariétaux l'un de l'autre à dater du sixième mois. Ils constituent des fontanelles, dont les latérales (vers les os temporaux) disparaissent les premières, la postérieure (vers l'os occipital) s'efface

(1) *Loc. cit.*, p. 220.

presque toujours au dixième mois, et l'antérieure (vers le frontal) a encore près d'un pouce de long chez l'embryon parvenu à maturité. La première ossification a lieu, dans les os pariétaux, à la fin du second mois, et elle part d'un seul point mitoyen, d'où s'étendent en tous sens des fibres rayonnantes.

2° Vers la même époque paraissent, dans la portion squameuse de l'os occipital, deux points d'ossification, qui ne tardent pas à se confondre sur la ligne médiane, tandis qu'il s'en développe, au dessus d'eux, deux et jusqu'à trois paires d'autres, qui sont confondus ensemble au quatrième et au cinquième mois.

3° Aux os temporaux, l'ossification commence, durant le troisième mois, dans la partie inférieure de la portion squameuse et à l'apophyse zygomatique ; au quatrième et au cinquième mois, elle se manifeste dans la portion pierreuse et la portion mastoïdienne.

4° Les premiers points d'ossification du sphénoïde paraissent, au troisième mois, dans les grandes ailes ; au quatrième mois, il s'en développe d'autres dans les petites ailes et dans les lames internes des apophyses ptérygoïdes.

5° L'os frontal commence, vers la fin du second mois, à s'ossifier en deux moitiés symétriques, qui demeurent séparées pendant le cours de la vie embryonnaire. Les sinus frontaux manquent chez l'embryon humain. D'après les observations que Rathke a faites sur des animaux (1), ils se développent sous la forme de deux hernies de la membrane muqueuse, qui poussent du côté des os, de manière que la table interne de ces derniers se trouve résorbée, après quoi les sinus s'étendent de plus en plus entre les deux tables superficielles, et refoulent le diploé.

6° A la partie inférieure de la paroi du front croît une saillie pyramidale, dont la partie interne se développe en lame perpendiculaire de l'ethmoïde et en vomer (2). La première ne s'ossifie point encore chez l'embryon humain, et l'ossification du vomer a lieu d'une manière assez tardive.

(1) *Handbuch zur Bildungs-und Entwickelungsgeschichte der Menschen und der Thiere*, t. I, p. 100.
(2) *Ibid.*, p. 95.

7° Suivant Rathke, la partie externe de cette saillie se contourne de dedans en dehors autour de la fosse nasale de chaque côté, au dessous de laquelle se soudent avec elle deux lobes latéraux triangulaires qui vont à sa rencontre ; c'est ainsi que se produit l'os maxillaire supérieur. Selon Reichert (1), le point d'origine se trouve au segment supérieur et antérieur du premier arc viscéral. Chez l'embryon humain, trois points d'ossification paraissent dès la fin du second mois ; un interne, pour l'os intermaxillaire, qui forme la partie de l'arcade dentaire destinée aux dents incisives, un médian, pour le corps, et un externe, pour la face faciale : ces trois points se confondent rapidement ensemble. La voûte palatine paraît sous la forme de deux bandelettes latérales, qui, croissant de dehors en dedans et d'avant en arrière, deviennent des plaques et se soudent ensemble. Lorsque l'accroissement s'arrête avant d'avoir atteint la ligne médiane, et que les parties latérales de la lèvre supérieure ne se réunissent point, il y a bec-de-lièvre. L'antre d'Highmore doit naissance, selon Rathke, à ce que, quand les dents molaires poussent, la paroi latérale externe s'écarte de l'interne, et que la membrane muqueuse fait hernie entre elles, après quoi la paroi interne commence à s'ossifier.

8° Les os palatins se forment d'une manière correspondante.

9° Les masses latérales de l'ethmoïde et les cornets du nez se présentent sous l'aspect de lames cartilagineuses tapissées de membrane muqueuse, aux faces internes de la mâchoire supérieure ; l'ossification s'opère au cinquième mois.

10° Les os onguis s'ossifient un peu plus tôt.

11° Les os propres du nez naissent, à l'état d'expansions latérales de la cloison, dans la voûte en forme de toit qui descend de la future mâchoire supérieure (2). Ils s'ossifient au troisième mois.

12° A la même époque s'accomplit aussi l'ossification des os de la pommette.

13° La mâchoire inférieure paraît provenir d'une métamor-

(1) Ueber die Visceralbogen der Wilberthiere im allgemeinen, und deren Methamorphose bei den Saeugethieren und Voegeln, p. 83.
(2) Rathke, Abhandlung zur Bildungsgeschichte, p. 97.

phose de l'arc branchial antérieur (§ 402, 16°). Suivant Reichert (1), elle se forme au côté externe du premier arc viscéral. Elle s'ossifie déjà vers la fin du second moins. Sa branche ascendante forme encore, chez l'embryon à maturité, un angle très-ouvert avec les portions horizontales.

14° L'apophyse du marteau, découverte par Meckel , forme un arc parallèle à la mâchoire inférieure. D'après Valentin (2), il pousse, de la paroi postérieure de la cavité tympanique, une verrue qui s'allonge rapidement, atteint le côté interne de la mâchoire inférieure, et se partage ensuite en enclume, marteau et apophyse de Meckel. Cette dernière, affectant la forme d'un cartilage cylindrique , s'élève de la caisse tympanique, entre le cadre du tympan et le rocher , et s'étend, dans un gouttière cartilagineuse de la mâchoire inférieure, jusqu'à la ligne médiane, où elle se rapproche de celle du côté opposé, et se recourbe sur elle-même ou s'unit avec elle. Elle disparaît à peu près au huitième mois. Suivant Valentin, la verrue de laquelle elle se développe, avec le marteau et l'enclume, ne constitue pas un arc branchial, mais se trouve en partie à la surface et en partie dans un arc de ce genre. Reichert (3) pense que le premier cordon viscéral cartilagineux forme en bas l'apophyse de Meckel et le marteau, au milieu l'enclume, et en haut l'os palatin et l'os alaire.

15° L'hyoïde forme une autre arc. Selon Valentin (4) , il se produit au dessous de l'apophyse de Meckel , touche la partie postérieure du cadre du tympan , se prolonge en arrière et en haut, atteint ensuite jusqu'à la portion mastoïdienne, s'épaissit, et représente de cette manière le manche, avec lequel il fait corps, tandis que plus tard il n'y tient qu'au moyen d'un ligament. Au cinquième mois, un point d'ossification se développe dans le milieu, et deux dans les grandes cornes. Reichert admet que le second arc cartilagineux forme la corne

---

(1) *Loc. cit.*, p. 23.
(2) *Handbuch der Entwickelungsgeschichte des Menschen*, p. 213.
(3) *Loc. cit.*, p. 85.
(4) *Loc. cit.*, p. 215.

antérieure, et que le troisième produit la corne postérieure, avec le corps du sphénoïde (§ 397***, 2°).

2. CONFIGURATIONS PARTICULIÈRES.

§ 432. Nous avons vu que la seconde zone du feuillet séreux, ou la périphérie animale, destinée au conflit avec le monde extérieur, se partage en deux systèmes, l'un de sensibilité, l'autre d'irritabilité, savoir, d'une part, la peau apte à recevoir les impressions du dehors, de l'autre part, la masse musculaire, destinée à mouvoir l'organisme dans l'espace, sous les inspirations de la volonté, et le squelette, qui lui procure une assiette fixe dans cet espace. Ces deux directions se représentent, sous un point de vue plus élevé, dans les organes sensoriels et les membres. Mais les seuls organes sensoriels primordiaux sont ceux de la vue, de l'ouïe et de l'odorat; car ceux du goût et du toucher ne sont qu'implantés sur des parties d'une autre espèce.

Ces deux sortes d'organes sont des productions latérales, et leur formation se rattache au déploiement latéral de l'organe central de la sensibilité, avec les parties latérales duquel ils sont unis aussi par des nerfs. On voit encore, dans le *Monoculus pulex,* combien il entre dans leur essence d'être pairs, puisqu'il se forme primordialement, chez cet animal, deux yeux séparés par une ligne verticale, qui se confondent ensuite l'un avec l'autre, ce qui arrive probablement aussi dans les autres genres de la même famille (1). Mais l'harmonie entre les deux sortes d'organes se manifeste en ce que, chez l'homme, les membres eux-mêmes deviennent des organes sensoriels, et, chez les animaux inférieurs, les organes sensoriels ont la forme de membres, tout comme aussi, dans l'Écrevisse, la formation des yeux s'opère de la même manière que celle des membres (§ 383, 7°). Nous pourrions dire que les membres sont des rayonnemens latéraux de la moelle épinière, et les organes sensoriels des rayonnemens latéraux du cerveau. Mais, de même que les rejetons du tronc et de la racine des arbres tiennent à ce que le corps cortical et le corps

(1) Jurine, Histoire des Monocles, p. 90.

médullaire produisent, sur des points séparés les uns des autres, des formations concordantes ou harmoniques, qui s'accollent ensuite les unes aux autres et se soudent en une partie commune ; de même aussi, d'après ce qui précède (§ 429, 1°), ces rejetons animaux se développent par un concert d'action entre le centre et la périphérie, de telle sorte que du cerveau part le centre ou le noyau des organes sensoriels, autour duquel la partie périphérique se dépose par le moyen de la seconde zône du feuillet séreux, tandis que les membres se développent de cette zone et se mettent ensuite en relation avec la moelle épinière par des nerfs.

a. *Organes sensoriels.*

§ 433. Parmi les organes sensoriels,

I. Les *yeux* sont ceux qui se développent les premiers. On en distingue déjà les parties les plus essentielles, le cristallin, la rétine, le choroïde, avec le pigment et la sclérotique, chez les embryons de six semaines. De même aussi ils ne tardent pas à devenir très-gros, proportionnellement aux parties environnantes, et c'est seulement vers les derniers temps de la vie embryonnaire qu'ils commencent à diminuer de volume. Ammon (1) dit que les embryons de trois à quatre semaines ne lui ont offert qu'une simple cicatrice cutanée à l'endroit qu'ils occupent, tandis que Velpeau (2) assure qu'ils sont déjà visibles chez l'embryon de douze jours, dans un œuf du diamètre de trois lignes. De ces deux assertions, la première repose peut-être sur l'observation d'un état d'anomalie, et la seconde tient sans contredit à une erreur de compte. On peut admettre en toute sûreté, d'une manière générale, que la formation de ces organes est produite par la rencontre de deux directions indépendantes, mais concordantes, qui partent, d'un côté du cerveau, et de l'autre de la paroi viscérale de la tête. Aussi a-t-on pu observer des cas dans lesquels il existait tantôt des yeux munis d'un cristallin et d'un corps vitré (3), ou

(1) *Zeitschrift fuer Ophthalmologie*, t. II , p. 504.
(2) Embryologie , ou Ovologie humaine, Paris , 1833, p. 81.
(3) Klinkosch , *Diss. med. select. Prag.*, p. 205.

de muscles moteurs et de nerfs, sans rétine ni nerf optique, tantôt des orbites, des paupières et une conjonctive sans yeux (1). La marche de cette formation ne peut être observée que dans l'œuf d'Oiseau soumis à l'incubation. L'exposé que Baër en a donné (§ 399, c. 400, 25°, 491, 22°) paraît mériter toute croyance, en raison de sa simplicité, de sa concordance avec d'autres phénomènes, et de l'exactitude bien connue de l'observateur. Suivant Huschke (2), au contraire, les yeux naîtraient d'une fosse de la membrane proligère, située au dessus du cerveau, qui se forme en une vésicule impaire, et ils ne se sépareraient qu'ensuite l'un de l'autre, ce qui serait précisément l'opposé de ce qu'on voit chez les Daphnides (§ 386) et les Cyclopides (§ 388).

1° Au dire d'Ammon, le nerf optique de l'embryon humain représente, pendant la sixième semaine, une bandelette gélatineuse mince; au troisième et quatrième mois, un cylindre. Sa cavité, par le moyen de laquelle l'espace intérieur de l'œil communique avec les ventricules du cerveau, persiste jusque vers le septième mois. La rétine est d'abord épaisse, floconneuse et plissée; peu à peu elle devient plus mince et plus ferme, et des plis il ne reste plus que celui qui existe au côté de la tache jaune survenue plus tard. A son bord antérieur, elle se réfléchit sur elle-même de dehors en dedans.

2° L'espace intérieur de l'œil circonscrit par la rétine est tapissé, de même que la cavité cérébrale, avec laquelle il communique d'abord, par une membrane séreuse, la membrane hyaline, qui ne se fait remarquer que par sa texture celluleuse et la consistance de son contenu (§ 782, 2°). Cependant il paraît que le corps vitré se forme postérieurement au cristallin; il est d'abord beaucoup plus petit que ce dernier (3).

3° Le cristallin est un tissu stratifié (§ 797, 20°), et en cette qualité il se produit probablement dans l'intérieur d'un double

---

(1) Meckel, *Handbuch der pathologischen Anatomie*, t. I, p. 393.
(2) Meckel, *Archiv fuer Anatomie*, 1832, p. 1.
(3) Ammon, *Zeitschrift fuer Ophthalmologie*, t. II, p. 505, 510.

follicule. Henle (1) et Reich (2) ont trouvé un follicule de cette espèce dans la membrane capsulo-pupillaire, récemment découverte par J. Muller, qui est un sac clos s'étendant de la chambre antérieure, à travers la pupille, jusqu'au bord de la face antérieure du cristallin, et qui va de là entourer la face postérieure de ce corps, en s'appliquant immédiatement à la capsule de celui-ci. Ses vaisseaux viennent pour la plupart de l'artère centrale de la rétine ; après la production de l'iris, ils s'unissent avec ceux de cette membrane et de la membrane pupillaire ; puis plus tard ils périssent, après quoi les débris de la membrane capsulo-pupillaire se dissolvent dans l'humeur aqueuse et sont résorbés. Huschke admettait que la capsule cristalline provient d'une hernie interne de la peau extérieure, opinion que les observations faites depuis n'ont point confirmée. Le cristallin est si volumineux, chez l'embryon de six semaines, qu'il remplit l'intérieur de l'œil en totalité, ou, quand le corps vitré s'est produit, en grande partie, et qu'il touche en devant à la cornée transparente. Il consiste d'abord en un liquide enveloppé par la capsule très-riche en vaisseaux, et qui peu à peu se condense de dedans en dehors ; d'après les observations de Valentin (3), les granulations de ce liquide se disposent en séries longitudinales, se liquéfient et se confondent en filamens, sur lesquels on aperçoit encore des traces d'étranglement. Du reste, le cristallin commence par être sphérique ou du moins très-aplati à son côté intérieur.

4° Après que le cristallin et le corps vitré se sont produits, la choroïde apparaît, comme continuation du feuillet vasculaire, entre les productions centrale et périphérique du feuillet séreux dans l'œil. D'abord son bord antérieur forme la pupille ; déjà, chez l'embryon de six semaines, elle laisse apercevoir des taches isolées, noires et jaunes, provenant de ce qu'il se dépose à sa surface des granulations de pigment, qui

(1) *Diss. de membrana pupillari aliisque membranis oculi pellucentibus.* — Ammon, *Zeitschrift fuer Ophthalmologie*, t. IV, p. 23.

(2) *Diss. de membranâ pupillari*, Berlin, 1833, in-4.

(3) *Loc. cit.*, p. 203.

vont d'avant en arrière. A son côté interne et inférieur on remarque une fente longitudinale (§ 389, 14°, 401, 22°), que Huschke, Muller et Ammon ont reconnue d'une manière bien positive, et qui disparaît au troisième ou au quatrième mois.

5° Au troisième mois, ou au quatrième, le bord antérieur de la choroïde se plisse, et forme ainsi le corps ciliaire, qui borde alors pendant quelque temps la pupille. Au cinquième mois, suivant Ammon (1), on voit paraître la couronne ciliaire, par languettes isolées, qui correspondent aux plis des procès ciliaires.

6° Un peu plus tard que le corps ciliaire, l'iris pousse du bord de la choroïde, à sa face antérieure. Il apparaît sous la forme d'un étroit anneau, bleu ou brun, moins large du côté du nez, et dont la face postérieure est noire.

7° Dans l'origine, le cristallin, volumineux et sphérique, est situé immédiatement derrière la cornée transparente, qui elle-même est plate; peu à peu se forme la chambre antérieure, et dans son intérieur, chez les Mammifères, une membrane séreuse particulière, constituant une vésicule close, dont la moitié antérieure tapisse la cornée transparente, tandis que la postérieure revêt l'iris et bouche la pupille. A la portion qui passe sur la pupille, et qu'on nomme membrane pupillaire, s'appliquent un feuillet faisant corps avec la face postérieure de l'iris, et des vaisseaux qui viennent des vaisseaux ciliaires de l'iris, mais ne s'étendent pas tout-à-fait jusqu'au milieu. Cette membrane est encore molle et gélatineuse, chez l'embryon humain, pendant la onzième semaine; au cinquième mois, elle devient plus ferme et pourvue de vaisseaux; au septième, elle a acquis tout son développement, et elle représente alors une mince cloison transparente, aussi délicate qu'une toile d'araignée, mais solide, et fortement tendue entre les chambres antérieure et postérieure. Au huitième mois, elle disparaît : ne pouvant point, à ce qu'il paraît, suivre l'accroissement de l'iris, et éprouvant une trop forte tension, elle se déchire; ses vaisseaux se retirent sur l'iris, pour former le petit cercle vasculaire placé au bord interne

(1) *Loc. cit.*, p. 512.

de cette dernière membrane. Portal en a trouvé des débris chez quelques enfans nouveau-nés, et il croit qu'elle ne se déchire que pendant l'accouchement, ou après, par la pression des muscles oculaires. Jacob et Tiedemann (1) prétendent qu'elle perd seulement ses vaisseaux vers le septième mois, mais qu'elle-même persiste jusqu'au dixième, et qu'elle est absorbée peu de temps avant ou après la naissance ; il est bien certain néanmoins qu'elle n'a point généralement une si longue durée. Sa persistance anormale après la naissance occasione quelquefois la cécité congéniale (2). Chez les animaux qui naissent avec les paupières agglutinées, ou aveugles, elle est encore assez épaisse et aussi vasculaire, après la naissance, qu'on la trouve chez l'embryon humain à l'époque la plus florissante de son existence. Tel est l'état qu'elle offre trois jours après la mise-bas chez les Lapins, et dix chez les Chiens (3). Il paraît donc, d'après cela, que sa disparition coïncide avec la séparation des paupières, ce qui contredit les assertions d'après lesquelles elle persisterait plus long-temps, chez l'embryon humain, que ne l'établit l'opinion commune.

La sécrétion de la membrane séreuse remplit la chambre antérieure de sérosité : aussi, au quatrième mois, l'œil est-il plus bombé et la cornée transparente plus saillante. Tant que subsiste la membrane pupillaire, la chambre postérieure demeure peu développée, en sorte que le cristallin s'applique immédiatement à la membrane capsulo-pupillaire, qui revêt la face postérieure de la membrane pupillaire.

8° La sclérotique se forme de la paroi viscérale de la tête. D'abord mince et transparente, elle devient peu à peu fibreuse et résistante. Au troisième mois seulement son segment antérieur se dénote comme cornée transparente, par un bombement et une pellucidité plus sensibles ; une élévation annulaire marque en même temps la limite des deux segmens.

9° Au moment de leur apparition, les yeux font une grande saillie sphérique. Ils ne commencent à rentrer dans la tête

(1) *Zeitschrift fuer Physiologie*, t. II, p. 366.
(2) Meckel, *Handbuch der pathologischen Anatomie*, t. I, p. 398.
(3) Meckel, *Deutsches Archiv*, t. I, p. 430, t. II, p. 136.

qu'au troisième mois, l'orbite se produisant alors autour d'eux. L'accroissement de la largeur du crâne les ramène aussi davantage en devant, tandis que, dans l'origine, ils étaient placés des deux côtés de la tête, alors étroite, et qu'en conséquence ils regardaient de côté, comme chez les animaux.

Au troisième mois, les muscles oculaires apparaissent sous la forme de cordons gélatineux.

10° Au second mois, la peau extérieure passe sur l'œil, figurant ainsi la conjonctive, mais sans décrire aucun repli. Au commencement du troisième mois, il se produit, à l'endroit où la peau s'unit à la conjonctive, un pli qui entoure la face antérieure de l'œil en manière d'anneau étroit, et qui, pendant le cours de ce mois, se constitue en paupières parfaites, lesquelles se touchent et s'agglutinent ensemble par leurs bords. La conjonctive représente donc alors une vésicule servant de réservoir au liquide sécrété par les glandes lacrymales, et qui s'écoule par les points lacrymaux, dont la saillie est très-considérable à cette époque. La séparation des paupières s'effectue au septième ou huitième mois chez l'embryon humain, tandis qu'elle n'a lieu que quelque temps après la naissance chez les animaux qui naissent aveugles. Les cils apparaissent vers le sixième mois. Du troisième au cinquième mois, suivant Ammon (1), la portion de conjonctive qui revêt la cornée transparente a l'apparence d'une espèce de voile.

II. L'organe auditif offre les particularités suivantes.

1° D'après la découverte de Baer, sa partie centrale naît sous la forme d'un cylindre creux, qui sort de la partie latérale de la moelle allongée, peu de temps après l'apparition de l'œil, et que reçoit la paroi spinale courbée en voûte sur elle-même (§ 399, 8°). Cette masse médullaire se condense du côté de la moelle allongée, et produit ainsi le nerf auditif, tandis que son extrémité tournée vers la paroi spinale demeure tubuleuse. Emmert a vu l'organe auditif sous cette forme primordiale simple, dans un embryon de Lésard, où il repré-

_____

(1) *Loc. cit.*, p. 509, 512.

sentait un petit corps cylindrique, qui, à la moindre lésion, se résolvait en un liquide blanc (1).

Le labyrinthe, partie qui se forme la première, est aussi quelquefois la seule portion de l'organe auditif qu'on rencontre dans les cas d'hémicéphalie. Le vestibule est probablement la partie primordiale (2), car les observations pathologiques attestent qu'on a trouvé le labyrinthe constituant une cavité simple et close, sans limaçon ni canaux demi-circulaires. Dans l'état normal, par conséquent, le vestibule se partage peu à peu en limaçon et en canaux demi-circulaires, qui, chez l'embryon humain, sont déjà complétement formés au commencement du troisième mois, et que, d'après Meckel (3), tapisse une membrane lisse en dedans, rude au toucher en dehors, qui disparaît au septième mois. Selon Valentin (4), l'utricule arrondi et oblong, qui représente le rudiment du labyrinthe, s'allonge d'abord, à son extrémité interne, en une vésicule arrondie, que des plis spiraux convertissent en limaçon; peu de temps après, son extrémité extérieure produit des espèces de hernies, qui deviennent les canaux demi-circulaires (*comparez* § 397***, 3°).

Autour de cette portion centrale de l'organe auditif se dépose une gelée, qui, dès le commencement du troisième mois, représente un cartilage. Ce cartilage, complétement séparé de celui du rocher, acquiert avant lui des points d'ossification; il est entièrement ossifié au septième ou huitième mois; après quoi il se soude avec le rocher.

Les premiers points d'ossification paraissent à la fin du troisième mois, et simultanément dans les trois portions du labyrinthe. Au troisième mois, le limaçon est déjà complétement développé dans sa partie médullaire; vers la fin de ce mois, l'ossification débute au pourtour de la fenêtre ronde, marche rapidement d'arrière en avant, et atteint en dernier lieu la lame spirale; la fenêtre ronde est précisément en face

(1) Reil, *Archiv*, t. X, p. 91.
(2) Heusinger, *Specimen malæ conformationis organorum auditûs*, p. 18.
(3) Meckel, *Handbuch der pathologischen Anatomie*, t. I, p. 404.
(4) Meckel, Manuel d'anatomie, t. III, p. 200.

de la membrane du tympan au troisième et au quatrième mois; au cinquième, elle se reporte un peu en arrière, et au septième elle est déjà aussi grande que chez l'adulte. L'ossification du vestibule commence d'abord à la périphérie de la fenêtre ronde, et elle est achevée au cinquième mois. Des canaux demi-circulaires, c'est le supérieur qui commence le premier à s'ossifier; viennent ensuite le postérieur, et au cinquième mois l'externe.

2° Suivant Huschke (1) et Valentin (2), la caisse du tympan, ou le vide qui reste entre le labyrinthe et la paroi spinale, provient, comme aussi la trompe d'Eustache, qui n'en est point d'abord distincte, de l'angle postérieur de la fente branchiale antérieure, comprise entre la mâchoire inférieure et l'arc branchial le plus antérieur. Rathke (3) la fait provenir d'une hernie en dehors de la membrane muqueuse de la cavité buccale.

La trompe d'Eustache est d'abord fort ample; au troisième mois, elle se couvre d'un revêtement cartilagineux. La caisse du tympan, qui s'en sépare, commence par être, proportion gardée, plus étroite, et remplie d'un liquide gélatineux épais et rougeâtre. D'après Rathke (4) et Valentin (5), il se développe, à sa paroi postérieure, une verrue, qui devient l'enclume et le marteau, ainsi que l'apophyse de Meckel (§ 434, 14°), tandis que la courte et transversale apophyse du marteau s'unit, d'après Huschke (6) avec l'os hyoïde. Ensuite, il pousse une seconde verrue, qui paraît être une pullulation du labyrinthe; celle-là produit l'étrier, et, en se rencontrant avec la première, forme l'articulation de cet osselet avec l'enclume. La cartilaginification débute au commencement du troisième mois, d'abord dans le marteau et l'enclume, puis dans l'étrier. L'ossification ne tarde pas long-

---

(1) Meckel, *Archiv fuer Anatomie*, 1832, p. 40.
(2) *Loc. cit.*, p. 210.
(3) *Anatomisch-philosophische Untersuchungen ueber den Kiemenapparat und das Zungenbein der Wirbelthieren*, p. 119.
(4) *Loc. cit.*, p. 125.
(5) *Loc. cit.*, p. 213.
(6) *Isis*, 1833, p. 678.

temps à se prononcer dans l'enclume et le marteau; elle a lieu plus tard dans l'enclume, et elle est terminée au septième mois. L'étrier s'ossifie d'abord dans la base, et en dernier lieu dans sa tête. C'est à la tête du marteau, comme aussi à celle de l'enclume, que paraît le premier point d'ossification; un second se développe à la base de l'apophyse antérieure, dont le prolongement cartilagineux s'efface plus tard (§431,1°). Le marteau est d'abord fort grand, proportionnellement, tant au corps entier qu'aux autres osselets de l'ouïe; suivant Meckel, sa longueur, comparée à celle de la tête et du tronc, est de 1 : 16 au quatrième mois, et de 1 : 90 chez l'adulte. Mais tous les osselets de l'ouïe ont déjà au dixième mois presque les mêmes dimensions que chez l'adulte : c'est donc à cette époque que correspond la limite de leur accroissement.

3° Le cadre du tympan paraît au second mois; il commence à s'ossifier à la fin du troisième, conserve pendant long-temps un vide à sa partie antérieure et supérieure, s'agrandit jusqu'au septième ou huitième mois, offre alors une figure ronde, devient ensuite plus large et plus elliptique, et se soude enfin, par ses deux extrémités, avec la portion jugale de l'os temporal. La membrane qu'il sert à tendre est grande, par rapport à ses dimensions chez l'adulte, plus arrondie, et plus oblique de haut en bas et de dehors en dedans; elle est aussi plus rapprochée de la surface, parce que le conduit auditif osseux manque encore.

4° L'ouverture extérieure de l'oreille provient, suivant Rathke (1), de l'étroit sillon qui reste à la partie externe de la fente branchiale antérieure, dont la partie interne s'est développée en caisse du tympan, de sorte que la substance comprise entre ces deux parties se développe en membrane et en cadre du tympan (2). L'ouverture se montre dans la sixième semaine, près du coin de la bouche. C'est alors un petit point, ou un enfoncement oblong, qui devient peu à peu le conduit auditif. Celui-ci, d'abord membraneux, et plus tard

(1) *Loc. cit.*, p. 121.
(2) Reichert, *Ueber die Visceralbogen der Wirbelthiere im allgemeinen, und deren Metamorphose bei den Sæugethieren und Vœgeln*, p. 83.

cartilagineux, est encore fort court. Pendant la onzième semaine, il se ferme au moyen d'un bouchon membraniforme,
qui s'applique à la membrane du tympan. Rœsslein (1) a trouvé
que cet enduit du tympan est gras et combustible. Cependant
nous ne pouvons point conclure de là qu'il soit un simple
amas de vernis caséeux ; car on a rencontré, chez des adultes,
une véritable membrane anormale, qui était ou épaisse et
lâche, ou mince et tendre (2). Emmert (3) a vu aussi, chez
des animaux qui naissent aveugles, les oreilles bouchées,
pendant quelque temps encore après la naissance, par un
coagulum membraneux analogue.

C'est une monstruosité par arrêt de développement que
l'absence du conduit auditif et de l'oreille externe (4). Cette
dernière, dans l'état normal des choses, apparaît pendant la
huitième semaine, sous la forme d'un repli cutané peu saillant,
qui est plat durant la neuvième semaine, et dans lequel la
cartilaginification commence à la fin du troisième mois. Il se
produit d'abord la partie moyenne de l'hélix et l'antitragus,
puis le tragus et l'anthélix ; au cinquième mois, la conque ;
au sixième, la partie supérieure de l'hélix et le lobule. C'est
plus tard seulement que l'oreille se détache davantage de la
tête ; au dixième mois, elle devient un peu dure, solide et
épaisse ; cependant le cartilage ne remplit point encore complétement le repli cutané.

b. *Membres.*

§ 434. Les *membres*, destinés à agir mécaniquement sur
le monde extérieur, d'après les instigations de la volonté,

1° Apparaissent quand le tronc a déjà acquis un certain développement. Ils semblent se produire, proportion gardée,
plus tard chez les animaux inférieurs, plus tard par exemple
chez les Batraciens que chez les Oiseaux, et chez les Rongeurs
que chez les Ruminans (5). Mais ils ne sont autre chose que

(1) *Diss. de differentiis inter fœtum et adultum*, p. 18.
(2) Meckel, *Handbuch der pathologischen Anatomie*, t. I, p. 401.
(3) *Deutsches Archiv*, t. V, p. 33.
(4) Meckel, *loc. cit.*, t. I, p. 400.
(5) Autenrieth, *Supplementa ad hist. embryonis*, p. 11.

des parties détachées de la paroi viscérale ; ainsi, chez l'É-
crevisse, ils se montrent sous la forme de petites bandelettes
de la membrane proligère formant la paroi viscérale, bandelettes qui se détachent de dehors en dedans, pour se dégager
peu à peu du tronc ; de même, chez cet animal, ils ont d'a-
bord l'analogie la plus frappante avec les arcs viscéraux, les
anneaux transversaux de la queue, les mâchoires et les mandibules, de manière que, tant qu'ils ne se sont point détachés, on peut les désigner sous le nom de mâchoires postérieures. Il arrive même, chez les femelles de plusieurs Lernéides,
qu'une paire de pattes, devenues inutiles, se soudent ensemble à leurs extrémités libres, de sorte que l'arc qui résulte de
là ressemble à un anneau du corps ou à une ceinture costale
devenue libre (§ 388*). Chez les animaux vertébrés, les membres ne se détachent point ainsi de la surface, mais viennent
des parties profondes, ayant dès l'origine leur extrémité libre ; dans l'embryon humain, à six semaines, ce sont de petits
tubercules sphériques, forme qu'ils conservent quelquefois,
par arrêt de développement. Chez les Monstres acéphales, ou
même chez des sujets dont le reste du corps s'est développé
d'une manière complète, et qui sont parvenus ainsi à pouvoir
jouir d'une vie indépendante (1), ils ont de l'analogie avec les
bourgeons des plantes ; leurs os, situés sur la même ligne
longitudinale, et dont le nombre croît à mesure qu'ils s'éloignent du tronc, ressemblent en quelque sorte aux ramifications successives qui se développent de ces bourgeons. D'a-
bord larges et épais, ils s'allongent peu à peu, mais en mai-
grissant, et ne prennent des contours arrondis que dans les
derniers mois.

2° Chez les animaux sans vertèbres, les membres sont des
parties du système cutané et du système testacé, qui prennent
une forme cylindrique, et reçoivent en elles des muscles et des
nerfs. Chez les vertébrés, au contraire, il y a un germe gélatineux, qui pousse des parties latérales de la colonne vertébrale,
et auquel la peau s'accolle, de même que, dans les bourgeons
des plantes, les fibres ligneuses reçoivent une gaîne du point

(1) Meckel, *loc. cit.*, t. I, p. 744.

du système cortical qui se soulève au dessus d'elles (1). Alors même que la formation a déjà fait d'assez grands progrès, une portion de la cuisse et du bras reste encore pendant quelque temps, chez l'embryon humain, appliquée immédiatement au tronc, sous la peau, sans que celle-ci lui fournisse un étui cylindrique ; quelquefois même cette disposition devient permanente par anomalie (2), tandis qu'elle est normale chez la plupart des Mammifères. Après que les os des doigts se sont séparés les uns des autres, ils restent encore cachés dans la peau, comme dans une mitaine ; ce n'est que peu à peu qu'on voit cette peau disparaître entre les doigts, de manière qu'elle semble d'abord comme crénelée à son bord, et que, quand ils commencent à se détacher, les doigts sont réunis par de minces expansions cutanées, comme par une sorte de membrane natatoire. On peut s'en convaincre dans l'embryon des Lézards (3), du Poulet (§ 403, 8°) et de l'homme. Chez celui-ci, la permanence de cet état constitue une difformité, qui est parfois portée au point que les ongles des cinq doigts se trouvent confondus en une lame indivise ; il suffit cependant alors de fendre la peau, pour rétablir la conformation normale (4) : mais, de même que l'écorce de la plante jouit de l'indépendance en ce qui concerne la production des gaînes, de même aussi on trouve, chez certains monstres humains, des membres qui ne consistent qu'en peau et en muscles, sans os.

3° Comme productions latérales de la périphérie animale, qui ont des connexions intimes avec la moelle épinière, les membres se forment, des deux côtés de cette dernière, au commencement de la paroi viscérale. Là, en effet, ou dans le sillon logé entre les parois viscérale et spinale qui procèdent du tronc vertébral, s'accumule de la masse organique primordiale, qui s'étend d'abord le long du tronc entier, puis se concentre à ses extrémités supérieure et inférieure, et devient

(1) Antenrieth , *loc. cit.*, p. 102.
(2) Meckel , *loc. cit.*, t. I , p. 757.
(3) Reil, *Archiv*, t. X , p. 92.
(4) Meckel , *loc. cit.*, t. I , p. 752. — Répertoire général d'anatomie; t. IV, p. 220.

l'atelier de la formation des membres (1). Chez les animaux sans vertèbres, il n'y a point de paroi spinale constituant une cavité indépendante, et la paroi viscérale commence à la surface tournée vers la membrane testacée de l'œuf, immédiatement auprès du cordon ganglionnaire ; les membres ont donc leur racine près de la ligne médiane, au côté spinal, et comme, en leur qualité d'organes destinés à soutenir et porter le corps, ce sont eux qui déterminent ses rapports de situation, l'organe central de la sensibilité vient se placer en dessous, et le jaune, avec la cavité viscérale future, en dessus, disposition inverse de celle qui a lieu chez les animaux vertébrés, et dont nous développerons plus tard la cause proprement dite (§ 459, I).

4° Chez les animaux sans vertèbres, lorsque les membres ont acquis une certaine longueur, ils se segmentent par des étranglemens de la peau et de l'enveloppe testacée (§ 384, 9°). Chez les vertébrés, la segmentation procède du dedans au dehors, mais de la même manière, à ce qu'il paraît, c'est-à-dire que, quand le noyau gélatineux est parvenu à une certaine longueur, il se partage en plusieurs segmens par condensation et étranglement : c'est une division analogue à la reproduction par scission ; mais la séparation ne peut être complète, à cause des capsules synoviales, dés ligamens articulaires et des tégumens cutanés, qui lient les parties entre elles, tout en les isolant les unes des autres. D'abord les membres se divisent en deux parties, l'une cylindrique et l'autre aplatie ; cette dernière (main, pied) ressemble à une patte, ou à un petit corps plat et terminé en pointe arrondie. Ensuite la partie cylindrique se divise en tronc et branches ; mais cette seconde portion (avant-bras, jambes) demeure pendant quelque temps fort courte par rapport à la partie aplatie. Les parties situées à la même hauteur se divisent également en tronc et en plaque. Ici la scission ne s'opère point d'une manière simultanée dans toute la longueur, et l'on ne voit point, comme dans les végétaux, des branches naître du tronc, ni des rameaux des branches ; nous en avons la preuve chez

(1) Valentin, *loc. cit.*, p. 244.

les monstres qui manquent de quelques uns des os d'une série ; car ici aucun os ne semble être la condition nécessaire de l'autre ; ainsi on a vu des cas où l'avant-bras portait trois doigts sans carpe, d'autres où un avant-bras s'insérait sans bras à l'omoplate, d'autres enfin où la main existait sans bras ni avant-bras (1).

Après que les membres ont commencé à se séparer en leurs divers segmens, on voit apparaître à leurs racines les rudimens des clavicules et des omoplates, ainsi que ceux des os pelviens, ceintures osseuses qui s'apposent sur la paroi viscérale osseuse, soit pour la doubler, soit pour se souder avec elle et établir sa connexion avec les membres.

Suivant Velpeau (2), l'avant-bras et la jambe sont déjà distincts de la cuisse et du bras chez l'embryon humain âgé de cinq semaines, et les doigts commencent à se détacher les uns des autres à l'extrémité. Dans la septième semaine, le bras se dégage de la peau, les chevilles et le genou se font apercevoir. Dans la neuvième les doigts sont tout-à-fait séparés, déjà divisés en phalanges, et pourvus de rudimens d'ongles ; ils commencent à se ployer.

5° En général, l'ossification observe la marche suivante : parmi les os qui constituent les racines des membres, les longs (clavicules) s'ossifient plutôt que les larges (omoplate, bassin) ; parmi ceux qui forment à proprement parler les membres, l'ossification commence d'abord au tronc (bras, cuisses), puis elle s'étend aux branches (avant-bras, jambes), après quoi elle se manifeste dans les os longs de la partie plate (métacarpe, métatarse, doigts et orteils), enfin elle s'établit dans les os courts de cette dernière partie (carpe et tarse).

6° Les membres sont d'abord parfaitement semblables, et ne diffèrent que par leur siége ; la différence entre eux ne se développe que peu à peu. Dans le Kanguroo qui vient de naître, les pattes de devant sont aussi fortes que celles de derrière (3). Chez les Batraciens, les membres abdominaux se forment beaucoup plus tôt que les pectoraux ; l'inverse paraît

(1) Meckel, *loc. cit.*, t. I, p. 745-749.
(2) Embryologie, Paris, 1833, p. 82.
(3) Blumenbach, *Handbuch der vergleichenden Anatomie*, p. 500.

ne pas tenir tant à une plus grande perfection de l'organisation, qu'à une spécialité de la manière de vivre ; car, chez
certains Poissons aussi, les Carpes par exemple, les nageoires pectorales se développent avant les ventrales (1) ; mais,
dans l'embryon humain, les membres pectoraux apparaissent, proportionnellement aux abdominaux, beaucoup plus
tôt que dans les embryons des Mammifères : le renflement
de la moelle épinière pour les nerfs de ces membres est plus
considérable que celui des nerfs qui se rendent aux membres
pelviens ; la clavicule s'ossifie dès la septième semaine, et
pendant quelque temps elle est le plus gros os, son volume
dépassant quatre fois celui des fémurs ; l'omoplate s'ossifie
peu après ; mais l'os des îles ne le fait au contraire qu'au
quatrième mois ; à cette époque, le bassin est encore fort
étroit, tandis que les épaules sont déjà asssz développées.
Ces dernières ont quatre pouces trois lignes à quatre pouces
et demi de large, vers la fin du dixième mois, tandis que la
largeur d'un grand trochanter à l'autre ne dépasse pas trois
pouces et un quart à trois pouces et demi. Pendant la huitième semaine, le fémur est encore engagé sous la peau,
au lieu que l'humérus est déjà libre. Le métacarpe s'ossifie
avant le métatarse ; les doigts s'ossifient et se fendent avant
les orteils. Mais, en leur qualité de supports du corps entier,
les fémurs et les os du tarse s'ossifient de meilleure heure
que les humérus et les os du carpe. Il résulte de tout cela
qu'au quatrième mois les membres abdominaux sont aussi
forts que les membres pectoraux ; au cinquième, ils acquièrent plus de masse musculaire que ces derniers ; car les fesses
se dessinent, les cuisses deviennent plus charnues, et la saillie des mollets se prononce.

7° Toutes les parties des membres sont d'abord dans un
état d'extension qui rappelle celle des végétaux ; mais lorsque les muscles se développent, la prédominance des fléchis-
seurs oblige les articulations à se ployer. Les membres entiers
poussent d'abord du tronc en ligne droite, puis le bras s'applique à la poitrine, l'avant-bras se dirige de dehors en de-

_____

(1) Bloch, *Naturgeschichte der Fische*, t. I, p. 151.

dans et du bas en haut, la cuisse se fléchit sur le ventre, la jambe sur la cuisse, et le pied sur la jambe; les doigts sont allongés dans la neuvième semaine, et fermés dans la douzième. Les mains s'appliquent à la poitrine et à la partie inférieure de la face; les pieds se croisent, ayant la plante tournée en dedans, vers les parties génitales, le dos en dehors, le bord interne en haut, et le bord externe en bas, disposition qui, lorsqu'elle persiste après la naissance, constitue la difformité des pieds-bots.

ARTICLE II.

Du développement de la portion transitoire du feuillet séreux.

§ 435. 1° Après que le feuillet séreux a produit, de sa portion excentrique, la base de la périphérie animale, il reste encore, chez les Reptiles supérieurs, les Oiseaux et les Mammifères, une partie périphérique qui, comme Dœllinger et Pander l'ont découvert dans l'œuf de Poule, se réfléchit des bords de la paroi viscérale non encore close, monte de tout le pourtour de la surface viscérale de l'embryon vers sa surface spinale tournée du côté de la membrane vitelline, se resserre là en rond vers le centre, puis se renverse de nouveau en dehors, et s'applique par sa circonférence à la membrane vitelline; par ce dernier renversement, elle forme donc, au dessus du côté spinal de l'embryon, une ouverture oblongue, qui, les bords du renversement venant à se rapprocher davantage les uns des autres, se rapetisse peu à peu, et finit par s'oblitérer tout-à-fait, ou produire ce que Pander appelle le raphé (1). C'est de cette manière que la portion périphérique du feuillet séreux se métamorphose en *amnios*, c'est-à-dire en un sac clos, qui enveloppe immédiatement l'embryon; mais son bord externe (*faux amnios* de Pander, *enveloppe séreuse* de Baer) (2), auquel, si l'amnios

(1) *Voyez* pl. II et III, p. r. t. u, s. q.
(2) *Voyez* pl. III, r. t. u. s.

provient de la troisième zone (§ 419, 425) du feuillet séreux,
nous pouvons donner le nom de quatrième zone, se détache
de l'amnios, dans l'endroit où l'oblitération produit le raphé,
couvre alors ce sac, s'étend jusqu'au bord le plus extérieur
de la membrane proligère, et se soude plus tard avec l'allantoïde (§ 445, 3°). Cet acte de formation, auquel on était loin
de s'attendre, qui semble même impossible d'après le sidées
reçues autrefois, que beaucoup de physiologistes ignorent
même encore aujourd'hui, mais que les recherches de Baer
ont élevé au rang des faits incontestables, concerne une partie trop essentielle de l'œuf des animaux supérieurs pour
qu'il puisse n'avoir lieu que chez les Oiseaux. Tout doit nous
porter à penser qu'il s'accomplit également chez les Mammifères, quoique modifié et remontant à une époque proportionnellement plus reculée; car, d'un côté, Prevost et Dumas
semblent avoir trouvé des embryons de Chien qui étaient d'a-
bord sans amnios, logés immédiatement sous l'exochorion,
et, d'un autre côté, il n'est point rare de rencontrer des embryons humains qui ne sont qu'à moitié plongés dans l'amnios; j'en ai vu de tels, et des observations du même genre
ont été faites par Weber, Breschet (1) et Velpeau. C'est en se
fondant sur de pareils faits que Dœllinger avoit émis d'a-
bord (2) l'idée que l'embryon commence par n'avoir aucune
connexion avec l'amnios, mais qu'ensuite il s'enfonce dedans
et s'en recouvre; Pockels (3) prétend également que l'embryon s'applique d'abord à l'amnios par son dos, et qu'il y
pénètre à reculons, fabricant, comme un cordier, son cordon ombilical avec cette membrane. Suivant Mayer (4), l'embryon entrerait dans l'amnios par un mouvement volontaire, et la tête la première. Velpeau (5) veut, au contraire,
que l'amnios entoure d'abord l'embryon, sans avoir de connexions avec lui, et qu'il pousse ensuite vers lui à travers la

(1) Études anat., phys. et pathol. de l'œuf dans l'espèce humaine, etc.
(Mémoires de l'acad. royale de méd., Paris, 1833, p. 1 et suiv.)
(2) *Deutsches Archiv*, t. II, p. 399.
(3) *Isis*, 1825, p. 1342.
(4) *Nov. Act. Nat. Cur.*, t. XVII, p. 566.
(5) Embryologie, p. 26.

gaîne ombilicale. Enfin Home (1) croyait qu'il existe dès avant la fécondation dans l'ovaire. Mais comme des observations sur l'exactitude desquelles on peut compter, ont appris qu'il n'existe point encore à l'époque de la première apparition de l'embryon ; comme il est d'abord beaucoup plus petit que le chorion et appliqué immédiatement au corps de l'embryon, dont il s'éloigne ensuite par les progrès de son accroissement, en même temps qu'il arrive à se mettre en contact avec le chorion ; comme enfin, il est continu avec la peau de l'embryon, nous sommes fondés à conjecturer, d'après l'analogie de l'œuf des Oiseaux, que partout il naît du pourtour du feuillet séreux.

2° L'amnios développé est, comme toutes les membranes séreuses, une vésicule formée de deux moitiés. L'externe (amnios proprement dit), tournée vers le chorion, demeure toujours mince et transparente; elle se réfléchit sur elle-même, pour se continuer, comme gaîne ombilicale, avec la moitié interne, qui forme les portions pariétales de l'embryon ; cette dernière est également mince et transparente dans le principe ; mais elle se métamorphose peu à peu. Les faces tournées l'une vers l'autre des deux moitiés sont libres et lisses ; l'espace qu'elles circonscrivent renferme un liquide séreux, appelé eau de l'amnios. Les faces qui ne se regardent pas sont rugueuses, et adhèrent, sur une moitié, avec l'embryon, sur l'autre, avec le chorion, à partir de la fin du second mois ou du commencement du troisième, à peu près comme le péricarde s'accolle d'une part au cœur, de l'autre à la plèvre et au diaphragme, laissant pénétrer les troncs vasculaires par le point où il se réfléchit sur lui-même. La gaîne ombilicale est d'abord courte et large ; elle renferme la vésicule ombilicale, avec la partie moyenne du canal intestinal, et l'allantoïde, avec les vaisseaux omphalo-iliaques ; plus tard, elle s'allonge, se rétrécit, et ne renferme plus que ces derniers vaisseaux, sur lesquels elle se resserre, avec les débris du canal de la vésicule ombilicale et de l'allantoïde. Sa continuation immédiate avec la peau est d'abord très-facile à con-

_____

(1) *Lectures on comp. anatomy*, t. III, p. 291.

stater, parce que celle-ci conserve encore le caractère séreux
(§ 426, 1°); mais plus tard on l'aperçoit moins. C'est pourquoi divers auteurs, Danz par exemple (1), et à ce qu'il paraît aussi Velpeau (2), nient que la gaîne ombilicale se continue avec l'embryon, tandis que d'autres, Roux par exemple et
Coste (3), veulent que la continuité se borne uniquement à
l'épiderme. Mais la connexion immédiate avec la peau est un
fait dont on ne saurait douter ; toutes les fois que, chez des
embryons de six mois, j'ai détaché la peau autour de l'ombilic, je suis parvenu à la suivre, tant sur la face externe que
sur la face interne, jusque dans la gaîne ombilicale, sans remarquer la moindre interruption. Ce passage est moins sensible chez le fœtus à terme. Mondini (4) a vu aussi que quand
l'épiderme se détache par l'effet de la macération, cette
membrane cesse net à l'ombilic, et qu'il n'y a que la peau qui
se prolonge dans la gaîne ombilicale. Il paraît donc que Flourens (5) a commis une erreur en prétendant qu'un feuillet externe de l'amnios devient l'épiderme, et un feuillet interne
la peau.

3° L'amnios, comme portion périphérique du feuillet séreux, annonce un développement plus prononcé de l'individualité, en ce qu'il isole l'embryon et l'enveloppe d'une atmosphère à lui propre. Ce qui le prouve, c'est qu'il manque
chez tous les végétaux, les animaux sans vertèbres, les Poissons et les Batraciens ; car si l'on a admis un amnios chez ces
êtres, c'est parce qu'on n'attachait point encore de sens précis au mot, et parce qu'on appliquait partout le nom d'amnios à celle des membranes de l'œuf qui se rapproche le plus
de l'embryon. Ce qui le démontre encore, c'est qu'en général
les jumeaux humains ont chacun leur amnios propre, et que,
quand ils n'en ont qu'un seul à deux, souvent ils sont adhérens
l'un à l'autre. Enfin, ce que Baer a observé, touchant une ir-

(1) *Grundriss der Zergliederungskunde des ungebornen Kindes*, t. I,
p. 84.

(2) Revue médicale, t. IV, p. 98.

(3) Recherches sur la génération des Mammifères, Paris, 1834, in-4,
p. 40. — Embryologie comparée, Paris, 1837, in-8, atlas.

(4) *Deutsches Archiv*, t. V, p. 594.

(5) Cours sur la génération, l'ovologie et l'embryologie, p. 129.

ritabilité et une motilité spéciales de l'amnios (§ 405 , 1°), démontre que cette membrane participe aux propriétés de la sphère animale, dont elle fait partie ; la vie animale a son foyer dans le centre ou la première zone du feuillet séreux ; elle se manifeste d'une manière subalterne , mais en conflit actif avec le monde extérieur, dans la seconde zône ; son écho retentit encore, dans la troisième zône , par quelques con-vulsions isolées ; enfin elle ne s'éteint tout-à-fait que dans la quatrième zône , car la vie ne connaît point de limites tran-chées, et ses rayons commencent par s'affaiblir graduellement à partir du foyer, avant de disparaître entièrement.

CHAPITRE II.

Du développement du feuillet muqueux.

§ 436. (La *cavité digestive*,

1° Chez les êtres dont la reproduction a lieu par scission et par gemmation , naît par pullulation et étranglement du corps maternel. Chez les animaux qui se fendent en travers , celle de la mère se divise en deux parties, de manière que la ca-vité digestive du petit n'est que la fin de celle de la mère. Le bourgeon ou rejeton d'un Polype apparaît sous la forme d'une espèce de petite verrue , au bas de laquelle on distingue bien-tôt une petite cavité , qui n'est autre chose qu'une hernie la-térale de la cavité digestive maternelle , prend part peu à peu aux fonctions élaboratrices de cette dernière , puis s'ouvre à l'extérieur, du côté de son extrémité libre ou de son cul-de-sac , après que les bras se sont développés de ce côté , et enfin se clot par adhésion de ses parois, à l'extrémité opposée , où du côté qui regarde la cavité de la mère.

2° Dans les spores animales, qui consistent en une masse homogène, la cavité digestive se forme probablement par ex-cavation, la substance animale perdant sa cohérence intime vers le milieu de la spore, et s'y fluidifiant, tandis que la substance extérieure se condense en une paroi, qui s'ouvre enfin sur un point , par fluidification ou résorption , et donne ainsi naissance à l'ouverture alimentaire ou à la bouche.

La cavité digestive ramifiée des Distomes, de quelques

autres Entozoaires voisins et de certaines Méduses doit peut-
être naissance, ou à ce que la masse de la spore se fluidifie
sur plusieurs points à la fois, de manière que les excavations
isolées qui résultent de là se réunissent et se confondent en
une seule, ou à ce qu'il se forme primordialement une cavité
simple, qui peu à peu se prolonge et se ramifie dans le reste
de la substance du corps) (1).

3° Lorsque la production s'accomplit par le moyen d'un
œuf, dès que l'embryon commence à se former, un feuillet
particulier se détache de la membrane proligère, pour faire
la base du système digestif, qui n'est plus ici une simple
excavation de la masse du corps, ou une cavité digestive,
mais qui a des parois propres et représente un véritable organe de digestion. Cette couche porte le nom de feuillet muqueux. C'est une partie membraniforme, située en dedans,
ou immédiatement sur l'embryotrophe primitif (jaune), qui
est couverte en dehors par le feuillet séreux, mais bientôt
aussi par le feuillet vasculaire, et qui se convertit en système
des membranes muqueuses, qui par conséquent est le siége
principal du renouvellement des matériaux organiques et du
conflit plastique avec le monde extérieur. Chez les ovipares,
ce feuillet croît peu à peu tout autour du jaune, de manière
à l'envelopper enfin entièrement, comme faisait auparavant
la membrane vitelline (§ 341, 2°), et à représenter alors une
vésicule, qui peu à peu se métamorphose en canal digestif, et
qui, chez les animaux vertébrés, fournit le siége du premier
système vasculaire, c'est-à-dire des vaisseaux omphalo-mésentériques. C'est là le *sac vitellin* (*vesica vitellaria, saccus
vitellarius*). On ignore encore si le feuillet muqueux commence aussi, chez les Mammifères, par être un disque, qui
n'acquiert que peu à peu la forme de vésicule, ou s'il prend
dès l'origine la forme d'une vésicule close, enveloppant l'embryotrophe : jusqu'à présent, on l'a toujours rencontré sous
forme vésiculeuse, et l'on peut présumer que cette dernière
est primordiale, à cause de la quantité extrêmement peu considérable de l'embryotrophe primitif. Ce qu'il y a de certain,

(1) Addition de Rathke.

c'est que, chez les Mammifères, la vésicule ombilicale (*vesicula umbilicalis, tunica erythroides*) correspond parfaitement au sac vitellin, quant à ses connexions avec l'intestin et avec les vaisseaux, comme l'ont surtout constaté Oken, Kieser, Meckel et Bojanus, après Needham, Blumenbach et Sœmmerring. A la vérité, il y a quelques différences; mais elles ne sont point essentielles, et tiennent uniquement au caractère des Mammifères, notamment à ce que, chez ces animaux, l'embryon reçoit continuellement l'embryotrophe de la mère. Il n'est aucun Mammifère non plus chez lequel on n'ait rencontré la vésicule ombilicale, et si Osiander [1] la considérait comme un vice de conformation rare, tout ce qu'on peut conclure de là, c'est qu'il avait eu peu d'occasions d'étudier avec le soin convenable des œufs doués d'une conformation parfaitement normale. Diemerbroek, Albinus, Boehmer, Roux [2] et Lobstein ont pris cette vésicule pour l'allantoïde, dans l'embryon humain; mais l'allantoïde est un organe dépourvu de vaisseaux, qu'on peut démontrer en même temps qu'elle, et qui a des connexions avec la vessie ou le cloaque. (J'ai parfaitement reconnu, dans un embryon de Chien long de quatre lignes, que, durant les premiers temps, l'intestin se continue avec la vésicule ombilicale, non point par un canal étroit, mais sur toute sa longueur [3]. Chez des embryons plus avancés en âge et longs de sept lignes, il n'y avait plus que la partie moyenne de l'intestin qui fût encore ouverte, et elle se continuait avec la vésicule ombilicale, absolument de même qu'au quatrième jour l'intestin de l'embryon du Poulet se continue avec la vésicule vitelline) [4]. Du reste, il est clair que la vésicule ombilicale étant l'analogue du sac vitellin des Oiseaux, elle ne peut se former déjà dans l'ovaire et constituer la partie primordiale de l'œuf, puisque le sac vitellin ne se développe que pendant

[1] Reil, *Archiv*, t. X, p. 70. - Meckel, *Deutsches Archiv*, t. IV, p. 16-24.

[2] Bichat, Anat. descriptive, t. V, p. 378.

[3] Baer, *De ovi mammalium genesi*, p. 2.

[4] Addition de Baer.

l'incubation, et qu'il ne doit point être confondu avec la membrane vitelline.

ARTICLE I.

Du développement de la partie primitive du feuillet muqueux.

I. Vésicule intestinale.

§ 437. La *vésicule intestinale*, nom général sous lequel nous désignerons la formation primordiale de l'organe digestif (§ 436, 3°), se métamorphose en canal digestif, soit dans sa totalité, soit en partie seulement; c'est en cela que consiste la première différence, et la plus importante.

I. Chez les animaux sans vertèbres, à l'exception de quelques Crustacés, chez les Anoures, et, comme l'a démontré Carus, chez les Urodèles aussi, la vésicule vitelline tout entière se convertit en intestin, et, de même que le feuillet séreux (§ 417, 4°), elle devient un organe permanent du corps animal. Le feuillet muqueux croît autour du jaune, et le feuillet séreux autour du feuillet muqueux; à mesure que le corps se développe en longueur, et que le jaune diminue, la forme sphérique de la vésicule intestinale passe peu à peu à la forme cylindrique, c'est-à-dire qu'elle s'allonge pour ainsi dire en un tube parallèle à l'organe central de la sensibilité, qu'enveloppe et renferme la paroi viscérale simultanément produite par le feuillet séreux; le développement'part des deux extrémités, céphalique et caudale, où paraissent d'abord des tubes vides de jaune (intestin oral et intestin anal), tandis que la partie moyenne persiste encore pendant quelque temps, sous la forme d'une vésicule pleine de jaune, jusqu'à ce qu'elle devienne également tubuleuse (1). Telle est la forme la plus simple, celle qui présente l'image la plus claire de ce qu'il y a d'essentiel dans la métamorphose entière; la vésicule intestinale n'est autre chose que l'organe digestif ayant encore une forme sphérique.

(1) *Voyez* pl. I, fig. 5, 6, pl. IV, fig. 1, 2.

II. Chez les autres animaux vertébrés, le feuillet muqueux se partage, par un plissement latéral, en deux parties, l'une interne, centrale, située sous la colonne vertébrale et le crâne, qui se transforme en canal intestinal, et par conséquent persiste; l'autre, plus rapprochée de la paroi viscérale, et qui ne dure qu'un certain laps de temps. Il est vrai que, chez les ovipares, à l'époque où cette séparation commence, le feuillet muqueux n'est point encore une vésicule close, mais il ne tarde pas à le devenir, et nous pouvons, pour concevoir l'opération entière, nous figurer une sphère creuse qui, par un plissement circulaire de dehors en dedans, se partagerait en deux hémisphères, de telle sorte que le pli devînt toujours de plus en plus profond, jusqu'à ce qu'enfin il donnât naissance, par étranglement, à deux sphères creuses, ou vésicules closes, dont l'une s'allongerait en organe tubuleux de la digestion, ou canal intestinal; tandis que l'autre, demeurant vésicule intestinale dans l'acception restreinte du mot, viendrait à périr au bout de quelque temps. Nous avons donc ici deux temps de métamorphose; d'abord un plissement, qui va peu à peu jusqu'à produire un étranglement; ensuite un allongement, ou le tiraillement de la vésicule en tube, accompagné de son accroissement. Le plissement de dehors en dedans du feuillet muqueux s'étend sur toute la longueur de l'embryon, et lorsqu'on examine ce dernier par son côté viscéral, le canal digestif paraît sous la forme d'une fosse oblongue, qui s'étend le long de la tige animale, et qui, par les progrès du plissement, acquiert, avec des parois plus escarpées, l'aspect d'une nacelle. Mais, à cette époque, le plissement devient plus considérable à l'extrémité céphalique, comme un peu plus tard il le devient aussi à l'extrémité caudale, que des deux côtés, et de là résulte une sorte de pont antérieur et de pont postérieur de la nacelle, c'est-à-dire le commencement d'un intestin oral et d'un intestin anal. Le resserrement latéral devient peu à peu plus prononcé, de sorte que la partie moyenne représente une fosse plus étroite, ou une gouttière (1); mais les

(1) Pl. II et III, g. k.

portions terminales s'allongent par l'effet des progrès continuels que le plissement fait vers l'ombilic futur, et alors il
semble que le canal digestif résulte de deux portions qui
croissent à l'encontre l'une de l'autre. Lucæ a effectivement
admis ce mode de formation (1) ; il prétend que les diverticules des intestins tiennent à ce qu'une des deux moitiés venant à manquer, le bout de l'autre moitié s'accroît sur l'un
de ses côtés; mais la parfaite continuité des deux portions
terminales, que l'on peut apercevoir dès l'origine, réfute
cette opinion. On a pas moins erré en pensant que le canal
digestif est produit par la soudure de deux bandelettes parallèles; une telle hypothèse repose sur une pure illusion
d'optique, provenant de ce que les deux lames du mésentère,
lorsqu'elles se développent, paraissent comme autant de
bandelettes opaques à travers la gouttière intestinale, qui
est transparente. Enfin, il résulte de ce qui précède que le
feuillet muqueux s'applique primordialement à la tige vertébral; qu'en conséquence il n'est pas possible que la vésicule
intestinale soit d'abord éloignée de l'embryon, et que plus
tard seulement elle contracte adhérence avec son intérieur.
Mais l'analogie avec la première forme (I.) est évidente, et
toute la différence se réduit à ce que la portion située entre
l'extrémité céphalique et l'extrémité caudale, qui, dans cette
forme, finit par se convertir en canal digestif, n'éprouve point
ici cette métamorphose, et ne fait que se resserrer de plus en
plus à l'égard de la portion tubuleuse.

L'intestin médian (intestin grêle) se forme en dernier lieu,
mais de telle sorte qu'à partir de la vésicule intestinale, il se
continue, par une de ses portions, avec l'intestin oral, et par
l'autre, avec l'intestin anal; ces deux portions sont pendant
quelque temps appliquées l'une contre l'autre au voisinage
de la vésicule intestinale, et celle-ci s'insère à l'endroit où
elles se continuent l'une avec l'autre, ou à la convexité de l'anse
intestinale. Mais peu à peu cet abouchement se rétrécit, aussi
bien que la portion de la vésicule intestinale qui vient immédiatement après, et cette dernière s'allonge simultanément

(1) *Abhandlungen der phys. med. Soc. zu Erlangen*, t. II, p. 17.

en un tube de communication, appelé *conduit vitello-intesti-nal*, moyen d'union entre ce qui doit persister et ce qui n'a qu'une existence transitoire. Chez l'embryon du Poulet, le ca-nal en question s'aperçoit au cinquième jour, et il ne devient plus volumineux que vers la fin de l'incubation (§ 402, 2°). Chez les Mammifères, il se forme de très-bonne heure, et s'oblitère non moins rapidement. Cependant Bojanus a le premier démon-tré par l'observation, sur des embryons de Brebis, qu'il établit une communication entre la vésicule intestinale et la cavité in-testinale (1). Cette communication a été vue, de la manière la plus positive, sur des embryons de Cochon, de Chien et d'homme, par Baer; chez l'homme par Velpeau (2) et Muller (3). Chez un fœtus humain à terme, mais qui, sous plusieurs rap-ports, était évidemment demeuré à un degré inférieur de déve-loppement, Tiedemann a trouvé, dans la gaîne ombilicale, une vésicule intestinale piriforme, longue de plus de quatorze lignes, sur sept de large, qui s'ouvrait dans l'intestin par un canal assez large et long de trois lignes et demie (4); on ne peut pas croire que ce fût là un diverticule de l'intestin, comme le prétend Fleischmann (5). Au reste, la vésicule intestinale transitoire est délicate et transparente chez certains animaux, grenue et colorée chez d'autres; elle a même de l'analogie avec le canal intestinal, quant à la texture. Ainsi Emmert (6) y a remarqué, chez les Lézards, des plis saillans en dedans, sur lesquels se répandaient des vaisseaux sanguins; la même remarque a été faite par Rathke et par Volkmann sur des Couleuvres, et, d'après les recherches de Baer, sa surface interne est plus ou moins villeuse chez tous les Mammifères et chez l'homme.

La seconde différence se rapporte à la situation de la par-

---

(1) *Deutsches Archiv*, t. IV, p. 34.

(2) *Embryologie*, p. 39.

(3) Meckel, *Archiv fuer Anatomie*, 1832, p. 412. — Muller, *Archiv fuer Anatomie*, 1834, p. 8.

(4) *Anatomie der kopflosen Missgeburten*, p. 66.

(5) *Leichenœffnungen*, p. 21.

(6) Reil, *Archiv*, t. IX, p. 83.

tie transitoire, suivant qu'elle est primordialement placée dans l'intérieur ou hors de la cavité abdominale.

1° D'après les recherches de Rathke, la vésicule intestinale se trouve, dès l'origine, dans la cavité abdominale, chez la Blennie et le Syngnathe, de même que chez les Raies et les Squales, par conséquent, suivant toutes les apparences, chez les Poissons en général; comme le feuillet séreux ne se réfléchit point pour produire un amnios, il suit le feuillet muqueux, continue de croître dans la même proportion que ce dernier, et enveloppe la vésicule intestinale, comme paroi viscérale, qui, d'abord distendue par elle en manière de sac herniaire, se resserre peu à peu, à mesure que le jaune diminue (1). Cette disposition se rapproche de celle qui constitue la forme la plus simple (I); chez les Batraciens et les animaux sans vertèbres, les feuillets séreux et muqueux demeurent parallèles l'un à l'autre, de manière que la vésicule intestinale est appliquée immédiatement à la paroi viscérale; or quelque chose d'analogue a lieu chez les Poissons, si ce n'est qu'à l'endroit de son étranglement, la vésicule intestinale s'éloigne de la paroi viscérale.

2° A un degré d'organisation plus élevé, le feuillet séreux se réfléchit, à partir de la paroi viscérale, dans sa portion transitoire, l'amnios, et la portion transitoire du feuillet muqueux, ou la vésicule intestinale, qui se sépare de l'intestin par étranglement, est située hors de la cavité abdominale, entre l'endochorion et l'amnios. Mais ici deux cas se présentent : la vésicule finit par entrer dans la cavité abdominale, ou elle n'y rentre jamais. Chez les Oiseaux et les Reptiles supérieurs, les parois viscérales ne se rapprochent que jusqu'au point de laisser une ouverture ombilicale, par laquelle la vésicule intestinale se glisse, vers la fin de l'incubation, dans la cavité abdominale, pour disparaître ensuite peu à peu après l'éclosion, tandis que la peau et les muscles du ventre se rapprochent de la ligne médiane, et finissent par clore l'ouverture ombilicale. Chez les Mammifères, au contraire, la vésicule intestinale demeure toujours hors de la cavité abdomi-

(1) *Voyez* pl. I, fig. 9, 10, 12, 13, 14.

nale, avec les autres enveloppes transitoires du fœtus. Dans l'embryon humain, elle est d'abord placée immédiatement au devant du ventre, du côté de l'extrémité céphalique, et renfermée dans la gaîne ombilicale, qui est courte encore : à mesure que cette gaîne s'allonge, la vésicule s'éloigne davantage de l'embryon.

3° Chez les ovipares, le feuillet muqueux croît tout autour de la sphère vitelline, mais ne s'étend point au-delà, une fois qu'il s'est clos en vésicule. Chez les Mammifères, au contraire, la vésicule intestinale continue de croître, et cela d'autant plus que sa durée ou celle de ses vaisseaux est plus considérable ; chez les Rongeurs, elle devient assez grande pour entourer tout l'amnios ; chez les Chiens d'environ quatre semaines, elle est plus grande que l'allantoïde, et longue d'environ deux pouces ; chez l'homme, elle atteint tout au plus six lignes de dimension.

Sa forme varie beaucoup chez les Mammifères ; pyriforme dans le Cheval, elle est conique, avec son sommet dirigé vers l'intestin, dans la Taupe ; petite et cylindrique dans le Phoque ; longue et semblable à un intestin dans les Rongeurs ; chez les Ruminans, elle est oblongue, fait un angle droit avec l'embryon et son intestin, et se termine en deux branches longues, étroites et pointues, qui s'étendent, parallèlement au chorion, vers les deux extrémités de l'œuf ; chez les Chéiroptères aussi, elle est ovale et se porte vers les extrémités de l'œuf. Dans l'homme, elle est sphérique, et rarement oblongue : elle a une paroi solide, assez épaisse, simple et non entièrement transparente ; son contenu, de couleur jaune, à la consistance d'une émulsion (1).

Bojanus (2), Alessandrini (3), Emmert (4) et Cuvier ont trouvé, dans des embryons de Mammifères, et Lobstein dans des embryons d'homme, des filamens blancs et dépourvus de vaisseaux, qui se rendaient des points opposés de la vésicule

(1) Velpeau, Embryologie, Paris, 1833, p. 42.
(1) Isis, 1818, p. 1616. — Deutsches Archiv, t. V, p. 42.
(2) Deutsches Archiv, t. V, p. 42.
(3) Reil, Archiv, t. X, p. 55.

intestinale à l'endochorion ; cependant on n'en découvre ordinairement point, et à peine peut-on admettre quelque analogie entre eux et les chalazes, puisque la véritable vésicule vitelline des Oiseaux n'a point de chalazes.

4° Après que l'intestin s'est formé, il se clot du côté du conduit vitello-intestinal, et celui-ci s'oblitère à son tour de l'intestin vers la vésicule, prenant ainsi peu à peu l'aspect d'un filament plein, qui disparaît enfin par absorption. Chez les Oiseaux, ce phénomène n'a lieu qu'après l'éclosion ; car, tant que la vie embryonnaire dure, la provision de jaune n'est point épuisée, et le conduit vitello-intestinal demeure par conséquent perméable. Ce canal s'oblitère de meilleure heure chez les Reptiles supérieurs ; en disséquant des Tortues et des Crocodiles sortis de l'œuf depuis peu, Rathke a trouvé, dans la cavité abdominale, une vésicule intestinale presque sphérique, qui tenait à l'intestin par un cordon plein et court. Il a vu le conduit ouvert chez des embryons de Squales et de Raies qui étaient assez développés ; la Blennie, au contraire, et les Syngnathes le lui ont offert converti de très-bonne heure en un cordon plein (§ 389, 5°). Cette oblitération est précoce aussi chez les Mammifères : Hunter a remarqué, chez de très-jeunes embryons humains, que le canal n'était plus perméable qu'au voisinage de la vésicule intestinale, et qu'il contenait le même liquide que cette dernière, tandis que, du côté de l'intestin, il était déjà aussi grêle qu'un cheveu. Oken est également parvenu, sur de très-jeunes embryons de Mammifères, à le suivre depuis la vésicule intestinale jusque dans la gaîne ombilicale ; mais il lui a été impossible de le faire servir à pousser de l'air dans l'intestin. D'après les observation de Velpeau, il s'oblitère vers la cinquième semaine. Sa cavité s'obstrue peu à peu entièrement, et il devient un filament grêle, qui, par l'allongement progressif du cordon ombilical, et l'accroissement continuel de la distance entre la vésicule intestinale et l'embryon, va toujours en s'amincissant, jusqu'à ce qu'il disparaisse tout-à-fait. Emmert, Hochstaetter, Cuvier et Fleischmann (1) regardaient ce filament

(1) Loc. cit., p. 18.

comme primordial, et doutaient qu'il dût naissance à un canal vitello-intestinal. Plus tard même encore, Mayer(1) a soutenu une opinion analogue, en disant qu'on avait pris une artère pour le canal vitello-intestinal; en s'exprimant ainsi, il oubliait que, chez les animaux inférieurs, on ne peut méconnaître la transformation immédiate de la vésicule ombilicale en intestin, cette vésicule ne tenant plus à l'intestin que par des vaisseaux sanguins sur les derniers temps de la vie embryonnaire (§ 389, 7°, 397ᵉ, 6°).

5° Enfin la vésicule intestinale elle-même perd son liquide, se flétrit, se soude avec le chorion et l'amnios, ou vient à être résorbée, ou enfin est rejetée avec les enveloppes du fœtus. Chez les Poissons, les Reptiles supérieurs et les Oiseaux, elle ne disparaît qu'après l'éclosion; chez les Chéiroptères aussi elle persiste pendant toute la vie embryonnaire, et la femelle la rejette avec son délivre. Elle dure de même assez long-temps chez les Carnassiers. L'embryon humain est celui de tous chez lequel sa disparition a lieu de meilleure heure, dès le troisième mois, quelquefois même dès le second ; cependant on l'a fréquemment trouvée encore après la naissance (2), et Mayer (3) prétend même qu'elle subsiste dans tous les œufs à maturité, qu'elle y est placée à une assez grande distance de l'insertion des vaisseaux ombilicaux au placenta, et qu'elle contient un caillot de couleur jaune verdâtre.

6° La mortification de ses vaisseaux suit une autre marche, car elle va de la vésicule vers l'intestin. Ces vaisseaux disparaissent chez l'embryon humain plus tôt que chez tout autre, dès le troisième mois. Dans les Mammifères, ils subsistent plus long-temps, alors même que le conduit vitello-intestinal s'est réduit à un filament grêle, ou même a disparu, et que la vésicule est flétrie. Ainsi cette dernière est resserrée sur elle-même au septième mois chez le Cheval, et d'un gris jaunâtre au huitième, mais on y aperçoit encore des vaisseaux (4). Dans les Rongeurs, la vésicule perd de bonne heure

(1) *Nov. Act. Nat. Cur.*, t. XVII, p. 553.
(2) Valentin, *loc. cit.*, p. 110.
(3) *Loc. cit.*, p. 535.
(4) Jœrg, *Grundlinien zu einer allgemeinen Physiologie*, p. 277.

son liquide, et dès le milieu de la vie embryonnaire ses deux moitiés se soudent ensemble, ou avec le chorion et l'amnios, mais les vaisseaux se maintiennent sur ce feuillet rougeâtre, qu'on appelle tunique érythroïde, et on les y voit jusqu'à la naissance. Ils persistent également chez les Reptiles supérieurs et les Poissons, de manière que, pendant les dernières périodes de la vie embryonnaire, ils constituent le seul mode d'union entre la vésicule intestinale et l'embryon. Chez l'embryon du Poulet, ils disparaissent au quinzième jour.

7° Quelquefois on rencontre, par anomalie, des débris de la vésicule intestinale. On assure que, chez certains Oiseaux, le conduit vitello-intestinal persiste pendant toute la vie, formant un diverticule ou un cœcum de l'intestin. Chez l'embryon humain, en général, ce n'est que jusqu'au quatrième mois qu'on en découvre un vestige, constitué par un petit tubercule au bord libre et convexe de l'iléon; mais assez fréquemment ce canal conserve la forme d'intestin, et produit alors un appendice en cul-de-sac, ou un diverticule, comme l'a prouvé Meckel (1). Cependant ce serait aller trop loin que de considérer tous les diverticules sans exception comme les résultats d'un semblable arrêt de développement; il s'en trouve quelquefois plusieurs sur des points différens du même canal intestinal, où ils ne peuvent avoir été produits que par un prolongement anormal. Dans d'autres cas, il n'y a que les vaisseaux du conduit vitello–intestinal qui persistent; Spangenberg (2) a rencontré, chez un adulte, la veine omphalomésentérique représentant, près de l'anneau ombilical, un filament long de six lignes, puis plus loin un vaisseau dans l'intérieur duquel il y avait un peu de sang, et qui passait, d'avant en arrière, entre les intestins, pour aller s'ouvrir dans la veine mésentérique supérieure.

II. Canal digestif.

§ 438. La formation du *canal alimentaire*,

I. Étudiée d'abord en général,

1° Paraît dépendre, quant à la circonstance la plus essen-

(1) *Handbuch der pathologischen Anatomie*, t. I, p. 553-597.
(2) *Deutsches Archiv*, t. V, p. 87.

tielle, de ce que la dimension en longueur vient à se manifester dans la vésicule intestinale. Après que l'organe central de la sensibilité a commencé à se développer en une partie allongée, c'est-à-dire comme axe de l'animal futur, la vésicule intestinale s'étend également en longueur, et cela, suivant toutes les apparences, parce que la tige vertébrale sert ici de base ou de règle. En effet, le feuillet muqueux, envisagé d'une manière purement mécanique, trouve, à la face viscérale de la colonne vertébrale et du crâne, un point d'appui auquel il s'attache, et la portion ainsi fixée peut ensuite devenir le foyer vers lequel le reste du feuillet s'enroule sur lui-même; voilà pourquoi, chez les animaux vertébrés, le canal digestif tout entier est d'abord appliqué immédiatement à la tige vertébrale, dont il ne s'éloigne plus tard que dans les points où, à raison de son accroissement plus considérable en longueur, il est forcé de décrire des circonvolutions. Mais l'organe central de la sensibilité n'exerce-t-il pas aussi, en vertu d'une force propre, une influence dont le résultat soit de déterminer une concentration? Du moins la précocité du développement de l'intestin oral, comparativement à celui de l'intestin anal, semble-t-il ne pouvoir être expliqué que par la prépondérance du cerveau. L'application du canal intestinal au cordon ganglionnaire, chez les animaux articulés, paraît aussi parler en faveur de cette hypothèse. Mais, dans tous les cas, nous devons reconnaître que les deux feuillets de la membrane proligère ont une tendance manifeste à prendre une même configuration.

2° Les deux extrémités du canal digestif se forment les premières, et toutes deux sont d'abord closes, ce qui s'explique très-bien d'après la manière dont elles prennent naissance (§ 437, I, II); plus tard seulement, on voit paraître les ouvertures de la bouche et de l'anus, évidemment produites par l'absorption et la disparition graduelles des parois (1). Dans les têtards de Grenouilles, la bouche figure d'abord une petite ouverture arrondie, qui ne devient une large fente qu'à l'époque où les pattes de devant se développent. Meckel

_____

(1) *Voyez* pl. I, fig. 4 et 5, fig. 9 et 10, pl. II et III, en g et en k.

a trouvé un embryon humain chez lequel la bouche n'était ouverte qu'en trois endroits, les intervalles étant encore adhérens. L'anus est d'abord un point situé immédiatement derrière les parties génitales : vers la douzième semaine seulement il devient une fente longitudinale, séparée de ces organes par le périnée.

A ses deux extrémités, l'organe digestif entretient, avec la périphérie animale, des connexions plus intimes, qui ont pour résultat d'exalter en lui la vie jusqu'à l'activité sensorielle et au mouvement volontaire. Voilà pourquoi la scission s'opère d'une manière harmonique dans le tube digestif et dans les parois viscérales, c'est-à-dire pourquoi elle a lieu simultanément de dedans en dehors et de dehors en dedans. Ce qui prouve que les choses se passent ainsi, c'est qu'il y a des monstruosités dans lesquelles l'une des directions se trouve arrêtée, et l'autre subsiste seule, mais ne peut point atteindre à son but ; quelquefois le rectum est développé, mais l'anus manque (1) ; dans les cas opposés, la paroi viscérale s'enfonce en manière d'anus, et forme une excavation, mais qui ne parvient pas jusqu'au rectum (2) ; on a vu parfois aussi une ouverture buccale qui se terminait par un canal en cul-de-sac, sans communication avec l'intestin, parce que l'œsophage, l'estomac et la partie supérieure de l'intestin grêle n'existaient point (3).

De même que l'intestin oral se développe le premier, de même aussi il s'ouvre plus tôt que l'autre. Les Guêpes, les Abeilles et les Fourmilions n'ont qu'une bouche à l'état de larve, et n'acquièrent d'anus que dans l'état chrysalidaire (4) ; chez d'autres Insectes, pendant la vie chrysalidaire, qui est un retour vers la vie embryonnaire, l'anus est complétement fermé par une membrane, et il ne s'ouvre de nouveau qu'à la fin de cette période. Dans l'embryon de Poulet, il est encore clos au quatrième jour, tandis que la bouche se trouve déjà ouverte (§ 401, 7°). Dans l'embryon humain,

(1) Meckel, *Handbuch der patholog. Anat.*, t. I, p. 504.
(2) *Ibid.*, p. 501.
(3) Tiedemann, *Anat. der kopflosen Missgeburten*, p. 51.
(4) *Deutsches Archiv*, t. IV, p. 289.

la bouche paraît durant la sixième semaine, et l'anus pendant la septième : l'atrésie de ce dernier est un vice de conformation assez commun, tandis que celle de la bouche n'a été observée qu'un très-petit nombre de fois (1). Il n'y a que les têtards de Grenouilles chez lesquels l'anus s'aperçoive avant la bouche (§ 391, 7°), mais on ignore encore s'il est également perforé avant elle (2).

Du reste, les deux ouvertures demeurent béantes pendant un certain laps de temps après leur apparition, et leurs parois ne se rapprochent point de suite l'une de l'autre.

3° D'après le mode de formation qui vient d'être indiqué, le canal intestinal, qui tire son origine d'une vésicule, doit être fort court d'abord, et ne s'allonge que peu à peu. Chez les animaux inférieurs, par exemple l'Ecrevisse, beaucoup d'autres Crustacés et certains Poissons, il conserve toujours la longueur du corps entier. Dans l'embryon des animaux supérieurs et de l'homme, il n'est pas d'abord plus long que la tige vertébrale (3), et il a une ampleur considérable, proportionnellement à sa longueur; mais il ne tarde pas à s'allonger, à se rétrécir, et, comme la cavité abdominale devient trop courte pour lui, il est obligé de se replier en circonvolutions. Cet accroissement va si loin, que, pendant quelque temps, l'intestin a beaucoup plus de longueur qu'il n'en présente chez l'adulte, et qu'ensuite il revient sur lui-même. Il diminue d'une manière absolue chez le têtard de Grenouille, où il atteint une longueur de douze pouces, qui se réduit à deux pendant la dernière période (§ 396, 3°). Relativement à la longueur du corps il est pendant quelque temps plus long chez l'embryon humain que chez l'adulte, et diminue vers là fin de la vie embryonnaire (4). On a quelquefois rencontré, chez l'homme adulte, une monstruosité par arrêt de développement dans laquelle l'intestin était court, sans circonvolutions, et l'estomac s'étendait presque en ligne droite jusqu'à l'anus (5).

(1) Meckel, *loc. cit.*, t. I, p. 497.
(2) *Isis*, 1826, p. 615.
(3) Fleischmann, *loc. cit.*, p. 66.
(4) *Deutsches Archiv*, t. III, p. 74-78.
(5) Meckel, *loc. cit.*, t. I, p. 519.

4° La cavité orale, le pharynx, l'œsophage et la fin du rectum conservent leur situation primordiale à l'égard du tronc animal; ils sont toujours, ainsi que les portions voisines du canal digestif, enveloppés immédiatement par les parois viscérales. La portion moyenne du canal intestinal ne se trouve pas dans le même cas; primordialement, à la vérité, elle est appliquée à la colonne vertébrale; mais, d'un côté, sa croissance n'est pas, comme celle des portions terminales, en harmonie avec celle de cette colonne, et elle la dépasse de beaucoup, de sorte qu'elle doit finir par s'en détacher; d'un autre côté, les feuillets du mésentère, qui se développent entre elle et la colonne vertébrale, l'éloignent de cette dernière; enfin les parois viscérales sont pendant quelque temps si étroites que la portion moyenne du canal intestinal ne trouve pas assez d'espace dans la cavité abdominale, surtout à cause de l'accroissement rapide du foie, et que la partie de ce canal qui communique avec la vésicule intestinale est forcée d'entrer dans la gaîne ombilicale. A mesure que la cavité ventrale s'agrandit, par les progrès du développement de ses parois, l'intestin y rentre en entier.

Le développement ultérieur du canal digestif consiste en ce qu'il acquiert des formes différentes sur divers points. Ce changement s'opère dans deux directions, celle en profondeur, par scission en plusieurs couches superposées (II), celle en longueur, par séparation en plusieurs segmens distincts (III).

II. Le canal digestif consiste d'abord en une masse homogène partout, molle et grenue, qui se partage peu à peu en deux couche, la membrane muqueuse et la membrane musculeuse, entre lesquelles se développe une couche intermédiaire, la membrane celluleuse. Mais cette séparation s'opère à des époques très-diverses chez les différens animaux; dans l'Ecrevisse, par exemple, elle a lieu peu de temps avant l'éclosion, tandis que, chez les Mammifères, au contraire, elle s'effectue durant une période très-reculée de la vie embryonaire.

1° Chez les Insectes, la membrane interne devient transparente, mince, lisse comme du parchemin, et partout de même texture. Quelques écrivains ont prétendu que les Lépidoptères la rejetaient en passant de l'état chrysalidaire à l'état parfait ; mais cette espèce de mue est niée formellement par Herold (1). Cependant Dutrochet dit l'avoir observée chez la Guêpe avant la transformation en chrysalide. Ramdohr (2) assure que l'estomac de la larve des Guêpes possède quatre tuniques à l'estomac ; or il n'est pas sans vraisemblance que, comme une nouvelle peau extérieure se forme sous l'ancienne avant chaque métamorphose des Insectes , une nouvelle membrane interne de l'estomac est produite également ici par la couche moyenne, avant que l'ancienne vienne à se détacher. Valentin (1) a découvert, chez les Mammifères, un rejet analogue , qu'il désigne sous le nom de mue primordiale. Suivant lui, des plis nombreux , épais et renflés , précurseurs des villosités , s'élèvent à la surface interne du canal digestif : la couche interne, plus épaisse , est une épithélion , qui forme des gaînes aux villosités soulevées à la superficie de la membrane muqueuse sous-jacente ; cet épithélion se détache, devient mucilagineux, et se mêle avec le méconium; la couche qui se produit à sa place est plus mince. Les villosités ont, dès l'origine , les mêmes dimensions à peu près que celles qu'elles présentent plus tard , mais elles sont plus serrées les unes contre les autres. Du reste, elles sont d'abord répandues sur une plus grande surface que chez l'adulte, et , jusqu'au septième mois, on en découvre partout ; mais, dès le troisième mois, une différence s'établit entre elles, celles du gros intestin étant beaucoup moins élevées que celles de l'intestin grêle, quoique aussi multipliées. Au quatrième mois, elles sont moins coniques et moins nombreuses dans cet intestin , et le même changement continue de s'opérer jusqu'à ce qu'enfin, au huitième mois, il ne reste plus, à la surface interne du gros intestin, que des plis longitudinaux très-peu élevés et fort légèrement crénelés.

On ne distingue aucune trace des valvules de Kerkring jus-

---

(1) *Entwickelungsgeschichte der Schmetterlingen* , p. 34.
(2) *Ueber die Verdauungswerkzeuge der Insekten* , p. 133.
(3) *Loc. cit.*, p. 461.

que vers le septième mois ; à cette époque, elles se montrent sous la forme de légères élévations, qui disparaissent très-facilement lorsqu'on tend l'intestin grêle, et qui sont même encore fort insignifiantes chez le fœtus à terme.

2° Au dire de Valentin (1) les fibres musculaires du canal intestinal ne naissent point, comme celles des muscles soumis à sa volonté, de globules disposés en série les uns à la suite des autres ; mais, comme celles du cœur, elles sont le résultat d'une formation primordiale au sein de la masse organique primitive, et elles apparaissent sous la forme de filamens grêles, homogènes, transparens, plus ou moins entrelacés les uns avec les autres. Chez un embryon de cinq mois, le diamètre des fibres longitudinales était de 0,0060, celui des fibres annulaires de 0,0048, celui des granulations intermédiaires de 0,0036 ligne.

3° Le *péritoine*, de même que toutes les membranes séreuses, apparaît sous la forme d'un enduit gélatineux des organes et des parois des cavités. Cet enduit devient un feuillet, d'abord épais et mou, qui plus tard s'amincit et se condense. Il paraît croître de la colonne vertébrale le long des parois abdominales, pour aller gagner la ligne médiane, et maintenir une certaine indépendance de ces parois, puisqu'on trouve des monstres humains chez lesquels le péritoine présente une fente sur la ligne médiane (2), et d'autres qui l'ont clos, bien que leurs parois ventrales ne soient point réunies ensemble (3).

Le mésentère forme d'abord deux feuillets perpendiculaires. A mesure que le canal intestinal croît, et que la situation de ses parties change, la forme du mésentère se modifie également.

En même temps, le péritoine allonge ceux de ses replis qui sont libres, et il produit l'épiploon.

Muller (4), et après lui Hansen (5) ont donné une description exacte de ces métamorphoses.

(1) *Loc. cit.*, p. 459.
(2) Meckel, *loc. cit.*, t. I, p. 97, 118.
(3) *Ibid.*, p. 100.
(4) Meckel, *Archiv fuer Anatomie*, p. 829 et 398.
(5) *Peritonœi humani anatomia et physiologia*, Berlin, 1834, in-4°.

III. La seconde différence qui survient dans le canal diges tif, se manifeste sur sa longueur, notamment par des ampliations et des constrictions, la plupart du temps accompagnées de modifications correspondantes dans la texture. Ce canal représente d'abord un tube uniforme, qui peu à peu se divise en parties diverses. Chez les animaux supérieurs, cette division, qui résulte surtout des étranglemens causés par les valvules pylorique et iléo-cœcale, produit trois grands segmens, que nous désignerons, avec Rathke, sous les noms d'intestin oral, intestin anal, et intestin moyen. Nous devons considérer comme effets d'un développement qui a dépassé ses limites, les cas dans lesquels l'étranglement devient une scission complète, et où le canal digestif se trouve divisé, soit en trois, soit même en quatre portions, toutes terminées en cul-de-sac les unes à l'égard des autres (1).

Des faits recueillis tant par moi que par d'autres observateurs, sur les animaux vertébrés les plus divers, je crois pouvoir conclure que l'intestin oral et l'intestin anal prennent, d'accord ensemble, une direction particulière, qui ne dépend d'aucun autre organe, et qui ne trouve sa condition ou sa cause qu'en eux-mêmes. En effet, pour peu que le canal digestif acquière une longueur supérieure à celle du tronc, tous deux tendent à tourner celle de leurs extrémités qui regarde l'intestin moyen, non seulement vers le côté inférieur, mais encore vers le côté droit du corps, de manière que l'estomac et le gros intestin se portent obliquement de gauche à droite. Cette règle ne présente d'exception qu'à l'intestin anal, lorsque, peu de temps après son apparition, il a une ampleur considérable, ou une longueur seulement moyenne, comme chez la Blennie, les Serpens et les Oiseaux. Au contraire, la portion moyenne de l'intestin, en acquérant plus de longueur, décrit une anse de droite à gauche, dont, à mesure qu'elle s'accroît, les deux jambages forment des angles de plus en plus petits avec les portions d'intestin situées devant et derrière elle. Chez les Poissons et les Batraciens, dont l'intestin ne sort jamais du ventre, cette inflexion a lieu de très-bonne heure, et ne tarde pas à produire une anse simple dont

(1) Meckel, loc. cit., t. I, p. 494.

la convexité regarde à gauche : quand l'intestin s'allonge davantage, cette convexité se reporte un peu en devant, et alors, tantôt (Grenouilles, Crapauds) l'anse entière, qui comprend l'intestin moyen, s'enroule plusieurs fois sur elle-même, tandis que ses deux jambages demeurent appliqués immédiatement l'un contre l'autre, tantôt (Blennie) les deux jambages s'écartent l'un de l'autre, et chacun d'eux cherche à décrire une ou plusieurs circonvolutions. Chez les animaux vertébrés dont la portion moyenne de l'intestin pend d'abord hors de la cavité du corps, on n'en remarque pas moins que la partie située au devant de l'ouverture ombilicale se courbe de très-bonne heure en une S, dont le crochet correspondant à l'extrémité orale se dirige vers le côté gauche, tandis que l'autre se porte à droite. L'intestin anal tantôt demeure sur la ligne médiane du corps, comme chez les Oiseaux pendant les premiers temps, chez les Ophidiens et les Sauriens durant toute la vie, tantôt se dévie de cette ligne dans sa portion tournée vers l'intestin moyen, décrit, dans la moitié gauche du corps, une petite inflexion de droite à gauche et de haut en bas, et sort ensuite en partie de la fente ombilicale. Lorsque, plus tard, la portion moyenne de l'intestin rentre dans la cavité abdominale, sa moitié située du côté de l'extrémité orale commence bien à décrire une multitude de circonvolutions ; mais l'anse qui primordialement était la plus antérieure, et qui embrassait l'estomac, avec le commencement de l'intestin grêle, demeure intacte, et le seul changement qu'elle éprouve consiste en ce que son extrémité la plus rapprochée du côté droit se porte davantage en avant, de sorte que l'arc qu'elle décrit devient proportionnellement plus petit. Mais si l'on excepte les Oiseaux, chez lesquels l'intestin anal demeure très-court, proportion gardée, cet intestin acquiert, tout comme l'estomac, une inflexion vers le côté gauche, de sorte que son extrémité voisine de l'intestin moyen qui correspond à l'extrémité pylorique de l'estomac, est également tournée à droite, ou même logée dans la moitié latérale droite du corps, mais que sa convexité est tournée en avant, de même que celle de l'estomac l'est en arrière) (1).

(1) Addition de Rathke.

1° L'œsophage devient perceptible lorsque le tube intestinal se dilate au dessus de lui pour produire le pharynx, et au dessous pour former l'estomac. En effet, l'estomac qui, ainsi que le canal alimentaire tout entier, représente d'abord un cylindre perpendiculaire, ne tarde point à se dilater du côté gauche, pour produire son futur cul-de-sac; son bord gauche forme alors une saillie arrondie, tandis que le bord droit s'étend encore en ligne directe et verticale, de l'œsophage à l'intestin grêle. A la fin du troisième mois, sa portion terminale s'infléchit davantage à droite; d'abord oblique, il finit par devenir horizontal, de sorte qu'il forme des angles presque droits avec l'œsophage et l'intestin. En même temps, on voit paraître le bord supérieur ou la petite courbure. A quatre mois, le cul-de-sac et les deux courbures ont plus d'étendue proportionnelle que chez l'adulte, et l'estomac se sépare de l'intestin grêle par un étranglement, qui constitue la valvule pylorique; celle-ci est d'abord fort peu saillante, et ne devient plus prononcée que dans les derniers mois de la vie embryonnaire. Chez les Ruminans, l'estomac lui-même se partage, d'après les observations de Meckel, en trois poches, dont celle du milieu est la plus considérable; peu à peu la première poche (panse, portion cardiaque) se resserre de telle sorte que l'œsophage ne s'abouche plus dans son intérieur, mais dans la suivante; celle-ci se divise, par une échancrure profonde, en une moitié gauche (feuillet) et une moitié droite (bonnet), mais de telle manière cependant que l'œsophage s'ouvre dans toutes deux à la fois; la poche qui, primordialement, était la troisième, et qui maintenant se trouve la quatrième (caillette, portion pylorique), se sépare de plus en plus, par un étranglement, de celles qui la précèdent, acquiert un petit cœcum à son origine et à son côté droit, et se continue, en se rétrécissant, avec l'intestin grêle.

Quand l'estomac, chez l'homme, est divisé, par un étranglement, en portion cardiaque et portion pylorique, nous devons considérer ce vice de conformation comme le résultat d'un développement qui a dépassé les limites normales. Au contraire, lorsque cet organe est étroit et en forme d'intestin (1), ou lorsqu'il affecte une situation verticale (2), c'est la preuve d'un arrêt de développement.

2° Comme la formation du canal digestif part des deux bouts et s'avance peu à peu vers le milieu, l'intestin moyen, (intestin grêle) est la partie qui se produit la dernière, celle par conséquent qui se sépare le plus tard de la vésicule intestinale, qui reste le plus long-temps unie à cette dernière par le conduit vitello-intestinal, qui enfin fait le plus de saillie hors de la cavité abdominale, à l'extérieur de laquelle elle se termine en deux jambages, unis par le mésentère, décrivant ensemble un angle aigu pour aller gagner le canal vitello-intestinal, et constituant ainsi l'anse intestinale. Dans tous les animaux vertébrés, sans exception, chez lesquels on rencontre une vésicule intestinale transitoire, ce point est l'intestin grêle, et l'union des deux jambages correspond à peu près au milieu de cet intestin; mais, chez les Mammifères, elle se rapproche davantage de l'extrémité anale, en sorte qu'un des jambages de l'anse intestinale se compose de la fin de l'intestin grêle et du commencement du gros intestin. Oken plaçait le point où a lieu la clôture du canal digestif sur la limite qui sépare l'intestin grêle du gros intestin, et considérait le cœcum, avec son appendice, comme un débri du canal vitello-intestinal. Cette hypothèse a été renversée par l'observation, qui nous a appris que le cœcum et son appendice se forment à une époque où le canal digestif est encore uni avec la vésicule intestinale, et sur un point éloigné du siége de cette dernière.

L'intestin moyen est d'abord aussi ample que l'intestin anal; puis il le dépasse même en volume pendant quelque temps, et ensuite il devient peu à peu plus étroit. Il diminue surtout quant à la proportion entre son ampleur et sa longueur, qui devient plus faible que chez l'adulte. Suivant Meckel, l'ampleur étant prise pour unité, la longueur est de 42 à 60 au second mois, de 6 à 170 au troisième, de 250 au quatrième, de 260 au sixième, de 390 au septième, de 480 au dixième, et de 270 à 378 chez l'adulte.

(1) Meckel, *loc. cit.*, t. I, p. 508.
(2) *Ibid.*, p. 552.

Proportionnellement au gros intestin, l'intestin grêle est d'abord plus court; mais bientôt il atteint la proportion à laquelle il doit s'arrêter ensuite, ou même quelquefois il la dépasse un peu. D'abord, il se rend en ligne droite de la colonne vertébrale à l'ouverture ombilicale; plus tard, c'est seulement de l'estomac qu'il part, pour se porter à droite et en arrière, puis en avant et en bas, vers cette ouverture; il est alors logé en grande partie dans la gaîne ombilicale, et, à l'insertion du canal vitello-intestinal, il se replie sur lui-même, pour regagner la cavité abdominale, décrivant ainsi, d'abord un angle aigu, puis, un arc, lorsque l'intestin, devenu un tout cohérent, s'est séparé du conduit. Durant la septième semaine, il commence à se rouler en un paquet, qui est situé au devant de l'ouverture ombilicale, et pendant la dixième semaine il rentre dans la cavité abdominale, le sommet de l'anse en dernier.

3° L'*intestin anal* (gros intestin) est d'abord proportionnellement plus long et plus ample que chez l'adulte. D'après Meckel, son ampleur étant prise pour unité, sa longueur est de 24 au second mois, de 33 à 34 au troisième, de 60 au quatrième, de 53 au dixième, de 21 à 48 chez l'adulte. Au second mois, le gros intestin, après s'être engagé en partie dans la gaîne ombilicale, franchit l'ouverture ombilicale, et se porte en ligne droite vers l'anus, fixé à la colonne vertébrale par un long repli mésentérique. Au troisième mois, son commencement n'est plus dans la gaîne ombilicale, mais dans le milieu de la cavité abdominale, entre l'intestin grêle et la paroi antérieure du ventre; peu à peu il se porte au côté droit, et d'abord vers la région supérieure du rein droit, jusqu'à ce qu'il s'abaisse à partir du cinquième mois, et que vers le septième environ il atteigne l'os iliaque droit. Après ces variations dans la situation du commencement de l'intestin anal, celui-ci acquiert peu à peu la position qu'il doit désormais conserver par rapport à son extrémité anale : car, au second mois, il n'y a qu'un colon descendant, tandis qu'au troisième, on en trouve un transverse, auquel vient encore se joindre, au cinquième mois, un colon ascendant. Ainsi donc, si la formation de l'intestin anal, envisagée sous le rapport de l'origine première, procède du rectum vers le cœcum, le développement ne suit cependant pas cette marche à la lettre; car, dès la septième semaine, époque à laquelle le commencement du gros intestin est encore contenu dans la gaîne ombilicale, on voit paraître le cœcum, sous la forme d'un petit tubercule marquant la limite entre cet intestin et le grêle; la valvule iléo-cœcale se montre aussi au troisième mois, tandis que le rectum ne se fait distinguer qu'au quatrième par son ampleur plus considérable, et au cinquième par la flexion en *S* du colon, tandis que c'est au septième mois seulement qu'un étranglement sépare le cœcum du colon. L'appendice cœcal apparaît vers la dixième semaine; il est alors presque aussi volumineux que l'intestin grêle, et proportionnellement plus long que chez l'adulte : durant la quatrième semaine, il se rétrécit et se roule en circonvolutions, après quoi il devient aussi plus court. Du reste, les boursoufflures du colon se montrent à la fin du cinquième mois, d'abord dans sa portion transversale, et, à mesure que lui-même s'allonge, son repli mésentérique se raccourcit. L'étroitesse de la valvule iléo-cœcale, l'absence, l'état rudimentaire, ou l'ampleur excessive de l'appendice cœcal, chez l'adulte (1), sont autant de monstruosités qui annoncent un arrêt de développement.

ARTICLE II.

Des développemens ultérieurs du feuillet muqueux.

I. Organes plastiques.

§ 439. Nous avons vu que, dans la génération par gemmation, la cavité digestive était produite par une pullulation du corps maternel, dont la cavité faisait hernie à l'extérieur (§ 436, 1°). Il se produit de cette même manière, le long du canal digestif, des parties diverses, telles que le cul-de-sac de l'estomac (§ 438, 9°), le cœcum et l'appendice cœcal (§ 438, 10°). Divers organes sécrétoires, qui versent le liquide fabriqué par

(1) Meckel, *loc. cit.*, t. I, p. 598.

eux dans le canal digestif, ont également la même origine. Tel est évidemment le cas des organes de ce genre qui constituent des tubes simples et nus, comme les appendices pyloriques des Poissons, les vaisseaux salivaires et biliaires des Insectes ; c'est également celui des glandes salivaires et du foie des animaux supérieurs et de l'homme, car la seule différence, entre ces organes-ci et les précédens, consiste en ce que le canal hernié se partage en un grand nombre de branches, qui, parsemées de vaisseaux et de nerfs, sont unies en une masse commune par du tissu cellulaire. Mais le système entier des membranes muqueuses a son origine dans le feuillet muqueux, puisque c'est le canal digestif qui produit aussi les organes respiratoires.

Nous avons déjà dit tout ce qu'il y avait d'essentiel à faire connaître relativement aux ramifications du système entier (§ 400, 22°). Il ne sera donc question ici que des glandes salivaires, du pancréas, du foie et des poumons, comme produits d'une hernie qui s'accompagne d'un dépôt de masse organique primordiale au côté extérieur de l'organe digestif. Chez les animaux inférieurs, où la vésicule intestinale tout entière se métamorphose en canal digestif, ces productions paraissent naître en partie déjà sur un point de la vésicule qui n'est pas encore devenu tubuleux, et par conséquent provenir immédiatement du feuillet muqueux (§ 383, 27°,28°).

A. *Glandes salivaires et pancréas.*

La marche du développement des glandes salivaires, y compris le pancréas, a été étudiée par Weber (1) chez les Mammifères, par Rathke chez l'Écrevisse (§ 385, 15°), la Couleuvre (§ 397*, 3° ; 397***, 12°) et les Mammifères, par Muller chez les Oiseaux (2) et les Mammifères (3), enfin par Valentin (4). Ce développement a lieu de la manière suivante :

(Au milieu d'une petite masse de substance organique pri-

(1) Meckel, *Archiv fuer Anatomie*, 1827, p. 278.
(2) Muller, *De glandularum secernentium structura penitiori*, p. 65, §
(3) *Ibid.*, p. 60-67.
(4) *Loc. cit.*, p. 523.

mordiale reposant sur le côté extérieur du tube alimentaire, il se forme, ou un canal unique, ou deux conduits communiquant ensemble, peu volumineux, reconnaissables à leur tissu plus dense et moins transparent, et un peu renflés à l'extrémité. De ces canaux poussent ensuite latéralement des branches peu volumineuses, dont chacune est également renflée à son extrémité, qui par conséquent se composent, à proprement parler, de deux parties, le pédicule et le renflement. Cependant ces deux parties sont d'abord peu distinctes l'une de l'autre, attendu qu'elles ont le même degré de transparence, et partant la même texture : la transition de l'une à l'autre se fait d'une manière insensible, et le renflement n'est guère plus gros que le pédicule. Un peu plus tard, ce renflement est beaucoup plus gros et sphérique, c'est-à-dire semblable à une vésicule, et d'un blanc de lait, tandis que le pédicule a conservé l'apparence d'une opale translucide. Tandis que ces changemens s'accomplissent, et que la branche s'allonge peu à peu, il sort de ses côtés des canaux nouveaux, qui en produisent d'autres à leur tour, et ainsi de suite, chaque nouvelle pousse subissant les mêmes modifications que les premières branches ; le tout ressemble alors à un arbre très-ramifié, dont les extrémités sont renflées en manière de boutons ou de vésicules. Mais toutes les branches sont maintenues par de la masse organique primordiale, dont la quantité absolue va toujours en augmentant, et qui est d'abord plus molle et plus transparente qu'elle ne le sera plus tard. Les extrémités renflées, ou les vésicules, sont les parties dans lesquelles la salive se trouve sécrétée ; les pédicules sont les conduits extérieurs. Du reste, le calibre de ces conduits et le volume des vésicules sont d'autant moins considérables, proportionnellement au volume total de la glande, que celle-ci a fait moins de progrès dans son développement (1).)

Valentin a remarqué encore un autre mode de développement, qui consiste en ce qu'à quelque distance du conduit principal communiquant avec le canal digestif, il se produit des bandelettes de masse condensée, qui vont en croissant

(1) Addition de Rathke.

vers ce conduit, s'unissent à lui, deviennent creuses, et se développent en branches, sur lesquelles des branches et des rameaux s'implantent de la même manière.

(D'après des observations que j'ai faites sur le Cochon et la Brebis, le pancréas paraît d'abord, puis la glande sous-maxillaire, et un peu plus tard la parotide. Les deux premiers deviennent visibles à peu près dans le même temps que la glande thyroïde, mais plus tard que le foie et le reste. Cependant l'apparition du pancréas et celle du foie ont lieu presqu'à la même époque chez la Couleuvre.

1° Weber a décrit la formation de la *parotide* (1) d'une manière qui s'accorde avec mes propres observations. Je ferai remarquer, comme particularité de cette formation, que les branches s'écartent du tronc en tous sens, qu'elles sont assez longues pendant les premiers temps, et que par conséquent aussi les vésicules sont assez distantes les unes des autres. Ces dernières n'ont qu'un très-petit volume comparativement à celui de la glande entière, et la masse organique primordiale qui les unit, outre qu'elle est très-molle, existe aussi en grande quantité.

2° Dans la *glande sous-maxillaire*, les branches qui partent du tronc ne suivent qu'une seule direction, mais divergent beaucoup; les ramifications sont fort courtes, et leurs renflemens très-rapprochés les uns des autres, ce qui donne au tout l'aspect d'un chou-fleur; la masse organique primordiale est peu abondante et plus condensée que dans la parotide; les grains glanduleux paraissent plus gros, proportion gardée, que dans cette dernière.

3° Dans le *pancréas*, les branches ne suivent également qu'une seule direction; mais elles divergent moins, et sont beaucoup plus longues que dans la glande précédente, avec laquelle celle-ci a d'ailleurs une grande ressemblance : les ramifications sont plus longues aussi, et les renflemens qu'elles supportent portés par de courts pédoncules, ce qui fait que le tout ressemble à un assemblage de petites panicules. Chez le Cochon, le pancréas reste, pendant toute la vie, situé

_____

(1) Meckel, *Archiv. fuer Anatomie*, 1827, p. 278.

très-près du pylore, comme les appendices pyloriques des Poissons. Chez d'autres Mammifères, la Brebis, par exemple, il s'éloigne peu à peu de cette situation, qui est celle qu'il occupe primitivement, et ce phénomène tient à l'allongement considérable qu'acquiert la portion d'intestin comprise entre lui et le pylore. Le canal de Wharton croît de l'intestin vers l'estomac, et c'est sur lui que la glande entière trouve son point d'appui, en se développant ; ainsi que ce canal, elle est d'abord verticale, et avec lui elle prend plus tard une situation horizontale ; je trouve même que, pendant les derniers temps de la vie embryonnaire, elle acquiert aussi la forme de l'estomac, un bord supérieur concave, un bord inférieur convexe, une extrémité gauche renflée, et une extrémité droite allongée en pointe. Ses granulations sont d'abord fort peu adhérentes les unes aux autres ; ce n'est qu'au quatrième mois qu'elles se rapprochent davantage, étant réunies par un tissu cellulaire plus condensé.

Les appendices pyloriques des Poissons, qui ne se ramifient pas, et ne constituent point une glande commune, parce qu'ils sont déjà plusieurs au moment où ils sortent de l'intestin, se forment des deux côtés du point de cet intestin où s'abouche la vésicule intestinale. De même aussi, dans la Vipère, le pancréas se développe auprès de l'embouchure du conduit vitellin intestinal (1).

B. *Foie.*

§ 439*, 1°. Rolando, Baer (§ 400, 15°), Muller (2) et Valentin (3), chez les Oiseaux ; Muller (4), chez les Reptiles ; Rathke (§ 389, 24°) et Baer (5), chez les Poissons ; enfin Rathke (§ 381, 1°, 383, 27°, 384), chez les Arachnides et les Crustacés, ont reconnu que le foie est une pullulation et

(1) Addition de Rathke.
(2) *De glandularum structura*, p. 77.
(3) *Loc. cit.*, p. 515.
(4) *Loc. cit.*, p. 72.
(5) *Untersuchungen ueber die Entwickelungsgeschichte der Fische*, p. 31.

une hernie du feuillet muqueux. Sa formation a lieu de trop bonne heure et marche avec trop de rapidité, chez les Mammifères, pour qu'il ait été possible jusqu'ici de l'observer.

2° Mais le foie résulte de deux hernies tout-à-fait distinctes l'une de l'autre. Ces hernies demeurent séparées chez l'Écrevisse. Dans les Oiseaux, elles se réunissent, les deux cônes creux attirant à eux une portion de plus en plus considérable de la paroi intestinale, à mesure qu'ils s'allongent, jusqu'à ce qu'ils aient entièrement envahi la partie située entre eux, de manière qu'alors les deux orifices sont confondus en un seul. C'est cela sans doute qui fait que, même chez l'embryon humain, le foie conserve pendant long-temps une symétrie bien prononcée, son lobe gauche étant presque aussi volumineux que le droit, et sa scissure longitudinale se trouvant sur la ligne médiane.

3° Les hernies s'étendent en ramifications, et, suivant la remarque déjà faite par Malpighi (1), le foie du Poulet n'est d'abord composé que de petits cœcums. Ces ramifications de la membrane muqueuse ne tardant pas à être enveloppées de masse organique primordiale (parenchyme futur), l'organe se partage en plusieurs lobules, qui ne se confondent ensemble que peu à peu. Ainsi, Rathke a vu, dans l'Écrevisse, que le foie, quand son embouchure dans la vésicule intestinale diminue de capacité, acquiert quelques échancrures superficielles, qui deviennent peu à peu plus profondes et plus nombreuses, jusqu'à ce que, vers la fin de la vie embryonnaire, on aperçoive à sa surface une multitude de petites élévations en forme de verrues, qui, après l'éclosion, s'allongent en cylindres semblables à des cœcums, et libres de toute adhérence les unes avec les autres. De même, dans quelques monstruosités humaines, on l'a trouvé composé d'un amas de lobules distinctes, et ressemblant à une glande salivaire.

4° A mesure que son parenchyme s'accroît, ses vaisseaux

_____

(1) *Opera omnia*, p. 61.

se multiplient aussi. Chez l'embryon humain, il est encore mou comme de la bouillie au troisième mois, et il a une teinte grisâtre ; mais peu à peu il devient plus ferme, grenu, d'un rouge foncé, et plus imprégné de sang qu'il ne l'est après la naissance, parce qu'indépendamment du sang des veines splénique et mésentériques, il reçoit aussi une grande partie de celui de la veine ombilicale.

5° Il acquiert de très-bonne heure un volume énorme, proportionnellement au reste du corps ; ce volume diminue graduellement un peu, mais demeure toujours fort considérable. Son poids est à celui du reste du corps : : 1 : 3 vers la fin du premier mois ; : : 1 : 18 au dixième mois ; : : 1 : 36 chez l'adulte. Pendant le premier mois, il occupe toute la moitié inférieure du tronc, de même que le cœur remplit la supérieure. Au second mois, il s'étend jusqu'aux os des îles. Au troisième mois, son lobe gauche ne descend plus si bas, et au quatrième, il ne s'étend plus autant vers la gauche. A partir du sixième mois, son lobe droit n'arrive également plus si bas. Ces changemens tiennent à ce que, surtout depuis le cinquième mois, l'accroissement du foie ne marche plus d'une manière aussi rapide, d'abord dans le lobe gauche, puis dans le lobe droit. Ils dépendent aussi de ce que la position de l'organe, d'abord perpendiculaire, se rapproche ensuite davantage de l'horizontalité, la partie supérieure de la face antérieure se reportant davantage vers le haut. On doit enfin les attribuer à ce que les parois abdominales prennent plus de développement, et à ce que la cavité ventrale devient plus spacieuse.

Chez les Poissons et les Reptiles, le foie ne paraît pas avoir, pendant la vie embryonnaire, un volume relatif plus considérable qu'à une époque plus avancée de la vie.

5° La vésicule biliaire est une branche du conduit biliaire qui se forme en dernier lieu, et qui manque quelquefois, alors même que le foie est complétement développé (1). Le retard qu'elle met à paraître fait aussi qu'elle n'est point admise dans le parenchyme, qu'elle reste à la surface du foie,

(1) Meckel, loc. cit., t. I, p. 606.

et qu'elle, ne se dilate que peu à peu. Ainsi, dans l'embryon humain, elle figure un canal vide au second et au troisième mois ; plus tard, elle se rapproche de la forme d'une poire, mais demeure cependant presque cylindrique jusqu'à la fin de la vie embryonnaire. A partir du quatrième mois, on trouve de la mucosité dans son intérieur, et, au sixième mois, sa membrane muqueuse se plisse. Vers la fin seulement du septième mois, elle admet la bile, qui cependant avait commencé, dès le quatrième, à couler dans l'intestin. Les orifices du canal biliaire et du canal pancréatique sont d'abord très-distans l'un de l'autre, et font une forte saillie dans la cavité intestinale ; au cinquième mois, ils se rapprochent et deviennent moins proéminens (chez les Serpens, la vésicule biliaire est située d'abord auprès du pancréas, et les canaux, tant cystique que cholédoque, ont une longueur très-peu considérable, à peine même perceptible. A mesure que le tronc s'allonge, le foie s'éloigne de plus en plus du point d'insertion dans l'intestin, et ces conduits acquièrent ainsi beaucoup de longueur.) (1).

C. *Poumons.*

§ 439**. Les poumons paraissent au troisième jour chez le Poulet, durant la sixième semaine environ dans l'embryon humain. Ils se développent donc, à ce qu'il paraît, en même temps que les branchies ventrales (§ 446), par suite de la polarité qui s'établit entre l'extrémité céphalique du feuillet muqueux, ou l'œsophage, et son extrémité caudale, ou le cloaque ; un antagonisme subsiste entre eux et les branchies postérieures, de manière que, quand celles-ci reçoivent moins de sang, il en parvient davantage aux poumons. Chez les Batraciens, la prépondérance des branchies cervicales fait que la vésicule cloacale ne se développe qu'en vessie urinaire et non en branchie ventrale, et les poumons ne déploient alors d'antagonisme avec les branchies cervicales que sous le rapport de la répartition du sang. Chez plusieurs Insectes, nommément les Coléoptères, les Lépidoptères et les Névroptères,

_____

1) Addition de Rathke.

il se développe, pendant l'état chrysalidaire, des vésicules qui naissent des trachées, et qui sont des rudimens d'organes pulmonaires. Mais, chez quelques uns d'entre eux, on voit paraître, pendant cette période, au côté interne de la moitié postérieure de l'œsophage, un petit renflement, qui s'étend peu à peu en une vésicule à parois fort minces, communiquant, par un canal étroit, avec la partie sur laquelle elle s'implante; ce renflement paraît être destiné à recevoir l'air atmosphérique, et on peut le regarder comme le prototype des poumons.

(1° Quant aux poumons eux-mêmes, ce sont des hernies de l'œsophage, comme le prouve l'histoire du développement des Grenouilles (§ 393, 4°) et du Poulet (§ 400, 18°); il se forme, chez ces animaux, immédiatement derrière l'appareil branchial, à la paroi inférieure de l'œsophage, ou pour parler plus exactement, du pharynx, deux renflemens très-rapprochés l'un de l'autre, qui ressemblent à de petites verrues lisses. Dans l'intérieur existe une cavité correspondante à la forme extérieure, qui, vue de l'intérieur de l'œsophage, ressemble à une petite fosse, en sorte que les deux saillies verruqueuses ne sont en réalité que des sinus ou des hernies de l'œsophage. Le travail de l'exsertion faisant toujours des progrès, et s'étendant en particulier à la région du canal œsophagien interposée entre les deux saillies, les entrées de celles-ci se confondent ensemble, et n'en font plus ensuite qu'une seule; mais, à l'extérieur, au lieu des deux tubercules, on remarque, au bout de quelque temps, chez la Grenouille, deux petites vésicules oblongues, fort courtes et assez amples, qui communiquent avec l'œsophage par un canal. Ces vésicules, qui ont des parois fort minces, et qui s'emplissent d'air de très-bonne heure, sont les poumons; quant au canal, il produit plus tard le larynx. Chez le Poulet, d'après les indications de Baer, on trouve, au quatrième jour de l'incubation, en place des saillies dont il vient d'être parlé, deux petits tubes (bronches), qui s'abouchent dans l'œsophage par un canal commun extrêmement court, et dont chacun se dilate en un petit sac à son extrémité postérieure. La forme de ces organes est donc, pendant les premiers temps de la vie embryonnaire du Poulet, exactement la même que celle qu'ils conservent pendant toute la vie chez le Protée. La première forme sous laquelle j'aie trouvé les poumons, chez la Couleuvre et chez les Mammifères, était celle d'un canal court, mais assez gros, proportion gardée, qui aboutissait à une vésicule fort petite eu égard à lui. Mais cette vésicule, comme celle de quelques Insectes dont il a été parlé plus haut, présentait une échancrure très-superficielle, et plutôt une sinuosité, sur sa face postérieure, celle qui était opposée au canal, et elle se trouvait ainsi partagée en deux chambres symétriques, ne faisant qu'une l'une avec l'autre. Cependant on ne pourrait douter que les organes respiratoires ne soient ausi des hernies de l'œsophage, même chez les Ophidiens et les Mammifères. Dans tous les cas, la trachée-artère ne résulte jamais de l'enroulement en tube d'une lame gélatineuse, comme l'a prétendu Serres (1).

2° En se développant, les deux chambres de la vésicule qui vient d'être décrite deviennent les poumons, chez les Mammifères, et le canal qui les unit à l'œsophage se transforme en trachée-artère et en larynx. Les bronches proviennent de ce que les deux chambres s'agrandissent moins dans l'endroit où la trachée-artère se continue avec eux, que dans le reste de leur étendue, en sorte qu'elles semblent se resserrer là, mais qu'avec le temps le point rétréci s'allonge, en quelque sorte comme s'il passait à la filière. Dans la Couleuvre, au contraire, il ne se produit jamais de bronches, et l'on peut presque en dire autant des Salamandres, des Tritons et des Batraciens indigènes.

Si maintenant nous considérons les diverses parties des poumons sous le point de vue de l'ordre suivant lequel elles apparaissent, voici ce que nous pouvons établir à cet égard. Les poumons se développent toujours les premiers; puis vient, chez les Mammifères, les Ophidiens et les Batraciens indigènes, la trachée-artère, dont à la vérité, il ne se produit que le larynx, chez quelques uns de ces derniers; enfin paraissent chez les Mammifères, les bronches, qu'on n'observe jamais

(1) Anat. comparée du cerveau, t. I, p. 31.

chez beaucoup d'Ophidiens, tandis qu'elles ne se développent que d'une manière à peine sensible chez d'autres et chez certains Batraciens. Dans la classe des Oiseaux, au contraire, ce sont les bronches qui paraissent après les poumons, et la trachée-artère n'apparaît qu'en dernier lieu.

3° Les poumons sont primordialement pairs chez tous les animaux vertébrés. Si l'on n'en trouve qu'un seul chez un animal adulte, comme le cas arrive chez beaucoup d'Ophidiens, la cause en est, ainsi que l'ai observé sur la Couleuvre, que l'autre reste en arrière dans son développement, et qu'il finit même par disparaître ensuite en totalité.

4° Chez les Batraciens et les Ophidiens, ce poumon s'élargit toujours de plus en plus par les progrès de l'accroissement, et devient utriculeux. Cependant sa surface demeure toujours lisse, et nulle part elle ne se hérisse de prolongemens dus à des hernies partielles. Chez la plupart des Reptiles de ces deux ordres, la membrane muqueuse produit à sa face interne des plis, les uns longitudinaux, les autres transversaux, dont ceux-ci paraissent les premiers chez les Serpens; ces plis constituent un réseau, s'élèvent plus ou moins, et circonscrivent enfin des cellules plus ou moins larges et profondes. La partie postérieure du poumon des Serpens demeure parfaitement lisse à sa surface interne, et elle n'a non plus que des parois fort minces.

Les poumons des Oiseaux et des Mammifères suivent une tout autre marche dans leur développement.

Chez les Mammifères, la vésicule membraneuse, primordialement simple, des poumons, développe à sa paroi quelques godrons, qui, en s'élevant toujours de plus en plus, représentent bientôt de petites verrues, dont la présence rend la surface de l'organe tuberculeuse et semblable à celle d'une mûre. Mais, à mesure que ces petites verrues creuses s'allongent, elles produisent latéralement d'autres hernies analogues, qui, au bout de quelque temps, deviennent plus larges à leur extrémité en cul-de-sac qu'à leur base, et prennent ainsi la forme de cônes très-surbaissés ou de chapiteaux. De cette manière, et le phénomène d'exsertion allant toujours en continuant, la vésicule, qui était d'abord simple, devient une grappe : ainsi se produisent la forme dendritique des bronches et les renflemens vésiculeux (cellules pulmonaires) de leurs dernières ramifications. Mais, tandis que cette diramation de la trachée-artère s'accomplit, il se dépose, dès le principe, tout autour de cette dernière, une quantité de substance organique primordiale, ou de blastème, qui enveloppe les divisions jusqu'à leur extrémité en cul-de-sac, les lie ensemble, fournit le sol au sein duquel doivent naître les nombreux vaisseaux sanguins enveloppant les branches de la trachée-artère, et finit par constituer le tissu cellulaire des poumons. Pendant quelque temps ce blastème réunit à tel point, non seulement les ramifications de la trachée, mais encore les deux poumons eux-mêmes, quand ils ont déjà commencé à se ramifier, qu'ils ne forment en apparence qu'une seule masse, et que j'ai d'abord été tenté de croire qu'il ne se produisait, chez les Mammifères, qu'un poumon impair, qui se divisait ensuite en deux moitiés latérales. Un peu plus tard, lorsque les deux poumons ont déjà grossi, le blastème est surtout accumulé en grande quantité entre eux deux, où il forme pour ainsi dire un pont court, épais et large, dans lequel les branches de la trachée-artère sont cachées. Mais quand les bronches et les poumons s'accroissent encore davantage, ce pont disparaît, tant parce qu'il se dépose une quantité proportionnellement moins considérable de blastème autour des ramifications de la trachée-artère, que parce que celui qui existait déjà se resserre et se condense ; les bronches sont alors distinctes l'une de l'autre, et les poumons n'ont plus de connexion immédiate ensemble.

Chez les Oiseaux, la vésicule, d'abord simple, de chaque poumon subit, dans sa moitié supérieure, celle qui regarde le dos, un développement analogue à celui qui a lieu chez les Mammifères, et dans l'autre moitié un développement semblable à celui qu'elle présente chez les Reptiles. Dès le sixième jour de l'incubation, le poumon du Poulet, qui ne présente alors qu'un volume médiocre, et qui est un peu aplati de droite à gauche, offre une paroi assez épaisse à sa partie supérieure, tandis qu'il est beaucoup plus mince dans le reste de son étendue. Cette portion à paroi épaisse, sur laquelle il s'est probablement déposé déjà une plus grande quantité de blastème que dans les autres, se transforme en poumon proprement dit, attendu qu'il se développe en elle une multitude de petites vésicules, qui toutes reposent immédiatement sur une ramification de la trachée-artère, mais qui ne tardent pas à s'en éloigner un peu, de sorte qu'entre chacune d'elle et le tube existe un canal court et étroit, faisant que la vésicule arrondie repose alors sur une espèce de pédicule. Au dixième et au onzième jour, les ramifications de la trachée-artère ont déjà la forme et la situation qui leur appartiennent en propre, et, à cette époque, elles sont plus faciles à distinguer que dans les temps ultérieurs de la vie, où un parenchyme plus abondant et plus dense les enveloppe. On les voit former deux couches, l'une supérieure, tournée vers le dos, et l'autre inférieure, regardant le ventre. Dans chaque couche, les ramifications partent de l'extrémité de la bronche, en s'écartant les unes des autres comme les rayons d'un cercle, et chaque ramification se partage elle-même dichotomiquement en plusieurs autres plus petites; des branches principales et des branches secondaires partent ensuite une multitude de tubes grêles, courts, filiformes, et constitués par une membrane mince, qui ne se ramifient plus, mais se terminent par de petits renflemens globuleux; tous les tubes ont presque la même longueur, et partent des ramifications de la trachée-artère, pour se plonger dans la profondeur du poumon, de sorte par conséquent que les extrémités renflées des petits tubes partant de la couche supérieure des ramifications trachéales entrent en contact avec les extrémités de ceux de la couche inférieure. Cependant on remarque, en outre, un nombre plus petit de tubes semblables qui, de la couche supérieure, tournent leurs extremités renflées en dehors, par conséquent vers le dos. Je n'ai pas pu reconnaître d'une manière bien distincte comment cette texture se développe peu à peu; cependant il m'a semblé que la couche interne ou inférieure se formait d'abord, jusqu'à l'apparition des ramifications les plus volumineuses, et qu'alors seulement la couche externe ou supérieure se produisait. Les anastomoses que Retzius dit exister entre les diverses branches des ramifications de la trachée-artère, ne se forment probablement que dans les derniers jours de l'incubation, ou peut-être même plus tard encore.

Les sacs à air, qui tiennent aux poumons des Oiseaux, ne sont autre chose que des poumons vésiculaires d'une formation inférieure, et ils semblent être les parties des organes respiratoires qui se développent les premières. Depuis le septième jour de l'incubation jusqu'au douzième, ils grandissent moins que les poumons proprement dits, ou parenchymateux; mais ensuite leur accroissement dépasse celui de ces derniers, et ils se distendent alors avec tant de rapidité que, déjà quelques jours avant l'éclosion, ils entourent tous les viscères de la poitrine et du ventre. Ils m'ont paru consister d'abord en une vésicule gélatineuse simple, puis se diviser, par des cloisons, en quatre sacs, sans communication immédiate les uns avec les autres, qu'au neuvième jour j'ai trouvés remplis et distendus par un liquide aqueux. Pendant les jours suivans, ces sacs, dont il y en a un dans la cavité abdominale et trois dans la cavité pectorale, vont sans cesse en grandissant; leurs parois deviennent de plus en plus minces, et l'on voit paraître de chaque côté quatre vésicules distinctes, qui tiennent ensemble dans le voisinage des poumons, et qui sont toutes revêtues par un prolongement fort mince du péritoine. Ces sacs à air, qui, par conséquent, ne sont pas, comme on l'a cru, formés uniquement par le péritoine, n'admettent point non plus les viscères de la poitrine et du ventre dans leur cavité; ils ne font que s'insinuer dans les interstices des organes, et ils s'appliquent immédiatement aux viscères tapissés par le péricarde et le péritoine, qu'ils laissent toujours et tout-à-fait en dehors d'eux. A mesure qu'ils grandissent, le liquide qu'ils contenaient diminue, dans le plus postérieur après tous les autres, et ils acquièrent quelques cloisons incomplètes, qui les partagent en plusieurs cellules. Leur ouverture dans les os ne se manifeste que long-temps après l'éclosion.

5° Peu après leur apparition, les poumons sont situés au dessus du cœur; ils se reportent ensuite en arrière, entre ce dernier organe et l'œsophage, passant entre les deux canaux veineux pairs (*ductus Cuvieri*) qui amènent le sang de la paroi dorsale du corps au cœur. Chez les Batraciens, ils arrivent bientôt à se placer sur les côtés du canal intestinal, et, de même que chez les Ophidiens, ils finissent par s'étendre jusque dans la moitié postérieure de la cavité du corps. Chez le Poulet, ils sont, dès le cinquième jour, situés aux deux côtés du ventricule succenturié; leur extrémité est dirigée obliquement en arrière et en haut, et ils adhèrent en partie à l'estomac, probablement par le blastème qui les entoure. Le lendemain, chacun d'eux tient, par un étroit ligament, au ligament qui soutient l'estomac. Au neuvième ou dixième jour, ils sont déjà parvenus à toucher la paroi dorsale du corps, et, dès le douzième jour, ils adhèrent à cette paroi dans toute leur longueur et dans toute leur largeur. Chez les Mammifères, les poumons, ce qui est aussi le cas chez les Oiseaux, sont placés d'abord au côté inférieur de l'œsophage; mais ils conservent cette situation plus long-temps que dans la classe des Oiseaux. Lorsqu'ensuite le pont dont il a été parlé précédemment, et qui les unissait tous deux ensemble, a disparu, mais que les branches de la trachée-artère ont acquis plus de longueur, ils s'écartent l'un de l'autre et se rapprochent du dos. Pendant un long espace de temps ils ne remplissent point entièrement les sacs de la plèvre, de manière que ces sacs contiennent beaucoup de sérosité, qui diminue vers la fin de la vie embryonnaire. D'après les observations de Meckel, leur poids est à celui du reste du corps : : 1 : 25 ou 27 pendant les neuvième et dixième semaines, : : 1 : 43 durant la douzième, : : 1 : 75 au dixième mois. En effet, au commencement du troisième mois, ou peu après leur apparition, ils croissent d'une manière très-rapide, et sont en outre, à cause de leur densité, plus pesans proportionnellement que chez l'adulte, où le rapport de leur pesanteur à celle du corps est de 1 : 35; plus tard ils deviennent, proportion gardée, plus légers, parce qu'en augmentant de volume ils prennent un tissu plus lâche, et reçoivent encore moins de sang qu'après la naissance.

6° La trachée-artère, et aussi, chez le Poulet, ses deux branches, sont d'abord attachées immédiatement au côté de l'œsophage, en sorte qu'elles paraissent adhérer d'une manière intime à cet organe. Plus tard seulement leur union avec lui devient plus lâche. J'ai trouvé, en outre, que la trachée-artère commence par être fortement aplatie chez les Ophidiens, les Oiseaux et les Mammifères, et qu'elle ne devient cylindrique qu'avec le temps. A mesure qu'elle s'allonge, ses branches augmentent de longueur absolue et relative chez les Mammifères; mais, dans la classe des Oiseaux, elles sont relativement plus courtes jusqu'au huitième jour; après quoi elles s'allongent à peu près dans la même proportion que la trachée.

7° La cavité de la trachée-artère devient peu à peu plus ample; mais sa paroi s'amincit et acquiert plus de solidité : elle se sépare aussi en deux couches, dont l'interne se développe en une membrane muqueuse, tandis que des anneaux cartilagineux se produisent dans l'externe. Cette dernière, qui, chez le Poulet, demeure entièrement gélatineuse jusqu'au douzième jour, et ne peut point encore être séparée de l'interne, se condense alors, sur la ligne médiane de sa paroi inférieure, en stries transversales, courtes, simples, situées les unes à la suite des autres, et très-rapprochées, qui s'allongent ensuite de plus en plus, par addition de substance nouvelle, dans les deux moitiés latérales de la trachée-artère, jusqu'à ce que, au dernier terme de la vie embryonnaire, leurs deux extrémités arrivent à se toucher sur le milieu du côté dorsal de la trachée, et s'y soudent ensemble. Pendant ce travail, la gélatine, qui constituait primordialement les stries, se condense de plus en plus, en procédant du côté inférieur de la trachée-artère vers le supérieur, jusqu'à ce qu'enfin elle laisse apercevoir le tissu d'un cartilage, tandis qu'elle acquiert la nature des membranes fibreuses dans les interstices des anneaux cartilagineux. Cependant la couche interne perd toujours de plus en plus les connexions intimes qui l'unissaient à l'externe, et elle se développe en un cylindre indépendant, qui, durant quelque temps, est tellement libre dans le cylindre extérieur qu'on peut l'en retirer sans beaucoup de peine. Abandonnée ainsi à elle-même, cette couche interne devient membrane muqueuse; alors seulement elle s'unit de nouveau de la manière la plus intime avec la couche externe, et acquiert en même temps un tissu beaucoup plus délicat. J'ai trouvé aussi, chez la Couleuvre, les Lézards indigènes et le Crocodile, que les anneaux cartilagineux de la trachée-artère apparaissaient d'abord dans sa paroi inférieure, sous la forme de stries courtes et simples, qui allaient toujours en s'allongeant à leurs deux extrémités, et qui ainsi embrassaient une portion de plus en plus considérable de la trachée. La même chose absolument a lieu chez les Mammifères, d'après mes observations; car, chez ces animaux aussi, chaque anneau cartilagineux de la trachée-artère naît d'un seul germe, qui croît peu à peu à ses deux bouts, en se dirigeant vers le côté supérieur du tube.

Fleischmann (1) dit que les anneaux se forment de deux moitiés latérales d'abord séparées; cependant il n'a trouvé (2) les bandelettes cartilagineuses que plus minces et plus transparentes sur la ligne médiane, et si l'on étale la trachée à plat, après l'avoir fendue en long, on aperçoit bien distinctement les bandelettes cartilagineuses sur ce point. A peu près dans le même temps que les anneaux, commence à se former aussi la membrane muqueuse, qui ne tarde pas ensuite à acquérir une épaisseur considérable, et qui ne tient alors que faiblement aux parties qui l'entourent; elle ne contracte une union plus intime avec elles que vers le milieu de la vie embryonnaire, et devient en même temps plus mince, proportion gardée. Les branches de la trachée-artère sont d'abord fort courtes eu égard à leur tronc : elles ne s'allongent que peu à peu ; leurs cartilages se forment beaucoup plus tard que ceux de la trachée-artère.

8° Dans l'embryon de Poulet, la première trace de la glotte n'apparaît guère avant le cinquième jour : c'est alors un très-petit sillon placé immédiatement derrière les dernières fentes branchiales, à la paroi inférieure de l'œsophage. Au sixième jour seulement, elle se trouve sur le sommet d'une élévation, d'une espèce de verrue, qui est le rudiment du larynx. Au septième, on remarque, à l'extrémité de la trachée-artère, un petit renflement, qui est le premier vestige du larynx inférieur.

(1) *De chondrogenesi asperæ arteriæ*, p. 25.
(2) *Ibid.*, p. 3.

Le larynx des Mammifères surpasse de beaucoup la trachée-artère en largeur et en épaisseur, peu de temps après son apparition ; mais il ne tarde pas à diminuer sous ce double rapport. D'abord il est presque sphérique : ce n'est que peu à peu qu'il devient anguleux et qu'il s'allonge. Pendant longtemps sa substance ne consiste qu'en une gelée homogène. Lorsqu'ensuite la formation des cartilages commence, ce qui, chez l'embryon humain, arrive vers la septième semaine, au dire de Fleischmann (1), on voit d'abord paraître les rudimens du cartilage thyroïde, puis ceux du cartilage cricoïde, qui, d'après la découverte de Fleischmann, proviennent de deux germes latéraux. Les noyaux du cartilage thyroïde ont d'abord la forme de deux disques irrégulièrement arrondis et un peu bombés; puis ils deviennent peu à peu carrés, se rapprochent l'un de l'autre par leurs bords inférieurs, et se soudent enfin ensemble, ce qui, d'après Fleischmann, arrive pendant le quatrième mois chez l'embryon humain. A peu près dans le même temps que cette soudure s'opère, on voit se développer les premières traces des cornes, par l'allongement des angles du cartilage. Les noyaux du cartilage cricoïde sont d'abord deux lames courtes et étroites, qui croissent à la rencontre l'une de l'autre tant par le bas que par le haut, et qui se soudent plus tard que celles du cartilage thyroïde. Ces cartilages ont acquis déjà un développement considérable, lorsqu'on voit paraître les aryténoïdes.

Peu après la formation du larynx il se développe, notamment chez les Cochons et les Brebis, des deux côtés de la glotte, deux renflemens proportionnellement longs, élevés et épais, dans lesquels se forment plus tard les moitiés supérieures des cartilages aryténoïdes et les ligamens de la glotte : ils sont presque sémi-lunaires, et ont leur bord convexe tourné vers le pharynx. Si l'on enlève le larynx, et qu'on le pose horizontalement sur son orifice inférieur, on voit que ces renflemens ne font pas seulement une assez forte saillie vers le haut, par dessus le cartilage thyroïde, mais encore qu'ils sont situés assez loin en arrière ; à mesure que le car-

(1) *Ibid.*, p. 23.

tilage thyroïde grandit en haut et en arrière, ils deviennent plus antérieurs, et sont entièrement cachés par lui, lorsqu'on les regarde de côté; cependant ils sont un plus volumineux, d'une manière absolue et d'une manière relative, qu'ils ne le seront plus tard, lorsque leur substance aura pris davantage de consistance.

Avant la cartilaginification, les parois du larynx, comparées à sa cavité, sont fort épaisses; peu à peu seulement la cavité grandit d'une manière relative et absolue.

L'épiglotte manque d'abord, de manière que la glotte est tout-à-fait découverte. Elle paraît ensuite sous la forme d'une petite languette transversale au devant de cette dernière, puis devient une plaque carrée, assez épaisse, qui est fortement recourbée de bas en haut et d'arrière en avant, vers la base de la langue. Elle n'acquiert la forme qui lui est propre que vers le milieu de la vie embryonnaire.

9° Il résulte des observations faites à peu près simultanément par Baer (1) sur le *Cyprinus blicca*, et par moi sur quelques Syngnathes, qu'à l'instar des poumons des animaux vertébrés appartenant aux trois classes supérieures, la vessie natatoire des Poissons naît par une hernie de la partie antérieure du canal intestinal (canal oral). Cependant elle ne provient point de sa paroi inférieure, mais de sa paroi supérieure, ce qui me paraît être un motif suffisant pour croire qu'elle ne doit point être considérée comme ayant la même signification que les poumons. La vessie natatoire elle-même naît d'abord, et impaire; puis, à mesure qu'elle s'éloigne de l'intestin, on voit paraître son conduit. Un pareil conduit existe primordialement, même chez les Poissons qui en sont plus tard dépourvus, les Syngnathes, par exemple. Ici il disparaît par résorption, tandis qu'une glande sanguine particulière se développe dans la vessie natatoire. On sait que cette dernière est simple chez certains Poissons osseux, tandis que, chez d'autres, un resserrement annulaire la divise en deux moitiés, l'une antérieure, l'autre postérieure. Chez les Syngnathes, elle est d'abord simple

(1) *Untersuchungen ueber die Entwickelungsgeschichte der Fische*, p. 31.

aussi ; mais plus tard elle se partage en deux moitiés, dont la postérieure est beaucoup plus petite que l'antérieure ; mais ce qui prouve que la partie antérieure est une partie de la hernie dont j'ai parlé plus haut, c'est que précisément son extrémité antérieure, dans laquelle se développe la glande sanguine, s'allonge en canal excréteur. D'après cela, il est hors de doute que, chez les Cyprins, comme le dit Baer, la moitié postérieure de la vessie natatoire procède seule du canal intestinal par hernie, mais que l'antérieure naît indépendamment de l'autre, avec laquelle plus tard seulement elle se réunit en un seul tout (1). Du reste, Baer croit vraisemblable que cette moitié antérieure sorte de l'oreille, en quelque sorte comme une trompe d'Eustache, ce qui sera développé quand nous traiterons des osselets de l'ouïe.

II. Organes sensoriels.

§ 439***. L'extrémité supérieure du feuillet muqueux devenu tubuleux représente d'abord une cavité unique, en cul-de-sac, située au dessous de la moitié antérieure du crâne, qui se partage ensuite, par la formation du palais, en cavité buccale et cavité nasale (§ 431, 7°, 8°). La membrane muqueuse venant à se fendre, et la paroi viscérale à se perforer, ces deux cavités s'ouvrent au dehors, afin de rendre possible le conflit avec le monde extérieur, et non seulement d'ouvrir un passage aux substances qui doivent s'introduire dans les organes de la digestion et de la respiration, mais encore de devenir le siége des *organes sensoriels* établis sur une base de membrane muqueuse.

A. *Nez.*

I. Les premiers vestiges des narines sont deux petites fossettes cutanées arrondies, assez distantes l'une de l'autre, qui, chez l'embryon humain, paraissent, immédiatement au dessus de la bouche, à peu près pendant le cours de la cinquième semaine. Durant la seconde moitié du second mois, ces fossettes s'ouvrent ; en même temps le nez s'élève au des-

(1) Addition de Rathke,

sus d'elles, sous la forme d'un petit renflement, et la cavité nasale commence à se séparer de la cavité buccale. Quand les narines manquent totalement chez les enfans, ou qu'elles ne sont indiquées que par des points amincis de la peau (1), c'est la preuve d'un arrêt de développement. Au troisième mois, il se forme, dans les narines, un bouchon membraneux, qui disparaît à peu près au cinquième mois. Le nez est encore petit, peu saillant et large, au troisième mois. Au quatrième, il se détache davantage du front, et ses ailes se développent, mais il conserve encore beaucoup de largeur. Au cinquième, l'allongement de la lèvre supérieure l'éloigne de la bouche, plus même, proportion gardée, qu'il ne l'est chez l'adulte. Au sixième enfin, il devient plus mince, car la cloison (§ 434, 6°), s'amincit, et les narines se rapprochent par conséquent l'une de l'autre.

La cavité nasale, dans laquelle s'étaient produites de bonne heure des hernies de la membrane muqueuse, qui avaient reçu en elles des lames cartilagineuses (§ 434, 9°), demeure basse, proportion gardée, pendant toute la vie embryonnaire, et l'antre d'Highmore reste également étroit.

Les sinus frontaux et sphénoïdaux manquent encore totalement.

B. *Bouche.*

II. La bouche paraît durant la sixième semaine. C'est alors une grande fente sans lèvres, qui occupe presque toute la largeur de la face, et s'étend jusqu'auprès des oreilles. Il y a eu arrêt de développement dans les cas où l'on rencontre soit la brièveté anormale, soit l'absence totale des lèvres (2). Par les progrès de la formation, les lèvres se délimitent mieux pendant le troisième mois ; après quoi elles commencent à se bomber ; mais l'inférieure se développe plus tard que l'autre, et le défaut de développement du menton fait qu'elle se trouve plus en arrière qu'elle ne doit être un jour. Au quatrième mois, les lèvres sont renflées en bourrelet, et closent

(1) Meckel, *Handbuch der pathologischen Anatomie*, t. I, p. 407.
(2) Meckel, *loc. cit.*, t. I, p. 548.

III₃   32

la bouche, dont la fente est devenue, proportion gardée, plus petite ; elles s'ouvrent de nouveau au sixième mois.

A peu près dans le cours de la septième semaine, la langue pousse de la paroi viscérale ; elle représente une hernie de la membrane muqueuse, qui s'élève de la base de la cavité buccale, et qui ne renferme d'abord que de la substance grenue (1). L'absence de la langue, ou son accrétion au fond de la bouche, est une difformité qui tient à un arrêt de développement (2). Au commencement du troisième mois, ce corps est très-volumineux, large, plat et saillant hors de la bouche. Au quatrième mois, il rentre dans la bouche, devient plus épais, et se garnit de papilles, qui d'abord sont plus grosses, proportion gardée, qu'à une époque ultérieure (3).

La membrane muqueuse forme, à la partie supérieure de la cavité buccale, deux hernies correspondantes aux languettes palatines, qui se soudent ensemble sur la ligne médiane, et s'allongent en arrière, pour produire le voile du palais.

C. Dents.

III. L'histoire de la formation des dents avait été exposée d'une manière très-lumineuse, dans ces derniers temps, par Serres (4) et par Meckel (5). Les recherches entreprises sous la direction de Purhinje (6) l'ont enrichie de nouveaux faits.

1° Dès le commencement du troisième mois, il se forme, dans le tissu lâche des mâchoires, une série de petites vésisicules blanchâtres, qui sont d'abord situées les unes à côté des autres, séparées par du tissu spongieux. Vers le milieu de la vie embryonnaire, il s'établit entre elles des cloisons fibreuses, qui s'ossifient peu à peu en alvéoles. Du côté du re≡

(1) Valentin, *loc. cit.*, p. 484.
(2) Meckel, *loc. cit.*, t. I, p. 550.
(3) Valentin, *loc. cit.*, p. 485.
(4) Essai sur l'anatomie et le physiologie des dents, Paris, 1817.—*Voyez* aussi Anatomie du système dentaire, considérée dans l'homme et les animaux, par P. F. Blandin, Paris, 1836, in-8°.
(5) *Deutsches Archiv*, t. III, p. 556-577.
(6) Raschkow, *Meletemata circa mammalium dentium evolutionem*, Breslau, 1835, in-4°.

bord alvéolaire de la mâchoire, ces vésicules sont couvertes par le cartilage gingival ; du côté opposé, au fond de l'alvéole futur, elles reçoivent des vaisseaux et des nerfs. D'après Purkinje, elles ne sont pas fibreuses, comme on le croyait, et ne se convertissent point en périoste de l'alvéole, mais sont composées de fibres molles et d'un parenchyme grenu, avec un réseau vasculaire et des nerfs abondans, et ne font que se souder avec le périoste ; leur face interne est lisse, comme une membrane séreuse.

2° A l'intérieur de ces vésicules, vers la fin environ du troisième mois, il pousse, de l'entrée des vaisseaux et des nerfs, par conséquent du fond, la pulpe dentaire, corps mou et grisâtre, qui d'abord est purement grenu et enveloppé d'une membrane simple et transparente (*membrana præformativa dentis*), mais qui reçoit ensuite des vaisseaux et des nerfs.

3° Entre le germe et la vésicule dentaire est placé, selon Purkinje, l'organe de l'émail, noyau d'abord presque sphérique, composé de substance grenue, qui plus tard est mêlée de corpuscules anguleux, unis par des filamens de tissu cellulaire.

4° Entre le germe et l'organe de l'émail, de même qu'entre celui-ci et la vésicule dentaire, se trouve un liquide limpide. D'après Meissner (1), ce liquide, d'abord rougeâtre, puis d'un jaune blanchâtre et un peu épais, contient beaucoup de mucus, un peu d'albumine, du phosphate calcaire, des hydrochlorates et des sulfates, enfin un acide libre, non volatil, qui, chez le Veau, est remplacé par un alcali libre. A mesure que la formation de la dent fait des progrès, la quantité de ce liquide diminue, tandis que la proportion du phosphate calcaire va toujours en augmentant : il finit par disparaître entièrement.

5° En croissant, le germe dentaire pénètre dans l'organe de l'émail, qui finit par n'en plus être qu'une mince enveloppe, et qui, de sa face interne, produit la membrane émaillante, consistant en une couche de fibres perpendiculaires. L'ossifi-

_____

(1) Meckel, *Deutsches Archiv,* t. III, p. 642.

cation, qui commence au quatrième ou cinquième mois, né débute point ici par la formation de cartilages. Elle résulte immédiatement d'un dépôt qui s'effectue, par couches superposées, à la surface du germe dentaire. La formation procède donc ici de dehors en dedans, et la couche la plus extérieure se produit la première, pour faire place à d'autres plus internes. La dent est donc produite par la face externe du germe. La couche la plus jeune tient toujours d'une manière intime au germe, qui est plus rouge à l'endroit où elle repose que dans tous les autres points de son étendue ; quelquefois aussi il semble que du sang rouge se soit épanché (1). L'ossification commence à la couronne, c'est-à-dire à l'extrémité libre du germe, sous la forme de petits feuillets minces et recourbés, ou de godets. Lorsque le germe n'a qu'un seul sommet, par conséquent aux dents incisives et canines, il ne se forme non plus qu'une seule lamelle osseuse, et celle-ci croît peu à peu, parce qu'au dessous d'elles se déposent de nouveaux feuillets, dont les dimensions vont toujours en augmentant. Aux dents molaires, au contraire, le germe présente déjà deux à cinq saillies, conformément auxquelles se produisent autant de godets osseux, qui s'étendent peu à peu par l'addition de lamelles plus grandes, se confondent ensemble, et constituent ainsi une couronne multicuspidée. L'ossification s'étend peu à peu de la couronne vers les racines, dont il se développe autant que le germe dentaire reçoit de filets nerveux. En même temps, le germe se resserre de plus en plus sur lui-même, et n'occupe plus que le canal qui reste encore. Suivant Purkinje, la substance dentaire se compose de canaux plusieurs fois recourbés sur eux-mêmes, qui sont creux tant qu'ils ne s'allongent pas par de nouveaux dépôts, et qui finissent par se remplir d'une substance particulière, jaunâtre, demi-transparente.

6° D'après le même observateur, simultanément avec la formation de la substance osseuse de la dent, commence la production de l'émail, déposé par les fibres perpendiculaires de la membrane émaillante. Ce dépôt a lieu en sens inverse

(1) Serres, *loc. cit.*, p. 62.

de celui de la substance osseuse, c'est-à-dire que la couche interne est formée la première, et l'externe en dernier lieu. Du reste, l'émail est d'abord sans brillant, blanc, et moins dur qu'il ne doit l'être plus tard.

7° Quant à la succession des dents, nous voyons d'abord que celles qui sont symétriques se développent simultanément : chaque dent d'un côté se forme en même temps que celle qui lui correspond du côté opposé. De même aussi, comme la mâchoire inférieure précède un peu la supérieure, les cloisons et les dents s'y développent un peu plus tôt que leurs analogues à cette dernière. En général, deux circonstances déterminent la précocité du développement; d'abord il procède de la ligne médiane vers les côtés, de sorte que les incisives internes paraissent les premières, et les molaires postérieures les dernières; ensuite le volume des dents exerce de l'influence, et sous ce rapport la prééminence appartient aux molaires. Les premières dents qui paraissent sont appelées *dents de lait*. Il existe, pour elles, au troisième mois, seize vésicules, savoir celles des quatre incisives et des deux molaires antérieures de chaque côté; au commencement du quatrième mois, le nombre de ces vésicules est de vingt, par l'addition de celles qui sont destinées aux canines. L'ossification commence au cinquième mois, d'abord à l'incisive interne, puis à l'externe, ensuite à la molaire antérieure, à la canine et à la seconde molaire. Des ramifications nerveuses et vasculaires spéciales se rendent aux vingt dents de lait par un canal particulier, situé au dessous du canal permanent.

8° D'autres branches, qui ont des connexions avec les précédentes, déterminent la formation des *dents de remplacement*, dont les rudimens naissent pendant que les dents de lait se développent. Leurs vésicules poussent à la paroi postérieure des premières vésicules fibreuses; lorsqu'elles ont acquis le volume d'une tête d'épingle, elles reposent immédiatement sur ces dernières, sans que leurs cavités communiquent avec les leurs; mais, en continuant de croître, elles s'en détachent et s'en éloignent, conservant néanmoins toujours des connexions avec elles par un filament long de quelques lignes;

d'abord assez rapprochées de la gencive, elles s'enfoncent graduellement dans la mâchoire. Peu à peu de la masse osseuse se forme entre les dents de lait et celles de remplacement, en sorte que celles-ci acquièrent, pour leurs vaisseaux et leurs nerfs, un canal spécial, situé au dessus de celui des autres. Enfin, les cloisons interposées entre les dents de remplacement se développent également.

9° Au dixième mois, les couronnes des incisives de lait sont entièrement formées, et les racines des incisives internes commencent aussi à se développer : il n'y a de produit qu'un tiers de la couronne des canines ; la partie supérieure de celle des premières molaires est formée, avec ses pointes ; les quatre pointes de celle de la seconde molaire ne sont pas encore réunies.

Quant aux dents de remplacement, l'ossification de la couronne de la troisième molaire a commencé ; quelquefois cependant on n'en aperçoit aucun vestige. Il n'existe des autres que les vésicules, qui même ne contiennent point encore toutes de germe.

SECONDE SOUS-SÉRIE.

Développemens secondaires de la membrane proligère.

§ 440. Entre les feuillets séreux et muqueux se développent, de la masse organique primordiale accumulée sur ce point, deux systèmes intermédiaires, qui sont le système sanguin et le système uro-génital (§ 450-455).

CHAPITRE PREMIER.

Des développemens du feuillet vasculaire.

ARTICLE I.

Du développement du système sanguin.

I. Le système sanguin doit être considéré d'abord sous le point de vue général de l'espace qu'il occupe.

1°. Le premier rudiment de ce système est le feuillet vasculaire, couche de granulations faiblement unies ensemble, qui a des connexions plus intimes avec le feuillet séreux qu'avec le feuillet muqueux (1), attendu que sa masse sort probablement de ce dernier, et qu'elle est attirée par l'autre. D'après les recherches de Valentin (2), le feuillet vasculaire se distingue des deux autres par la constitution particulière des granulations éparses dans la masse transparente. En effet ces granulations sont beaucoup plus volumineuse (0,0121 ligne), parfaitement transparentes, et tellement serrées les unes contre les autres, qu'elles s'aplatissent sur un grand nombre de points de contact, tandis que celles du feuillet muqueux sont plus éparses et les plus petites de toutes, ayant tout au plus 0,0024 ligne de diamètre, et que celles du feuillet séreux sont encore plus distantes, outre qu'elles ont une forme déterminée, ronde ou oblongue, et qu'elles sont transparentes, blanches et de grosseur médiocre, puisqu'elles ont depuis 0,0034 jusqu'à 0,0042 ligne de diamètre.

2° Partout où il se trouve une portion périphérique et transitoire de la membrane proligère (§ 417, 6°), on rencontre aussi, pendant toute la durée de la vie embryonnaire, une portion considérable du système vasculaire et de la circulation du sang, au dehors de l'embryon (à la vésicule intestinale et à l'endochorion), ce qui a lieu de telle manière que la prépondérance appartient d'abord aux enveloppes du fruit, et qu'elle ne passe que peu à peu du côté de l'embryon.

3° La base du système vasculaire apparaît d'abord sur deux points séparés, ceux qui sont le plus antagonistes l'un de l'autre, d'après leur essence, savoir : d'un côté, à l'extrême périphérie, aux enveloppes du fruit, qui sont la partie la plus transitoire (cercle sanguin) ; de l'autre côté, au centre le plus intérieur, au commencement de la cavité du corps formée par la gaîne de la tête, qui est la partie la plus permanente (cœur). Harvey (3) admettait, dans l'embryon du Poulet, la formation simultanée du cercle sanguin et du cœur, alors que ce dernier était encore sans mouvement. D'après les recherches de Baer, il y a une différence de temps, mais bor-

(1) *Entwickelungsgeschichte des Menschen*, p. 278.
(2) *Ibid.*, p. 287.
(3) *Exercitat. de generat. animal.*, p. 67.

née à quelques heures seulement, entre ces deux formations, de manière que le cercle sanguin paraît de la seizième à la vingtième heure, sans cependant contenir encore de sang liquide, et le cœur au commencement du second jour (vers la vingt-septième heure, selon Prevost et Dumas), tous deux ne consistant encore qu'en masse organique primordiale. Le centre et la périphérie, quoiqu'ils ne deviennent visibles qu'en des tems différens, semblent naître simultanément, et par le même acte, car il y a déjà harmonie et union intime entre les deux parties, avant qu'on puisse encore distinguer de connexion extérieure et mécanique ; le cœur a déjà primordialement des cuisses pour recevoir les veines de la vésicule ombilicale, et celles-ci prennent dès l'origine leur direction de dehors en dedans, pour se réunir dans le cœur comme à un foyer commun.

4° Les parois peuvent naître avant le sang, ou en même temps que lui, ou après lui. Haller avait le préjugé que les vaisseaux doivent exister d'abord, afin de prescrire au sang la route qu'il doit suivre, et ce préjugé le portait à se défier du témoignage de ses yeux, qui lui enseignait le contraire. Mais c'est un fait positif que le cœur et les vaisseaux ne naissent que pendant l'incubation, et qu'on ne les trouve jamais vides. Une formation simultanée de paroi solide et de contenu liquide, par scission d'une masse primordiale indifférente en un solide extérieur et un liquide intérieur, paraît avoir lieu dans le cœur (§ 399, 9°), et peut-être aussi dans le cercle sanguin, de même qu'elle s'effectue dans les spores, au moment où la cavité digestive s'y produit (§ 436, 2°). Ainsi, d'après Valentin (1), les vaisseaux naissent de ce que le liquide accumulé dans le feuillet vasculaire se solidifie à l'extérieur, tandis qu'il se fluidifie à l'intérieur. Cependant il est à peine possible de constater la réalité de cette opération par le témoignage des yeux. Il se pourrait aussi qu'une languette de masse organique primordiale passât à l'état liquide, que par conséquent son entourage immédiat devînt creux, et que la paroi du liquide produit ne fût point encore spéciale, mais

(1) *Loc. cit.*, p. 298.

appartînt au corps en général. En effet, on peut difficilement admettre autre chose., sinon que le sang, sollicité par les lois de l'attraction et de la répulsion, acquiert une certaine direction, et que, par son mouvement même, il se crée une carrière permanente dans la masse primordiale molle. D'ailleurs l'observation parle en faveur de cette création des vaisseaux par le concours du cœur, puisqu'elle nous apprend que les globules du sang s'arrêtent quelque temps dans les points où l'on n'aperçoit point encore de vaisseaux, et qu'ensuite ils s'avancent. Ainsi Fontana a vu, dans l'embryon du Poulet et dans la queue des têtards de Grenouille, ces globules, poussés par la contraction du cœur, vaincre peu à peu la résistance qu'ils trouvaient devant eux, pénétrer dans la masse primordiale, et former ainsi des canaux qui auparavant n'existaient point. Dœllinger (1) a également vu, sur des embryons de Poissons, des courans qui se répandaient à travers la masse organique primordiale, sans avoir de paroi vasculaire. Carus (2) a été témoin du même phénomène, tant chez les embryons de Poissons que chez des larves d'Insectes. (Ce que je n'avais pu voir clairement sur l'embryon du Poulet (§ 399, 11°), je l'ai reconnu sur des embryons de Lézards, qui permettent de contempler la circulation pendant des heures entières. D'une artère destinée au cerveau partent sept à huit courans grêles, qui se portent vers la voûte de l'organe ; suivant que les pulsations du cœur sont plus fortes ou plus faibles, les deux courans postérieurs se rapprochaient ou s'éloignaient des antérieurs, preuve incontestable que le sang parcourait le tissu plastique à demi liquide, sans avoir de carrière tracée) (3).

Harvey (4) avait eu le premier la pensée que le sang se forme antérieurement aux vaisseaux, et Wolff adopta cette opinion. Mais nous pouvons encore admettre ici deux cas, à l'égard desquels il serait difficile que l'observation prononçât.

(1) *Denkschriften der Akademie zu Muenchen*, t. VII, p. 179, 186.
(2) *Entdeckung eines einfachen, vom Herzen aus beschleunigten Blutkreislaufes*, p. 12.
(3) Addition de Baer.
(4) *Loc. cit.*, p. 199.

Ou les vaisseaux naissent de la masse organique primordiale
environnante, dans laquelle le sang ruisselant se fraie des routes, et ils ne sont, par cela même, que ces routes, qui peu à
peu se détachent du reste de la masse, pour s'appliquer au
courant sanguin; ou bien ils se produisent par la condensation
de la couche superficielle du sang, celui-ci, sous l'influence
réunie de la direction en longueur qui prédomine, du mouvement intestin qui l'anime, de l'attraction latérale, et du ra-
lentissement de son cours à la surface, se séparant en une
colonne liquide qui occupe l'axe, et en un tube solide qui enveloppe ce dernier à l'extérieur.

5° Nous avons vu que l'organe central de la sensibilité, avec
ses enveloppes et avec les organes sensoriels supérieurs, se
forme à une époque où il n'y a point encore de circulation
ni même de sang (§ 399, 8°). De même, toutes les productions
du feuillet séreux et du feuillet muqueux sont primordialement sans vaisseaux, et ce n'est, comme l'a fait voir Rathke (1),
qu'à une certaine époque de leur développement, qu'elles
admettent de petits courans sanguins, qui acquièrent peu à
peu des parois, et se multiplient avec rapidité, de sorte que
quelques uns de ces organes, le foie, par exemple, deviennent plus riches en sang qu'ils ne le sont chez l'adulte, tandis
que d'autres, au contraire, tels que les poumons, en charient
moins : ils attirent le sang, la colonne de ce liquide s'allonge
pour atteindre jusqu'à eux, et avec elle le vaisseau. Ainsi
Stiebel (2) a vu, chez les Limaçons, des organes naître plus
tôt que les vaisseaux. Dœllinger a remarqué, sur des embryons
de Poissons, que les petits courans, d'abord peu nombreux
dans la masse primordiale, le devenaient insensiblement davantage, phénomène dont Rathke a été également témoin
(§ 388, 18°); et Carus a suivi cet accroissement du système
vasculaire dans la masse du corps préalablement formée, notamment dans la queue et les nageoires. Les vaisseaux sanguins servent donc à entretenir la vie, et non à la faire commencer, soit dans l'organisme en général, soit dans les

(1) *Beitræge zur Geschichte der Thierwelt*, t. I, p. 52.
(2) *Deutsches Archiv*, t. II, p. 562.

organes en particulier. Adelon (1), entre autres, suppose que le sang est ce qui forme les organes, parce que ceux-ci paraissent dans le même ordre que les vaisseaux, assertion que les faits réfutent ; parce que les organes se développent dans la direction du système vasculaire, autre assertion également inexacte, puisque le type des systèmes organiques ne correspond point entièrement à celui du système vasculaire ; enfin parce que le volume des organes répond à celui des vaisseaux, argument que pourrait tout aussi bien appuyer l'opinion diamétralement contraire. Attribuer à l'absence des vaisseaux sanguins une monstruosité qui consiste dans l'absence d'un organe appartenant à la sphère du feuillet séreux ou du feuillet muqueux, c'est expliquer la cause par l'effet.

6° Le mouvement vivant du cœur a pour résultat des effets mécaniques, qui consistent à chasser et à soutirer. Il est très-facile de voir, chez l'embryon du Poulet, que l'impulsion du cœur, lors de la contraction du ventricule, se propage dans toutes les artères, et que, quand l'oreillette se dilate, le sang est absorbé comme il le serait par une seringue dont on tirerait le piston (2), que par conséquent le sang placé en dehors du cœur se meut d'une manière saccadée, dans les artères par impulsion, dans les veines par succion, tandis qu'à la périphérie du système vasculaire, notamment dans la veine terminale, son cours est plus uniforme et plus tranquille. Comme, dès le principe, la contraction du ventricule et la dilatation de l'oreillette ont lieu simultanément, nous devons aussi rencontrer réunis ces effets mécaniques du cœur sur le sang, de sorte qu'on ne peut pas toujours bien distinguer les résultats de l'impulsion de ceux de la pression.

7° Quoique l'allongement des vaisseaux soit produit principalement par l'impulsion du cœur, cependant il y a quelques phénomènes pour lesquels cette explication ne suffit pas, et qui nous obligent d'admettre, comme cause coefficiante de l'accroissement et de la ramification des vaisseaux, une attraction que les organes exercent sur le sang. En effet, la

(1) Physiologie, t. IV, p. 502.
(2) Dœllinger, loc. cit., t. VII, p. 216.

circulation du sang n'a primordialement point de connexions avec le cœur ; celui-ci n'exécute pas de pulsations, et cependant le sang s'en écoule, il se fraie une route au travers de la masse primordiale, qui se trouve par là divisée en espèces d'îlots, et il revient dans les cuisses du cœur. De plus, quand la circulation est établie, et qu'il peut à chaque instant rentrer dans le cœur autant de sang qu'il en sort, il ne saurait résulter de là qu'un accroissement du vaisseau en longueur ; la dérivation latérale du courant dans des branches secondaires ne peut être attribuée qu'à une puissance attractive exercée par les organes placés sur le côté. Ainsi l'on voit fort bien, chez le Poulet, que le mouvement du sang dans la veine porte est déterminé par l'aspiration mécanique de l'oreillette, et cependant le liquide commence dès le quatrième jour à se répandre dans le foie. Si le courant de sang artériel n'obéissait qu'à l'impulsion du cœur, il se répandrait latéralement là où il rencontrerait un obstacle insurmontable, mais ne prendrait pas la direction précisément inverse, celle du retour par les veines. Partout on ne voit paraître d'abord que des troncs, mais comme le nombre des branches se multiplie à mesure que les organes prennent plus de développement, il faut aussi que l'empire du cœur aille en diminuant vers la périphérie. Ainsi Dœllinger a vu, dans le Poulet, que le mouvement du sang dépend d'abord entièrement du cœur, et qu'il s'arrête à chaque pause de cet organe, c'est-à-dire pendant la contraction de sa partie veineuse et la dilatation de sa partie artérielle, mais que, plus tard, il continue même pendant ces pauses, quoiqu'avec plus de lenteur (1).

8° Il n'y a d'abord d'autre différence entre les vaisseaux que celle de la direction du courant sanguin. Chez les larves des Insectes, le sang est chassé par l'extrémité antérieure du vaisseau dorsal, coule des deux côtés, sans parois perceptibles, d'avant en arrière, et rentre dans le vaisseau dorsal par son extrémité postérieure (2). De même, chez les très-jeunes embryons de Poissons, il ne part du cœur qu'un seul cou-

(1) *Loc. cit.*, p. 214.
(2) Carus, *loc. cit.*, p. 12.

rant, qui marche sans se ramifier le long de la colonne vertébrale, à l'extrémité de laquelle il se recourbe, pour revenir au cœur comme courant veineux (1). Mais de même que, sous cette forme primordiale, le système vasculaire entier représente une anse simple, de même aussi il envoie des anses plus petites dans les organes nouvellement produits. On ne saurait concevoir cette disposition plus simple qu'elle n'a été observée par Carus dans les larves d'Insectes : lorsque des membres se développent, le courant sanguin forme une arcade dans chacun d'eux, il y entre artériel, en ressort veineux, repasse artériel dans un membre suivant, etc. C'est de la même manière que se forment les commencemens des ramifications chez les animaux supérieurs, où le système vasculaire est permanent et ramifié. D'abord il se peut que, de la convexité d'une anse, ou du point où une artère s'infléchit pour devenir veine, parte une nouvelle anse, qui soit la continuation des deux vaisseaux ; Dœllinger a vu (2), dans des embryons de Poissons, qu'à l'endroit où l'extrémité de l'aorte se recourbe pour s'unir au commencement de la veine cave, il paraît une bandelette, s'étendant plus loin en arrière, qui laisse d'abord apercevoir des mouvemens d'oscillation, tantôt en avant, tantôt en arrière, et qui enfin se partage en deux courans, de directions inverses, dont les extrémités se réunissent ensemble, ou forment une nouvelle arcade, tandis que la première devient une branche anastomotique transversale. Ou bien un petit courant se dirige du courant artériel au courant veineux, et forme une branche d'anastomose, qui, en se prolongeant de manière à produire une arcade, se divise en une artère et en une veine. Mais il peut aussi se faire qu'il n'y ait d'abord de courant que d'un seul côté, et que l'autre s'y ajoute peu à peu, car cette formation a lieu dans un temps où il n'existe point encore de parois arrêtées, où par conséquent on voit quelquefois de petits globules du sang s'écarter du courant principal, parcourir un certain espace à ses côtés, puis y rentrer ou se jeter dans un autre courant (3), ce qui

(1) Dœllinger, *loc. cit.*, p. 180.
(2) *Loc. cit.*, p. 208.
(3) Dœllinger, *loc. cit.*, p. 180, 206.

nous permet d'expliquer comment les modifications du système vasculaire se succèdent avec tant de rapidité. Dès qu'alors
une nouvelle branche artérielle pénètre dans une partie, elle
s'y recourbe sur elle-même, et il revient une veine qui se
jette dans un tronc veineux voisin, attendu que le plus petit
courant est attiré par le plus considérable; ou bien aussi c'est
une veine qui se forme la première, et à laquelle se joint
plus tard une artère. Ce cas a lieu certainement pour les veines
de la vésicule ombilicale, qui se développent les premières,
et auxquelles les artères viennent plus tard seulement s'annexer. La même chose semble arriver aussi dans quelques
autres organes (§ 401. 15°), où les veines s'aperçoivent les
premières, tandis qu'au contraire la veine cave paraît provenir de l'inflexion de l'aorte, qu'on distingue avant elle. Au
reste, plus l'embryon avance en âge, plus aussi le courant
artériel devient grêle avant de se transformer en courant
veineux.

II. D'après les observations faites sur l'embryon du Poulet,
surtout par Prevost, Dumas et Baer, on peut admettre les
périodes suivantes, eu égard à l'état général du système vasculaire.

1° D'abord, de la quatorzième à la vingtième heure, se
forment la bandelette primitive, la corde spinale, les lames
spinales et les rudimens des vertèbres; il n'y a encore aucune
trace du système vasculaire.

2° Ensuite, de la vingtième à la trente-sixième heure, se
forment le cercle sanguin, puis le cœur, et aussitôt la formation du sang commence dans le cercle sanguin, mais le
mouvement du sang n'a point encore lieu dans l'embryon. Le
cœur est blanchâtre, transparent et immobile. C'est ainsi qu'il
a été trouvé dans les Araignées par Herold (§ 382, 5°), dans
les Poissons par Cavolini, dans le Poulet par Harvey (1), Prevost, Dumas et Baer.

3° Après que le cœur s'est partagé en paroi solide et contenu liquide, il commence, vers le milieu du second jour,
environ dix heures après sa première apparition, à se mou-

(1) *Loc. cit.*, p. 68.

voir, mais seulement par ondulations, et sans recevoir ni chasser du sang; il ne fait que mouvoir en lui-même son propre liquide incolore, tandis qu'un peu de sang rouge s'est déjà formé dans la partie périphérique de la membrane proligère.

4° Pendant la période suivante, au troisième quart du second jour, le cœur reçoit et chasse, mais il n'y a point encore de circulation. D'après l'observation de Baer (§ 399, 9°), le cœur paraît exercer, par la dilatation de ses cuisses, une action attractive sur le liquide formé dans la membrane proligère, car, à cette époque, un courant incolore commence à s'établir dans la partie centrale de la membrane proligère, et ensuite seulement on aperçoit un courant rouge dans la partie périphérique. Il se forme des veines omphalo-mésentériques, mais sans artères, et des aortes sans veines caves. On rencontre certains acéphales humains qui n'ont qu'un seul système vasculaire, avec un courant simple des enveloppes fœtales dans l'embryon, c'est-à-dire une veine ombilicale se répandant en branches artérielles dans ce dernier (1).

5° Ensuite, à la fin du second jour et au commencement du troisième, il se forme une circulation simple; le sang coule par les veines de la vésicule ombilicale dans le cœur, de là dans l'aorte, et de celle-ci, par les artères de la vésicule ombilicale, dans le cercle sanguin. Il n'est pas rare de rencontrer cette circulation simple, mais en sens inverse, chez les monstres privés de cœur; la veine ombilicale qui arrive à l'embryon se distribue artériellement aux divers organes, et leur amène le sang; mais le sang qui revient de ces organes se réunit dans les artères ombilicales, qui vont gagner les enveloppes fœtales (2).

6° Du troisième au sixième jour se forment des ramifications de l'aorte dans le corps et des veines caves, de manière qu'alors une partie du sang circule dans l'embryon lui-même, et constitue une seconde circulation, ou une circulation intérieure; l'aorte se ramifie sur les arcs branchiaux, et la veine porte dans le foie.

(1) Meckel, *loc. cit.*, t. I, p. 164.
(2) Meckel, *loc. cit.*, t. I, p. 166.—Tiedemann, *loc. cit.*, p. 70.

7° Durant la période suivante, les vaisseaux branchiaux disparaissent, la circulation de la vésicule intestinale diminue, et il s'établit une seconde circulation extérieure, à l'allantoïde.

8° Enfin le courant de sang qui se rendait à l'allantoïde diminue un peu, et se dirige proportionnellement davantage vers les poumons, ce qui est le prélude d'une seconde circulation intérieure.

I. Cœur.

§ 441. 1° Le cœur apparaît sous la forme d'un corps oblong, qui devient un sac par la fluidification de son axe. Ce sac est situé dans l'axe transversal de l'embryon chez les animaux vertébrés (les Poissons et les Oiseaux au moins), et dans son axe longitudinal, chez les animaux sans vertèbres. Cette disposition tient peut être à ce que le cœur paraît de très-bonne heure chez les vertébrés, où le repli du feuillet séreux passant du côté spinal de l'extrémité céphalique au côté viscéral (capuchon céphalique), laisse un espace qui s'étend en travers, tandis que, chez les animaux sans vertèbres, il se développe plus tard, lorsque le canal intestinal est déjà clos, et que les parois viscérales, marchant des deux côtés à la rencontre l'une de l'autre, laissent entre elles un espace longitudinal. On a trouvé, dans une monstruosité humaine, le cœur constituant, par suite d'un arrêt de développement, une masse oblongue et solide, de laquelle partaient les vaisseaux (1).

2° La partie tournée vers l'extrémité caudale devient veineuse, et celle qui est dirigée vers l'extrémité céphalique, artérielle. Chez les animaux sans vertèbres, cet effet a lieu d'une manière fort simple; le vaisseau dorsal reçoit le sang par son extrémité postérieure et le chasse par son extrémité antérieure. Chez les Poissons, il y a transition de cette forme à la suivante : l'extrémité située en arrière et à droite du sac recourbé sur lui-même, devient veineuse, tandis que celle qui est située en devant et à gauche devient artérielle. Chez

(1) Meckel, *loc. cit.*, t. I, p. 420.

les Oiseaux, et probablement aussi chez les Mammifères, les deux extrémités (cuisses du cœur) deviennent veineuses par la face concave située entre elles et tournée vers la queue, artérielles par la face convexe qui regarde la tête. En effet, la partie concave du sac ployé en manière d'arc s'étend en un tube longitudinal, qui est à la fois sac veineux et tronc veineux, tandis que les deux cuisses du cœur deviennent les racines de ce tronc veineux, c'est-à-dire les veines caves, supérieure et inférieure. Le point culminant de la convexité est la pointe future, et se place à droite, tandis que la portion veineuse se tourne à gauche. Cette torsion du cœur dépend-elle de ce que, l'embryon se couchant du côté gauche sur le jaune, et recevant de ce côté les veines de la vésicule ombilicale, la convexité du cœur ne trouve d'espace qu'au côté droit?

La paroi de la portion artérielle acquiert promptement de l'épaisseur, et il s'y développe un rudiment de substance musculaire pendant que la portion veineuse a encore des parois fort minces. Les deux portions diffèrent donc l'une de l'autre sous ce rapport; mais la seconde ne se divise qu'en deux segmens, l'un dilaté, l'autre un peu plus rétréci, le tronc veineux, et la première se partage de même en ventricule artériel et bulbe aortique.

On a trouvé le cœur arrêté à ce degré de développement dans une monstruosité humaine; le sac veineux était une dilatation membraneuse du tronc veineux, et le ventricule artériel une cavité simple, à quatre cellules (1).

3° Le cœur s'allonge et se divise par deux étranglemens, dont l'un (canal auriculaire) entre le sac veineux et le ventricule artériel, l'autre (détroit) entre ce dernier et le bulbe aortique. Ensuite il se resserre un peu sur lui-même, de manière que ses diverses divisions sont ramenées à l'unité; le canal auriculaire paraît se renverser dans le ventricule et devenir la valvule qui garnit l'entrée de celui-ci; quant au bulbe aortique, il entre dans la substance du cœur, et devient une portion des deux ventricules futurs, de même que le tronc veineux se convertit en deux oreillettes. Cette période n'a pas plus été observée que les précédentes dans les em-

(1) Meckel, *loc. cit.*, t. I, p. 421.

bryons humains conformés d'une manière normale ; mais on a trouvé des monstres dont le cœur ne consistait qu'en une seule oreillette et un seul ventricule (1).

4° Ensuite commence la division du cœur, dans le sens de sa longueur, par constriction ou plissement. Elle a lieu d'abord dans le ventricule ; ici la cloison se forme, chez l'embryon humain, en remontant de la pointe vers l'oreillette ; mais, à sept semaines, elle laisse encore une grande ouverture, qui se rétrécit peu à peu, et qui est oblitérée dès la fin du second mois. Lorsque la cloison ventriculaire commence à se produire, le cœur devient plus conique et pointu : à six semaines, il est encore aussi large que long ; à trois mois, il prend une forme plus oblongue, parce que les ventricules s'allongent et se terminent en pointe. Durant la septième semaine, le resserrement qui doit amener la formation de la cloison se manifeste sous l'apparence d'une scissure à la pointe de l'organe. Cette scissure ne tarde pas à devenir très-considérable, mais elle diminue ensuite, et au cinquième mois elle a presque entièrement disparu. Quelquefois le cœur conserve deux sommets pendant toute la vie (2). Du reste, le ventricule pulmonaire est d'abord plus étroit et plus court que l'aortique ; il n'acquiert qu'au sixième mois une longueur égale à celle de ce dernier, ce qui a fait croire qu'il était produit par lui.

5° Si la séparation des ventricules commence au troisième jour, chez le Poulet, celle des oreillettes ne débute qu'au cinquième ; celle-ci est également postérieure à l'autre chez l'embryon humain, car elle n'a lieu qu'à la fin du second mois ou au commencement du troisième. La cloison pousse de la base du cœur vers les ventricules, et laisse, en cet endroit, une ouverture, bordée d'un bourrelet, qu'on appelle le trou ovale. L'oreillette pulmonaire est d'abord beaucoup plus petite que l'autre, mais elle se développe au troisième mois. La membrane interne de la veine cave inférieure se continue avec celle de l'oreillette, mais en formant d'abord deux replis saillans dans l'intérieur du sac veineux, savoir la valvule du trou ovale et celle d'Eustache. La première paraît

(1) *Ibid.*, p. 423.
(2) *Ibid.*, p. 469.

à la fin du troisième mois, sous la forme d'un repli étroit, qui s'étend de la paroi postérieure de la veine cave inférieure à la partie supérieure et gauche de l'oreillette non encore divisée, mais qui, lorsque la cloison a pris plus de développement, se trouve séparée de la veine cave, et vient se placer dans l'oreillette pulmonaire, derrière le trou ovale ; son bord antérieur, libre et échancré en demi-lune, s'étend, au quatrième mois jusqu'au-delà de la moitié du trou ovale, au septième mois jusqu'à son bord antérieur, et au huitième jusqu'au-delà de ce bord, en sorte qu'alors l'ouverture ressemble à un canal fort court. La valvule d'Eustache va de la paroi antérieure de l'orifice de la veine cave au bord inférieur du trou ovale, de manière qu'elle divise la partie inférieure de l'oreillette droite en deux moitiés, l'une à droite, l'autre à gauche. A partir du cinquième mois, elle devient plus petite, et s'éloigne un peu de la cloison.

6º Le cœur acquiert de très-bonne heure un volume plus considérable, proportionnellement au reste du corps, que celui qu'il a chez l'adulte (1), de sorte qu'il remonte davantage vers le cou, et qu'il descend aussi plus bas dans la cavité abdominale, où le diaphragme n'existe point encore. Pendant la sixième semaine, il est vertical et symétrique, ayant l'aorte placée sur la ligne médiane. A la fin du second mois, le développement du foie l'oblige à quitter sa direction verticale, pour en prendre une horizontale, de manière que sa pointe se porte en avant. Vers la fin du troisième mois, et pendant le quatrième, il cesse d'avoir une situation symétrique, et se contourne sur lui-même, en portant sa pointe à gauche. La portion veineuse est d'abord beaucoup plus considérable que l'artérielle, et ne commence à diminuer que vers le milieu de la vie embryonnaire. Durant la neuvième semaine, on distingue le péricarde, qui se compose déjà de deux moitiés ; il est mince, tient faiblement au cœur, et n'adhère point encore au diaphragme. Valentin (2) fait remarquer, du reste,

(1) J. Bouillaud a publié d'importantes expériences sur la mensuration et la pondération du cœur de l'adulte, que l'on consultera avec intérêt (Traité clinique des maladies du cœur, Paris, 1835, t. I, p.) .

(2) *Loc. cit.*, p. 351.

que les fibres musculaires du cœur ne proviennent pas, comme celles des muscles soumis à sa volonté, des granulations, mais bien de la gélatine interposée entre celles-ci.

II. Vaisseaux sanguins.

§ 442. Nous avons à examiner l'état des *vaisseaux sanguins* dans chacune des quatre périodes qui ont été assignées plus haut (§ 440, 13°-16°) à la circulation.

1° Les *vaisseaux omphalo-mésentériques* seraient mieux nommés *vaisseaux de la vésicule intestinale*, puisqu'ils naissent sur cette vésicule, avant qu'il y ait encore ni intestin, ni mésentère. D'après les observations faites sur l'embryon du Poulet, les veines de la vésicule intestinale sont les premiers de tous les vaisseaux ; leurs racines naissent de la partie primordiale du système vasculaire, le cercle sanguin, qui est d'abord une languette annulaire de sang sans parois spéciales, devient en suite une veine (*sinus terminalis*, *vena terminalis*, *circulus venosus*), et disparaît d'assez bonne heure. Ce vaisseau annulaire, qu'on trouve aussi chez les Sauriens (1), a été remarqué également par Cuvier (2) sur la vésicule ombilicale des Rongeurs ; il paraît ne point exister ou disparaître d'une manière très-précoce chez les autres Mammifères. Aux veines se joignent ensuite les artères omphalo-mésentériques, qui, premières branches de l'aorte, naissent de l'embryon, vont gagner la vésicule, se répandent sur elle, chez les Mammifères aussi (3) en manière d'étoiles et en s'anastomosant fréquemment ensemble, et se continuent avec les racines des veines. On ne trouve, chez les Mammifères, qu'une seule artère et une seule veine ; cette dernière est plus volumineuse que l'autre. Les deux vaisseaux sont unis ensemble par du tissu cellulaire. Ils se contournent parfois légèrement en spirale, selon Wrisberg. Quand ils sont très-développés, comme, par exemple, chez les Rongeurs, ils ressemblent à une sorte de cordon ombilical. Du reste, leur volume, lorsque les vais-

(1) Reil, *Archiv.*, t. X, p. 89.
(2) *Deutsches Archiv*, t. V, p. 582.
(3) Reil, *Archiv.*, t. X, p. 51.

seaux omphalo-iliaques ont paru, dépasse pendant quelque temps celui de ces derniers. Ainsi la première circulation est simple, ayant l'un de ses points tropicaux dans le cœur, et l'autre hors du corps de l'embryon, dans la vésicule intestinale.

D'après les recherches de Rathke, la veine de la vésicule intestinale s'abouche dans le tronc des conduits de Cuvier (§ 443, 1°), et de cette manière dans l'oreillette du cœur. Auparavant elle reçoit la veine mésentérique, qui n'en constitue d'abord qu'une racine, mais qui plus tard, lorsqu'elle-même diminue, prend les apparences de tronc. De très-bonne heure déjà elle donne au foie une branche postérieure, qui est une partie de la veine porte, et reçoit une branche antérieure, les veines hépatiques. Plus tard, les vaisseaux de la vésicule ombilicale meurent, et il ne reste plus que les vaisseaux mésentériques : ceux-ci, qui existaient d'abord seuls, se réduisent peu à peu à n'être plus qu'une portion subordonnée du système vasculaire de l'appareil digestif.

2° A la simple circulation de la vésicule intestinale se joint la première circulation intérieure, qui tient à ce que l'aorte se ramifie dans les divers organes de l'embryon, d'où naissent les racines de la veine cave; mais la première formation du système artériel est déterminée par les branchies cervicales, d'une manière parfaitement uniforme chez tous les animaux vertébrés, permanente chez les Poissons, transitoire dans les classes supérieures.

Les métamorphoses que subissent les vaisseaux branchiaux ont été étudiées chez les Salamandres par Rusconi (1), chez les Oiseaux par Huschke (2) et Baer (§ 400, I°, 402, 16°, 403, 10°), enfin sur les Mammifères par Baer (3). D'après les observations faites sur l'embryon du Poulet, toutes les artères naissent primordialement du ventricule commun, et

(1) *Descrizione anatomica degli organi della circolazione delle Salamandre aquatiche*, Pavie, 1817, in-4.

(2) *Isis*, t. XX, p. 401.

(3) *De ovi Mammalium genesi*, p. 3.—Meckel, *Archiv fuer Anatomie*, 1827, p. 558.

plus tard des deux ventricules à la fois. Le tronc non divisé du bulbe aortique, qui est le commencement du système artériel, fournit peu à peu cinq paires d'artères branchiales, ayant la forme d'anses vasculaires simples, à peu près comme dans les larves d'Insectes (§ 440, 8°), de manière que les portions veineuses de toutes les anses, qui ne sont elles-mêmes que les prolongemens des artères, se réunissent en deux racines aortiques, qui à leur tour se confondent en une aorte unique. Des deux paires antérieures de ces anses, il disparaît les troncs et ne reste que les branches qui vont à la tête. Lorsque le bulbe de l'aorte se divise, le sang passe du ventricule aortique non seulement dans la troisième paire d'anses, dont les troncs deviennent les artères carotides, pendant que leurs origines ou leurs transitions en racines de l'aorte disparaissent, mais encore dans la quatrième anse du côté droit, qui seule se maintient comme aorte descendante, à la formation de laquelle toutes les autres contribuaient précédemment. La cinquième anse gauche disparaît, et le sang passe du ventricule pulmonaire dans les anses encore subsistantes, savoir dans la quatrième du côté gauche et la cinquième du côté droit, qui deviennent artères pulmonaires, parce qu'elles acquièrent de nouvelles branches et que leurs transitions en racine de l'aorte deviennent de simples rameaux anastomotiques. Mais le canal artériel, ou la communication de l'artère pulmonaire avec l'aorte, subsiste de chaque côté, comme débris de la racine de l'aorte (1).

Baer a trouvé, aussi dans les embryons de Mammifères, cinq paires d'arcs vasculaires, qui marchent le long des branchies et se réunissent en aorte. La même métamorphose a lieu incontestablement chez les Mammifères, avec quelques modifications toutefois, celle, entre autres, que le canal artériel ne se forme pas des deux côtés, mais seulement du côté gauche. En effet, dans l'embryon humain, on trouve, au second mois, deux troncs artériels, l'un supérieur, l'autre inférieur. Le supérieur naît du ventricule gauche, et se ramifie à la tête, à la partie supérieure du tronc et aux bras ; c'est

(1) Pl. IV, fig. 3.

par conséquent l'aorte ascendante, et probablement le tronc de la troisième anse vasculaire, avec les branches des trois anses vasculaires antérieures (1). Le tronc artériel inférieur vient du ventricule droit, et se rend en arcade à la partie inférieure du tronc ; il constitue donc l'aorte descendante, et c'est la portion restante des quatrième et cinquième anses vasculaires postérieures (2). Les deux troncs sont unis l'un avec l'autre par une branche anastomotique grêle, qui est incontestablement la portion restante de la racine aortique, laquelle portion s'étendait des anses vasculaires antérieures aux postérieures (3). Pendant la huitième semaine, le tronc artériel inférieur commence, vers le milieu de son trajet entre le cœur et l'insertion de la branche anastomotique, à fournir des branches aux poumons, qui se développent alors, et le reste de son étendue, depuis les branches pulmonaires jusqu'au rameau anastomotique, porte le nom de canal artériel. Peu à peu les branches pulmonaires grossissent et reçoivent latéralement une plus grande quantité de sang, le courant de liquide devient moins volumineux dans le canal artériel, et ce canal lui-même diminue ; mais la branche anastomotique s'accroît dans la même proportion, l'aorte descendante recevant davantage de sang du tronc artériel supérieur. Il résulte donc de cette métamorphose que le tronc artériel inférieur devient l'artère pulmonaire, que sa transition en aorte descendante devient une branche anastomotique, le canal artériel, qui s'oblitère après la naissance, mais que la branche anastomotique primordiale se développe en crosse aortique, c'est-à-dire en portion intermédiaire entre l'aorte ascendante et l'aorte descendante.

Rœderer (4) a le premier reconnu cette série de transformations, car il a trouvé l'identité du canal artériel avec l'aorte descendante. Kilian (5) l'a étudiée avec soin, et il a constaté,

(1) Pl. IV, fig. 3-a.
(2) Pl. IV, fig. 3 c.
(3) Pl. IV, fig. 3-b.
(4) *Diss. de fœtu perfecto*, p. 48.
(5) *Ueber den Kreislauf der Blutes im Kinde*, p. 127-147.

même sur des fœtus à terme, que des injections simultanées passaient du ventricule aortique dans l'aorte ascendante et du ventricule pulmonaire dans l'aorte descendante. Elle a été confirmée en outre par la dissection que Weber (1) a faite d'un embryon de sept semaines, et par une observation pathologique de Steidele (2), qui a vu, chez un enfant nouveau né, l'aorte ne se distribuer qu'à la tête et aux bras, tandis que l'aorte descendante, privée de toute communication avec elle, n'était que la continuation de l'artère pulmonaire.

D'après Rathke, lorsque la cloison ventriculaire apparaît, l'artère provenant du ventricule se divise, dans le sens de sa longueur, en deux troncs, dont l'un sort du ventricule gauche, et devient la paire antérieure (primordialement quatrième) d'arcs vasculaires, tandis que l'autre émane du ventricule droit et se continue avec l'arc vasculaire postérieur (primordialement cinquième). Le tronc de cet arc postérieur devient l'artère pulmonaire, et la moitié du gauche devient le canal artériel, pendant qu'il ne reste plus, de l'arc droit, qu'une petite partie constituant la branche droite de l'artère pulmonaire, car le sang qui sort du cœur se dirige davantage vers le côté gauche.

3° Pendant la troisième période, il survient une seconde circulation extérieure, tandis que la première s'efface plus ou moins. Les deux artères iliaques, produites par la scission de l'aorte descendante, à son extrémité inférieure, sortent de la cavité ventrale de l'embryon, sous le nom de *vaisseaux omphalo-iliaques*, ou tout simplement de *vaisseaux ombilicaux*, se répandent sur la surface de l'œuf, en dedans de la membrane testacée, à laquelle elles s'appliquent immédiatement, et forment ainsi une membrane vasculaire spéciale, l'endochorion. A cette époque, indépendamment de la circulation dans les vaisseaux de la vésicule ombilicale, qui ne tarde pas à s'éteindre entièrement, il existe deux circulations. En premier lieu, le sang coule du ventricule pulmonaire dans l'aorte descendante, par conséquent dans la moitié inférieure du

(1) Meckel., *Archiv fuer Anatomie,* 1827, p. 228.
(2) Kilian, *loc. cit.,* p. 145.

corps et l'endochorion, d'où il revient, par la veine cave inférieure, dans l'oreillette pulmonaire. En second lieu, il coule de celle-ci dans l'aorte ascendante et la moitié supérieure du corps, d'où il est ramené, par la veine cave supérieure, dans l'oreillette de la veine cave et le ventricule pulmonaire. En effet, le sang de la veine cave inférieure est chassé principalement dans l'oreillette pulmonaire, d'abord parce que ce vaisseau s'allonge plus à gauche qu'à droite dans le sac veineux non encore divisé, et que, par conséquent, lorsque la cloison se forme, il est dirigé davantage vers l'oreillette pulmonaire ; ensuite parce que la valvule d'Eustache interdit au courant de la veine cave inférieure l'entrée du ventricule pulmonaire, et le dirige vers le trou ovale, par conséquent vers l'oreillette pulmonaire ; enfin, parce que, quand le cœur tourne sa pointe à gauche au quatrième mois, le trou ovale se trouve dirigé plus en devant, de sorte qu'il vient à être placé vis-à-vis de la veine cave inférieure. Au reste, la valvule de ce trou est repoussée dans l'oreillette pulmonaire par le sang de l'oreillette opposée, ce qui fait que le trou lui-même s'ouvre davantage, tandis qu'une pression exercée en sens inverse applique cette valvule aux bords du trou ovale, qui se trouve ainsi rétréci ou bouché. Mais le sang de la veine cave supérieure doit couler en ligne droite, le long de la valvule d'Eustache, de l'oreillette droite dans le ventricule pulmonaire.

Cette double circulation, que Trew (1) et autres ont enseignée, et que Kilian a mise en évidence dans ces derniers temps, a été démontrée par Reid (1), à l'aide d'injections pratiquées sur des embryons non à maturité, et qui consistaient à pousser simultanément une masse rouge de bas en haut dans la veine cave inférieure, et une masse jaune de haut en bas dans la veine cave supérieure : la masse rouge passait, par le trou ovale, dans le cœur gauche et dans l'aorte ascendante ; la jaune, au contraire, se portait uniquement dans le ventricule droit du cœur, l'artère pulmonaire et l'aorte descendante.

(1) *Diss. de differentiis inter hominem natum et nascendum*, p. 73, 99.

Suivant Rathke, la veine omphalo-iliaque aboutit d'abord
à la partie de la veine omphalo-mésentérique qui plus tard
devient la fin de la veine cave inférieure, et elle forme ensuite des anastomoses, tant avec la veine omphalo-mésentérique qui contribue à produire la branche gauche de la veine
porte, qu'avec la veine cave inférieure, donnant ainsi lieu
au canal d'Aranzi, et de telle manière que, par les progrès
ulterieurs du développement, la quantité du sang qui se porte
au cœur par ce canal est plus considérable que celle qui va
au foie par la branche indiquée précédemment.

4° Cette double circulation s'affaiblit peu à peu vers la fin
de la vie embryonnaire, lorsque la seconde circulation intérieure, celle à travers les poumons, commence à s'établir. Le
trou ovale devient de plus en plus petit, et l'orifice de la
veine cave inférieure s'éloigne davantage de lui : le sang ne
coule donc dans l'oreillette pulmonaire que quand l'autre
oreillette est remplie aux deux côtés de la valvule d'Eustache.
En même temps, les vaisseaux pulmonaires se développent
davantage, de sorte que l'artère pulmonaire donne moins de
sang à l'aorte ; le canal artériel devient proportionnellement
plus étroit, l'oreillette pulmonaire reçoit une plus grande
quantité de sang des veines pulmonaires, et tous ces changemens préparent peu à peu la métamorphose que la circulation
doit subir après l'éclosion.

§ 443. Quant à ce qui concerne le système veineux, Stark (1)
a proposé une hypothèse intéressante, qui repose sur des
observations propres et sur des combinaisons pleines de sagacité. Suivant lui, la veine cave inférieure se forme d'abord
du court tronc de la veine omphalo-mésentérique, produit
par la réunion de la veine omphalo-iliaque et des veines hépatiques ; elle devient le tronc qui reçoit le sang du foie et
du système uro-génital, et elle ne s'unit point à la veine cave
supérieure, de sorte par conséquent qu'elle appartient primordialement à la sphère plastique, ce qui fait aussi qu'elle
est impaire dès le principe. Au contraire, la veine azygos et
la veine demi-azygos appartiennent à la sphère animale de la

(1) *Commentatio anatomico-physiologica de venæ azygos natura, vi
atque munere*, Leipzick, 1834, in-4.

moitié inférieure du corps, correspondent à la veine cave paire qui vient de la tête et des membres supérieurs, et ne sont autre chose que les troncs veineux primordialement pairs, qui s'étendent le long de la colonne vertébrale, et ramènent au cœur le sang des parois du tronc et des membres inférieurs, tandis que, plus tard, la masse principale du sang des parties inférieures du corps passe dans la veine cave inférieure par suite d'une communication entre les deux systèmes veineux.

Rathke a donné, des métamorphoses du système veineux, une exposition très-détaillée, à laquelle nous emprunterons les remarques suivantes :

1° A une époque très-reculée de la vie embryonnaire, chez les Mammifères, presque toutes les veines des organes formés par le feuillet séreux se réunissent en deux paires de troncs symétriques. L'une des paires, plus courte, vient de la moitié antérieure du corps, et constitue ce que Rathke appelle les veines cardinales. Chaque veine cardinale s'anastomose avec la jugulaire par un canal court, le conduit de Cuvier, et les deux conduits de Cuvier se réunissent en un canal plus étroit, qui s'abouche dans l'oreillette encore simple, puis plus tard se confond avec elle, de manière qu'alors les conduits de Cuvier, séparés l'un de l'autre, s'ouvrent chacun à part dans l'oreillette droite.

2° Les veines jugulaires internes naissent, en premier lieu, des veines du cerveau, qui sont d'abord paires, puis s'anastomosent ensemble sur la ligne médiane, et enfin deviennent des sinus impairs ; en second lieu, des veines de la face, de la moelle épinière, de la colonne vertébrale et de la peau du cou, lesquelles dernières se séparent d'elles plus tard, pour aller se jeter dans la veine vertébrale ; en troisième lieu, des veines sous-clavières. Entre les deux veines jugulaires se développe ensuite une anastomose transversale, et quand le conduit gauche de Cuvier disparaît, tout le sang de ces deux veines passe dans l'oreillette droite, par le conduit droit de Cuvier, qui ainsi devient la veine cave supérieure ou antérieure.

3° Les veines cardinales reçoivent primordialement des

branches, d'un côté du corps de Wolff, et d'un autre côté des parois du tronc. Plus tard, elles se resserrent dans le milieu de leur longueur : leur moitié postérieure disparaît, et les veines caudales qui lui appartenaient se joignent à la veine iliaque préalablement produite; mais, de leur moitié antérieure, il reste une petite portion, qui constitue la partie la plus antérieure de la veine azygos et de la demi-azygos.

4° Les veines vertébrales forment un système à part, qui reçoit les veines de la colonne vertébrale des parois du tronc, primordialement annexées aux jugulaires. Elles consistent, de chaque côté, en une veine au cou et une autre au tronc, et elles se continuent avec le conduit de Cuvier de leur côté. Celle du cou est entourée par les apophyses transverses des vertèbres cervicales, et représente ainsi la veine vertébrale profonde. Celle du tronc naît d'anastomoses qui unissent les veines intercostales les unes avec les autres, et ces dernières se détachent pour la plupart de la veine cardinale, qui, à partir de ce point, disparaît ensuite en arrière; ainsi se produit, à droite, la veine azygos qui amène le sang dans le conduit droit de Cuvier, ou la future veine cave supérieure, et à gauche la demi-azygos.

5° La veine cave inférieure apparaît, dès avant que les veines cardinales commencent à s'effacer, sous la forme d'un tronc grêle, entre les corps de Wolff. Ce tronc reçoit ses racines symétriques tant des corps de Wolff que du système uro-génital qui s'en produit, et s'abouche près du foie dans les veines omphalo-mésentériques. Entre lui et la portion de chaque veine cardinale qui reçoit la veine crurale et la veine iliaque primitive, se forme une anastomose, qui, après la disparition de la veine cardinale, devient veine iliaque externe, de même qu'après la disparition du corps de Wolff les branches qui constituaient d'abord les racines, subsistent comme veines rénales et veines spermatiques internes.

Du développement des organes vasculaires.

§ 444. Les ramifications vasculaires entrent dans la texture des différens organes, à l'égard de la plupart desquels ils remplissent le rôle d'une condition indispensable de la nutrition et de la manifestation de la vie. Cependant il en est quelques uns, que nous pouvons désigner sous le nom d'*organes vasculaires*, à l'égard desquels ils constituent la partie la plus essentielle, de sorte que tous les autres tissus leur sont subordonnés. Ce sont les organes respiratoires, dans lesquels une production du feuillet vasculaire s'étale à l'extérieur d'une hernie du feuillet muqueux, et les ganglions sanguins (§ 449), au moyen desquels les vaisseaux, en s'entrelaçant les uns avec les autres, représentent des organes particuliers dans l'intérieur du corps.

I. Organes respiratoires de l'embryon.

1° Chez tous les animaux vertébrés, les *organes respiratoires* sont primordialement des productions du feuillet muqueux, ou des hernies extérieures du canal intestinal, auxquelles se joignent des formations correspondantes du feuillet vasculaire. Ce mode de développement, que les découvertes de Baer sur l'embryon du Poulet (§ 400, 18° ; § 401, 8°) ont mis hors de doute, est fort répandu aussi parmi les animaux sans vertèbres. On pourrait déjà le conclure de la connexion permanente qui existe, chez ces animaux, entre les organes respiratoires et le canal digestif ; mais l'observation a établi le fait d'une manière immédiate. Carus (1) a vu, dans les Ascidies, que le canal intestinal, long-temps après s'être développé, s'allonge et se dilate à son extrémité antérieure, après quoi on voit surgir des parois de cette nouvelle partie plusieurs séries de lames branchiales situées l'une derrière l'autre. Les Insectes et les animaux des classes voisines semblent faire exception à cet égard, et devoir leurs organes respiratoires ou à des hernies

(1) Meckel , *Deutsches Archiv* , t. II ; p. 584.)

ou à des prolongemens de la paroi viscérale, c'est-à-dire au feuillet séreux; le premier cas à lieu dans l'Ecrevisse, dont les branchies poussent des racines des pattes et des deux paires de mâchoires postérieures (§ 384, 15°); le second, pour les deux troncs des trachées des Insectes, qui s'étendent le long du corps, et se continuent, par les stigmates, avec la peau extérieure. Mais comme, chez les larves des Libellules et des Hydrophiles, ces trachées, indépendamment des stigmates, ont encore des ouvertures dans l'intestin, on se demande s'il ne serait pas possible que leur point primordial de départ fût l'intestin, dont, chez les autres Insectes, elles se sépareraient de très-bonne heure, même avant la sortie de l'œuf. Cependant la paroi viscérale, ou la périphérie animale, prend part aussi, chez les animaux vertébrés, à la formation des organes respiratoires; car un appareil de cartilages, avec des muscles, s'accolle au système branchial et pulmonaire, et les fentes branchiales partent de la peau extérieure.

2° Les organes respiratoires de l'embryon sont, pendant quelque temps, rapprochés de la surface externe du corps, dans l'intérieur duquel ils s'enfoncent peu à peu. Ce changement arrive, soit par enveloppement, comme dans l'Ecrevisse, dont les branchies nues sont reçues peu à peu dans une cavité (§ 384, 15°), et chez les animaux vertébrés, où il pousse un opercule qui vient couvrir les branchies cervicales; soit par disparition et chute des parties extérieures, comme chez les Insectes, où les tubes respiratoires et les branchies péni-cillées et analogues à des membres (§ 379, 3°) disparaissent, le nombre des stigmates diminue, et des sacs à air se déve-loppent au dedans du corps (§ 380, 2°), chez les Poissons cartilagineux et les Batraciens, où les branchies cervicales saillantes à l'extérieur disparaissent, enfin chez les animaux vertébrés supérieurs, où les branchies ventrales sont rejetées au moment de l'éclosion.

3° Plus l'organisation est parfaite, plus les organes respi-ratoires parcourent de degrés, et plus on aperçoit en eux de formations extérieures et transitoires. Les Insectes sont ceux d'entre les animaux sans vertèbres qui tiennent le pre-mier rang sous ce rapport; car leurs trachées subissent divers changemens, et de plus leur membrane interne se détache en même temps que la peau extérieure, à l'époque de la mue, pour faire place à une autre, qui s'est formée au dessous d'elle. Mais les animaux vertébrés nous présentent ce phénomène à divers degrés (4°-10°).

4° Chez les Poissons il n'existe, la vessie natatoire à part, qu'une espèce d'organe respiratoire, les branchies cervicales, qui se forment dès le principe et jouissent d'une existence permanente.

5° Les Poissons osseux occupent le plus bas degré, car chez eux les branchies suivent une marche fort simple dans leur développement.

6° Dans plusieurs Chondroptérygiens, au contraire, sinon même dans tous, les lames branchiales s'allongent en faisceaux saillans à l'extérieur, qui disparaissent lorsque les branchies intérieures se sont développées davantage. Il y a donc ici d'abord un organe de respiration transitoire, mais qui n'est qu'un prolongement de l'organe permanent.

7° Dans les trois autres classes d'animaux vertébrés (8°-10°), après les branchies se forment des poumons complets.

8° Chez le Protée et la Sirène, les branchies persistent toute la vie; chez les autres animaux, elles n'ont qu'une existence transitoire (9°-10°).

9° Sous ce dernier rapport, les autres Batraciens sont placés au rang le plus bas; car leurs branchies cervicales sont d'abord extérieures et en forme de pinceau, après quoi elles viennent à être renfermées dans une cavité.

10° Chez les Reptiles supérieurs, les Oiseaux et les Mammifères, il existe d'abord des branchies cervicales; mais comme la membrane proligère, dont il y a excès ou superflu, se métamorphose en parties périphériques, il se forme ici un second organe respiratoire de transition, savoir une branchie ventrale périphérique, qui s'associe aux enveloppes fœtales, et se rapproche de l'extérieur plus que ne le fait aucun autre organe quelconque de respiration.

A. *Branchies cervicales.*

§ 445. L'une des plus brillantes découvertes des temps modernes, est celle de l'existence des branchies cervicales non pas seulement chez les Poissons et les Batraciens, mais encore chez tous les autres animaux vertébrés pendant la vie embryonnaire. Rathke (1) a vu ces branchies d'abord dans les embryons des Oiseaux et des Mammifères, puis dans ceux de l'homme, des Ophidiens et des Sauriens. Ce sont des ouvertures à la paroi viscérale du cou, qui conduisent de la surface extérieure dans la cavité gutturale, et qui, parallèles les unes aux autres, traversent la paroi viscérale, à partir des limites de la paroi spinale, ou du moins sont situées dans des plis cutanés transversaux. Les bandelettes de la paroi viscérale (arcs branchiaux) comprises entre ces ouvertures (fentes branchiales) se soudent les unes avec les autres sur la ligne médiane. Le nombre de ces parties a été diversement indiqué. Baer a trouvé que, chez l'Oiseau, il se forme peu à peu cinq arcs branchiaux, avec quatre fentes branchiales ; mais il a reconnu aussi que tout au plus existe-t-il simultanément quatre arcs et trois fentes (§ 400, I, 401, 17°). Il a trouvé quatre fentes branchiales dans des embryons de Chien âgés de trois semaines et demie.

1° Les fentes branchiales n'existent pas primordialement dans la paroi viscérale, mais elles paraissent peu de temps après la formation du cœur, et avant celle des poumons et de l'allantoïde ou du placenta. Elles ressemblent d'abord à des sillons, dont la profondeur augmente peu à peu, jusqu'à ce qu'ils percent la paroi de part en part et pénètrent dans la cavité gutturale. A chaque arc branchial, c'est-à-dire à chaque bandelette de masse grenue comprise entre deux fentes, arrive, du côté de son extrémité viscérale, une branche de l'aorte, qui en parcourt la surface, jusqu'à l'extrémité spinale, et se réunit ensuite avec les branches analogues des autres arcs branchiaux du même côté, pour produire ensemble une racine de l'aorte (§ 442, 2°). Situées d'abord à

_____

(1) *Isis*, 1825, p. 747.

nu, les branchies sont peu à peu couvertes, en totalité ou en partie, par une pullulation de masse grenue qui part de la tête et s'avance vers le tronc, ou par un opercule plus ou moins complet.

2° Jusqu'ici la formation des branchies cervicales est la même chez les embryons de tous les animaux vertébrés. Mais elle va plus loin encore dans les Poissons et les Batraciens, tandis que, chez les animaux supérieurs, elle s'y arrête, après quoi les branchies disparaissent, les fentes s'oblitérant à partir de leurs angles. D'après Baer, les fentes branchiales paraissent au troisième et au quatrième jour chez l'embryon de Poulet; la plus antérieure s'oblitère dès le quatrième jour (§ 401, 17°), la troisième et la quatrième au cinquième (§ 402-16°), la seconde au sixième (§ 403, 10°). Dans les embryons humains, elles se manifestent environ vers la cinquième ou la sixième semaine, et, comme elles durent peu, que leur existence ne se prolonge vraisemblablement pas au-delà de quelques jours, on conçoit aisément qu'il soit assez peu commun de les rencontrer.

3° Les arcs branchiaux consistent d'abord en masse organique primordiale, et leur substance ne subit aucune métamorphose chez les Mammifères, les Oiseaux et les Reptiles supérieurs. Dans les Batraciens, ils acquièrent une consistance qui se rapproche de celle du cartilage, sans cependant aller jusque-là. Chez les Poissons, où ils jouissent d'une existence permanente, ils se convertissent en véritables cartilages et en os.

4° Les branchies des Crustacés paraissent sous la forme de cônes et de plaques lisses, de la surface desquelles poussent plus tard une multitude de petites villosités. Chez les Poissons et les Batraciens, les arcs branchiaux se garnissent également de petites verrues, qui se développent en filamens munis de branches latérales, ou en lamelles branchiales, sur chacune desquelles une artère marche jusqu'au sommet, se replie là sur elle-même, et revient en manière de veine branchiale, pour se jeter enfin dans la racine de l'aorte. Les arcs branchiaux primordiaux n'arrivent jamais à ce degré de développement chez les animaux vertébrés supérieurs; mais ils y

III.   34

parviennent et y demeurent chez les Poissons osseux. Chez les Chondroptérygiens et les Batraciens, ils font encore un pas de plus : les lames branchiales s'allongent en filamens saillans, ou en pinceaux rameux, qui (excepté chez le Protée et la Sirène), au bout de quelque temps, se flétrissent, s'amincissent et disparaissent, de leur sommet vers l'arc branchial sur lequel ils reposent. D'après Rathke, chaque branchie ne possède, chez les Urodèles, qu'une seule lamelle pennée, et la plus grande partie des arcs branchiaux demeure chauve.

5° Comme les branchies d'abord extérieures de l'embryon d'Ecrevisse sont peu à peu enveloppées par une cavité (§ 384 15°), de même, chez les animaux vertébrés, il se produit une pullulation de la peau, qui, s'accroissant la plupart du temps de la tête vers le tronc, couvre les branchies, et porte le nom d'opercule. Chez les Oiseaux et les Mammifères, on n'aperçoit qu'une faible trace de cet opercule, qui demeure grenu, comme il l'est partout dans l'origine. Chez les Batraciens, il devient cutané, et se soude avec le reste de la peau, de manière qu'il cesse de constituer une partie spéciale. Chez les Raies et les Squales, il ne laisse également qu'une petite ouverture, qui mène dans la cavité branchiale. Chez les Poissons osseux et les Branchiostéges, l'opercule ne se soude point avec le reste de la surface cutanée par son bord convexe, mais devient susceptible de se mouvoir librement, et prend le caractère osseux ou cartilagineux ; l'espace qui renferme les branchies est aussi plutôt une fente qu'une cavité.

6° Ascherson (1) a fait l'observation intéressante que, chez l'homme, une fente branchiale persiste quelquefois pendant toute la vie, et qu'elle représente alors, sur le côté du cou, une fistule, voisine du sternum et de la clavicule, dont l'orifice se fait remarquer le plus souvent à l'angle interne de l'attache du muscle sterno-cléido-mastoïdien et de l'extrémité sternale de la clavicule. Cette fistule est plus commune chez les femmes que chez les hommes. On la rencontre la plupart du temps au côté droit. Elle a une petite ouverture, parfois bordée d'un bourrelet, et dont la couleur est le rouge intense. Elle sécrète

(1) *Diss. de fistulis colli congenitis*, Berlin, 1832, in-4.

une humeur muqueuse, et ne tarde pas à se rouvrir quand on a tenté de l'oblitérer. J'ai observé un cas de ce genre. Ascherson en cite un dans lequel l'ouverture interne de la fistule fut trouvée au sommet de l'œsophage. Il assure qu'on voit quelquefois de pareilles fistules sur les deux côtés du cou.

B. *Branchies abdominales.*

§ 446. Les branchies ventrales sont des organes respiratoires qui ont leur siége à l'extrémité caudale du tronc, ou à l'extrémité anale du canal alimentaire.

1° Chez plusieurs animaux sans vertèbres, elles sont les seuls organes de respiration, et persistent toute la vie ; mais, chez quelques Insectes, elles sont transitoires et n'existent que pendant l'état de larve. Ainsi, chez les larves des Libellules, les troncs trachéens s'ouvrent dans le rectum, immédiatement au devant de l'anus, et s'allongent en une multitude de petits tubes, qui, disposés en dix séries, forment cinq longues lames pennées, et qui disparaissent pendant la métamorphose, après quoi l'air n'est plus admis que par les stigmates situés sur les côtés du tronc. Ce cas est aussi celui de quelques Coléoptères aquatiques, notamment des Dytiques et des Hydrophiles. Les larves des Éphémères ont également des branchies ventrales, situées, non pas dans le rectum, mais des deux côtés de l'abdomen, sous la forme de lames membraneuses, qui disparaissent pendant la métamorphose. La *Phalœna geometra* est dans le même cas. Dans les larves de quelques Diptères, les troncs trachéens s'allongent en un cylindre, qui part de l'anus, qui est entouré de soies à son extrémité, et qui disparaît durant la métamorphose, tandis que des stigmates se forment sur les côtés du tronc.

2° Chez les Poissons et les Batraciens, les branchies cervicales prédominent, soit parce qu'elles ont une existence permanente, soit parce qu'elles acquièrent un plus haut degré de développement durant la vie embryonnaire, et il ne se forme point de branchies ventrales. Ces derniers organes ne paraissent que chez les Reptiles supérieurs, les Oiseaux et les Mammifères, après la disparition des branchies cervicales ; ils ont pour base un prolongement de l'extrémité anale du canal digestif, ou l'allantoïde, à la surface extérieure de laquelle les branches terminales de l'aorte descendante, ou les artères iliaques, se répandent, et forment un feuillet vasculaire particulier, l'endochorion, qui, en sa qualité d'enveloppe fœtale, embrasse l'embryon, qui remplit les fonctions des poumons encore réduits à l'inaction, et dont le nouvel être se dépouille au moment de l'éclosion.

3° Chez les Reptiles supérieurs et les Oiseaux, cette partie est une vésicule que l'on nomme *allantoïde* (vésicule cloacale, ou aussi chorion). Dans l'embryon du Poulet, au troisième jour, l'extrémité postérieure du canal digestif, ou, pour préciser davantage, le cloaque futur s'allonge, derrière l'embouchure du rectum, et dans sa paroi inférieure, celle qui regarde le côté viscéral, en un cône (§ 400, 21°), qui continue de croître, et qui, le lendemain, se partage en un tube abouché avec le cloaque, l'ouraque, et en une vésicule faisant suite à ce canal, l'allantoïde (§ 401, 12°). Bientôt on aperçoit, sur cette formation, des vaisseaux qui sont les branches terminales de l'aorte, avec des veines correspondantes, de manière que l'allantoïde est composée d'un feuillet muqueux interne et d'un feuillet vasculaire externe. Elle continue de s'allonger hors du corps, en gagnant la surface de l'œuf et se portant au côté droit de l'embryon, parce que celui-ci a son côté gauche posé sur le sac vitellin ; située sous la membrane testacée, à la face supérieure de l'œuf, elle s'accroît vers les deux côtés de l'œuf, mais surtout au-delà de l'embryon, vers le gros bout de cet œuf. D'après Dutrochet, au neuvième jour, elle atteint le petit bout, à la face supérieure ; mais son accroissement se trouve arrêté là par la chalaze, qui existe encore (§ 341, 4°), tandis que, rien ne le gênant du côté du gros bout, elle s'étend par là, et passe à la face inférieure, pour aller gagner le petit bout, où elle arrive dès le dixième ou onzième jour ; ses bords, parvenus à se toucher en cet endroit, contractent adhérence ensemble, de manière que l'allantoïde représente une double vésicule enveloppée par la membrane testacée. La moitié extérieure se soude avec la membrane testacée, et son voisinage de la superficie fait qu'elle est plus riche en vaisseaux, de même que l'artère omphalo-iliaque gauche, qui se répand sur elle, et qui, par suite de la situation indiquée, se trouve en dessus, est beaucoup plus volumineuse que la droite. La moitié intérieure contracte adhérence avec l'amnios, et devient presque entièrement exsangue, attendu que l'artère ombilicale qui s'y rend disparaît à peu près totalement après le milieu de l'incubation. Le feuillet muqueux semble être refoulé par le feuillet vasculaire ; car on ne peut plus l'en distinguer à partir du dixième jour.

4° La formation est la même, chez les Mammifères, quant aux points essentiels ; il y a cette différence seulement que les deux feuillets demeurent séparés, comme allantoïde et endochorion, et qu'ils se développent en deux parties indépendantes l'une de l'autre, circonstance par la découverte de laquelle Dutrochet a répandu un grand jour sur l'histoire de l'embryologie (1).

I. Allantoïde.

§ 446. L'*allantoïde* (*membrana allantoïdes seu farciminalis*), prolongement du cloaque, qui existe aussi dans l'origine chez les Mammifères, paraît ouvrir la marche pour tout ce qui est relatif à la production des branchies ventrales, attendu qu'elle représente le noyau autour duquel se forme l'endochorion. Elle existe probablement chez tous les Mammifères. Emmert (2), Kieser (3), Meckel (4), Pockels (5), Velpeau (6) et Baer l'ont trouvée, ainsi que moi, dans l'embryon humain.

1° Elle naît plus tard que le commencement des intestins, le cœur, le foie et les corps de Wolff, mais plus tôt que le cordon ombilical proprement dit, c'est-à-dire celui qui résulte des vaisseaux omphalo-iliaques. C'est ce qui ressort sur-

(1) Mém. pour servir à l'Hist. anatom. et physiol. des animaux et des végétaux, Paris, 1837, t. II, p. 280 et suiv.

(2) Reil, *Archiv*, t. X, p. 373.

(3) *Der Ursprung des Darmcanals*, p. 28-30.

(4) Manuel d'Anatomie, t. III, p. 768. — *Deutsches Archiv*, t. III, pl. I, fig. 2.

(5) *Isis*, 1825, p. 1344.

(6) Bulletin des Sc. médic., t. V, p. 3.

tout des recherches de Dzondi (1). Elle contient un liquide
dès l'origine. Kuhlemann (2) l'a trouvée une fois aussi grosse
que l'embryon lui-même dans les Brebis, au dix-neuvième
jour, lorsqu'il ne pouvait encore distinguer d'autres viscères
que le cœur et le foie. Coste (3) l'a vue se prononcer chez des
Lapins, au neuvième jour après la fécondation; au dixième
ou onzième jour, paraissaient les vaisseaux omphalo-iliaques
qui se répandent sur elle. Chez l'embryon humain, elle paraît dans la troisième ou la quatrième semaine, et Baer l'y a
toujours trouvée jusqu'à la fin du second mois.

2° Elle croît avec une grande rapidité; mais, chez l'homme,
elle n'acquiert qu'un volume fort peu considérable, parce
qu'elle disparaît de très-bonne heure. Chez les Mammifères,
au contraire, elle s'étend au-delà de l'embryon, mais arrive
assez promptement aussi au terme de son accroissement, de
sorte que, dans les derniers temps de la vie embryonnaire,
elle devient plus petite, proportionnellement à l'embryon.
Chez les Carnivores, les Solipèdes et les Ruminans, elle acquiert des dimensions telles, qu'elle enveloppe l'amnios entier en façon de nid. Chez les Rongeurs et les Cochons, elle
est plus petite, et ne couvre qu'une partie de l'amnios.

3° Elle est située entre le chorion et l'amnios, ou plus
exactement dans l'intérieur de la vésicule vasculaire (endochorion), qui revêt l'un et tapisse l'autre. Dans les Chevaux les Chauve-souris (4), les Phoques (5), et autres carnivores, elle adhère d'une manière intime à ces deux moitiés de la vésicule vasculaire. Dans les Ruminans et les Cochons, elle est libre, ou tout au plus adhérente à la moitié
extérieure (chorion). Elle occupe l'extrémité caudale, tandis
que la vésicule intestinale est placée vers l'extrémité céphalique. Kuhlemann a trouvé, dans de très-jeunes embryons de
Brebis, qu'elle reposait sur l'extrémité postérieure même du

(1) *Supplementa ad anatomiam*, p. 39-42.
(2) *Observation. circa generat. in ovibus*, p. 49.
(3) Recherches sur la génération des Mammifères, Paris, 1834, in-4°, p.
41. — Embryogénie comparée, Paris, 1837, in-8°, fig.
(4) Emmert, dans *Deutsches Archiv*, t. IV, p. 28.
(5) Allessandrini, *ibid.*, t. V, p. 609.

corps, et qu'elle était fort éloignée de la vésicule intestinale, insérée bien plus avant. Chez les Rongeurs, on la trouve à l'extrémité de la gaîne ombilicale, et son fond s'applique au bord du placenta.

4° Le conduit allantoïdien, ou la portion tubuleuse de l'allantoïde, s'étend, sous un angle la plupart du temps droit, vers le ventre de l'embryon, et devient le cloaque ou plus tard la vessie urinaire. De même que le conduit de la vésicule intestinale, il est d'abord fort court, de manière que la vésicule allantoïdienne s'applique immédiatement au ventre de l'embryon ; il croît à mesure que cette dernière s'écarte de l'embryon, par l'allongement des vaisseaux ombilicaux.

5° Lorsque la vésicule allantoïdienne est petite et demeure renfermée dans la gaîne ombilicale, elle ne devient que pyriforme ou en massue, comme chez les Rongeurs et chez l'homme. Chez ce dernier, son canal part, sous un angle droit, du ventre de l'embryon, puis il décrit un coude pour se continuer avec la vésicule elle-même, qui est piriforme. Dans les Solipèdes et les Carnassiers, où cette dernière acquiert toute l'extension qu'elle peut avoir, elle a la forme d'un sac, et, de même que chez les Oiseaux et les Reptiles supérieurs, enveloppe l'amnios tout entier, à l'exception d'un point ovale autour du cordon ombilical. Dans les Cochons et les Ruminans enfin, elle s'accroît bien d'une manière considérable, mais c'est surtout en longueur qu'elle augmente, de sorte qu'elle prend la figure d'un utricule ou d'un intestin ; à partir du canal allantoïdien, elle se rend, en deux cornes, vers l'extrémité céphalique et l'extrémité caudale de l'embryon, ou même au-delà, remplit complétement les prolongemens tubuliformes du chorion, les perce à leurs extrémités, et sort par chacune de celles-ci, sous la forme d'un prolongement en boyau, qu'on appelle appendice ou diverticule de l'allantoïde (*membrana excretoria* de Dzondi). Ces prolongemens offrent un étranglement à l'endroit où ils percent le chorion, et y reçoivent aussi de celui-ci des vaisseaux, mais dont le sang a une teinte plus pâle. On peut d'abord, à l'aide de la pression, faire passer le liquide de l'allantoïde dans les appendices, et *vice versa* ; mais plus tard le passage, autour duquel se serrait le chorion, s'oblitère, les appendices eux-mêmes perdent peu à peu leur liquide, ils se flétrissent, deviennent petits, plissés et d'un jaune verdâtre sale, tandis que leurs vaisseaux disparaissent. Ils sont évidemment des prolongemens de l'allantoïde, qui ne trouvant pas assez d'espace, dans l'intérieur du chorion, pour se développer en liberté, le déchirent, passent à travers de la déchirure, contractent adhérence avec ses bords, et en reçoivent quelques vaisseaux. C'est à peu près ainsi que Samuel explique leur origine (1), Jœrg les regarde à tort comme des prolongemens du chorion (3). Oken (3) était plus loin encore de la vérité, en les considérant comme les cornes détachées de la vésicule intestinale, puisque, ainsi qu'il a été démontré par Bojanus (4), la vésicule intestinale meurt à partir de ses cornes, et que ce n'est qu'après la disparition de celles-ci qu'on voit le canal allantoïdien commencer à se former.

Du reste, la vésicule allantoïdienne est mince, transparente et blanchâtre, cependant assez résistante, lisse à sa surface interne, et rugueuse à l'externe, à cause du tissu cellulaire qui s'y implante. Elle-même n'a point de vaisseaux ; les vaisseaux omphalo-iliaques ne font qu'accompagner son conduit, auquel ils forment comme une enveloppe, constituée par l'endochorion ; mais il n'est pas rare que ce feuillet vasculaire s'applique aussi sur divers points de la vésicule allantoïdienne, et, dans ce cas, il peut très-bien arriver également qu'elle reçoive quelque branche de l'un ou de l'autre des vaisseaux, sans que cette particularité change rien à son caractère essentiel.

6° Tandis qu'elle persiste, chez les Mammifères, pendant toute la vie embryonnaire, elle n'a chez l'homme qu'une durée fort courte ; mais la vessie urinaire et l'ouraque demeurent comme débris du canal allantoïdien. En effet, la vessie est primordialement la portion qui s'abouche d'une manière

(1) *Diss. de ovorum Mammalium relamentis*, p. 35.
(2) *Grundlinien zu einer allgem. Physiologie*, p. 294.
(3) *Beitræge zur vergleichenden Zoologie*, p. 5.
(4) *Deutsches Archiv*, t. IV, p. 46.

immédiate dans le cloaque : lorsqu'ensuite le cloaque se renverse en dehors, ou devient surface extérieure, le rectum et la vessie acquièrent chacun un orifice spécial, et deviennent des organes séparés. Emmert a trouvé, dans les Lézards (1), qu'au dessous du rectum, le conduit allantoïdien se dilatait en une vésicule vers le milieu de sa longueur, et qu'ensuite il se retrécissait pour aller s'aboucher dans le cloaque, que par conséquent il était en train de se séparer du canal digestif et de former la vessie urinaire. Cette dernière paraît également chez l'homme commencer par n'être qu'un canal, et la forme étroite et allongée qu'elle conserve même dans les mois subséquens semble annoncer qu'elle tire en effet son origine du conduit allantoïdien ; mais l'ouraque est la portion de ce dernier qui confine à l'allantoïde, et son oblitération marche progressivement de la vésicule vers la vessie urinaire, c'est-à-dire de dehors en dedans. Plus l'embryon est jeune, plus l'ouraque a de longueur : Hunter l'a suivi tout le long du cordon ombilical. Communément, dès le quatrième mois, il n'est plus perméable que dans une étendue de quelques lignes à partir de la vessie, puis il devient solide et plein du côté de l'ombilic, passe à l'état de filament grêle dans le cordon ombilical, et s'y résout en tissu cellulaire. On peut quelquefois, chez le fœtus à terme, y injecter du mercure jusqu'à une certaine distance de la vessie (2). La vessie urinaire et l'ouraque ont cela de commun ensemble, qu'ils sont produits tant par le feuillet muqueux de l'allantoïde que par le feuillet vasculaire de l'endochorion, et qu'en conséquence ils réunissent ces deux parties à leur racine, comme elles demeurent réunies dans toute l'étendue du sac urinaire chez les Oiseaux et les Reptiles. Les artères omphalo-iliaques reçoivent dans leur milieu la vessie urinaire et l'ouraque. Lorsque ces vaisseaux se resserrent les uns sur les autres, ils doivent comprimer l'allantoïde et enfin l'anéantir ; c'est effectivement ce que constate l'observation ; si l'on enlève la membrane vasculeuse et la couche musculeuse sur un ouraque qui pa-

(1) Reil, *Archiv*, t, X, p. 88-104.
(2) Meckel, Manuel d'Anat., t. III.

raît déjà entièrement solidifié, la membrane muqueuse représente encore un canal qui s'étend de la vessie urinaire à l'ombilic (1); donc le feuillet muqueux est évidemment serré et enfin détruit par le feuillet vasculaire. Maintenant, chez les Mammifères, les artères ombilicales sont plus courtes, elles s'écartent davantage l'un de l'autre, elles se répandent sur toute la face interne du chorion, de sorte qu'elles ne compromettent point l'existence du feuillet muqueux, ou de l'allantoïde; chez l'homme, au contraire, elles sont non seulement plus longues, mais plus rapprochées, entortillées même l'un autour de l'autre, après quoi elles concentrent leurs ramifications périphériques dans un placenta plus dense, de manière que la vésicule allantoïdienne doit être singulièrement réduite par la prépondérance de l'endochorion qui se concentre ainsi, tandis que la vessie urinaire conserve sa vitalité à cause des connexions qu'elle entretient avec les reins. Mais je crois avoir trouvé encore un débris de la vésicule allantoïdienne dans des embryons humains à terme, sur la surface extérieure de l'endochorion (§ 448, 6°). En effet, à la face interne du placenta, sur le côté du cordon ombilical, il y a une étendue d'un pouce de diamètre environ dans laquelle l'amnios et le chorion adhèrent plus solidement que partout ailleurs l'un à l'autre, et là j'ai plusieurs fois rencontré l'endochorion condensé, d'un blanc jaunâtre, et séparé de la substance du placenta, en sorte qu'une cavité existait entre lui et ce dernier; mais, une fois, j'ai trouvé une véritable vésicule, qui était située entre les ramifications de la veine ombilicale, et pleine d'un liquide jaune brunâtre. Rœderer (2) avait déjà fait la même remarque; il avait aperçu aussi, au côté interne du placenta, près du cordon ombilical, une vésicule, située entre le chorion et le placenta, longue de trois pouces, large d'un pouce et demi, mais n'ayant point de parois spéciales : elle contenait un liquide jaunâtre, semblable à du pus peu épais, que la pression faisait couler dans le cordon ombilical; au fond de la vé-

---

(1) Rœderer, de fœtu perfecto, p. 22.
(2) Loc. cit., p. 15.

sicule il y avait une substance squirrheuse et molle, épaisse de quelques lignes.

Ce sont des résidus anormaux d'une formation primordiale quand l'ouraque demeure, après la naissance, perméable dans une certaine étendue, même jusqu'à l'ombilic (1), de manière que l'urine coule alternativement par le nombril et par l'urètre (2), ou ne sort par l'ombilic que jusqu'au moment où l'urètre rétréci recouvre son calibre ordinaire (3) ou enfin ne commence à couler par l'ombilic qu'après qu'il s'est développé des obstacles dans l'urètre (4).

Jœrg (5) admet, avec raison que l'allantoïde contribue à la formation de la vessie urinaire ; mais il commet une erreur en disant qu'elle se produit du dehors, et qu'elle a les mêmes relations avec le système urinaire que la vésicule intestinale avec le canal digestif, opinion adoptée aussi par Oken (6). L'allantoïde pullule évidemment du cloaque, et cette excroissance se développe en une vessie urinaire chez les Batraciens, parce qu'il n'y a, chez ces animaux, que la racine du canal allantoïdien qui se développe, et qu'ils sont entièrement dépourvus d'allantoïde sortant du corps. Au contraire, chez les Oiseaux, cette portion qui sort du corps est très-développée, mais elle se resserre tout auprès du cloaque, sans laisser de vessie urinaire. Au reste, quand Oken (7) prétend que l'allantoïde est la racine du système génital, il émet là une hypothèse qui ne repose sur rien.

7° Velpeau (8) prétend que l'allantoïde, à laquelle il donne le nom de *saccus reticularis*, enveloppe l'amnios, chez l'homme comme chez l'Oiseau, sous la forme d'une vésicule

---

(1) Meckel, *Handbuch der patholog. Anat.*, t. I, p. 653.

(2) Boeckh, dans Hufeland, *Journal*, 1824, 5ᵉ cah., p. 120. — Dupuytren, dans Repert. général d'Anat., t. IV, p. 219.

(3) Sabatier, Traité d'Anatomie, t. II, p. 397 ; t. III, p. 472.

(4) Diemerbroek, *Opera omnia*, p. 221.

(5) *Loc. cit.*, p. 299, 317.

(6) *Beitræge*, t. I, p. 30.

(7) *Isis*, 1819, p. 1118.

(8) Embryologie, Paris, 1833, p. 15, 54.

qui contient un liquide vitré. Bischoff (1) décrit la formation située entre le chorion et l'amnios sous le nom de membrane moyenne ; il la représente comme une membrane extrêmement mince, transparente, ayant la plupart du temps le brillant du verre, susceptible de se renfler dans l'eau, devenant plus ferme par l'immersion dans l'alcool, et laissant apercevoir au microscope des stries qui ont l'apparence de vaisseaux soudés ensemble. D'après ses observations, elle naît, pendant le cours de la quatrième semaine, sous la forme d'une substance gélatineuse, limpide comme de l'eau, qui est parsemée d'un tissu extrêmement délicat, avec un grand nombre de vaisseaux fort déliés. Dans mon opinion, ce tissu vasculaire ne serait autre chose que l'endochorion en train de se développer : le tissu restant (§ 448, 8°, 10°) mériterait à peine d'être regardé comme une membrane spéciale ; c'est plutôt, d'après Baer (2), de l'albumine absorbée, qui se dépose à la surface extérieure de l'amnios (3).

II. Endochorion.

§ 448. Après que la membrane muqueuse du cloaque a commencé à produire une hernie de dedans en dehors qui constitue l'allantoïde, l'extrémité bifurquée de l'aorte se prolonge également sur cette dernière, et y donne lieu aux artères omphalo-iliaques ou ombilicales. Ces artères, lorsque le bassin se développe, avec ses viscères et ses membres, envoient des branches à toutes ces parties ; mais elles ne cessent d'être des troncs qu'après la naissance, époque à laquelle elles rentrent dans la classe des branches et deviennent des ramifications subalternes de l'artère hypogastrique. Chez les Reptiles supérieurs et les Oiseaux, elles marchent sur la couche externe de l'allantoïde : chez les Mammifères, c'est sur le côté extérieur de cette membrane et de ses développe-

---

(1) *Beitræge zur Lehre von den Eihuellen des menschlichen Fœtus*, p. 45, 75.
(2) *Untersuchungen ueber die Gefæssverbindung zwischen Mutter und Frucht in den Sacugethieren*, p. 4.
(3) Muller, *Archiv fuer Anatomie*, 1835, p. 34.

mens, par conséquent aux deux côtés de la vessie et de l'ouraque, qu'on les trouve ; elles gagnent l'ombilic, passent dans
la gaîne ombilicale, réunies par du tissu cellulaire en une membrane, l'*endochorion*, et se répandent vers la superficie de l'œuf.
Leurs dernières ramifications se continuent, en cet endroit,
avec la veine ombilicale, qui marche auprès des artères dans la
gaîne ombilicale, mais les abandonne à l'ombilic, se porte de
bas en haut entre les muscles abdominaux et le péritoine,
longe un repli de cette dernière membrane (ligament suspenseur du foie), arrive à la scissure longitudinale antérieure gauche du foie, fournit, dans la scissure transversale,
plusieurs petits rameaux à cet organe, notamment à son lobe
gauche, et se partage en deux branches terminales, dont
l'une se jette dans la racine gauche de la veine porte, tandis
que l'autre, appelée canal veineux (*ductus venosus*, *canalis
venosus Botalii s. Arantii s. Glissonii*), aboutit à la veine
cave inférieure, près de l'orifice des veines hépatiques. Elle
est sans valvules, si ce n'est à sa scission en deux branches
terminales et à son embouchure dans la veine cave.

Le développement du Poulet nous apprend que la description qui vient d'être donnée du cours de ces vaisseaux est en
même temps l'histoire de leur développement, qu'en conséquence ils n'existent point encore au moment de la première
formation de l'embryon, et que c'est seulement après que le
développement du canal digestif a commencé, que les artères
ombilicales pullulent des extrémités de l'aorte et sortent du
corps de l'embryon. On doit bien s'attendre à ce que l'organe
qui leur ressemble, quant aux traits essentiels, chez les
Mammifères, se forme aussi de la même manière, et c'est en
effet ce qu'établissent les observations de Baer sur un embryon de Chien, dont les vaisseaux omphalo-mésentériques
étaient fortement développés, et chez lequel on n'apercevait
aucune trace des vaisseaux omphalo-iliaques ou ombilicaux,
parce que l'allantoïde ne faisait encore que commencer à
paraître (1). Mais nous croyons que les artères croissent jusqu'à un certain point avant que les veines se forment, parce

(1) *Epist. de ovi Mammalium genesi*, fig. 7.

que ces deux ordres de vaisseaux suivent une marche tout-à-fait différente, et que par conséquent ils ne peuvent pas se former simultanément, comme anse vasculaire, de la manière qui a été indiquée précédemment (§ 440, 8°)'; la veine ombilicale, née plus tard, doit s'insérer dans la veine cave, parce que, suivant les observations de Dœllinger, les petits courans sont attirés par les grands; mais les deux ordres de vaisseaux doivent naturellement s'allonger plus tard d'une manière correspondante.

On a prétendu que le chorion était le commencement de la formation du sang (1), qu'en lui se formaient des veines (2), qui s'allongeaient vers l'embryon, tandis que les artères sortaient de ce dernier (3). Cette hypothèse ne pourrait être admise qu'autant qu'on regarderait les villosités du chorion comme des vaisseaux sanguins, ce qu'elles ne sont point, et le placenta comme l'analogue de l'auréole vasculaire, avec laquelle il n'a aucun rapport, car si l'on a bien aperçu une veine circulaire (4), ce n'est là qu'une analagie peu importante. Que la veine ombilicale soit la racine de l'embryon (5), que le cordon ombilical se forme avant tout le reste, et que l'embryon pousse à son extrémité, comme produit de ses vaisseaux sanguins, se sont là des hypothèses contre lesquelles s'élèvent et l'observation et l'analogie. Si Otto (6) a cru voir, dans un œuf où il ne s'était point développé d'embryon, un cordon ombilical partant des parois et flottant librement, c'était là sans le moindre doute un filament formé d'une manière purement accidentelle. Au contraire, il ne pouvait pas y avoir prise à l'illusion dans les cas où l'on n'a point rencontré le placenta et le cordon ombilical, et les observations de ce genre qui sont citées par Henckel et autres (7), ou rap-

(1) Jœrg, loc. cit., p. 315.

(2) Meckel, Man. d'Anat., t. III.

(3) Lobstein, Ueber die Ernaehrung des Fœtus, p. 158.

(4) Meckel, loc. cit., t. III. — Autenrieth, Supplementa, p. 52.

(5) Meckel, Beitrœge, t. II, cah. 2, p. 20.

(6) Seltene Beobachtungen, t. I, p. 136.

(7) Voigtel, Handbuch der pathologischen Anatomie, t. III, p. 560-568.

portées par Osiander et Good (1) , ne sauraient être reléguées parmi les faits imaginés à plaisir que par celui qui voudrait à toute force maintenir une épinion préconçue. Dans un cas dont parle Van den Bosch (2) , le placenta manquait chez un acéphale ; le cordon ombilical était court, arrondi et fermé à son extrémité, de manière qu'il y avait impossibilité de songer à la moindre déchirure ; évidemment ici la formation des vaisseaux ombilicaux s'était trouvée interrompue, et n'avait pu atteindre à son but.

Nous allons maintenant considérer les vaisseaux ombilicaux, dans leur réunion en cordon (1), dans leur expansion membraneuse (II), et dans leur développement à la face externe du chorion (III).

1. Le *cordon ombilical* manque chez les Poissons et les Batraciens, parce que la membane proligère ne se forme point en excès (§ 417 , 4°, 5°), et que les branches terminales de l'aorte restent dans la cavité du corps. Il n'est point encore développé non plus chez les Reptiles supérieurs et les Oiseaux, parce que l'amnios se réfléchit immédiatement à partir des parois du tronc, qu'en conséquence aussi la vésicule ombilicale et l'allantoïde sont appliquées d'une manière immédiate à l'embryon. C'est chez les Mammifères seulement qu'on le rencontre, et chez l'homme qu'il acquiert le plus complet développement (§ 417 , 7°). Or comme, chez ce dernier, l'allantoïde s'éteint dès le second mois, et la vésicule ombilicale, avec ses vaisseaux, dès le troisième, les vaisseaux ombilicaux demeurent les seuls organes vivans du cordon ombilical qui s'accroît.

1° Le cordon ombilical manque d'abord entièrement, comme Cruikshank l'avait déjà remarqué sur des Lapins (1). Dans l'embryon humain, il demeure fort court jusqu'à la sixième semaine, et forme une ligne droite avec le corps, attendu que les artères ombilicales, qui sont les branches terminales de l'aorte, se prolongent dans la même direction

(1) Lobstein , *loc. cit.*, p. 149.
(2) Schlegel , *Sylloge operum minorum* , t. I, p. 465.
(3) *Philos. Trans.*, 1797, p. 202.

qu'elle. A peu près pendant la septième semaine, lorsque les artères iliaques fournissent des branches aux organes pelviens et aux membres abdominaux, les artères ombilicales s'en séparent angulairement, et le cordon ombilical prend la même direction. Le cordon se développe vers l'époque du développement du placenta, devient opaque, dans la neuvième semaine environ, par suite d'un dépôt de substance grenue, s'amincit, s'allonge, et dans la dixième semaine il dépasse déjà l'embryon en longueur.

2° Les vaisseaux le parcourent sans donner de branches. Les artères sont épaisses, blanches, longues et étroites; la veine est mince, plus large et plus courte. Cette dernière occupe ordinairement l'axe du cordon, entourée par les artères, et, quand les vaisseaux sont parallèles, un resserrement la sépare de ces dernières. Chez la plupart des Mammifères, les artères ombilicales sont moins serrées l'une contre l'autre, et plus écartées dans l'endochorion, que chez l'homme; les veines ombilicales sont aussi plus long-temps séparées, et, chez les Ruminans en particulier, elles forment dans le cordon deux troncs qui ne se réunissent que dans la cavité abdominale, ou au moment d'y pénétrer.

3° Les vaisseaux sont contournés en spirale dans le cordon, qui l'est aussi lui-même en partie. Ces circonvolutions supposent une certaine longueur; elles ne paraissent qu'après la dixième semaine, et se multiplient peu à peu. Elles sont plus considérables dans les artères que dans la veine, et moins prononcées chez les Mammifères en général que chez l'homme: elles manquent entièrement chez ceux de ces animaux dont le cordon est très-court. La plupart du temps, elles vont de gauche à droite (1), c'est-à-dire qu'en regardant le cordon tenu perpendiculairement, et suivant les vaisseaux ombilicaux de haut en bas, l'observateur les voit descendre de son côté gauche à son côté droit (2). Hunter a constaté cette direction dans vingt-huit cas sur trente-deux. Quelquefois une artère revient sur ses pas pendant un certain espace, ou se

(1) Velpeau, Embryologie, p. 60.
(2) Weber, *Handbuch der Anatomie*, t. IV, p. 543.

roule en anneau. Quant à la production des circonvolutions,
elles peuvent, comme l'admettrait Haller (1), tenir à l'allongement des artères dans la gaîne ombilicale, qui est trop
courte pour elles. Mais lorsque cet effet a lieu pendant l'im-
mobilité des deux points d'attache, l'embryon et le placenta,
il doit dépendre de ce que les vaisseaux ont une direction
sur un point et la direction inverse sur un autre. Or ce cas
arrive quelquefois, mais il est rare : Hunter ne l'a vu qu'une
seule fois sur trente-deux. On pourrait donc admettre que
les vaisseaux ont déjà cru en spirale avant de se fixer au chorion ; mais on peut les détordre, et avant la formation du
placenta, on n'aperçoit point de circonvolutions en eux. Il
est possible, et c'est même là ce qu'il y a de plus vraisemblable, qu'en se prolongeant, à partir de l'embryon, ils croissent sous forme spirale, et qu'ils tordent la portion voisine
du placenta ; car on rencontre presque toujours plus de circonvolutions près de l'embryon que près du placenta. Mais
il se peut faire aussi qu'une torsion de l'embryon lui-même
prenne quelque part à la production du phénomène ; car il
n'est pas rare que la gaîne ombilicale soit également contournée en spirale. Quelquefois le cordon présente de véritables
nœuds ; il a donc formé une anse, qui s'est serrée après
avoir été traversée par l'embryon, quoique cet effet puisse
fort bien aussi n'avoir lieu que pendant l'accouchement. Enfin il n'est pas rare que les cordons ombilicaux de jumeaux
soient régulièrement entortillés l'un autour de l'autre, comme
Tiedemann (2) et Sammhammer (3) l'ont observé. Du reste,
si cette explication était juste, il faudrait que l'embryon
tournât ordinairement de droite à gauche.

4° Autour des vaisseaux se trouve du tissu cellulaire, qui
se continue d'un côté avec celui de la face externe du péritoine, de l'autre avec celui qui enveloppe et unit les vaisseaux
au chorion. On peut insuffler ce tissu, de manière qu'après la
dessiccation, il représente une espèce d'éponge. Il est plein

(1) *Element. physiolog.*, t. VIII, p. 128.
(2) *Lucina*, t. III, p. 29.
(3) Rust, *Magazin*, t. XIX, p. 52.

35

d'un liquide limpide, insipide, un peu épais, coagulable, albumineux, qu'on appelle *gélatine de Wharton*, qui est plus abondant chez l'homme que chez les Mammifères, et qui paraît diminuer vers la fin de la vie embryonnaire (1). Ce liquide est fort avide d'eau, à tel point même, dit-on, que lorsqu'on plonge le cordon dans l'eau par un de ses bouts, elle monte jusqu'à l'autre extrémité à travers la gélatine (2).

5° Dans l'abdomen, les vaisseaux ombilicaux sont situés à la face externe du péritoine, et en partie dans ses replis. A partir de l'ouverture ombilicale, ils sont, sur toute la longueur du cordon, et au dedans de la gaîne ombilicale formée par l'amnios, entourés et retenus par une membrane qui s'applique immédiatement à eux. Cette membrane qui, leur appartient en propre, figure un tube renfermant le conduit allantoïdien : elle est donc analogue au feuillet vasculaire du conduit allantoïdien chez les Oiseaux et les Reptiles supérieurs. Elle n'est autre chose que la portion tubuleuse de l'endochorion, ou du feuillet interne et vasculaire du chorion. Danz (3) et autres prétendent à tort que le chorion n'envoie pas de prolongement au cordon ombilical ; mais il est inexact aussi de dire que le chorion en général contribue à la formation de ce cordon ; le feuillet externe, ou l'exochorion (§ 341, III) n'a aucune connexion, ni avec l'embryon, ni avec le cordon ombilical : le feuillet interne s'introduit seul dans ce dernier. On peut le suivre depuis l'exochorion jusqu'à l'ouverture ombilicale ; mais ici il ne se continue point avec la peau de l'embryon, comme le prétendent quelques écrivains, Roux, par exemple (4); car on le poursuit aisément jusqu'aux bords des muscles abdominaux et de la bandelette tendineuse de la ligne médiane, avec lesquels il semble se confondre ; en y regardant de plus près cependant, on voit qu'il se termine là d'une manière brusque. Mondini (5) n'avait donc pas tout-à-

(1) Burns, *The anatomy of the gravid uterus*, p. 132.
(2) Adelon, Physiologie, t. IV, p. 411.
(3) *Grundriss der Zergliederungskunde des ungebornen Kindes*, t. I, p. 37, 79.
(4) Anat. descript. de Bichat, t. V, p. 372.
5) *Deutsches Archiv*, t. V, p. 504.

fait tort, quand il disait que le chorion du cordon ombilical était un prolongement de la ligne blanche. D'après Flourens (1), le cordon ombilical serait composé de cinq couches passant de l'œuf dans l'embryon, une externe, fournie par le feuillet externe de l'amnios, se continuerait avec l'épiderme ; une seconde, provenant du feuillet interne de l'amnios, se confondrait avec la peau ; une troisième, émanée du feuillet externe du chorion, aboutirait au tissu cellulaire sous-cutané ; une quatrième, tirant son origine du feuillet interne du chorion, s'unirait à l'aponévrose des muscles abdominaux ; une cinquième, enfin, la plus intérieure, venant du tissu cellulaire situé sous le chorion, se continuerait avec le péritoine.

II. A l'extrémité du cordon ombilical, cette membrane, avec ses vaisseaux, s'étale sur la surface de l'œuf, en s'appliquant sur l'exochorion, et ressemblant parfaitement au feuillet vasculaire de l'allantoïde ; nous l'appelons *endochorion*. Dutrochet (2) a employé ce terme, mais dans une autre acception, car il entend par endochorion et exochorion les moitiés interne et externe de l'allantoïde ; ainsi, dans son mémoire, le chorion tout entier porte le nom d'exochorion, et la membrane moyenne celui d'endochorion. Si le chorion, appelé membrane vasculaire, est regardé par Jœrg (3) comme le représentant des poumons, et par Oken (4) comme une vésicule pulmonaire, tout cela ne peut s'appliquer qu'à l'endochorion qui accompagne les vaisseaux le long du cordon ombilical, comme vers la surface de l'œuf.

Ici deux cas sont possibles : ou l'endochorion des Mammifères a une forme parfaitement semblable à celle du feuillet vasculaire de l'allantoïde des Oiseaux, c'est-à-dire celle d'une double vésicule, ou bien, comme il est plus indépendant de l'allantoïde que le feuillet vasculaire de celle-ci ne l'est du feuillet muqueux, il ne représente qu'une vésicule simple. Il me paraît que la première de ces dispositions a lieu chez

(1) Cours sur la génération, Paris, 1836, in-4°, fig., p. 129.
(2) Mém. pour servir à l'Histoire des animaux et des végétaux, t. II, p. 233.
(3) *Loc. cit.*, p. 259.
(4) *Isis*, 1819, p. 1118.

quelques Mammifères, et la seconde chez d'autres. Dans le premier cas, l'endochorion forme une vésicule qui entoure l'allantoïde, avec laquelle elle croît, entre l'exochorion et l'amnios, autour de l'embryon, jusqu'à ce que ses bords, parvenus à se toucher, contractent adhérence ensemble, de manière qu'il résulte de là une double vésicule, dont la moitié extérieure revêt l'exochorion, tandis que l'autre tapisse l'amnios (1). Dutrochet admet cette disposition d'une manière générale ; mais avant de résoudre le problème, il faut examiner la formation de l'allantoïde (1°), la présence d'un feuillet vasculaire interne (2°), la réflexion de ce feuillet sur lui-même pour produire le feuillet externe (3°), la présence d'une cavité entre les deux feuillets (4°), et la disposition des vaisseaux (5°).

1° L'endochorion représente primordialement une vésicule qui renferme l'allantoïde, et qui, lorsque celle-ci s'applique sur elle-même et enveloppe l'embryon à la manière d'une vésicule double, doit prendre la même forme. Nous devons donc supposer qu'il affecte aussi cette forme chez les Mammifères, notamment chez les Carnassiers et les Solipèdes (§ 447, 5°). Dans l'embryon humain, au contraire, à l'époque où les vaisseaux ombilicaux se développent et produisent le placenta, la vésicule allantoïdienne est déjà morte, et, sinon complétement disparue, du moins flétrie, en sorte qu'à partir du cordon ombilical, l'endochorion ne s'applique qu'à l'exochorion seulement, forme un feuillet parallèle à ce dernier, et devient enfin, par les progrès de son accroissement, une vésicule simple (2).

2° Lorsqu'il y a une moitié interne de l'endochorion (*membrana media* de plusieurs auteurs, endochorion de Dutrochet), elle doit constituer un feuillet vasculaire qui revête l'amnios. Un pareil feuillet se rencontre réellement chez plusieurs Mammifères, et c'est par lui que l'amnios reçoit des vaisseaux, qui sont des ramifications des vaisseaux ombilicaux, comme l'ont remarqué, entre autres, Emmert (3), dans les Solipèdes,

(1) *V.* pl. IV, fig. 4.
(2) *V.* pl. IV, fig. 5.
(3) *Deutsches Archiv*, t. V, p. 12.

les Carnassiers, les Ruminans, les Chauve-souris et les Cochons ; Alessandrini (1), dans les Phoques, etc. Suivant Dutrochet (2), ce feuillet consiste en deux membranes épidermatiques et une couche vasculaire médiane ; mais Dutrochet n'admet une pareille composition que pour complaire à sa propre théorie. Lorsqu'on enlève le feuillet extérieur de l'amnios, les vaisseaux suivent, par exemple chez les Solipèdes et les Ruminans, avec un entourage gélatineux, qui ne peut pas plus être considéré comme une membrane spéciale que celui qu'on remarque à l'exochorion, et l'amnios reste sous la forme d'un feuillet simple. D'après Jœrg (3) et Dutrochet, ce feuillet existerait au second mois chez l'embryon humain, mais se souderait ensuite avec le chorion ; c'est là une chose invraisemblable ; car, lorsqu'il existe réellement une moitié interne de l'endochorion, sa portion membraneuse est située à l'extérieur, et les ramifications vasculaires se trouvent à l'intérieur, tandis que l'inverse a lieu pour la moitié externe : or, s'il s'opérait une soudure, il faudrait que les portions membraneuses des deux moitiés qui se touchent disparussent pour que les vaisseaux entrassent en contact, et il faudrait de plus qu'une nouvelle portion membraneuse se formât en dedans. L'existence de vaisseaux dans l'amnios de l'homme n'est nullement prouvée ; car la présence d'une branche de l'artère ombilicale parcourant un trajet de quelque étendue à l'amnios et se rendant ensuite au placenta, comme l'a vu Haller (4), ne démontre point que l'amnios possède des vaisseaux en propre.

3° Tant que l'amnios et le chorion ne sont point encore en contact l'un avec l'autre, l'espace qu'ils laissent entre eux est rempli, chez l'embryon humain, par un liquide, qu'on a appelé liquide de l'allantoïde ; mais à tort : car il n'est pas rare de le rencontrer encore à une époque postérieure, ou même de le voir sortir au moment de l'accouchement, constituant alors ce qu'on nomme les fausses eaux : or, on n'a jamais observé de sac allantoïdien complet à cette époque.

(1) *Ibid.*, p. 614.
(2) *Loc. cit.*, t. II, p. 239.
(3) *Loc. cit.*, p. 288.—*Ueber das Gebœrorgan*, p. 32.
(4) *Elem. physiol.*, t. VIII, p. 191.

4° Les artères omphalo-iliaques tendent à se porter vers la surface de l'œuf, et là seulement elles trouvent à jouer leur rôle dans toute sa latitude. Chez les Oiseaux (§ 404, 4°), de même que chez les Reptiles supérieurs (1), il n'y a que le tronc artériel gauche qui arrive à la surface, celui du côté droit, qui correspond à la moitié interne de l'allantoïde, se rapetissant jusqu'à disparaître en totalité. Chez les Mammifères, la moitié interne de l'endochorion est formée, non par un tronc spécial, mais seulement par quelques branches des artères ombilicales, qui sont aussi, ou fort peu nombreuses, comme dans le Cochon, ou très-grêles, comme dans les bêtes à cornes et les Chevaux, chez lesquels la gélatine qui les couvre en manière de gaîne est l'unique cause du volume apparent qu'elles présentent. Mais, chez l'homme, cette moitié interne serait, après la flétrissure de l'allantoïde, un organe aussi complétement inutile qu'impossible à expliquer : nous devons donc rejeter son existence.

5° L'endochorion humain, ou la moitié externe de l'endochorion des Mammifères, s'applique à la face interne de l'exochorion, et s'y fixe tant par ses vaisseaux, qui courent entre eux, que par du tissu cellulaire; la face interne est d'abord libre, lisse, et séparée de l'amnios par un liquide; plus tard, elle semble se souder avec lui par un tissu cellulaire lâche. Chez les Ruminans et les Solipèdes il existe, entre l'exochorion et la moitié extérieure de l'endochorion, un tissu cellulaire imprégné d'une épaisse gelée, dans laquelle marchent les vaisseaux : si l'on sépare les deux feuillets, les troncs vasculaires, entourés de gelée, demeurent tous suspendus à l'endochorion, et il n'y a que les petites ramifications qui se rendent à l'exochorion, pour aller gagner les cotylédons.

III. Chez les Oiseaux et les Reptiles supérieurs, ces vaisseaux s'arrêtent à l'allantoïde, sous l'enveloppe testacée, parce qu'ils n'exhalent et n'absorbent qu'un fluide gazeux, qui pénètre aisément à travers les membranes. Chez les Mammifères, ils dépassent plus ou moins la face externe de la mem-

(1) Dutrochet, t. II, p. 244.

brane testacée ou de l'exochorion, parce que l'œuf de ces animaux absorbe aussi des liquides. Ils forment ainsi des saillies qu'entourent des prolongemens de l'exochorion, et qui représentent des organes spéciaux, voisins de la matrice ou de la membrane nidulante.

Une forme inférieure consiste en ce que les vaisseaux partant du cordon ombilical se répandent sur la surface entière du chorion, et y produisent un réseau par leurs anastomoses les uns avec les autres. Sous ce rapport, les Solipèdes et les Cochons occupent le dernier rang, les vaisseaux s'étalant chez eux d'une manière à peu près uniforme sur le chorion, et produisant une multitude de flocons déliés, analogues aux villosités intestinales, qui plus tard seulement se réunissent en petits tubercules. Viennent ensuite les Ruminans, chez lesquels les vaisseaux forment un réseau à larges mailles, et produisent des saillies plus considérables mais moins nombreuses (50 à 100 environ), qu'on appelle *caroncules* ou *cotylédons*, et qui représentent des disques arrondis ou réniformes.

A un degré supérieur, la division des vaisseaux est plus concentrée, et bornée à un point qui entoure l'extrémité du cordon ombilical, et où les cotylédons se réunissent en un organe spécial, auquel on donne le nom de *placenta fœtal*. Ce placenta est incomplet, eu égard à la forme, quand il se partage encore en plusieurs lobes, comme chez les Rongeurs, ou quand il entoure toute la partie moyenne de l'œuf en manière de ceinture aplatie, comme chez les Carnassiers et les Phoques. Il atteint son plus haut degré de perfection chez l'homme, où il est ordinairement arrondi, quelquefois cependant oblong, il a six ou huit pouces de diamètre, et couvre un quart du chorion ; son épaisseur est de douze à quinze lignes dans le milieu, mais il est plus mince sur les bords, et son poids s'élève à une livre environ. En général, il reçoit toutes les ramifications des vaisseaux ombilicaux, et ce n'est que dans des cas rares qu'on voit sortir, du point où ces derniers se plongent dans le placenta, quelques ramifications isolées, qui vont gagner le chorion et y produire des plexus.

1° Partout le placenta doit naissance aux extrémités des

vaisseaux omphalo-iliaques, qui se sont élevées au dessus de la surface externe de l'exochorion, accompagnées par des prolongemens vaginiformes de cette membrane. Ainsi, par exemple, les observations de Dutrochet (1) nous apprennent que, chez les Ruminans, il n'existe pendant quelque temps aucune trace de cotylédons, l'œuf étant tout-à-fait libre dans la matrice ; ensuite il se développe, d'abord dans le milieu de l'œuf, puis plus tard vers ses extrémités, des points rouges et chargés de vaisseaux sanguins, qui se convertissent peu à peu en cotylédons et s'appliquent aux caroncules de la matrice. Chez la femme, toute la surface de l'exochorion est garnie de flocons ou de villosités à la fin du premier mois et pendant le second ; vers la fin de celui-ci, les vaisseaux ombilicaux semblent pénétrer dans l'intérieur des villosités qui sont situées immédiatement à l'endroit où la membrane nidulante se réfléchit sur elle-même (§ 344, 12°), et que par conséquent cette membrane ne couvre point. Au troisième mois, ces villosités, devenues alors des gaînes vasculaires, se soudent peu à peu les unes aux autres, au moyen d'un tissu cellulaire qui ne les unit d'abord que d'une manière fort lâche, et elles constituent ainsi un disque aplati, dont, au quatrième mois, l'épaisseur augmente et les diverses parties deviennent plus cohérentes. Ainsi le placenta doit être considéré comme une réunion de plusieurs cotylédons soudés ensemble (2). En effet, sa face externe est inégale, parsemée de sillons, et divisée en lobules, dont chacun reçoit une branche spéciale des vaisseaux ombilicaux, et est formée par un seul flocon de l'exochorion. C'est par suite d'un arrêt de développement qu'on trouve quelquefois le placenta humain composé de plusieurs lobes distincts (3). Du reste, il se forme à l'époque où la vésicule ombilicale commence à se flétrir, et où l'activité de ses vaisseaux diminue.

2° La face interne du placenta est concave et lisse, à cause du chorion et de l'amnios qui la tapissent. L'amnios est facile

(1) *Loc. cit.*, p. 51.
(2) Wrisberg, *Commentationes*, p. 334.
(3) Danz, *loc. cit.*, t. 1, p. 122.

à détacher du placenta, comme du cordon ombilical; il ne
tient un peu que sur la limite des deux organes. Le chorion
revêt non seulement la face interne du placenta, mais encore
le pourtour de la face externe, attendu qu'il se réfléchit de
dedans en dehors, en arrivant au bord du disque, qu'il reçoit
par conséquent dans une espèce de pli. Ordinairement le cordon ombilical s'insère, non pas verticalement, mais obliquement, et non dans le milieu, mais un peu de côté, à peu
près au milieu de l'espace compris entre le centre et le bord :
son insertion forme en quelque sorte un second ombilic. Sous
le point de vue de la formation, le cordon ombilical doit être
considéré comme la tige; s'il est grêle, le placenta, qui le
couronne à peu près comme un chapeau de champignon, est
également presque toujours petit et flasque.

3° Le tissu du placenta se compose donc des ramifications
des vaisseaux ombilicaux, des flocons de l'exochorion convertis en gaînes de ces ramifications, et d'un tissu cellulaire
abondant, spongieux, mou, qui ressemble à de la lymphe
coagulée (1).

Les deux troncs artériels commencent à s'écarter un peu
l'un de l'autre dès avant d'arriver au placenta, et, avant de s'y
ramifier, ils s'unissent ordinairement ensemble par une branche
transversale. Jamais ils n'y pénètrent dans la direction du cordon ombilical : ils commencent toujours par se diviser en
branches rayonnantes à la face interne du placenta, dans la
substance duquel ne s'enfoncent que leurs ramifications déliées. La même remarque est applicable aux veines. Chaque
branche artérielle pénètre dans un flocon, se ramifie dans ses
rameaux, et, à l'extrémité de ceux-ci, s'infléchit sur elle-
même, pour produire une veine correspondante. Ainsi, comme
l'ont remarqué Wrisberg (2) et Lobstein (3), on trouve partout, et jusque dans les dernières ramifications, une artère
et une veine accouplées et attachées ensemble, mais entre lesquelles on ne remarque plus ici aucune différence eu égard

(1) Weber, *Handbuch der Anatomie*, t. IV, p. 503.
(2) *Commentat.*, p. 325.
(3) *Loc. cit.*, p. 89.

à l'épaisseur des parois. Les ramifications de chaque flocon et de chaque couple de vaisseaux réunis en une espèce de paquet par du tissu cellulaire, forment un lobule ou un cotylédon, dont les vaisseaux ne s'anastomosent point avec ceux des lobules voisins. Le passage des artères de chaque lobule dans leurs veines est libre et sans cellules intermédiaires, comme le démontrent les injections. Moreschi (1) dit n'avoir pu pratiquer les dernières, de sorte qu'il nie l'existence d'une communication immédiate entre les deux ordres de vaisseaux ; il a fallu, dans ce cas, une réunion de circonstances individuelles toutes particulières pour amener un résultat semblable, qui ne se voit jamais.

De même que l'endochorion se prolonge intérieurement en tube, pour fournir une enveloppe commune aux troncs des vaisseaux ombilicaux dans l'intérieur de la veine ombilicale, de même aussi l'exochorion se prolonge extérieurement en une multitude de gaînes pour les diverses branches de ces vaisseaux. Hewson a remarqué le premier ces gaînes ; mais il les prenait pour des prolongemens du chorion entier (2). Mondini a reconnu qu'elles n'étaient que des prolongemens du feuillet externe, mais cependant il considérait celui-ci comme une continuation de la membrane nidulante (3). Krummacher a, le premier, saisi la véritable disposition des choses, et trouvé qu'au troisième mois ces gaînes sont distendues en manière de vésicules, comme les flocons (4), de sorte qu'il n'est pas douteux qu'elles doivent leur origine à ceuxci, fait que les observations de Carus ont d'ailleurs parfaitement établi.

L'existence des vaisseaux lymphatiques est douteuse. Schreger les a plutôt soupçonnés que démontrés (5). Lobstein (6), Meckel (7) et autres n'ont pu les apercevoir. Ut-

(1) *Deutsches Archiv,* t. V, p. 616.
(2) Danz, *loc. cit.,* t. I, p. 37.
(3) *Deutsches Archiv,* t. V, p. 597.
(4) Schlegel, *loc. cit.,* t. I, p. 478.
(5) *De functione placentæ uterinæ,* p. 68-73.
(6) *Loc. cit.,* p. 40.
(7) Man. d'Anat., t. III.

tini (1) injecta, dans le tissu cellulaire du placenta, du mercure, qui se répandit de là dans le tissu cellulaire du cordon ombilical, comme par une multitude d'orifices vasculaires étroits, mais qui n'avait fait sans doute que s'épancher dans le tissu spongieux. Les mêmes réflexions s'appliquent sans doute aussi, comme le croit Weber (2), aux canaux qui, d'après Fohmann (3), représentent le cordon ombilical tout entier, à l'exception de sa gaîne et de ses vaisseaux sanguins, contiennent la gélatine de Wharton, forment d'innombrables anastomoses, peuvent rarement être suivis jusque dans le placenta, et seraient des lymphatiques, mais sans valvules. En effet, des vaisseaux lymphatiques spéciaux sembleraient être ici un pléonasme, puisque les flocons eux-mêmes sont déjà des fibres absorbantes, et on ne les a admis qu'aussi long-temps qu'on n'a pu concevoir d'absorption sans des vaisseaux particuliers.

L'existence des nerfs dans le placenta était admise autrefois, sans jamais avoir été démontrée (4). Lucæ, Lobstein, Durr et Riecke n'ont pu découvrir aucun filet nerveux, malgré les recherches les plus minutieuses. Riecke a constaté que les irritans mécaniques, chimiques et galvaniques, appliqués au cordon ombilical d'enfans et d'animaux nouvellement nés, ne déterminaient aucun mouvement (5). Le microscope lui a fait voir que les nerfs cutanés et musculaires cessent aux bandelettes tendineuses de la ligne médiane du ventre, que les branches fournies par le grand sympathique aux artères ombilicales et aux extrémités de la veine ombilicale cessent à l'endroit où ces vaisseaux se convertissent plus tard en une masse tendineuse, mais qu'il existe sur la veine ombilicale quelques fibres tendineuses, qu'un examen superficiel pour-

(1) *Deutsches Archiv*, t. II, p. 259.
(2) *Handbuch der Anatomie*, t. 1V, p. 498.
(3) Mémoire sur les communications des vaisseaux lymphatiques avec les veines et sur les vaisseaux absorbans du placenta et du cordon ombilical, p. 24.
(4) Danz, *loc. cit.*, t. I, p. 116.
(5) Haller, *Elem. physiol.* t. I, p. 117.
(6) *Diss. utrum funiculus umbilicalis nervis polleat, an careat*, p. 17.

rait faire prendre pour des filets nerveux (1); que par conséquent Chaussier et Ribes, qui avaient cru voir des branches du plexus hépatique dans le cordon ombilical (2), s'étaient trompés. En effet, on ne peut pas concevoir autrement que privées de nerfs des parties qui, comme celles-là, sont purement transitoires, n'appartiennent qu'à la sphère végétative, et sont totalement étrangères à la sphère animale. Cependant, comme toute vieille erreur, quelque fréquemment qu'on l'ait abattue, tend toujours à relever la tête de temps en temps, l'existence des nerfs du placenta a été soutenue de nouveau par Home (3), qui en a même donné la figure. Schott (4) a démontré que du plexus hépatique gauche partent, à la région du foie, cinq à sept filets nerveux, qui se rendent à la veine ombilicale, qu'un d'eux accompagne cette veine jusqu'à l'anneau ombilical, et que chaque artère ombilicale reçoit du plexus hypogastrique un filet nerveux qu'on peut suivre jusqu'à un pouce et demi au dehors de l'anneau inguinal.

4° De même que, chez les Oiseaux, il y a des villosités saillantes dans l'oviducte, pour envelopper de blanc la sphère vitelline, de même aussi, chez les animaux sans vertèbres à incubation intérieure, il semble y avoir, dans le corps de la mère, des organes qui sont les prototypes du placenta utérin. Treviranus (5) a trouvé dans l'*Oniscus* des corps coniques qui reposent sur la face interne de la paroi ventrale, dont les extrémités ou les sommets sont libres entre les œufs, et qui contiennent une substance pultacée brunâtre, destinée probablement à s'exhaler au travers de leurs parois, pour servir de nourriture aux œufs. Chez les Mammifères, la même harmonie qui règne entre la mère et l'embryon (§ 352) existe aussi entre la matrice et l'œuf (§ 365, 4°) : d'un côté et de l'autre poussent simultanément des parties vasculeuses, qui se correspondent d'une manière parfaite, marchent à la rencon-

(1) *Ibid.*, p. 21-24.

(2) Adelon, Physiologie, t. IV, p. 409.

(3) *Philos. Trans.*, 1825, t. I, p. 66-86.

(4) *Die Controverse ueber die Nerven des Nabelstranges und seine Gefæsse, einer sorgfaeltigen Pruefung unterworfen*, p. 29, 39.

(5) *Vermischte Schriften*, t. I, p. 60.

tre les unes des autres, et contractent ensemble une connexion organique lorsqu'elles sont parvenues à se toucher. La
matrice nous offre ici le reflet fidèle des formes que nous
avons précédemment décrites (III). Chez les Solipèdes et les
Cochons, l'œuf tient pendant quelque temps à la matrice,
comme un linge mouillé (1); peu à peu des villosités se développent à la matrice, et, en s'accroissant, deviennent des
caroncules, auxquelles s'accollent celles du placenta fœtal.
Ces parties représentent des villosités simples chez les Solipèdes, et des pinceaux ramifiés chez les Cochons; mais, chez
les Ruminans, elles deviennent des masses d'une certaine
densité. Ici la face interne de la matrice offre constamment,
à dater du moment de la maturité sexuelle, des cotylédons
ou des caroncules, qui ne font que se développer davantage
pendant la gestation, et au devant desquels marchent les cotylédons du placenta fœtal, qui leur correspondent parfaitement sous le rapport de la situation, du nombre, du volume
et de la forme. Pendant les premiers temps de la gestation,
ces cotylédons grossissent, mais ils sont encore mous, sai-
gnent lorsqu'on y touche, et ne présentent point de fossettes;
peu à peu ils deviennent plus fermes, prennent une couleur
rouge et blanche, sécrètent un suc laiteux, et acquièrent des
enfoncemens à leur surface; ils ressemblent aux mamelons,
avec cette seule différence qu'ils reçoivent dans leurs excavations les cotylédons du placenta fœtal destinés à les sucer.
Dans la Brebis et la Chèvre, ils ont à cet effet des fossettes
non divisées. Dans la Vache, au contraire, ils reposent sur
des pédicules grêles, produisent des saillies plus globuleuses,
et sont enveloppés par le chorion, qui s'applique d'une manière serrée autour de leur pédicule; mais ils présentent, ce
qui leur donne l'apparence d'une fraise ou d'une amygdale,
de petites fossettes tubuleuses, dans chacune desquelles s'enfonce un flocon mollasse et jaunâtre d'un cotylédon fœtal,
qu'on en peut retirer sans déchirure aucune, sous la forme
d'un petit ver.

Chez les Rongeurs, les Carnassiers, les Chéiroptères, les

(1) Jœrg, *Ueber das Gebœrorgan*, p. 23.

Quadrumanes et la femme, les excroissances forment un disque, appelé placenta utérin. Ce placenta, la plupart du temps d'un jaune blanchâtre, repose sur les points de la matrice qui jouissent de la vitalité au plus haut degré, qui reçoivent le plus de vaisseaux, et qui sont en contact plus immédiat avec l'œuf, par conséquent sur les parois latérales, dans les matrices longues, et sur le fond, dans les matrices sphériques. Chez les Carnassiers, le placenta utérin forme un renflement annulaire, dans les enfoncemens duquel se plongent les petits flocons vasculaires mous du placenta fœtal disposé en manière de ceinture. Dans les Lapins, il se compose d'abord de protubérances blanches, grenues, et ne tarde pas à devenir un disque blanchâtre, tandis que le placenta fœtal est d'un rouge foncé et un peu plus petit. Les deux disques sont séparés l'un de l'autre, sur le bord, par un sillon, dans lequel le chorion s'insinue; leurs faces s'engrènent l'une dans l'autre, par des élévations et des excavations correspondantes, et leur centre est le seul point où elles ne soient pas unies. Chez la femme, le placenta utérin se développe vis-à-vis du renversement de la membrane nidulante, ordinairement au fond de la matrice, à l'un des orifices des oviductes, ou entre ces deux orifices, par conséquent dans la partie la plus vivante, la plus molle et la plus vasculeuse de l'organe, dans l'endroit où celui-ci n'est point séparé du chorion par la membrane nidulante. Il ne fait pas partie de la membrane nidulante primordiale, comme l'admettent Chaussier et quelques autres physiologistes; mais il constitue, ainsi que l'ont surtout démontré Wrisberg et Lobstein, un produit postérieur, qui d'ailleurs ressemble beaucoup au premier, et qu'on peut considérer comme une membrane nidulante secondaire. En effet, comme, après le renversement en dedans de la membrane nidulante primordiale, la matrice n'est en relation immédiate avec l'œuf qu'à l'endroit de la réflexion, le conflit plus actif qui s'établit là entre elle et lui accroît l'activité vasculaire, de sorte que, vers la fin du second mois, le placenta utérin transsude sous la forme d'une couche albumineuse; cette couche se coagule en un disque, dans l'intérieur duquel croissent, au troisième mois, des prolongemens de vaisseaux

utérins (1). Les vaisseaux sont assez gros : ils ont plus d'une
ligne de diamètre, et se terminent, sans se ramifier beaucoup,
par des dilatations ou cellules, d'où naissent les veines, ainsi
que le démontrent les injections poussées en divers sens. Au
quatrième et au cinquième mois, le placenta utérin devient
celluleux, inégal ; il s'enfonce dans les sillons du placenta
fœtal, dont il reçoit aussi en lui les lobules, et avec lequel il
est d'abord uni d'une manière assez lâche pour qu'on puisse
les séparer l'un de l'autre par la macération ; mais l'union
devient plus solide par la suite. Le placenta utérin acquiert
environ quatre lignes d'épaisseur, et vers la fin de la vie embryonnaire, il devient un enduit insignifiant, mince, quelquefois même seulement gélatineux.

5° Les deux disques ne sont point unis ensemble par des
vaisseaux allant directement de l'un à l'autre ; les systèmes
vasculaires de la mère et du fruit, parfaitement clos des deux
côtés, ne sont qu'appliqués l'un sur l'autre ; c'est ce que démontre d'abord l'anatomie ; les injections délicates passent,
sans extravasation, des vaisseaux ombilicaux dans le placenta
fœtal seul, et des vaisseaux utérins dans le placenta utérin
seulement. Les nombreuses expériences de Wrisberg (2),
Reuss (3), Hunter, Roux (4), Tiedemann (5), Dœllinger (6),
Meckel (7), Lauth (8), Lee (9), Baer (10), Weber (11), et autres,
ont parfaitement établi ce résultat, de sorte que l'opinion de
Flourens (12), qui admet un passage immédiat du sang de la
mère dans l'embryon, n'est qu'un anachronisme littéraire.

(1) Moreau, Essai sur la dispos. de la membrane caduque, p. 30.
(2) *Commentationes*, p. 339.
(3) *Novæ observat. circa structuram vasorum in placenta*, p. 12.
(4) Anat. descript. de Bichat, t. V, p. 415.
(5) *Anatomie der kopflosen Missgeburten*, p. 74.
(6) *Deutsches Archiv*, t. VI, p. 192.
(7) Manuel d'Anatomie, t. III.
(8) Répertoire général d'Anatomie, t. I, p. 76.
(9) Annales des Sc. naturelles, seconde série, t. V, p. 55.
(10) *Untersuchungen ueber die Gefaessverbindung zwischen Mutter und Frucht in den Saeugethieren*, Leipzick, 1828, in-fol.
(11) *Handbuch der Anatomie*, t. IV, p. 496.
(12) Cours sur la génération, Paris, 1836, p. 132, 143.

L'embryon prépare son sang lui-même, chez les Mammifères tout comme chez les Ovipares : aussi ce sang diffère-
t-il de celui de la mère ; d'abord d'un rouge pâle, puis rouge,
et ensuite noirâtre, il renferme dans le principe des globules
de forme sphérique, contient davantage de sérosité, et est
moins coagulable. Les battemens du cœur de l'embryon ont
aussi un autre rhythme que ceux de la mère (§ 471, 3°). Mais
le sang de la matrice et celui de l'embryon exercent une
attraction mutuelle l'un sur l'autre, de manière que des réseaux vasculaires plus serrés se forment aux points correspondans. C'est ainsi que, chez les Pachydermes, sur tous les
points où l'œuf et la matrice sont en contact immédiat, des
réseaux de cette espèce se produisent dans les fosses alvéo-
laires et les plis de l'utérus. Ces réseaux représentent le placenta utérin, et ils s'appliquent aux villosités et aux plis du
chorion, qui forment le placenta fœtal et s'introduisent dans
les excavations de la matrice. Chez les Ruminans, les pla-
centas utérins multiples existent déjà d'avance en rudiment :
ils ne font que se développer davantage pendant la gestation,
ils déterminent la formation de villosités vasculaires du chorion qui leur correspondent exactement, et ils attirent chacune de ces villosités dans une fosse créée pour elle. Mais,
dans l'une et l'autre classe, le placenta utérin et le placenta
fœtal ne sont qu'appliqués l'un à l'autre, sans avoir d'adhérence ensemble (1). Chez les Rongeurs, ils sont soudés en
une seule masse, de manière qu'ils se pénètrent réciproque-
ment, et les vaisseaux sanguins du placenta utérin entourent
de toutes parts les villosités vasculeuses du placenta fœtal,
sans se continuer avec ces dernières (2). La même chose a
lieu dans l'espèce humaine : le placenta utérin s'insinue entre
les lobules du placenta fœtal ; ses veines sont plus larges que
partout ailleurs à leurs racines, c'est-à-dire qu'elles y présentent des dilatations vésiculiformes, dans lesquelles les
villosités du placenta fœtal s'introduisent, en refoulant sur
elle-même la tunique veineuse, de manière à s'en faire une

(1) Baer, *Untersuchungen ueber die Gefæssverbindung*, p. 7-16.
(2) *Ibid.*, p. 20-23.

enveloppe (1). Cette disposition organique explique pourquoi les injections passent quelquefois par transsudation d'un système vasculaire dans l'autre, circonstance qui a fait naître l'erreur d'une libre communication entre les deux systèmes. Schreger (2) a vu, en pratiquant des injections d'eau de colle colorée par le cinabre, que ce dernier restait toujours dans les vaisseaux ombilicaux, et que l'eau seule pénétrait quelquefois ; mais il a observé que, quand l'injection était faite immédiatement après la mort, cette transsudation n'avait lieu que le lendemain, lorsque l'extinction de la vitalité avait relâché davantage le tissu. Chaussier et Béclard (3) n'ont pu faire passer du mercure dans les veines utérines par l'artère ombilicale, mais seulement par les veines ombilicales, évidemment parce que la délicatesse plus grande des veines de part et d'autre favorisait la transsudation, attendu que le passage du sang des unes dans les autres est déjà rendu inadmissible par la différence de direction du courant de ce liquide. Cette disposition organique établit également que, quand le placenta fœtal se détache, les veines du placenta utérin doivent se déchirer ; on explique d'après cela pourquoi il survient alors un écoulement de sang par la matrice, et pourquoi cet organe présente des ouvertures de vaisseaux assez grandes pour pouvoir admettre le bout du petit doigt (4), particularité qui a suscité l'opinion erronée que les veines ont des ouvertures béantes à la face interne de la matrice. Au contraire, le placenta fœtal détaché ne donne point de sang. Rœderer et Osiander (5) ont vu, chez des enfans qui étaient venus au monde avec leur placenta, la circulation continuer encore pendant un quart d'heure, sans qu'il s'échappât de sang. De même aussi, après la naissance de l'enfant, les pulsations et l'hémorrhagie cessent dans la portion du cordon ombilical coupé qui reste pendante au placenta et demeure dans la matrice.

(1) Weber, *Handbuch der Anatomie,* t. IV, p. 496.
(2) Baer, *loc. cit.,* p. 31-37.
(3) Adelon, Physiologie, t. IV, p. 482.
(4) Annales de Sc. naturelles, t. XXVIII, p. 428.
(5) Lobstein, *Ueber die Ernaehrung des Fœtus,* p. 105.

6° A mesure que l'embryon approche du terme de sa maturité, le placenta fœtal et le placenta utérin diminuent de vitalité. A partir du neuvième mois, le premier croît moins, devient par conséquent plus petit, en proportion de l'embryon, et reçoit moins de sang ; une partie de ses vaisseaux se convertissent en fibres, qu'on pourrait aisément prendre pour des nerfs ou des lymphatiques : il devient plus facile à déchirer et flasque, ses connexions avec la matrice sont plus lâches.

II. Ganglions sanguins.

§ 449. Tandis que les organes vasculaires dont il a été question jusqu'ici (§ 444-448) appartiennent à la périphérie, et accomplissent la formation du sang par leur conflit avec l'extérieur, d'autres organes vasculaires, que nous appellerons *ganglions sanguins*, sont des agglomérations intérieures de vaisseaux, qui n'ont aucune liaison avec la périphérie, et dans lesquelles le sang ne se métamorphose que par suite du conflit avec la propre substance organique du corps de l'animal. On ignore si ces organes sont primordialement des anses vasculaires, qui se ramifient, et auxquelles vient s'annexer ensuite de la masse organique primitive, du blastème, pour produire le parenchyme, ou si le parenchyme existe d'abord, et s'il n'acquiert des vaisseaux que par l'effet de l'attraction qu'il exerce ensuite sur le sang. Cependant l'analogie rend cette dernière hypothèse plus vraisemblable que l'autre.

A. *Capsules surrénales.*

1° Les *capsules surrénales* naissent, d'après Valentin (1), sous la forme d'une masse impaire, appliquée à la colonne vertébrale, et qui se fend ensuite. Dans l'embryon de Poulet, elles ne paraissent qu'au onzième jour, constituant des disques jaunâtres, qui sont placés entre les extrémités antérieures des corps de Wolff et les reins, et qui ont des connexions plus intimes avec les premiers de ces organes qu'avec les au-

(1) *Entwickelungsgeschichte des Menschen,* p. 416.

tres. Suivant Rathke, c'est seulement quelque temps après l'éclosion qu'elles deviennent plus volumineuses, à proportion du corps entier, qu'elles ne le sont chez l'animal adulte. De même, chez les Mammifères, où elles ont un volume relatif considérable dans l'âge de maturité, elles ne l'acquièrent que pendant la seconde moitié de la vie embryonnaire, ou même seulement après la naissance. Dans l'embryon humain, au contraire, elles sont plus grosses que les reins dès la quatrième semaine ; au quatrième mois, leur volume égale celui de ces organes, mais elles sont plus légères ; au sixième mois, elles sont plus petites qu'eux, et leur poids, comparé au leur, offre la proportion de 1 : 2, 5 ; au dixième mois, cette proportion est de 1 : 3, tandis que, chez l'adulte, elle est de 1 : 2, 8. D'abord adossées exactement l'une à l'autre, elles se séparent peu à peu durant la neuvième semaine, et sont composées de granulations, réunies en trois à quatre lobes, dont chacun tient à une branche vasculaire, comme à un pédicule. Au quatrième mois, la structure grenue commence à s'effacer, et au sixième, leur substance se divise en périphérique et centrale.

B. *Rate.*

2° La *rate* paraît plus tard, pendant la dixième semaine, chez l'embryon humain, sous la forme d'un très-petit corps, pointu aux deux extrémités, et partagé en plusieurs lobules, qui, d'après Muller (1), se trouve placé, comme une glande mésentérique, entre deux feuillets d'un repli du mésentère, c'est-à-dire du mésentère stomacal existant vers cette époque. Peu à peu elle devient rougeâtre, mais jamais elle n'est aussi bleuâtre que chez l'adulte, et quoiqu'elle prenne peu à peu, ainsi que l'estomac, la situation qu'elle doit conserver désormais, cependant elle demeure placée plus en devant qu'elle ne l'est après la naissance. En augmentant de volume, elle reste beaucoup plus petite relativement que chez l'adulte. D'après Heusinger, elle est au foie comme 1 : 500 au troisième mois, comme 1 : 50 au dixième, comme 1 : 5 dans l'âge

---

(1) *Handbuch der Physiologie*, t. I, p. 550.

mûr, et par rapport au corps entier, comme 1 : 3,000 chez l'embryon de dix semaines, comme 1 : 180 chez l'adulte.

C. *Thymus.*

Le *thymus*, dont le développement a été décrit d'une manière complète par Haugsted (1), paraît, chez le fœtus humain, dans la dixième semaine, à la partie supérieure de la cavité pectorale, sous la forme de deux masses distinctes, placées aux deux côtés de la trachée-artère, et qui plus tard se soudent ensemble de bas en haut. Il croît rapidement de bas en haut, de manière qu'il égale les poumons en volume pendant quelque temps, et il devient, proportionnellement au reste du corps, plus gros qu'il ne l'est après la naissance. Dans le principe, il est plus dense, et, plus tard, il a une pesanteur spécifique moins considérable. Au quatrième mois, il présente une texture grenue, et, au septième, on peut en exprimer du liquide. Chez l'embryon à terme, il a près de deux pouces de large, sur trois environ de longueur, et il pèse près d'une demi-once.

D. *Glande thyroïde.*

4° La *glande thyroïde* apparaît simultanément avec les anneaux de la trachée artère. Elle se compose d'abord de deux moitiés latérales séparées, qui se soudent ensemble au quatrième mois; elle devient, proportion gardée, plus volumineuse et plus riche de sang que chez l'adulte, les ramifications vasculaires y étant bien plus considérables, proportionnellement au parenchyme.

(1) *Thymi in homine ac per seriem animalium descriptio anatomica, pathologica et physiologica,* Copenhague, 1832, in-8°, p. 91-104. — C. M. Billard, Traité des maladies des enfans nouveau-nés, Paris, 1837, p. 539, 626 et suiv.

CHAPITRE II.

Du développement du système uro-génital.

ARTICLE I.

Du développement de la portion transitoire du système uro-génital.

§ 450. Le système uro-génital naît de la masse organique primordialement déposée entre le feuillet séreux et le feuillet muqueux. En se développant, il contracte des connexions tant avec les productions de ces deux feuillets (la membrane muqueuse intestinale, médiatement ou immédiatement, et la périphérie animale), qu'avec le feuillet vasculaire. On voit paraître d'abord les *corps de Wolff*, appelés *faux reins* par Rathke, et *reins primitifs* par Jacobson, dont Valentin (1) a tracé l'histoire littéraire.

Les corps de Wolff sont, comme l'ont démontré Jacobson (2) et Muller (3), des organes sécrétoires, ayant des canaux de sécrétion disposés en travers, et parcourus dans leur longueur par des conduits excréteurs, dont le tronc impair s'abouche dans le cloaque ou le canal uro-génital. Ils sont revêtus par le péritoine, et, chez les animaux supérieurs, il se développe vers leur côté dorsal les reins, vers leur côté ventral, en dedans, et dans des plis particuliers du péritoine, les organes plastiques de la génération, tandis que les conduits de ces derniers organes apparaissent à leur côté externe. Sans avoir de connexions organiques avec aucune de ces formations, ils paraissent les précéder et en tenir lieu, surtout des organes urinaires, pendant les premiers temps de la vie embryonnaire.

1° (Chez les Batraciens, ils paraissent à une époque où la cavité du corps ne contient encore d'autres viscères que le cœur et le canal intestinal. Ils se montrent à la partie la plus

(1) *Loc. cit.*, p. 355-375.
(2) *Die Okenschen Kœrper oder die Primordialnieren*, p. 4.
(3) *Bildungsgeschichte der Genitalien*, p. 94, 107.

antérieure de cette cavité, sous la forme de deux corps lenticulaires, très-éloignés l'un de l'autre, placés sur les côtés de la racine aortique à deux branches, et qui n'acquièrent jamais un volume considérable. Il en part deux longs canaux, médiocrement amples, qui convergent l'un vers l'autre en arrière, et sont attachés à l'extrémité de l'intestin, dans lequel ils s'abouchent sans le moindre doute. Mais, chez tous les autres animaux vertébrés supérieurs aux Batraciens, les corps de Wolff se produisent sous de bien plus fortes dimensions; primordialement ils apparaissent, et cela également à une époque où le cœur et le canal intestinal sont encore les seuls viscères contenus dans la cavité du corps, sous l'aspect de deux longues masses, étroites, minces, effilées vers leurs deux extrémités, la postérieure surtout; ces masses, constituées par un blastème amorphe, s'étendent depuis l'extrémité antérieure de la cavité du tronc jusqu'à la postérieure, par conséquent à peu près depuis la région des arcs branchiaux postérieurs jusqu'à l'issue de l'intestin; elles sont très-rapprochées l'une de l'autre, et placées sur les deux côtés de l'aorte, au dessous des deux troncs postérieurs des veines du corps (veines cardinales), ou en général immédiatement au dessous de la paroi dorsale du corps, et sous le rapport de la forme, de la couleur, du volume, elles ont une grande analogie avec les reins de beaucoup de Poissons osseux. Plus tard, chez les animaux vertébrés supérieurs, elles s'écartent de plus en plus l'une de l'autre, mais s'éloignent bien plus encore tant du cœur que de l'extrémité de l'intestin, parce qu'elles ne s'allongent point dans la même proportion que le tronc. Plus une espèce est élevée dans la série animale, plus aussi les corps de Wolff augmentent de volume et de largeur, en proportion de la durée entière du développement de l'animal. Chez les Mammifères, ils acquièrent leurs plus fortes dimensions long-temps avant le milieu de la vie embryonnaire, chez les Oiseaux, vers le milieu à peu près de cette vie, et chez les Reptiles supérieurs, long-temps seulement après qu'elle est parvenue à la moitié de sa durée. Ensuite, comme le corps entier grossit, ils augmentent également de volume absolu, mais diminuent relativement à la masse totale du corps. Plus tard encore ils diminuent d'une manière absolue, par le fait de la résorption, et enfin ils disparaissent entièrement. Mais plus ils ont mis de rapidité à croître, en proportion de toute la durée du développement, plus aussi ils s'effacent de bonne heure, ce qui a lieu un peu plus tôt chez le sexe féminin que chez l'autre. Les Mammifères n'en offrent plus aucune trace après la naissance. Chez une Couleuvre, au contraire, qui avait quitté l'œuf depuis un an et un jour déjà, j'en ai encore trouvé des debris considérables. Chez les Oiseaux, la résorption du faux rein droit commence avant que celui du côté gauche ait acquis son plus grand volume, et il ne reste plus aucune trace du premier, que l'autre est encore assez gros. Dans la Couleuvre, au contraire, le gauche est plus gros que le droit, vers le milieu de la vie embryonnaire, et il disparaît aussi à un plus haut degré que celui-ci. Chez les Mammifères, les deux corps de Wolff ont toujours un volume à peu près égal.

2° Du blastème primordialement amorphe de chacun des corps de Wolff se produisent de très-bonne heure un vaisseau particulier, un conduit excréteur, que j'appelle faux uretère, et un très-grand nombre de ramifications vasculaires sanguines. Chez les Batraciens, le conduit excréteur du faux rein lenticulaire part à peu près du milieu du côté interne de ce dernier. Mais, chez les animaux supérieurs, notamment les Mammifères (§ 329, 1°), chez lesquels chaque corps de Wolff est allongé et d'abord fort étroit, un canal semblable se forme dans toute sa longueur, à son bord externe, quoique néanmoins tantôt plus haut et tantôt plus bas, selon les espèces. Il s'insère à l'extrémité du canal intestinal, s'y abouche, et ne tarde pas à acquérir une texture membraneuse.

3° Dans le reste du blastème du faux rein, il se produit, comme Muller l'a reconnu le premier chez les Oiseaux et les Mammifères, et comme je l'ai remarqué depuis chez la Couleuvre, de petits sacs courts, en forme de paniers ou de massues, dont chacun se continue, à angle droit, avec le conduit excréteur, par son extrémité amincie, tandis que l'autre extrémité, terminée en cul-de-sac, est placée à distance du conduit. Ces petits sacs sont disposés en une série simple, et retenus ensemble par le reste du blastème. J'ai trouvé, dans la Couleuvre, que les antérieurs paraissent les premiers, et les postérieurs en dernier lieu. Chez les Batraciens, ils n'acquièrent qu'une médiocre longueur, affectent également plus ou moins la forme de massue après avoir pris tout leur développement, et leur ensemble représente en quelque sorte un goupillon ou un pinceau. Chez les animaux vertébrés supérieurs, au contraire, ils s'allongent beaucoup, ce qui fait qu'ils se transforment en vaisseaux particuliers et d'une longueur considérable. Si l'on examine le faux rein après que sa structure vasculaire s'est déjà complétement développée, on trouve que chacun de ses vaisseaux particuliers se compose de deux moitiés, l'une plus large, l'autre plus étroite et la plupart du temps aussi plus longue. La première est située à la surface, et l'autre en grande partie dans la profondeur de l'organe. Les moitiés plus larges de tous ces canaux sont étalées les unes à côté des autres en une couche ; en général isolées, plus rarement, ce qui arrive surtout chez les Ophidiens et les Sauriens, réunies deux à deux en un tronc fort court, elles aboutissent l'une après l'autre au faux uretère ; elles sont peu flexueuses, et forment, par leur portion la plus large, des demi-anneaux plus ou moins ouverts, suivant les espèces d'animaux. C'est chez les Mammifères que les extrémités de ces demi-anneaux sont le plus distantes l'une de l'autre, et chez les Oiseaux qu'elles le sont le moins. Quant aux moitiés plus grêles, elles sont très-flexueuses et contournées, unies ensemble par une plus grande quantité de substance muqueuse que les autres moitiés, et tellement entrelacées, qu'il est difficile d'en suivre la marche et d'arriver jusqu'à leur extrémité : elles conservent à peu près la même ampleur dans tout leur trajet, tandis que les autres moitiés sont fréquemment un peu étranglées çà et là ; elles se terminent en cul-de-sac, et généralement ne se divisent point : les Mammifères sont les seuls animaux chez lesquels il m'ait semblé voir quelquefois un de ces vaisseaux se partager en deux branches. Relativement à leur direction et à toute leur marche, chez les Reptiles supérieurs et les Oiseaux, ils partent du côté inférieur du faux uretère, se réfléchissent d'a-

bord autour du côté interne et inférieur, puis autour du bord
supérieur du faux rein, et s'enfoncent ensuite dans le côté
externe de l'organe, au dessus du faux uretère. Chez les Mammifères, au contraire, ils affectent une direction inverse,
c'est-à-dire qu'ils partent du côté supérieur du faux uretère,
montent au côté externe de l'organe, en contournent le bord
supérieur, pour se porter en dedans, et s'infléchissent là, pour
pénétrer dans la profondeur; mais ici la moitié la plus épaisse
de chacun d'eux ne se continue point encore avec la plus
mince, et elle se rend encore jusqu'à peu près à la région du
faux uretère, attendu que cette partie plus profonde se rattache immédiatement à l'autre superficielle, et forme avec
elle une anse. Relativement à la texture, il y aurait à noter
que tous ces canaux sont formés d'une substance peu transparente, peu élastique, friable et rigide, tandis que le faux
uretère est très-transparent et entièrement membraneux;
leur paroi, qui est assez épaisse, proportionnellement à la
cavité, se maintient toujours tendue, de sorte que le canal
ne s'affaisse point, même lorsqu'on vient à le couper en travers.

4° Les faux reins sont très-riches en ramifications vasculaires, et, une fois parvenus au point culminant de leur développement, ils sont, après le foie, les organes qui reçoivent le plus de sang. Chez tous les animaux supérieurs aux
Batraciens, chacun d'eux reçoit immédiatement de l'aorte une
multitude de branches courtes, transversales, et médiocrement grosses, qui sa ramifient ensuite dans son intérieur. Les
corps de Wolff des Ophidiens sont ceux auxquels il arrive
ainsi le plus de vaisseaux; mais ils sont aussi ceux qui présentent le plus de longueur. Ceux des Mammifères en reçoivent
beaucoup moins, six à sept chez le Cochon, et ceux des Oiseaux
moins encore. Aux branches vasculaires tiennent une multitude de glandes sanguines, qui, en général, ressemblent aux
granulations de Malpighi des reins, et dont les plus nombreuses se voient chez les Ophidiens. Chez ces derniers animaux, comme aussi chez les Sauriens et les Oiseaux, elles
figurent de petites grappes, attendu qu'elles semblent consister en plusieurs vésicules arrondies très-petites, et en un

fort court pédicule grêle et droit. Du moins m'a-t-il été impossible jusqu'ici de déterminer si les points rouges qu'on y aperçoit sont autre chose que des vésicules. Chez les Mammifères, chacune de ces glandes sanguines représente un petit bouquet composé d'un petit nombre de branches artérielles, dont on compte ordinairement trois à quatre dans le Cochon, et quatre à huit dans la Brebis, qui sont très-dilatées, indivises, contournées presque en vrille, ou même entortillées ensemble. Les animaux qui en ont le plus sont les Ophidiens, et ceux qui en ont le moins les Mammifères; on n'en voit que trente à quarante chez le Cochon. Elles se trouvent toujours au côté concave du faux rein, celui qui regarde en dedans et en bas, et d'abord elles sont placées tout à la superficie, sous le péritoine; mais, plus tard, surtout chez les Mammifères, elles s'enfoncent un peu davantage entre les vaisseaux particuliers de leurs organes : cependant ces vaisseaux n'en tirent point leur origine, ainsi que J. Muller l'a démontré le premier pour les Mammifères.

5° Le sang amené aux faux reins par l'aorte est ramené d'abord par les deux gros troncs veineux (veines cardinales), qui, de la queue, se rendent à la région du cœur, immédiatement au dessous de la paroi du corps et sur les deux côtés de l'aorte, et qui reçoivent des corps de Wolff un grand nombre de petites branches disposées à la suite les unes des autres. Mais lorsqu'ensuite la veine cave postérieure se forme, c'est elle qui reçoit le sang de chaque organe, et qui même finit par le ramener à elle seule, chez les Ophidiens, les Sauriens et les Oiseaux par deux, chez les Mammifères par quatre branches, d'inégale calibre, dont la plus grosse sort du milieu des deux organes, et la plus petite de leur partie postérieure. Chez les Mammifères, les deux troncs veineux finissent par diminuer de volume, et même disparaître, ce qui fait que toute connexion cesse entre eux et les faux reins; mais chez les Ophidiens, les Sauriens et les Oiseaux, leur partie postérieure persiste, et continue d'avoir des relations avec ces organes; cependant, lorsque leur moitié antérieure a disparu totalement, la postérieure n'en ramène point de sang, ce dont je suis au moins certain en ce qui concerne les Ophidiens et les Sauriens ; loin de là même , elle leur en amène de la queue et des parties du tronc situées immédiatement au devant de celle-ci.

6° Les faux reins correspondent aux véritables reins, sous le rapport non seulement de leur structure , mais encore de leurs fonctions , et ils en sont les remplaçants. Chez les Mammifères , ils sécrètent, comme ces glandes, un liquide aqueux, ténu et limpide ; mais, chez les Ophidiens et les Oiseaux (1), leur sécrétion est plus consistante, et l'on remarque, tant dans leurs vaisseaux propres que dans leurs conduits excréteurs , une matière blanchâtre ou jaune, qui, suivant toutes les probabilités , consiste principalement en acide urique.

7° Les faux reins augmentent beaucoup de volume en tous sens, pendant un laps de temps assez long après leur apparition ; cependant ils ne s'allongent point proportionnellement au tronc, en arrière duquel ils restent beaucoup sous ce rapport, de sorte qu'ils s'éloignent de l'extrémité postérieure de sa cavité et bien plus encore de l'antérieure. La portion de leurs conduits excréteurs saillante en arrière , qui est d'abord fort courte , et qui prend son attache à l'extrémité du canal intestinal , va toujours en s'allongeant , et, chez les Serpens surtout , elle acquiert une longueur considérable. Mais dès avant que les faux reins eux-mêmes soient devenus plus petits d'un manière absolue, leurs conduits excréteurs commencent à disparaître, ce qui a lieu d'avant en arrière : en même temps, un nombre de plus en plus considérable de canaux propres de ces organes semblent s'unir ensemble, également d'avant en arrière , avant de se continuer avec les conduits excréteurs. Il est de règle que les conduits excréteurs aient disparu jusqu'aux moindres traces avant l'effacement complet des faux reins : du reste, il n'a pu être complétement démontré jusqu'ici que les conduits de Gaertner, qu'on trouve chez les individus femelles de quelques Ruminans, soient des débris de ces canaux , comme Jacobson (2) le prétend) (3).

(1) Muller, *loc. cit.*, p. 26.
(2) *Loc. cit.*, p. 17.
(3) Addition de Rathke.

Du développement de la portion permanente du système uro-génital.

I. Organes urinaires.

A. Reins.

§ 451. (1° Nous avons d'abord à étudier l'origine de ces organes.

Chez les Poissons, ils naissent sous la forme d'une lame, en apparence impaire, d'épaisseur médiocre, qui, placée immédiatement au dessous du rachis, occupe la longueur et la largeur entières de la cavité du tronc, et se compose de masse organique primordiale. En général, cette lame a une largeur et une épaisseur presque égales partout, si ce n'est en devant et en arrière, où elle est un peu plus mince et plus étroite. Mais, dans la Blennie, et, probablement aussi chez tous les Poissons qui ont des dents pharyngiennes et de puissans muscles s'étendant de là fort loin en arrière, sa partie antérieure est, dès l'origine, plus large que le reste, et divisée, par une courte scissure longitudinale, en deux petits lobes latéraux, que ces mêmes muscles tiennent écartés l'un de l'autre.

Chez les Grenouilles, il se développent quelque temps après l'éclosion, mais bien avant les organes sexuels, à une grande distance derrière les corps de Wolff. Ils sont dès l'origine peu éloignés l'un de l'autre, représentent primordialement deux corps très-minces, presque filiformes, d'une longueur médiocre, qui s'étendent d'avant en arrière, immédiatement au dessous de la paroi dorsale du corps, mais n'atteignent cependant ni jusqu'à l'extrémité antérieure, ni jusqu'à l'extrémité postérieure de la cavité de ce même corps.

Chez les autres animaux vertébrés supérieurs, on les voit paraître à peu près en même temps que les organes sexuels internes. Ils se forment aux deux côtés de l'aorte, entre les corps de Wolff et la paroi dorsale du corps, sans cependant qu'on puisse les considérer comme des parties détachées ou de la paroi dorsale ou des faux reins. Chez tous ces animaux, ils naissent dans la moitié postérieure de la cavité du tronc ; chez les Mammifères , quoique situés , dans l'origine , immédiatement au devant du bassin , ils sont cependant plus éloignés de l'extrémité postérieure de la cavité du corps, que chez tous les autres. Mais, plus l'embryon devient âgé , plus ils s'éloignent de cette extrémité , et les Mammifères sont les animaux chez lesquels ils s'en écartent le plus. Les Sauriens font exception à cette règle.

2° Sous leur forme primordiale , ils ressemblent , chez les Poissons , les Batraciens , les Ophidiens , les Sauriens et les Oiseaux , aux corps de Wolff des animaux vertebrés supérieurs. En effet , ils représentent deux corps étroits, la plupart du temps aplatis , et d'une longueur relative plus ou moins considérable , le long desquels se forme le conduit excréteur, l'uretère, qui en parcourt tantôt le bord le plus long , tantôt le côté inférieur; d'un autre côté, il se produit , dans le blastème qui seul d'abord les constitue , une multitude de petits sacs placés en travers , et communiquant avec le canal , qui, par les progrès du développement , se métamorphosent en conduits, lesquels à leur tour se ramifient la plupart du temps , et deviennent ainsi les vaisseaux urinifères.

Chez les Mammifères, au contraire , mais probablement toutefois en exceptant les Cétacés , ils apparaissent d'abord sous la forme de deux petits corps arrondis , et, peu de temps après leur manifestation , ils ont beaucoup de ressemblance avec les faux reins des Grenouilles. Effectivement ils se composent de quelques petits sacs oblongs , liés ensemble par beaucoup de blastème , qui convergent tous vers un même côté (le hile futur), et s'y continuent avec l'uretère. Mais peu à peu le rein devient plus long , et il prend en même temps la forme d'un haricot , attendu que son côté interne s'allonge davantage que l'externe. Dans le même temps , le nombre des petits sacs augmente ; ceux-ci acquièrent aussi plus de longueur, se convertissent par là en vaisseaux urinifères, et , poussant des branches latérales, ils se ramifient plus ou moins suivant les espèces ; du reste, le tronc et les branches paraissent d'autant plus épais , en proportion de leur longueur, qu'ils sont plus rapprochés de leur origine. Pendant un certain laps de temps on ne remarque point, chez aucun Mammifère, de différence entre la substance corticale et la tubuleuse. Lorsque cette distinction se prononce, c'est parce qu'une portion plus ou moins considérable des vaisseaux urinifères a acquis avec le temps des flexuosités et des circonvolutions, le reste demeurant étendu en ligne droite, et que les vaisseaux se ramifient davantage entre les portions flexueuses et entortillées qu'entre celles qui sont droites. Ce n'est également, chez certains Mammifères, que long-temps après la formation des reins qu'on aperçoit dans ces glandes les pyramides de Malpighi ; elles résultent de ce que les portions demeurées étendues des vaisseaux urinifères se groupent en faisceaux.

3° La surface des reins commence toujours par être entièrement lisse. Si dans la suite on la trouve inégale et présentant l'aspect qu'elle aurait dans le cas où elle serait composée de plusieurs pièces soudées ensemble, ce qui a lieu tantôt plus tôt et tantôt plus tard, selon les animaux, la raison en est que plusieurs vaisseaux urinifères, ou aussi les diverses branches de quelques uns de ces vaisseaux, se sont groupés en faisceaux, et se sont, par accroissement, élevés davantage vers la surface du rein, tandis que le tissu cellulaire, ou le blastème primordial, ne s'est point accumulé, en assez grande quantité, entre ces faisceaux et du côté de la superficie, pour remplir complétement les intervalles qu'ils laissent entre eux. Chez certains animaux, cette apparence lobuleuse s'efface plus tard ; tels sont particulièrement le Crocodile, les Ruminans et le Cochon ; l'homme est aussi dans le même cas. Ce phénomène dépend en partie de l'accroissement de la substance celluleuse entre les faisceaux, en partie aussi de sa condensation dans le rein entier, mais principalement de ce que les vaisseaux urinifères s'allongent et remplissent ainsi les interstices.

4° Chez les Poissons et les Grenouilles, il naît des branches spéciales de vaisseaux sanguins pour les reins. Chez les autres animaux vertebrés, au contraire, les vaisseaux sanguins des reins sont, du moins dans la règle, des branches subordonnées des artères et des veines primordialement destinées aux corps de Wolff : car, bien que ces corps disparaissent avec le temps, il n'en reste pas moins quelques unes de leurs ramifications vasculaires pour les reins, et ces ramifications n'appartiennent plus ensuite qu'à ces organes. C'est ce qui a lieu, en particulier, pour les branches au moyen desquelles les reins communiquent plus tard immédiatement avec l'aorte et avec la veine cave. Chez les Mammifères surtout, le tronc des veines rénales est le résidu de l'antérieure des deux veines qui, à une époque antérieure de la vie embryonnaire, appartenaient aux corps de Wolff. Mais les veines dites *rénales advéhentes*, chez les Ophidiens et les Sauriens, sont des débris des veines cardinales qui marchaient primordialement sur les corps de Wolff, et qui peu à peu se sont mises aussi en communication avec les reins par des branches latérales.

5° De même que dans les corps de Wolff, de même aussi dans les reins d'un grand nombre d'animaux vertébrés, de tous peut-être, il se forme de petites glandes sanguines, appelées corps de Malpighi, qui tiennent aux branches terminales des artères rénales, et qui ressemblent à de petits paquets vasculaires. Ces glandes se développent de très-bonne heure déjà; leur nombre augmente considérablement, et elles se trouvent non pas seulement à la surface, comme dans les corps de Wolff, mais encore dans la profondeur du tissu.

B. *Uretères.*

II. Les uretères ne sont point des hernies extérieures du canal intestinal; j'ai reconnu, chez les Poissons, les Batraciens et les Mammifères, ce qui a été constaté également depuis par Muller et par Valentin (1), chez les Mammifères, qu'ils se développent à partir des reins, que par conséquent ils vont, en croissant, à la rencontre de leur futur point d'insertion. On les trouve quelquefois, chez des monstruosités humaines, terminés en cul-de-sac à leur partie inférieure, et n'atteignant point la vessie (2), ce qui annonce, d'un côté, que

(1) *Entwickelungsgeschichte des Menschen*, p. 408.
(2) Tiedemann, *Anatomie der kopflosen Missgeburten*, p. 78. — Isid. Geoffroy Saint-Hilaire, Hist. des anomalies de l'organisation, t. I, p. 497.

la vessie et les uretères ont une origine différente, d'un autre côté aussi, que ceux-ci s'allongent pour aller gagner celle-là. Chez ceux des animaux vertébrés dont les reins ont une forme très-allongée, les uretères se forment dans toute ou du moins dans presque toute la longueur de ces organes. Mais, chez la plupart des Mammifères, dont chaque rein représente, dans le principe, une masse arrondie, l'uretère ne naît presque que d'un seul point de la surface de la glande. Sur ce point précisément, dans toute l'étendue de ses connexions avec le rein, il ne tarde pas non plus à s'élargir considérablement, chez la plupart des Mammifères, et à produire par là le bassinet. Proportionnellement au rein, celui-ci est d'abord beaucoup plus ample qu'il ne le sera dans des temps plus avancés ; mais, en revanche, il commence par être tout-à-fait simple, et c'est seulement un peu plus tard que, chez l'homme et chez quelques Mammifères, les calices se produisent, par l'allongement de plusieurs points de son étendue, ce qui le fait paraître, pour ainsi dire, branchu. D'après Valentin (1), les uretères, comme les vaisseaux urinifères, naissent de la manière suivante : leur forme extérieure et leurs contours sont déjà indiqués dans la masse primordiale ; mais plus tard leur intérieur se liquéfie, tandis que leurs parois acquièrent plus de densité. Du reste, comme l'a également fait voir Valentin, les cavités des vaisseaux urinifères et des uretères se produisent indépendamment les unes des autres.

B. *Vessie urinaire.*

III. La vessie urinaire provient, chez les Poissons, de ce que le canal impair formé par la réunion des deux uretères se dilate, immédiatement au devant de son embouchure derrière l'anus, sur un seul point, ou parfois aussi sur deux points situés vis-à-vis l'un de l'autre. Elle est donc, chez ces animaux, un produit de ce canal, et, relativement à son origine, elle appartient au système urinaire. Au contraire, chez tous les autres animaux vertébrés qui sont pourvus d'une

(1) *Loc. cit.*, p. 411.

vessie urinaire, cet organe naît immédiatement de la partie la plus postérieure du canal intestinal, dont la paroi inférieure se creuse, sur un petit point de son étendue, en manière de sac, qui va toujours en augmentant de capacité. Chez les Batraciens, qui sont ceux chez lesquels ce produit du canal intestinal a le moins d'ampleur relative, et ne peut point non plus sortir en partie de la cavité ventrale, parce que ces animaux manquent d'ouverture ombilicale, il demeure constamment tout entier dans le ventre, conserve aussi toujours sa pleine intégrité, et représente la vessie urinaire par toute sa capacité. Chez les autres vertébrés, la plus grande partie de cette production sort de la cavité abdominale par l'ouverture ombilicale, et représente d'abord l'allantoïde. Mais celle-ci meurt peu de temps avant l'éclosion, soit en totalité, comme chez la Couleuvre et les Oiseaux, soit seulement dans sa partie située au dehors du corps. Dans ce dernier cas, la portion qui long-temps déjà auparavant se trouvait dans l'intérieur de la cavité abdominale, et qui d'abord constituait un étroit et court pédicule pour l'allantoïde, augmente d'ampleur, acquiert plus d'épaisseur dans ses parois, et devient ainsi tant la vessie urinaire que l'ouraque. Il résulte donc de cette exposition que, chez tous les animaux supérieurs aux Poissons qui possèdent une vessie, celle-ci s'ouvre d'abord dans l'intestin. Or cet état de choses persiste chez les Reptiles et l'Ornithorhynque, tandis que, chez presque tous les Mammifères, la partie postérieure de l'intestin, depuis l'anus jusqu'immédiatement au devant de l'embouchure du pédicule de l'allantoïde, se partage en deux moitiés, l'une supérieure, maintenant unique issue de l'intestin, l'autre inférieure, par laquelle les organes urinaires et génitaux transmettent leurs produits au dehors. Cette dernière représente alors un canal spécial, que Muller appelle *sinus urogenitalis*, et Valentin *canalis uro-genitalis*, sur le compte duquel nous reviendrons encore (§ 455, 2°) plus loin) (1).

On trouve quelquefois, dans les monstruosités humaines, un

_____

(1) Addition de Rathke.

cloaque (4), qui est un débris anormal de la formation primordiale.

De l'exposition précédente il résulte que l'urètre a dès l'origine un orifice ouvert. On peut aussi s'en convaincre en poussant de l'air dans l'allantoïde de très-jeunes embryons de Mammifères; cet air sort toujours avec facilité par l'urètre. Du reste, même chez l'embryon humain, l'orifice de l'urètre est pendant quelque temps situé immédiatement au devant de l'anus. Le canal est fort long, proportion gardée, chez l'embryon, parce que la vessie se trouve située au dessus du bassin. Cette dernière est la portion de l'allantoïde comprise entre l'urètre et l'ouraque; elle devient permanente, parce que son feuillet muqueux et son feuillet vasculaire conservent leur activité vitale. Elle est donc originairement une production de l'intestin, et indépendante du système urinaire : aussi arrive-t-il quelquefois de la rencontrer chez les monstres privés de reins, et de la voir manquer, au contraire, dans d'autres cas où les reins existent (2). Meckel (3) l'a vue, chez un embryon de sept semaines, figurant un petit bouton ovale au dessus de la vulve. Pendant la neuvième semaine, elle est longue et cylindrique, et si plus tard elle s'arrondit, cependant elle demeure plus allongée que chez l'adulte : on la trouve à la partie supérieure du bassin, presque entièrement revêtue, comme l'intestin, par le péritoine.

II. Organes génitaux.

§ 452. L'histoire du développement des *organes génitaux* nous est connue par les recherches de Meckel (4), de Rathke (5) et de Muller (6).

4° Ces organes se développent d'autant plus tard que la vie intérieure est placée à un plus bas degré. En général, les

(4) Tiedemann, *loc. cit.*, p. 67.
(2) Tiedemann, *loc. cit.*, p. 78.
(3) *Beitræge*, t. I, cah. 4, p. 82.
(4) Manuel d'Anatomie, t. III. — Muller, *Diss. de genitalium evolutione*, Halle, 1845, in-4.
(5) *Beitræge zur Geschichte der Thierwelt*, t. I et IV.
(6) *Diss. de genitalium evolutione*, Halle, 1815, in-4.

fleurs ne paraissent que quand la plante a atteint le point culminant de son développement. Chez la plupart des Poissons, les Batraciens, les Crustacés, et probablement aussi tous les autres animaux sans vertèbres, les organes génitaux ne paraissent point tant que l'embryon est encore renfermé dans l'œuf, et l'on ne commence à les apercevoir que quelque temps après l'éclosion (1). Ainsi, par exemple, ils se développent dans l'Esturgeon lorsque tous les autres organes ont acquis déjà leur forme complète, dans le Sandrat lorsqu'il est parvenu à trois ou quatre pouces de long (2), dans les Anoures, quand les quatre membres sont développés et que la queue s'est raccourcie (3), dans les Urodèles, quelques mois après l'éclosion (4). Chez les Oiseaux et les Mammifères, au contraire, ils paraissent de très-bonne heure, dans l'œuf. Dès le troisième jour de l'incubation on en découvre les premiers vestiges dans l'embryon du Poulet (§ 400, 22°). Chez l'homme, leur développement paraît avoir lieu à une époque proportionnellement plus reculée que chez aucun autre animal quelconque, de sorte qu'il n'y a que les cas de monstruosité portée au plus haut degré où l'on n'en voie aucune trace (5).

2° On avait admis que tous les embryons étaient primordialement femelles, et que les organes génitaux mâles résultaient d'un développement plus avancé des organes génitaux de l'autre sexe (6). Mais des recherches plus exactes réfutent cette hypothèse, et font voir non seulement que le sexe masculin n'a point d'abord les caractères de la féminité, mais encore que les formes du sexe féminin se rapprochent davantage de celles du sexe masculin, surtout en ce qui concerne le clitoris (§ 455, 4°), les ovaires accessoires (§ 454, 6°) et l'abouchement des oviductes dans l'urètre (§ 455, 2°), que par conséquent tout se réduit à une plus grande ressemblance

(1) *Ibid.*, t. I, p. 43.
(2) *Ibid.*, t. IV, p. 72, 49.
(3) *Ibid.*, p. 24.
(4) *Ibid.*, t. I, p. 17.
(5) Merkel, *Handbuch der patholog. Anatomie*, t. I, p. 656.
(6) Tiedemann, *loc. cit.*, p. 80-88.

entre les deux sexes dans l'origine, et que chacun d'eux passe par des degrés particuliers de développement, avant d'arriver à la possession pleine et entière des caractères qui lui sont propres. Si, comme nous croyons l'avoir démontré (§ 203-221), le caractère sexuel se fonde sur des qualités, un sexe ne peut point provenir de l'autre, et tous deux ne sont que des directions différentes émanées d'un point commun. Or la réalité de ce mode d'origine des organes génitaux a été démontrée par Rathke (1) ; ces organes constituent d'abord des masses indifférentes, dans lesquelles la différence ne se prononce que plus tard, par exemple, au quatrième ou cinquième mois seulement après l'éclosion chez les Urodèles (2). La permanence de la formation au degré de l'indifférence, constitue l'hermaphodisme anormal.

3° Mais la question maintenant est de savoir où et comment se développe la sexualité. Deux cas peuvent avoir lieu à cet égard. Ou l'embryon est absolument dépourvu de sexe pendant quelque temps ; mais, comme il ne renferme pas en lui-même la raison suffisante de la sexualité, il est déterminé par une circonstance extérieure à revêtir tel ou tel sexe. Ou bien il a en lui, dès sa première origine, même sous le rapport de la sexualité, une direction déterminée de son existence, qui n'arrive que plus tard à la réalité, de sorte que l'indifférence primordiale de l'appareil génital, tout fait réel qu'elle est, ne constitue cependant qu'une forme phénoménale. Nous adoptons la seconde opinion, avec Carus (3) et Rathke, et cela par les motifs suivants.

4° Tous les animaux vertébrés se ressemblent dans les premiers momens de la vie embryonnaire, et l'on ne saurait, au commencement, distinguer si l'embryon deviendra un Poisson, une Grenouille, un Oiseau ou un Mammifère ; cependant en lui seul réside la cause qui fait qu'il devient tel plutôt que tel autre, et par conséquent il y a, dès le principe, quelque chose d'intérieur et de non appréciable aux sens,

(1) *Loc. cit.*, t. IV, p. 131.
(2) *Ibid.*, t. I, p. 14.
(3) *Lehrbuch der Gynækologie*, t. I, p. 49.

une direction déterminée de la vie et de la plasticité, qui ne parvient que plus tard à s'exprimer matériellement et à se manifester par des particularités d'organisation susceptibles de tomber sous les sens.

5° Les circonstances de la génération déterminent la direction de la vie qui agit chez l'embryon, mais qui ne se révèle qu'assez tard par ses effets (§ 306). La ressemblance de l'enfant avec le père doit avoir sa cause dans l'acte procréateur, car il n'y a plus de liqueur séminale dans l'œuf une fois formé, et quand bien même il y en aurait encore, elle ne pourrait point produire ces modifications, qui ne se rapportent qu'à certains traits isolés, et qui souvent même ne se manifestent que long-temps après la naissance.

6° Les circonstances extérieures peuvent déterminer le développement des organes génitaux mâles ou femelles, chez les végétaux (1), suivant qu'elles favorisent l'expansion, c'est-à-dire l'accroissement en longueur, ou la contraction, c'est-à-dire la concentration de la vie végétale en elle-même (§ 307, 1°). Mais cette particularité tient à ce que, dans les végétaux, la sexualité, plus locale, est moins liée à tout l'ensemble, de la vie (§ 176); cependant nous voyons même ici que, si les circonstances extérieures parviennent à restreindre la direction primordiale, elles ne peuvent point la détruire entièrement : les pieds mâles de chanvre que l'on mutile portent des fleurs hermaphrodites, et non des fleurs femelles (2), et les plantes femelles dont l'accroissement se trouve accéléré, ne produisent également que des fleurs hermaphrodites (3). Chez les animaux, les circonstances du dehors sont sans influence; des embryons des deux sexes se développent simultanément, l'un à côté de l'autre, et des œufs soumis au même mode de traitement donnent des Oiseaux appartenant aux deux sexes. D'un œuf d'Abeille femelle peut sortir une femelle complète ou incomplète, suivant la nature des circonstances

(1) Raspail, Nouveau système de physiologie végétale, Paris, 1837, 2 vol. in-8°.

(2) Autenrieth, *Disq. de discrimine sexuali jam in seminibus plantarum dioicarum apparente*, p. 7.

(3) *Ibid.*, p. 30.

d'incubation, mais il n'y a jamais métamorphose d'un sexe en l'autre; lorsqu'à défaut de cellules propres à recevoir les œufs de Bourdons, la reine Abeille dépose ses œufs dans les alvéoles destinés à ceux d'ouvrières, il en provient, d'après Hubér, des Bourdons, qui seulement sont plus petits qu'à l'ordinaire.

7° Dans les plantes dioïques, le sexe futur se manifeste par les caractères extérieurs de la graine, long-temps par conséquent avant qu'on puisse songer aux fleurs. Les graines de pieds mâles ont une pesanteur spécifique plus considérable que celle des graines de pieds femelles; les premières sont plus longues et plus pointues, les autres plus arrondies, ou elliptiques (1). Il est remarquable qu'au contraire, chez les animaux où la différence sexuelle se prononce plus tard autant qu'il lui est possible de le faire, on ne s'en aperçoit nullement aux œufs. Quoique les femelles des Phasmes soient une fois aussi grosses que les mâles, Muller (2) n'a pas trouvé la moindre différence entre les œufs des uns et des autres. La même chose a été remarquée dans la *Phalœna dispar* et autres Insectes. C'était une erreur quand on regardait les œufs de Poules allongés et pointus comme devant donner des mâles, et les œufs plus courts et de forme arrondie comme appartenant à des femelles. On ne reconnaît non plus le sexe ni à la pesanteur spécifique, ni à la proportion des parties constituantes salines. Rathke (3) dit que la chambre à air est située précisément au milieu du gros bos dans les œufs de mâles, et sur le côté dans ceux de femelles; mais lui-même rend sa remarque incapable d'être admise en ajoutant que cette différence s'observe dès avant la fécondation, puisque la chambre à air ne se développe qu'après la formation de la coquille, et qu'alors on ne peut plus songer à la fécondation.

8° Autenrieth (4) a remarqué que la graine d'un pied mâle de plante dioïque germe plus promptement que celle d'un pied femelle, que la radicule se développe de meilleure

(1) *Ibid.*, p. 13.
(2) *Nov. Act. Nat. Cur.*, t. XII, p. 644.
(3) Froriep, *Notizen*, t. X, p. 86.
(4) *Loc. cit.*, p. 16-20.

heure, et qu'elle devient plus longue proportionnellement aux cotylédons. Dans les embryons humains, Sœmmerring a observé (4) une différence sexuelle bien prononcée à l'égard de la forme totale. Chez les mâles, la poitrine est plus longue, plus conique, plus saillante en avant que les régions ventrale et pelvienne, et pourvue de côtes plus épaisses ; chez les femelles, elle est plus courte, plus large par le haut, plus étroite à partir de la cinquième côte, plus semblable à un tonneau qu'à un cône ; le ventre, au contraire, est plus long et plus saillant que la poitrine. Cette différence est tellement marquée, qu'elle suffit pour faire juger du sexe. Dans l'embryon mâle, la tête est plus grosse et plus anguleuse, l'occiput plus proéminent, le vertex moins bombé ; les membres supérieurs sont plus forts, les bras plus coniques, les avant-bras plus charnus, les carpes plus larges, les doigts moins effilés, le bassin plus étroit, les fesses moins larges, les cuisses moins grosses, les chevilles plus saillantes, ainsi que les talons, les gros orteils plus distincts des autres ; les apophyses épineuses des vertèbres dorsales inférieures et lombaires supérieures forment une saillie dans les embryons mâles, et une dépression dans les embryons femelles.

Les organes génitaux sont évidemment trop inactifs et trop insignifians, chez l'embryon, pour pouvoir exercer, surtout dans les premiers temps de leur formation, une influence si profonde sur tout l'ensemble de l'organisation. Loin de là, ils semblent n'être que l'expression locale du caractère sexuel, qui était né, comme disposition, ou en puissance, avec la vie, et qui s'exprime de lui-même dans l'organisation, comme direction spéciale de cette vie.

Les organes de la génération se développent de dedans en dehors, de sorte que la formation commence par leur sphère la plus intérieure. Mais ils ont une base fort différente dans les diverses classes du règne animal.

9° Chez les Poissons, ils naissent la plupart du temps aux reins, mais quelquefois aussi à la paroi postérieure de la vessie urinaire, comme dans les Pleuronectes, sur un ligament

(1) *Icones embryonum*, p. 4.

fibreux couvrant les reins , comme dans l'Esturgeon , au bord
inférieur de la vessie natatoire, comme dans le Sandrat, en
partie à la vessie natatoire et en partie aux reins, comme dans
le Silure. Chacun de ces divers organes ne peut être regardé
que comme leur point initial, et l'on ne saurait admettre
qu'ils se métamorphosent partiellement en organes génitaux ,
ou qu'ils fournissent la substance nécessaire à leur formation ,
d'abord parce qu'il est hors de toute vraisemblance qu'un
même produit tire sa source d'organes si différens , ensuite
parce qu'à l'époque où les parties génitales paraissent , ces
organes ont déjà tant de consistance et des limites si bien arrêtées , qu'ils ne pourraient se résoudre encore en d'autres
nouveaux.

10° Chez les Batraciens, les organes génitaux se forment
du corps adipeux, qui est un dépôt de substance plastique
destinée au développement du corps entier. Lorsque les têtards des Anoures ont déjà leurs pattes de derrière, mais que
la queue est encore très-volumineuse, le corps adipeux paraît, à la face inférieure des reins, sous la forme d'une mince
bandelette de masse organique primordiale, qui peu à peu s'é-
loigne des reins , passe dans un repli du péritoine, et s'étend
en lame. Insensiblement, il se dépose, dans la masse organique
primordiale de cette lame , des amas d'une graisse qui devient
d'abord jaune et enfin molle. Quand le corps adipeux a pris
un développement considérable, on voit paraître l'organe génital , appliqué d'une manière immédiate à sa face interne :
mais le corps adipeux lui-même est plus long que cet organe,
et il a encore des usages généraux (1). Chez les Urodèles, il se
forme, au second mois qui suit l'éclosion, entre les reins et le
péritoine, et dans un repli de ce dernier, un petit filament, qui
croît d'abord, puis devient celluleux, enfin contient un liquide
huileux , blanc pendant les premiers momens , et jaune plus
tard; il est devenu d'un jaune citrin vers la fin du second
mois, ou au commencement du troisième ; les organes génitaux se forment sur ses côtés (2). Chez les Squales et les Raies

(1) Rathke , *Beitræge zur Geschichte der Thierwelt* , t. IV, p. 19-24.
(2) *Ibid.*, t. I, p. 14.

aussi, la graisse sécrétée autour des reins produit un corps adipeux particulier, qui, attaché à un mince ligament, derrière le cœur, flotte librement dans la cavité ventrale, et au côté inférieur duquel poussent les organes génitaux. Peut-être devons-nous considérer le corps adipeux comme un dépôt de la substance plastique superflue pour l'individu, dépôt qui sert à la formation d'organes dont la fonction se rapporte à l'espèce.

11° Chez les animaux dont la membrane proligère est en partie transitoire, les organes génitaux se forment, avec les reins, sur les corps de Wolff. Ce qui rend probable que ces derniers ont des rapports essentiels avec le développement du système génital, c'est qu'ils deviennent plus volumineux dans l'embryon mâle d'Oiseau que dans l'embryon femelle; que, chez ce dernier, ils se développent moins au côté droit, comme fait aussi l'ovaire de ce côté, et y disparaissent également de meilleure heure (§ 406, 10°); enfin que les troncs vasculaires donnent aux organes génitaux des branches qui persistent, tandis que les branches qui se rendaient primordialement aux corps de Wolff disparaissent. Nous devons nous figurer ces corps comme une partie préparatoire, en quelque sorte comme le premier jet du système purement éjectif, d'où proviennent ensuite les organes urinaires et les organes génitaux, qui trouvent en eux et un point d'attache et une provision de substance plastique.

A. *Sphère interne des organes génitaux.*

§ 453. *L'organe génital plastique,*

I. Dans son état primitif, ou avant la manifestation du sexe, est formé de masse organique primordiale.

1° (Dans l'Écrevisse, peu de temps avant ou après l'éclosion, il paraît sous la forme d'une lame étroite, mince et oblongue, immédiatement au devant du cœur et au dessus du lobe postérieur du sac vitellin. Cette lame se partage peu à peu, antérieurement, en deux lobes oblongs.

2° Il n'y a que quelques Poissons, par exemple, l'Ammodyte, la Lamproie, la Blennie, le Cobite, chez lesquels cet organe naisse impair. Chez le plus grand nombre, de même que chez les autres animaux vertébrés, il est toujours pair (1).)

Son apparence est diverse; d'après Rathke, il consiste, dans les Pleuronectes, en deux taches, situées tout auprès l'une de l'autre, ovales, larges en dessous, étroites en dessus, qui sont formées de masse organique primordiale homogène, dense et blanchâtre, avoisinant d'abord les reins et s'en éloignant peu à peu : dans l'Esturgeon, en languettes déliées, qui se convertissent en étroits rubans, paraissant n'être que des duplicatures du péritoine; dans le Sandrat, en bandelettes minces, gélatineuses et molles, qui, lorsqu'elles croissent, deviennent presque cylindriques, et acquièrent un ligament suspenseur formé par le péritoine.

3° Dans les Anoures, ce sont deux filamens courts et grêles, qui, en s'accroissant, s'éloignent du corps adipeux, reçoivent du péritoine un ligament suspenseur, et consistent en une gélatine dense. Ces organes ont à peu près la même apparence chez les Urodèles.

Dans l'embryon du Poulet, l'organe génital indifférent paraît au cinquième jour, à la face interne du corps de Wolff (§ 402, 3°). Rathke nous le représente comme une bandelette de masse organique primordiale, étroite et terminée en pointe aux deux bouts, qui est presque aussi longue que le corps de Wolff, mais qui n'a que le quart de sa largeur, et qui est encore confondue avec lui sur les bords : au septième jour, cette bandelette est déjà plus saillante, et séparée par une ligne de démarcation plus prononcée.

5° Chez les Mammifères aussi, cet organe est situé au côté interne du corps de Wolff, auquel il tient par un repli du péritoine et par des vaisseaux. Dans l'embryon humain, c'est, à la septième semaine, un corps très-allongé, étroit, situé supérieurement près du rein, qui marche de haut en bas et de dehors en dedans, où il s'accolle à celui du côté opposé (2).

II. La différence sexuelle se manifeste de la manière suivante :

1° Dans l'Écrevisse, la lame primordiale, ou se creuse et

(1) Addition de Rathke.
(2) Rathke, *loc. cit.*, t. IV, p. 584.

devient une vésicule à parois épaisses et à trois chambres, l'ovaire, dans la paroi de laquelle se forment de petits globules blanchâtres, qui sont des œufs, ou demeure une masse pleine, dans laquelle se développent des corpuscules arrondis, qui deviennent autant de paquets vasculaires unis par des branches latérales, et dont l'ensemble constitue le testicule.

2° Chez les Lépidoptères, on n'a point encore observé l'état d'indifférence, qui paraît durer fort peu. Dans la larve, l'organe génital de chaque côté est un corps allongé, avec quatre échancrures, qui sont situées en travers au testicule, de manière que celui-ci se partage en quatre globules placés l'un derrière l'autre, tandis qu'elles sont longitudinales à l'ovaire, qui par cela même se divise en quatre corps cylindriques parallèles. Les testicules se rapprochent peu à peu l'un de l'autre, et, pendant l'état chrysalidaire, se réunissent en un corps presque sphérique, en même temps qu'ils prennent une teinte purpurine ou violette, et que leur contenu grenu se développe en vaisseaux séminifères, qui s'entortillent de plus en plus les uns avec les autres. A l'ovaire, les quatre tubes parallèles se développent de plus en plus, et produisent des œufs dans leur intérieur, après que la membrane qui les unissait primordialement a disparu.

Chez la plupart des Poissons, de même que chez les Batraciens, les Sauriens et les Ophidiens, l'ovaire se produit de la manière suivante, d'après les recherches de Rathke : la masse homogène de l'organe indifférent disparaît dans l'intérieur, et se condense à la surface en une membrane ; elle devient par conséquent un sac, dans les parois lisses ou plissées duquel se forment les œufs. Il n'y a que quelques Poissons chez lesquels elle demeure une lame, qui se hérisse de saillies également lamelleuses. Lorsque l'organe génital se développe en testicule, il ne s'y produit point de cavité proprement dite, mais il se remplit, bien avant l'époque à laquelle l'ovaire produit des œufs, de petits corps globuleux analogues qui, chez les Batraciens et la plupart des Poissons, s'allongent en petits tubes, et alors s'écartent les uns des autres, en rayonnant du centre vers la périphérie du testicule.

4° Dans l'embryon du Poulet, la différence sexuelle se manifeste au neuvième jour environ. Si les organes indifférens prennent une forme de cylindre ou de haricot, ils deviennent des testicules, qui, jusqu'au onzième jour, sont encore composés de masse homogène, et dans l'intérieur desquels on n'aperçoit de tubes séminifères qu'au quinzième jour. Deviennent-ils plats et en forme de tables, ce sont des ovaires, qui consistent en une mince enveloppe et en de petits grains réunis par une masse gélatineuse, lesquels se disposent en série au dix-neuvième jour, de manière qu'ils ressemblent à des vaisseaux. Du reste, l'ovaire droit ne tarde pas à rester en arrière sous le point de vue du développement ; il ne disparaît toutefois qu'après la naissance (§ 89, 1°).

5° Chez les Mammifères, le testicule paraît d'abord sous l'aspect d'un tissu homogène, mou et grisâtre, dans lequel se forment peu à peu les tubes séminifères. L'ovaire est d'abord lisse, et ne prend que plus tard l'apparence d'une grappe ; mais, dans l'embryon humain, il acquiert cette forme dès la douzième semaine, et la perd au quatrième mois. Les testicules sont arrondis, un peu allongés, d'abord obliques et un peu plus rapprochés l'un de l'autre par le bas que par le haut, ensuite, à partir du troisième mois, perpendiculaires, séparés l'un de l'autre, convexes en devant et crénelés en arrière. Les ovaires sont d'abord oblongs, étroits et placés obliquement ; puis ils deviennent triangulaires ; ensuite, au quatrième mois, ils s'arrondissent et prennent une situation verticale ; enfin ils grossissent à leur extrémité interne, tandis que l'autre s'allonge en pointe. Très-volumineux dans le principe, ils ne tardent pas à diminuer de volume ; pendant la dixième semaine, ils ont une ligne et un quart de long, sur un tiers de ligne d'épaisseur, tandis que les testicules sont longs d'une ligne et demie et épais de trois quarts de ligne. Ceux-ci se rapetissent aussi peu à peu, proportionnellement au reste du corps ; le rapport de leur longueur à celle de ce dernier est de 1 : 18 pendant les premiers mois, et de 1 : 40 au dixième.

La situation des organes génitaux et la disposition des parties qui s'y rapportent, chez l'embryon humain, réclament des détails particuliers.

6° Les testicules et les ovaires sont situés au devant des reins, derrière le péritoine. Celui-ci s'applique à eux, et les revêt en entier, à l'exception d'un point de leur surface postérieure par lequel pénètrent les vaisseaux sanguins qui leur sont destinés, de manière, par conséquent, qu'ils sont, à l'instar des intestins, logés dans des replis du péritoine, ou dans une espèce de mésentère (*mesorchium* de Seiler). A partir surtout du cinquième mois, le péritoine s'enfonce, moins chez l'embryon femelle que chez le mâle, dans le canal inguinal, et se termine en un cul-de-sac, que nous appellerons *bourse péritonéale* (*bursa peritonæi, processus peritonæi descendens s. vaginalis, diverticulum Nuckii*); sa partie supérieure et plus étroite, qui est contenue dans le canal, prend le nom de *col*, et l'endroit où il se continue avec le péritoine de la cavité, celui d'*orifice*. Palletta et Brugnone ont, depuis Nuck, appelé l'attention sur l'existence de la bourse péritonéale chez les embryons femelles, surtout depuis le quatrième mois jusqu'au huitième.

7° Du col de la bourse péritonéale au repli du péritoine qui entoure l'organe génital, s'étend un pli tout-à-fait semblable à ce dernier, que nous nommerons *pli conducteur* (*plica gubernatrix, processus peritonæi adscendens s. vaginalis, vagina* de Haller, *cylindrus* de Camper, *mesorchiagos* de Seiler). Ce pli monte du milieu du tendon inférieur du muscle oblique externe du bas-ventre, et devient plus large par le haut, où il se continue immédiatement avec le pli destiné à l'organe génital.

8° Dans l'intérieur de ce pli, ou entre le péritoine d'un côté, le muscle iliaque interne et le psoas de l'autre, remonte, depuis le bord du canal inguinal jusqu'à l'organe génital efférent, un faisceau ou cordon arrondi de fibres musculaires et tendineuses des deux muscles abdominaux internes unies par du tissu cellulaire. Dans les embryons femelles, ce tissu est appelé *ligament rond;* il part des grandes lèvres, monte en ligne droite dans le pli conducteur, et s'insère d'abord à l'oviducte, puis, plus tard, quand l'oviducte a été attiré dans la masse de la matrice, à cette dernière elle-même. Dans les embryons mâles, il porte le nom de *gouvernail* (*gubernaculum*

Hunteri); on l'aperçoit déjà pendant la dixième semaine (1) : il part de la région supérieure du scrotum, remonte obliquement de dedans en dehors dans le pli conducteur, s'élargit peu à peu vers le haut, et s'insère au commencement du canal déférent, mais plus tard à l'extrémité inférieure du côté postérieur du testicule ou à l'extrémité inférieure de l'épididyme. Ces deux parties, qui se correspondent l'une à l'autre (§ 120, 4°), sont des cordons minces, arrondis, consistant, au dessous du canal inguinal, en tissu cellulaire qui fait corps avec celui des grandes lèvres ou du scrotum ; à partir du canal, en remontant, il s'y joint des fibres qui se détachent du bord postérieur ou inférieur des muscles abdominaux.

9° Pendant la vie embryonnaire, les organes génitaux s'abaissent, moins seulement chez les femelles que chez les mâles. Les plis du péritoine étant d'abord fort courts, les ovaires commencent par être attachés immédiatement à la paroi dorsale ; peu à peu ils s'éloignent des reins, reposent pendant quelque temps sur les muscles psoas, au dessus du bassin, et viennent enfin, en s'écartant davantage l'un de l'autre, se placer sur les os des îles, où ils restent long-temps encore après la naissance. Jusque-là les testicules se comportent comme les ovaires, à cela près seulement qu'ils arrivent toujours de meilleure heure au lieu correspondant ; mais leur migration s'étend plus loin ; au septième mois, ils arrivent dans le voisinage de l'anneau inguinal ; au huitième ou au neuvième, ils sont dans le canal inguinal et à la région inguinale externe ; au neuvième ou au dixième, on les trouve dans le scrotum. D'après Wrisberg (2), sur 97 garçons, 69 avaient les deux testicules dans le scrotum à leur naissance, 17 en avaient un ou tous les deux dans les aines, 8 un seul et 3 tous les deux dans la cavité abdominale encore. Du reste, le scrotum forme, dès avant que le testicule y pénètre, une poche qui, jusqu'au sixième mois, est remplie d'un tissu cellulaire

(1) Wrisberg, *Commentationes*, p. 187.
(2) *Ibid.*, p. 200.

mollasse. Quelquefois il s'arrête, par anomalie, à un point plus ou moins élevé de la carrière qu'il doit parcourir (1).

10° Dans ces derniers temps on avait admis, pour expliquer la descente du testicule, un renversement du repli péritonéal et du gouvernail (2). Seiler a réfuté cette opinion. Comme le testicule est si peu retenu, dans la cavité abdominale, par le repli du péritoine, qu'on l'y peut aisément faire glisser de côté et d'autre, il paraît que le péritoine lui-même ne change pas de place, c'est-à-dire ne descend point avec le testicule, mais que celui-ci glisse derrière lui, et qu'à mesure qu'il descend, le péritoine lui fournit une nouvelle enveloppe, de plus en plus inférieure. Telle semble être aussi l'opinion de Brugnone. En effet, long-temps après que le testicule est arrivé dans le scrotum, on trouve, sur tout son trajet, le péritoine tellement peu adhérent et si plissé à la surface des muscles psoas et iliaque, qu'on peut aisément faire passer une grosse sonde derrière lui. Quant à la manière dont le péritoine s'applique aux organes situés à sa face externe, et change de situation pour s'accommoder à leurs changemens de forme, la matrice dans l'état de grossesse et dans l'état ordinaire nous en a fourni un exemple (§ 346, 9°).

Ainsi, pendant sa descente, le testicule ne fait que changer de situation à l'égard des parties extérieures; mais ses rapports avec le péritoine restent les mêmes; il est toujours contenu dans un repli de cette membrane, qui le revêt par devant, et laisse en arrière un vide dans lequel s'introduisent les vaisseaux. Pendant le premier moment de sa descente, il entre dans le pli conducteur, qui lui forme une espèce de mésentère, et lui permet de faire saillie, comme les intestins, dans la cavité abdominale; le pli est la portion du péritoine qui le revêt, tandis que la portion de celui-ci qui s'applique à la face interne des muscles abdominaux appartient à la cavité abdominale entière. Au second mois, il pénètre de la même manière dans le canal inguinal et dans le col de la bourse péritonéale; la paroi postérieure de ce col repré-

(1) Meckel, *Handbuch der pathologischen Anatomie*, t. I, p. 694-695.
(2) Seiler, *Obs. de testiculorum descensu*, p. 20.

sente le pli qui revêt les testicules, et derrière lequel passent les vaisseaux ; les parties latérales et antérieure du col sont la portion commune qui tapisse le canal. Au troisième mois, l'organe entre dans le scrotum, à la face postérieure de la bourse péritonéale, qu'il retourne également en avant, comme il avait fait auparavant pour son corps, et plus anciennement encore pour le péritoine de la cavité abdominale ; par conséquent il fait saillie en devant, et de telle sorte qu'entre la moitié de la membrane qui le revêt et celle qui forme la portion pariétale de la bourse péritonéale, il ne reste qu'un très-petit espace dans lequel les deux surfaces sécrétoires, tournées l'une vers l'autre, versent une sérosité vaporeuse. Pendant la descente du testicule, le gouvernail se raccourcit dans le pli conducteur ; lorsqu'il a traversé le canal inguinal, et que par conséquent le pli a disparu en cet endroit, il se dirige vers le bas, et comme il n'y a plus là de pli, ses fibres se répandent uniformément de tout le pourtour de l'anneau inguinal externe sur la face extérieure de la bourse péritonéale, représentant ainsi le muscle crémaster. Il n'y a point de renversement proprement dit, parce que le gouvernail n'est pas plus un cylindre creux que le pli conducteur (1).

11° Le déplacement du testicule ne peut point dépendre des mouvemens respiratoires, puisque ceux-ci ne s'établissent que plus tard. Il ne tient point non plus à la pesanteur, attendu que, dans la situation ordinaire de l'embryon, les testicules se meuvent en sens inverse de la loi de gravitation. Le gouvernail ne peut point donner la première impulsion, car le testicule commence à descendre dès une époque à laquelle les fibres musculaires ne sont point encore assez développées pour pouvoir se contracter, et en général on n'en aperçoit de bien distinctes dans le gouvernail qu'au sixième mois. Ce cordon ne saurait non plus terminer l'opération, puisqu'en se raccourcissant, il ne peut tirer le testicule que jusqu'au canal inguinal, et, loin de là même, il n'est propre qu'à entraver la descente ultérieure de l'organe.

(1) Comparez Valentin, *Entwickelungsgeschichte des Menschen*, p. 69-80.

Vers la dixième semaine, l'intestin entre dans la cavité abdominale; celle-ci se remplit peu à peu, et l'espace libre qu'elle contenait va toujours en diminuant, tandis que, d'un autre côté, la cavité du scrotum et de la bourse péritonéale commence à se former. Or le testicule tient fort peu à la face externe du péritoine, et ses artères, comme ses veines, sont tellement longues, qu'elles descendent jusqu'au dessous de lui, ce qui les oblige à remonter ensuite pour pouvoir l'atteindre de leurs extrémités (1). Apte ainsi sous tous les rapports à se déplacer, il cède à la pression des viscères abdominaux croissans, et, dirigé par le pli conducteur, pénètre dans l'espace qui n'est rétréci par aucun autre organe. Mais ces circonstances mécaniques sont elles-mêmes le résultat de quelque chose qui est placé en deçà du mécanisme; le scrotum et la bourse péritonéale se forment d'avance, pour recevoir les testicules, et le gouvernail est l'expression du rapport entre ces organes et la région inguinale.

12° Quand le testicule est arrivé dans le scrotum, on peut encore pendant quelque temps le ramener dans la cavité abdominale, en lui faisant traverser le col de la bourse péritonéale; mais la chose est impraticable sans entraîner avec lui cette dernière; car il ne tarde pas à s'y attacher d'une manière solide, ce à quoi peut contribuer la pression de son muscle, qui alors s'insère tant en dedans, à la bourse péritonéale, qu'en dehors, au tissu cellulaire ambiant, lequel constitue le dartos.

13° Quelque temps après que le testicule a acquis sa situation permanente, sa cavité se sépare, chez l'homme, de celle du bas-ventre, par un étranglement, en sorte que, depuis l'orifice de la bourse péritonéale jusqu'à l'anneau inguinal interne, il ne reste qu'une petite fossette, avec une cicatrice à peine perceptible, provenant de l'adhérence des parois. Le col de la bourse péritonéale s'oblitère, et notamment la portion qui tapisse le cordon se soude, jusqu'au testicule, avec la portion pariétale. Les parois de la bourse ne conservent leur indépendance qu'autour des testicules, de manière qu'elles

(1) Seiler, *loc. cit.*, p. 19.

III.   38

forment une cavité close, à la partie postérieure de laquelle le testicule fait saillie, avec la portion réfléchie, tandis que la portion pariétale subsiste, constituant la tunique vaginale.

La soudure s'opère ordinairement plus tôt du côté gauche que du côté droit (1). Sur cinquante-trois garçons nouveau-nés, Camper en trouva vingt-trois dont la bourse péritonéale était ouverte des deux côtés, et treize qui l'avaient fermée des deux côtés : elle ne l'était qu'à gauche chez onze, et qu'à droite chez six seulement.

14° Palletta attribue cette soudure à sa station ; mais elle s'opère en partie déjà dans la matrice, et en partie pendant les premiers mois qui suivent la naissance, c'est-à-dire tandis que l'enfant conserve une situation horizontale. Brugnone pense que la pression du crémaster et le poids du testicule y contribuent ; mais la principale action de ces causes porte précisément sur la partie inférieure, où il ne s'opère point de soudure. Nous pouvons dire que la bourse abdominale étant tirée en long et en large, le col se rétrécit, et que ses parois doivent entrer en contact l'une avec l'autre, d'autant plus que, d'après la remarque de Palletta, la postérieure est refoulée en avant par le cordon spermatique et l'antérieure en arrière par l'artère épigastrique : or, tandis qu'une sécrétion plus abondante de vapeur séreuse a lieu autour des testicules, cette sécrétion diminue par antagonisme au col de la bourse péritonéale, dont les deux faces se soudent ensemble, comme il arrive à toutes les membranes séreuses qui restent appliquées l'une contre l'autre sans sécréter. Cependant cette explication sera toujours insuffisante tant qu'elle ne rendra pas raison des circonstances qui mettent obstacle à ce que l'adhésion s'opère chez les Mammifères (§ 88, 3°, 4°).

B. *Sphère médiane des organes génitaux.*

§ 454. Dans la *sphère médiane du système génital* se forme d'abord la portion médiane, ou le canal déférent et l'oviducte, qui se partage ensuite en ses deux extrémités termi-

(1) Wrisberg, *loc. cit.*, p. 189, 103.

nâles, dont l'une s'accolle aux organes de la génération, et l'autre aux organes de copulation et de parturition.

I. Les *conduits de la génération*, à l'état d'indifférence,

1° Chez les animaux sans vertèbres et les Poissons osseux, sont des prolongemens immédiats des organes génitaux plastiques.

(Dans l'Ecrevisse, ces derniers envoient de chaque côté un petit prolongement, qui augmente de longueur avec rapidité, se porte vers le bas, s'infléchit du côté du foie, en passant au dessus de lui, cherche à atteindre la racine d'une des pattes de derrière, et en même temps devient de plus en plus manifestement creux, c'est-à-dire acquiert de plus en plus la forme d'un canal.

Les conduits se forment de même, chez les Poissons osseux, par l'allongement des organes plastiques de la génération; en d'autres termes, la substance plastique qui se dépose derrière ces organes va toujours en augmentant d'avant en arrière.

2° Dans les Squales, les Raies et tous les autres animaux vertébrés supérieurs, ces mêmes conduits naissent comme parties indépendantes, séparées des organes plastiques de la génération, et sous la forme de filamens étendus en ligne droite, de même grosseur partout, qui ne tardent pas à se creuser intérieurement et à se transformer ainsi en canaux.

Chez les Raies, les Squales et les Batraciens, ils se forment à la face inférieure ou au bord externe des reins et dans toute la longueur de ces organes : chez les Batraciens, ils naissent aussi en partie des uretères; mais chez tous les autres animaux vertébrés, ils se développent dans toute la longueur des faux reins, et à leur bord externe, soit à leur face supérieure, soit à leur face inférieure) (1).

Dans l'embryon humain, ils ne sont pas beaucoup plus grêles, pendant leur état d'indifférence, que les organes plastiques de la génération; mais ils ont plus de longueur, car ils les dépassent d'abord, puis descendent à leur côté externe, et se réunissent, au dessus du bassin, en un conduit com-

____

(1) Addition de Rathke.

mun (1). Ce qui prouve qu'ils se forment d'une manière indépendante, c'est que, dans les cas d'anomalie, on trouve
quelquefois une matrice sans ovaire, ou des canaux déférens
sans testicules (2); l'oblitération anormale des oviductes (3)
ou des canaux déférens (4) paraît être aussi le résultat d'un
arrêt de développement, qui a fait que ces parties sont demeurées pleines dans une certaine étendue, ou ne se sont pas
transformées entièrement en canaux.

II. La cessation de l'état d'indifférence consiste, sous le point
de vue le plus général, en ce que les conduits déférens deviennent plus longs et les oviductes plus larges.

3° (Dans l'Écrevisse, les conduits déférens s'allongent,
assez long-temps seulement après l'éclosion, mais à tel point
qu'ils sont obligés de s'enrouler plusieurs fois sur eux-mêmes. Les oviductes ne croissent qu'en proportion de la totalité du corps, mais ils acquièrent beaucoup plus d'ampleur
que les canaux déférens. Chez les Lépidoptères, ces derniers
partent du bord interne des testicules, et se portent en arrière, puis en bas, en contournant l'intestin; ils s'élargissent
beaucoup et se raccourcissent un peu pendant l'état chrysalidaire; mais, comme le raccourcissement du corps ramène
les testicules plus en arrière, ils sont forcés de décrire quelques circonvolutions. Les oviductes, qui suivent la même
marche, se dilatent également, mais se raccourcissent davantage encore, de sorte qu'à la fin ils semblent avoir entièrement disparu.

4° Chez les animaux vertébrés supérieurs, dont les conduits génitaux naissent séparés des organes plastiques de la
génération, l'extrémité antérieure de l'oviducte s'allonge d'a-
bord en pointe, s'ouvre quand le tout devient creux, et s'é-
largit peu à peu en entonnoir; le canal entier acquiert également une ampleur toujours croissante, s'allonge, et décrit
plus ou moins de circonvolutions; en même temps, ses parois
s'épaississent, et il s'y développe une membrane muqueuse,

(1) Meckel, Manuel d'Anat., t. III,
(2) Meckel, *Handbuch der pathologischen Anatomie*, t. I, p. 686.
(3) *Ibid.*, p. 662.
(4) *Ibid.*, p. 687.

ainsi qu'une tunique celluleuse, et de plus une membrane musculeuse, chez la plupart des animaux. Le conduit déférent n'acquiert jamais autant d'ampleur que l'oviducte de la même espèce d'animal, et il n'arrive pas non plus à la même longueur chez un grand nombre d'animaux ; dans le Cochon et la Brebis, par conséquent aussi chez tous les Mammifères probablement, au bout d'un certain laps de temps il s'ouvre à son extrémité antérieure, comme le fait l'oviducte, mais plus tard il se referme de nouveau) (1).

Dans l'embryon humain, l'oviducte est d'abord beaucoup plus épais et plus long ; il s'ouvre en entonnoir au quatrième mois, acquiert alors une cavité très-spacieuse, et décrit des circonvolutions, de sorte qu'à partir du huitième mois il est plus contourné que chez l'adulte. Quant au canal déférent, tant que le testicule se trouve dans la cavité abdominale, il descend en ligne droite, comme continuation de l'épididyme ; cependant, au quatrième mois, il se réfléchit un peu de bas en haut, à son extrémité inférieure, pour redescendre ensuite, et dès le cinquième mois il est un peu contourné à son extrémité supérieure.

III. Du côté de l'organe génital plastique il se développe, aux conduits génitaux, des canaux contournés, qui représentent les épididymes et les ovaires accessoires.

5° (L'épididyme se forme de la manière suivante, dans les Sauriens ; tandis que le canal déférent commence à perdre ses connexions avec le faux rein, qui disparaît, il s'allonge, s'entortille, et forme, dans sa moitié antérieure, qui est la plus grosse, un corps pyramidal, dont l'extrémité antérieure se confond peu à peu avec le testicule, de sorte qu'elle finit par se continuer immédiatement avec les vaisseaux séminifères de ce dernier.

Dans les Ophidiens, après leur sortie des enveloppes de l'œuf, j'ai trouvé, à l'extrémité antérieure du canal déférent qui marche le long du faux rein, un tubercule gélatineux, paraissant encore entièrement plein, qui était uni d'une manière intime avec le testicule, par le moyen d'une pointe de

(1) Addition de Rathke.

médiocre longueur, et qui probablement se développe plus tard en épididyme.

Dans des embryons de Brebis du troisième mois, chez lesquels les vaisseaux particuliers du faux rein déjà réduit de beaucoup, n'avaient plus aucune connexion avec le conduit déférent, j'ai vu que l'extrémité antérieure de ce dernier décrivait une multitude de circonvolutions, très-rapprochées les unes des autres et unies ensemble par un tissu cellulaire lâche, et qu'elle était soudée au testicule. J'ai aperçu la même chose dans les Cochons, vers le milieu de leur vie embryonnaire. L'épididyme ne tire donc pas son origine du faux rein, pendant la disparition de ce corps, comme je le pensais autrefois ; mais il est formé par le conduit déférent lui-même) (1).

Chez l'embryon humain l'épididyme, durant la dixième semaine, descend derrière le testicule, et un peu en dehors de lui ; au quatrième mois, il est plus gros, proportionnellement à cet organe, que dans les temps antérieurs et subséquens ; au cinquième mois, son extrémité inférieure est déjà un peu contournée, et au sixième, son extrémité supérieure s'élève légèrement au dessus du testicule.

6° Dans les embryons femelles, on trouve un organe analogue, mais qui disparaît bientôt, et que nous appellerons ovaire accessoire. Il s'arrête de très-bonne heure à un degré inférieur de formation, car ses canaux ne se continuent jamais avec les oviductes. Wrisberg (2) l'avait déjà observé dans le Cochon, et décrit sous le nom de *corps pampiniforme*. Rosenmuller (3) l'a découvert dans les embryons humains. C'est un corps conique et aplati, contenu dans un repli du péritoine, et dont le sommet se dirige vers l'extrémité supérieure de l'ovaire. Il consiste en conduits très-déliés, qui marchent flexueusement à sa base, mais se redressent vers l'ovaire et y disparaissent. Meckel n'a pu injecter ces conduits ni par l'ovaire ni par l'oviducte (4).

---

(1) Addition de Rathke.
(2) *Commentationes*, p. 285.
(3) *Quædam de ovariis embryonum*, p. 14.
(4) *Beitræge*, t. II, cah. 2, p. 180.

IV. Les réservoirs de la génération, ou les dilatations des conduits génitaux du côté de la sphère extérieure du système génital, n'existent point primordialement, et se forment peu à peu.

7° Dans les larves de Lépidoptères, les vésicules séminales paraissent sous la forme de petits tubercules blanchâtres, qui se rapprochent l'un de l'autre pendant l'état chrysalidaire, se distendent considérablement sur les côtés, et se métamorphosent peu à peu en deux longs canaux fortement contournés.

Dans les Batraciens, les extrémités des oviductes se renflent, durant l'été, au devant du cloaque, en des sacs qui ne tardent pas à croître, et qui, à l'automne, s'appliquent l'un contre l'autre. Vers la même époque se forment les vésicules séminales, qui sont des dilatations des conduits déférens.

Chez les Oiseaux, la dilatation de l'extrémité postérieure de l'oviducte se développe dès le onzième ou douzième jour.

8° Dans les Mammifères, selon Valentin (1), les conducteurs de la génération se réunissent, pendant leur état d'indifférence, en un conduit impair, qui s'abouche dans le canal uro-génital. Chez le sexe masculin, ce canal se raccourcit et rentre dans le canal uro-génital, de sorte qu'alors les conducteurs ont ici deux orifices, tandis qu'en même temps ils produisent, par une sorte de hernie, les deux vésicules séminales, qui demeurent petites et peu développées. Chez le sexe féminin, le conduit impair se développe en matrice. Par conséquent, dans l'embryon humain aussi, celle-ci se montre la continuation des oviductes réunis sous un angle aigu. Au troisième mois, les extrémités inférieures des oviductes se dilatent un peu, et forment les cornes de la matrice, qui peu à peu deviennent plus courtes et plus larges, ne se réunissent plus sous un angle si aigu, et disparaissent à la fin du quatrième mois, de sorte qu'alors il se produit une cavité simple. En mémoire des cornes qui existaient précédemment, le bord supérieur de la matrice offre

(1) *Entwickelungschichte des Menschen*, p. 417.

encore une concavité à cette époque; il devient droit au cinquième mois, et convexe au sixième. Les orifices des oviductes sont d'abord larges, et deviennent peu à peu plus étroits. Comme la matrice est d'abord munie de deux corps, le col est la partie impaire qui se forme la première, et c'est de lui que part le développement pour gagner peu à peu vers le fond : de là résulte qu'au cinquième mois, la paroi, d'abord également mince partout, est plus épaisse au col qu'au fond. Jusqu'au sixième mois la matrice se trouve encore toute entière dans le grand bassin, puis elle descend en partie seulement dans le petit, et vers la fin de la vie embryonnaire elle acquiert un volume proportionnellement plus considérable que celui qu'elle aura plus tard. D'abord elle se continue avec le vagin sans faire de saillie, ensuite l'ouverture extérieure se forme peu à peu, et la portion vaginale croît rapidement, de sorte qu'elle est, proportion gardée, beaucoup plus grosse, plus longue et plus large, qu'à une époque postérieure.

L'occlusion de la matrice (1), sa scission (2), et l'absence des vésicules séminales (3) sont différentes formes de l'arrêt de développement de ces organes.

C. *Sphère externe des organes génitaux.*

§ 455. Passons maintenant aux *organes génitaux externes*.

I. Examinons d'abord le conduit qui s'ouvre au dehors.

1° Suivant Rathke, dans l'Écrevisse, les conduits déférens et les oviductes, d'abord clos à leurs extrémités, s'allongent vers les pattes, savoir les premiers vers celles de la cinquième paire, et les autres vers celles de la troisième, s'unissent avec leurs racines, et s'ouvrent là à l'extérieur. De même aussi, dans les Lépidoptères, les canaux déférens et les oviductes se prolongent d'avant en arrière, mais produisent, en se réunissant, un conduit impair, qui peu à peu devient plus long.

2° Chez les animaux vertébrés supérieurs (§ 453, 2°), les

(1) Meckel, *Handbuch der pathologischen Anatomie*, t. I, p. 663.

(2) *Ibid.*, p. 673-677.

(3) Isid. Geoffroy-Saint-Hilaire, Histoire des anomalies de l'organisation, t. I, p. 707.

parties génitales externes se développent aussi en harmonie avec les organes génitaux internes, mais cependant d'une manière jusqu'à un certain point indépendante, car on trouve des monstres humains qui ont la verge et le scrotum bien conformés, quoique manquant de testicules (1), d'autres qui sont dépourvus d'ovaires, bien qu'ayant un vestibule, avec un clitoris (2) ou un vagin (3), ou même un segment inférieur de la matrice (4), d'autres enfin chez lesquels les ovaires, les oviductes et le vagin existent, mais non unis ensemble, le vagin se terminant en cul-de-sac et la matrice manquant (5). (Dans l'état d'indifférence, chez les Reptiles supérieurs, les Oiseaux et les Mammifères, les conduits de la génération aboutissent, sans se réunir, et par des orifices pairs, au cloaque, un peu derrière l'ouverture de l'allantoïde, ou sur les deux côtés de cette ouverture. Mais, chez les Mammifères, le cloaque (§ 451, III) se fend ensuite au dessus des orifices de ces conduits, qui se trouvent alors compris dans l'inférieure des deux moitiés produites par la scission, à laquelle on peut donner le nom de canal uro-génital, avec Valentin (*sinus uro-genitalis* de Muller). Les oviductes et les canaux déférens s'abouchent au commencement de ce canal, immédiatement derrière l'orifice primordial de l'allantoïde. Chez les mâles, cette disposition persiste pendant toute la vie ; cependant, tandis que le bassin s'allonge, le canal uro-génital acquiert plus ou moins de longueur suivant les espèces de Mammifères, et se développe en la portion de l'urètre située entre l'orifice des canaux déférens et la symphyse pubienne. Chez les femelles, au contraire, cet état de choses ne persiste que dans un petit nombre de Mammifères, l'Ornithorhynque par exemple : dans tous les autres, à l'endroit où les oviductes s'insèrent primordialement, il s'élève du canal uro-génital une espèce de petite hernie sur la convexité de laquelle les deux orifices sont alors situés, très-près l'un de l'autre. Peu à

(1) Tiedemann, *loc. cit.*, p. 13, 44.
(2) *Ibid.*, p. 28, 37.
(3) *Ibid.*, p. 1.
(4) Meckel, *loc. cit.*, t. I, p. 659.
(5) Dance, dans Répertoire général, t. IV, p. 213.

peu ensuite, l'excavation augmente notablement de longueur, d'ampleur et d'épaisseur des parois ; au bout de quelque temps elle représente un utricule irrégulièrement conique, et se développe en vagin et en col de la matrice. Simultanément le canal uro-génital devient aussi un peu plus long, mais surtout bien plus large, et finit par produire le vestibule. Cependant, à mesure que le petit bassin et avec lui le vagin et le col de la matrice acquièrent plus de longueur, la vessie urinaire s'éloigne de plus en plus du canal uro-génital, avec lequel autrefois elle se continuait immédiatement, et il s'établit, entre elle et ce canal, un tube de médiocre ampleur et largeur, qui porte généralement le nom d'urètre femelle. L'urètre du mâle et celui de la femelle sont donc des parties tout-à-fait différentes (1). Il est donc prouvé aussi par là que l'espèce d'hermaphrodisme femelle, ou d'androgynisme, dans laquelle le vagin s'ouvre dans l'urètre (2), résulte d'un arrêt de développement. Au reste, le vagin de l'embryon humain a une longueur relative plus considérable que celui de la femme adulte ; mais, au septième et au huitième mois, il est proportionnellement plus large et plus plissé qu'aux époques subséquentes.

L'hymen paraît au cinquième mois, sous la forme d'un pli étroit, et son absence (3) est une anomalie qui appartient aux monstruosités par arrêt de développement.

II. Les proéminences extérieures qui se rapportent aux fonctions sexuelles, paraissent en général plus tard que les organes génitaux internes.

3° (Dans l'Écrevisse mâle, vers la fin de l'été pendant lequel l'animal est sorti de l'œuf, il se développe, au côté inférieur du premier segment caudal, deux espèces de pénis, ayant la forme de verrues, qui s'allongent en cylindres, et se recourbent l'une vers l'autre d'arrière en avant et de dehors en dedans.

Le pénis des Lépidoptères n'apparaît que pendant l'état

(1) Addition de Rathke.
(2) Burdach, *Anatomische Untersuchungen*, p. 65-69.—Isid. Geoffroy-Saint-Hilaire, Histoire des anomalies de l'organisation, t. II, p. 91 et suiv.
(3) Meckel, *loc. cit.*, t. I, p. 661.

chrysalidaire, par la formation, à l'extrémité du canal déférent, d'un faisceau grêle de fibres serrées les unes contre les autres, qui se confondent ensuite en une seule masse. Le pondoir de la femelle se forme de la même manière.

Chez les mâles des Raies et des Squales, après que la différence sexuelle s'est développée, il pousse, des bords internes des nageoires anales, deux petites verrues, qui s'allongent peu à peu en deux espèces de broches épaisses et charnues (§ 280).

Dans les Ophidiens et Sauriens mâles, les pénis sont fort gros pendant la dernière moitié de la vie embryonaire : ils sortent du cloaque, et n'y rentrent que peu avant l'éclosion, après avoir perdu un peu de leur volume absolu. Tout porte à croire que les mêmes parties se développent chez les femelles, mais qu'elles disparaissent durant la vie embryonnaire ; en effet, les Couleuvres et les Orvets femelles m'ont offert, vers le milieu de cette vie, au même endroit, et cependant immédiatement derrière la fente anale, deux petites verrues molles et coniques ; j'ai trouvé aussi, à la même époque, dans les Lézards femelles, deux excroissances de médiocre grosseur, arrondies et un peu plus épaisses à leur extrémité, dont il n'y avait plus aucune trace peu de temps avant l'éclosion.

4° D'après mes recherches sur les embryons d'homme, de Cheval, de Lion, de Chat, de Brebis et de Cochon, le pénis, dans son état d'indifférence, est un petit corps, comprimé latéralement, obtus à son extrémité, fixé aux premiers rudimens des os pubis, et ayant la même largeur et la même épaisseur dans toute son étendue, qui est courbé en manière de crochet, et dont le côté concave est creusé d'une gouttière sur toute sa longueur. Cette gouttière mène en haut dans une ouverture oblongue, qui s'étend depuis le pénis jusqu'à la queue, et qui est l'orifice commun des organes digestifs, urinaires et génitaux, réunis tous en un cloaque. A la racine du pénis se trouve un étroit repli cutané, qui est un prolongement des tégumens communs du ventre, couvre cette racine vers le haut et des deux côtés, et se continue en dessous avec les bords ou les lèvres de la fente cloacale. Quand le pli est encore assez large, et la verge encore petite, cette dernière semble sortir de la profondeur du cloaque. Mais, de très-bonne heure, les lèvres appartenant à l'orifice cloacal s'appliquent immédiatement l'une contre l'autre, puis se soudent ensemble, pour produire le périnée, tandis que le bord antérieur de l'orifice de l'allantoïde croît à leur rencontre, sous la forme d'un pli, de manière que le cloaque se trouve alors divisé, par une cloison, en rectum et en voies urinaires : cette cloison finit par se souder elle-même avec le périnée. Lorsque le périnée est formé, le bord de l'anus s'élève au point de représenter une verrue arrondie et perforée au sommet, qui s'affaisse ensuite peu à peu. On peut de très-bonne heure distinguer trois parties différentes à la verge, savoir deux cordons symétriques, qui sont soudés ensemble par leurs côtés internes, et placés au côté convexe du membre, et une portion plus petite, située au côté concave, qui représente une gouttière à parois épaisses, que deux faibles sillons latéraux séparent des premiers cordons, mais qui est un peu pl us épaisse à son extrémité, et qui forme deux petits lobes latéraux, limitant l'extrémité de la gouttière.

5° Tandis que le périnée se forme, le membre génital acquiert les différences qui le caractérisent. Comme clitoris, il reste en arrière du reste du corps eu égard au développement de ses parties essentielles, ce qui fait qu'il paraît demeurer toujours plus petit ; mais le pli qui entoure sa racine, et qui se continue en arrière avec le périnée, augmente d'épaisseur et de longueur, dans ses deux parties latérales surtout, dépa sse le clitoris, chez la plupart des Mammifères et dans l'espè ce humaine, le couvre, et se métamorphose en grandes lèvre s. Au pénis, les bords de la gouttière et les parties latérales du repli cutané qui ne couvraient primordialement que la racine du membre, laissant la plus grande partie de celui-ci tout-à-fait à nu, s'appliquent d'abord immédiatement l'un contre l'autre, et ensuite se soudent ensemble, en procédant toujours de la racine vers l'extrémité libre. De cette manière la portion canaliculée devient un canal. L'urètre et son corps spongieux, et le membre entier s'entourent en outre d'un fourreau cutané, qui n'est cependant autre chose qu'un développement ultérieur du pli dont il a été parlé plus haut. Dans les Rats et les Souris, l'extrémité antérieure du corps spongieux de l'urètre demeure fendue, après s'être prolongée en avant jusqu'au-delà des deux autres corps celluleux, pour produire le gland. Chez d'autres Mammifères et chez l'homme, les deux lobes se soudent ensemble, pour constituer un gland non divisé.

7° Si l'on en juge d'après des recherches faites sur des Ruminans, il est certains Mammifères chez lesquels, peu avant que le membre veuille se clore chez les embryons mâles, et se rétracter chez les femelles, il se développe, des deux côtés, et un peu au devant de l'orifice du canal uro-génital, à quelque distance de lui, deux petits renflemens des tégumens cutanés, qui proviennent, à proprement parler, d'une pullulation du blastème derrière ces tégumens. Après avoir pendant quelque temps augmenté de longueur et d'épaisseur chez les embryons femelles, ils disparaissent complétement dans les Ruminans; mais, dans certains autres Mammifères, il y a toutes probabilités qu'ils se métamorphosent en lèvres, surtout en grandes lèvres. Au contraire, chez les embryons mâles des Ruminans, j'ai remarqué que, depuis l'époque à laquelle la gouttière du membre génital commence à se clore, ces deux rudimens vont toujours en grandissant, qu'ils se rapprochent de plus en plus l'un de l'autre, qu'enfin ils se confondent ensemble, et qu'alors ils constituent le scrotum, le long de la convexité duquel on aperçoit encore pendant long-temps un faible sillon, reste des deux moitiés latérales, primordialement séparées, par la coalition desquelles il a été produit. D'après cela, le scrotum et les grandes lèvres seraient des parties analogues, et la scission du premier chez les androgynes annoncerait un arrêt de développement. Au reste, la cloison du scrotum doit son origine à la cicatrice qui, pendant l'occlusion de la gouttière pénienne, s'est produite à la peau et au tissu muqueux situé sur elle. En effet, à mesure que les deux renflemens dont l'union constitue le scrotum se rapprochent l'un de l'autre, ils entrent en contact avec cette cicatrice, qui les empêche de se réunir ensemble, mais ils obligent ensuite la portion de cette même cicatrice qui est placée entr'eux de les suivre dans leur accroissement, et de croître de plus en plus en largeur.

8° Le renflement cutané qui, chez les Ruminans et quelques autres Mammifères, entoure l'orifice des parties génitales, n'apparaît que dans la dernière moitié de la vie embryonnaire. Je pense qu'il correspond non aux grandes lèvres, mais aux petites lèvres, de la femme (1).

Dans l'embryon humain, le membre génital externe se montre, durant la sixième semaine, sous la forme d'une petite verrue placée au devant du cloaque. Pendant la septième semaine, cette verrue devient un corps conique et pourvu d'une gouttière en dessous, qui, dans la dixième semaine, est proportionnellement très-volumineux et redressé. A la fin du troisième mois, l'ouverture cloacale se sépare en anus et en orifice des organes génito-urinaires, par la formation du périnée ; on commence aussi à distinguer la différence entre verge et clitoris. Le pénis croît davantage que le clitoris, et cependant il lui devient plus tard un peu inférieur : à partir de la fin du quatrième mois, il n'est plus redressé, mais commence à devenir un peu pendant. Au quatrième mois, sa longueur est à celle du corps comme 1 : 35 ; au sixième elle est déjà comme 1 : 51.

III. Comme la fente cloacale est un prolongement cutané allant à la rencontre des organes digestifs urinaires et génitaux, comme les glandes sébacées sont aussi des enfoncemens de la peau, et comme les glandes de Meibomius sont des glandes sébacées prolongées, nous devons admettre que les *glandes mammaires* partent de la peau de la même manière que les glandes salivaires partent de la membrane muqueuse (§ 439, I), qu'en conséquence elles sont des enfoncemens analogues aux glandes sébacées, quant à leur mode de production, et qui se ramifient à l'intérieur, en quelque sorte comme s'ils cherchaient à gagner les organes génitaux sans pouvoir arriver jusque-là. De même qu'à la fente cloacale la peau s'élève en un corps conique, le membre génital, de même aussi s'élèvent aux glandes mammaires, les mamelons, qui, pendant

(1) Addition de Rathke.

le troisième mois, apparaissent sous la forme de petites élévations dans le milieu des larges orifices. Enfin, de même que les mamelles représentent ou des parties génitales qui demeurent externes et ne pénètrent point dans la cavité viscérale, ou un appendice des organes génitaux, de même aussi elles demeurent à l'état d'indifférence pendant toute la vie embryonnaire; en effet, elles ont le même degré de développement dans les deux sexes, c'est-à-dire que, dans l'embryon mâle, leur forme se rapproche davantage de celle qui est propre à l'autre sexe.

EXPLICATION DES PLANCHES.

Les figures que nous donnons ici pour rendre l'histoire du développement de l'embryon plus intelligible, sont coloriées afin de faire mieux ressortir les rapports des trois feuillets de la membrane proligère et de leurs productions. Le feuillet séreux, avec tout ce qui lui appartient (périphérie animale et amnios) est noir; le feuillet vasculaire (avec le cœur) est rouge; le feuillet muqueux (canal intestinal, vésicule ombilicale, allantoïde) est jaune. La ligne ponctuée indique la membrane épidermoïde (membrane vitelline et exochorion).

PREMIÈRE PLANCHE.

Pour l'histoire de l'Écrevisse (fig. 1-7) et de la Blennie (fig. 8-14); par H. Rathke.

Fig. 1. Coupe verticale de la membrane proligère de l'Écrevisse, dans son plus grand diamètre.

a. Partie antérieure.

b. Partie postérieure.

Entre ces deux parties est la fossette en forme de sac.

Fig. 2. La membrane proligère un peu plus développée, après que la fossette sacciforme s'est affaissée.

a. Lèvre.

b. Saillie en forme d'ombilic, de laquelle se développe l'abdomen.

c. Partie réfléchie derrière elle.

Fig. 3. a. Lèvre.

b. Abdomen en forme de queue.

c. Partie réfléchie derrière lui.

Fig. 4. Les mêmes parties plus développées.

Fig. 5. L'embryon peu après la formation du cœur; la membrane proligère s'est close, le feuillet séreux en paroi du corps, le feuillet muqueux en sac vitellin.

a. Premier vestige de la partie la plus antérieure du bouclier dorsal, qui, dans l'Écrevisse, adulte fait saillie en forme de pointe.

b. Lèvre.

c. Abdomen, composé encore de la queue et de la partie du segment ventral à laquelle pendent les pattes.

d. Feuillet mince, et en forme de faux, qui part de la paroi du corps, et s'attache en bas à l'estomac.

e. Cavité du sac vitellin.

f. L'estomac.

g. L'entrée de l'intestin.

h. Le cœur.

Fig. 6. L'embryon peu avant sa sortie de l'œuf.

a. Commencement du test dorsal.

b. Lèvre.

c. Queue.

d. Feuillet falciforme.

e. Ligne verticale, tirée immédiatement derrière l'estomac, pour indiquer le point du corps dont la coupe est représentée dans la figure 7 : la ligne courbe ponctuée qu'on trouve en avant marque l'issue de l'estomac.

f. f. Prolongemens lamelleux des parois de l'estomac, qui sont soudés, à leur bord antérieur, avec le feuillet d, en haut et en bas avec la paroi du corps.

g. Estomac.

h. Cavité du sac vitellin.

i. Intestin.

k. Cœur.

Fig. 7. Coupe verticale en travers du même embryon, immédiatement derrière l'estomac, c'est-à-dire dans le plan de la ligne verticale e, tracée dans la figure précédente.

a. Portion en gouttière du canal digestif située entre l'estomac et l'intestin, où ce canal n'a point encore de paroi supérieure propre, et ne paraît que comme le fond du sac vitellin.

b. Cavité du lobe supérieur postérieur.

c. c. Cavités des deux lobes postérieurs inférieurs qu'on aperçoit maintenant au sac vitellin.

dd. Cavités pour les branchies.

III.   39

Fig. 8. Coupe verticale en long de l'œuf de la Blennie. La membrane proligère, composée des feuillets séreux, vasculaire et muqueux, n'est point encore close ; la portion spinale, ou l'embryon proprement dit, ne se détache qu'à la tête et à la queue du reste de la membrane, qui devient la cavité du tronc ; la formation commençante de l'intestin oral et de l'intestin anal n'est qu'indiquée.

Fig. 9. Les extrémités antérieure et postérieure de l'intestin sont formées, mais non closes ; le cœur n'est qu'un tronc vasculaire dilaté, sans aucun resserrement.

Fig. 10. La bouche et l'anus sont ouverts ; le cœur est logé dans une cavité médiocre, entre le pharynx, le sac vitellin et le feuillet séreux forment la paroi du corps. Dans la cavité située en face, derrière l'abouchement du sac vitellin dans l'intestin, se trouve le foie.

Fig. 11. Coupe horizontale du cœur de la fig. 10.

Fig. 12. Embryon peu avant sa sortie de l'œuf. La veine mésentérique passe devant le foie, et sur le sac vitellin, sans envoyer de branches considérables dans le foie.

Fig. 13. Du milieu de la vie embryonnaire. La veine mésentérique passe déjà dans le foie, et s'y ramifie. Il s'est formé des veines hépatiques, qui se réunissent en quelques troncs près du sac vitellin, sur lequel elles se ramifient de nouveau. Ces dernières ramifications existaient déjà auparavant sur le sac vitellin, mais comme continuations immédiates de la veine mésentérique.

Fig. 14. Embryon qui est sur le point de quitter le corps de la mère. Les vaisseaux afférens et efférens du sac vitellin sont tellement fondus ensemble, qu'ils ne forment plus maintenant qu'un seul système, et qu'ils amènent le sang de la veine hépatique au cœur par un courant non interrompu ; des deux systèmes vasculaires du sac vitellin il s'est donc formé en dernier lieu le tronc des veines hépatiques, ou, en d'autres termes, il ne reste plus des deux systèmes que le tronc du système efférent.

DEUXIÈME ET TROISIÈME PLANCHES.

Coupes d'embryons de Poulet pendant la première période de l'incubation ; par C.-E. Baer.

Ce sont des coupes, les unes longitudinale, les autres transversales, faites aux mêmes époques. Les premières sont désignées par des chiffres romains, les secondes par des chiffres arabes. Toutes les figures sont grossies de six fois à peu près.

En général on s'est attaché à montrer toutes les parties dans la situation convenable : cependant 'une fidélité trop rigoureuse à ce principe aurait fait manquer le but des figures, qui est de représenter les objets avec le plus de clarté possible. C'est pourquoi, dans les coupes longitudinales, 1° on n'a point eu égard au commencement de courbure des extrémités céphalique et caudale vers le côté, et l'on a considéré la surface moyenne du corps comme un plan. 2° L'allantoïde a été supposée occupant la surface médiane du corps, parce qu'autrement on n'aurait pu montrer que son origine, et non ses autres rapports ; on a traité presque de la même manière le cœur, dont quelques parties se portent sur les côtés. 3° Enfin, pour les embryons postérieurs au troisième jour, on a effacé un peu de leur courbure en long, mais de telle sorte cependant que l'embryon du cinquième jour paraît beaucoup plus courbé que celui du quatrième, et ce dernier plus que celui du troisième, d'où il suit que les rapports mutuels sont fort peu troublés.

Lorsque la coupe tombe sur un vaisseau sanguin d'un calibre notable, celui-ci est colorié avec du cinabre, tandis que le feuillet vasculaire l'est avec du carmin.

Pour distinguer le système des veines du corps, qui se forment plus tard, des veines vitellines, qui appartiennent au système de la veine porte, les premières ont été peintes en bleu ; mais les vaisseaux vitellins ont une couleur rouge, qu'ils soient veines ou artères.

Afin de montrer plus complétement les connexions du système vasculaire, celles des branches les plus importantes qui ne se trouvent pas sur le plan médian, ont été indiquées, mais seulement par des points, pour les distinguer de celles qui occupent le plan médian. Mais les organes qui sont situés hors de ce plan ne pouvaient être admis ; afin cependant qu'il n'y eût pas contradiction apparente entre les planches et le texte, la place de ces organes a été quelquefois indiquée par des lettres renfermées entre deux parentèses, (e) par exemple, attendu que les poumons, au troisième jour, ne sont que des sacs latéraux accessoires du canal digestif : de même les cœcums au quatrième jour sont marqués (n).

Les coupes longitudinales sont les suivantes :

I. Embryon de la quatorzième heure de l'incubation, uni au jaune et au blanc. Bandelettes primitives.

II. De la vingtième heure. Lames dorsales et commencement de la première inflexion.

III. Du passage du premier jour au second. Réflexion de la membrane proligère pour former une cavité du corps.

IV. Du milieu du second jour. Séparation des feuillets au point de la réflexion. Commencement de la formation du cœur. Limitation du capuchon céphalique.

V. A la fin du second jour. Commencement du capuchon caudal et du pli de l'amnios.

VI. De la seconde moitié du troisième jour. Amnios ouvert. Allantoïde.

VII. Du quatrième jour. Amnios fermé. Formation de l'ombilic.

VIII. De la fin du cinquième jour. La membrane vitelline et les capuchons ont disparu. Canal vitellin.

Ces diverses figures se correspondent toutes. Pour ne pas les rendre confuses, on n'a point marqué toutes les lettres sur chacune d'elles ; mais il sera facile de s'orienter, en les comparant les unes avec les autres. Les arcs vasculaires qui vont du cœur à l'aorte ont semblé aussi n'avoir pas besoin de désignation, non plus que les artères ombilicales.

A. Bord de la membrane proligère. B. Limite du feuillet vasculaire, et, dans les dernières figures, en même temps coupe de la veine terminale. C-L. Dans la première figure, savoir : C. Membrane vitelline. D. Face extérieure du blanc. E. Cavité centrale du jaune. F. Canal qui s'en élève. G. *Cumulus* de la couche proligère. H. Bord blanc du *cumulus* I. K. L. Halos. a. b. Corde dorsale. a. Son extrémité antérieure. b. Son trémité postérieure. c. d. Lames dorsales. c. Leur extrémité exantérieure. d. Extrémité antérieure du canal digestif; plus tard la bouche. e. Appareil respiratoire; dans la figure 6 sa position est indiquée par (e). f. Estomac. g. Entrée antérieure dans le canal digestif. h. Conduit biliaire. i. Foie. k. Entrée postérieure dans le canal digestif. g. k. Gouttière intestinale, ou intestin moyen. l. Rectum. m. Allantoïde. n. Cœcums; dans la figure 7 leur position est indiquée par (n). o. Extrémité postérieure du canal digestif; plus tard ouverture anale. p. Réflexion de la membrane proligère sur le passage de la face inférieure de l'embryon au capuchon céphalique; après la séparation de ce dernier en deux couches, p′ est la réflexion du feuillet séreux, et p celle des feuillets vasculaire et muqueux. q. Réflexion de la membrane proligère au passage de la face inférieure de l'embryon au capuchon caudal; après la sépation de ce dernier en deux couches, q′ est la réflexion du feuillet séreux, et q celle des feuillets vasculaire et muqueux. p′ q′ Ombilic cutané. p. q. Ombilic intestinal. r. Bord antérieur du capuchon céphalique, ou passage de ce capuchon au reste de la membrane proligère. r′ Point du feuillet séreux qui s'est détaché d'ici. p. r. Capuchon céphalique. s. Bord postérieur du capuchon caudal, ou passage de ce capuchon à la membrane proligère non modifiée. s′ Point du feuillet séreux qui s'est détaché d'ici. q. s. Capuchon caudal. t. Partie antérieure du pli de l'amnios. p. r. s. t. Gaîne céphalique. u. Partie postérieure du pli de l'amnios. q. s. u. Gaîne caudale. p′ r′ t. u. s′ q′ Amnios. r. t. u. s. Enveloppe séreuse. v. Oreillette. w. Ventricule. x. Bulbe aortique. y. Aorte. z. Artère mésentérique ou ombilicale. y. et z. indiquent ensemble le mésentère. α. Veine mésentérique, veine vitelline, veine por te β. Veine ombilicale. γ. Troncs des veines du corps.

Les coupes transversales sont disposées de manière qu'elles soient au dessus des coupes longitudinales de la même époque. Ainsi les époques de développement pour les figures de la première période (fig. 1-5) sont déjà indiquées par la détermination précédente de l'âge des embryons représentés fig. I-V.

La figure accessoire 3′ présente la vue du dos de haut en bas ; a′ est la corde dorsale et en même temps la suture des lames dorsales ; b′ l'ombre au bord externe des lames dorsales ; x′ l'ombre à la paroi du canal dorsal ; y′ le rudiment des vertèbres.

A partir du troisième jour, le nombre des coupes transversales a été augmenté, afin de pouvoir montrer complétement la métamorphose du mésentère et de l'intestin. Fig. 6′ indique la situation verticale des feuillets du mésentère ; c'est une coupe du milieu du corps dans la première moitié du troisième jour. Fig. 6″ montre le rapprochement des lames du mésentère, et correspond à une coupe qui serait faite assez loin en arrière pendant la deuxième moitié du troisième jour. Fig. 7′ est une coupe faite au commencement du quatrième jour, dans le voisinage du milieu; la suture du mésentère est formée, et les lames intestinales commencent à se délimiter. Fig. 7″ est une coupe de la seconde moitié du quatrième jour, faite précisément à l'ombilic ; l'intestin est sur le point de se clore. Fig. 8′ est une coupe faite derrière le conduit vitellin ; l'intestin est clos.

Dans toutes ces figures, A est le bord de la membrane proligère. B La limite du feuillet vasculaire et la coupe de la veine terminale. a. Corde dorsale. b. c. Lame dorsale. b. Bord externe de cette lame. c. Son bord supérieur. b. d. Lame ventrale. b. Son bord externe, plus tard inférieur. d. e. Portion cutanée de la paroi ventrale. d. e. f. Capuchon latéral. e. Sa courbure. f. Son bord externe. f′ Point du feuillet séreux qui se détache d'ici. g. Pli de l'amnios. d. f′ g. Amnios. h. Bord supérieur du feuillet du mésentère ; i. son bord inférieur. k. Lame intestinale, gouttière intestinale. l. Ombilic intestinal, canal vitellin. m. Corps de Wolff. n. Vide du mésentère. o. Aorte. p. allantoïde.

Dans toutes les coupes transversales de la seconde période (fig. 3), la moelle épinière n'est point indiquée, parce qu'il a paru impossible de la représenter d'une manière conforme au texte, sans trop grossir les autres objets.

QUATRIÈME PLANCHE.

Fig. 1 et 2. Coupes longitudinales de l'embryon de Grenouille, par H. Rathke.

Fig. 1. L'embryon est encore dans l'œuf, courbé autour
du jaune; la membrane proligère est devenue paroi du corps,
de sorte que celle-ci est sans ouverture et sans prolongation
en une enveloppe embryonnaire externe. La vésicule ombilicale, embrassée par la paroi viscérale, commence, à ses deux
bouts, à se convertir en canal digestif. Le cœur simple est
situé, comme le feuillet vasculaire entier, entre les feuillets
séreux et muqueux.

Fig. 2. Le têtard de Grenouille allongé et étendu; la bouche et l'anus sont ouverts; l'intestin moyen est la seule partie
où la vésicule ombilicale n'ait point encore pris la forme de
tube. Il s'est formé un cloaque, qui ne produit pas d'allantoïde saillante au dehors, mais reste dans la cavité du corps,
et devient vessie urinaire.

Fig. 3. La métamorphose des troncs artériels de l'embryon
d'Oiseau, d'après C.-E. Baer. La vue est prise du dos, de
sorte qu'on aperçoit chaque vaisseau de côté où il se trouve
réellement. Les vaisseaux qui charient du sang pendant le
dernier tiers de la vie embryonnaire sont rouges; ceux qui
existaient auparavant, et qui sont éteints maintenant, ont une
teinte noire. a, a, b, b, c, c. sont les troncs dans lesquels se
réunissent les anses vasculaires de chaque côté, et qui se
prolongent en racines de l'aorte. L'explication a été donnée
§ 400, 11°; 401, 17°; 442, 2°.

Les figures 4 et 5 sont destinées à rendre sensible ce qui a
été dit § 446 et 447 de l'allantoïde et de l'endochorion chez
les Mammifères.

La fig. 4 représente l'embryon d'un Ruminant. L'intestin
moyen se prolonge dans la vésicule ombilicale, qui est représentée ici sans feuillet vasculaire. De la fin de l'intestin sort
l'allantoïde, qui s'allonge en sac et entoure l'embryon; avec
elle sortent les extrémités de l'aorte, ou les deux artères ombilicales, qui se répandent dans les deux feuillets vasculaires

entre lesquels est logée l'allantoïde, savoir un externe, l'endochorion, qui s'applique à l'exochorion marqué par une ligne de points, et s'élève dans les cotylédons, l'autre interne, qui s'applique à l'amnios, comme *membrana media*. Mais, pour être plus clair, on n'a pas représenté les artères ombilicales telles qu'elles se comportent réellement chez les Mammifères, où toutes deux se répandent dans l'endochorion, et ne donnent que des branches à la *membra media*, mais telles qu'elles sont chez les Ovipares, où l'une d'elles seulement se répand sur la moitié externe de l'allantoïde, produisant ainsi l'endochorion, tandis que l'autre, empêchée par l'allantoïde d'atteindre jusqu'à la surface, se répand sur sa moitié interne tournée vers l'amnios, et y produit la *membrana media*.

La fig. 5 représente un embryon humain, pour montrer comment les artères ombilicales suivent également ici l'allantoïde, mais ne sont point déterminées par elle à s'étaler en une *membrana media*, et marchent librement dans la gaîne ombilicale, à côté de la vésicule ombilicale, pour se développer en endochorion et en placenta.

FIN DU TROISIÈME VOLUME.

TABLE

DU TROISIÈME VOLUME.

FIN DE LA TABLE DU TROISIÈME VOLUME.

Pl. 1.

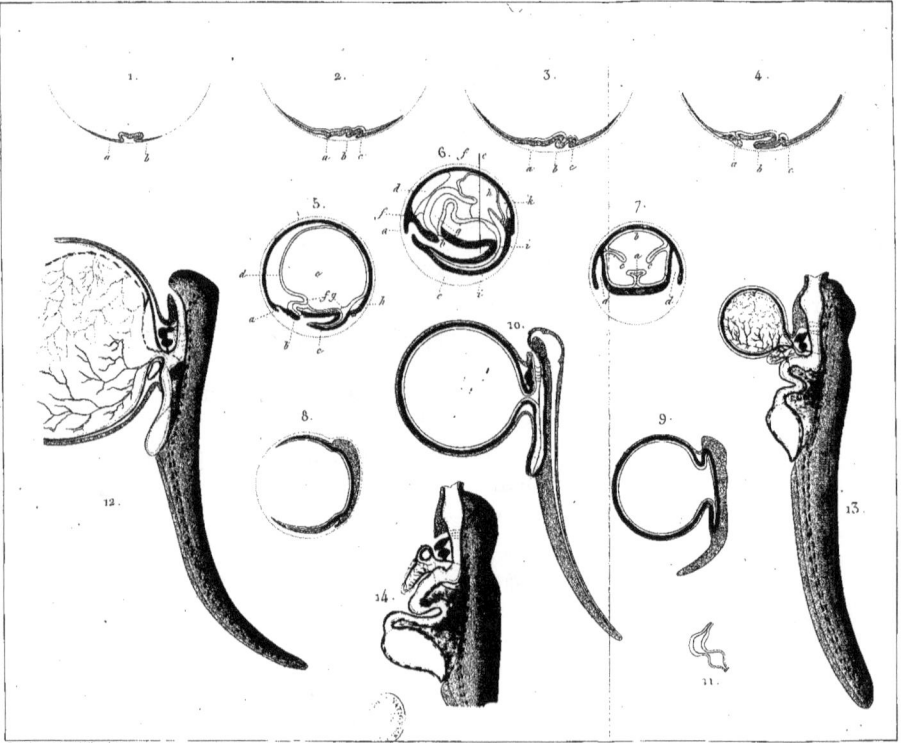

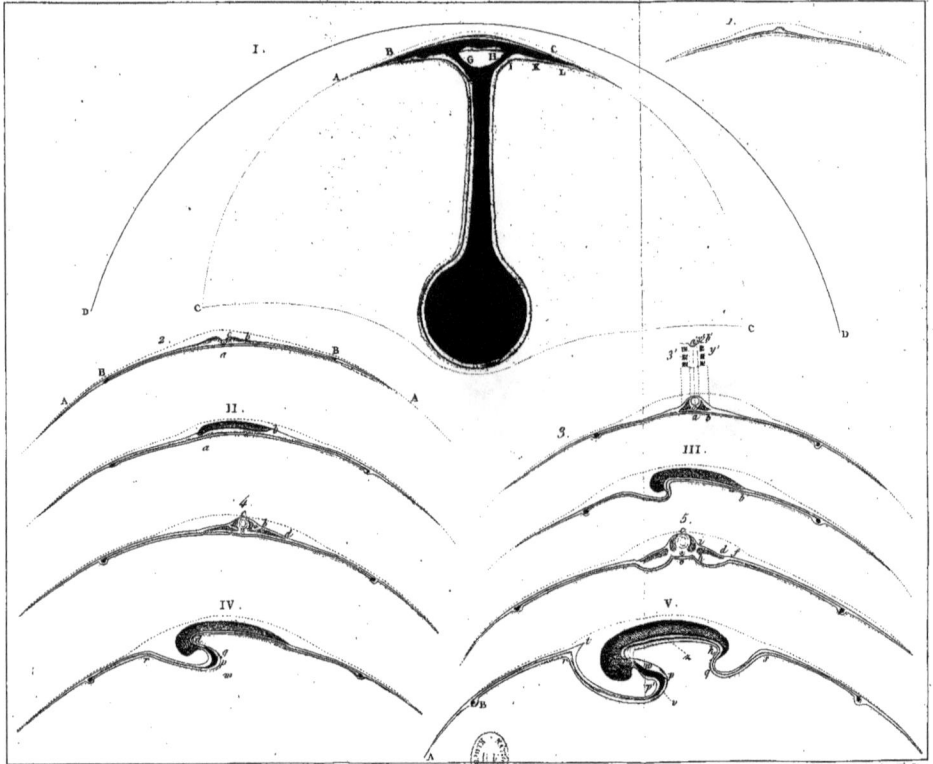

Pl. 3.

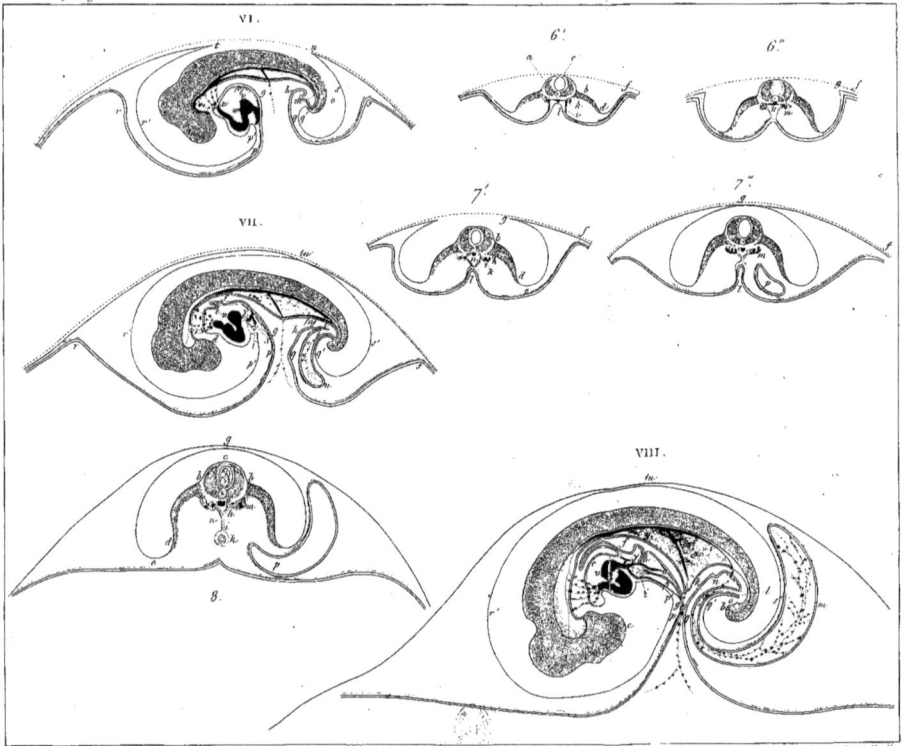

Pl. 4.

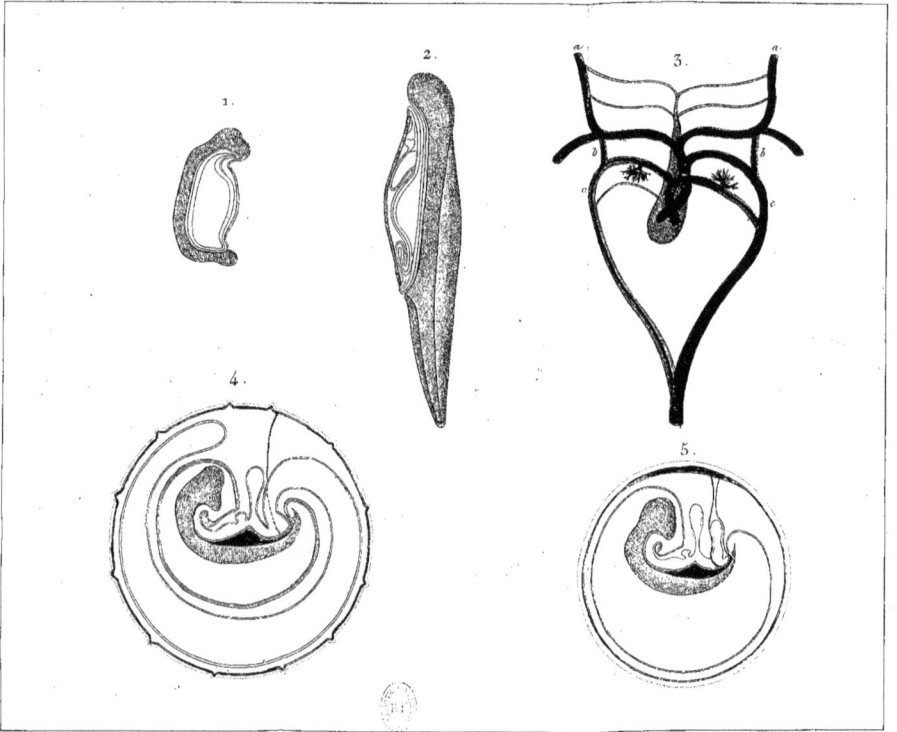

Publié par J. B. Baillière, à Paris.

Gravé par Ambroise Tardieu.

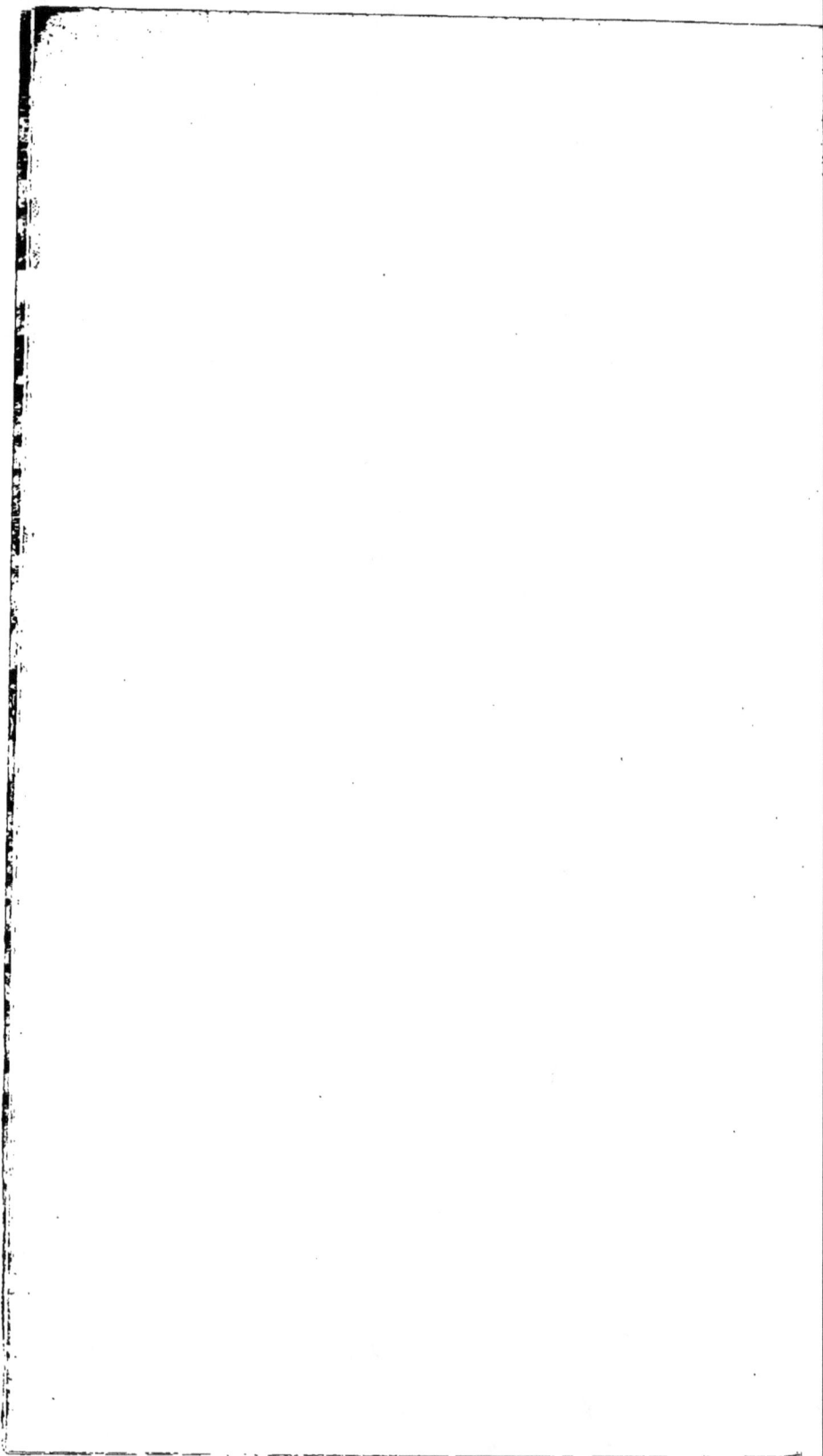

www.ingramcontent.com/pod-product-compliance
Lightning Source LLC
Chambersburg PA
CBHW060834220326
41599CB00017B/2315